합격을 위한 필수 **이론·문제** 그리고 **기출문제**

소형선박 조종사

5일 만에 끝내기

서울고시각

PREFACE

책을 내면서

'소형선박'이란 '총톤수 25톤 미만의 선박을 의미하고 소형선박을 운항하기 위해서는 '소형선박 조종사'라는 해기사 면허가 반드시 있어야 합니다.

현대인들의 수상레저활동이 증가하고 낚시업, 유도선업 등의 수상레저사업이 확장되고 있는 시대적 상황은 소형선박 조종사 면허 취득에 대한 열기로 이어지고 있습니다.

이러한 현상은 육상에서의 자동차 운전면허 취득에 비견된다 하겠습니다.

소형선박 조종사 면허의 필기시험에 합격하기 위해서는 선박에 관한 기본적인 지식이 필요합니다.

그러나 선박과 그에 관련된 지식은 보통 사람들에게는 아주 생소한 분야이기 때문에 대부분의 사람들이 상당한 어려움을 호소합니다.

이에 저자는 육상에서의 자동차 운전면허 취득보다 어렵지 않게 소형선박 조종사 면허를 취득할 수 있도록 하는 교재를 출간하게 되었습니다.

시험은 문제은행 방식으로 출제되기 때문에 필기시험에 합격하기 위해서는 기출문제를 중심으로 하여야 하며 최소한의 핵심이론만을 익히고, 반복적인 기출문제 풀이에 역점을 두어야 합니다.

■ 책의 구성상 특징

⦿ 각 단원별 핵심 기본이론이 있기 때문에 선행학습을 할 수 있습니다.
⦿ 가장 최근의 기출문제들로 구성되어 있기 때문에 최근의 출제경향을 알 수 있습니다.
⦿ 각 문제에는 상세하고 명확한 해설이 되어 있어 난이도가 높은 문제들도 쉽게 해결할 수 있습니다.
⦿ 기존 기출문제의 해결뿐만 아니라 해설을 공부하면서 새로운 문제에 대한 해결 능력을 키울 수 있게 하였습니다.

본 교재가 소형선박 조종사 면허를 육상의 자동차 운전면허만큼 쉽게 취득할 수 있게 하는 가교 역할을 할 것이라고 감히 자신해 봅니다.

온갖 정성을 다하여 집필하였으나 미흡한 부분이 발견되기 마련입니다.

독자 여러분들의 기탄없는 제안과 문의를 기대해 보면서, 이 책을 보시는 모든 예비 소형선박 조종사 여러분들의 최단기 합격을 진심으로 기원합니다.

GUIDE

시험안내

1. 소형선박이란?
- 소형선박이란 총톤수 25톤 미만의 선박을 말합니다(선박직원법 시행령 제2조 제5호).
- 주로 낚시를 하기 위한 선박이나 유·도선, 수상레저를 위한 소형선박 등이 해당합니다.

2. 소형선박 조종사란?
- 선박직원이 되려는 사람은 해양수산부장관의 해기사 면허를 받아야 합니다.
- 이러한 해기사 면허에는 항해사, 기관사, 통신사, 운항사, 전자기관사, 수면비행선박 조종사, 소형선박 조종사 등이 있습니다.
- 이와 같이 소형선박 조종사는 해기사의 일종이며, 등급은 6급 항해사 또는 6급 기관사의 하위등급에 해당하는 최하위 등급입니다.

3. 소형선박 조종사의 결격사유는?
다음의 어느 하나에 해당하는 사람은 소형선박 조종사가 될 수 없습니다.
- 18세 미만인 사람
- 면허가 취소된 날부터 2년(수산업법에 따라 면허가 취소된 경우에는 1년)이 지나지 아니한 사람

4. 소형선박 조종사가 되는 방법은?
- 해기사가 되려면 일반적으로 시험에 합격하고 일정한 기간의 승무경력이 있어야 합니다.
- 그러나 소형선박 조종사의 경우에는 승무경력의 특례를 인정하여 동력수상레저기구 조종면허를 소지한 사람에게 승무경력을 인정해 줍니다.
- 또한 법령상 실기시험이 요구되나 현실적 여건상 실기시험을 시행하고 있지 않습니다.
- 따라서 소형선박 조종사 면허를 취득하는 방법은 다음과 같은 3가지가 있습니다.
  ① 소형선박 조종사 필기시험 합격+승무경력
  ② 소형선박 조종사 필기시험 합격+동력수상레저기구 조종면허
  ③ 2배 이상의 승무경력(4년 이상)으로 필기시험 면제+면접시험

:: 면허를 위한 승무경력

받으려는 면허	승무경력		
	선박	직무	기간
소형선박 조종사	총톤수 2톤 이상의 선박	선박의 운항 또는 기관의 운전	2년
	배수톤수 2톤 이상의 함정	함정의 운항 또는 기관의 운전	2년
비고	■「수상레저안전법」에 따른 동력수상레저기구 조종면허를 소지한 자는 소형선박 조종사 면허를 위한 승무경력이 있는 것으로 본다. ■「낚시 관리 및 육성법」에 따라 낚시어선업을 하기 위하여 신고한 낚시어선 및 「유선 및 도선사업법」에 따라 면허를 받거나 신고한 유선 및 도선에 승무한 경력은 톤수의 제한을 받지 아니한다.		

5. 시험은 어떻게 출제되고 시험과목과 합격기준은?
(1) 4지선다형 25문항씩 4과목이 출제됩니다.
(2) 시험시간은 100분입니다.
(3) 과목당 100점을 만점으로 매 과목 40점 이상, 평균 60점 이상이면 합격합니다.

GUIDE

시험안내

(4) 필기시험 과목과 출제비율

시험과목	과목내용	출제비율(%)
항 해	항해계기	24
	항법	16
	해도 및 항로표지	40
	기상 및 해상	12
	항해계획	8
	합계(%)	100
운 용	선체·설비 및 속구	28
	구명설비 및 통신장비	28
	선박조종 일반	28
	황천 시의 조종	8
	비상제어 및 해난방지	8
	합계(%)	100
기 관	내연기관 및 추진장치	56
	보조기기 및 전기장치	24
	기관고장 시의 대책	12
	연료유 수급	8
	합계(%)	100
법 규	해사안전기본법 및 해상교통안전법	60
	선박의 입항 및 출항 등에 관한 법률	28
	해양환경관리법	12
	합계(%)	100

6 연간 시험일정

(1) 정기시험

① 부산 외 지역에서도 응시할 수 있습니다.

② 시험방식

- 필기 : PBT(Paper Based Test)
- 면접 : 구술시험(부산 및 인천지역에 한함)

③ 시험 시기 : 연중 4회

※ 회별 시행지역, 지역별 시행 직종 및 등급을 공고문에서 반드시 확인하시기 바랍니다.

(2) 상시시험(필기)

① 승선 및 어로활동 등으로 정기시험 응시가 어려운 분들의 응시편의를 위한 시험으로 회차별 시행직종을 달리합니다.

② 시험방식 : CBT(Computer Based Test)

- 지정된 시험실에서 컴퓨터 모니터를 통해 문제를 푸는 방식
- 컴퓨터로 통제되어 자동 채점되며, 시행 당일 합격자를 발표합니다.

③ 회당 수용가능 인원에 제한이 있으므로 접수기간 중 인터넷 선착순 마감

④ 시험 시기 : 연간 약 13회 정도 시행되고 있습니다.

※ 회별 시행 지역, 직종 및 등급 등 세부사항은 공고문을 반드시 확인하시기 바랍니다.

(3) 전국 필기시험 장소

지역	시험장소	주소
부산	한국해양수산연수원	부산 영도구 해양로 367(동삼동)
인천	인하대학교 60주년기념관	인천 미추홀구 인하로 100
여수	전남대학교 수산해양대학	전남 여수시 대학로 50(둔덕동)
마산	한국방송통신대학교 창원시학습관	경남 창원시 마산합포구 드림베이대로 54
동해	강원대학교 삼척캠퍼스	강원 삼척시 중앙로 346
군산	군산대학교 해양과학대학	전북 군산시 대학로 558
목포	목포해양대학교 해양공학관	전남 목포시 해양대학로 91
포항	한국해양마이스터고등학교	경북 포항시 북구 여남포길21번길 18
제주	제주한라대학교 금호세계교육관B동	제주 제주시 한라대학로 38
울산	울산과학대학교 동부캠퍼스	울산 동구 봉수로 101
평택	도곡중학교	경기 평택시 포승읍 어술로 58

※ 시험장소는 지역 사정에 따라 변경될 수 있음

GUIDE 시험안내

7. 응시원서 교부 및 접수

(1) 응시원서 교부

① 인터넷 다운로드
  한국해양수산연수원 국가자격시험 홈페이지(http://lems.seaman.or.kr) 접속 후 ➡
  고객마당 ➡ 자료실 ➡ 해기사 응시원서 출력(앞, 뒤 양면으로 출력)

② 방문교부
  ㉠ 부산지역
    • 한국해양수산연수원 종합민원실[부산 영도구 해양로 367(동삼동) 소재]
    • 한국해기사협회(부산 동구 중앙대로 180 소재)
  ㉡ 인천지역 : 한국해양수산연수원 인천사무실(인천 중구 인중로 176 소재)
  ㉢ 목포지역 : 한국해양수산연수원 목포분원[전남 목포시 고하대로 597번길(죽교동)]

(2) 응시원서 접수방법

① 인터넷 접수
  ㉠ 한국해양수산연수원 국가자격시험 홈페이지(http://lems.seaman.or.kr) 접속 후
    ➡ 인터넷접수 ➡ 본인인증(휴대폰 or 아이핀) ➡ 해기사 ➡ 접수
  ㉡ 접수기간 중 24시간 접수 가능(단, 접수 마지막 날은 18:00까지)

② 우편 접수 : 한국해양수산연수원(부산, 인천, 목포)에 접수 마감일 18:00까지 도착분
  에 한함
    ➡ 우편접수 시 수수료 동봉

응시희망지역	필기시험
부산	한국해양수산연수원(부산)으로 원서 송부[부산 영도구 해양로 367(동삼동)]
인천	한국해양수산연수원(인천)으로 원서 송부(인천 중구 인중로 176 나성빌딩 4층)
목포	한국해양수산연수원(목포)으로 원서 송부[전남 목포시 고하대로 597번길 75-35(죽교동)]
기타 지역	한국해양수산연수원(부산)으로 원서 송부[부산 영도구 해양로 367(동삼동)] ※ 응시희망지역 반드시 표기 ※ 유의사항 • 각 지방해양수산청에서 방문접수업무 불가 • 필기시험 지역응시자도 한국해양수산연수원(부산 영도)으로 접수 • 각 지역에서 필기시험 응시희망자는 인터넷 접수 요망 • 인터넷 접수 시 응시희망지역 및 면허발급 희망청 기재 가능 • 접수기간 마감 후 응시지역 변경 불가

③ 방문 접수 : 한국해양수산연수원(부산, 인천, 목포) 방문, 접수 마감일 18:00까지

지역	기관명	접수 장소	소재지
부산	한국해양수산연수원	종합민원실	부산 영도구 해양로 367(동삼동)
	한국해기사협회	민원실	부산 동구 중앙대로 180번길 12-14
인천	연수원 인천사무실	민원실	인천 중구 인중로 176(사동) 나성빌딩 4층
목포	연수원 목포분원	민원실	전남 목포시 고하대로 597번길 75-35(죽교동)

④ 응시 수수료 : 10,000원

⑤ 구비서류(대상자에 한함)
  • 응시원서 1부
  • 사진 1매(최근 6개월 이내 촬영한 가로 3cm×4cm 규격의 탈모 정면 상반신 사진)
  • 증빙서류제출
    - 시험 접수할 때는 제출하지 않습니다(면허발급 신청할 때 한번만 제출합니다).
    - 단, 면제요건으로 시험에 응시할 때에는 원서접수 이전에 면제자격을 갖추어야
      하며, 그 사실을 응시원서에 기재하고 응시자 본인이 사실임을 확인해야 합니다.

⑥ 응시생 유의사항
  • 시험을 응시하는 데는 자격제한이 없으나(일부과목 및 면접응시자 제외), 최종 시험
    합격 후 면허교부 신청시 모든 자격이 갖추어져야 면허를 받을 수 있으므로 응시원
    서 제출 전에 시험합격 후 면허를 받을 수 있는 자격이 되는지 여부를 반드시 확인
    한 후 응시하여야 합니다.

GUIDE

시험안내

- 서류가 미비된 경우에는 접수하지 아니하며, 응시원서 기재내용이 사실과 다르거나 기재사항의 착오 또는 누락으로 인한 불이익은 응시자의 책임으로 합니다.
- 응시자는 국가시험 시행계획 공고에서 정한 응시자 입실시간까지 지정된 좌석에 착석하여 시험감시관의 시험안내에 따라야 합니다.
  ※ 신분증을 지참하지 않을 경우 응시가 제한될 수 있습니다.
- 부정한 방법으로 국가시험에 응시하거나 동 시험에서 부정한 행위를 한 자에 대하여는 법령의 규정에 따라 그 시험을 정지시키거나 향후 2년간 국가시험 응시를 제한할 수 있습니다.
- 합격자 발표 후에도 제출된 서류 등의 기재사항이 사실과 다르거나 응시 결격사유가 발견된 때에는 그 합격을 취소합니다.

8 면허발급

(1) 면허발급기관
① 해기사 면허발급 : 각 지방해양수산청
② 면허발급 희망청 기재 : 시험 접수시 응시원서 상단에 합격 후 면허발급을 신청하실 지역을 표시하시면 시험합격서류가 해당 지방청으로 이송됩니다.
③ 해기사시험 최종합격일로부터 3년 이내에 각 지방해양수산청에 면허발급 신청을 하여 면허를 받으셔야 합니다.

(2) 신청기간
합격자 발표일 다음날부터 신청 가능(대리인 신청 가능)

(3) 발급소요기간
신청일로부터 2~3일 이후 발급

(4) 구비서류
① 신청서 1부
② 사진 1매(최근 6개월 이내에 촬영한 가로 3.5cm×세로 4.5cm)
③ 선원건강진단서 1부(선박에 승선중인 경우에는 선박소유자가 교부한 신청인이 승무중임을 증명하는 서류로써 이에 갈음할 수 있으며, 선원법 시행규칙 제53조의 규정에 의한 건강진단을 받고 그 유효기간 내에 있는 자의 경우에는 선원수첩의 제시로써 갈음할 수 있음)
④ 승무경력증명서 1부(면허를 위한 승무경력 참조)
⑤ 면허취득교육과정을 이수한 사실을 증명하는 서류 1부(해당자에 한함)
⑥ 수수료 없음
⑦ 면허발급 관련 문의 : 각 지방해양수산청 선원안전해사과

CONTENTS 차례

과목 01 항해

Chapter 01 항해계기 ·· 3
　제1절 컴퍼스(Compass : 나침의) ························ 3
　제2절 측심기(Sounding machine) ······················ 3
　■ 항해계기 실전예상문제 ····································· 5

Chapter 02 항 법 ··· 9
　제1절 항해에 관한 기본 용어 ······························ 9
　제2절 선위측정법 ··· 10
　■ 항법 실전예상문제 ··· 11

Chapter 03 해도 및 항로표지 ··································· 15
　제1절 해 도 ·· 15
　제2절 항로표지 ··· 16
　제3절 조석·조류 해류 ······································· 16
　■ 해도 및 항로표지 실전예상문제 ····················· 18

Chapter 04 기상 및 해상 ··· 27
　제1절 기상의 요소 ··· 27
　제2절 고기압과 저기압 ······································· 27
　제3절 태풍 ··· 27
　■ 기상 및 해상 실전예상문제 ···························· 29

Chapter 05 항해계획 ·· 32
　제1절 항해계획 ··· 32
　■ 항해계획 실전예상문제 ··································· 33

과목 02 운용

Chapter 01 선체·설비 및 속구 ······························· 37
　제1절 선박의 개요 ··· 37
　제2절 선체의 구조 명칭 ···································· 37
　제3절 선박의 설비 ··· 38
　제4절 선체의 정비 ··· 38
　제5절 로 프 ··· 39
　■ 선체·설비 및 속구 실전예상문제 ················· 40

Chapter 02 구명설비 및 통신장비 ··························· 48
　제1절 구명설비 ··· 48
　제2절 조난신호 장비 ··· 48
　제3절 해상 통신 ··· 48
　제4절 조난신호 ··· 49
　제5절 국제기류신호 ··· 49
　■ 구명설비 및 통신장비 실전예상문제 ············· 50

Chapter 03 선박조종 일반 ······································· 56
　제1절 선박의 조종 ··· 56
　제2절 추진기(스크루 프로펠러) ························ 56
　제3절 선박의 선회운동에 관한 용어 ················ 57
　제4절 타 력 ·· 57
　제5절 선체저항과 외력의 영향 ·························· 57
　제6절 계선줄의 종류와 역할 ······························ 57
　제7절 선체 운동 ··· 58
　제8절 복원력 ··· 58
　■ 선박조종 일반 실전예상문제 ·························· 59

Chapter 04 황천시의 조종 ······································· 67
　제1절 파랑 중의 위험 현상 ······························· 67
　제2절 태풍의 중심 추정 ···································· 67
　제3절 태풍 피항법 ··· 67
　제4절 황천시 선박 조종법 ································ 67
　■ 황천시의 조종 실전예상문제 ·························· 68

Chapter 05 비상제어 및 해난방지 ··························· 70
　제1절 해양 사고 ··· 70
　제2절 충 돌 ··· 70
　제3절 좌초(Grounding=Stranding)와 이초(Refloating) ············· 70
　제4절 화 재 ·· 71
　제5절 방 수 ·· 71
　제6절 인명구조 ··· 71

CONTENTS

차례

| | | 제7절 퇴 선 ································· | 71 |
| | | ■ 비상제어 및 해난방지 실전예상문제 ·········· | 72 |

과목 03 기관

Chapter 01	내연기관 및 추진장치 ·························	77
	제1절 열기관의 개요 ·························	77
	제2절 기초지식 및 기초용어 ···············	77
	제3절 내연기관의 분류 및 기본용어 ·········	77
	제4절 디젤기관의 원리 ·····················	78
	제5절 디젤기관의 구조 및 부속장치 ·········	79
	제6절 추진장치 ·····························	81
	■ 내연기관 및 추진장치 실전예상문제 ·········	83
Chapter 02	보조기기 및 전기장치 ·····················	90
	제1절 보조기기 ·····························	90
	제2절 전기장치 ·····························	91
	■ 보조기기 및 전기장치 실전예상문제 ·········	92
Chapter 03	기관 고장시의 대책 ·······················	96
	제1절 디젤기관의 운전 ·····················	96
	제2절 주요부의 분해 점검과 취급 ···········	97
	제3절 고장과 대책 ·························	97
	■ 기관 고장시의 대책 실전예상문제 ···········	99
Chapter 04	연료유 수급 ·······························	103
	제1절 디젤기관의 연료장치 ·················	103
	제2절 연료유 수급 ·························	103
	■ 연료유 수급 실전예상문제 ·················	105

과목 04 해사법규

Chapter 01	해상교통안전법 ·····························	109
	제1절 총 칙 ·······························	109
	제2절 선박의 항법 ·························	110
	제3절 등화와 형상물 및 음향신호 ···········	111
	■ 해상교통안전법 실전예상문제 ·············	112
Chapter 02	선박의 입항 및 출항 등에 관한 법률 ·······	124
	제1절 총 칙 ·······························	124
	제2절 입항·출항 및 정박 ···················	124
	제3절 항로 지정 ···························	125
	제4절 무역항의 수상구역등에서의 항법 ·······	125
	제5절 속력 등의 제한 ·····················	125
	제6절 선박교통관제 ·························	125
	제7절 위험물의 관리 등 ···················	125
	제8절 수로의 보전 ·························	126
	제9절 불빛 및 신호 ·······················	126
	■ 선박의 입항 및 출항 등에 관한 법률 실전예상문제 ·········	127
Chapter 03	해양환경관리법 ·····························	132
	제1절 용어의 정의 ·························	132
	제2절 해양오염방지를 위한 규제 ···········	132
	제3절 해양오염방지를 위한 선박의 검사 등 ···	134
	제4절 해양오염방제를 위한 조치 ···········	134
	■ 해양환경관리법 실전예상문제 ·············	135

과목 05 최근 기출문제

2022 해기사시험 소형선박 조종사 ··········	141
제1회 해기사시험 소형선박조종사 ··········	141
제2회 해기사시험 소형선박조종사 ··········	155
제3회 해기사시험 소형선박조종사 ··········	168
제4회 해기사시험 소형선박조종사 ··········	181
2023 해기사시험 소형선박 조종사 ··········	193
제1회 해기사시험 소형선박조종사 ··········	193
제2회 해기사시험 소형선박조종사 ··········	205
제3회 해기사시험 소형선박조종사 ··········	217
제4회 해기사시험 소형선박조종사 ··········	229

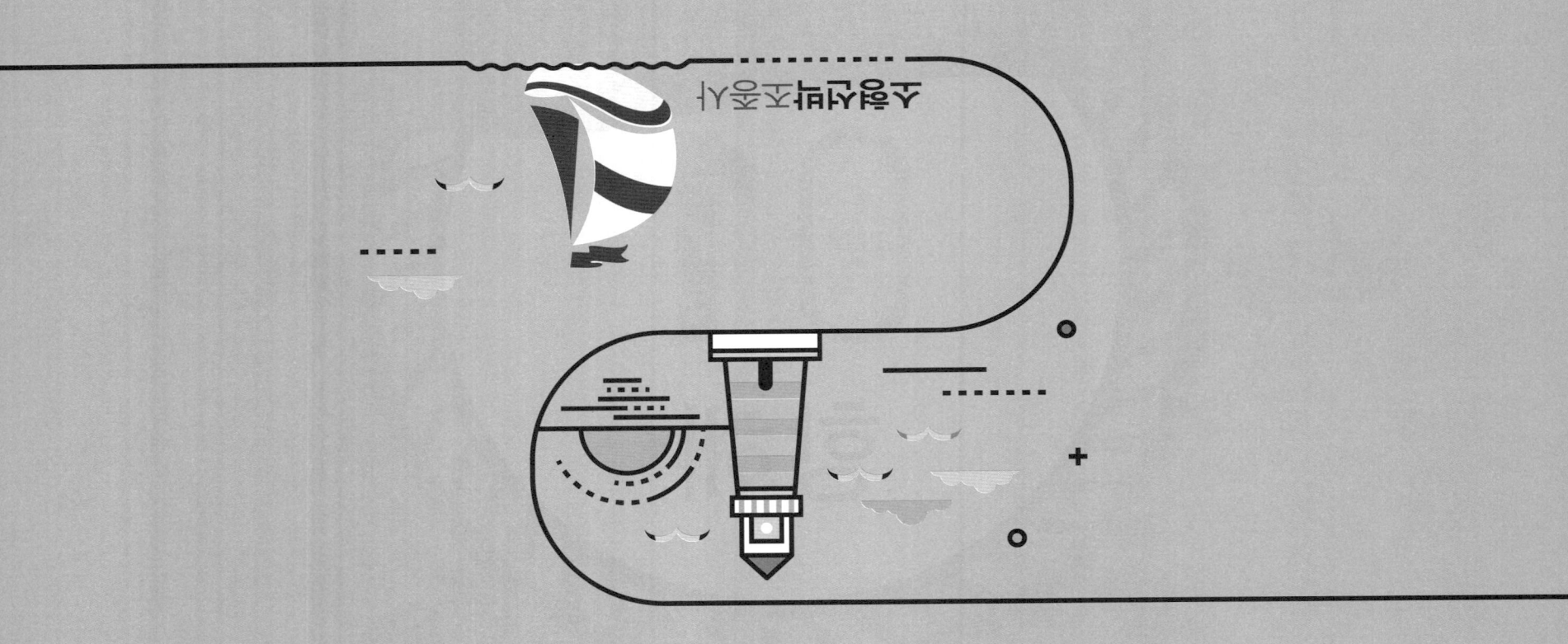

CHAPTER 01 항해계기

제1절 컴퍼스(Compass : 나침의)

컴퍼스는 물표의 방위와 본선의 침로를 구할 때 사용되는 선박에서의 꼭 필요한 가장 기본적인 항해계기로 자석의 성질을 이용한 마그네틱 컴퍼스와 고속으로 회전하는 자이로 스코프를 이용한 자이로 컴퍼스가 있다.

1 마그네틱 컴퍼스(Magnetic compass : 자기컴퍼스)

- 자석에 의하여 자북을 지시하게 하여 방위를 측정하는 계기
- 마그네틱 컴퍼스의 구조는 볼(컴퍼스 카드, 자침, 캡 등이 들어있는 그릇)과 비너클(볼을 거는 장치)의 두 부분으로 되어 있다.

(1) 볼(Bowl)의 구조

① 컴퍼스액
② 피벗(Pivot : 축침)
③ 캡(Cap : 축모)
④ 부실(Float)
⑤ 컴퍼스 카드(Compass Card : 나패)
⑥ 짐벌링(Gimbal Ring)＝짐벌즈(gimbals)
⑦ 기선(Lubber's Line)
⑧ 주액구
⑨ 섀도 핀(Shadow Pin)
⑩ 자침(Magnetic Needle)

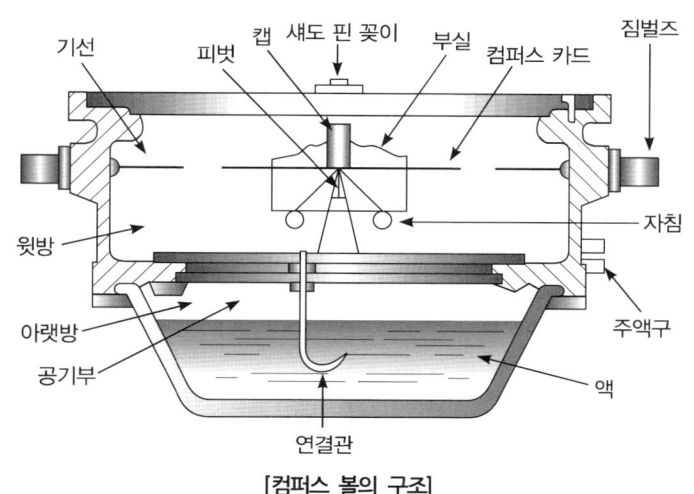

[컴퍼스 볼의 구조]

(2) 비너클(Binnacle)의 구조

목재 또는 비자성체로 만든 원통형의 지지대로 자차수정장치인 수평연철구, B, C자석, 플린더즈 바, 경선차 수정자석 등이 부착되어 있다.

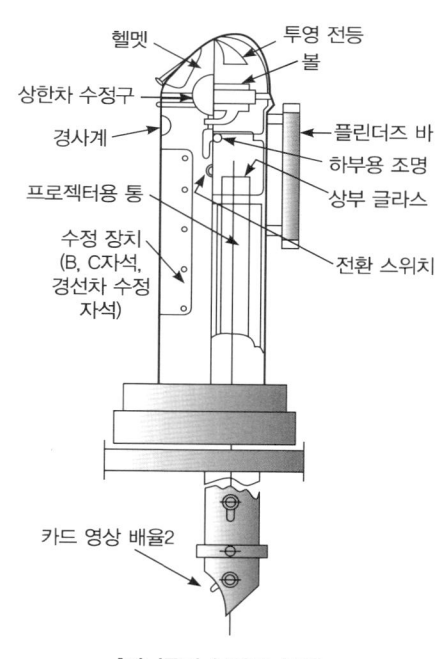

[비너클의 부착물 구조]

2 자이로 컴퍼스(Gyro compass)

자이로 컴퍼스는 자석 대신에 고속으로 회전하는 자이로 스코프를 이용하여 진북을 지시하는 전륜 나침의

제2절 측심기(Sounding machine)

간단하게 수심, 해저의 저질 등을 측정할 수 있는 핸드 레드와 수심, 저질뿐만 아니라 어군의 존재 등을 연속적으로 측정할 수 있는 음향 측심기 등이 있다.

1 핸드 레드(Hand lead : 수용측심의)

핸드 레드는 수심이 얕은 곳에서 수심과 저질을 측정하는 기구로 레드(lead : 납덩이)와 줄(레드라인)로 구성되어 있다.

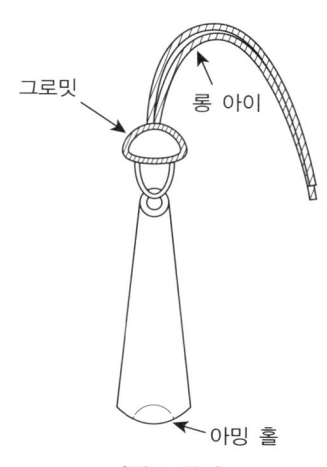

[핸드 레드]

Chapter 1 항해계기

② 음향측심기(Echo Sounder)

- 선저에서 해저로 발사한 짧은 펄스의 초음파가 해저에서 반사되어 되돌아 오는 시간을 측정하여 수심을 측정한다.
- 수심을 측정할 뿐만 아니라 개략적인 해저의 형상이나 어군의 존재를 파악하기 위한 계기

③ 선속계(Speed log : 측정의)

선박의 속력과 항주거리를 측정하는 계기로 핸드 로그, 패턴트 로그, 전자식 로그, 도플러 로그 등이 있다.

④ 육분의(Sextant)

천체의 고도를 측정하거나 두 물표의 수평 협각을 측정하여 선위를 결정하는데 사용되는 계기

⚓ 참고 | 육분의 오차

(1) 수정 가능한 오차
    ① 수직 오차 ② 수평 오차 ③ 조준 오차(시축선 오차)
    ④ 육분의 기차(Index Error)
(2) 수정이 불가능한 오차
    ① 중심차 ② 눈금 오차 ③ 분광 오차

---

⑤ 전파 항해계기

(1) 레이더(Radar)

- 전파를 발사하여 그 반사파를 측정함으로써 물표까지의 거리 및 방향을 파악하는 계기
- 전파의 특성인 등속성, 직진성, 반사성을 이용한다.
- 사용하는 전파는 파장이 아주 짧은 마이크로파(극초단파)의 펄스파를 이용한다.

(2) GPS(Global Positioning System)

- 전 세계의 어느 곳에서나 위치를 구할 수 있는 방식(범지구 위치 결정시스템)이라는 뜻으로서, 정확한 시계(원자시계)를 이용하여 위성과 사용자 사이의 전파의 도달 시간을 정확히 측정함으로써 위성까지의 거리를 알 수 있으므로 현재의 위치를 GPS 수신기에 표시해 주는 위성 항법 장치로 현재 가장 많이 사용하는 항해계기이다.
- 24여개 이상의 GPS위성 중 24개의 위성이 6개의 궤도면에 분포해 전 세계 어디에서도 최소 6개의 GPS 위성을 관측할 수 있도록 하여 정확한 위치를 구할 수 있다.

(3) 무선방위측정기(RDF : Radio Direction Finder)

루프 안테나의 지향 특성을 이용하여 육상 무선 표지국이나 선박 등에서 발사된 전파의 오는 방향을 측정하는 계기

(4) 로란 C(Loran : Long range navigation)

두 국(주국과 종국)으로부터의 거리 차인 전파의 도달 시간차를 측정하여 선박의 위치를 구하는 항법 장치로 100KHz의 저주파의 펄스파를 이용하며, 하나의 주국(Master Station)과 2~4개의 종국(Slave Station)으로 구성되어 있다.

(5) 선박 자동 식별 장치(AIS)

선박과 선박 간 그리고 선박과 육상 관제소사이에 선박의 선명, 위치, 침로, 속력 등의 선박관련 정보와 항해 안전 정보 등을 자동으로 교환할 수 있는 장치로, 선박 상호간의 충돌도 예방하고, 선박의 교통량이 많은 해역에서는 효과적으로 해상교통관리도 할 수 있다.

CHAPTER 01 항해계기 실전예상문제

제1과목 항해

01 최근빈출 대표유형
육안으로 물표의 방위를 측정하는데 쓰이는 계기는?

가. 컴퍼스
나. 항해기록장치
사. 로란
아. 무선방향탐지기

해설 컴퍼스는 방위와 침로를 구할 때 사용되는 계기이다.
- **항해기록장치(VDR)**: 선박의 운항중 발생되는 각종 항해정보를 기록, 유지 및 관리하는 항공기의 블랙박스와 같이 사고원인 분석을 위해 사용된다.
- **로란(Loran)**: 전파를 이용하여 선박의 위치를 구할 때 사용하는 전파계기
- **무선방향탐지기(RDF)**: 전파가 오는 방향을 탐지하는 전파계기

02 최근빈출 대표유형
자기컴퍼스의 용도가 아닌 것은?

가. 선박의 침로 유지에 사용
나. 물표의 방위 측정에 사용
사. 선박의 속력 측정에 사용
아. 타선의 방위 변화 확인에 사용

해설 선박의 속력 측정에 사용되는 계기는 선속계이다.

03
액체식 자기컴퍼스의 볼(Bowl) 내 구조가 아닌 것은?

가. 컴퍼스 카드
나. 비너클(Binnacle)
사. 부실
아. 자침

해설 컴퍼스의 구조는 볼과 비너클의 2부분으로 되어 있다.
볼에는 컴퍼스 카드, 부실, 자침, 피벗, 캡 등 여러 가지 장치들이 들어 있으며, 비너클은 볼을 설치할 수 있는 나무 등 비자성체로 되어 있는 부분을 말한다.

04 최근빈출 대표유형
자기컴퍼스 볼의 구조에 대한 아래 그림에서 ㉠은?

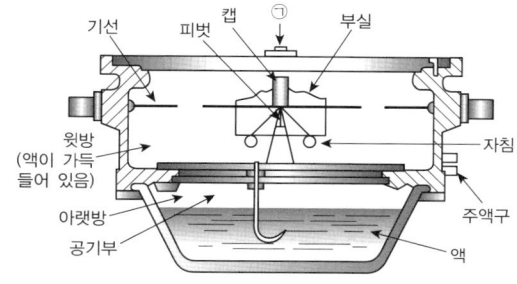

가. 짐벌즈
나. 섀도 핀 꽂이
사. 컴퍼스 카드
아. 연결관

해설 물표의 방위를 가장 빨리 측정할 수 있는 기구로 놋쇠로 된 가는 막대로 컴퍼스 볼의 글라스 커버의 중앙에 핀을 세울 수 있는 섀도 핀 꽂이(Shadow Pin Shoe)가 있다.
- **짐벌즈 또는 짐벌링**: 선박의 동요로 비너클이 기울어져도 볼을 항상 수평으로 유지하기 위한 장치
- **연결관**: 팽창이나 수축으로 인한 적당한 컴퍼스액의 양을 조절하기 위해 볼의 윗방과 아랫방으로 액을 이동시켜주는 장치

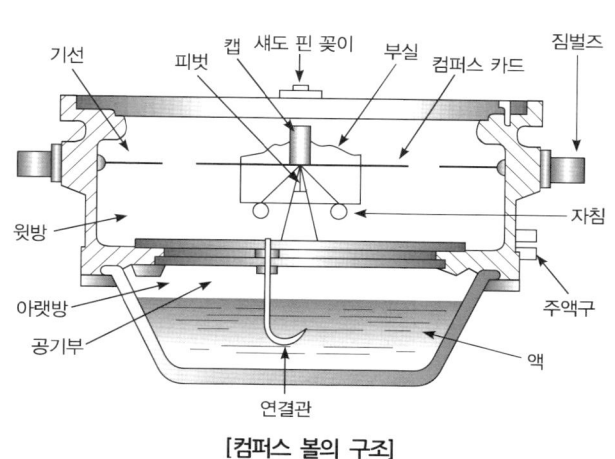

[컴퍼스 볼의 구조]

05
소형선에서 주로 사용하는 액체 자기컴퍼스의 액체 구성 성분은?

가. 알코올과 증류수의 혼합액
나. 알코올과 염산의 혼합액
사. 증류수와 염산의 혼합액
아. 증류수와 해수의 혼합액

해설 액체 자기컴퍼스의 볼에는 알코올 4 : 증류수 6 정도 비율로 액체가 들어 있다.

06
자기컴퍼스 볼(Bowl) 내의 주액구를 통해 액을 보충할 때 적당한 주위의 온도는?

가. 5℃
나. 15℃
사. 25℃
아. 30℃

해설 볼 내에 기포 등이 생겼을 때는 기포를 없애기 위하여 액체를 보충해 주어야 하는데 이때의 기온은 15℃ 정도가 적당하다.

07 최근빈출 대표유형
자기컴퍼스에서 북을 0도로 하여 시계방향으로 360등분 된 방위눈금이 새겨져 있고, 그 안쪽에는 사방점 방위와 사우점 방위가 새겨져 있는 것은?

가. 볼
나. 기선
사. 짐벌즈
아. 컴퍼스 카드

해설
- **볼(Bowl)**: 반자성 재료인 청동 또는 놋쇠로 되어 있는 용기로서, 그 안에 액체가 있어 컴퍼스 카드 부분이 거의 떠 있고, 볼은 상하 2개의 방으로 되어 있다.
- **기선(Lubber point)**: 볼 내벽의 카드와 동일한 면 안에 4개의 기선이 각각 선수, 선미, 좌우의 정횡방향을 표시한다.
- **짐벌즈(Gimbals)**: 짐벌링(Gimbal ring)이라고도 하며, 선박의 동요로 비너클이 기울어져도 볼을 항상 수평하게 유지하기 위한 장치로 그 구조는 안밖의 2개 링(ring)으로 되어 있다.
- **컴퍼스 카드**: 온도가 변화하더라도 변형되지 않도록 부실에 부착된 운모 혹은 황동제의 원형판으로 주변에 정밀하게 눈금을 파 놓았다. 그 원주에 북을 0°로 하여 시계방향으로 360등분 된 방위 눈금이 새겨져 있고, 그 안쪽에는 사방점인 N, S, E, W 방위와 사우점인 NE, SE, SW, NW의 방위가 새겨져 있다.

정답 1 가 2 사 3 나 4 나 5 가 6 나 7 아

소형선박조종사   Chapter 1 항해계기

08 [최근빈출 대표유형]
자기컴퍼스에서 선박의 동요로 비너클이 기울어져도 볼을 항상 수평으로 유지시켜 주는 장치는?

가. 피벗   나. 컴퍼스 액
사. 짐벌즈   아. 섀도 핀

해설
- 짐벌링(Gimbal Ring)＝짐벌즈(gimbals) : 선박의 동요로 비너클이 기울어져도 볼을 항상 수평하게 유지하기 위한 장치이다.
- 피벗(Pivot : 축침) : 캡과의 사이에 마찰이 작아 카드가 자유롭게 회전하게 하는 장치로 끝은 이리듐과 백금이 9 : 1의 비율의 합금으로 되어 있다.
- 컴퍼스 액 : 알코올과 증류수를 4 : 6의 비율로 혼합하여 비중이 약 0.95인 액으로 +60℃～-20℃에 걸쳐 점성 및 팽창계수의 변화가 작아야 한다.
- 섀도 핀(Shadow Pin) : 물표의 방위를 가장 빨리 측정할 수 있는 기구로 놋쇠로 된 가는 막대로 컴퍼스 볼의 글라스 커버의 중앙에 핀을 세울 수 있는 섀도 핀 꽂이(Shadow Pin Shoe)가 있다.

09 [최근빈출 대표유형]
섀도 핀에 의한 방위 측정 시 주의사항에 대한 설명으로 옳지 않은 것은?

가. 핀의 지름이 크면 오차가 생기기 쉽다.
나. 핀이 휘어져 있으면 오차가 생기기 쉽다.
사. 선박의 위도가 크게 변하면 오차가 생기기 쉽다.
아. 볼(Bowl)이 경사된 채로 방위를 측정하면 오차가 생기기 쉽다.

해설 위도가 변하는 것과 섀도 핀에 의한 방위측정은 관계가 없다.

10 [최근빈출 대표유형]
자기컴퍼스 취급 시 주의사항으로 옳지 않은 것은?

가. 기선이 선수미선과 일치하는지 점검한다.
나. 방위를 측정할 때는 자차만 수정하면 된다.
사. 볼 내의 기포는 제거해 주어야 한다.
아. 비너클 내의 수정용 자석의 방향이 정확한지 점검한다.

해설 자기컴퍼스로 측정한 방위는 나침방위이기 때문에 진방위로 방위개정을 하여야 한다.
방위개정은 자차를 개정하여 자침방위로, 자침방위에 편차를 개정하여 진방위로 개정하여야 한다.

11 [최근빈출 대표유형]
자이로 컴퍼스에 대한 설명으로 옳지 않은 것은?

가. 고속으로 돌고 있는 로터를 이용하여 지구상의 북을 가리키는 장치이다.
나. 자차와 편차의 수정이 필요 없다.
사. 방위를 간단히 전기신호로 바꿀 수 있다.
아. 자기컴퍼스에 비해 지북력이 약하다.

해설 자기컴퍼스는 자북에 가까이 가면 지북력이 없어지지만 자이로 컴퍼스는 자기와 관계가 없기 때문에 자기컴퍼스에 비해 지북력이 강하다.

▶ 자이로 컴퍼스의 특징
- 진북을 지시한다. Magnetic compass에서 생기는 편차, 자차가 없다.
- 선내 어떤 장소에 설치하여도 된다. ▶자기와는 관계가 없으므로 철기류나 전동기 등의 영향이 없다.
- 지북력이 강하다. ▶위도가 높아져도 상당한 지북력을 갖고 있으므로 극지방 부근의 항해에도 이용할 수 있다.
- Repeater compass를 이용하여 필요한 곳에 설치할 수 있다.

12 [최근빈출 대표유형]
자이로 컴퍼스에서 자동으로 북을 찾아 정지하는 지북제진 기능을 하는 부분은?

가. 주동부   나. 추종부
사. 지지부   아. 전원부

해설 자이로 컴퍼스의 구성
(1) 주동부(Sensitive Part) : 자동으로 북을 찾아 정지하는 지북제진 기능을 가진 부분(북탐제진기능)으로 고속회전운동을 지속시키는 로터와 축에 알맞은 토크를 주는 토커(Torquer)로 구성되어 있다.
(2) 추종부(Follow-up Part) : 주동부를 지지하고 또 그것을 추종하도록 되어 있는 부분으로 그 자체는 지지부에 지지되어 있고 컴퍼스 카드는 추종부에 부착되어 있다.
(3) 지지부(Supporting Part) : 선체의 요동, 충격 등의 영향이 추종부에 거의 전달되지 않도록 짐벌링 구조로 추종부를 지지하게 되며, 그 자체는 비너클에 지지되어 있고, 비너클은 선체에 부착되어 있다.
(4) 전원부(Power Supply Part) : 로터를 고속으로 회전시키는 데는 주파수 200Hz 이상의 높은 전원이 필요하여 선박에서 쓰는 전원을 컴퍼스에 필요한 전원으로 변경시켜주는 전동 발전기(Motor Generator)와 스태틱인버터(Static Inverter) 등을 사용한다.

13 [최근빈출 대표유형]
전파의 특성이 아닌 것은?

가. 직진성   나. 등속성
사. 반사성   아. 회전성

해설 전파의 특성은 직진성, 등속성, 반사성으로 이 성질을 이용하여 항해계기에 사용된다.

14
로란 C는 전파의 무엇을 이용한 항법 방식인가?

가. 도착 시간차   나. 전파거리
사. 진행방향   아. 주파수 변화량

해설 로란 C는 두 국(주국과 종국)으로부터의 거리 차인 전파의 도달 시간차를 측정하여 선박의 위치를 구하는 쌍곡선 항법 장치로 저주파(주파수 100kHz)의 펄스파를 이용한다.

15
다음 중 물표까지의 거리를 측정할 수 있는 계기는?

가. 자기컴퍼스   나. 육분의
사. GPS   아. 레이더

해설
- 자기컴퍼스 : 자석을 이용한 컴퍼스로 방위와 침로를 알 수 있는 계기
- 육분의 : 천체의 고도와 물표 사이의 협각을 측정할 수 있는 계기
- GPS : 위성을 이용하여 선박의 위치를 정확히 측정할 수 있는 계기
- 레이더 : 전파를 이용하여 물표의 방위와 거리를 측정할 수 있는 계기

16 [최근빈출 대표유형]
레이더를 이용하여 얻을 수 없는 것은?

가. 등대의 방위   나. 육지와의 거리
사. 본선의 위치   아. 본선이 위치한 지점의 수심

해설 레이더는 전파를 이용하여 물표의 방위와 거리를 측정하는 전파계기로 수심은 구할 수 없다. 수심은 측심기로 구한다.

정답   8 사   9 사   10 나   11 아   12 가   13 아   14 가   15 아
      16 아

17 최근빈출 대표유형

( )에 적합한 것은?

"( )는 레이더의 국부 발진기의 발진 주파수를 조정하는 것으로 국부 발진기의 발진 주파수가 적절히 조정되면 목표물의 반사에 의한 지시기의 화면이 선명하게 된다."

가. 동조 조정기 나. 감도 조정기
사. 해면 반사 억제기 아. 비·눈 반사 억제기

해설
- 동조 조정기(Tuning)
  ① 레이더의 국부 발진기의 발진 주파수를 조정하는 조정기이다.
  ② 국부 발진기의 주파수가 적절히 조정되면 목표물의 반사에 의한 지시기의 화면이 선명하게 된다.
  ③ 레이더에는 동조 상태를 나타내는 표시가 화면상에 나타나므로, 그 표시가 최대가 되도록 조정하면 된다.
- 감도 조정기(Gain)
  ① 수신기의 감도를 조정하는 것으로 감도가 증가하면 영상이 밝아지고 탐지 능력도 좋아지지만, 동시에 영상의 잡음도 함께 증가되어 목표물의 식별이 어렵게 된다.
  ② 영상의 잡음이 지시기의 중앙 부근에 조금만 나타날 정도로 조정한다.
  ③ 근거리 사용시에는 잡음을 적게 하기 위해서 약간 낮게 조정하고 원거리 사용시에는 탐지 능력을 좋게 하기 위하여 약간 높게 조정한다.
- 해면 반사 억제기(STC : Sensitivity Time Control 또는 anti-clutter sea)
  자선의 주위의 해면이 바람 등으로 거칠어지면 해면 반사에 의해 화면의 중심 부근이 밝게 나타나게 되어 근거리에 있는 소형 물체의 식별이 어렵게 될 때 근거리에 대한 반사파의 수신 감도를 떨어뜨리도록 하여 방해현상을 줄이는 조정기
- 눈·비 반사 억제기(FTC : Fast Time Constant 또는 anti-clutter rain)
  비나 눈 등의 영향으로 화면상에 방해 현상이 많아져서 물체의 식별이 곤란한 경우에 방해 현상을 줄이기 위한 조정기이다.

18 최근빈출 대표유형

상대운동 표시방식 레이더 화면에서 본선을 추월하고 있는 선박으로 옳은 것은? (단, 본선 속도는 현재 12노트이고, 화면상 탐지 범위는 12마일이다.)

가. A 나. B 사. C 아. D

해설 타 선박에서 나오는 선(벡터)은 그 선박의 침로와 속력을 나타낸다.
A : 7마일 정도 거리에서 본선을 향하여 오는 위험한 선박
B : 7마일 정도 떨어진 거리에서 옆 방향으로 지나가는 선박
C : 7마일 정도의 거리 뒤쪽에서 본선에 접근하는 선박
D : 9마일 정도 떨어진 거리에서 본선의 침로와 180° 반대 방향으로 항해하는 선박

19 최근빈출 대표유형

파도가 심한 곳에서 레이더 화면의 중심 부근에 있는 소형어선을 탐지하기 위해서 조절하는 것은?

가. 전원 스위치 나. 중심 이동 조정기
사. 해면 반사 억제기 아. 가변 거리환 조정기

해설
- 해면 반사 억제기(STC) : 자선의 주위의 해면이 바람 등으로 거칠어지면 해면 반사에 의해 화면의 중심 부근이 밝게 나타나게 되어 근거리에 있는 소형 물체의 식별이 어렵게 될 때 근거리에 대한 반사파의 수신 감도를 떨어뜨리도록 하여 방해현상을 줄이는 조정기
- 중심 이동 조정기(Off Center) : 필요에 따라 소인선의 기점인 자선의 위치를 화면의 중심이 아닌 다른 곳으로 이동시킬 수 있는 조정기
- 가변거리 조정기(VRM : Variable Range Marker) : 물체까지의 거리를 화면상에서 측정하기 위하여 사용하는 조정기

20 최근빈출 대표유형

인공위성을 이용하여 선위를 구하는 장치는?

가. 지피에스 나. 로란
사. 레이더 아. 데카

해설
- 지피에스(GPS) : 정확한 시계(원자시계)를 이용하여 위성과 사용자 사이의 전파의 도달 시간을 정확히 측정함으로써 위성까지의 거리를 알 수 있으므로 현재의 위치를 GPS 수신기에 표시해 주는 위성 항법 장치
- 로란 C : 쌍곡선 항법 장치로 두 국(주국과 종국)으로부터의 거리 차인 전파의 도달 시간차를 측정하여 선박의 위치를 구하는 항법 장치
- 레이더 : 전파의 특성인 직진성, 반사성, 등속성을 이용하여 물표의 거리와 방위를 탐지할 수 있는 전파계기
- 데카 : 쌍곡선 항법장치로 전파의 위상차에 의하여 선박의 위치를 구하는 항법 장치

21 최근빈출 대표유형

아래 그림은 무슨 계기인가?

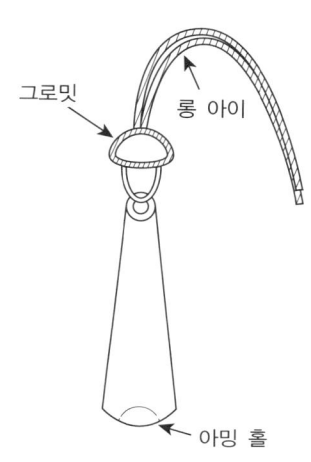

가. 나침의 나. 선속계
사. 양묘기 아. 핸드 레드

해설 핸드 레드(Hand lead : 수용측정의)
수심이 얕은 곳에서 수심과 저질을 측정하는 측심기로 3~7kg의 레드(lead : 납덩이)와 45~70m 정도의 레드라인으로 구성되어 있다.
- 납덩이의 밑에 있는 해저의 저질을 판별하기 위한 구멍인 아밍 홀(arming hole)이 있다.
- 투묘시 배의 진행 방향과 타력을 알 수 있다.
- 줄(lead line)의 움직임을 파악하여 정박중 닻끌림(주묘)을 알 수 있다.

22 최근빈출 대표유형

수심을 측정할 뿐만 아니라 개략적인 해저의 형상이나 어군의 존재를 파악하기 위한 계기는?

가. 나침의 나. 선속계
사. 음향측심기 아. 핸드 레드

정답 17 가 18 사 19 사 20 가 21 아 22 사

해설 • 나침의 : 물표의 방위 측정과 선박의 침로를 알 수 있는 계기
• 선속계 : 선박의 속력과 항정을 측정하는 계기
• 음향측심기 : 음파를 이용하여 수심과 해저의 형상 또는 어군의 존재까지도 파악하는 계기
• 핸드 레드(Hand lead) : 수심이 얕은 곳에서 수심과 저질을 측정하는 측심계로 레드(lead : 납덩이)와 45~70m 정도의 레드라인으로 구성되어 있다.

23 [최근빈출 대표유형]

음향측심기의 용도가 아닌 것은?

가. 어군의 존재 파악

나. 해저의 저질 상태 파악

사. 선박의 속력과 항주거리 측정

아. 수로 측량이 부정확한 곳의 수심 측정

해설 • 선박의 속력과 항주거리를 측정하는 계기는 선속계(측정의 : log)이다.
• 음향측심기는 초음파를 해저로 발사하고 해저에 반사되어 오기까지의 시간을 측정하여 수심 및 어군의 존재를 파악하기 위한 계기로 해저의 상태도 대략적으로 알 수 있다.

24 [최근빈출 대표유형]

음파의 속도가 1,500m/s일 때 음향측심기의 음파가 반사되어 수신한 시간이 0.4초라면 수심은?

가. 75m   나. 150m

사. 300m   아. 450m

해설 음파는 1초에 1,500m 전달되므로, 0.4초 동안은 1,500m×0.4=600m 전달된다.
이것은 발사한 음파가 해저에 부딪치고 수신할 때까지이므로, 수심은 600m÷2(왕복)=300m가 된다.

25 [최근빈출 대표유형]

전원(電源)이 있어야 사용할 수 있는 계기는?

가. 기압계   나. 선속계

사. 쌍안경   아. 자기컴퍼스

해설 현재 많이 사용하는 도플러 선속계(로그) 또는 전자선속계(로그) 등은 전원이 필요하다.

26 [최근빈출 대표유형]

전자식 선속계와 관련이 없는 것은?

가. 도체   나. 자기장

사. 기전력   아. 초음파

해설 초음파와 관계가 있는 것은 도플러 선속계이다.

▶ 전자식 선속계(Electromagnetic log : EM, log)
• 패러데이의 전자 유도 법칙인 "도체와 자기장이 상대적인 운동 상태에 있을 때 도체에는 기전력이 유기된다"는 것을 응용한 것
• 자기장이 일정하면 기전력의 세기는 운동의 속도에 비례하며 이 기전력은 도체나 자기장이 움직이면 발생된다.

27 [최근빈출 대표유형]

전자식 선속계의 검출부 전극의 부식방지를 위하여 전극부근에 부착하는 것은?

가. 도관   나. 자석

사. 핀   아. 아연판

해설 전자식 선속계의 검출부에 있는 전극이 부식되는 것을 방지하기 위하여 검출부 부근에는 아연판을 부착한다.

정답 23 사 24 사 25 나 26 아 27 아

CHAPTER 02 항법

제1절 항해에 관한 기본 용어

1 지구상의 위치에 관한 용어

(1) **적도** : 지축에 직교하는 대권 위도의 기준(위도 0°)

(2) **거등권** : 적도에 평행한 소권 또는 지축에 직교하는 소권으로 평행권 또는 위도권이라고도 한다.

(3) **자오선** : 양극을 지나는 대권으로 적도에 직교하는 대권이다.

(4) **본초자오선** : 영국의 그리니치 천문대를 지나는 자오선 경도의 기준(경도 0°)

(5) **진자오선** : 지극을 잇는 대권, 즉 진북과 진남을 잇는 대권

(6) **자기자오선** : 자기극을 잇는 대권, 즉 자북과 자남을 잇는 대권

(7) **위도(Latitude : Lat, L)**
어느 지점을 지나는 거등권과 적도 사이의 자오선상의 호의 길이 또는 이 호가 지구 중심에서 이루는 각

(8) **경도(Longitude : Long, λ)**
어느 지점의 자오선과 본초자오선 사이의 적도상의 호의 길이 또는 지구 중심(극)에서 이루는 각

(9) **변위(Difference of Latitude : DLat, ℓ)**
위도의 변화량으로 두 지점을 지나는 거등권 사이의 자오선상의 호의 길이

(10) **변경(Difference of Longitude : DLo)**
두 지점의 경도의 차로 두 지점의 자오선 사이에 낀 적도상의 호 또는 극에서 이루는 각을 말한다.

(11) **항정선** : 지구 위의 모든 자오선과 같은 각으로 만나는 곡선으로 선박이 일정한 침로를 유지하면서 항행할 때 지구 표면에 그리는 항적이다.

(12) **항정** : 출발지에서 도착지에 이르는 항정선상의 거리 또는 양 지점을 잇는 대권상의 호의 길이를 마일로 표시한 것이다.

(13) **동서거** : 지구상의 두 지점 사이에 무수한 자오선을 그었을 때 이들 자오선과 두 지점 사이의 항정선이 만나는 점을 통과하는 거등권의 호의 합 ▶선박이 동서방향으로 간 거리

2 거리와 속력에 관한 용어

(1) **해상의 거리**
- 1해리는 위도 1분의 자오선상의 길이로 1,852m이다. ▶위도 45°에서
- 위도 1도=60분=60마일

(2) **노트(Knot, k't)**
선박의 속력을 나타내는 단위 ▶1노트는 1시간에 1해리를 항주하는 선박의 속력
- 대수속력 : 수면과 이루는 속력 ▶선속계로 측정한 선박의 속력
- 대지속력 : 육지에 대한 속력으로 외력의 영향(풍·유압차)을 가감한 속력

3 방위와 침로에 관한 용어

(1) **자차·편차·컴퍼스 오차**
① **편차(Variation)** : 진자오선(진북)과 자기자오선(자북)이 일치하지 않아서 생긴 교각
② **자차(Deviation)** : 자기컴퍼스가 선체나 선내 철기류 등의 영향을 받아 생기는 오차로 자기자오선(자북)과 선내 나침의 남북선(나북)이 이루는 각
③ **나침의 오차(Compass Error : C.E)** : 선내 나침의 남북선(나북)과 진자오선(진북)이 이루는 각

(2) **방위(Bearing)**
관측자와 물표를 지나는 대권과 자오선이 이루는 각으로 북쪽을 기준으로 하여 시계 방향으로 360°까지 측정한 것이다.
① **진방위(Ture Bearing : T.B)** : 관측자와 물표를 잇는 대권과 진자오선(진북)의 교각
② **자침방위(Magnetic Bearing : M.B)** : 관측자와 물표를 잇는 대권과 자북(자기자오선)의 교각
③ **나침방위(Compass Bearing : C.B)** : 관측자와 물표를 잇는 대권과 나북(나침의 남북선)의 교각
④ **상대방위(Relative Bearing : R.B)=관계방위** : 선수를 기준으로 한 방위로 선수방향을 000°로 하여 시계방향으로 360°까지 측정 또는 선수방향을 0°로 하여 좌·우현 쪽으로 각각 180°까지 측정

참고 | 방위표시법

방위		도수	방위		도수
N	북	000°	S	남	180°
NE	북동	045°	SW	남서	225°
E	동	090°	W	서	270°
SE	남동	135°	NW	북서	315°

(3) 침로(Course)

선수미선과 선박을 지나는 자오선이 이루는 각

① 나침로(Compass Course : C.co) : 컴퍼스의 남북선(나북)과 선수미선의 교각이다.

② 자침로(Magnetic Course : M.co) : 자기자오선(자북)과 선수미선의 교각이다.

③ 시침로(Apparent Course : App.co) : 풍압차나 유압차가 있을 때 진자오선과 선수미선이 이루는 각이다.

④ 진침로(True Course : T.co) : 진자오선과 항적이 이루는 각이다.

(4) 방위와 침로개정법

• 나침로(나침방위)에서 진침로(진방위)로 고치는 것 ▶침로(방위) 개정

• 진침로(진방위)에서 나침로(나침방위)로 고치는 것 ▶침로(방위) 반개정

제2절 선위측정법

1 위치선(Line of Position)

선박이 그 자취 위에 존재한다고 생각되는 특정한 선으로 동시에 두 개의 위치선을 결정하면 그 교점이 선위가 된다.

2 선위측정법의 종류

(1) 동시관측법

거의 같은 시간에 물표의 방위나 거리를 관측하여 선위를 구하는 방법

① 교차방위법 : 2개 이상의 뚜렷한 물표를 선정하여 거의 동시에 각각의 방위를 재어 해도상에 방위선을 긋고 이들의 교점을 선위로 측정하는 방법이다.

② 수평협각법 : 뚜렷한 3개의 물표를 육분으로 수평협각을 측정, 3간 분도기(투사지)를 사용하여 그들 협각을 각각의 원주각으로 하는 원의 교점을 구하는 방법이다.

③ 방위거리법 : 1개 물표의 방위와 거리를 동시에 측정하여, 그 방위에 의한 위치선과 수평거리에 의한 위치선의 교점을 선위로 정하는 방법

④ 2개 이상 물표의 수평거리에 의한 방법 : 2개 이상의 물표를 레이더로 동시에 수평거리를 측정하여 각각의 위치권의 교점을 선위로 결정하는 방법

⑤ 중시선에 의한 방법 : 가장 정확한 선위측정법으로 자차나 자이로 오차를 확인하는 데도 이용

(2) 격시관측법

동시에 두 개 이상의 위치선을 구할 수 없을 때 시간차를 두고 위치선을 구하여, 전위선과 위치선을 이용하여 선위를 구하는 방법

① 양측방위법 : 물표의 방위를 시간차를 두고, 두 번 이상 측정하여 선위를 구하는 방법

② 선수배각법 : 제2관측시 선수각이 제1관측시의 두 배가 되게 하여 선위를 구하는 측정법

③ 4점방위법 : 물표의 전측시 선수각을 45°(4점)로 측정하고, 후측시 선수각을 90°(8점)로 측정하는 선위측정법으로 정횡거리를 알 수 있다.

CHAPTER 02 항법 실전예상문제

제1과목 항해

01 최근빈출 대표유형

자기컴퍼스가 선체나 선내 철기류 등의 영향을 받아 생기는 오차는?

가. 기차 나. 자차
사. 편차 아. 수직차

[해설] 자차는 선체나 선내 철기류 등의 영향 때문에 자기자오선(자북)과 선내 자기컴퍼스의 남북선(나북)이 일치하지 않아서 생긴다.
- 기차 : 육분의에서 생기는 오차로 육분의 도수를 0°로 놓았을 때 동경과 수평경이 평행하지 않기 때문에 생기는 오차
- 편차 : 진자오선(진북)과 자기자오선(자북)의 사이 각도
- 수직차 : 육분의에서 생기는 오차로 동경이 기면에 수직하지 않기 때문에 생기는 오차

02 최근빈출 대표유형

자차를 변하게 하는 요인으로 볼 수 없는 것은?

가. 선체의 경사 나. 선수방위의 변화
사. 선저탱크 내로의 주수 아. 선체 내의 철구조물 변경

[해설] 자석(자기)에 영향을 주는 요소들이 자차를 변하게 한다. 선저탱크에 물을 넣는 것은 관계가 없다.

03 최근빈출 대표유형

다음 중 자기컴퍼스의 자차가 가장 크게 변하는 경우는?

가. 선체가 경사할 때
나. 선수 방위가 바뀔 때
사. 적화물이 이동할 때
아. 선체가 심한 충격을 받을 때

[해설] 보기 모두 자차가 변화하는 경우이나 특히 선수 방위가 바뀔 때 가장 뚜렷하게 나타난다.
▶ **자차가 변화하는 경우**
㉠ 선수 방위가 바뀔 때 ▶가장 영향이 크다.
㉡ 지구상의 위치의 변화, 특히 위도가 크게 변화할 때
㉢ 선체의 경사(경선차)
㉣ 적화물의 이동
㉤ 선수를 동일한 방향으로 장시간 두었을 때
㉥ 선체가 심한 충격을 받았을 때
㉦ 선내의 철기를 이동하거나 수리, 개조를 하였을 때
㉧ 나침의 부근의 구조 변경, 나침의의 위치 변경시
㉨ 낙뢰, 발포 기뢰의 폭격을 받았을 때
㉩ 지방 자기의 영향을 받았을 때

04

각 지방에 따라 특수한 자장을 갖고 있는 것을 무엇이라 하는가?

가. 지구자기 나. 지방자기
사. 잔류자기 아. 감응자기

[해설] 특수한 자장을 갖고 있는 그 지역을 지방자기를 가지고 있는 곳이라고 하며, 지방자기가 있는 섬으로는 남해안에 청산도가 있다.

05

자차측정시 주의사항으로 맞지 않는 것은?

가. 컴퍼스 볼(bowl) 내에 기포가 있으면 기포를 제거한 뒤 컴퍼스 액을 보충한다.
나. 볼의 중심이 비너클(binnacle)의 중심선과 일치하는지 확인한다.
사. 컴퍼스 기선이 선수미선과 일치하는지 점검한다.
아. 통상의 항해시에 사용하는 컴퍼스 주변의 자성체를 모두 치우고 자차를 측정한다.

[해설] 자차를 측정할 때에는 평소의 항해시 상태 그대로 두고 측정하여야 한다.

06 최근빈출 대표유형

진북과 자북의 차이는?

가. 경차 나. 자차
사. 편차 아. 컴퍼스 오차

[해설]
- 경차(복각) : 자기자오선 내에서 수평선과 지구자기의 방향과의 사이 각
- 자차 : 자기자오선(자북)과 컴퍼스의 남북선(나북)의 사이 각
- 편차 : 진자오선(진북)과 자기자오선(자북)의 사이 각
- 컴퍼스 오차 : 진자오선(진북)과 컴퍼스의 남북선(나북)의 사이 각

07

자북이 진북의 오른쪽에 있을 때 이를 무엇이라 부르는가?

가. 편서편차 나. 편동자차
사. 편동편차 아. 편서자차

[해설]
- 편동편차 : 자북(자기자오선)이 진북(진자오선)의 오른쪽에 있을 때
- 편서편차 : 자북(자기자오선)이 진북(진자오선)의 왼쪽에 있을 때
- 편동자차 : 나북(컴퍼스의 남북선)이 자북(자기자오선)의 오른쪽에 있을 때
- 편서자차 : 나북(컴퍼스의 남북선)이 자북(자기자오선)의 왼쪽에 있을 때

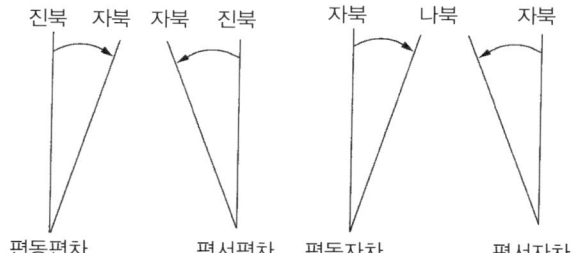

08

선체 경사시 생기는 자차는 무엇인가?

가. 지방자기 나. 경선차
사. 선체자기 아. 반원차

[해설] **경선차(Heeling error)**
- 선박이 수평일 때의 자차와 경사했을 때의 자차의 차
- 경선차의 수정은 항해중 선박이 좌우로 진동할 때, 남북 방향 침로에서 경선차 수정용 자석(Heeling Magnet)을 볼 밑에 수직으로 놓아 컴퍼스 카드가 미소하게 진동할 때까지 조정한다.

정답 1 나 2 사 3 나 4 나 5 아 6 사 7 사 8 나

09

자기컴퍼스에서 SE란 방위 몇 도를 말하는가?

가. 90도　　　　　　　　나. 135도
사. 180도　　　　　　　　아. 225도

해설 SE는 남동으로 북(N)을 중심으로 시계방향으로 135도를 말한다.

방위		도수	방위		도수
N	북	000°	S	남	180°
NE	북동	045°	SW	남서	225°
E	동	090°	W	서	270°
SE	남동	135°	NW	북서	315°

10 〔최근빈출 대표유형〕

선수미선과 선박을 지나는 자오선이 이루는 각은?

가. 방위　　　　　　　　나. 침로
사. 자차　　　　　　　　아. 편차

해설 • 침로 : 선수미선과 자오선이 이루는 각
　　• 방위 : 관측자와 물표를 잇는 선과 자오선이 이루는 각
　　• 자차 : 자북과 나북이 이루는 각
　　• 편차 : 진북과 자북이 이루는 각

11

자선의 선수를 0도로 하여 좌현, 우현으로 180도까지로 표시하는 것은?

가. 진방위　　　　　　　　나. 상대방위
사. 자침방위　　　　　　　　아. 나침방위

해설 • 상대방위 : 관측자와 물표를 잇는 선과 선수미선이 이루는 각으로 선수를
　　　0°로 하여 360°까지 측정하거나 또는 선수를 0°하여 좌현, 우현으로
　　　180°까지 측정하는 방위로 견시보고나 닻줄보고 등에 이용한다.
　　• 진방위 : 관측자와 물표를 잇는 선과 진자오선(진북)이 이루는 각
　　• 자침방위 : 관측자와 물표를 잇는 선과 자기자오선(자북)이 이루는 각
　　• 나침방위 : 관측자와 물표를 잇는 선과 컴퍼스의 남북선(나북)이 이루
　　　는 각

12

자차 3°E, 편차 6°W이다. 컴퍼스 오차는 얼마인가?

가. 9°E　　　　　　　　나. 9°W
사. 3°E　　　　　　　　아. 3°W

해설 컴퍼스 오차는 진북과 나북의 사이 각도로 자차와 편차를 가감하여 구한다.
　　자차와 편차의 부호가 같으면 합(+), 부호가 다르면 차(-)를 내어 큰 것
　　의 부호를 붙인다.
　　∴ 컴퍼스 오차＝편차 6°-자차 3°E＝3°W [부호가 다르므로 (-)하여 큰
　　　것의 부호 W]

13

자침방위가 069°이고, 그 지점의 편차가 9°E일 때 진방위는 몇 도인가?

가. 060°　　　　　　　　나. 069°
사. 070°　　　　　　　　아. 078°

해설 자침방위에서 진방위로 고치는 것을 방위개정이라 하며, 편동편차(E)이면
　　(+)를 한다.
　　∴ 진방위＝자침방위＋편차＝069°＋9°E＝078°

14 〔최근빈출 대표유형〕

진침로는 070°이고 그 지점에서의 편차가 9°W, 자차가 6°E일 때 정침해야
할 나침로는?

가. 067°　　　　　　　　나. 073°
사. 076°　　　　　　　　아. 079°

해설

침로 개정			침로 반개정		
나침로		(073)	진침로		070
자차	(+)	6 E	편차	(+)	9 W
자침로		079	자침로		079
편차	(-)	9 W	자차	(-)	6 E
진침로		070	나침로		(073)

진침로에서 나침로로 개정하는 것이기 때문에 침로 반개정이다. 그러므로
자차와 편차의 부호가 W이면 (+), E이면 (-)를 한다. ►침로 개정시에는
반대로 한다.
∴ 070° ＋ 9°W - 6°E＝073°
• 침로 개정 : 나침로에서 진침로로 고치는 것
• 침로 반개정 : 진침로에서 나침로로 고치는 것

15 〔최근빈출 대표유형〕

항해중인 선박의 진침로가 130°이고, 편차가 5°E, 자차가 3°E일 때 나침
로는?

가. 128°　　　　　　　　나. 135°
사. 138°　　　　　　　　아. 122°

해설 진침로에서 나침로로 개정하므로 침로 반개정이기 때문에 진침로에서 자
　　차, 편차의 부호가 E는 (-), W는 (+)하여 나침로로 한다.
　　130°-5°E-3°E＝122°

침로 개정			침로 반개정		
나침로		(122)	진침로		130
자차	(+)	3 E	편차	(-)	5 E
자침로		125	자침로		125
편차	(+)	5 E	자차	(-)	3 E
진침로		130	나침로		(122)

16

항해중 배가 바람이나 조류에 떠밀려서 그 항적이 선수미선과 이루는 교각을
무엇이라 하는가?

가. 조시　　　　　　　　나. 조류
사. 조석　　　　　　　　아. 풍압차

해설 • 풍압차 : 배가 바람이나 조류에 떠밀려서 그 항적이 선수미선과 이루는
　　　교각
　　• 조시 : 고조나 저조가 일어나는 시각
　　• 조류 : 조석에 의한 해수의 수평방향의 주기적인 운동
　　• 조석 : 해면의 주기적인 상하 승강 운동으로 수직방향(연직방향) 운동

17

가장 정확한 선위로 볼 수 있는 것은?

가. 추측위치　　　　　　　　나. 추정위치
사. 실측위치　　　　　　　　아. 전위선을 이용한 위치

해설 선박의 위치 중 가장 정확한 것은 실제로 물표를 보고 측정한 실측위치이다.
　► 선위의 종류
　　• 실측위치(AP. Fix) : 실제로 관측하여 구한 선위
　　• 추측위치(D.R.P) : 최근의 실측위치를 기준으로 하여 진침로와 선속계 또
　　　는 기관의 회전수로 구한 항정에 의하여 구한 선위
　　• 추정위치(E.P) : 추측위치에 외력의 영향을 가감하여 구한 선위

정답 9 나　10 나　11 나　12 아　13 아　14 나　15 아　16 아　17 사

• 전위선 : 제1위치선을 침로방향으로 그 동안의 항정만큼 평행이동시킨 선으로 격시관측위치를 구할 때 사용된다.

18 [최근빈출 대표유형]

용어에 대한 설명으로 옳은 것은?

가. 전위선은 추측위치와 추정위치의 교점이다.
나. 중시선은 두 물표의 교각이 90도일 때의 직선이다.
사. 추측위치란 선박의 침로, 속력 및 풍압차를 고려하여 예상한 위치이다.
아. 위치선은 관측을 실시한 시점에 선박이 그 자취 위에 있다고 생각되는 특정한 선을 말한다.

[해설] • 전위선 : 위치선을 침로방향으로 그 동안의 항정만큼 평행이동시킨 선이다.
• 중시선 : 두 물표가 일직선으로 보일 때의 선이다.
• 추측위치 : 실측위치를 기준으로 침로와 항정으로 구한 위치로 추측위치에 외력의 영향을 수정하면 추정위치가 된다.

19

선박의 위치를 구하는 위치선 중 가장 정확도가 높은 것은?

가. 물표의 나침의 방위에 의한 위치선
나. 중시선에 의한 위치선
사. 천체의 관측에 의한 위치선
아. 수심에 의한 위치선

[해설] 위치선 중에는 중시선에 의한 위치선이 가장 정확도가 높다.
• 위치선 : 선박이 그 자취 위에 존재한다고 생각되는 특정한 선으로 동시에 두 개의 위치선을 결정하면 그 교점이 선위가 된다.
• 중시선 : 두 물표가 일직선상에 보일 때의 선으로 선위측정, 피험선, 컴퍼스 오차의 측정(자차측정), 변침점, 선속측정, 닻 끌림의 확인 등에 이용된다.

20

선위를 정확히 확인하기 위하여 연안항해에 사용되는 해도의 축척에 대한 설명으로 옳은 것은?

가. 축척은 커야 한다.
나. 축척은 육지와 비례하여야 한다.
사. 축척은 작아야 한다.
아. 최신 해도이면 축척은 관계없다.

[해설] 축척이 클수록 수심 등이 조밀하고 정확하게 기록되어 있어 선위를 보다 정확하게 구할 수 있다.
• 축척 : 두 지점 사이의 실제 거리와 해도에서 두 지점 사이의 길이의 비 5만분의 1인 해도와 50만분의 1인 해도 중에는 5만분의 1인 해도가 대축척해도이다.

21

두 물표가 일직선상에 겹쳐 보일 때 구해지는 위치선은 무엇인가?

가. 전위선 나. 항정선
사. 중시선 아. 수평선

[해설] 중시선은 두 물표가 일직선상에 겹쳐 보일 때의 선을 말한다.
• 전위선 : 제1위치선을 침로방향으로 그 동안의 항정만큼 평행이동시킨 선
• 항정선 : 지구 위의 모든 자오선과 같은 각으로 만나는 선

22

교차방위법으로 선위결정 시 방위측정에 관한 주의사항으로 적당한 것은?

가. 방위변화가 빠른 물표는 제일 먼저 측정한다.
나. 선수미 방향의 물표를 먼저, 정횡방향의 물표는 나중에 측정한다.
사. 방위측정은 신중히 하고 천천히 측정한다.
아. 선위결정후 관측자의 성명과 관측시각을 기입한다.

[해설] 선수미 방향의 물표는 방위변화가 작으므로 먼저 측정하고, 정횡방향의 물표는 나중에 측정을 한다.
가. 방위변화가 빠른 물표는 나중에 측정한다.
사. 방위측정은 빨리 측정한다.
아. 관측시각과 방위를 기입한다.

23

선박의 위치를 구할 수 있는 방법이 아닌 것은?

가. 1개 물표의 방위를 측정하고 위치선을 긋는다.
나. 2개 이상의 물표의 방위를 측정하고 위치선을 긋는다.
사. 3개의 물표를 선정하고 중앙 물표와 좌우 물표 사이의 협각을 측정하고 이들 두 각을 품는 원 둘레의 교점을 구한다.
아. 중시선과 다른 물표의 방위를 그어 교점을 구한다.

[해설] 1개 물표의 방위를 측정하면 하나의 위치선 밖에 구할 수 없으므로 선박의 위치를 구할 수 없다. ▶방위에 의한 위치선은 2개의 위치선이 필요하다.

24 [최근빈출 대표유형]

항해중에 산봉우리, 섬 등 해도상에 기재되어 있는 2개 이상의 고정된 뚜렷한 물표를 선정하여 거의 동시에 각각의 방위를 측정하여 선위를 구하는 방법은?

가. 수평협각법 나. 교차방위법
사. 추정위치법 아. 고도측정법

[해설] • 교차방위법은 2개 이상의 뚜렷한 물표를 선정하여 거의 동시에 각각의 방위를 측정하여 해도상에 방위선을 긋고 이들의 교점을 선위로 하는 방법
• 장점 : ① 쉽고 간편하여 가장 많이 사용한다.
② 외력을 받지 않는다.
③ 정밀도가 높다.
• 수평협각법(3표 양각법) : 뚜렷한 3개의 물표를 육분의로 수평협각을 측정, 3간 분도기(또는 트레이싱페이퍼)를 사용하여 그들 협각을 각각의 원주각으로 하는 원의 교점을 구하는 방법이다

25

육상물표의 방위를 측정하여 위치를 구할 때 주의사항 중 틀린 것은?

가. 아무 물표나 2개만 고르면 된다.
나. 두 물표의 각도가 90도에 가까울수록 선위는 정확하다.
사. 가능하면 3개의 물표를 이용하는 것이 좋다.
아. 먼 물표보다는 가까운 물표를 선정하는 것이 좋다.

[해설] 해도상의 위치가 정확하고, 뚜렷한 목표를 선정한다.
▶ 물표의 선정에 있어서의 주의사항
① 해도상의 위치가 정확하고, 뚜렷한 목표를 선정한다.
② 먼 물표보다는 적당히 가까운 물표를 선택한다.
③ 물표 상호간의 각도는 될 수 있는 한 30°~150°인 것을 선정해야 하며, 두 물표일 때에는 90°, 세 물표일 때에는 60° 정도가 가장 좋다.
④ 물표가 많을 때에는 2개보다 3개 이상을 선정하는 것이 좋다.
⑤ 측자와 세 물표가 동일 원상에 있는 것은 피한다.

정답 18 아 19 나 20 가 21 사 22 나 23 가 24 나 25 가

26

교차방위법의 올바른 물표 선정에 있어서 적합하지 못한 것은?

가. 해도상 위치가 명확한 물표를 선정할 것

나. 고정 물표를 선정할 것

사. 2개보다 3개를 선정할 것

아. 물표의 상호 각도는 150~300°일 것

해설 물표 상호간의 각도는 될 수 있는 한 30°~150°인 것을 선정한다.

27

교차방위법에 의한 선위 결정 시 가장 정확한 선위를 얻을 수 있는 두 물표의 각도는?

가. 30도   나. 60도

사. 90도   아. 120도

해설 두 물표일 때에는 90°, 세 물표일 때에는 60°일 때 가장 정확한 선위가 측정된다.

28

오차 삼각형이 생길 수 있는 선위 결정법은?

가. 수심연측법   나. 4점방위법

사. 양측방위법   아. 교차방위법

해설 교차방위법에 의한 선위측정법은 3물표를 이용하여 선위를 구할 때는 오차 삼각형이 생길 수 있다.

29 최근빈출 대표유형

다음 중 물표의 동시관측에 의하여 선위를 구하는 방법은?

가. 선수배각법   나. 4점방위법

사. 양측방위법   아. 교차방위법

해설 선수배각법, 4점방위법, 양측방위법은 격시관측에 의한 선위측정법이다.

- 격시관측법

  동시에 두 개 이상의 위치선을 구할 수 없을 때 시간차를 두고 위치선을 구하여, 전위선과 위치선을 이용하여 선위를 구하는 방법으로 양측방위법, 4점방위법, 선수배각법 등이 있다.

- 동시관측법

  동시관측법은 거의 같은 시간(동시)에 물표의 방위나 거리를 관측하여 선위를 구하는 방법으로 교차방위법, 수평협각법, 방위거리법, 2~3개의 물표거리법, 중시선법 등이 있다.

30

수심으로 선위를 결정할 때 꼭 있어야 하는 것은?

가. 망원경   나. 해도

사. 컴퍼스   아. 조석표

해설 수심을 이용하여 선위를 구하는 수심연측법은 수심이 조밀하게 기재된 해도와 수심을 연속적으로 측정할 수 있는 음향측심기가 있어야 한다.

정답 26 아 27 사 28 아 29 아 30 나

CHAPTER 03 해도 및 항로표지

제1절 해 도

1 해도의 종류(사용목적상)

(1) **총도** : 세계전도와 같이 넓은 구역을 나타낸 것으로 항해계획 수립 시 또는 긴 항해시 사용하는 축척이 가장 작은 해도
▶축척 1/4,000,000 이하

(2) **항양도** : 긴 항해에 쓰이며, 주요 등대 및 먼 거리에서 보이는 육상의 물표 등을 표시한 해도 ▶축척 1/1,000,000 이하

(3) **항해도** : 육지를 바라보면서 항해할 때 사용되는 해도로 선위를 직접 해도에서 구할 수 있도록 육상의 물표, 등대, 등표 등이 표시되어 있다. ▶축척 1/300,000 이하

(4) **해안도** : 연안항해에 사용하는 것이며, 연안의 상황이 상세하게 표시되어 있다. ▶축척 1/50,000 이하

(5) **항박도** : 항만, 정박지, 협수로 등 좁은 구역을 세부까지 상세히 그린 평면도로 축척이 가장 큰 해도 ▶축척 1/50,000 이상

※ 분도 : 해도 가운데 어느 좁은 부분을 그 해도에 별도로 나타낸 것으로 평면도로 되어 있다.

2 해도의 사용법

(1) **경도와 위도 구하는 법**

해도상에 있는 어느 지점의 경도를 구하려면 삼각자 또는 평행자로 그 지점을 지나는 자오선을 긋고, 해도의 위쪽이나 아래쪽에 기입된 경도 눈금을 읽으면 되고, 위도는 같은 방법으로 좌우에 기입된 위도의 눈금을 읽는다.

(2) **두 지점 사이의 방위(또는 침로)를 구하는 방법**

해도에 그려져 있는 나침도를 사용하여 구한다.

(3) **두 지점 간의 거리를 구하는 방법**

두 지점에 디바이더의 발을 각각 정확히 맞추어 두 지점 간의 간격을 재고, 이것을 그들 두 지점의 위도와 가장 가까운 위도 눈금에 대어 거리를 구한다.

(4) **편차와 연차**

해도의 나침도에서 구함.

3 해도도식

해도상에 사용되는 특수한 기호 및 약어를 일람표로 하여 특별히 편집한 책자

(1) **저질약자**

약어	뜻	약어	뜻
S	모래	Oys	굴
M	펄	Co	산호
G	자갈	Rk. 또는 R	바위
Oz	연니	Sh	조개껍질
Cl 또는 Cy	점토(찰흙)	St	돌

(2) **기타 해도도식**

해도도식	의미
◯ (4)	노출암 ▶평균수면에서 높이 4m
✳ (2)	간출암 ▶기본수준면에서 2m
(obstn)	항해에 위험한 장애물
⊕	항해에 위험한 암암
⊬	침선
⊬	항해에 위험한 침선
⊬ ⌐15⌐	소해로 밝혀진 침선
Wk	침선(Wreck)
⇛	창조류
→	낙조류
⇛	해·조류[제한 수역에서의 일정한 방향의 흐름 (강, 하구 등)]
Rf	초(Reef)
PA	개략적인 위치(개위)
PD	의심되는 위치(의위)
ED	존재가 의심되는(존위)
SD	의심스러운 수심(계측이 부정확한 수심)

4 해도의 각종 기준면

(1) **기본수준면**

- 연중 그 이하로 수면이 낮아지는 경우가 거의 없다고 생각되는 해면
- 수심, 조고 및 간출암의 높이 : 약최저저조면을 기본수준면으로 사용한다.

(2) 평균수면

- 장기간 관측한 해면의 평균 높이를 평균수면이라 하며 해도상에 표시되는 물표의 높이는 평균수면을 기준면으로 한다.
- 지물의 높이(등대높이, 산높이)

(3) 약최고고조면

- 육지와 바다의 경계선으로 약최고고조면을 기준면으로 한다.

5 수로서지

국립해양조사원에서 간행하는 해도 이외의 모든 간행물로 항로지, 등대표, 조석표, 천측력, 거리표, 해도도식, 국제신호서 등이 있다.

6 해도의 개정

(1) 개판(New Edition)

내용의 개정 및 포함구역과 축척 등의 변경을 위해 원판을 새로 만든다.

(2) 재판(Reprint)

원판이 마멸되거나 현재 사용중인 해도의 부족을 충족시킬 목적으로 원판을 약간 수정하여 다시 발행하는 것이다.

(3) 소개정(Small Correction)

해도의 신판 또는 개판 후에 항행통보에 의해서 항해자 수기로 직접 해도를 개보하는 것

제2절 항로표지

1 항로표지의 종류

(1) 야간표지(광파표지)

- 등광에 의하여 그 위치를 나타내며 주로 야간의 목표가 되지만 주간에도 목표물로 이용된다.
- 종류 : 등대, 등선, 등주, 등입표, 등부표, 도등

(2) 주간표지(형상표지)

- 점등장치가 없으며 형상과 색깔로 주간에 선위를 결정할 때에 이용되며 암초, 침선 등을 표시하여 항로를 유도하는 역할을 한다.
- 종류 : 입표, 부표, 육표, 도표

(3) 음향표지(음파표지＝무신호)

- 안개가 끼거나 눈 또는 비 등으로 시계가 나쁠 때에 실시한다.
- 종류 : 사이렌, 다이아폰, 다이아프램폰, 취명부표, 타종부표

(4) 무선표지(전파표지)

- 전파를 이용하여 천후에 관계없이 주간, 야간 24시간 전파를 발사하여 자선의 위치정보, 위험물표시 또는 항로를 나타내는 표지로 항상 이용이 가능하고 넓은 지역에 걸쳐서 이용할 수 있는 이점이 있다.
- 종류 : 레이마크, 레이콘

2 국제해상부표방식(IALA SYSTEM)

국제항로표지협회에서는 각국의 부표식의 형식과 적용방법을 통일하여 적용하도록 하였으며, 전 세계를 A와 B의 두 지역으로 구분하여 측방표지를 다르게 표시하는데, 우리나라는 B방식을 따르고 있다.

(1) 측방표지(B지역)

선박이 항행하는 수로의 좌·우측 한계를 표시한다.
- 좌현부표 : 녹색, 홀수번호, 두표는 녹색 원통형
- 우현부표 : 홍색, 짝수, 두표는 홍색 원추형

(2) 방위표지

- 장해물을 중심으로 4개로 나누어 북방위표지, 동방위표지, 남방위표지, 서방위표지로 이름을 붙여 부르며, 이러한 방위표지가 있을 때는 이 표지를 기준으로 항행하면 안전하다.
- 등색은 모두 백색이며, 등질은 모두 다르다.
- 두표는 반드시 2개의 흑색의 원추형을 사용하여야 한다.

  북방위표지 : ▲▲   남방위표지 : ▼▼
  동방위표지 : ◆   서방위표지 : ✕
- 표체의 색상은 흑색과 황색을 사용한다.

(3) 고립장해표지

- 암초나 침선 등 고립된 장애물 위에 설치한다.
- 표지색상 : 흑색 바탕에 홍색 띠
- 두표 : 2개의 흑구 수직 부착

(4) 안전수역표지

- 표지 주위가 가항 수역임을 알려 주는 표지이다.
- 중앙선이나 항로의 중앙을 나타낸다.
- 표지색상 : 홍색과 백색의 세로방향 줄무늬
- 두표 : 홍색구 1개 부착

(5) 특수표지

- 공사 구역, 토사 채취장 등 특별 구역 표지
- 표체 및 등색 : 황색
- 두표 : 황색 X자

제3절 조석·조류 해류

1 조석에 관한 용어

(1) **조석**(Tide) : 해면의 주기적인 상하 승강 운동으로 수직방향(연직방향) 운동이다.

(2) **조류** : 조석에 의한 해수의 수평방향의 주기적인 운동(왕복성)

(3) **해류** : 바다물이 한쪽 방향으로 대규모적으로 흐르는 반영구적인 물의 흐름

(4) **고조**(High Water : HW : 만조) : 조석으로 인하여 해면이 가장 높아진 상태

(5) **저조**(Low Water : LW : 간조) : 조석으로 인하여 해면이 가장 낮아진 상태

(6) **정조** : 고조나 저조시 해면의 승강운동이 순간적으로 정지한 것과 같이 보이는 상태

(7) **창조(Flood Tide : 밀물)** : 저조에서 고조로 되기까지 해면이 차츰 높아지는 상태

(8) **낙조(Ebb Tide : 썰물)** : 고조에서 저조로 되기까지 해면이 점차 낮아지는 상태

(9) **조차** : 연이어 일어난 고조와 저조 때의 해면 높이의 차

(10) **고조간격** : 달이 어느 지점의 자오선을 통과한 후(정중 후) 그 지점이 고조가 되기까지 걸리는 시간
 ▶평균고조간격(MHWI) : 오랫동안 고조간격을 평균한 것
 달이 어느 지점의 자오선을 통과한 후 그 지점이 고조가 되기까지 걸리는 시간을 평균한 것

(11) **대조(Spring Tide : 사리)** : 삭과 망이 지난 뒤 1~2일 만에 생긴 조차가 극대인 조석

(12) **소조(Neap Tide : 조금)** : 상현 및 하현이 지난 뒤 1~2일 만에 생긴 조차가 극소인 조석

(13) **조승** : 기본수준면에서 고조면까지의 높이
 ▶대조승(Sp R) : 기본수준면에서 대조의 평균고조면까지의 높이
 ▶소조승(Np R) : 기본수준면에서 소조의 평균고조면까지의 높이

(14) **일조부등** : 하루에 두 번 일어나는 조석현상이 시간과 높이가 서로 같지 않고 그 월조간격도 같지 않은 현상

(15) **조석의 주기** : 고조로부터 다음 고조까지 걸리는 시간으로 12시간 25분 정도이다.

2 조류에 관한 용어

(1) **창조류** : 저조시에서 고조시까지 흐르는 조류
 ▶창조 때 흐르는 흐름

(2) **낙조류** : 고조시에서 저조시까지 흐르는 조류
 ▶낙조 때 흐르는 흐름

(3) **게류(Slack Water : 쉰물)** : 창조류에서 낙조류로 바뀔 때 흐름(수평운동)이 잠시 정지하는 것 ▶승강운동이 정지하는 것은 정조이다.

(4) **전류** : 흐름이 잠시 정지한 후 조류의 방향이 바뀌는 것을 말한다.

(5) **급조** : 조류가 해저의 장애물이나 반대 방향의 수류에 부딪혀 생기는 파도

(6) **격조** : 급조가 특히 강한 것

(7) **반류** : 해안과 평행으로 조류가 흐를 때 해안선의 돌출부 뒷부분 같은 곳에서 주류와 반대방향으로 생기는 흐름

(8) **와류** : 조류가 빠른 협수도 같은 곳에서 생기는 소용돌이

(9) **조신** : 어느 지역의 조석이나 조류의 특징(조석표나 항박도 등에 기재함)

3 해류

(1) **해류의 종류**
 ① 취송류 : 바람과 해면의 마찰로 인하여 형성된 해류
  • 북적도 해류 ▶북동무역풍에 의해 생성
  • 남적도 해류 ▶남동무역풍에 의해 생성
  • 쿠로시오, 멕시코 만류(Gulf Stream) ▶편서풍에 의해 생성
 ② 밀도류
  증발, 강수, 빙산의 융해 등으로 수온과 염분의 밀도차에 의하여 형성된 해류
 ③ 경사류
  바람, 기압 경도, 강수의 유입 등으로 해면의 경사에 의한 해류
 ④ 보류
  어느 장소의 해수가 다른 곳으로 이동하면, 그것을 보충하기 위한 흐름

(2) **우리나라 근해의 해류**
 • 난류 : 북적도해류 ⇨ 쿠로시오 ⇨ 대한난류(대한해협해류) ⇨ 동한난류
 • 한류 : 오야시오 ⇨ 리만해류 ⇨ 연해주해류 ⇨ 북한해류

제1과목 항해

CHAPTER 03 해도 및 항로표지 실전예상문제

제1절 해 도

01 [최근빈출 대표유형]
항해중에 가장 많이 사용하는 해도는?

가. 대권도　　　　　　　나. 투영도
사. 총도　　　　　　　　아. 점장도

[해설] 항해에 가장 많이 사용되는 해도는 점장도로 항정선이 직선으로 표시되기 때문이다.

02 [최근빈출 대표유형]
점장도에 대한 설명으로 옳지 않은 것은?

가. 항정선이 직선으로 표시된다.
나. 경위도에 의한 위치표시는 직교좌표이다.
사. 두 지점 간 진방위는 두 지점의 연결선과 자오선과의 교각이다.
아. 두 지점 간의 거리는 경도를 나타내는 눈금의 길이와 같다.

[해설] 두 지점 간의 거리는 디바이더로 재어 좌우에 있는 위도의 눈금의 길이로 측정한다.

03 [최근빈출 대표유형]
다음 해도 중 가장 대축척 해도는?

가. 항박도　　　　　　　나. 해안도
사. 항해도　　　　　　　아. 항양도

[해설] 축척이 큰 순서 : 항박도＞해안도＞항해도＞항양도＞총도
• 총도 : 4백만분의 1 이하
• 항양도 : 1백만분의 1 이하
• 항해도 : 30만분의 1 이하
• 해안도 : 5만분의 1 이하
• 항박도 : 5만분의 1 이상

04 [최근빈출 대표유형]
다음 해도 중 가장 소축척 해도는?

가. 항박도　　　　　　　나. 해안도
사. 항해도　　　　　　　아. 항양도

[해설] 축척이 작은 순서 : 총도＞항양도＞항해도＞해안도＞항박도

05 [최근빈출 대표유형]
일반적으로 해상에서 측정한 수치를 해도상의 수심과 비교하면?

가. 해도의 수심보다 측정한 수심이 더 얕다.
나. 해도의 수심과 같거나 측정한 수심이 더 깊다.
사. 측정한 수심과 해도의 수심은 항상 같다.
아. 측정한 수심이 주간에는 더 깊고 야간에는 더 얕다.

[해설] 수심의 기준면을 기본수준면을 기준으로 하는 이유는 항해의 안전을 충분히 고려한 때문이며, 해도에 기재된 수심은 특별한 경우가 아니면 실제 수심보다 얕다고 생각하여도 무방하다. ▶즉 측정한 수심은 해도에 기재된 수심보다 같거나 약간 깊다.

06 [최근빈출 대표유형]
해도의 나침도에 표시되어 있지 않은 것은?

가. 진북　　　　　　　　나. 자북
사. 자차의 연변화율　　　아. 편차의 연변화율

[해설] 해도의 나침도에는 편차와 편차의 연간 변화율인 연차가 표시되어 있다.

07 [최근빈출 대표유형]
( )에 적합한 것은?

> "등고는 ( )에서 등화의 중심까지의 높이를 말한다."

가. 평균고조면　　　　　나. 약최고고조면
사. 평균수면　　　　　　아. 기본수준면

[해설] • 평균수면 : 등대높이(등고), 산높이, 노출암
• 기본수준면 : 수심, 조고, 조승, 간출암
• 약최고고조면 : 해안선, 교량의 높이

08 [최근빈출 대표유형]
해도상에서 두 지점간의 거리를 구하려고 할 때, 두 지점간의 간격을 잰 디바이더를 해도의 어느 부분에 대어 측정하는가?

가. 두 지점의 위도와 가장 가까운 위도의 눈금 부분
나. 두 지점의 위도와 가장 먼 위도의 눈금 부분
사. 두 지점의 경도와 가장 가까운 경도의 눈금 부분
아. 두 지점의 경도와 가장 먼 경도의 눈금 부분

[해설] 두 지점간의 거리는 디바이더를 사용하여 두 지점간의 간격을 재고, 이것을 해도의 좌우에 있는 두 지점의 위도와 가장 가까운 위도의 눈금에 대어 거리를 구한다.
점장도에서 거리는 위도가 높아짐에 따라 위도 1분의 길이도 길어지기 때문에 두 지점의 위도와 가장 가까운 위도의 눈금 부분에서 측정하여야 한다.

09 [최근빈출 대표유형]
지리위도 45도에서 위도 1분에 대한 자오선의 길이는?

가. 약 1,000미터　　　　나. 약 1,545미터
사. 약 1,852미터　　　　아. 약 2,142미터

[해설] • 지리위도 45°에서 위도 1′의 길이는 1,852m이다.
• 위도 1′의 길이는 적도에서 1,843m 정도이며, 위도 45°에서는 1,852m, 극에서는 1,861m 정도로 위도가 높아짐에 따라 위도 1′의 길이는 길어진다.

정답 1 아 2 아 3 가 4 아 5 나 6 사 7 사 8 가 9 사

제1과목 항해　18　Chapter 3. 해도 및 항로표지

10 [최근빈출 대표유형]
( )에 적합한 것은?

"해도상에 표시된 대부분의 정보는 ( )와(과) 약어로 되어 있다."

가. 기호　　　　　　　나. 목록
사. 색인　　　　　　　아. 축척

[해설] 해도도식은 해도상에 사용되는 특수한 기호 및 약어를 일람표로 하여 특별히 편집한 책자로 정보는 기호와 약어로 되어 있다.

11 [최근빈출 대표유형]
간출암을 나타내는 해도도식은?

가. ⌬ (4)　　　　나. ✳ (2)
사. ⬭ (obstn)　　아. ✚

[해설] 가. : 노출암(저조시에도 항상 보이는 바위)
나. : 간출암(고조시에는 보이지 않고 저조시에 보이는 바위)
사. : 수심을 알 수 없는 장애물
아. : 항해에 위험한 암암

12 [최근빈출 대표유형]
해도도식 중 노출암 표시 ⌬ (4)에서 "4"는 무엇을 표시하는가?

가. 수심　　　　　　　나. 암초 높이
사. 파고　　　　　　　아. 암초 크기

[해설] 평균수면에서 4m 높이의 노출암을 표시한다.

13
해도상에 표기되어 있는 ✚은 무엇을 나타내는 것인가?

가. 노출암
나. 항해에 위험한 암암
사. 난파물
아. 항해에 위험한 세암

해도도식	의미
⌬ (4)	노출암 ▶평균수면에서 높이 4m
✳ (2)	간출암 ▶기본수준면에서 2m
⬭ (obstn)	항해에 위험한 장애물
✚	암암
✣	세암
⊕	항해에 위험한 세암
⊕	항해에 위험한 암암
⊬	침선
⬭	항해에 위험한 침선

14
해도상에서 개략적인 위치를 나타내는 영문 기호는?

가. cov　　　　　　나. uncov
사. Rep　　　　　　아. PA

[해설] 가. cov : covers 수몰된
나. uncov : uncovers 노출된
사. Rep : Reported 보고된
아. PA : position approximate 개위(개략적인 위치)

15 [최근빈출 대표유형]
해도상에서 침선을 나타내는 영문 기호는?

가. Bk　　　　　　나. Wk
사. Sh　　　　　　아. Rf

[해설] • Rk : Rock : 바위　• Wk : Wreck : 침선
• Sh : Shell : 조개껍질　• Rf : Reef : 초

16 [최근빈출 대표유형]
수심을 모르는 위험한 침선을 나타내는 해도도식은?

가. ⊕　　　　　　나. ⊕
사. ⊬ 15　　　　아. ⊬

[해설] 가. 항해에 위험한 암암
사. 소해로 밝혀진 침선
아. 위험하지 않은 침선

17
해도에서 "S"라 표시되는 저질은?

가. 펄　　　　　　　나. 자갈
사. 조개껍질　　　　아. 모래

[해설] 펄 : M, 자갈 : G, 조개껍질 : Sh, 모래 : S

18
해도의 관리에 대한 사항으로 옳지 않은 것은?

가. 해도를 서랍에 넣을 때는 구겨지지 않도록 주의한다.
나. 해도는 발행 기관별 번호 순서로 정리하고, 항해중에는 사용할 것과 사용한 것을 분리하여 정리하면 편리하다.
사. 해도를 운반할 때는 구겨지지 않게 반드시 펴서 다닌다.
아. 해도에 사용하는 연필은 2B나 4B연필을 사용한다.

[해설] 운반할 때에는 반드시 말아서 비에 맞지 않도록 풍하측으로 운반한다.

19 [최근빈출 대표유형]
해도를 취급할 때의 주의사항으로 옳은 것은?

가. 연필끝은 둥글게 깎아서 사용한다.
나. 여백에 낙서를 해도 무방하다.
사. 연안항해에는 가능한 한 축척이 큰 해도를 사용한다.
아. 반드시 해도의 소개정을 할 필요는 없다.

정답 10 가　11 나　12 나　13 나　14 아　15 나　16 나　17 아
18 사　19 사

해설 가. 연필은 2B나 4B를 사용하되 끝은 도끼 날 같이 납작하게 깎아야 한다.
나. 해도에는 필요한 선만을 긋도록 한다.
아. 최신 해도나 완전히 개정된 것을 선택하며, 반드시 소개정을 하여 사용하여야 하며, 연안항해시는 축척이 큰 해도를 사용한다.

20 최근빈출 대표유형

해도에 대한 설명으로 옳은 것은?

가. 해도는 매년 바뀐다.
나. 해도는 외국 것일수록 좋다.
사. 해도번호가 같아도 내용은 다르다.
아. 해도에서는 해도용 연필을 사용하는 것이 좋다.

해설 해도는 국립해양조사원에서 필요시에 개정을 하여 발간하며, 필요에 따라 알맞은 해도를 선택하여야 하며, 해도번호가 같으면 내용도 같다.

21 최근빈출 대표유형

조석표에 대한 설명으로 옳지 않은 것은?

가. 조석 용어의 해설도 포함하고 있다.
나. 각 지역의 조석 및 조류에 대해 상세히 기술하고 있다.
사. 표준항 이외에 항구에 대한 조시 조고를 구할 수 있다.
아. 국립해양조사원은 외국항 조석표는 발행하지 않는다.

해설 국립해양조사원에서는 제1권 국내항에 대한 조석표뿐만 아니라, 제2권 태평양 및 인도양의 주요항에 대한 조석표도 발행하고 있다.

22 최근빈출 대표유형

수로서지에 대한 설명으로 옳은 것은?

가. 항로지정은 대양에서의 항로 선정을 위한 자료를 제공한다.
나. 해상거리표는 항해시간, 항주거리, 속력 중에서 하나를 모르는 경우에 손쉽게 구할 수 있도록 환산표를 제공한다.
사. 태양방위각표는 주요 행성의 적위, 항성의 항성시각, 해와 달의 출몰 시각을 제공한다.
아. 조류도는 우리나라 주요 19개 지역의 조류 현황을 제공한다.

해설 가. 항로지정은 연안, 해협, 진입로 등의 통항분리방식과 주의사항을 기재한 서지
나. 해상거리표는 한국 및 세계 각국의 주요항 간의 거리를 수록한 서지
사. 태양방위각표는 위도, 적위 및 시시에 의한 태양의 진방위를 알아내는 것으로서 컴퍼스 오차 확인 등에 사용한다.
▶ 주요 행성의 적위, 항성의 항성시각, 해와 달의 출몰 시각을 제공하는 것은 천측력이다.

23 최근빈출 대표유형

수로서지 중 특수서지가 아닌 것은?

가. 등대표
나. 조석표
사. 천측력
아. 항로지

해설 수로도지는 해도와 바다에 관한 안내서인 수로서지로 나누며, 수로서지는 항로지와 수로특수서지로 나눈다. 그러므로 등대표, 조석표, 천측력은 수로특수서지에 속한다.

24 최근빈출 대표유형

선박을 안전하게 유도하고 선위측정에 도움을 주는 주간, 야간, 음향, 무선 표지가 상세하게 수록된 것은?

가. 등대표
나. 조석표
사. 천측력
아. 항로지

해설
• 등대표 : 항로표지(주간, 야간, 음향, 무선 표지) 전반에 관하여 상세하게 수록되어 있으며, 항로표지의 명칭과 위치, 등질, 등고, 광달거리, 색상과 구조 등이 자세히 기재되어 있다.
• 천측력 : 주요 행성의 적위, 항성의 항성시각, 해와 달의 출몰시각이 기록된 것으로 천문항법용으로 사용하는 수로특수서지
• 항로지 : 수로의 지도 및 안내서로서 기상, 해류, 조류, 도선사, 검역, 항로표지 등의 일반기사 및 항로의 상황, 연안의 지형, 항만의 시설 등을 상세히 기재한 것

25 최근빈출 대표유형

항행통보에 의해 항해사가 직접 해도를 수정하는 것은?

가. 개판
나. 재판
사. 보도
아. 소개정

해설
• 소개정 : 항해자가 항행통보에 의해 직접 수기로 해도를 개정하는 방법

▶ **해도의 개정**
(1) 개판(New Edition)
• 내용의 개정 및 포함구역과 축척 등의 변경을 위해 원판을 새로 만든다.
• 항행통보에 의해 통보하며 이전의 해도는 폐판한다.
▶ 신간해도 : 해도번호, 표제가 바뀜.
(2) 재판(Reprint)
• 원판이 마멸되거나 현재 사용중인 해도의 부족을 충족시킬 목적으로 원판을 약간 수정하여 다시 발행하는 것이다.
• 항행통보에 재판발행 여부는 통보되지 않는다.
(3) 소개정(Small Correction) : 항행통보에 의해 항해자가 직접 수기로 개정한다.

▶ **항행통보**
위험물의 발견, 수심의 변화, 항로표지의 신설·폐지 등을 항해자에게 통보하는 것으로 매주 영문판 및 국문판 항행통보 인쇄물을 매주 금요일 간행하여 관계 기관과 선박에 배부한다.

제2절 항로표지

01

항로표지의 종류에는 다음 4종류가 있다. 맞는 것은?

가. 야간표지, 입표표지, 음향표지, 방위표지
나. 야간표지, 방위표지, 무선표지, 음향표지
사. 야간표지, 주간표지, 무선표지, 음향표지
아. 야간표지, 주간표지, 입표표지, 부표지

해설 항로표지의 종류
① 야간표지(광파표지)
• 등광에 의하여 그 위치를 나타내며 주로 야간의 목표가 되지만 주간에도 목표물로 이용된다.
• 종류 : 등대, 등선, 등주, 등입표, 등부표, 도등
② 주간표지(형상표지)
• 점등장치가 없으며 형상과 색깔로 주간에 선위를 결정할 때에 이용되며 암초, 침선 등을 표시하여 항로를 유도하는 역할을 한다.
• 종류 : 입표, 부표, 육표, 도표
③ 음향표지(음파표지＝무신호)
• 안개가 끼거나 눈 또는 비 등으로 시계가 나쁠 때에 실시한다.

정답 20 아 21 아 22 아 23 아 24 가 25 아 / 1 사

- 종류 : 사이렌, 다이아폰, 다이아프램폰, 취명부표, 타종부표
④ 무선표지(전파표지)
  - 전파를 이용하여 천후에 관계없이 주간, 야간 24시간 전파를 발사하여 자선의 위치정보, 위험물표시 또는 항로를 나타내는 표지로 항상 이용이 가능하고 넓은 지역에 걸쳐서 이용할 수 있는 이점이 있다.
  - 종류 : 레이더반사기, 레이마크, 레이콘

02 [최근빈출 대표유형]
천후에 관계없이 항상 이용이 가능하고, 넓은 지역에 걸쳐서 이용할 수 있는 항로표지는?

가. 주간표지 나. 야간표지
사. 음향표지 아. 전파표지

해설 전파표지(무선표지)
- 전파를 이용하여 천후에 관계없이 주간, 야간 24시간 전파를 발사하여 자선의 위치정보, 위험물표시 또는 항로를 나타내는 표지로 항상 이용이 가능하고 넓은 지역에 걸쳐서 이용할 수 있는 이점이 있다.
- 종류 : 레이더반사기, 레이마크, 레이콘

03 [최근빈출 대표유형]
선박의 통항이 곤란한 좁은 수로, 항구, 만 입구 등에서 선박에게 안전한 항로를 알려주기 위하여 항로 연장선상의 육지에 설치하는 분호등은?

가. 도등 나. 조사등
사. 지향등 아. 호광등

해설
- 도등 : 항해자가 동일한 각도에 있는 등화를 보고 항로를 유지하여 항해할 수 있도록 동일 수직선상에 두 개 또는 그 이상의 등화를 설치한 시설로서 이용구간 내에서 선박을 정확히 유도하며 신뢰할 수 있고, 간단히 이용할 수 있는 항로표지 시설. 중시선에 의하여 선박을 인도한다.
- 조사등 : 풍랑이나 조류 때문에 등부표를 설치하거나 관리하기 어려운 모래기둥이나 암초 등이 있는 위험한 지점으로부터 가까운 곳에 등대가 있는 경우 그 등대에서 강력한 투광기를 설치하여 그 위험구역을 유색등으로 비추어 위험을 표시하는 등화를 말한다.
- 지향등 : 선박의 통항이 곤란한 좁은 수로, 항구, 만 입구 등에서 선박에 안전한 항로를 알려주기 위하여 항로 연장선상의 육지에 설치한 분호등으로 녹색, 적색, 백색의 3가지 등질이 있으며 백색광이 안전구역이다.
- 호광등 : 색깔이 다른 종류의 빛을 교대로 내며, 그 사이에 등광은 꺼지는 일이 없이 계속 빛을 내는 등화

04
명호 안에 암초, 암암 등이 있는 경우 이 위험구역만을 주로 홍색광으로 비추는 등화는?

가. 호광등 나. 분호등
사. 섬광등 아. 군섬광등

해설 명호 안에 암초, 암암 등이 있는 경우 이 위험구역만을 비추는 등화를 부등 또는 조사등이라 하며, 그 어느 부분만을 비추어 주기 때문에 분호등이라 한다.

05
등화의 중시선을 이용하여 선박을 인도하는 등화는?

가. 도등 나. 부등
사. 부동등 아. 섬광등

해설
- 도등 : 통항이 곤란한 좁은 수로, 항만의 입구 등에서 안전 항로의 연장선 위에 높고 낮은 2~3개의 등화를 앞뒤로 설치하여 중시선에 의하여

선박을 유도하기 위하여 설치된 등화
- 부등 : 풍랑이나 조류 때문에 등부표를 설치하기 곤란한 경우 가까운 곳에 등대가 있는 경우 그 등대에 강력한 투광기를 설치하여 위험구역을 비추어 주어 간접적으로 위험을 표시하는 등화

06
야간표지의 대표적인 것으로 선박의 물표가 되기에 알맞은 장소에 설치된 탑과 같이 생긴 구조물은?

가. 등선 나. 등표
사. 등대 아. 등주

해설
- 등대 : 야표의 대표적인 것으로 해양으로 돌출한 곳이나 섬 등 선박의 물표가 되기에 알맞은 장소에 설치된 탑과 같이 생긴 구조물
- 등선 : 등대를 설치하기 곤란한 장소에 등대를 대신하여 등대의 역할을 하는 일정한 지점에 정박하고 있는 특수 구조의 선박
- 등표 : 입표에 등을 켜 놓은 야간표지로 항로, 암초, 항행금지구역 등을 표시하는 지점에 고정 설치하여 선박의 좌초를 예방하고, 항로의 지도를 위한 표지
- 등주 : 쇠나 나무 또는 콘크리트 기둥의 꼭대기에 등을 달아 놓은 야간표지로 광달거리가 별로 크지 않아도 되는 항구, 항내에 설치한다.

07 [최근빈출 대표유형]
쇠나 나무 또는 콘크리트와 같이 기둥 모양의 꼭대기에 등을 달아 놓은 것으로, 광달거리가 별로 크지 않아도 되는 항구, 항내 등에 설치하는 항로표지는?

가. 등대 나. 등표
사. 등선 아. 등주

해설 등주는 쇠나 나무 또는 콘크리트 기둥의 꼭대기에 등을 달아 놓은 것으로 광달거리가 별로 크지 않아도 되는 항구, 항내에 설치한다.

08 [최근빈출 대표유형]
등대와 함께 널리 쓰이고 있는 야간표지로 암초 등의 위험을 알리거나 항행을 금지하는 지점을 표시하기 위하여, 또는 항로의 입구, 폭 등을 표시하기 위하여 설치한 것은?

가. 등주 나. 등표
사. 등선 아. 등부표

해설 등부표(Light Buoy)
암초나 사주가 있는 위험한 장소 또는 항로의 입구, 폭 및 변침점 등을 표시하기 위하여 설치하며, 해저의 일정한 지점에 chain으로 연결되어 떠 있는 구조물이다.

09 [최근빈출 대표유형]
등부표에 대한 설명으로 옳지 않은 것은?

가. 항로의 입구, 폭 및 변침점 등을 표시하기 위해 설치한다.
나. 해저의 일정한 지점에 체인으로 연결되어 떠 있는 구조물이다.
사. 조석표에 기재되어 있으므로, 선박의 정확한 속력을 구하는데 사용하면 좋다.
아. 강한 파랑이나 조류에 의해 유실되는 경우도 있다.

해설 등부표는 등대표나 해도에 기재되어 있으며, 조석표에는 기재되어 있지 않다. 체인의 길이만큼 선회권을 가지고 있어 고정된 위치에 있지 않기 때문에 위치를 구하는 목표물로 이용할 수 없다.

정답 2 아 3 사 4 나 5 가 6 사 7 아 8 아 9 사

소형선박조종사

Chapter 3 해도 및 항로표지

10

암초나 사주 위에 설치하여 선박의 좌초를 예방하는 표지로 항행에 위험한 암초, 항행금지구역 등을 표시하는 지점에 설치하는 야간표지는?

가. 등대   나. 도표
사. 등표   아. 등선

해설 암초나 사주 위에 설치하여 선박의 좌초를 예방하는 표지로 항행에 위험한 암초, 항행금지구역 등을 표시하는 지점에 설치한다.

11 최근빈출 대표유형

항로표지 중 야간표지에 대한 설명으로 옳지 않은 것은?

가. 등화에 이용되는 색깔은 백색, 적색, 녹색, 황색이다.
나. 등대의 높이는 기본수준면에서 등화 중심까지의 높이를 미터로 표시한다.
사. 등색이나 등력이 바뀌지 않고 일정하게 계속 빛을 내는 등을 부동등이라 한다.
아. 통항이 곤란한 좁은 수로, 항만 입구에 설치하여 중시선에 의하여 선박을 인도하는 등을 도등이라 한다.

해설 등대높이는 평균수면에서 등화 중심까지의 높이이다.

12 최근빈출 대표유형

암초, 사주(모래톱) 등의 위치를 표시하기 위하여 그 위에 세워진 경계표이며, 여기에 등광을 설치하면 등표가 되는 주간표지는?

가. 입표   나. 부표
사. 육표   아. 도표

해설
- 입표 : 암초, 노출암, 사주(모래톱) 등의 위치를 표시하기 위하여 마련된 경계표로 바다 속에 고립하여 건조되므로 파랑과 풍압에 견딜 수 있는 위치를 선정하며, 등광을 함께 설치하면 등표가 된다.
- 부표 : 항행이 곤란한 장소나 항만의 유도표지로서 항로를 따라 설치하며 변침점에도 설치하며, 특별한 경우가 아니면 등광을 함께 설치하여 등부표로 사용한다.
- 육표 : 입표의 설치가 곤란한 경우에 육상에 마련한 간단한 항로표지로 야간에 이용하도록 등광을 설치하면 등주가 된다.
- 도표 : 좁은 수로의 항로를 표시하기 위하여 항로의 연장선 위에 앞뒤로 2개 이상의 육표를 설치하여 중시선에 의하여 선박을 인도하는 항로표지로 등광을 함께 설치하면 도등이 된다.

13

등색, 광력이 바뀌지 않는 등광을 무엇이라고 하는가?

가. 부동등   나. 섬광등
사. 호광등   아. 명암등

해설
- 부동등 : 등색이나 광력이 바뀌지 않고 일정하게 계속 빛을 내는 등
- 섬광등 : 빛을 비추는 시간(명간)이 꺼져 있는 시간(암간)보다 짧은 등
- 호광등 : 색깔이 다른 종류의 빛을 교대로 내는 등
- 명암등 : 빛을 비추는 시간(명간)이 꺼져 있는 시간(암간)보다 길거나 같은 등

14

등광은 꺼지지 않고 등색만 교체되는 등화를 무엇이라고 하는가?

가. 부동등   나. 섬광등
사. 명암등   아. 호광등

해설 호광등은 등광은 꺼지지 않고 등색만 교체되는 등화이다.

15 최근빈출 대표유형

등대의 광달거리에 대한 설명으로 옳지 않은 것은?

가. 광달거리는 광력의 강약에 의해서는 변하지 않는다.
나. 시계가 나쁘면 광달거리는 현저히 감소한다.
사. 등고가 너무 높은 등광은 구름에 가려서 보이지 않는 수가 있다.
아. 등고가 높다고 하여 반드시 광달거리가 큰 것은 아니다.

해설 광달거리는 광력이 약한 등화일수록 불규칙하다.
▶ **광달거리에 관한 주의사항**
① 등화의 높이가 높다고 반드시 광달거리가 긴 것은 아니다.
② 광력이 약한 등광일수록 광달거리가 불규칙하다.
③ 시계가 나쁘면 광달거리는 현저히 감소한다.
④ 일출 때나 비가 온 후 광달거리가 커지는 경우가 있다.
⑤ 등고가 너무 높은 등광은 구름에 가려서 보이지 않는 수가 있다.
⑥ 겨울철에는 등기에 얼음이 붙어서 광달거리가 감소한다.
⑦ 수온이 기온보다 높으면 광달거리는 감소한다.

16

등화의 광달거리를 나타내는 단위는?

가. 노트   나. 해리
사. 미터   아. 피트

해설 등화의 광달거리는 해리(해상마일)로 표시한다.

17

해도상에 "Fl. 20sec 10m 5M"이라고 표시된 등대의 불빛을 볼 수 있는 거리는 등대로부터 대략 몇 마일인가?

가. 5   나. 10
사. 15   아. 20

해설
- Fl. : 등질을 표시하는 것으로 섬광등을 말한다.
- 20sec : 정해진 등질이 반복되는 시간인 주기를 표시하는 것으로 주기는 20초이다.
- 10m : 등대높이(등고)를 표시하는 것 ▶단위 : 미터
- 5M : 등광을 알아 볼 수 있는 최대거리(광달거리)를 표시하는 것 ▶단위 : 마일

18 최근빈출 대표유형

다음 중 음향표지 이용시 주의사항으로 옳지 않은 것은?

가. 항해시 음향표지에만 지나치게 의존해서는 안 된다.
나. 무신호소는 신호를 시작하기까지 다소 시간이 걸릴 수 있다.
사. 음향표지의 신호를 들으면 즉각적으로 응답신호를 보낸다.
아. 신호음의 방향 및 강약만으로 신호소의 방위나 거리를 판단해서는 안 된다.

해설 음향표지는 본선에서 음향신호소의 위치를 알기 위한 것으로 응답할 필요는 없다.

19 최근빈출 대표유형

부표의 꼭대기에 종을 달아 파랑에 의한 흔들림을 이용하여 종을 울리는 장치는?

가. 취명부표   나. 타종부표
사. 다이아폰   아. 에어 사이렌

정답 10 사   11 나   12 가   13 가   14 아   15 가   16 나   17 가   18 사   19 나

해설
- 타종부표(Bell Buoy) : 부표의 꼭대기에 종을 달아 파랑에 의한 흔들림을 이용하여 종을 울리는 장치로 시계가 좋지 않아도 해면이 잔잔하면 소리를 낼 수 없다.
- 취명부표(Whistle Buoy) : 파랑에 의한 부표의 진동을 이용하여 공기를 압축하여 소리를 내는 장치로 타종부표와 같이 해면이 잔잔하면 소리를 낼 수 없다.
- 다이아폰(Diaphone) : 압축 공기에 의해서 발음체인 피스톤을 왕복시켜서 소리를 내는 장치
- 에어 사이렌(Air Siren) : 압축된 공기에 의하여 사이렌을 취명하는 신호 장치

20 [최근빈출 대표유형]
전파의 반사가 잘 되게 하기 위한 장치로서 부표, 등표 등에 설치하는 경금속으로 된 반사판은?

가. 레이콘
나. 레이마크
사. 레이더 리플렉터
아. 레이더 트랜스폰더

해설
- 레이콘(Racon) : 선박 레이더에서 발사된 전파를 받은 때에만 응답하여 모스 신호가 나타날 수 있도록 하여 표지의 방위와 거리를 알 수 있다.
- 레이마크(Ramark) : 일정한 지점에서 레이더파를 계속 발사하는 본선의 레이더 지시기상에 1~3°의 휘선이 나타나 표지국의 방위를 알 수 있다.
- 레이더 리플렉터(Radar reflector)=레이더 반사기 : 부표, 등표 등에 설치되어 레이더 전파의 반사능률을 높여 주는 반사판이다.
- 레이더 트랜스폰더(Radar transponder) : 정확한 질문을 받거나 송신이 국부 명령으로 이루어질 때 다른 관련자료를 자동으로 송신. 송신내용은 부호화된 식별신호 및 데이터가 레이더 화면에 나타난다.

21 [최근빈출 대표유형]
레이더 트랜스폰더에 대한 설명으로 옳은 것은?

가. 음성신호를 방송하여 방위측정이 가능하다.
나. 송신 내용에 부호화된 식별신호 및 데이터가 들어있다.
사. 좁은 수로 또는 항만에서 선박을 유도할 목적으로 사용한다.
아. 선박의 레이더 영상에 송신국의 방향이 휘선으로 표시된다.

해설
- 가. 토킹 비컨(Talking beacon)에 대한 설명이다.
- 사. 유도 비컨(Course beacon)에 대한 설명이다.
- 아. 레이마크(Ramark)에 대한 설명이다.

22 [최근빈출 대표유형]
레이더에서 발사된 전파를 받을 때에만 응답하며, 일정한 형태의 신호가 나타날 수 있도록 전파를 발사하는 전파표지는?

가. 레이콘(Racon)
나. 레이마크(Ramark)
사. 코스 비컨(Course beacon)
아. 레이더 리플렉터(Radar reflector)

해설
- 레이콘(Racon) : 선박 레이더에서 발사된 전파를 받은 때에만 응답하여 모스 신호가 나타날 수 있도록 하여 표지의 방위와 거리를 알 수 있다.
- 레이마크(Ramark) : 일정한 지점에서 레이더파를 계속 발사하는 전파표지국으로 본선의 레이더 지시기상에 1~3°의 휘선이 나타나 표지국의 방위를 알 수 있다.
- 코스 비컨(유도비컨 : Course beacon) : 좁은 수로 또는 항만에서 선박을 안전하게 유도할 목적으로 2개의 전파를 발사하여 중앙의 좁은 폭에서 겹쳐서 장음이 들리도록 하여 선박이 항로상에 있으면 연속음이 들리고, 항로에서 좌우로 멀어지면 단속음이 들리도록 전파를 발사하는 표지국이다.
- 레이더 리플렉터(레이더 반사기 : Radar reflector) : 부표, 등표 등에 설치되어 레이더 전파의 반사능률을 높여 주는 반사판으로 최대탐지거리가 2배가량 증가한다.

23 [최근빈출 대표유형]
좁은 수로 또는 항만에서 두 개의 전파를 발사하여 중앙의 좁은 폭에서 겹쳐서 장음이 들리도록 한다. 선박이 항로상에 있으면 연속음이 들리고 항로에서 좌우로 멀어지면 단속음이 들리도록 전파를 발사하는 표지는?

가. 레이콘
나. 레이마크
사. 유도 비컨
아. 레이더 리플렉터

해설 유도 비컨(Course beacon)은 일명 전파도표로 전파의 중심선을 이용하여 안전하게 선박을 유도하는 전파표지로 주로 레이더를 장비하지 않은 소형선박을 위한 표지이나 레이더를 장비한 대형선박이라도 레이더로 탐지할 수 없는 암초와 같은 것이 많은 해역에서 위험방지용으로 설치한다.

24 [최근빈출 대표유형]
다음에서 설명하는 장치는?

> 이 시스템은 선박과 선박 간 그리고 선박과 육상 관제소사이에 선박의 선명, 위치, 침로, 속력 등의 선박관련 정보와 항해 안전 정보 등을 자동으로 교환함으로써 선박 상호간의 충돌도 예방하고, 선박의 교통량이 많은 해역에서는 효과적으로 해상교통관리도 할 수 있다.

가. 지피에스(GPS)
나. 전자해도 표시장치(ECDIS)
사. 선박 자동 식별 장치(AIS)
아. 자동 레이더 플로팅 장치(ARPA)

해설
- 지피에스(GPS) : 위성을 이용하여 선박의 위치를 정확히 측정할 수 있는 계기
- 전자해도 표시장치(ECDIS) : 선박에서 사용하는 종이해도 대신 전자해도(ENC)를 브리지에서 표시할 수 있게 하는 장치
- 자동 레이더 플로팅 장치(ARPA) : 레이더 플로팅을 자동으로 해 주는 장치로 레이더에 나타나는 다수의 목표물을 자동적으로 추적, 분석하여 그 정보 자료를 일정 형태로 표시해 줌으로써 레이더 관측자의 과중한 업무를 경감시켜 주며, 충돌회피에 있어서 지속적이고 신속, 정확한 상황 판단을 가능하게 해 주는 장치

25 [최근빈출 대표유형]
우리나라에서 사용되는 항로표지와 등색이 옳은 것은?

가. 좌현표지 : 홍등
나. 우현표지 : 녹등
사. 특수표지 : 황색등
아. 고립장해표지 : 홍등

해설
- 좌현표지 : 녹색등
- 우현표지 : 홍색등
- 특수표지 : 황색등
- 고립장해표지, 안전수역표지, 방위표지 : 백색등

26 [최근빈출 대표유형]
( )에 공통으로 적합한 것은?

> "안전수역표지는 모든 주위가 가항 수역임을 알려주는 표지로서, 중앙선이나 수로의 중앙을 나타낸다. 두표는 ( )의 구를 부착하며, 표지의 색상은 ( )과 백색의 세로 방향줄무늬로 되어 있다."

가. 녹색
나. 흑색
사. 황색
아. 홍색

정답 20 사 21 나 22 가 23 사 24 사 25 사 26 아

[해설]

종 별	표 체	두 표		등색	등 질	
고립장해 표지	흑색바탕 홍색띠1개	구형2개 (흑색)	● ●	백	Fl(2)W	군섬광등
안전수역 표지	홍백종선	구형1개 (홍색)	●	백	Iso OC	등명암등 명암등
특수 표지	황색	×형 (황색)	×	황	Fl Y Fl(3)Y	섬광등

27

해상부표방식 중 특별한 구역 또는 특별한 시설을 표시하는 특수표지의 두표 색상은?

가. 흑색
나. 홍색
사. 녹색
아. 황색

[해설] 특수표지
- 공사구역 등 특별한 시설이 있음을 나타내는 표지이다.
- 표지색상 및 등화 : 황색
- 두표 : 황색으로 된 ✖모양의 형상물

28 [최근빈출 대표유형]

두표가 황색의 'X'자 모양의 형상물을 가진 표시는?

가. 방위표지
나. 특수표지
사. 안전수역표지
아. 고립장해표지

[해설]
- 방위표지 : 흑색 원추형 2개
- 특수표지 : 황색 ×자 모양
- 안전수역표지 : 홍색구형 1개
- 고립장해표지 : 흑색구형 2개
- 좌현표지 : 녹색 원통형
- 우현표지 : 홍색 원추형

29

국제해상부표식에 규정된 표지의 종류가 아닌 것은?

가. 특수표지
나. 고립수역표지
사. 측방표지
아. 방위표지

[해설] 고립수역표지가 아니라 고립장해표지이다.
국제해상부표식에 규정된 표지의 종류에는 측방표지, 방위표지, 안전수역 표지, 고립장해표지, 특수표지 등이 있다.

30

국제해상부표식에서 방위표지의 두표(top mark)로 사용하는 것은?

가. 흑색 원뿔꼴 2개
나. 흑색 원통형 2개
사. 흑색 둥근꼴 2개
아. 적색 둥근꼴 2개

[해설] 방위표지의 두표는 흑색의 원뿔꼴(원추형) 2개를 사용한다.

▶ 방위표지
- 장해물을 중심으로 4개로 나누어 북방위표지, 동방위표지, 남방위표지, 서방위표지로 이름을 붙여 부르며, 이러한 방위표지가 있을 때는 이 표지를 기준으로 항행하면 안전하다.
- 두표는 반드시 2개의 흑색의 원추형을 사용하여야 한다.
- 등색은 모두 백색이며, 등질은 모두 다르다.

31 [최근빈출 대표유형]

다음과 같은 두표를 가진 표지는?

●
●

가. 방위표지
나. 특수표지
사. 고립장해표지
아. 안전수역표지

[해설] 고립장해표지
- 암초나 침선 등 고립된 장해물의 위에 설치하는 표지
- 표체의 색깔 : 흑색 바탕에 홍색띠
- 두표 : 흑구 2개
- 등질 : 백색의 섬광 2회 ▶Fl(2)W

32 [최근빈출 대표유형]

우리나라에서 사용되는 고립장해표지에 대한 설명으로 옳은 것은?

가. 주로 선박의 통항량을 나타내는 데 사용된다.
나. 주로 공사구역, 토사 채취장 등 특별한 구역 또는 특별한 시설이 있음을 표시하는 데 사용된다.
사. 두표는 붉은색 구 두 개를 사용한다.
아. 이 표지의 주위는 가항수역으로 암초나 침선 등 고립된 장해물의 위에 설치하는 표지를 말한다.

[해설] 고립장해표지
- 전 주위가 가항수역인 암초나 침선 등 고립된 장해물의 위에 설치한다.
- 표지의 색상 : 흑색바탕에 홍색띠
- 두표 : 흑색구 2개를 수직으로 부착
- 등질 : 백색의 섬광 2회 ▶Fl(2)W

33

고립장해표지의 두표는 몇 개의 흑구를 수직으로 부착하는가?

가. 1개
나. 2개
사. 3개
아. 4개

[해설] 고립장해표지
- 암초나 침선 등 고립된 장해물의 위에 설치하는 표지
- 표지의 색상 : 흑색 바탕에 홍색띠
- 두표 : 흑구 2개
- 등질 : 백색의 섬광 2회 ▶Fl(2)W

34

암초나 침선의 존재를 알리는 고립장해표지의 도색은?

가. 흑색 바탕에 홍색띠
나. 홍색 바탕에 흑색띠
사. 흑색 바탕에 백색띠
아. 백색 바탕에 흑색띠

[해설] 고립장해표지의 표체의 색깔은 흑색 바탕에 붉은색 띠로 되어 있다.

정답 27 아 28 나 29 나 30 가 31 사 32 아 33 나 34 가

제3절 조석·조류·해류

01
물의 상하 수직방향의 운동과 해수의 수평방향의 주기적 운동 즉 조석과 조류를 일으키는 힘에 영향을 미치는 천체 중에서 영향이 큰 것부터 바르게 나타낸 것은?

가. 태양 – 달 – 별 나. 달 – 태양 – 별
사. 별 – 달 – 태양 아. 혹성 – 달 – 태양

[해설] 조석을 일으키는 힘인 기조력은 달이 태양보다 질량은 적지만 가까이 있기 때문에 태양보다 영향이 크다.

▶ 기조력
조석을 일으키는 힘으로 달, 지구, 태양의 인력과 원심력 때문에 생기며, 그 크기는 천체의 질량에 비례하고 거리의 3제곱에 반비례하기 때문에 태양은 달의 46% 정도밖에 되지 않는다.

02
해수의 수직 방향의 운동은 무엇인가?

가. 조석 나. 조류
사. 인력 아. 해류

[해설]
- 조석 : 해면의 주기적인 상하 승강 운동으로 수직방향(연직방향) 운동
- 조류 : 조석에 의한 해수의 수평방향의 주기적인 운동
- 해류 : 바다물이 한쪽 방향으로 대규모적으로 흐르는 반영구적인 물의 흐름

03
해수의 주기적인 수평방향의 유동을 무엇이라고 하는가?

가. 조류 나. 조석
사. 조차 아. 조신

[해설]
- 조차 : 고조의 높이와 저조의 높이 차
- 조신 : 어느 지역의 조석의 특징

04
조류의 방향은 어떻게 표시되는가?

가. 흘러가는 쪽의 방향 나. 흘러오는 쪽의 방향
사. 해면이 높아지는 방향 아. 해면이 낮아지는 방향

[해설] 조류나 해류의 방향인 유향은 흘러가는 방향을 말하고, 바람의 방향인 풍향은 불어오는 방향을 말한다.

05
선박의 진행방향과 같은 방향으로 흐르는 조류는?

가. 순조 나. 역조
사. 와류 아. 창조류

[해설]
- 순조 : 본선의 진행방향과 같은 방향의 조류나 해류
- 역조 : 본선의 진행방향과 반대 방향의 조류나 해류
  ▶ 선박의 조종이 순조보다 잘 된다.
- 와류 : 조류가 빠른 협수도 같은 곳에서 생기는 소용돌이

06
조석에 관한 용어 중 "게류" 또는 "쉰물"이라고 하는 것은?

가. 조류가 잠시 정지한 상태 나. 주류와 반대방향의 흐름
사. 해면이 가장 높아진 상태 아. 해면이 가장 낮아진 상태

[해설] 창조류에서 낙조류로 바뀔 때 흐름(조류)이 잠시 정지하는 것을 게류 또는 쉰물이라 하며, 창조에서 낙조로 승강운동이 정지하는 것은 정조라 한다.

07
연중 해면이 그 이상으로 낮아지는 일이 거의 없다고 생각되는 수면을 무엇이라고 하는가?

가. 평균수면 나. 기본수준면
사. 일조부등 아. 월조간격

[해설] 기본수준면은 연중 해면이 그 이상으로 낮아지는 일이 거의 없다고 생각되는 수면으로 약최저저조면과 같은 수면이다. ▶ 수심, 조고, 조승, 간출암 등의 기준면이 된다.
- 평균수면 : 연중 관찰하여 그 수면을 평균한 수면 또는 조석이 없다고 가정했을 때의 수면 ▶ 등대높이, 산높이 등의 지물의 높이의 기준면
- 일조부등 : 하루에 두 번 일어나는 조석현상이 시간과 높이가 서로 같지 않고, 그 월조간격도 같지 않은 현상
- 월조간격 : 고조간격과 저조간격을 통칭하여 부르는 것
- 고조간격 : 달이 정중하고 고조가 될 때까지 걸리는 시간
- 저조간격 : 달이 정중하고 저조가 될 때까지 걸리는 시간

08
"조금"에 관한 설명으로 옳은 것은?

가. 삭과 망이 지난 뒤 1~2일만에 생긴 조차가 극대인 조석
나. 삭과 망이 지난 뒤 1~2일만에 생긴 조차가 극소인 조석
사. 상현 및 하현이 지난 뒤 1~2일만에 생긴 조차가 극소인 조석
아. 상현 및 하현이 지난 뒤 1~2일만에 생긴 조차가 극대인 조석

[해설]
- 대조(Spring Tide : 사리) : 삭과 망이 지난 뒤 1~2일만에 생긴 조차가 극대인 조석
- 소조(Neap Tide : 조금) : 상현 및 하현이 지난 뒤 1~2일만에 생긴 조차가 극소인 조석

09
어느 지역의 조석이나 조류의 특징을 일컫는 말로서, 조석표나 항박도에 기재되어 있는 것은?

가. 조석 나. 조류
사. 조차 아. 조신

[해설] 조신은 어느 지역의 조석이나 조류의 특징을 말한다.

10
1일 2회 조석의 경우 만조(고조)시에서 다음 만조(고조)시까지 걸리는 대략의 시간은?

가. 6시간 12분 나. 9시간 30분
사. 12시간 25분 아. 25시간

[해설] 만조(고조)에서 다음 만조(고조)까지는 평균 12시간 25분 정도이다.

정답 1 나 2 가 3 가 4 가 5 가 6 가 7 나 8 사 9 아 10 사

소형선박조종사   Chapter 3 해도 및 항로표지

11

어느 날 고조시가 오후 6시 25분이면, 다음 날 오전 고조시는 대략 몇 시 몇 분인가?

가. 6시 00분　　　　　　　나. 6시 25분
사. 6시 50분　　　　　　　아. 7시 25분

해설 고조에서 다음 고조시까지 평균 12시 25분 걸리므로 오후 6시 25분은 18시 25분이므로 여기에 12시 25분을 더하여 주면 된다.
　　∴ 18시 25분＋12시 25분＝30시 50분 ▶다음 날 오전 6시 50분

12

조석표를 이용하여 임의 항만의 조시를 구하기 위해서는 어떻게 하는가?

가. 그날의 표준항의 조시에 조시차를 부호대로 가감하여 구한다.
나. 그날의 표준항의 조시에 조시차의 부호를 반대로 하여 가감하여 구한다.
사. 가장 인접한 항구의 조시에 조시차를 부호대로 가감하여 구한다.
아. 가장 인접한 항구의 조시에 조시차의 부호를 반대로 하여 가감하여 구한다.

해설 임의 항만의 조시는 표준항의 조시에 임의 항만에 대한 개정수 중 조시차를 조석표에서 구하여 그 부호대로 가감(±)하여 구하면 된다.

13

조석표를 이용하여 임의 항만의 조고를 구하기 위해서는 어떻게 하여야 하는가?

가. 표준항의 조고에서 인근항의 평균해면을 뺀 값에 조고비를 곱하고 그 값에 임의 항만의 평균해면을 더한다.
나. 표준항의 조고에서 표준항의 평균해면을 뺀 값에 조고비를 곱하고 그 값에 임의 항만의 평균해면을 더한다.
사. 인근항의 조고에서 인근항의 평균해면을 뺀 값에 조고비를 곱하고 그 값에 임의 항만의 평균해면을 더한다.
아. 인근항의 조고에서 표준항의 평균해면을 뺀 값에 조고비를 곱하고 그 값에 임의 항만의 평균해면을 더한다.

해설 임의의 항만 조석을 구하는 방법
• 조시＝표준항의 조시＋임의의 항의 조시차
• 조고＝(표준항의 조고－표준항의 평균해면)×임의의 항의 조고비＋임의의 항의 평균해면

14

해류에 관한 설명으로 옳은 것은?

가. 하루에 두 번 해면의 승강작용이 있다.
나. 하루에 두 번 방향이 바뀐다.
사. 달의 인력과 관계가 있다.
아. 해수의 흐름이 일정 방향으로 흐르는 것이다.

해설 가. 나. 사.는 조석과 조류에 대한 설명이다.

15

우리나라에 영향을 미치는 난류는?

가. 쿠로시오해류　　　　　　나. 북적도해류
사. 북태평양해류　　　　　　아. 리만해류

해설 쿠로시오는 북적도해류에서 분리되어 북쪽으로 흐르는 매우 큰 해류로 우리나라에 큰 영향을 미치는 난류이다. 우리나라의 동해안으로 오면 동한난류가 된다.

▶ **우리나라 근해의 해류**
• 난류 : 북적도해류 ⇨ 쿠로시오 ⇨ 대한난류(대한해협해류) ⇨ 동한난류
• 한류 : 오야시오 ⇨ 리만해류 ⇨ 연해주해류 ⇨ 북한해류

정답 **11** 사　**12** 가　**13** 나　**14** 아　**15** 가

CHAPTER 04 기상 및 해상

소형선박조종사

제1절 기상의 요소

(1) 기압

어떤 높이에 있어서 공기의 압력으로 단위 면적에 누르는 대기의 압력(공기의 무게)

① 1기압=760mmHg=1,013mbar=1,013hPa=14.7psi
② 아네로이드 기압계 : 선박에서 주로 사용하는 것으로 액체를 사용하지 않는 기압계로 기압의 변화에 따른 수축과 팽창으로 공합(금속용기)의 두께가 변하는 것을 이용하여 기압을 측정하는 기압계

(2) 기온

지상 약 1.5m 높이의 대기 온도를 말하며, 해상에서는 약 10m 높이의 대기 온도

① 기온의 측정 단위
- 섭씨 온도 : 1기압에서 물의 어는점을 0℃로, 끓는점을 100℃로 하여 그 사이를 100등분한 온도이다. ▶단위 기호는 ℃이다
- 화씨 온도 : 1기압 하에서 물의 어는점을 32°, 끓는점을 212°로 정하고 두 점 사이를 180등분한 온도눈금이다. ▶단위는 °F를 사용한다.

② 온도계의 종류 : 수은 온도계, 알코올 온도계, 자기 온도계 등

> **참고 | 건습구 온도계**
> 2개의 온도계, 즉 하나는 건구, 다른 하나는 습구를 갖춘 온도계의 한 종류로 물의 증발하는 정도를 재어, 습도를 측정하는 계기로 보통 %로 표시하는 상대습도를 측정한다.

(3) 습도

① 상대습도 : 포화증기압에 대한 현재의 수증기압의 비율을 %로 표시한 것, 즉 수증기가 대기 중에 얼마나 포함되어 있는지를 나타내는 것으로 일반적으로 습도라는 것은 상대습도를 말한다.
② 절대습도 : 단위용적($1m^3$)의 수증기의 양을 g으로 표시한 것
③ 이슬점 온도(노점온도)
- 현재의 수증기압을 포화 수증기압으로 하는 온도
- 수증기량을 변화시키지 않고 공기를 냉각시킬 때에 포화에 이르는 온도로 이슬점 온도 이하가 되면 여분의 수증기는 물방울로 된다.

(4) 바람

대기의 수평운동으로 풍향은 바람이 불어오는 방향으로 정시관측 시각 전 10분의 평균적인 방향으로 16방위로 표시하며, 풍속은 정시관측시각 전 10분간의 풍속을 평균하여 구하며, 단위는 m/s, knot, km/h 등이 사용된다.

> **참고 | 보퍼트 풍력계급표**
> 바람의 세기를 눈으로 관측하여 보통은 0~12까지 13계급을 측정한 것

(5) 구름

대기 중에 수증기가 응결하여 작은 물방울 또는 얼음 알갱이가 되어 상공에 떠 있는 것으로, 운량의 표시는 0~10까지 나타낸다.

(6) 강수

수증기가 응결 또는 승화하여 비나 눈으로 지표면에 떨어지는 것을 강수라 하며 종류에 따라 비, 눈, 우박 등으로 분류한다.

(7) 시정

대기의 혼탁 정도를 나타내는 것으로 시정의 관측에는 시정계, 레이더가 사용되지만 일반적으로 육안으로 관측하며, 안개, 강우, 강설, 먼지, 폭풍, 황사, 매연 등은 시정에 많은 영향을 끼친다.

제2절 고기압과 저기압

(1) 고기압

① 주위보다 상대적으로 기압이 높은 곳을 말한다.
② 고기압 중심으로부터 저기압 쪽으로 북반구에서는 시계방향으로 불어 나가게 된다.
③ 하강기류가 생겨 날씨는 비교적 좋다.

(2) 저기압

① 주위보다 상대적으로 기압이 낮은 곳을 말한다.
② 북반구에서는 바람이 시계 반대 방향으로 불어 들어간다.
③ 상승기류가 생겨 구름과 비를 내리게 하는 악천후의 원인이 된다.

제3절 태풍

(1) 열대 해상에서 발생하는 중심 최대풍속이 17m/s(33노트) 이상의 폭풍우를 동반하는 열대저기압

(2) 열대 저기압의 발생 지역에 따른 이름

① 태풍(Typhoon) : 우리나라, 일본, 중국 등의 북동아시아 지역
② 허리케인(Hurricane) : 미국남동부, 북대서양 카리브해, 서인도제도, 멕시코
③ 사이클론(Cyclone) : 북인도양, 뱅골만, 아라비아해
④ 윌리윌리(Willy Willy) : 호주, 뉴질랜드, 피지, 사모아제도

(3) 태풍의 중심과 선박의 위치 관계(북반구에서)

① 풍향이 북동 ⇨ 동 ⇨ 남동 ⇨ 남으로 순전(시계방향)하면 본선은 태풍 진로의 우측 위험반원에 위치하고 있다.
  ▶풍랑을 우현 선수에 받고 황천중의 조선법에 따라 피항한다.

② 풍향이 북동 ⇨ 북 ⇨ 북서 ⇨ 서로 반전(반시계방향)하면 본선은 태풍 진로의 좌측 가항반원에 위치하고 있다.
  ▶풍랑을 우현 선미에 받고 피항한다.

③ 풍향이 변하지 않고 폭풍우가 강해지고 기압이 점점 내려가면 본선은 태풍의 진로상에 위치하고 있다.
  ▶풍랑을 우현 선미에 받고 가항반원으로 피항한다.

⚓ **참고 | 바이스 밸럿의 법칙(Buys Ballot's law)**

저기압의 중심을 알아내는 법으로 바람을 등지고 양팔을 벌리면 북반구에서는 왼손 전방 약 20~30° 방향에 저기압의 중심이 있고, 남반구에서는 오른손 전방 약 20~30°에 저기압의 중심이 있다.

CHAPTER 04 기상 및 해상 실전예상문제

01 [최근빈출 대표유형]
얼음이 녹는점을 0℃, 물이 끓는점을 100℃로 하여 그 사이를 100등분한 단위는?

가. 섭씨 온도
나. 화씨 온도
사. 무빙점 온도
아. 비등점 온도

해설 섭씨 온도 : 1기압에서 물의 어는점을 0℃로, 끓는점을 100℃로 하여 그 사이를 100등분한 온도이다. ▶단위 기호는 ℃이다

02
온도계의 어는점(빙점)의 눈금을 32°, 끓는점의 눈금을 212°로 정하고, 그 사이를 180등분한 것은?

가. 섭씨 온도
나. 화씨 온도
사. 한랭 온도
아. 해수 온도

해설 화씨 온도 : 1기압 하에서 물의 어는점을 32°, 끓는점을 212°로 정하고 두 점 사이를 180등분한 온도눈금이다. ▶단위는 °F를 사용한다.

03 [최근빈출 대표유형]
같은 형태의 막대모양 온도계 2개 중에서 하나는 그대로 노출되어 있고, 다른 하나는 끝부분을 헝겊으로 싸서 여기에 심지를 달아 부착된 용기로부터 물을 빨아올리게 되어 있는 것으로 2개 온도계의 온도차를 측정하여 습도와 이슬점을 구할 수 있는 것은?

가. 자기 습도계
나. 모발 습도계
사. 건습구 온도계
아. 모발 자기 습도계

해설 건습구 온도계는 2개의 온도계, 즉 하나는 건구, 다른 하나는 습구를 갖춘 온도계의 한 종류로 물의 증발하는 정도를 재어, 습도를 측정하는 계기로 보통 %로 표시하는 상대습도를 측정한다.

04
선박에서 주로 사용하는 습도계는 무엇인가?

가. 건습구 온도계
나. 모발 습도계
사. 모발 자기 습도계
아. 자기 습도계

해설 선박에서는 주로 건습구 온도계를 사용하여 습도를 측정한다.

05
선박에서 주로 사용하는 기압계는?

가. 아네로이드 기압계
나. 수은 기압계
사. 자기 기압계
아. 해수 기압계

해설 아네로이드 기압계는 액체를 사용하지 않는 기압계로 기압의 변화에 따른 수축과 팽창으로 공합(금속용기)의 두께가 변하는 것을 이용하여 기압을 측정하는 기압계로 선박에서 주로 사용한다.

06
표준 대기압을 나타낸 것 중 다른 하나는?

가. 760[mmHg]
나. 1,013[mbar]
사. 14.7[psi]
아. 3,000[hPa]

해설 1기압 = 760mmHg = 1,013mbar = 1,013hPa = 14.7psi

07
기압경도가 클수록 일기도의 등압선 간격은 어떠한가?

가. 등압선의 간격이 넓다.
나. 등압선의 간격이 좁다.
사. 등압선의 간격이 일정하다.
아. 계절 및 지역에 따라 다르다.

해설 기압경도가 클수록 등압선의 간격은 좁다.

08 [최근빈출 대표유형]
바람에 작용하는 힘이 아닌 것은?

가. 전향력
나. 마찰력
사. 기압경도력
아. 기압위도력

해설 ▶바람에 작용하는 힘
① 기압경도력 : 기압이 높은 곳에서 낮은 곳으로 향하는 힘으로 바람을 일으키는 원동력은 기압경도력이며 대기가 일단 운동을 시작하면 전향력, 마찰력이 작용한다.
  ▶기압경도 : 대기 압력의 경사정도로 일반적으로 수평방향의 경사정도
② 전향력 : 지구상에서 운동하는 대기는 지구의 자전으로 그 방향이 변하여 곡선운동을 하는 힘으로 북반구에서는 운동방향에 직각으로 오른쪽으로 굽어지게 하는 힘
③ 원심력 : 곡률의 중심에서 바깥으로 향하는 힘
④ 마찰력 : 풍향의 반대 방향에서 조금 왼쪽으로 미침

09 [최근빈출 대표유형]
풍향 풍속계에서 지시하는 풍향과 풍속에 대한 설명으로 옳지 않은 것은?

가. 풍향은 바람이 불어오는 방향을 말한다.
나. 풍향이 반시계 방향으로 변하면 풍향 반전이라 한다.
사. 풍속은 정시 관측 시각 전 15분간 풍속을 평균하여 구한다.
아. 어느 시간 내의 기록 중 가장 최대의 풍속을 순간 최대 풍속이라 한다.

해설 사. 풍속은 정시 관측 시각 전 10분간의 평균 풍속을 말한다.
• 풍향은 바람이 불어오는 방향을 말하며, 유향은 흘러가는 방향이다.
• 풍향이 시계방향 즉 북 ⇨ 북동 ⇨ 동 ⇨ 남동으로 변하면 순전이라 하며,
• 풍향이 반시계방향 즉 북 ⇨ 북서 ⇨ 서 ⇨ 남서로 변하면 반전이라 한다.

정답 1 가 2 나 3 사 4 가 5 가 6 아 7 나 8 아 9 사

10 [최근빈출 대표유형]

지표 부근의 수증기가 응결 또는 결빙하여 물방울 또는 얼음 입자로 형성되어 있는 상태는?

가. 비
나. 구름
사. 습도
아. 안개

해설 안개는 대기 중 수증기가 응결하여 만들어진 것이고, 응결이 일어나려면 ① 대기가 수증기를 많이 함유하고 있을 것 ② 대기 중에 응결을 촉진시키는 응결핵이 많이 떠다니고 있을 것 ③ 공기 덩어리가 이슬점 온도 이하로 냉각되거나, 공기 덩어리에 외부에서 다량의 수증기가 공급될 것 등의 조건이 필요하다.

11 [최근빈출 대표유형]

따뜻한 공기가 온도가 낮은 표면상으로 이동해서 냉각되어 생긴 안개는?

가. 복사안개
나. 이류안개
사. 새벽안개
아. 저녁안개

해설 이류안개(이류무 = 해상안개)
따뜻한 공기가 찬 지표면이나 해상 위로 이동할 때 공기가 냉각되어 포화수증기압에 도달되어 발생한다.
▶ 이류무의 특징
• 기온이 수온보다 약 1℃ 정도 높고, 풍력이 2~4일 때 가장 발달
• 범위가 넓고 지속성이 크다.

12

저기압에 대한 설명으로 옳은 것은?

가. 기압이 1,000 헥토파스칼 이하이다.
나. 기압이 1,013 헥토파스칼 이하이다.
사. 주위와 비교하여 기압이 낮은 곳이다.
아. 우리나라 여름철에는 온대성 저기압이 자주 온다.

해설 • 저기압 : 주위와 비교하여 기압이 낮은 곳
• 고기압 : 주위와 비교하여 기압이 높은 곳

13

저기압의 특징에 대한 설명으로 옳지 않은 것은?

가. 주위로부터 바람이 불어 들어온다.
나. 상승기류가 있어 구름과 비를 가져온다.
사. 고기압에 비하여 기압경도가 커서 바람이 강하다.
아. 하강기류로 날씨가 맑다.

해설 저기압은 상승기류로 날씨가 나빠지며, 고기압은 하강기류로 날씨가 좋다.

14

고기압에 대하여 옳게 설명한 것은?

가. 1기압보다 높은 것을 말한다.
나. 바람은 저기압 중심에서 고기압 쪽으로 분다.
사. 주위의 기압보다 높은 것을 말한다.
아. 상승기류가 있어 날씨가 좋다.

해설 고기압은 주위의 기압보다 높은 곳을 말한다.

15 [최근빈출 대표유형]

아열대역에 동서로 길게 뻗쳐 있으며, 오랫동안 지속되는 키가 큰 우리나라 부근의 고기압은?

가. 이동성 고기압
나. 시베리아 고기압
사. 북태평양 고기압
아. 오호츠크해 고기압

해설 북태평양 고기압은 키가 큰 고기압이며, 이동성 고기압, 시베리아 고기압, 오호츠크해 고기압 등은 키가 작은 고기압에 속한다.
• 상층의 높은 고도까지 존재하므로 키가 큰 고기압이라 하며, 온난 고기압으로 상층으로 갈수록 한층 더 고기압이 되며, 종류로는 ㉠ 북태평양 고기압(아열대 고기압) ㉡ 아조레스 고기압(아열대 고기압) ㉢ 절리 고기압 ㉣ 블로킹 고기압 등이 있다.
• 키가 작은 고기압은 한냉 고기압으로 하층에서는 명확하지만 고도가 증가함에 따라 불명확한 고기압으로 종류로는 ㉠ 시베리아 고기압(대륙성 한대 고기압) ㉡ 이동성 고기압 ㉢ 오호츠크해 고기압 등이 있다.

16 [최근빈출 대표유형]

상공을 흐르는 대기의 구조를 나타낸 기상도로서 집중호우나 뇌우, 태풍의 발달 등을 알 수 있는 기상도는?

가. 지상 기상도
나. 고층 기상도
사. 태풍 예보도
아. 외양 파랑 해석도

해설 고층 기상도는 고층기상관측을 통해 얻은 데이터를 이용해 그린 기상도로 천기변화, 고저기압의 움직임 및 태풍의 진로를 예상하는 데 필요한 기상도를 말한다.
• 지상분석 일기도 : 925hpa, 850hpa, 700hpa 일기도
• 중층 분석 일기도 : 500hpa 일기도
고도는 대류권 중층에 해당하는 5.4km고도이며, 이 고도에서는 대기의 움직임을 파악하는데 용이하여 고·저기압의 움직임 및 태풍의 예상경로를 알 수 있음
• 대류권과 성층권 사이를 분석 : 300hpa, 200hpa, 100hpa 일기도

17 [최근빈출 대표유형]

일기도상 아래의 기호에 대한 설명으로 옳은 것은?

가. 풍향은 남서풍이다.
나. 평균 풍속은 5노트이다.
사. 비가 오는 날씨이다.
아. 현재의 기압은 3시간 전의 기압보다 낮다.

해설 가. 풍향은 북동풍이다.
나. 풍속은 5m/s이다.
아. 위의 그림으로는 기압은 알 수 없다.

18 [최근빈출 대표유형]

기상도의 종류와 내용을 나타내는 기호의 연결로 옳지 않은 것은?

가. A : 해석도
나. F : 예상도
사. S : 지상자료
아. U : 불명확한 자료

해설 가. A(Analysis) : 해석도
나. F(Forecast) : 예상도
사. S(Surface) : 지상자료
아. U(Upper air) : 고층자료

정답 10 아 11 나 12 사 13 아 14 사 15 사 16 나 17 사 18 아

19 [최근빈출 대표유형]

해상에서 열대성 저기압의 중심을 추정하는 방법으로 바람을 등지고 양팔을 벌리면 북반구에서는 열대성 저기압의 중심은 어디에 있는가?

가. 왼손 전방 20°~30° 방향
나. 왼손 후방 20°~30° 방향
사. 오른손 전방 20°~30° 방향
아. 오른손 후방 20°~30° 방향

해설
- 북반구 : 왼손 전방 20°~30° 방향
- 남반구 : 오른손 전방 20°~30° 방향
▶ 바이스 밸럿의 법칙(Buys Ballot's law)
바람을 등지고 양팔을 벌리면 북반구에서는 왼손 전방 약 20~30° 방향에 저기압의 중심이 있고, 남반구에서는 오른손 전방 약 20~30°에 저기압의 중심이 있다.

20 [최근빈출 대표유형]

북태평양 서부에서 발생하여 중심풍속이 17m/s 이상의 강풍을 동반하는 열대성 저기압을 부르는 명칭은?

가. 태풍
나. 사이클론
사. 허리케인
아. 윌리윌리

해설 열대 저기압의 발생 지역에 따른 이름
- 태풍(Typhoon) : 우리나라, 일본, 중국 등의 북동아시아 지역
- 허리케인(Hurricane) : 미국남동부, 북대서양 카리브해, 서인도제도, 멕시코
- 사이클론(Cyclone) : 북인도양, 뱅골만, 아라비아해
- 윌리윌리(Willy Willy) : 호주, 뉴질랜드, 피지, 사모아제도

21

북반구에서 태풍 피항 조종법으로 옳지 않은 것은?

가. 태풍 중심을 조기에 파악하고 지름길을 택하여 항행한다.
나. 태풍 중심의 좌반원에 있는 경우 우현선미에서 풍랑을 받도록 한다.
사. 태풍의 중심에서 멀어지도록 조선한다.
아. 태풍 중심의 우반원에 있는 경우 우현선수에서 풍랑을 받도록 한다.

해설 태풍의 진로를 파악하여 본선의 위치가 가항반원에 있는지, 위험반원에 있는지를 파악하여 알맞은 태풍피항법으로 항행을 해야 한다.
▶ 태풍의 중심과 선박의 위치 관계(북반구에서)
① 풍향이 북동 ⇨ 동 ⇨ 남동 ⇨ 남으로 순전(시계방향)하면 본선은 태풍 진로의 우측 위험반원에 위치하고 있다.
▶ 풍랑을 우현 선수에 받고 황천중의 조선법에 따라 피항한다.
② 풍향이 북동 ⇨ 북 ⇨ 북서 ⇨ 서로 반전(반시계방향)하면 본선은 태풍 진로의 좌측 가항반원에 위치하고 있다.
▶ 풍랑을 우현 선미에 받고 피항한다.
③ 풍향이 변하지 않고 폭풍우가 강해지고 기압이 점점 내려가면 본선은 태풍의 진로상에 위치하고 있다.
▶ 풍랑을 우현 선미에 받고 가항반원으로 피항한다.

22

태풍의 접근 징후를 설명한 것 중 틀린 것은?

가. 구름이 빨리 흐르며 습기가 많고 무덥다.
나. 털구름이 나타나 온 하늘로 퍼진다.
사. 기압이 급격히 높아지며 폭풍우가 온다.
아. 아침, 저녁 노을의 색깔이 변한다.

해설 기압은 계속 하강한다.
▶ 태풍의 접근 징조
① 기압의 일변화가 무너지고 바람이 강해지며 기압이 계속 하강
② 아열대 해상에서 평소에는 무역풍이 우세하여 편동풍이 불지만 이것이 바뀌어 편서풍이 분다.
③ 소낙성 강수가 빈번히 관측되고 그 구역이 확대될 때
④ 큰 파랑의 너울이 생성되며 보통 때와 다른 파장, 주기, 방향이 관측
⑤ 너울과 같은 큰 파도가 해안에 부딪칠 때 생기는 소리인 해명이 들린다.
⑥ 상층운(권운, 권층운)의 이동이 빨라지며 점차 구름이 낮아진다.

정답 19 가 20 가 21 가 22 사

CHAPTER 05 항해계획

소형선박조종사

제1절 항해계획

(1) 항해계획 수립의 순서
① 각종 수로 도지에 의한 항행 해역의 조사 및 연구와 자신의 경험을 바탕으로 가장 적합한 항로를 선정한다.
② 소축적 해도상에 선정한 항로를 기입하고, 대략적인 항정을 구한다.
③ 사용 속력을 결정하고, 실속력을 구한다.
④ 대략의 항정과 추정한 실속력으로 항행할 시간을 구하여 출·입항 시각 및 항로상의 중요한 지점을 통과하는 시각 등을 대략 추정한다.
⑤ 수립한 계획이 적절한가를 검토한다.
⑥ 항해에 사용하는 대축척 해도에 출·입항 항로, 연안 항로를 그리고, 다시 정확한 항정을 구하여 예정 항행 계획표를 작성한다.
⑦ 세밀한 항행 일정을 구하여 출·입항 시각을 결정한다.

(2) 연안 항로의 선정
① 해안선과 평행한 항로
② 우회 항로
③ 추천 항로

(3) 이안 거리 : 해안선으로부터 떨어진 거리
▶ 이안거리 고려사항
① 선박의 크기 및 제반 상태
② 항로의 교통량 및 항로 길이
③ 선위 측정 방법 및 정확성
④ 수심을 포함한 해도상에 표시된 각종 자료의 정확성
⑤ 해상, 기상, 시정의 영향 조건 및 본선의 통과 시기(주간, 야간)
⑥ 당직자의 자질 및 위기 대처 능력

(4) 경계선
어느 기준 수심보다 더 얕은 구역을 표시하는 등심선

(5) 피험선
협수로 통과시나 입·출항시에 위험을 피하기 위한 준비된 위험 예방선
▶ 피험선의 종류
① 두 물표의 중시선에 의한 방법, 가장 확실한 피험선
② 선수 방향에 있는 목표의 방위선에 의한 방법
③ 침로 전방에 있는 한 물표의 방위선에 의한 것
④ 수평협각에 의한 방법(수평위험각법)
⑤ 물표의 수직앙각에 의한 방법(수직위험각법)
⑥ 측면에 있는 물표의 거리에 의한 방법(수평거리법)
⑦ 수심(등심선)에 의한 것

(6) 출·입항 항로의 선정
선박의 입항 및 출항 등에 관한 법률, 항만의 크기, 위험물의 존재, 정박선의 동정, 다른 선박의 내왕, 바람, 조류, 주위상황, 자기 선박의 성능 등을 고려

(7) 좁은 수로 항법
조류가 없을 때나 약할 때 통과를 하며, 조류가 있을 때는 역조 말기나 게류시가 좋으며, 굴곡이 없는 곳은 순조시, 굴곡이 심한 곳은 역조시에 통과하는 것이 좋다.

CHAPTER 05 항해계획 실전예상문제

01 〔최근빈출 대표유형〕
해저의 기복 상태를 알기 위해 같은 수심인 장소를 연속하는 가는 실선으로 나타낸 것을 무엇이라 하는가?
가. 등심선 나. 경계선
사. 피험선 아. 해안선

해설
- 등심선 : 같은 수심을 연결한 선
- 경계선 : 어느 수심보다 얕은 구역에 들어가면 위험하다고 생각될 때 위험구역을 표시하는 등심선
- 피험선 : 항로, 협수로 등에서 암초 등을 피하기 위하여 준비된 위험예방선

02
어느 기준 수심보다 더 얕은 위험 구역을 표시하는 등심선은?
가. 피험선 나. 경계선
사. 중시선 아. 위치선

해설
- 중시선 : 두 물표가 일직선으로 보일 때의 직선
- 위치선 : 선박이 그 자취 위에 존재한다고 생각되는 특정한 선
▶ 동시에 두 개의 위치선을 결정하면 그 교점이 선위가 된다.

03 〔최근빈출 대표유형〕
수심이 얕은 위험한 곳으로 선박이 진입하는 것을 사전에 확인하기 위하여 등심선을 위험구역의 한계로 표시하는 것은?
가. 위험선 나. 등심선
사. 경계선 아. 피항선

해설
- 경계선 : 어느 수심보다 더 얕은 위험구역을 표시하는 같은 수심을 연결한 등심선으로, 흘수가 작은 선박은 10m 등심선을 경계선으로 하며, 흘수가 큰 선박, 암초가 많은 해역은 20m 등심선을 경계선으로 선정하는 것이 좋다.
- 피험선 : 협수로 통과시나 입·출항시에 준비된 위험예방선으로 두 물표의 중시선에 의한 방법 ▶가장 확실한 피험선이 된다.

04 〔최근빈출 대표유형〕
좁은 수로를 통과할 때나 항만을 출·입항할 때 선위 측정을 자주 하거나 예정 침로를 계속 유지하기가 어려운 경우에 대비하여 미리 해도를 보고 위험을 피할 수 있도록 준비하여 둔 예방선은?
가. 중시선 나. 피험선
사. 방위선 아. 변침선

해설 피험선은 협수로 통과시나 입·출항시에 위험을 피하기 위한 준비된 위험예방선이다.

05
피험선이나 컴퍼스 오차를 측정하고자 할 때 가장 적당한 것은?
가. 교차 방위에 의한 위치선 나. 수평 협각에 의한 위치선
사. 중시선에 의한 위치선 아. 수심 측정에 의한 위치선

해설 중시선에 의한 피험선은 가장 정확한 피험선이 되며, 중시선을 이용하여 컴퍼스 오차를 측정하면 편리하다.

06
45마일 되는 두 지점 사이의 거리를 대지속력 10노트로 항해할 때 걸리는 시간은?
가. 3시간 나. 3시간 30분
사. 4시간 아. 4시간 30분

해설 속력이 10노트란 것은 1시간에 10마일 항주하는 속력이다.
그러므로 45마일을 10노트로 항주하면 45마일÷10=4.5시간 걸린다.
4.5시간은 4시간 30분이 된다.

07 〔최근빈출 대표유형〕
본선의 속력이 12노트라면 6분 동안 이동하는 거리는?
가. 1해리 나. 1.2해리
사. 2해리 아. 3해리

해설 60분 : 12해리 = 6분 : x
$60x = 12 \times 6$ ∴ $x = 1.2$해리

08
12노트로 10시간 항해하면 항해거리는 몇 마일이 되는가?
가. 60마일 나. 80마일
사. 96마일 아. 120마일

해설 선속 12노트는 1시간에 12해리 갈 수 있는 속력이다.
그러므로 10시간동안에는 12해리×10=120해리 즉 120마일이 된다.

09 〔최근빈출 대표유형〕
10노트의 속력으로 45분을 항해하였을 때 항주한 거리는?
가. 2.5마일 나. 5마일
사. 7.5마일 아. 10마일

해설 선속 10노트는 1시간(60분)동안 10해리(마일)를 항주하는 속력이다.
∴ 60분 : 10마일 = 45분 : (x) 마일
$60x = 10 \times 45$ ∴ $x = 7.5$마일

10 〔최근빈출 대표유형〕
4월 10일 오후 3시에 부산항을 출항하여 인천항까지 380해리를 평균속력 10노트로 항해한다면 인천항 도착 예정시각은?
가. 4월 11일 1700시 나. 4월 12일 0500시
사. 4월 11일 0500시 아. 4월 12일 1900시

해설 ① 부산항에서 인천항까지 걸리는 시간
380해리÷10노트=38시간
② 인천항 도착 예정시간
4/10 15:00+38시간=4/12 05:00에 도착한다.

정답 1 가 2 나 3 사 4 나 5 사 6 아 7 나 8 아 9 사 10 나

소형선박조종사

Chapter 5 항해계획

11
조류가 심한 좁은 수로를 통과하기에 가장 좋은 때는?

가. 배 뒤에서 빠른 조류를 받을 때(순조)
나. 배 앞에서 빠른 조류를 받을 때(역조)
사. 역조의 말기나 조류가 약할 때
아. 조류가 아주 강할 때

해설 조류가 약한 역조의 말기나 게류시가 좋다.

12 〔최근빈출 대표유형〕
항로계획에 따른 안전한 항해를 확인하는 방법이 아닌 것은?

가. 레이더를 이용한다.
나. 음향측심기를 이용한다.
사. 중시선을 이용한다.
아. 선박의 평균속력을 계산한다.

해설 레이더로 본선 또는 타선박의 위치를 확인하며, 음향측심기로 수심을 확인하고 중시선으로 컴퍼스 오차(자이로 오차)를 확인하면서 안전한 항해를 하여야 한다.
선박의 속력은 선박의 평균속력으로 항해를 하는 것이 아니라, 현재의 대수속력과 외력의 영향을 가감한 대지속력을 비교하면서 항해중 받게 될 조류의 영향을 예상하여 자기 선박이 취할 침로와 속력을 추정하여 항해계획을 세워야 한다.

13 〔최근빈출 대표유형〕
항해계획을 수립할 때 구별하는 지역별 항로의 종류가 아닌 것은?

가. 원양항로
나. 왕복항로
사. 근해항로
아. 연안항로

해설 항해계획 수립시에는 항로의 종류로는 일반적으로 연안항로, 근해항로, 원양항로로 구분한다.

14 〔최근빈출 대표유형〕
연안 통항계획 수립시 고려하지 않는 것은?

가. 선박보고제도(Ship's Reporting System)
나. 선박교통관제제도(Vessel Traffic Services)
사. GMDSS 운용
아. 항로지정제도(Ship's Routeing)

해설 GMDSS의 운용은 연안항해 계획수립과 크게 관계가 없다.
▶ **GMDSS(Global Maritime Distress and Safety System) 개념**
조난 중인 선박의 근처에 있는 다른 선박은 물론 육상의 수색 당국이 신속하고 정확하게 조난경보를 감지하도록 하여, 지체없이 합동 수색 및 구조 작업에 임할 수 있도록 하는 제도이다.

정답 **11** 사 **12** 아 **13** 나 **14** 사

5일만에 끝내기 소형선박조종사

과목 02
운용

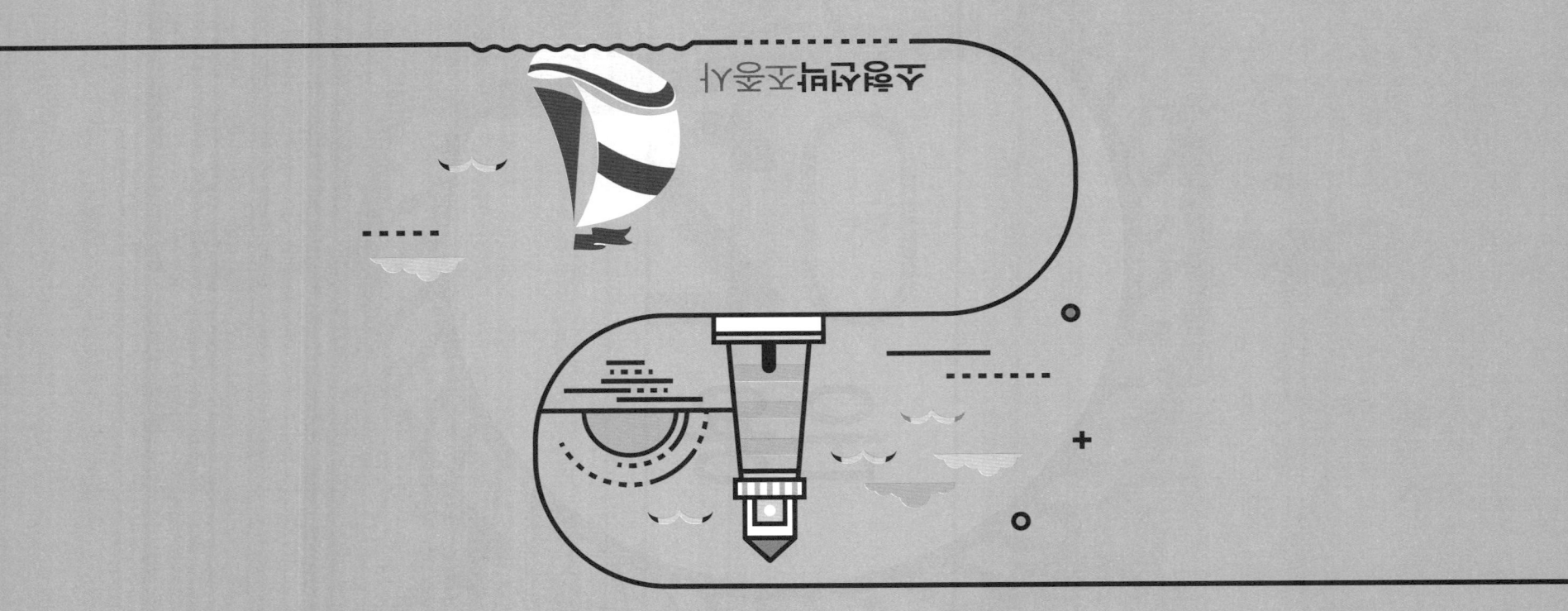

CHAPTER 01 선체·설비 및 속구

소형선박조종사

제1절 선박의 개요

1 선박의 주요 치수

(1) 선박의 길이
① 전장 : 선수 최전단부터 선미 최후단까지의 수평거리
② 수선간장 : 계획만재흘수선상의 선수재 전면에서 러더포스트의 후면까지 수평거리 또는 전부수선(FP)에서 후부수선(AP)까지의 수평거리
③ 수선장 : 만재흘수선상에서 물에 잠긴 선체의 길이
④ 등록장 : 상갑판 보(beam)상 선수재 전면에서 선미재 후면까지를 잰 수평거리

(2) 폭
① 전폭 : 선체의 가장 넓은 중앙부 외판의 외면에서 맞은편 외판의 외면까지 수평거리
② 형폭 : 늑골의 외면에서 맞은편 외면까지의 길이로서 전폭보다 외판의 두께만큼 짧은 길이

(3) 깊이(형심) : 선체 길이의 중앙에서, 용골 상면으로부터 상갑판 보의 상면까지를 수직으로 잰 거리

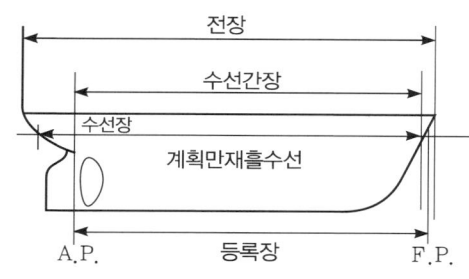

[선박의 길이]

[선박의 폭, 깊이]

2 톤수

선박의 크기를 용적으로 나타내는 데는 총톤수와 순톤수가 있으며, 중량으로 나타내는 데는 재화중량톤수와 배수톤수가 있다. 그리고 실제 화물을 선적하는 데 필요로 하는 톤수로는 재화용적톤수와 재화중량톤수가 사용된다.

3 흘수·건현 및 만재흘수선

(1) 흘수(Draft) : 물속에 잠긴 선체의 깊이

(2) 건현 : 물에 잠기지 않는 선체의 높이 ▶수면에서 갑판까지 길이 만재흘수선에서 법정 갑판선 상단까지의 수직거리

(3) 만재흘수선 : 선박의 안전항행이 허용되는 최대 흘수선을 만재흘수선이라 하며, 선체의 중앙부 양면에 만재흘수선표를 표시하여야 한다. 만재흘수선은 계절, 해역 및 선박의 종류에 따라 구별하여 만재흘수선표에 나타낸다.

4 트림(Trim)

선수 흘수와 선미 흘수의 차로 선박 길이 방향의 경사를 나타낸다.

(1) 선수 트림(Trim By Head)
선수 흘수가 선미 흘수보다 큰 상태로 선수에 파랑이 많이 덮쳐오고, 선미 안정성이 없어 타효가 불량하여 선속이 감소

(2) 선미 트림(Trim By The Stern)
선미 흘수가 선수 흘수보다 큰 경우로 선수에 파랑의 침입을 줄이는 효과가 있으며, 타효가 좋고 선속이 증가되므로, 선박 운항시에는 약간의 선미 트림이 좋다.

(3) 등흘수(Even Keel)
선미 흘수와 선수 흘수가 같은 상태로 수심이 얕은 수역을 항해할 때나 입거할 때 유리하다.

제2절 선체의 구조 명칭

① 선수(Bow) : 선체의 앞쪽 부분
② 선미(Stern) : 선체의 뒤쪽 부분
③ 우현과 좌현 : 선수를 향하여 오른쪽을 우현(Starboard), 왼쪽을 좌현(Port)
④ 선미 돌출부 : 러더스톡의 후방으로 돌출된 선미부분
⑤ 현호(Sheer) : 건현 갑판의 현측선의 휘어진 것을 말하며, 예비부력과 능파성을 향상시키고 선체를 미관상 좋게 한다.
▶선수현호 : 선체길이의 1/50, 선미현호 : 1/100 정도
⑥ 캠버(Camber) : 갑판상의 배수와 횡강력을 위해 선체 중심선 부근이 높도록 된 원호 ▶선폭의 1/50이 표준

⑦ 빌지(Bilge) : 선저와 선측을 연결하는 만곡부
⑧ 선체 중심선(Center line) = 선수미선(Keel line)
선폭의 가운데를 통하는 선수미 방향의 직선
⑨ 텀블 홈(Tumble Home) : 상갑판 부근의 선측 상부가 안쪽으로 굽은 정도
⑩ 플레어(Flare) : 선측의 상부가 바깥쪽으로 굽은 정도 ⇔ 텀블 홈
⑪ 용골(Keel) : 선체의 최하부의 중심선에 있는 종강력재로 선체를 구성하는 기초가 되는 부분
⑫ 외판 : 선체의 외곽을 이루는 강판으로 종강력을 구성하는 요소
⑬ 빌지 용골(Bilge Keel) : 빌지 외판의 바깥쪽에 종 방향으로 붙이는 판 ►선체의 횡요를 경감시킨다.
⑭ 불워크(Bulwark) : 상갑판 위의 양 끝에 세워서 고정시킨 강판 ►갑판 위의 물체 추락 방지 및 파랑의 침입을 방지
⑮ 늑골(Frame) : 선체의 좌우 선측을 구성하는 뼈대로 선체의 횡강도를 구성
⑯ 보(Beam) : 갑판에 횡방향에 설치되어 선체의 횡강력을 형성하며 수압과 갑판 위의 무게를 지탱
⑰ 기둥(Pillar) : 보를 지지하여 갑판의 하중을 분담하는 부재
⑱ 갑판 거더(Deck Girder) : 갑판보를 지지하기 위하여 갑판 밑에 종방향으로 설치하는 부재
⑲ 선측 종통재(Deck Stringer) : 선측 구조를 이루는 주요 부재로 외판을 부착시켜 선형을 이루고 종강도를 형성
⑳ 갑판(Deck) : 갑판보 위에 설치하여 선체의 수밀을 유지하는 종강력재
㉑ 격벽(Bulkhead) : 상갑판하의 공간을 선저에서 상갑판까지 종방향 또는 횡방향으로 나누는 벽으로 선미 격벽, 기관실 격벽, 선수 격벽 등이 있다.
㉒ 코퍼댐(Cofferdam) : 기름 탱크와 기관실과 펌프실 사이나 다른 종류의 기름을 적재하는 기름 탱크 사이에 설치된 수밀 이중 격벽

제3절 선박의 설비

1 조타설비
키(러더, 타)는 선박을 임의의 방향으로 회전시키고 일정한 침로로 유지하는 역할을 하기 때문에 보침성과 선회성이 좋아야 되고, 수류의 저항과 파도의 충격에 강해야 하며, 항주중에는 저항이 적어야 한다.

2 동력설비
선박에 동력을 주는 설비로 주기관, 보조 기계, 추진기 등이 있다.

3 정박 설비

(1) 닻(Anchor) : 닻은 정박뿐만 아니라 좁은 수역에서 선박을 회전시키거나 긴급한 감속을 위한 보조수단으로 사용된다.

 참고 | 닻의 종류
① 스톡 앵커 : 스톡이 있는 닻으로 파주력은 크지만 격납이 불편하여 주로 소형선에서 사용
② 스톡리스 앵커 : 스톡이 없는 닻으로 스톡 앵커보다 파주력은 떨어지지만 투묘 및 양묘시 취급이 쉽고 닻과 닻줄이 엉키지 않아 주로 대형선에

서 널리 쓰이고 있다.

(2) 앵커체인(닻줄) : 1절(1새클) 길이는 25m

(3) 양묘기(windlass) : 닻을 감아 올리거나 투묘작업 및 선박을 부두에 접안시킬 때 계선줄을 감는 데 사용

(4) 캡스턴 : 계선줄이나 앵커체인을 감아올리기 위한 갑판기로서 수직축을 중심으로 회전

(5) 기타 : 페어리더, 비트, 볼라드, 히빙라인, 펜드(방현재), 쥐막이 등

제4절 선체의 정비

1 부식과 오손의 방지
• 목선은 습기의 침투에 약하므로 갈라진 틈은 퍼티 등으로 메우며, 유성 페인트를 칠하여 준다.
• 강선은 방청용 각종 페인트를 발라서 습기의 접촉을 차단하며, 프로펠러, 키(rudder) 주위에는 아연판을 부착시켜 전식작용을 막는다.
  ※ 전식작용 : 서로 다른 종류의 금속물이 해수와 같은 전해질 용액 속에 있을 경우 두 금속 사이에는 전기적으로 양성인 금속에서 음성인 금속으로 전류가 흐르게 되어 양성인 금속의 표면이 이온화하여 전기 화학적인 부식이 일어나는 현상
• 오손 : 선체 중에서 물속에 잠겨 있는 부분에는 시간이 지남에 따라 각종 조개류나 해초류가 부착되는 형상

2 선체 도료의 종류

(1) 광명단(Deck Lead Paint)
• 선박에서 가장 널리 사용하는 유성 방청 도료이다.
• 도막이 견고하고 내수성 및 피복성이 강하다.

(2) 1호 선저도료(A/C)
• 선저 외판(만재흘수선 이하)에 방청용으로 칠하는 페인트로 외판에 직접 또는 광명단 도료를 칠한 위에 도장한다.
• 건조가 빠르고 방청력이 뛰어나며, 강판과의 밀착성이 좋아 잘 떨어지지 않아야 한다.

(3) 2호 선저도료(A/F)
• 선체 외판(경하흘수선 이하) 중에 항상 물에 잠기는 부분에 해중생물의 부착을 방지하기 위하여 칠하는 선저방오용의 페인트이다.
• 강판을 부식시키므로 A/C 도료를 먼저 칠하고 그 위에 칠해야 한다.

(4) 3호 선저도료(B/T)
수선부, 즉 만재흘수선과 경하흘수선 사이의 외판에 칠하는 도료로서 A/C 페인트를 먼저 칠하고 그 위에 도장한다.

(5) 희석제(Thinner)
도료의 액체 성분을 녹여서 점성을 작게 하고 성분을 균질하게 하

여 도막을 매끄럽게 하고 건조를 촉진시키며, 도장 후에는 거의 증발하여 도막 중에는 남지 않는다.

제5절 로프

1 로프의 종류

(1) 섬유 로프의 구성
- 섬유(Fiber)를 꼬아 꼰실(Yarn)을 만들고 얀(Yarn)을 꼬아 가닥(Strand)을 만들며, 3가닥을 꼬아 로프(Rope)를 만든다.
- S꼬임과 Z꼬임이 있으며 대부분 Z꼬임으로 되어 있다.

(2) 와이어 로프
- 아연이나 알루미늄으로 도금한 소선(steel wire)을 여러 가닥으로 합하여 스트랜드를 만들고 스트랜드 6가닥을 다시 합하여 와이어 로프를 만든다.
- 각 스트랜드에 삼심을 넣어서 만든 유연와이어로프와 삼심이 없는 비유연 강삭이 있다.

2 로프의 치수

(1) 굵기 : 로프의 외접원을 mm 또는 원주를 인치로 표시
   ▶지름(mm)/8=원주(인치)

(2) 길이 : 1사리(코일)는 200m로 되어 있다.

(3) 무게 : 섬유 로프는 1사리의 무게를, 와이어 로프는 1m의 무게로 나타낸다.

3 강도

(1) 파단하중(Breaking Load)
   로프를 잡아당겨 조금씩 장력을 가하여 로프가 절단되는 순간의 힘 또는 무게

(2) 시험하중(Test Load)
   로프에 장력을 가하여 힘을 제거했을 때 변형이 일어나지 않고 원래 상태로 되돌아가는 최대장력 ▶파단하중의 약 1/2 정도

(3) 안전사용하중(Safe Working Load : SWL)
   안전하게 사용할 수 있는 하중 ▶파단하중의 약 1/6 정도

제2과목 운용

CHAPTER 01 선체·설비 및 속구 실전예상문제

01 [최근빈출 대표유형]
현재 선박 건조에 많이 사용되는 선체의 재료는?

가. 나무　　　　　　　　　나. 플라스틱
사. 강철　　　　　　　　　아. 알루미늄

해설 현재 선박 건조에 많이 사용되는 선체의 재료는 강철이다.

02 [최근빈출 대표유형]
선저부의 중심선에 있는 배의 등뼈로서 선수미에 이르는 종강력재는?

가. 외판　　　　　　　　　나. 종통재
사. 늑골　　　　　　　　　아. 용골

해설
- 용골(Keel) : 선체의 최하부 중심선에 있는 종강력재로 선체의 중심선을 따라 선수재에서 선미재까지의 종방향 힘을 구성하는 배의 척추와 같은 구성재
- 외판(Shell Plating) : 선체의 외곽을 이루는 강판으로 종강력을 구성하는 요소
- 종통재(Stringer) : 선박의 선측 구조를 이루는 부재로, 외판을 부착하여 선형을 이루고 종강도를 형성하는 것으로 선측종통재, 갑판하부종통재, 선저종통재 등이 있다.
- 늑골(Frame) : 선체의 좌우 선측을 구성하는 뼈대로 선체의 횡강도를 구성한다.

03 [최근빈출 대표유형]
갑판보의 양 끝을 지지하여 갑판 위의 무게를 지지하고, 외력에 의하여 선측 외판이 변형되지 않도록 지지하는 것은?

가. 늑골　　　　　　　　　나. 기둥
사. 용골　　　　　　　　　아. 브래킷

해설
- 늑골(Frame) : 선체의 좌우 선측을 구성하는 뼈대로 선체의 횡강도를 구성한다.
- 기둥(Pillar) : 보를 지지하여 갑판의 하중을 분담하는 국부강력재로 진동을 억제한다.
- 용골(Keel) : 선체의 최하부 중심선에 있는 종강력재로 선체의 중심선을 따라 선수재에서 선미재까지의 종방향 힘을 구성하는 배의 척추와 같은 구성재
- 브래킷 : 늑골과 갑판보가 결합이 잘 이루어지도록 하는 횡강력의 부재

04
선체의 길이 중 가장 긴 것은?

가. 전장　　　　　　　　　나. 수선간장
사. 수선장　　　　　　　　아. 등록장

해설 전장은 선수 최전단부터 선미 최후단까지의 수평거리로 선체의 길이 중 가장 길다.
　　▶ 선박의 길이
(1) 전장(Length Over All : Loa)
- 선수 최전단부터 선미 최후단까지의 수평거리
- 부두 접안, 입거 등과 같이 선박 조종에 필요한 선박의 길이
(2) 수선간장(Length Between Perpendiculars : Lbp)
- 계획만재흘수선상의 선수재 전면에서 러더포스트의 후면까지 수평거리

- 전부수선(FP)에서 후부수선(AP)까지의 수평거리
- 일반적으로 사용되는 선박의 길이로 강선구조 기준, 만재흘수선 기준 등 각종 설비기준에 사용되며 선체길이의 중앙이란 수선간장의 중앙을 말한다.
(3) 수선장(Length On Load Water Line)
- 만재흘수선상에서 물에 잠긴 선체의 길이
- 배의 저항, 추진력 계산에 사용
(4) 등록장(Registered Length)
- 상갑판 보(beam)상 선수재 전면에서 선미재 후면까지를 잰 수평거리
- 선박의 원부 및 선박국적증서에 기재되는 길이

05 [최근빈출 대표유형]
아래 그림에서 ㉠은 무엇인가?

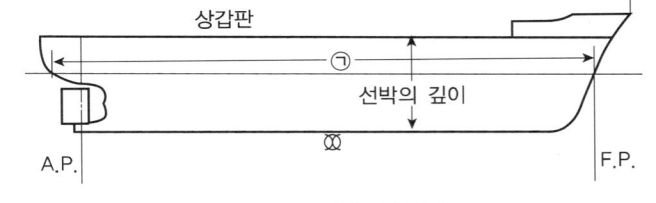

가. 전장　　　　　　　　　나. 등록장
사. 수선장　　　　　　　　아. 수선간장

해설 그림에서 ㉠은 흘수선에 있어서 물속에 잠겨있는 선수에서 선미까지의 길이인 수선장이다.

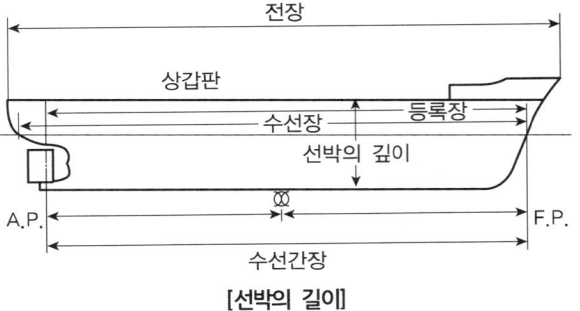

[선박의 길이]

06 [최근빈출 대표유형]
선박국적증서 및 선적증서에 기재되는 길이는?

가. 전장　　　　　　　　　나. 등록장
사. 수선장　　　　　　　　아. 수선간장

해설 등록장은 선박국적증서 및 선적증서에 기재되는 길이로 상갑판 보(beam)상 선수재 전면에서 선미재 후면까지를 잰 수평거리를 말한다.

07
선체 외판 및 외부에 표시되지 않는 것은?

가. 흘수　　　　　　　　　나. 선박의 선적항
사. 만재흘수선　　　　　　아. 수선간장

해설
- 흘수는 물속에 잠긴 선박의 깊이로 선수, 선미 양쪽에 표시하며, 중대형선인 경우에는 선체 중앙부 양쪽에도 표시한다.
- 선적항은 선미에 표시한다.
- 만재흘수선은 선체 중앙부의 양현에 표시한다.

정답 1 사　2 아　3 가　4 가　5 사　6 나　7 아

제2과목 운용　40　Chapter 1. 선체·설비 및 속구

08
조타실에서 선수를 향하여 볼 때 선체의 오른쪽 부분을 무엇이라 하는가?
가. 현호 나. 선미
사. 우현 아. 캠버

해설
- 현호(Sheer) : 건현 갑판의 현측선의 휘어진 것을 말하며, 예비 부력과 능파성을 향상시키고 선체를 미관상 좋게 한다.
  ▶ 선수현호 : 선체길이의 1/50, 선미현호 : 1/100 정도
- 우현(Starboard) : 선수를 향해 오른쪽 ⇔ 좌현(Port) : 선수를 향해 왼쪽
- 선미 : 선체의 뒷부분 ⇔ 선수 : 선체의 앞부분
- 캠버(Camber) : 갑판보(Deck beam)는 갑판상 배수와 선체의 횡강력을 위해 양현의 현측보다 선체 중앙선 부근이 높도록 원호를 이루고 있는데 이 높이의 차를 말하며, 크기는 선폭의 1/50 정도이다.

09 [최근빈출 대표유형]
선체의 명칭을 나타낸 아래 그림에서 ㉠은 무엇인가?

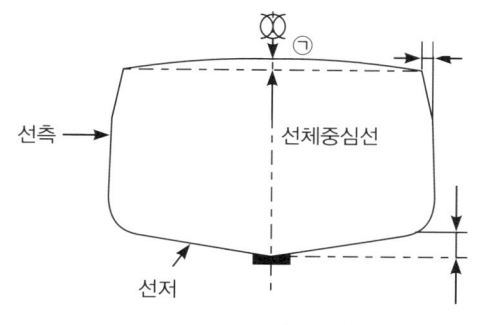

가. 용골 나. 빌지
사. 텀블 홈 아. 캠버

해설 캠버(Camber) : 갑판보(Deck beam)는 갑판상 배수와 선체의 횡강력을 위해 양현의 현측보다 선체 중앙선 부근이 높도록 원호를 이루고 있는데 이 높이의 차를 말하며, 크기는 선폭의 1/50 정도이다.

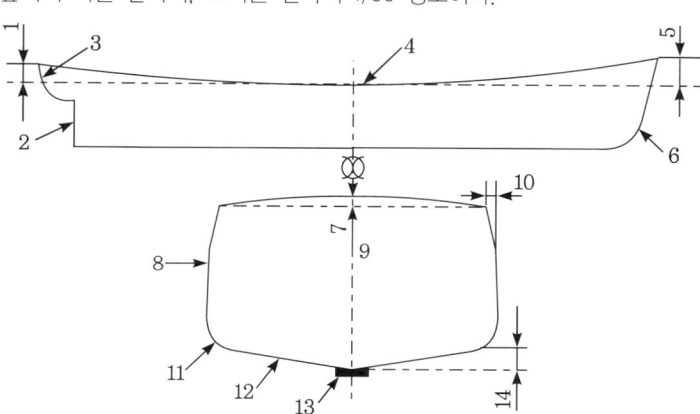

1. 선미 현호 2. 선미 3. 선미 돌출부 4. 상갑판 5. 선수 현호 6. 선수
7. 캠버 8. 선측 9. 선체 중심선 10. 텀블홈 11. 빌지 12. 선저 13. 용골
14. 선저 경사

[선체의 각부명칭]

10
선체 상부에서 양측 늑골과 연결하여 갑판을 부착하고 지지하는 구성재는 무엇인가?
가. 갑판보 나. 갑판
사. 외판 아. 늑골

해설 갑판보(Deck beam) : 양현의 늑골과 빔 브래킷으로 결합되어 선체의 횡강력을 형성하는 부재로 횡방향의 수압과 갑판의 무게를 지탱하는 구성재

11 [최근빈출 대표유형]
선저와 선측을 연결하는 만곡부는?
가. 빌지 나. 현호
사. 선저 경사 아. 이중저

해설
- 빌지(bilge) : 선저와 선측을 연결하는 만곡부
- 현호(Sheer) : 건현 갑판의 현측선의 휘어진 것을 말하며, 예비 부력과 능파성을 향상시키고 선체를 미관상 좋게 한다.
- 선저 경사 : 선체의 중앙 횡단면에 있어서 선저 늑골의 외측 연장선과 선측 늑골의 외측에 세운 수선의 교점에서 용골 상면을 통하는 수평선까지의 수직거리, 즉 선저의 경사도를 말한다.
- 이중저 : 좌초 등으로 선저부가 손상이 있어도 내저판에 의해 일차적으로 선내의 침수를 방지하여 화물과 선박의 안전을 기할 수 있는 이중 선저 구조

12 [최근빈출 대표유형]
평판용골인 선박에서 선체의 횡동요를 경감시킬 목적으로 설치된 것은?
가. 빌지 용골 나. 용골 익판
사. 현측 후판 아. 빌지 웰

해설
- 빌지 용골 = 빌지킬(Bilge keel) : 빌지 외판의 바깥쪽에 종 방향으로 붙이는 판으로 선체의 횡요를 경감시킨다.
- 용골 익판(Garboard Strake) : 방형 용골을 채용하는 경우에 용골과 인접한 외판으로 종강도를 보강하며, 용골과 외판과의 접속을 견고하게 하기 위하여 아주 두꺼운 외판을 사용한다.
- 현측 후판(Sheer Strake) : 강력 갑판인 상갑판의 현측 최상부의 외판으로 가장 두꺼운 외판으로 현측 후판 위로 불워크판이 붙는다.
- 빌지 웰(Bilge Well) : 선창 내에서 발생한 각종 오수들이 흘러들어가는 곳으로 선저의 양단에 전후 방향으로 빌지웨이를 설치하고 그 끝에서 빌지펌프를 통해서 배출한다.

13 [최근빈출 대표유형]
상갑판 부근의 선측상부가 바깥쪽으로 굽은 정도를 무엇이라 하는가?
가. 현호 나. 캠버
사. 플레어 아. 텀블 홈

해설
- 현호(Sheer) : 건현 갑판의 현측선의 휘어진 것을 말하며, 예비 부력과 능파성을 향상시키고 선체를 미관상 좋게 한다.
  ▶ 선수현호 : 선체길이의 1/50, 선미현호 : 1/100 정도
- 캠버(Camber) : 갑판보(Deck beam)는 갑판상 배수와 선체의 횡강력을 위해 양현의 현측보다 선체 중앙선 부근이 높도록 원호를 이루고 있는데 이 높이의 차를 말하며, 크기는 선폭의 1/50 정도이다.
- 플레어(Flare) : 상갑판 부근의 선측의 상부가 바깥쪽으로 굽은 정도
- 텀블 홈(Tumble Home) : 상갑판 부근의 선측 상부가 안쪽으로 굽은 정도

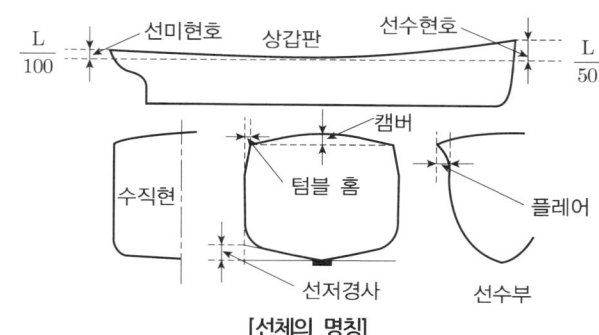

[선체의 명칭]

정답 8 사 9 아 10 가 11 가 12 가 13 사

14 [최근빈출 대표유형]
상갑판 부근의 선측 상부가 안쪽으로 굽은 정도는?

가. 현호　　　　　　　　나. 캠버
사. 플레어　　　　　　　아. 텀블 홈

해설 • 텀블 홈 : 상갑판 부근의 선측 상부가 안쪽으로 굽은 정도
　　 • 플레어 : 상갑판 부근의 선측 상부가 바깥쪽으로 굽은 정도

15
물 속에 잠긴 선체의 깊이를 무엇이라 하는가?

가. 건현　　　　　　　　나. 흘수
사. 트림　　　　　　　　아. 수선장

해설 • 건현(Freeboard) : 갑판선 상단에서 만재흘수선의 상단까지의 수직 거리
　　 • 흘수(Draft) : 물속에 잠긴 선체의 깊이로 선박의 조종이나 재화중량톤수를 구하는 데 사용된다.
　　 • 트림(Trim) : 선수 흘수와 선미 흘수의 차로 선박 길이 방향의 경사를 나타낸다.
　　 • 수선장 : 만재흘수선상에서 물에 잠긴 선수에서 선미까지의 선박의 길이

16 [최근빈출 대표유형]
다음 중 흘수표가 표시되는 선체 위치는?

가. 조타실　　　　　　　나. 기관실
사. 선수와 선미의 외판　　아. 갑판

해설 흘수표는 선수와 선미의 좌우의 외판에 선수 흘수와 선미 흘수가 표시되어 있다.

17
흘수에 대한 설명이다. 옳지 못한 것은?

가. 선박의 속력, 타효에는 영향을 끼치지 못한다.
나. 화물을 실을 때는 트림과 흘수를 조절한다.
사. 배수량에 변화가 없더라도 흘수가 변하는 수가 있다.
아. 선수 흘수와 선미 흘수의 차를 트림이라 한다.

해설 흘수(Draft)는 물속에 잠긴 선체의 깊이로 흘수에 따라 선속이나 타효에 관계가 되므로 선박 조종에 영향을 준다.

18 [최근빈출 대표유형]
아래 그림에서 ㉠은 무엇인가?

가. 전심　　　　　　　　나. 깊이
사. 수심　　　　　　　　아. 건현

해설 • 건현(Freeboard) : 갑판선 상단에서 만재흘수선의 상단까지의 수직 거리
　　 • 전심 : 선회권에서 나오는 용어로 선회권의 중심으로부터 선박의 선수미

선에 수직선을 내려서 만나는 점으로 선체 자체의 외관상의 회전 중심이다.
　 • 깊이(형심) : 선체 길이의 중앙에서 용골 상면으로부터 상갑판 보의 상면까지를 선측에서 잰 수직 거리

19
선체의 예비 부력을 결정하는 침수되지 않는 부분의 높이를 무엇이라고 하는가?

가. 흘수　　　　　　　　나. 건현
사. 트림　　　　　　　　아. 톤수

해설 건현(Freeboard)은 선체에 예비 부력을 증대시키기 위한 것으로 갑판선 상단에서 만재흘수선의 상단까지의 수직 거리를 말한다.

20 [최근빈출 대표유형]
충분한 건현을 유지해야 하는 목적은?

가. 선속을 빠르게 하기 위해서
나. 선박의 부력을 줄이기 위해서
사. 예비 부력을 확보하기 위해서
아. 화물의 적재를 쉽게 하기 위해서

해설 • 선박이 안전하게 항행하기 위해서는 어느 정도의 예비 부력을 가져야 하며, 이 예비 부력은 선체가 침수되지 않은 부분의 수직거리로서 결정되는데, 이것을 건현이라 한다.
　 • 건현은 만재흘수선에서부터 갑판선 상단까지의 수직거리로서 표시하며, 그 크기는 만재흘수선의 종류에 따라 약간씩 달라진다.

21 [최근빈출 대표유형]
선박이 항행하는 구역 내에서 선박의 안전상 허용된 최대의 흘수선은?

가. 선수흘수선　　　　　나. 만재흘수선
사. 평균흘수선　　　　　아. 선미흘수선

해설 만재흘수선은 선박의 항행 안전에 허용되는 최대 흘수선으로 계절, 해역, 선박의 종류에 따라 다르며 선체중앙부 양현에 만재흘수선표를 표시해야 한다.

22
다음 중 트림의 종류가 아닌 것은?

가. 선수 트림　　　　　　나. 선미 트림
사. 중앙 트림　　　　　　아. 등흘수

해설 • 선수 트림(Trim by head) : 선수 흘수가 선미 흘수보다 큰 상태
　　 • 선미 트림(Trim by the stern) : 선미 흘수가 선수 흘수보다 큰 상태
　　 • 등흘수(Even keel) : 선미 흘수와 선수 흘수가 같은 상태

23
선수미 흘수의 차를 트림이라 하는데 일반적으로 항해에 좋은 트림 상태는?

가. 선수 트림　　　　　　나. 선미 트림
사. 등흘수　　　　　　　아. 중앙 트림

해설 선미 트림(Trim by the stern)은 선미 흘수가 선수 흘수보다 큰 경우로 선수에 파랑의 침입을 줄이는 효과가 있으며, 타효가 좋고 선속이 증가되므로, 선박 운항시에는 약간의 선미 트림이 좋다.

정답 **14** 아　**15** 나　**16** 사　**17** 가　**18** 아　**19** 나　**20** 사　**21** 나
　　　　22 사　**23** 나

24
선수 트림이 조선상 불리한 이유로 옳지 않은 것은?

가. 스크루 프로펠러의 공전이 심하다.
나. 속력이 빠르고 침로유지가 쉽다.
사. 타효가 나빠진다.
아. 침수사고가 일어날 수 있다.

해설 선수 트림은 선수 흘수가 선미 흘수보다 큰 상태로 선수에 파랑이 많이 덮쳐 오고, 선미 안정성이 없어 타효가 불량하여 침로유지가 어렵고, 선속도 감소한다.

25
선수에서 선미에 이르는 건현 갑판의 만곡을 무엇이라 하는가?

가. 현호   나. 선체 중앙
사. 선미 돌출부   아. 우현

해설
- 현호(Sheer) : 건현 갑판의 현측선의 휘어진 것을 말하며, 예비 부력과 능파성을 향상시키고 선체를 미관상 좋게 한다.
  ▶선수현호 : 선체길이의 1/50, 선미현호 : 1/100 정도
- 선체 중앙(Midship) : 선체 길이의 중앙부를 선체 중앙이라 하며, 선수미선과 직각을 이루는 방향을 정횡(Abeam)이라고 한다.
- 선미 돌출부(Counter) : 선미에서 러더 스톡의 후방으로 돌출된 부분
- 우현(Starboard) : 선수를 향해 오른쪽

26
사람이 배 밖으로 떨어지지 않게 하거나 손잡이 역할을 주로 하는 것은?

가. 배수구   나. 대빗
사. 구명줄   아. 핸드레일

해설 핸드레일 : 사람이 배 밖으로 떨어지지 않게 손잡이 역할을 주로 하는 것

27
선저에서 갑판까지 가로나 세로로 선체를 구획하는 것은?

가. 갑판   나. 격벽
사. 이중저   아. 외판

해설 격벽(Bulkhead) : 상갑판의 공간을 선저에서 상갑판까지 종방향 또는 횡방향으로 나누는 벽으로 선미 격벽, 기관실 격벽, 선수 격벽 등이 있다.

28
갑판 개구 중에서 화물창에 화물을 적재 또는 양하하기 위한 개구를 무엇이라고 하는가?

가. 해치(hatch)   나. 탈출구
사. 승강구   아. 맨홀(manhole)

해설
- 해치(Hatch) : 선창에 화물을 적재하거나 양하하기 위한 갑판구
- 맨홀(manhole) : 선박의 수리나 검사를 하기 위하여 사람이 들어갈 수 있는 구멍

29 [최근빈출 대표유형]
선창 내에서 발생한 땀이나 각종 오수들이 흘러 들어가서 모이는 곳은?

가. 해치   나. 코퍼댐
사. 디프 탱크   아. 빌지 웰

해설
- 빌지 웰(Bilge Well) : 선창 내에서 발생한 땀이나 각종 오수들이 흘러들어가는 곳으로 선저의 양단에 전후 방향으로 빌지웨이를 설치하고 그 끝에서 빌지펌프를 통해서 배출한다.
- 코퍼댐(Cofferdam) : 기름 탱크와 기관실과 펌프실 사이나 다른 종류의 기름을 적재하는 기름 탱크 사이에 설치된 수밀 이중 격벽
- 해치(Hatch) : 선창에 화물을 적재하거나 양하하기 위한 갑판구
- 디프 탱크(Deep Tank) : 물, 기름 등의 액체 화물을 적재하기 위하여 선창 내에 설치된 수조로 중앙부 부근, 선미 부근에 설치하여 공선 항해 시 흘수나 트림을 조절시 이용한다.

30 [최근빈출 대표유형]
파랑의 충격이나 충돌사고가 날 때에 잘 견디고 선체를 보호할 수 있는 강한 구조로 되어 있는 선수부의 구조는?

가. 새깅   나. 호깅
사. 래킹   아. 팬팅

해설
- 호깅(Hogging) : 배가 세로 방향으로 배의 길이와 같은 파랑에 놓였을 때, 파정이 선체중앙에 오고 파곡이 선수미에 오면 선체의 전후단에서는 중력이 크고 선체 중앙부에서는 부력이 크므로, 상부 갑판 부근은 인장응력을 받고 선저 부근은 압축응력을 받게 되는 경우에 일어난다.
  ▶선수와 선미가 중력이 커서 선수 · 선미 흘수가 크다.
- 새깅(Sagging) : 파의 파곡이 선체 중앙부에 오면 선체의 전후단에서 부력이 크고 중앙부는 중력이 크게 되는 상태로 화물을 중앙부에 과적하고 전후단에 적게 실은 경우에 일어난다.
  ▶중앙부가 중력이 커서 중앙부 흘수가 크다.
- 래킹(Racking) : 선체가 횡방향에서 파랑을 받거나 횡동요를 하게 되면 선체의 좌현과 우현의 흘수가 달라져서 변형이 일어난다.
- 팬팅(Panting) : 선수부에는 파랑의 충격으로 또 선미부에는 프로펠러로 심한 진동이 발생하므로 특별히 보강하여 손상을 방지하는 구조

31 [최근빈출 대표유형]
선수를 측면과 정면에서 바라본 형상이 아래와 같은 것은?

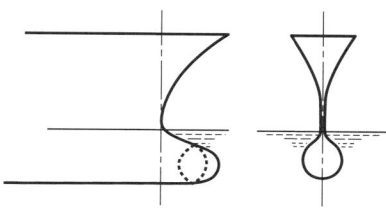

가. 직립형   나. 경사형
사. 구상형   아. 클립퍼형

해설 선수부의 수선 아래의 부분을 둥근 모양, 즉 큰 혹을 붙인 형상으로 선수파를 부분적으로 감소시켜 선박의 조파저항을 감소시킨다.

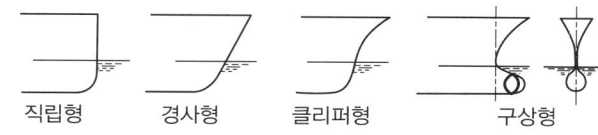

직립형   경사형   클리퍼형   구상형

32 [최근빈출 대표유형]
이중저의 용도가 아닌 것은?

가. 연료유 탱크로 사용   나. 청수 탱크로 사용
사. 밸러스트 탱크로 사용   아. 화물유 탱크로 사용

해설 선저의 구조에는 단저구조와 이중저구조가 있으며, 소형선은 대부분 단저 구조로 되어 있으며, 대형선은 선저 안쪽에 내저판을 설치한 이중저 구조로 되어 있다.

정답 24 나 25 가 26 아 27 나 28 가 29 아 30 아 31 사
32 아

33

여객이나 화물을 실을 수 있는 장소의 크기를 나타내는 것은 어떤 톤수인가?

가. 배수톤수　　　　　나. 재화중량톤수
사. 총톤수　　　　　　아. 순톤수

해설 순톤수는 여객이나 화물을 실을 수 있는 장소의 크기를 나타내는 것으로 실제 여객이나 화물을 실을 수 있는 장소의 용적 2.832m³(100 ft^3)를 1톤으로 산출한 톤수

34 ┌ 최근빈출 대표유형 ┐

선박에서 도장의 목적이 아닌 것은?

가. 장식　　　　　　나. 방식
사. 방염　　　　　　아. 방오

해설 도장의 목적 : ① 방식 ② 방오 ③ 장식 ④ 청결

35 ┌ 최근빈출 대표유형 ┐

목갑판을 보존하기 위한 정비방법으로 옳지 않은 것은?

가. 도료는 한 번에 두껍게 바른다.
나. 자주 씻고 깨끗하게 하여 건조시킨다.
사. 틈이 생기면 바로 떼운다.
아. 목갑판에 사용하는 도구만을 쓴다.

해설 도료는 엷게 잘 펼쳐지도록 하여 여러 번 겹쳐 바르는 것이 도료의 효과가 좋고 한 번에 두껍게 바르면 건조와 밀착이 어렵게 된다.

36

선박용 페인트의 성질을 설명한 것 중 맞지 않는 것은?

가. 페인트는 전부 독물의 성분이 있다.
나. 도장하기 쉬운 점성이 있으며 빨리 건조된다.
사. 색의 조합이 쉽다.
아. 도장 후 갈라지거나 잘 떨어지지 않는다.

해설 모든 페인트가 독물의 성분이 있는 것은 아니며, 제2호 선저도료(A/F)의 성분에는 해중 생물의 부착을 방지하기 위하여 독성이 강한 수은과 구리의 화합물을 포함하고 있다.

37

목선 선저부의 부식 방지법으로 적합하지 않은 것은?

가. 광명단을 칠한다.
나. 해충에 의한 부식이 심하므로 구리판으로 덮어 씌운다.
사. 선저도료를 자주 칠한다.
아. 선저를 타르 불꽃으로 그을린다.

해설 광명단은 철판의 녹을 방지하는 방청도료이다.

38

다음 중 페인트칠을 하는 용구는?

가. 스크레이퍼　　　　나. 스프레이어
사. 와이어 브러시　　　아. 샌드 페이퍼

해설 스크레이퍼, 와이어 브러시, 샌드 페이퍼 등은 녹을 제거하는 청락 용구이다.
　　• 스크레이퍼 : 녹슨 부위를 긁어서 녹을 제거하는 도구

　　• 스프레이어 : 전기 또는 압축공기를 이용하여 페인트를 뿌려 도장하는 장치
　　• 와이어 브러시 : 치핑 해머 등의 청락도구로 녹을 제거한 후 남아 있는 녹을 문질러서 그 면을 깨끗하게 하는 데 사용

39

선체가 강선인 경우, 부식을 방지하기 위한 방법 중 옳지 않은 것은?

가. 방청용 페인트를 칠해서 습기의 접촉을 차단한다.
나. 아연 또는 주석 도금을 한 파이프를 사용한다.
사. 아연판으로 제작된 키(러더)를 사용한다.
아. 선체 외판에 아연판을 붙여 이온화 침식을 막는다.

해설 키(러더)를 아연판으로 제작하는 것이 아니라 선미 프로펠러 부근에 아연판를 붙여 이온화 침식을 막는다.

40 ┌ 최근빈출 대표유형 ┐

강선 선저부의 선체나 타판이 부식되는 것을 방지하기 위해 선체 외부에 부착하는 것은?

가. 동판　　　　　　나. 아연판
사. 주석판　　　　　아. 놋쇠판

해설 프로펠러와 타 주위에는 철보다 이온화 경향이 큰 아연판을 부착시켜 철의 전식작용에 의한 이온화 침식을 막는다.

41

신너(thinner)에 대한 설명 중 틀린 것은?

가. 페인트의 건조를 촉진시킨다.
나. 많이 넣으면 도막에 주름이 잡힌다.
사. 도료에 첨가량은 최대 10% 이하가 좋다.
아. 많이 넣으면 도료의 점도가 높아진다.

해설 희석제인 신너를 많이 넣으면 도료의 점도가 낮아져 흘러내리기 쉽고, 도막의 표면이 먼저 건조되어 그 강도를 악화시킬 수 있으므로 첨가량은 페인트의 1~3 정도이고, 많아도 10% 이하로 하여야 된다.

42 ┌ 최근빈출 대표유형 ┐

목조 갑판의 틈 메우기에 쓰이는 황백색의 반고체는?

가. 흑연　　　　　　나. 시멘트
사. 퍼티　　　　　　아. 타르

해설 퍼티(Putty) : 페인트를 칠하기 전에 나무 부분 등의 틈을 메우거나 바탕면을 평활하게 하기 위해 사용되는 것

43 ┌ 최근빈출 대표유형 ┐

전진 또는 후진시에 배를 임의의 방향으로 회두시키고 일정한 침로를 유지하는 역할을 하는 설비는?

가. 키　　　　　　　나. 닻
사. 양묘기　　　　　아. 주기관

해설 키(러더, 타)는 선박을 임의의 방향으로 회전시키고 일정한 침로로 유지하는 역할을 하기 때문에 보침성과 선회성이 좋아야 되고, 수류의 저항과 파도의 충격에 강해야 하며, 항주중에는 저항이 적어야 한다.

정답 | **33** 아 | **34** 사 | **35** 가 | **36** 가 | **37** 가 | **38** 나 | **39** 사 | **40** 나
41 아 | **42** 사 | **43** 가

44
키(rudder)의 역할에 맞지 않는 사항은?
가. 보침성이 좋아야 한다.
나. 선회성이 좋아야 한다.
사. 저항이 작고 충격에 강해야 한다.
아. 충분히 크고 마찰이 커야 한다.

해설 수류의 저항과 파도의 충격에 강해야 하며, 항주중에는 저항이 적어야 한다.

45
다음은 단판키에 관한 설명이다. 관계 없는 것은?
가. 구조가 간단하다.   나. 수리가 용이하다.
사. 효율이 좋지 않다.   아. 대부분 평형 키이다.

해설 단판키는 한 장의 판에 보강재를 붙여서 만든 것으로 구조가 간단하고, 효율이 낮아 소형선박에서 주로 사용하는 것으로 비평형 키이다.

46 [최근빈출 대표유형]
키의 구조와 각부 명칭을 나타낸 아래 그림에서 ㉠은 무엇인가?

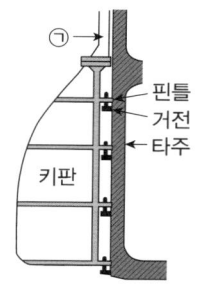

가. 타두재   나. 러더암
사. 타심재   아. 러더 커플링

해설 타두재(Rudder stock) : 타심재의 상부를 연결하여 조타기에 의한 회전을 타에 전달하는 것으로 틸러(타의 손잡이)에 의하여 조타기에 연결된다.

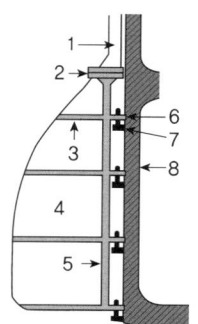

키의 구조와 명칭
1. 타두재
2. 러더 커플링
3. 러더 암
4. 키판
5. 타심재
6. 핀틀
7. 거전
8. 타주

47
국제해상인명안전협약(SOLAS협약)에 의하면 타는 만선 상태에서 전진전속 시 한쪽 현 타각 35도에서 다른쪽 현 타각 30도까지 돌아가는 데 얼마의 시간이 걸려야 하는가?
가. 30초 이내   나. 35초 이내
사. 28초 이내   아. 25초 이내

해설 국제해상인명안전협약(SOLAS협약)과 우리나라의 선박설비기준에서는 "주조타장치는 계획만재흘수에서 최대항행속력으로 전진하는 경우 타를 한쪽 35도로부터 반대쪽 35도까지 조작할 수 있는 것으로서 한쪽 35도에서 반대쪽 30도까지 28초 이내에 조작할 수 있어야 한다"고 규정하고 있다.

48
선박을 선회시키기 위한 이론적 최대타각은 45°이지만 항력의 증가와 조타기의 마력증가 등을 고려하여 일반 선박에서는 최대타각이 몇 도가 되도록 타각 제한장치를 설치하는가?
가. 15°   나. 25°
사. 35°   아. 55°

해설 타각제한장치는 이론적으로 타각이 45°일 때 선박을 회전시키는 회전능률이 최대로 되지만, 속력의 감쇠작용이 크므로 보통 최대타각은 35° 정도가 가장 유효하다. 그러므로 키를 최대유효타각 이상 돌려도 의미가 없으며 또한 조타장치에 파손을 줄 우려가 있으므로 대략 35° 정도로 타각을 제한하는 장치를 말한다.

49
조타장치에 대한 다음 설명 중 옳지 않은 것은?
가. 자동조타장치에서도 수동조타를 할 수 있다.
나. 대형선에는 동력을 이용하여 키(러더)를 동작시키는 조타장치가 필요하다.
사. 동력조타장치는 브릿지의 조타륜이 키(러더)와 기계적으로 직접 연결되어 비상조타를 할 수 없다.
아. 인력조타장치는 소형선이나 범선 등에서 사용되어 왔다.

해설 동력조타장치가 고장이 났을 때는 선미 타기실에서 직접 비상조타를 할 수가 있다.

50
조타장치 취급시의 주의사항 중 옳지 않은 것은?
가. 조타기에 과부하가 걸리는지 점검한다.
나. 작동중 이상한 소음이 발생하는지 점검한다.
사. 유압 계통은 유량이 적정한지 점검한다.
아. 오손을 막기 위해 작동부의 그리스 주입은 분해 수리시에만 한다.

해설 조타장치의 작동부에는 수시로 그리스를 주입하여야 한다.

51 [최근빈출 대표유형]
닻의 중요 역할이 아닌 것은?
가. 침로유지에 사용된다.
나. 선박을 임의의 수면에 정지 또는 정박시킨다.
사. 좁은 수역에서 선회하는 경우에 이용된다.
아. 선박의 속도를 급히 감소시키는 경우에 사용된다.

해설 침로유지에는 타(키 : Rudder)가 사용된다.

52
닻을 감아 올리는 갑판기계는?
가. 윈치   나. 윈드라스
사. 체인스토퍼   아. 비트

해설
- 양묘기(윈드라스) : 닻을 감아 올리거나 투묘 작업 및 선박을 부두에 접안시킬 때나 계선줄을 감는 데 사용하는 갑판보조기계
- 윈치 : 로프를 감아 들일 때 사용되는 기계
- 체인스토퍼 : 앵커체인을 잡아둘 때 사용하는 장치
- 비트(Bitt) : 계선줄을 매기 위한 기둥 1개인 것
- 볼라드(Bollard) : 계선줄을 매기 위한 기둥 2개인 것

정답 44 아 45 아 46 가 47 사 48 사 49 사 50 아 51 가 52 나

53

닻줄을 수납하는 창고를 무엇이라 하는가?

가. 재화문 　　　　　　　나. 체인 로커

사. 이중저 　　　　　　　아. 선창

해설
- 체인 로커(chain locker) : 양묘기로 감아 올린 닻줄을 격납하는 장소
- 재화문 : 화물을 싣는 선창의 문
- 이중저 : 선체의 바닥인 선저에 2중 외판을 설치한 선저로 선체의 강도를 증강시키고 선저외판이 손상될 경우에도 해수가 선저 안으로 침입하는 것을 막기 위하여 고안된 2중 선저구조

54

다음 중 앵커체인의 관리에 적합하지 않은 것은?

가. 체인이 평균 지름의 12% 이상 마멸되면 체인을 교환해야 한다.

나. 앵커의 움직이는 부분에 때때로 그리스를 주입한다.

사. 앵커를 감아 들일 때는 안전을 위해 체인에 묻은 펄을 제거하지 않는다.

아. 입거시에는 전체적인 손상 및 마멸을 확인한다.

해설 앵커를 감아 들일 때는 앵커체인에 묻은 펄을 해수로 씻은 다음 체인로커에 넣어야 한다.

55

앵커체인의 1섀클의 길이는 대략 얼마인가?

가. 25미터 　　　　　　　나. 50미터

사. 100미터 　　　　　　아. 150미터

해설 한국선박에서 앵커체인 1섀클의 길이는 25미터이다.
▶ 미국과 영국은 15패덤 = 27.5미터를 사용한다.

56

다음 설명 중 스톡리스 앵커에 해당하는 것은?

가. 대형선에서 많이 사용되고 있다.

나. 스톡 앵커에 비해 투묘 및 양묘시 취급이 불편하다.

사. 앵커가 해저에 있을 때 앵커체인과 잘 엉킨다.

아. 스톡이 있는 앵커이다.

해설
- 스톡 앵커(Stock Anchor) : 스톡이 있는 앵커로 파주력은 크나 격납이 불편하여 소형선에 이용된다.
- 스톡리스 앵커(Stockless Anchor) : 스톡이 없는 앵커로 투묘 양묘시 취급이 쉽고, 앵커체인이 엉키지 않아 대형선에 이용된다.

57

스톡 앵커(Stocked Anchor)의 스톡이 하는 역할은 무엇인가?

가. 격납을 쉽게 한다.

나. 앵커의 취급이 쉽다.

사. 파주력을 줄여 저항을 크게 한다.

아. 체인을 쉽게 눕혀주고 파주력을 증대시킨다.

해설 닻이 잘 놓이게 하여 파주력을 증대시키는 역할을 하나 격납시 불편하여 소형선에 사용된다.

58

선수에서 내어 전방 부두에 묶는 계선줄로, 선체가 뒤쪽으로 움직이는 것을 막는 역할을 하고, 부두로부터 선체의 선수 부분이 떨어지지 않고 부두에 붙어 있게 하는 줄은?

가. 옆줄 　　　　　　　　나. 선수줄

사. 선수 뒷줄 　　　　　　아. 선미 앞줄

해설 선수줄(Head line)
① 선체가 뒤쪽으로 움직이는 것을 막는 역할을 한다.
② 선수가 부두에서 떨어지지 않게 한다.

59

다음의 설명에 모두 해당하는 계선줄은?

- 선수가 부두에서 떨어지지 않게 한다.
- 선체가 뒤쪽으로 움직이는 것을 막는 역할을 한다.

가. 선수줄 　　　　　　　나. 선미줄

사. 선수 뒷줄 　　　　　　아. 선미 옆줄

해설

1. 선수줄　2. 선수 옆줄　3. 선수 뒷줄　4. 선미 앞줄　5. 선미 옆줄
6. 선미줄

[계선줄의 종류]

60 〔최근빈출 대표유형〕

섬유로프 취급시 주의사항으로 옳지 않은 것은?

가. 항상 건조한 상태로 보관한다.

나. 산성이나 알칼리성 물질에 접촉되지 않도록 한다.

사. 로프에 기름이 스며들면 강해지므로 그대로 둔다.

아. 마찰이 심한 곳에는 마찰포나 캔버스를 감아서 보호한다.

해설 로프가 물에 젖거나 기름이 스며들면 그 강도는 1/4 정도 감소한다.

▶ 섬유로프의 취급 및 보존법
① 로프가 물에 젖거나 기름이 스며들면 그 강도는 1/4 정도 감소한다.
② 비트나 볼라드 등에 감아 둘 때에는 하부에 3회 이상 감아둔다.
③ 계선줄, 구명줄 등과 같은 동삭은 강도가 저하되지 않도록 자주 교체해야 한다.
④ 스플라이싱을 한 부분은 강도가 약 20~30% 떨어진다.
⑤ 로프를 절단한 경우 휘핑(Whipping)하여 스트랜드가 풀리지 않도록 한다.
⑥ 비나 해수에 젖지 않도록 하고, 젖었을 때는 신속히 건조해서 보관한다.
⑦ 통풍과 환기가 잘 되는 곳에 보관한다.
▶ 이상적인 온도는 10~20℃, 습도는 40~60% 정도
⑧ 산성이나 알칼리성 물질이 접촉되지 않도록 한다.
⑨ 섬유로프는 습기를 흡수하면 줄어들고 건조하면 늘어나므로, 우천시에는 각 Standing gear를 적당히 늦추어 주어야 한다.

▶ 합성섬유 로프의 장단점
합성섬유 로프는 가볍고 흡수성이 낮으며, 부식하지 않고, 충격 흡수율이 좋으며, 강도가 마닐라 로프의 약 2배 정도로 좋으나 열에 약하고 신장에 대하여 복원이 늦으며, 섬유로프에 비해 잘 미끄러진다.

정답 53 나 54 사 55 가 56 가 57 아 58 나 59 가 60 사

61
나일론 로프의 장점이 아닌 것은?

가. 파단력이 크다.
나. 흡습성이 낮다.
사. 충격에 대한 흡수율이 좋다.
아. 열에 강하다.

해설 합성섬유 로프는 가볍고 흡습성이 낮으며, 부식하지 않고, 충격 흡수율이 좋으며, 강도가 마닐라 로프의 약 2배 정도로 좋으나 열에 약하고 신장에 대하여 복원이 늦으며, 섬유로프에 비해 잘 미끄러진다.

62 [최근빈출 대표유형]
로프의 사용 및 취급 방법으로 옳지 않은 것은?

가. 파단하중과 안전사용하중을 고려하여 사용한다.
나. 마찰이 많은 곳에는 캔버스를 감아서 사용한다.
사. 동력으로 로프를 감아들일 때에는 무리한 장력이 걸리지 않도록 한다.
아. 블록을 통과하는 경우, 소각도로 굽히면 굴곡부에 큰 힘이 걸리므로 대각도로 굽혀 사용한다.

해설 블록을 통과하는 경우, 급각도로 굽히면 굴곡부에 큰 힘이 작용하므로 원만하게 굽힌다.

63
소형선박에 비치된 휴대용 소화기가 아닌 것은?

가. 포말 소화기   나. 탄산가스 소화기
사. 분말 소화기   아. 할론 소화기

해설 소형선박에는 휴대용 소화기, 포말 소화기, 탄산가스(CO_2) 소화기, 분말 소화기 등이 비치되어 있으며 할론 소화기는 유독가스가 발생하므로 새로운 설치를 금지하고 있다.

64 [최근빈출 대표유형]
휴대식 이산화탄소 소화기의 사용 순서를 옳게 나열한 것은?

① 안전핀을 뽑는다.
② 불이 난 곳으로 뿜는다.
③ 손잡이를 강하게 움켜쥔다.
④ 혼을 뽑아 불이 난 곳으로 향한다.

가. ① → ④ → ② → ③   나. ① → ④ → ③ → ②
사. ② → ① → ④ → ③   아. ② → ① → ③ → ④

해설 이산화탄소 소화기 사용 순서

1. 안전핀을 뽑는다.

2. 불이 난 곳으로 향한다.

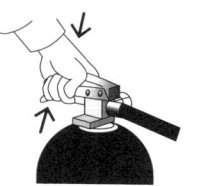
3. 손잡이를 움켜쥔다.

4. 불이 난 곳으로 뿜는다.

정답 61 아 62 아 63 아 64 나

CHAPTER 02 구명설비 및 통신장비

소형선박조종사

제1절 구명설비

1 구명정(Life Boat)
선박 조난시나 인명구조에 사용되는 소형 보트로 전복되더라도 가라앉지 않게 설계되어 있다.

2 구조정(Rescue Boat)
조난 중인 사람을 구조하고 다른 구명설비(생존정)를 유도 및 보호하기 위한 보트로 구명정, 구명뗏목 등을 생존정(Survival craft)이라 한다.

3 구명뗏목(Life Raft)
구명정과 같은 용도의 설비로 구명정에 비해 항해능력은 떨어지지만 손쉽게 강하할 수 있고, 자동으로 이탈될 수 있는 장점이 있다.

4 그 밖의 구명설비

(1) 구명부환(Life Ring)
① 개인용 구명설비로 자기 점화등과 자기 발연신호를 부착
② 담수 중에서 14.5kg의 철편을 달고 24시간 이상 떠 있을 수 있을 것

(2) 구명조끼(Life Jacket)
① 조난 또는 비상시 상체에 착용하는 것으로 고형식과 팽창식이 있다.
② 청수에서 24시간 잠긴 후 부력이 5% 이상 감소되지 아니할 것

(3) 구명부기 : 여러 사람이 붙들고 떠 있을 수 있는 구명설비이다.

(4) 방수복 : 낮은 수온의 물속에서 체온을 보호하기 위한 장비이다.

(5) 보온복

(6) 구명줄 발사기
선박이 조난을 당한 경우, 조난선과 구조선 또는 육상 간에 연결용 줄을 보내는 데 사용한다.

제2절 조난신호 장비

(1) 로켓 낙하산 화염신호
300m 이상 올라가야 하며, 화염신호는 초당 5m 이하의 비율로 낙하하여야 하고, 연소시간은 40초 이상 되어야 한다.

(2) 신호홍염(Hand Flare)
손잡이에 불을 붙이면 붉은색 불꽃을 내며, 자체 점화장치를 보유하고 있어야 하며, 1분 이상의 연소시간과 100mm 깊이의 수중에서 10초 동안 잠긴 후에도 계속 타야 한다.

(3) 발연부신호
주간용 신호로 불을 붙여 물에 던지면 해면 위에서 연기를 낸다. 방수용기로 포장되어야 하며, 잔잔한 해면에서 3분 이상 잘 보이는 색깔의 연기를 분출해야 한다.

(4) 자기 점화등
야간에 구명부환의 위치를 알려 주는 등으로 구명부환과 함께 수면에 투하되면 자동으로 점등된다.

(5) 자기 발연신호
주간용 신호로 물에 들어가면 자동으로 최소한 15분 동안 잘 보이는 색의 연기를 내며 최소한 10초 이상 물에 잠겼어도 계속해서 연기를 낼 수 있을 것

(6) 일광 신호경
낮에 태양의 반사광에 의해 신호를 보내는 거울

(7) 생존정용 구명 무선 설비
휴대용 비상통신기, 비상위치지시용무선표지(EPIRB), 양방향무선전화 등이 있다.

제3절 해상 통신

(1) 해상통신의 종류
① 기류신호
② 발광신호
③ 음향신호
④ 수기신호
⑤ 무선전신

⑥ 무선전화 : VHF(초단파), HF(단파), MF(중파) 무선설비
- VHF : 초단파를 이용한 근거리용 무선전화이며, 선박 상호 간 또는 입출항시 선박과 항만 관제기관간의 교신에 주로 이용된다.

⑦ 해상위성통신 : 위성을 통하여 전화, 텔렉스 및 자료를 전송하는 방법으로, 국제해사위성기구(INMARSAT)가 운영한다.

(2) 조난, 긴급, 안전통보에 관한 무선전화 사용법
① 조난통신 : 메이데이(MAYDAY) 3회
② 긴급통신 : 팡 팡(PAN PAN) 3회
③ 안전통신 : 씨큐리티(SECURITE) 3회

제4절 조난신호

① 약 1분 간격으로 1회의 발포 또는 그 밖의 폭발에 의한 신호
② 무중 신호 기구를 사용한 연속된 음향신호
③ 짧은 간격으로 발하는 로켓 신호
④ GMDSS에 따른 DSC에 의한 조난신호
▶VHF ch70(156.525MHz), MF/HF 2187.5KHz에 의한 조난신호
⑤ 무선전화에 의한 메이데이 3회
▶VHF ch16(156.8MHz), MF 2182KHz
⑥ 국제 신호기에 의한 NC기 게양
⑦ 사각형의 기로서 상부 또는 하부에 공 또는 둥근 모양을 달아서 표시하는 것
⑧ 타르, 기름 등을 태워서 표시하는 발연신호
⑨ 낙하산 신호 또는 신호홍염
⑩ 오렌지색 연기를 내는 발연부신호
⑪ 좌우로 팔을 벌려 천천히 올렸다 내렸다 하는 신호
⑫ 비상 위치 지시 무선표지(EPIRB)에 의한 신호
⑬ 항공기가 쉽게 식별할 수 있도록 오렌지색 캔버스에 흑색 4각형과 원을 그리는 것
⑭ SART에 의한 신호

제5절 국제기류신호

(1) 1자 신호 : 긴급하고 중요하며, 사용도가 가장 높은 것으로서, 영어의 알파벳 문자가 이용된다.

(2) 2자 신호 : 일반 부분의 통신문에 쓰이며, 조난과 응급, 사상과 손상, 항로표지와 항행, 수로 조종과 그 밖의 기상, 통신과 검역에 관한 내용에 쓰인다.

(3) 3자 신호 : 주로 의료에 관한 통신에 많으며, 의료에 관한 통신문에는 첫 자가 M으로 시작된다.

문자	기류	의미	문자	기류	의미
A기		나는 잠수부를 내렸다.	N기		아니다.
B기		나는 위험물 하역중이다.	O기		사람이 바다에 빠졌다.
C기		그렇다.	P기		본선은 출항하니 전선원은 귀선하라.
D기		나를 피하라.	Q기		나는 검역을 바란다.
E기		나는 우현으로 변침하고 있다.	R기		신호 확인
F기		나는 조종이 자유롭지 못하다.	S기		나는 기관을 후진 중이다.
G기		나는 도선사를 필요로 한다.	T기		나는 쌍끌이 어선이다. 나를 피하라.
H기		나는 도선사를 승선시키고 있다.	U기		너는 위험한 데로 가고 있다.
I기		나는 좌현으로 변침하고 있다.	V기		나는 구조를 바란다.
J기		나는 화재가 발생했다. 나를 피하라.	W기		나는 의료를 필요로 한다.
K기		나는 너와 통신을 원한다.	X기		나의 신호에 대하여 주의하라.
L기		너는 즉시 정지하라.	Y기		나는 닻이 끌리고 있다.
M기		나는 정지하고 있다.	Z기		나는 예인선을 필요로 한다. 나는 투망중이다.

[국제 신호기]

제2과목 운용

CHAPTER 02 구명설비 및 통신장비 실전예상문제

01
다음 신호 중 물에 떠서 오렌지색의 연기를 내는 것은?

가. 낙하산신호
나. 자기 발연부신호
사. 신호홍염
아. 전등

해설 자기 발연부신호는 주간용 신호로 물에 들어가면 자동으로 최소한 15분 동안 오렌지색 연기를 내며 최소한 10초 이상 물에 잠겼어도 계속해서 연기를 낼 수 있어야 한다.

02
다량의 오렌지색 연기를 4~5분간 발연하는 신호는?

가. 낙하산신호   나. 신호홍염
사. 신호거울   아. 발연부신호

해설 발연부신호는 주간용 신호로 불을 붙여 물에 던지면 해면 위에서 오렌지색 연기를 내고, 방수용기로 포장되어야 한다.

03 [최근빈출 대표유형]
그림과 같이 표시되는 조난신호장치는?

가. 구명줄 발사기
나. 로켓 낙하산 화염신호
사. 신호홍염
아. 발연부신호

해설 위의 그림과 같이 표시되는 것은 로켓 낙하산 화염신호이다.

▶ **구명 관련 각종 심벌**

구명조끼	방수복	구명부환
구명정	구명뗏목	낙하산 화염신호
탑승용사다리	집합장소	

04 [최근빈출 대표유형]
그림과 같은 심벌이 표시된 곳에 보관된 구명설비는?

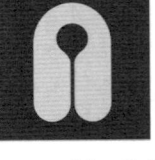

가. 구명조끼   나. 방수복
사. 구명부환   아. 노출 보호복

해설 방수복은 낮은 수온의 물속에서 체온을 보호하기 위한 장비이다.

05 [최근빈출 대표유형]
그림과 같이 표시된 곳에 보관된 구명설비는?

가. 구명조끼   나. 방수복
사. 구명부환   아. 구명뗏목

해설 구명조끼의 모양이다.

06
다음 조난신호 용구 중에서 시인거리가 가장 먼 것은 어느 것인가?

가. 호각   나. 신호홍염
사. 낙하산신호   아. 기류신호

해설 • 로켓 낙하산신호 : 공중에 발사되면 낙하산이 펴져 천천히 떨어지면서 불꽃을 내며, 300m 이상 올라가야 하며, 화염신호는 초당 5m 이하의 비율로 낙하하여야 하고, 연소시간은 40초 이상 되어야 한다.
• 신호홍염(hand flare) : 손잡이에 불을 붙이면 붉은색 불꽃을 내며, 자체 점화 장치를 보유하고 있어야 하며, 1분 이상의 연소시간과 100mm 깊이의 수중에서 10초 동안 잠긴 후에도 계속 타야 한다.

07
다음 신호 중 야간에 사용할 수 없는 것은?

가. 낙하산신호   나. 신호홍염
사. 전등   아. 발연부신호

해설 발연부신호는 주간용 신호로 불을 붙여 물에 던지면 해면 위에서 오렌지색 연기를 내고, 방수용기로 포장되어야 하며, 잔잔한 해면에서 3분 이상 잘 보이는 색깔의 연기를 분출해야 한다. 발연부신호는 연기를 내는 주간용 신호이다.

정답 1 나 2 아 3 나 4 나 5 가 6 사 7 아

제2과목 운용 50 Chapter 2. 구명설비 및 통신장비

08 [최근빈출 대표유형]
아래 그림의 구명설비는 무엇인가?

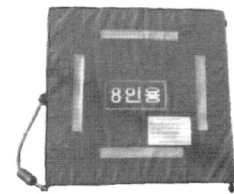

가. 구명조끼 나. 구명부환
사. 구명부기 아. 구명뗏목

해설 구명부기는 선박 조난시 구조를 기다릴 때 사용하는 인명구조장비로 사람이 타지 않고 손으로 밧줄을 붙잡고 있도록 하는 구명설비이다.

09 [최근빈출 대표유형]
아래 그림의 구명설비는 무엇인가?

가. 구명조끼 나. 구명부환
사. 구명부기 아. 구명뗏목

해설 구명뗏목은 나일론 등과 같은 합성섬유로 된 포지를 고무로 가공해서 뗏목 모양으로 제작한 것으로 내부에 탄산가스나 질소가스를 주입시켜 긴급시에 팽창시켜서 뗏목 모양으로 펼쳐지는 구명설비이다.

10 [최근빈출 대표유형]
팽창식 구명뗏목에 대한 설명으로 옳지 않은 것은?

가. 나무, 쇠, 강화 플라스틱 등을 가공하여 뗏목모양으로 제작한 것이다.
나. 내부에는 탄산가스나 질소가스를 주입시켜 긴급시에 팽창시키면 뗏목모양으로 펼쳐지는 구명설비이다.
사. 투하되면 내부의 실린더가 작동하여 구명뗏목을 팽창시켜 탑승할 수 있는 상태로 된다.
아. 자동이탈장치는 선박이 침몰하면 수압에 의하여 작동하여 구명뗏목을 부상시킨다.

해설 구명뗏목은 나일론 등과 같은 합성섬유로 된 포지를 고무로 가공해서 뗏목 모양으로 제작한 것으로 내부에 탄산가스나 질소가스를 주입시켜 긴급시에 팽창시켜서 뗏목 모양으로 펼쳐지는 구명설비이다.

11 [최근빈출 대표유형]
수압으로 작동되어 구명뗏목을 본선으로부터 이탈시키는 장치는?

가. 구명줄(Life line)
나. 자동이탈장치(Hydraulic release unit)
사. 위크링크(Weak link)
아. 안전핀(Safety pin)

해설
- 구명줄(Life line) : 물에 빠진 사람을 구조시 사용되는 줄
- 자동이탈장치 : 본선 침몰시 구명뗏목으로부터 자동으로 이탈시키는 장치로 일반적으로 수심 4m 이내의 수압에서 작동하여 본선으로부터 자동

이탈되어 수면으로 부상하도록 설계되어 있다.
- 위크링크 : 일정한 크기의 장력이 가해지면 자동으로 절단되는 링크로 본선이 침몰할 때 구명뗏목 자체의 부력으로 인하여 규정장력에 도달하면 분리되어 본선과 함께 침몰하는 것을 막아준다.
- 투하용 손잡이 및 안전핀 : 투하용 손잡이는 구명뗏목을 수동으로 투하할 때 사용하는 것으로 안전핀을 제거하고 투하용 손잡이를 잡아 당기면 투하된다.

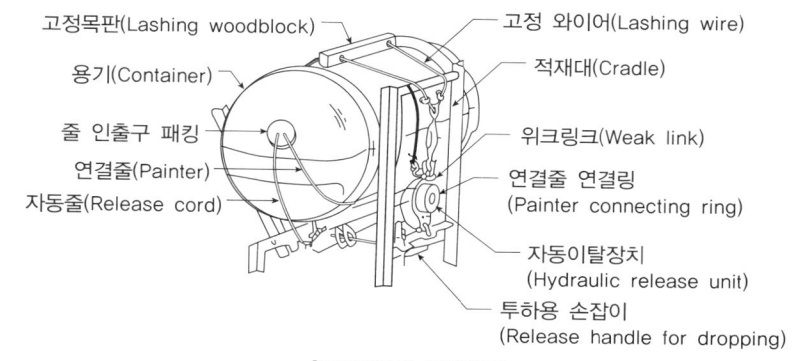

[구명뗏목의 적재장치]

12 [최근빈출 대표유형]
구명줄 발사기를 사용할 때 유의사항으로 옳지 않은 것은?

가. 풍하측에서 풍상측으로 발사한다.
나. 수평에서 약 45도 각도로 발사한다.
사. 발사 전 한쪽 끝단을 본선에 묶는다.
아. 사용 전에 사용 지침서를 숙지한다.

해설 풍상에서 풍하측으로 발사한다.

13 [최근빈출 대표유형]
비상위치지시용 무선표지설비(EPIRB)에 대한 설명으로 옳지 않은 것은?

가. 선박이 침몰할 때 떠올라서 조난신호를 발신한다.
나. 위성으로 조난신호를 발신한다.
사. 자동작동 또는 수동작동 모두 가능하다.
아. 선교 안에 설치되어 있어야 한다.

해설 선박이 침몰할 때 부상하여야 하므로 선교의 바깥쪽에 설치한다.

[EPIRB]

14 [최근빈출 대표유형]
비상위치지시용 무선표지설비(EPIRB)의 색상은?

가. 초록색 나. 보라색
사. 검정색 아. 황색 또는 주황색

해설 주로 주황색 또는 황색으로 되어 있다.

정답 8 사 9 아 10 가 11 나 12 가 13 아 14 아

15 [최근빈출 대표유형]

선박의 갑작스런 침몰 시에 자동으로 수면 위로 떠올라서 조난신호를 발신할 수 있는 무선설비는?

가. 초단파무선설비(VHF)
나. 선박자동식별장치(AIS)
사. 비상위치지시용 무선표지설비(EPIRB)
아. 수색구조용위치발신장치(SART)

[해설]
- 비상위치지시용 무선표지설비(EPIRB : Emergency Position Indicating Radio Beacon) : 위성을 이용하여 선박이나 항공기가 조난 상태에서 생존자의 위치를 알리는 무선설비로 수색과 구조 작업시 생존자의 위치 결정을 용이하게 하도록 한다.
- 초단파무선설비(VHF : Very High Frequency) : 초단파를 이용한 근거리용 통신설비인 무선전화로 선박 상호간 또는 출·입항시 선박과 항만 관제소와의 교신에 주로 사용된다.
- 선박자동식별장치(AIS : Automatic Identification System) : 선박의 위치, 침로, 속력 등 항해정보를 실시간으로 제공하는 첨단장치로 선박의 충돌을 방지하기 위하여 자선의 침로, 속력, 위치 등의 정보를 타선에 제공하고 타선의 기본 항해정보를 실시간 검색할 수 있다.
- 수색구조용위치발신장치(SART : Search and Rescue Radar Transponder) : 9GHz의 레이더파를 수신하면 응답신호전파를 발사하여 구조선에게 생존자의 위치를 레이더 지시기에 표시하게 하는 장비

16 [최근빈출 대표유형]

비상위치지시용무선설비(EPIRB)로 조난신호가 잘못 발신되었을 때 연락해야 하는 곳은?

가. 회사
나. 주변 선박
사. 서울무선전신국
아. 수색구조조정본부

[해설] 비상위치지시용무선설비(EPIRB)로 조난신호가 잘못 발신되었을 경우에는 가장 적절한 통신수단을 사용하여 해안국, 해안지구국, 또는 구조조정본부(RCC)를 연결하여 그 사실을 알리고 조난경보를 취소하여야 한다.

17 [최근빈출 대표유형]

선박의 비상위치지시용 무선표지(EPIRB)에서 발사된 조난신호가 위성을 거쳐서 전달되는 곳은?

가. 선장
나. 회사
사. 주변 선박
아. 수색구조조정본부

[해설] EPIRB에서 발사된 조난신호가 위성을 거쳐서 전달되는 곳은 수색구조조정본부이다.

18 [최근빈출 대표유형]

비상위치지시용 무선표지(EPIRB)의 수압풀림장치가 작동되는 수압은?

가. 수심 0.1~1미터 사이의 수압
나. 수심 1.5~4미터 사이의 수압
사. 수심 5~6.5미터 사이의 수압
아. 수심 10~15미터 사이의 수압

[해설] 비상위치지시용 무선표지(EPIRB)
위성용 EPIRB는 조난선박의 조난 위치를 극궤도 위성을 통하여 찾아내고 그 결과를 구조조정본부(RCC)로 전송하여 수색 및 구조작업에 도움이 되도록 조난 발생 위치를 파악할 수 있도록 하는 설비로, 자립 부상형으로 조난시 수심 4미터 이내에서 자동으로 부양하여 작동되도록 설계되어 있다.

19

해양에서 인명과 선박의 안전을 위해 널리 사용하는 신호서는 무엇인가?

가. 국제신호서
나. 선박신호서
사. 해상신호서
아. 항공신호서

[해설] 국제신호서(International Code of Signal)=INTERCO
각종 통신수단(기류신호, 발광신호, 무선통신신호)으로 선박, 항공기 또는 육상과의 통신에 사용하는 통신코드, 약어 등을 적어 놓은 책

20 [최근빈출 대표유형]

해상에서 사용되는 신호 중 시각에 의한 통신이 아닌 것은?

가. 수기신호
나. 기류신호
사. 기적신호
아. 발광신호

[해설] 기적신호는 청각에 의한 신호이다.

21

시계가 양호한 주간에만 실시할 수 있으며 자선의 상태를 장시간 계속적으로 표시하는 경우에 적합한 신호는?

가. 기류신호
나. 발광신호
사. 음향신호
아. 수기신호

[해설] 기류신호는 특히 자선의 상태를 장시간 계속적으로 표시하는 경우에 적합한 신호이다.

22

안개가 끼었을 때 행하는 신호이다. 틀린 것은?

가. 기류신호
나. 타종신호
사. 사이렌
아. 기적신호

[해설] 안개 등으로 시정이 좋지 않을 때는 소리를 내어주는 음향신호를 행한다.

23

해상에서 사용되는 신호 중 시각 통신에 해당하지 않는 것은?

가. 수기신호
나. 기류신호
사. 발광신호
아. 기적신호

[해설] 기적신호는 음향신호에 속한다.

24

선박에 게양된 국제기류신호 "H"기는 무슨 의미인가?

가. 나는 잠수부를 내렸다.
나. 나는 위험물을 하역중 또는 운송중이다.
사. 나는 도선사를 요구한다.
아. 나는 도선사를 태우고 있다.

[해설] A기 : 나는 잠수부를 내렸다
B기 : 나는 위험물을 하역중 또는 운송중이다.
G기 : 나는 도선사를 요구한다.
H기 : 나는 도선사를 태우고 있다.

[정답] 15 사 16 아 17 아 18 나 19 가 20 사 21 가 22 가 23 아 24 아

25
국제기류신호 "G"기는 무슨 의미인가?

가. 사람이 물에 빠졌다.
나. 나는 위험물을 하역중 또는 운송중이다.
사. 나는 도선사를 요구한다.
아. 나를 피하라, 나는 조종이 자유롭지 않다.

해설
- 사람이 물에 빠졌다 : O기
- 나는 위험물을 하역중 또는 운송중이다. : B기
- 나를 피하라, 나는 조종이 자유롭지 않다. : D기
- 나는 도선사를 요구한다. : G기
- 나는 도선사를 태우고 있다. : H기

26 [최근빈출 대표유형]
해상에서 자차 수정 작업시 게양하는 기류신호는?

가. Q기
나. NC기
사. VE기
아. OQ기

해설
- Q기 : 본선은 건강하다. 검역허가를 바란다.
- NC기 : 본선은 조난 중이다.
- VE기 : 본선은 소독중이다.
- OQ기 : 본선은 자차 수정 작업중이다.

27
방위신호를 할 때 최상부에 무슨 기류신호를 게양하는가?

가. A기
나. B기
사. C기
아. D기

해설
- 방위신호 : A기를 최상부에 게양
- 시각신호 : T기를 최상부에 게양
- 거리신호 : 숫자 바로 앞에 R을 붙여 해리로 나타낸다.

28
시각신호를 할 때 최상부에 무슨 기류신호를 게양하는가?

가. 엘(L)기
나. 큐(Q)기
사. 티(T)기
아. 제트(Z)기

해설 시각신호를 할 때는 최상부에 T기를 게양한다.

29
국제신호서의 문자신호 "B"의 의미는 무엇인가?

가. 사람이 물에 빠졌다.
나. 나는 위험물을 하역중 또는 운송중이다.
사. 나는 도선사를 요구한다.
아. 그렇다.

해설
- 사람이 물에 빠졌다. : O기
- 나는 위험물을 하역중 또는 운송중이다. : B기
- 나는 도선사를 요구한다. : G기
- 그렇다. : C기

30
조난신호로 사용할 수 있는 기류신호는 어느 것인가?

가. H기
나. G기
사. B기
아. NC기

해설 NC기는 조난신호기이다.

31 [최근빈출 대표유형]
초단파무선설비(VHF)에 대한 설명으로 옳지 않은 것은?

가. 다른 선박과 교신에 사용할 수 있다.
나. 관제사와 교신에 사용할 수 있다.
사. 조난통신에 사용할 수 있다.
아. 위성통신에 사용할 수 있다.

해설 초단파무선설비(VHF)는 위성을 이용하는 설비는 아니다.

32 [최근빈출 대표유형]
연안 항해에서 선박 상호간에 교신을 위한 단거리 통신용 무선설비는?

가. 초단파무선설비(VHF)
나. 중단파무선설비(MF/HF)
사. 인말새트 위성통신 설비(Inmarsat)
아. 레이더 트랜스폰더

해설
- 초단파무선설비(VHF)는 주로 단거리 통신용으로 사용되는 무선설비이다.
- 선박의 대외통신설비는 평상시에는 일반통신에 이용하고, 조난이 발생하였을 때는 조난통신에도 사용할 수 있도록 설계 제작된 설비로 초단파무선설비(VHF), 중단파무선설비(MF/HF), 인말새트 위성통신 설비(Inmarsat) 등이 있다.
- 레이더 트랜스폰더(SART)는 조난통신설비에 속하는 것으로 9GHz의 레이더파를 수신하면 응답신호전파를 발사하여 구조선에게 생존자의 위치를 레이더 지시기에 표시하게 하는 장비이다.

33 [최근빈출 대표유형]
선박이 항해중에 항상 청취해야 하는 초단파무선설비(VHF) 채널은?

가. 채널 06번
나. 채널 16번
사. 채널 26번
아. 채널 66번

해설 VHF 채널 16번은 비상채널로 모든 선박이 24시간 청취를 해야 하는 채널이다.

34 [최근빈출 대표유형]
초단파무선설비(VHF)로 조난경보가 수신되었을 때 처리절차 중 우선적으로 해야 할 일은?

가. VHF 채널 06번을 청취한다.
나. VHF 채널 09번을 청취한다.
사. VHF 채널 16번을 청취한다.
아. VHF 채널 70번을 청취한다.

해설 조난경보가 수신되었을 때는 VHF 채널 16번의 청취를 5분 정도 하면서 상황을 파악하고 다음 행동을 하여야 한다.

정답 25 사 26 아 27 가 28 사 29 나 30 아 31 아 32 가 33 나 34 사

소형선박조종사

Chapter 2 구명설비 및 통신장비

---

35 [최근빈출 대표유형]
초단파무선설비(VHF)의 조난경보 버튼을 눌렀을 때 조난신호가 자동으로 반복하여 발신되는 주기는?

가. 평균 1분 (1±0.5분)
나. 평균 4분 (4±0.5분)
사. 평균 10분 (10±0.5분)
아. 평균 30분 (30±0.5분)

[해설] VHF DSC에 의해 한번 발신된 조난경보는 (4±0.5분) 정도의 주기마다 계속적으로 반복하여 자동으로 조난경보를 발신하게 되며, VHF DSC를 통해서 조난응답을 수신한 경우 또는 수동으로 정지한 경우에 자동 재발신이 멈추게 된다.

36 [최근빈출 대표유형]
일반적으로 초단파무선설비(VHF)의 통신이 가능한 거리는?

가. 약 2~3해리 이내
나. 약 20~30해리 이내
사. 약 200~300해리 이내
아. 약 2,000~3,000해리 이내

[해설] 대략 30마일 이내이다.

37 [최근빈출 대표유형]
초단파무선설비(VHF)로 조난경보가 잘못 발신되었을 때 취해야 하는 조치는?

가. 무선전화로 취소 통보를 발신해야 한다.
나. 조난경보 버튼을 다시 누른다.
사. 그대로 두면 된다.
아. 장비를 끄고 그냥 두어야 한다.

[해설] 초단파무선설비(VHF)로 조난경보가 잘못 발신되었을 때는 채널 16번인 무선전화로 취소 통보를 해야 한다.

38 [최근빈출 대표유형]
평수구역을 항해하는 총톤수 2톤 이상의 소형선박에 반드시 설치해야 하는 무선통신 설비는?

가. 초단파무선설비(VHF)
나. 중단파무선설비(MF/HF)
사. 인말새트 위성통신 설비(Inmarsat)
아. 레이더트랜스폰더

[해설] 평수구역을 항해하는 총톤수 2톤 이상의 소형선박은 초단파무선설비(VHF)를 설치하여야 한다.

39
다음 내용에 해당하는 통신설비는?

> 초단파를 이용한 근거리용 통신설비로 선박 상호간 또는 출·입항 시 선박과 항만 관제소와의 교신에 주로 사용된다.

가. 무선전신
나. 팩시밀리
사. 에스에스비(SSB) 무선전화
아. 브이에이치에프(VHF) 무선전화

[해설] VHF는 초단파를 이용한 근거리용 통신설비인 무선전화로 선박 상호간 또는 출·입항시 선박과 항만 관제소와의 교신에 주로 사용된다.

40 [최근빈출 대표유형]
초단파무선설비(VHF)의 조난경보 버튼을 눌렀을 때 발신되는 조난신호의 내용이 아닌 것은?

가. 선명
나. 해상이동업무식별부호(MMSI)
사. 위치(경도, 위도)
아. 시각

[해설] 본선의 MMSI, 조난시각, 조난위치 등이 발신된다.

41 [최근빈출 대표유형]
본선 선명은 '동해호'이다. 초단파무선설비(VHF)로 부산항 관제실과 교신을 하려고 할 때 어떻게 호출해야 하는가?

가. 부산항, 여기는, 동해호, 감도있습니까?
나. 동해호, 여기는, 동해호, 감도있습니까?
사. 부산 VTS, 여기는, 동해호, 감도있습니까?
아. 동해호, 여기는, 항무부산, 감도있습니까?

[해설] 1. 호출하려는 무선국명 ⇨ 2. 본선 선명 ⇨ 3. 감도 문의

42 [최근빈출 대표유형]
해상이동업무식별부호(MMSI)에 대한 설명으로 옳지 않은 것은?

가. 9자리 숫자로 구성된다.
나. 소형선박에는 부여되지 않는다.
사. VHF 무선설비에도 입력되어 있다.
아. 우리나라 선박은 440 또는 441로 시작된다.

[해설] **해상이동업무식별부호(MMSI : Maritime Mobile Service Identities)** 선박국, 선박 지구국, 해안국, 해안 지구국을 식별하기 위하여 일부 무선망을 통하여 사용되는 9개의 숫자로 된 부호로 되어 있다. 9자리 숫자는 ITU(국제전기통신연맹)에서 각 국가별로 할당한 부호로서 우리나라는 440, 441 2가지를 사용하고 있다. 주로 디지털 선택 호출(DSC)이나 경보 표시 신호(AIS) 등에 사용되는 선박 식별 번호로 사용된다. 국가 또는 지역을 나타내는 숫자 3개와 나머지 선박국, 해안국 등을 표시하는 숫자로 구성된다. 전화 및 텔렉스 가입자가 일반 통신망을 통해 자동으로 선박을 호출하기 위해 사용할 수도 있다.

43
본선 가까운 곳에서 "메이데이"라는 무선신호를 청취하였다. 이것은 무슨 신호인가?

가. 안전신호
나. 긴급신호
사. 조난신호
아. 경보신호

[해설] ▶ **조난신호**
• 선박이 중대하고 급박한 위험에 처하여 즉시 구조를 요구한다는 것을 표시하는 것으로 조난 호출의 앞에 송신하여야 한다.
• 무선전화 채널 16을 사용하여 호출한다.
• 무선전화의 음성신호 "메이데이(MAY DAY)" 3회
▶ **긴급신호**
• 충돌, 생존자 수색, 긴급 환자 및 기관 고장으로 표류 중이거나 자력으로

정답 35 나 36 나 37 가 38 가 39 아 40 가 41 사 42 나 43 사

항해 불능일 때 음성신호 "팡 팡(PAN PAN)" 3회
▶ 안전신호
• 무선국이 중요한 항행경보 또는 중요한 기상경보를 포함하는 통보를 전송하고자 하는 것을 표시하며 음성신호 "씨큐리트(SECURITE)" 3회

44 [최근빈출 대표유형]
다음 중 조난신호를 나타내는 것은?
가. 메이데이(MAYDAY)   나. 팡 팡(PAN PAN)
사. 어얼전트(URGENT)   아. 시큐리티(SECURITE)

[해설] • 조난신호 : 메이데이(MAYDAY)
• 긴급신호 : 팡 팡(PAN PAN)
• 안전신호 : 시큐리티(SECURITE)

45 [최근빈출 대표유형]
선박이 조난을 당하였을 경우 조난을 표시하는 신호의 종류가 아닌 것은?
가. 낙하산이 달린 적색의 화염 로켓
나. 무선전화기 채널 16번에서 '메이데이'로 말하는 신호
사. 국제신호기 'NC' 게양
아. 흰색 연기를 발하는 발연신호

[해설] 조난시 발연신호는 오렌지색이다.
▶ 조난신호
① 약 1분 간격으로 1회의 발포 또는 그 밖의 폭발에 의한 신호
② 무중 신호 기구를 사용한 연속된 음향신호
③ 짧은 간격으로 발하는 로켓신호
④ GMDSS에 따른 DSC에 의한 조난신호
  ▶ VHF ch70(156.525MHz), MF/HF 2187.5KHz에 의한 조난신호
⑤ 무선전화에 의한 메이데이 3회
  ▶ VHF ch16(156.8MHz), MF 2182KHz
⑥ 국제 신호기에 의한 NC기 게양
⑦ 사각형의 기로서 상부 또는 하부에 공 또는 둥근 모양을 달아서 표시하는 것
⑧ 타르, 기름 등을 태워서 표시하는 발연신호
⑨ 낙하산 신호 또는 신호홍염
⑩ 오렌지색 연기를 내는 발연부신호
⑪ 좌우로 팔을 벌려 천천히 올렸다 내렸다 하는 신호
⑫ 비상 위치 지시 무선표지(EPIRB)에 의한 신호
⑬ 항공기가 쉽게 식별할 수 있도록 오렌지색 캔버스에 흑색 4각형과 원을 그리는 것
⑭ SART에 의한 신호

46
다음 중 조난신호에 해당되지 않는 것은?
가. 약 1분간을 넘지 아니하는 간격으로 총포 신호
나. 자기발연부신호
사. 로켓 낙하산 신호
아. 지피에스 신호

[해설] 지피에스(GPS)는 위성을 이용한 선박의 위치를 측정하는 전파계기이다.

47
다음 중 조난신호에 해당되지 않는 것은?
가. 무선전화에 의한 메이데이
나. 자기발연부신호
사. 로켓 낙하산 신호
아. 구명색 발사기

[해설] 구명색 발사기는 로켓 또는 탄환이 구명줄을 끌고 날아가게 하는 장치로 선박이 조난을 당한 경우 조난선과 구조선 또는 조난선과 육상 간에 연결용 줄을 보내는 데 사용된다.

[구명줄 발사기]

정답 44 가 45 아 46 아 47 아

CHAPTER 03 선박조종 일반

소형선박조종사

제1절 선박의 조종

• 키의 역할

(1) **추종성** : 조타에 대한 선체 회두의 추종이 빠른지 또는 늦는지를 나타내는 것

(2) **침로안정성** : 선박이 정해진 진로상을 직진하는 성질(보침성)

(3) **선회성** : 일정한 타각을 주었을 때 선박이 어떠한 각속도로 움직이는지를 나타내는 것

제2절 추진기(스크루 프로펠러)

1 수류의 종류

① 흡입류 : 앞쪽에서 프로펠러에 빨려드는 수류
② 배출류 : 프로펠러의 뒤쪽으로 흘러 나가는 수류
③ 반류 : 선체가 앞으로 나아가며 생기는 빈 공간을 채워 주는 수류로 인하여, 주로 뒤쪽 선수미선상의 물이 앞쪽으로 따라 들어오는 수류

2 각종 수류와 횡압력에 의한 회두

(1) 배출류의 영향

① 고정피치 프로펠러선(FPP)
- 전진시 : 물을 시계방향으로 회전시키면서 뒤쪽으로 배출하므로, 키에 직접적으로 부딪쳐 키의 상부보다 하부에 작용하는 수류의 힘이 강하여 선미를 좌현 쪽(선수를 우현 쪽으로 회두)으로 밀게 된다.
- 후진시 : 프로펠러를 반시계 방향으로 회전하여 선수쪽을 향하여 흘러가는 배출류는 선미우현 벽에 부딪치면서 측압을 형성(배출류의 측압 작용)하여 선미를 좌현 쪽으로(선수를 우현 쪽으로) 편향시킨다.

② 가변피치 프로펠러선(CPP)
- 전진시 : 회전방향이 고정피치 때와 같으므로 영향도 같다. 선수가 우회두
- 후진시 : 프로펠러의 회전은 전진시와 같은 방향으로 회전하므로 배출류의 측압이 선미좌현 벽에 생겨 선미를 우현으로 편향시킨다.

(2) 흡수류의 영향

전진시에만 작용하며, 우현에 강하게 부딪치므로 횡압력과 같이 선수를 좌회두시킨다.

(3) 반류의 영향

전진시에만 작용하며, 용골 부근은 약하고 수면부근은 강하게 작용하므로 횡압력과 반대로 선수를 우회두시킨다.

(4) 횡압력의 영향

프로펠러에 작용하는 힘이 위쪽(상익)과 아래쪽(하익)의 수압이 다르기 때문에 생기는 영향으로 선미를 프로펠러의 회전하는 방향으로 편향시킨다.
① 고정피치 프로펠러선(FPP)
- 전진시 : 프로펠러가 우회전하므로 선미를 우편향, 선수를 좌회두시킨다.
- 후진시 : 프로펠러가 좌회전하므로 선미를 좌편향, 선수를 우회두시킨다.

② 가변피치 프로펠러선(CPP)
- 전진시 : 고정피치와 같은 방향으로 회전하므로 선미 : 우편향, 선수 : 좌회두
- 후진시 : 프로펠러의 회전방향은 전진시와 같은 방향으로 우회전하므로 선미를 우편향, 선수를 좌회두시킨다.

(5) 종합적인 회두

고정피치일 때는 정지에서 전진시 초기에는 횡압력의 영향이 크므로 선수가 좌회두하나 시간이 지남에 따라 배출류의 영향이 많아져서 선수는 우회두한다.

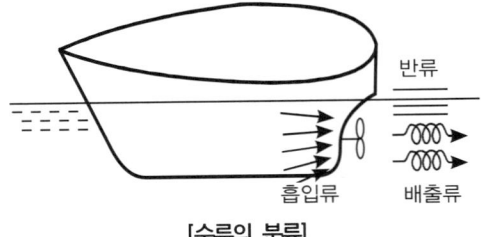

[수류의 분류]

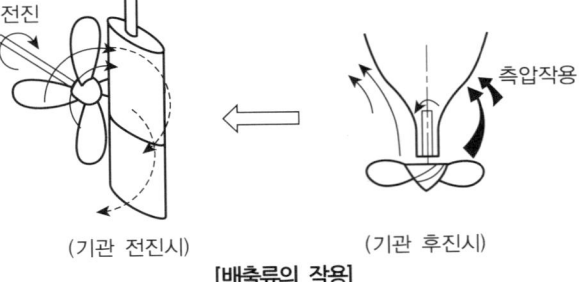

[배출류의 작용]

제3절 선박의 선회운동에 관한 용어

① 선회 종거(advance) : 전타를 처음 시작한 위치에서 선수가 원침로부터 90° 회두했을 때까지의 원침로 선상에서의 전진 이동거리
② 선회 횡거(transfer) : 선체 회두가 90°된 곳까지 원침로에서 직각 방향으로 잰 거리
③ 선회직경 : 180도 회두했을 때 원침로에서 직각 방향으로 잰 거리
④ 최종 선회경 : 선박의 선회각 속도가 일정하게 되면 회전 중심의 궤적은 거의 원에 가까운 정상 원운동을 하게 되고 이 때 원의 지름을 최종 선회 지름 또는 최종 선회경이라고 하며 일반 선회 지름의 0.9배 정도이다.
⑤ 킥(kick) 현상 : 선회 초기에 선수는 선회권 안쪽으로, 선미는 바깥쪽으로 밀리는 운동이 일어나는데 이 선미를 바깥쪽으로 밀어내는 크기
▶장애물을 피할 때나 인명구조시 유용하게 사용
⑥ 전심 : 선회권의 중심으로부터 선박의 선수미선에 수선을 내려서 만나는 점을 전심이라고 하며, 선체 자체의 외관상의 회전 중심에 해당한다.

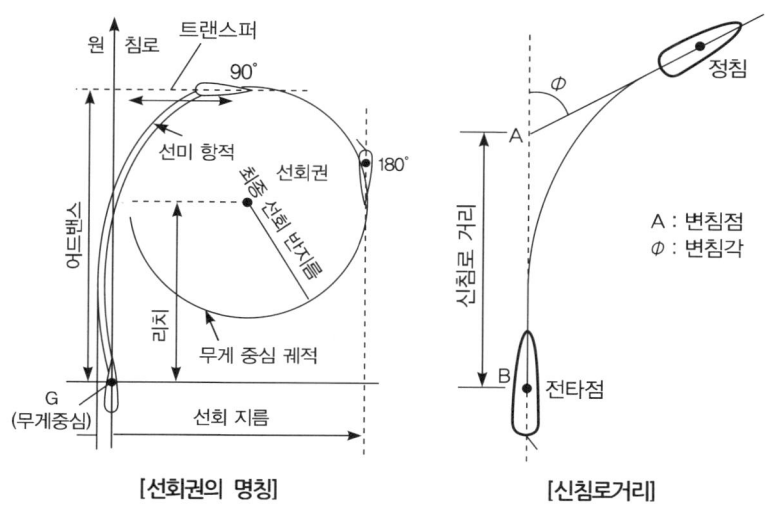

[선회권의 명칭]   [신침로거리]

제4절 타 력

(1) **발동타력** : 정지 중인 선박에 전속을 걸었을 때 실제로 전속력에 이를 때까지의 타력

(2) **정지타력** : 전진 중인 선박에 기관을 정지하여 그로부터 선체운동이 수면에 대하여 정지할 때까지의 타력

(3) **회두타력** : 전타중 키 중앙(미드십)으로 한 후로부터 회두운동이 정지할 때까지의 타력

(4) **반전타력** : 전진 중 전속후진을 걸어서 실제로 선박이 정지할 때까지의 타력

(5) **최단정지거리** : 반전타력에서 기관후진 후 선체가 정지할 때까지의 진출 거리

제5절 선체저항과 외력의 영향

(1) **선체저항** : 마찰저항, 조파저항, 조와저항, 공기저항 등이 있다.

(2) **바람의 영향** : 전진 중 바람을 횡 방향에서 받으면 선수는 바람이 불어오는 쪽으로 향한다.

(3) **조류의 영향** : 조류가 빠른 수역에서는, 선수 방향에서 조류를 받게 되면 타효가 커서 선박 조종이 잘 되지만, 선미 방향에서 조류를 받게 되는 순조시는 선박의 조종 성능이 떨어진다.

(4) **파도의 영향** : 횡요의 주기와 파도의 주기가 일치(동조횡동요)하면 전복될 위험이 있다.

(5) **얕은 수심의 영향**(천수의 영향 : Shallow Water Effect)
• 선체가 침하하여 흘수가 증가 ▶Squatting 현상
• 속력 감소 : 조파 저항이 커지고, 선체 침하로 저항 증대하여 속력이 감소한다.

(6) **수도 둑 현상**(Bank Effect) = 측벽영향(Wall Effect)
전진 중 선수는 반발하고 선미는 안벽 쪽으로 붙으려는 경향

(7) **해저 경사의 영향** : 전진 중에는 선수가 수심이 깊은 쪽으로 편향하고, 후진 중에는 선미가 깊은 쪽으로 편향한다.

(8) **두 선박 간의 상호 작용**
• 두 선박이 서로 가깝게 마주치거나 한 선박이 추월하는 경우에 두 선박 사이에는 당김, 밀어냄, 회두작용이 생긴다. 이를 상호 간섭작용 또는 흡인작용이라 한다. 이러한 작용은 충돌의 원인이 되기도 하는데 두 선박의 속력이 빠를수록, 가까울수록, 배수량이 클수록, 수심이 얕을수록 크게 나타난다.
• 고압부분(선수나 선미)끼리 마주치면 서로 반발하고, 선수·선미가 저압부분(중앙부)끼리 마주치면 중앙부로 끌린다.

제6절 계선줄의 종류와 역할

(1) 선수줄(Bow line = Head line)

(2) 선미줄(Stern line) : 선미 후방 부두에 묶는 계선줄

(3) 선수 뒷줄(Fore spring line = Back spring)

(4) 선미 앞줄(After spring line)

(5) 선수 옆줄(Forward breast line)

(6) 선미 옆줄(After breast line)

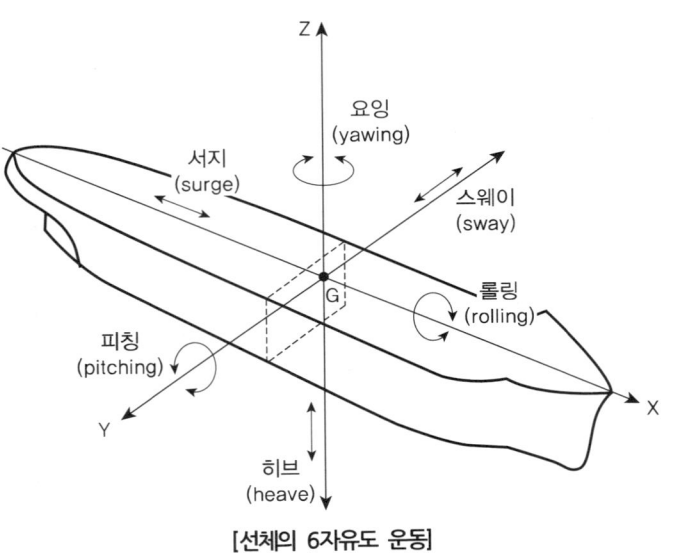

1. 선수줄 2. 선수 옆줄 3. 선수 뒷줄 4. 선미 앞줄 5. 선미 옆줄 6. 선미줄

[계선줄의 종류]

제7절 선체 운동

선박이 파도를 받으면 선체는 동요하면서 6자유도 운동을 한다.

(1) 직선왕복운동
① 전후동요(surge) : X축으로 전후의 직선왕복운동
② 좌우동요(sway) : Y축으로 좌우 직선왕복운동
③ 상하동요(heave) : Z축으로 상하 직선왕복운동

(2) 회전운동
① 횡동요(rolling) 운동 : X축(선수미선)을 기준으로 선체가 좌우로 회전운동
② 종동요(pitching) 운동 : Y축(선체 중앙)을 기준하여 선수와 선미가 상하 교대로 회전하는 운동
③ 선수동요(yawing) 운동 : Z축 방향을 축으로 하여 선수가 좌우 교대로 선회하려는 왕복운동

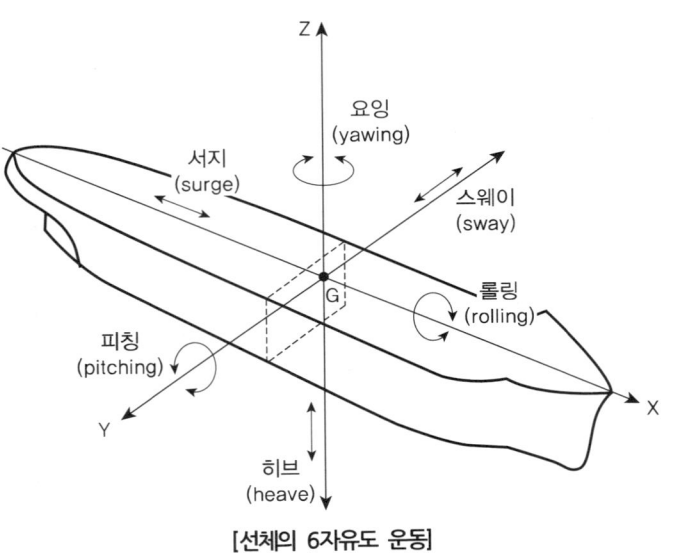

[선체의 6자유도 운동]

제8절 복원력

(1) 복원력에 관한 용어
① 배수용적(V) : 물속에 잠겨 있는 선체의 용적(수면하 용적)
② 배수량(W) : 선박이 어떤 흘수 상태로 떠 있을 때 그 선박이 배제한 액체의 중량으로 그 상태에서의 선박의 무게와 같다.
▶ $W = V \times \rho$ [W : 배수량, V : 배수 용적, ρ : 액체비중]
③ 무게중심(G) : 선체의 전체 중량이 한 점에 모여 있다고 생각되는 점
④ 부심(B)
  • 부력이 1점에 작용한다고 생각되는 점을 부심이라 한다.
  • 물속에 잠겨 있는 선체의 용적(수면하 선체 용적)의 기하학적 중심
⑤ 메타센터(M : 경심) : 배가 똑바로 떠 있을 때 부력의 작용선과 경사된 때 부력의 작용선이 만나는 점으로 횡경사의 중심이다.

(2) GM에 따른 선박의 상태
① GM이 0보다 큰 경우 : GM = KM − KG > 0
  무게중심(G)이 메타센터(M)보다 아래쪽에 위치하여 선박의 안정 상태이다.
② GM이 0인 경우 : GM = KM − KG = 0
  무게중심(G)과 메타센터(M)가 같은 점에 위치하여 선박의 중립 평형 상태이다.
③ GM이 0보다 작은 경우 : GM = KM − KG < 0
  무게중심(G)이 메타센터(M)보다 위쪽에 위치하여 선박이 불안정하여 전복할 수 있는 상태이다.

(3) 복원력에 영향을 주는 요소
① 선폭 : 선폭이 증가함에 따라 복원력이 커진다.
② 건현 : 적당한 폭과 GM을 가지고 있는 선박도 충분한 건현을 가지고 있어야 한다.
③ 무게중심 : 무게중심의 위치를 낮추면 복원력은 증가한다.
④ 배수량 : 복원력의 크기는 배수량에 따라서 변화한다.
⑤ 현호 : 능파성을 증가시킬 뿐만 아니라 갑판 끝단이 물에 잠기는 것을 방지
⑥ 흘수 : 흘수가 증가하면 배수량이 증가하므로 복원력은 증가한다.
⑦ 길이 : 길이가 긴 선박은 짧은 선박에 비해 복원력은 증가한다.
⑧ 선루의 길이 : 선루가 긴 선박은 복원력이 증가한다.
⑨ 텀블 홈은 복원력을 감소시키며, 플레어는 복원력을 증가시킨다.

CHAPTER 03 선박조종 일반 실전예상문제

01
'키를 중앙으로 되돌리라'는 조타 명령은?

가. 스타보드(starboard)
나. 포트(port)
사. 미드십(midships)
아. 스테디(steady)

해설
- 스타보드(starboard) : 조타륜을 오른쪽으로 돌려 키를 우현으로 회전시키라.
- 포트(port) : 조타륜을 왼쪽으로 돌려 키를 좌현으로 회전시키라.
- 미드십(midships) : 돌려져 있는 조타륜을 바로하여 키를 중앙으로 되돌리라.
- 스테디(steady) : 선박의 선회를 가능한 한 빨리 줄여라.

02
'조타륜을 오른쪽으로 돌려 키를 우현으로 회전시키라'는 조타명령어는?

가. 스테디
나. 미드십
사. 포트
아. 스타보드

해설
- 스타보드(starboard) : 조타륜을 오른쪽으로 돌려 키를 우현으로 회전시키라.
- 포트(port) : 조타륜을 왼쪽으로 돌려 키를 좌현으로 회전시키라.

03
선박의 속력에서 전속의 약 3/4에 해당하는 것은?

가. 반속
나. 미속
사. 극미속
아. 저속

해설

선속	기관 명령	상용출력에 대한 추력
전진 전속	full ahead	100%
전진 반속	half ahead	75%(3/4)
전진 미속	slow ahead	50%(2/4)
전진 극미속	dead slow ahead	25%(1/4)

04
선체는 선회 초기에 원침로에서 타각을 준 바깥쪽으로 약간 밀리는데 이러한 원침로상에서 횡방향으로 벗어나는 것을 무엇이라고 하는가?

가. 선회종거
나. 킥
사. 선회횡거
아. 전심

해설
- 킥(Kick) : 원침로에서 횡방향으로 무게중심이 이동한 거리로 장애물을 피할 때나 인명구조시 유용하게 사용
- 선회종거[어드밴스(Advance)] : 전타 위치에서 선수가 90° 회두했을 때까지의 원침로상에서의 전진 거리
- 선회횡거[트랜스퍼(Transfer)] : 전타를 처음 시작한 위치에서 선체 회두가 90°된 곳까지 원침로에서 직각 방향으로 잰 거리
- 전심(Pivoting Point) : 선회권의 중심으로부터 선박의 선수미선에 수직선을 내려서 만나는 점으로 선체 자체의 외관상의 회전 중심으로 전진

중에는 선수에서 배 길이의 1/3 부근에 있다.
- 리치(Reach) : 전타를 시작한 최초의 위치에서 최종 선회지름의 중심까지의 거리를 원침로선상에서 잰 거리

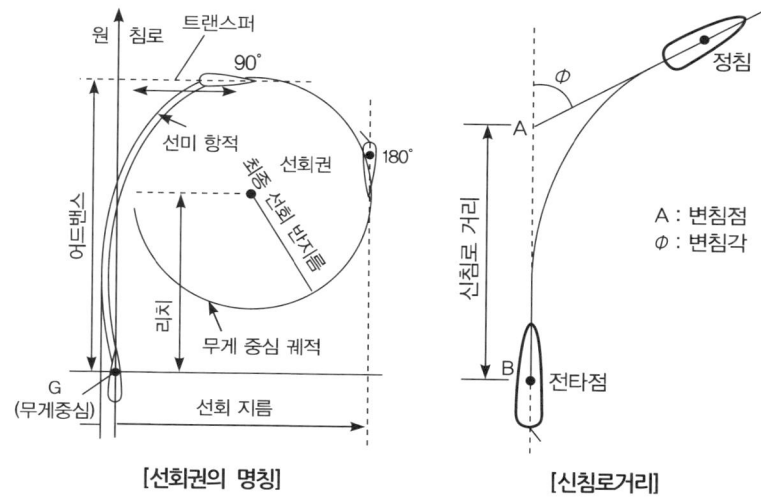

[선회권의 명칭] [신침로거리]

05 최근빈출 대표유형
전타를 시작한 최초의 위치에서 최종 선회지름의 중심까지의 거리를 원침로상에서 잰 거리는?

가. 킥
나. 리치
사. 선회경
아. 신침로거리

해설
- 리치(Reach) : 전타를 시작한 최초의 위치에서 최종 선회지름의 중심까지의 거리를 원침로선상에서 잰 거리
- 신침로거리 : 전타 위치에서 신구침로의 교차점까지 원침로상에서 잰 거리

06 최근빈출 대표유형
전타를 처음 시작한 위치에서 선수가 원침로로부터 90도 회두했을 때까지의 원침로상에서의 전진이동거리는?

가. 킥
나. 리치
사. 선회종거
아. 선회횡거

해설 선회종거[어드밴스(Advance)] : 전타 위치에서 선수가 90° 회두했을 때까지의 원침로선상에서의 전진 거리

07 최근빈출 대표유형
선체회두가 원침로로부터 180도 된 곳까지 원침로에서 직각방향으로 잰 거리는?

가. 킥
나. 리치
사. 선회경
아. 선회횡거

해설 선회경(선회지름) : 회두가 180° 된 곳까지 원침로에서 직각 방향으로 잰 거리

정답 1 사 2 아 3 가 4 나 5 나 6 사 7 사

08 [최근빈출 대표유형]
선박의 조종성을 판별하는 성능이 아닌 것은?

가. 복원성　　　　　　　　나. 선회성
사. 추종성　　　　　　　　아. 침로안정성

[해설] 복원성은 선박이 바람, 파도 등의 외력의 영향을 받아 경사되었을 때 원래 상태로 되돌아가려는 성질로 선박의 조종성을 판별하는 성능과는 관계가 적다.
• 선회성 : 일정한 타각을 주었을 때 선박이 어떠한 각속도로 움직이는지를 나타내는 것
• 추종성 : 조타에 대한 선체 회두의 추종이 빠른지 또는 늦는지를 나타내는 것
• 침로안정성(방향안정성) : 선박이 정해진 진로상을 직진하는 성질

09 [최근빈출 대표유형]
선박이 정해진 침로를 따라 직진하는 성질은?

가. 선회성　　　　　　　　나. 추종성
사. 초기선회성　　　　　　아. 침로안정성

[해설] • 선회성 : 일정한 타각을 주었을 때 선박이 어떠한 각속도로 움직이는지를 나타내는 것
• 추종성 : 조타에 대한 선체 회두의 추종이 빠른지 또는 늦는지를 나타내는 것
• 침로안정성(방향안정성) : 선박이 정해진 진로상을 직진하는 성질

10 [최근빈출 대표유형]
일정한 타각을 주었을 때 선박이 어떠한 각속도로 움직이는지를 나타내는 것은?

가. 선회성　　　　　　　　나. 추종성
사. 방향안정성　　　　　　아. 침로안정성

[해설] • 선회성 : 일정한 타각을 주었을 때 선박이 어떠한 각속도로 움직이는지를 나타내는 것
• 추종성 : 조타에 대한 선체 회두의 추종이 빠른지 또는 늦는지를 나타내는 것
• 침로안정성(방향안정성) : 선박이 정해진 진로상을 직진하는 성질

11 [최근빈출 대표유형]
일정한 침로를 항행하는 것이 요구되는 화물선에서 가장 중요시되는 성능은?

가. 정지성　　　　　　　　나. 선회성
사. 추종성　　　　　　　　아. 침로안정성

[해설] 화물선은 일정한 침로를 항행하는 것이 요구되므로 침로안전성이 좋아야 되며, 어선이나 군함 등은 빠른 기동성을 필요로 하기 때문에 선회성이 양호하여야 한다.

12 [최근빈출 대표유형]
타각을 주면 수류가 타판에 부딪힌다. 이 때 타판을 미는 힘은?

가. 추력　　　　　　　　　나. 우력
사. 마찰력　　　　　　　　아. 직압력

[해설] **타판에 작용하는 힘**
① 직압력
• 수류에 의하여 타에 작용하는 전체 압력으로 타판에 직각으로 작용하는 힘

• 타판의 면적, 타판이 수류에 받는 각도, 선박의 전진 속도에 따라 변화한다.
② 항력
• 타판에 작용하는 힘 중에서 선수미 방향의 분력이다.
• 힘의 방향은 선체 후방이므로 전진 선속을 감소시키는 저항력으로 작용한다.
• 전진 중 타각을 주어 선회하게 되면 속력이 떨어지는 원인이 된다.
③ 양력
• 타판에 작용하는 힘 중에서 정횡 방향의 성분
• 힘의 방향은 선미를 횡방향으로 미는 힘이다.
  ▶선박을 선회시키는 힘
④ 마찰력
• 타판을 둘러싸고 있는 물의 점성에 의하여 타판 표면에 작용하는 힘

13 [최근빈출 대표유형]
선박이 항진 중에 타각을 주면 수류가 타판에 부딪혀서 타판을 미는 힘이 작용하는데 그 힘 중에서 선체를 회두시키는 우력의 성분이 되는 것은?

가. 양력　　　　　　　　　나. 항력
사. 마찰력　　　　　　　　아. 직압력

[해설] 양력
• 타판에 작용하는 힘 중에서 정횡 방향의 성분
• 힘의 방향은 선미를 횡방향으로 미는 힘이다. ▶선박을 선회시키는 힘

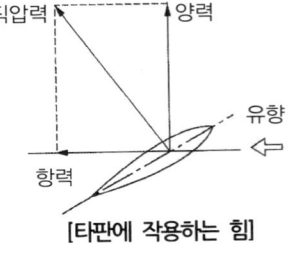

[타판에 작용하는 힘]

14 [최근빈출 대표유형]
타판에 작용하는 힘 중에서 정횡 방향의 분력은?

가. 항력　　　　　　　　　나. 양력
사. 마찰력　　　　　　　　아. 직압력

[해설] 양력은 타판에 작용하는 힘 중에서 정횡 방향의 성분으로 힘의 방향은 선미를 횡방향으로 미는 힘이다. ▶선박을 선회시키는 힘

15 [최근빈출 대표유형]
선박이 항진 중에 타각을 주면 타판에 작용하는 압력을 나타낸 그림에서 ②는 무엇인가?

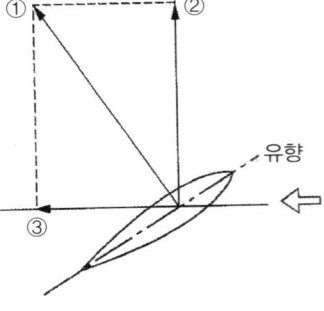

가. 양력　　　　　　　　　나. 항력
사. 마찰력　　　　　　　　아. 직압력

[해설] ① 직압력　② 양력　③ 항력

[정답] **8** 가　**9** 아　**10** 가　**11** 아　**12** 아　**13** 가　**14** 나　**15** 가

제2과목 운용　**60**　Chapter 3. 선박조종 일반

16
선박이 항진 중에 타각을 주었을 때, 타판의 표면에 작용하는 물의 점성에 의한 힘은?

가. 양력
나. 항력
사. 마찰력
아. 직압력

해설 마찰력은 타판을 둘러싸고 있는 물의 점성에 의하여 타판 표면에 작용하는 힘을 말한다.

17
( )에 적합한 것은?

"선회우력은 양력과 선체의 무게중심에서 타의 작용중심까지의 거리를 ( )(한) 것이 된다."

가. 더
나. 뺀
사. 곱
아. 나눈

해설 양력은 타판에 작용하는 힘 중 그 작용하는 방향이 정횡 방향인 분력으로 선체를 회두시키는 우력의 성분이 되며, 선회우력은 양력과 선체의 무게중심에서 타의 작용중심까지의 거리를 곱한 것이 된다.

18
선박의 조종성에 대한 설명으로 옳지 않은 것은?

가. 선회성 지수가 크면 짧은 반경의 선회권을 그린다.
나. 조타에 대한 응답의 빠르기를 추종성 지수로 나타낸다.
사. 타각을 주었을 때 선박의 선회각속도의 크기를 선회성 지수로 나타낸다.
아. 선박에 어떤 타각을 주었을 때 타에 대한 선체의 응답이 빠르면 추종성이 나쁘다고 한다.

해설
- 선박에 어떤 타각을 주었을 때 타에 대한 선체의 응답이 빠르면 추종성이 좋다.
- 조종성 지수에는 선회성 지수와 추종성 지수가 있으며 선회성 지수의 값이 크면 선회가 잘 되어 좋으며, 추종성 지수의 값이 작으면 선박에 어떤 타각을 주었을 때 타에 대한 선체의 응답이 빠르다는 것이기 때문에 작을수록 좋다.

19
선회성 지수가 클 때 나타나는 현상은?

가. 배가 늦게 선회하여 작은 선회권을 그린다.
나. 배가 늦게 선회하여 큰 선회권을 그린다.
사. 배가 빠르게 선회하여 작은 선회권을 그린다.
아. 배가 빠르게 선회하여 큰 선회권을 그린다.

해설 선회성 지수가 크면 선회각속도가 커져 빠르게 선회하여 선회권은 작아진다.

20
전속전진 중에 최대 타각으로 전타하였을 때 발생하는 현상이 아닌 것은?

가. 키 저항력의 감소
나. 추진기 효율의 감소
사. 선회 원심력의 증가
아. 선체경사로 인한 선체저항의 증가

해설 전속전진 중에 최대 타각으로 전타하였을 때는 키(타)의 저항력은 증가한다.

21
선체의 뚱뚱한 정도를 나타내는 것은?

가. 등록장
나. 의장수
사. 방형계수
아. 배수톤수

해설 방형계수는 물속에 잠긴 선체의 비만도를 나타내는 계수로 방형계수가 크면 뚱뚱하다는 것으로 선회성은 좋아진다.
- **방형비척계수(Cb)**: 물속에 잠긴 선체의 비만도를 나타내는 계수(선체의 형배수량과 선체를 감싸고 있는 직육면체의 용적의 비)로 방형비척계수가 크면 선회권은 작아진다.
- $Cb = \dfrac{\triangle}{L \times B \times T}$
  ($\triangle$: 형배수용적, L: 선박길이, B: 형폭, T: 형흘수)

22
전진속력으로 항진 중에 기관을 후진전속으로 하였을 때 선체가 정지할 때까지의 타력으로 최단정지거리와 관계있는 타력은?

가. 발동타력
나. 정지타력
사. 반전타력
아. 회두타력

해설 반전타력은 전진전속 중에 기관을 후진전속으로 걸어서 선체가 물에 대하여 정지 상태가 될 때까지 진출한 최단정지거리와 관계있는 타력을 말한다.
- **타력의 종류**
  - **발동타력**: 정지된 배에 주기관을 발동하여 출력에 해당하는 속력이 나올 때까지의 타력
  - **정지타력**: 전진 중인 선박이 기관 정지를 명령하여 선체가 정지할 때까지의 타력
  - **반전타력**: 전진 중에 기관을 후진 전속으로 걸어서 선체가 정지할 때까지의 타력
  - **회두타력**: 직진 중 전타를 하여 일정한 선회운동을 할 때까지의 타력

23
배의 운항상 충분한 건현이 필요한 이유는?

가. 수심을 알기 위하여 필요하다.
나. 안전항해를 하기 위하여 필요하다.
사. 배의 조종성능을 알기 위하여 필요하다.
아. 배의 속력을 줄이기 위하여 필요하다.

해설 건현(Free board)은 수면에서부터 갑판까지의 길이로 예비 부력을 갖게 하여 안전항해를 하기 위하여 필요하다.

24
선체가 항주할 때 수면하의 선체가 받는 저항이 아닌 것은?

가. 공기저항
나. 마찰저항
사. 조파저항
아. 조와저항

해설 공기저항은 수면 위에서 받는 저항이다.
- **선체 저항**
  - **마찰저항**: 선체 표면에 물이 부딪쳐 선체 진행을 방해하여 생기는 저항
    - 저속선에서 가장 큰 비중 차지

정답 16 사 17 사 18 아 19 사 20 가 21 사 22 사 23 나 24 가

- **조파저항** : 선수와 선미 부근은 수압이 높아져 수면이 높아지고 선체 중앙부 수압이 낮아져서 수면이 낮아져 파가 형성되어 생기는 저항
  ▶구형 선수(bulbous bow) 유리
- **조와저항** : 선체 주위의 물분자는 부착력으로 인하여 속도가 느려지고, 선체에서 먼 곳의 물분자는 속도가 빨라 물분자의 속도 차에 의하여 선미 부근에서 와류가 생겨 선체는 전방으로부터 후방으로 힘을 받게 되는 저항 ▶유선형 선체가 유리
- **공기저항** : 선박이 항진 중에 선체 및 갑판 상부의 구조물이 공기의 흐름과 부딪쳐서 생기는 저항

25
선박의 속력이 감소할 경우 및 저속선에서 가장 큰 비중을 차지하는 저항은?

가. 조파저항 나. 마찰저항
사. 공기저항 아. 조와저항

> **해설** 저속선에서는 마찰저항이 가장 크게 작용하며, 선속이 빨라짐에 따라 조파저항이 증가한다.

26 최근빈출 대표유형
물분자의 속도차 때문에 생기는 선미 부근의 소용돌이 흐름에 의한 저항은?

가. 마찰저항 나. 공기저항
사. 조파저항 아. 조와저항

> **해설** 선체 주위의 물분자는 부착력으로 인하여 속도가 느려지고, 선체에서 먼 곳의 물분자는 속도가 빨라 물분자의 속도 차에 의하여 선미 부근에서 와류가 생겨 선체는 전방으로부터 후방으로 힘을 받게 되는 저항
> ▶유선형 선체가 유리

27 최근빈출 대표유형
( )에 순서대로 적합한 것은?

"선박이 수심이 깊은 해역에서 항주 시에는 선수와 선미부근의 수중압력이 ( ), 선체 중앙 부근의 수중압력이 ( ) 수압분포가 이루어진다."

가. 낮아지고, 낮아지는 나. 낮아지고, 높아지는
사. 높아지고, 낮아지는 아. 높아지고, 높아지는

> **해설** • 수심이 깊은 해역에서 항주 시에는 선수와 선미부근의 수중압력이 높아지고, 선체 중앙 부근의 수중압력이 낮아지는 수압분포가 이루어진다.
> • 수심이 얕은 수역에서는 항주 시에는 선저부분은 선수, 선미보다 흐름이 빨라지므로 선저부근의 수압이 높아져서 선체가 침하되어 흘수가 증가한다.

28
항해중 흘수가 변하는 경우는?

가. 바다에서 강으로 항해할 때
나. 선박의 설비가 고장난 때
사. 주기관을 사용했을 때
아. 출·입항 준비를 완료했을 때

> **해설** 바다에서 강으로 들어가면 액체의 비중이 낮아지기 때문에 흘수가 높아진다.

29
선박이 항행할 때 수심이 얕은 수역은 선속에 어떤 영향을 끼치는가?

가. 조파저항이 작아지고 선체의 침하로 저항이 감소되어 선속이 빨라진다.
나. 조파저항이 커지고 선체의 침하로 저항이 증대되어 선속이 감소한다.
사. 수심이 깊은 수역에서와 다를 게 없다.
아. 공선시에는 선속이 감소하나 만선시에는 빨라진다.

> **해설** 조파저항이 커지고, 선체의 침하로 흘수가 증가하여 저항이 증대하고 선속이 감소한다.
> ▶ 얕은 수심의 영향(천수의 영향 : Shallow Water Effect)
> • 선체가 침하하여 흘수가 증가
> • 조파저항이 커지고, 선체 침하로 저항 증대하여 속력이 감소한다.
> • 조종성이 나빠져 보침성이 저하된다.

30
예정 정박지를 향하여 저속의 전진 타력으로 접근하다가 예정 투하지점을 지날 때 후진 기관을 사용하여 후진 타력이 생기면 앵커를 투하하는 방법은?

가. 슬리핑 앵커법 나. 전진투묘법
사. 후진투묘법 아. 심해투묘법

> **해설** 후진투묘법은 후진하면서 투묘하는 방법으로 안전하게 투묘할 수 있으므로 가장 많이 이용하는 투묘법이다.

31
강풍이나 파랑이 심하거나 조류가 강한 수역에서 강한 파주력을 가질 필요가 있을 때 행하는 투묘법은?

가. 단묘박 나. 쌍묘박
사. 이묘박 아. 선수미 묘박

> **해설** 강한 파주력을 가질 필요가 있을 때 행하는 투묘법은 이묘박이다.
> ▶ 묘박법
> • 단묘박 : 한쪽 현의 선수 닻으로 정박하는 방법으로 닻을 올리고 내리는 작업이 쉬워 널리 이용되나 바람, 조류에 따라 선체가 선회하기 때문에 넓은 수역이 필요하며, 선체가 돌기 때문에 닻이 끌릴 수 있다.
> • 쌍묘박 : 양쪽 현의 선수 닻을 앞뒤 쪽으로 먼 거리에 투묘하여 선박을 그 중간에 위치시키는 묘박법으로 선체의 선회 면적이 작아 좁은 구역, 선박의 교통량이 많은 곳에서 자주 이용된다.
> • 이묘박 : 강풍이나 파랑이 심하거나 조류가 강한 수역에서 강한 파주력을 가질 필요가 있을 때 행하는 투묘법
> • 선수미 묘박 : 선수를 일정한 방향으로 세우기 위한 묘박법으로 풍랑을 막고 풍하현에서 작업을 할 때 편리하다.

32
한 쪽 현의 앵커만을 내리는 단묘박과 관계가 없는 것은?

가. 선체가 앵커를 중심으로 돌기 때문에 넓은 구역을 필요로 한다.
나. 쌍묘박에 비해 앵커를 올리고 내리는 작업이 쉽다.
사. 선체가 돌면 앵커가 해저에서 빠져나와 끌릴 수 있다.
아. 쌍묘박에 비해서 바람, 조류에 따라 체인이 꼬이는 수가 많다.

> **해설** 단묘박은 한 쪽 현의 앵커만 내리므로 앵커체인이 꼬이는 일이 없으며, 체인이 꼬이는 것은 쌍묘박에서 일어난다.

정답 25 나 26 아 27 사 28 가 29 나 30 사 31 사 32 아

33
보통 수심에서의 투묘 작업으로 적당한 것은?
가. 양묘기를 역전시켜 앵커를 수면 부근까지 내린 상태에서 앵커 무게에 의해 저절로 낙하되도록 한다.
나. 양묘기를 역전시켜 앵커를 해저까지 내린다.
사. 양묘기를 사용하지 않고 처음부터 앵커 무게에 의해 저절로 낙하하도록 한다.
아. 수면 부근까지 앵커 무게에 의해 저절로 낙하되도록 한 다음 양묘기를 역전시켜 내린다.

해설 양묘기를 역전시켜 앵커를 수면 부근까지 내린 상태(콕빌상태)에서 앵커 무게에 의해 저절로 낙하되도록 한다.

34
정박중 앵커가 끌리지 않도록 예방하기 위해서 바람이나 파도가 강해지면 어떻게 하는 것이 좋은가?
가. 앵커체인을 감아서 장력을 크게 한다.
나. 앵커체인 감기와 풀기를 반복한다.
사. 앵커체인을 더 내어 주어서 파주력을 보강한다.
아. 그대로 둔다.

해설 바람이나 파도가 강해지면 앵커체인에 걸리는 장력이 증가하여 닻끌림(주묘)이 생길 수 있으므로 앵커체인을 더 내어 주어 앵커체인의 무게에 의하여 파주력을 증가시킨다.

35
앵커체인이 많이 꼬여 풀리지 않을 때의 조치사항으로 가장 옳은 것은?
가. 체인을 절단하여 푼다.
나. 체인을 양묘기에서 떼어서 모두 버린다.
사. 시간이 얼마나 걸리더라도 풀기를 계속 한다.
아. 해양경찰에게 신고한다.

해설 앵커체인이 많이 꼬여 풀리지 않을 때에는 연결용 새클을 분리하여 앵커체인을 절단하여 꼬임을 풀 수도 있다.

36 최근빈출 대표유형
( )에 순서대로 적합한 것은?

"우회전 고정피치 스크루 프로펠러 한 개가 장착되어 있는 선박이 정지 상태에서 전진할 때, 타가 좌 타각이면 횡압력과 배출류가 함께 선미를 ( )쪽으로 밀기 때문에 선수의 ( )가 강하게 나타난다."

가. 우현, 우회두
나. 좌현, 우회두
사. 우현, 좌회두
아. 좌현, 좌회두

해설 우회전 고정피치 스크루 프로펠러 단추진기 선박이 정지 상태에서 전진할 때, 타가 좌 타각(port)이면 횡압력과 배출류가 함께 선미를 우현쪽으로 밀기 때문에 선수는 좌회두한다.

37
우선회 고정피치 단추진기 선박에서 외력이 없을 때 정지상태에서 후진을 걸면 일반적으로 선수의 편향은?
가. 선수 직후진
나. 선수 좌회두
사. 좌로 평행이동
아. 선수 우회두

해설 우선회 고정피치 단추진기 선박에서 정지상태에서 후진시에는 프로펠러가 좌회전하기 때문에 횡압력과 배출류의 측압작용으로 선미는 좌편향, 선수는 우회두한다.
▶ 우선회 가변피치 단추진기선에서 후진시에는 프로펠러가 우회전하기 때문에 횡압력과 배출류의 영향으로 선미는 우편향, 선수는 좌회두한다.

38 최근빈출 대표유형
우회전 고정피치 스크루 프로펠러 한 개가 장착되어 있는 선박에 기관후진 상태에서 배출류의 영향으로 발생하는 현상은?
가. 선수는 좌현쪽으로 회두한다.
나. 선미를 우현쪽으로 밀게 된다.
사. 선미를 좌현쪽으로 밀게 된다.
아. 선수가 회두하지 않는다.

해설 우회전 고정피치 단추진기 선박에서 정지상태에서 후진시에는 프로펠러가 좌회전하기 때문에 배출류의 측압작용으로 선미는 좌편향, 선수는 우회두한다.
▶ 우선회 가변피치 단추진기선에서 후진시에는 프로펠러가 우회전하기 때문에 배출류의 영향으로 선미는 우편향, 선수는 좌회두한다.

39
입항시 우선회 단추진기선이 정상적인 환경에서 접안 조종이 가장 쉬운 방법은?
가. 출항자세 좌현접안
나. 입항자세 좌현접안
사. 입항자세 우현접안
아. 출항자세 우현접안

해설 입항자세 좌현계류는 입항하는 상태의 모양으로 바로 부두에 계류시키는 것으로 배출류의 측압작용으로 선미가 좌편향하는 것을 이용하기 때문에 접안하기가 쉽다.

40
부두에 선박을 접안시킬 때의 주의 사항 중 맞지 않는 것은?
가. 접안전 계선줄을 미리 준비한다.
나. 부두에 접안시 고속의 전진 타력을 사용한다.
사. 항상 앵커 투하 준비를 한다.
아. 히빙 라인과 펜더를 준비한다.

해설 부두에 접안시는 전진 미속으로 타력을 사용한다.

41 최근빈출 대표유형
( )에 적합한 것은?

"입·출항이 잦은 선박들은 ( )(이)라는 횡방향으로 물을 미는 장치를 선수 혹은 선미에 설치하여, 예선의 도움없이 부두에 선박을 붙이기도 하고 떼기도 한다."

가. 타
나. 닻
사. 프로펠러
아. 스러스터

해설 스러스터(Thruster) : 선수 또는 선미의 수면하에 횡방향으로 원형 또는 사각형의 터널을 만들어 내부에 프로펠러를 설치하여 선수나 선미를 횡방향으로 이동시키는 장치

정답 33 가 34 사 35 가 36 사 37 아 38 사 39 나 40 나 41 아

소형선박조종사   Chapter 3 선박조종 일반

42 최근빈출 대표유형

( )에 순서대로 적합한 것은?

> "직진중인 배수량을 가진 선박이 전타를 하면, 조타한 직후에는 키의 직압력이 타각을 준 반대쪽으로 선체의 하부를 밀어내어, 수면상부의 선체는 타각을 준 쪽인 선회권의 ( )으로 경사하는데 이것을 ( )라고 한다."

가. 안쪽, 내방경사
나. 바깥쪽, 내방경사
사. 안쪽, 외방경사
아. 바깥쪽, 외방경사

해설 직진 중 전타를 하면 조타한 직후에는 키의 직압력과 선체하부의 해수의 저항으로 타각을 준 반대쪽으로 선체의 하부를 밀어내어, 수면 상부의 선체는 타각을 준 쪽인 선회권의 안쪽으로 경사하는데 이것을 안쪽 경사(내방경사)라 하며, 선회를 계속하면 원심력이 증대하여 선체는 타각을 준 반대쪽인 선회권의 바깥쪽으로 경사(바깥쪽 경사 : 외방경사)를 한다.

43

두 선박이 서로 가깝게 마주치거나 한 선박이 추월하는 경우에 주위의 압력변화로 인하여 상호 간섭 또는 흡인 배척 작용에 의해 두 선박 사이에 일어나는 현상이 아닌 것은?

가. 선속 증가
나. 당김
사. 밀어 냄
아. 회두

해설 두 선박이 서로 가깝게 마주치거나 한 선박이 추월하는 경우에 선박 주위의 압력변화로 인하여 두 선박 사이에 당김, 밀어 냄, 그리고 회두작용이 일어난다.

44

전진중인 선박을 가장 빨리 정지시키는 방법은 어느 것인가?

가. 전속후진
나. 반속후진
사. 미속후진
아. 기관정지

해설 기관을 사용하여 전진중인 선박을 가장 빨리 정지시키려면 전속후진을 하여야 한다.

45

선박이 전진중에 바람을 횡방향에서 받으면 선체는 선속과 풍력의 합력 방향으로 나아가면서 선수는 어느 방향으로 편향되는가?

가. 선속에만 영향을 미치고 선수는 좌우로 흔들린다.
나. 선수 편향에 전혀 영향을 받지 않는다.
사. 바람이 불어 가는 쪽으로 선수는 편향된다.
아. 바람이 불어 오는 쪽으로 선수는 편향된다.

해설 선박이 항주 중 바람을 선수미선상의 전후방에서 받으면 선속에는 큰 영향을 받지만, 선수 편향에는 거의 영향을 받지 않고, 바람을 선수미선에 횡방향에서 받으면 선체는 선속과 풍력의 합력 방향으로 나아가면서 선미가 풍하 쪽으로 떠밀려서 결국 선수는 바람이 불어오는 방향(풍상)쪽으로 향한다.

46 최근빈출 대표유형

선체운동을 나타낸 그림에서 ①은?

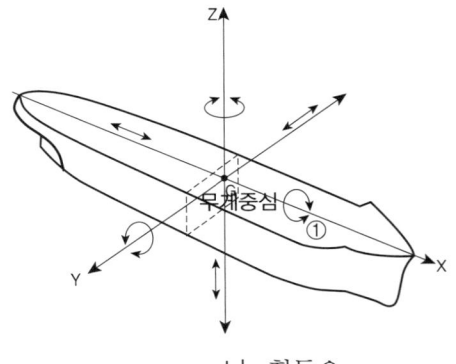

가. 종동요
나. 횡동요
사. 선수동요
아. 선미동요

해설 X축(선수미선)을 기준으로 선체가 좌우로 회전하는 횡경사 운동은 횡동요(Rolling)이다.

▶ **선체의 6자유도 운동**

① 직선왕복운동
  ㉠ 전후동요(surge) : X축으로 전후의 직선왕복운동
  ㉡ 좌우동요(sway) : Y축으로 좌우 직선왕복운동
  ㉢ 상하동요(heave) : Z축으로 상하 직선왕복운동

② 회전운동
  ㉠ 횡동요(rolling) 운동 : X축(선수미선)을 기준으로 선체가 좌우로 회전하는 횡경사 운동
  ㉡ 종동요(pitching) 운동 : Y축(선체 중앙)을 기준하여 선수와 선미가 상하 교대로 회전하는 종경사 운동
  ㉢ 선수동요(yawing) 운동 : Z축 방향을 축으로 하여 선수가 좌우 교대로 선회하려는 왕복 운동

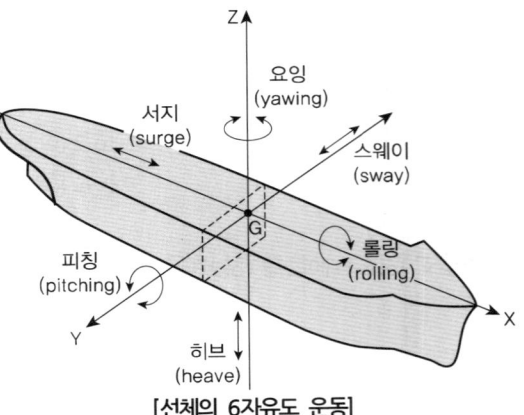

[선체의 6자유도 운동]

47 최근빈출 대표유형

선체운동을 나타낸 그림에서 ①은?

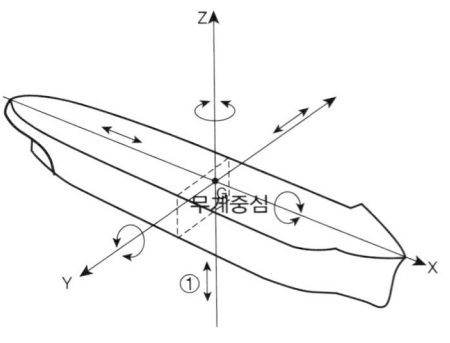

가. 전후동요
나. 좌우동요
사. 상하동요
아. 선미동요

해설 Z축으로 상하 직선왕복운동은 상하동요(heave)이다.

정답 42 가   43 가   44 가   45 아   46 나   47 사

제2과목 운용 64 Chapter 3. 선박조종 일반

48 [최근빈출 대표유형]
선박이 물에 떠 있는 상태에서 외부로부터 힘을 받아서 경사할 때, 저항 또는 외력을 제거하면 원래의 상태로 돌아오려고 하는 힘은?

가. 중력 나. 복원력
사. 구심력 아. 원심력

[해설] 선박이 바람, 파도 등의 외력의 영향을 받아 경사되었을 때 원래 상태로 되돌아가려는 성질을 복원성이라 하며, 그 힘의 크기를 복원력이라 한다.

49
부력과 중력에 대한 설명으로 옳은 것은?

가. 물위에 떠있는 선체에서는 무게와 같은 중력이 상방으로 작용한다.
나. 물위에 떠있는 선체에서는 배가 밀어낸 무게와 같은 부력이 상방으로 작용한다.
사. 중력은 배의 표면에서 작용하고 선체가 경사되면 이동한다.
아. 부력은 배의 무게중심에서 작용하고 선체가 경사되어도 이동이 없다.

[해설]
- 물에 떠 있는 선체에서는 배의 무게만큼의 중력이 하방으로 작용하고, 동시에 배가 밀어 낸 물의 무게만큼의 부력이 상방으로 작용하며, 이 두 힘은 크기는 같고 방향은 반대이다.
- 중력은 배의 무게중심에서 작용하고, 무게중심은 한 점에 고정되어 있어서 선체가 경사하여도 이동은 없다.
- 부력은 부심에서 작용하고 경사하면 수면하 잠긴 선체의 모양에 따라서 부심이 이동한다.

50
항해중 복원력에 대한 설명으로 옳은 것은?

가. 선수 갑판의 결빙으로 복원력은 증가한다.
나. 연료유, 청수 등의 소비로 인하여 복원력은 증가한다.
사. 원목 또는 각재 같은 갑판적 화물의 수분 흡습으로 복원력은 증가한다.
아. 탱크 내 유동수의 영향으로 무게중심의 위치상승이 발생하고 복원력은 감소한다.

[해설]
가. 고위도 지방에서 겨울철 항해시 갑판 위로 올라온 해수가 갑판에 얼어 붙어서 갑판 중량을 증가시키기 때문에 무게중심이 위로 올라가므로 복원력은 나빠진다.
나. 선박이 항해를 하면 연료유, 청수 등의 소비로 인하여 배수량이 감소하고, 이러한 것들은 선체 밑바닥의 탱크에 적재되어 있으므로, 연료유, 청수 등의 소비는 무게중심의 위치가 높아져서 복원력의 감소를 가져온다.
사. 원목, 각재 같은 갑판적 화물이 빗물이나 해수에 의하여 물을 흡수하면 중량이 증가하여 무게중심의 위치가 상승하는 효과를 나타내어 복원력의 감소를 가져온다.

51
GM이 작은 선박이 가장 주의해야 하는 것은 무엇인가?

가. 탱크 내의 유동수 나. 탱크에 만재된 연료유
사. 창내 잡화 아. 오수탱크에 가득찬 오수

[해설] 액체가 탱크에 가득 차 있지 않으면 액체의 표면은 선체 동요와 함께 움직이는 자유표면이 되며, 이 움직이는 액체를 유동수라 한다. 유동수는 무게중심이 상승한 것과 같은 효과로 나타나 GM이 감소되어 복원력이 작아진다.

52 [최근빈출 대표유형]
액체가 탱크 내에 가득차 있지 않을 경우 선체 동요시 복원력의 변화로 옳은 것은?

가. 증가한다. 나. 증가하는 경우가 많다.
사. 감소한다. 아. 아무런 영향을 받지 않는다.

[해설] 유동수는 무게중심이 상승한 것과 같은 효과로 나타나 GM이 감소되어 복원력이 작아진다.
유동수의 영향을 감소시키기 위해서는 탱크에 유동수를 가득 채우든지 빈 탱크로 만들어야 한다.

53
일정한 흘수에서 선박의 복원력을 판단하는 가장 중요한 것은 무엇인가? (단, K는 기선, B는 부심, G는 무게중심, M은 메타센터임)

가. KM 나. KG
사. BM 아. GM

[해설] 배가 똑바로 떠 있을 때 부심을 통과하는 작용선과 경사된 때 부력의 작용선이 만나는 점을 M(메타센터)이라 하고, 무게중심(G)에서 메타센터(M)까지의 높이를 GM 또는 메타센터의 높이라 한다. 이 GM의 크기로 배의 안정성을 판단할 수 있다.

54
화물선에서 적재화물이 적을 때에는 적절한 흘수를 확보하기 위하여 일반적으로 ( )을(를) 싣는다. ( )에 알맞은 말은?

가. 목재 나. 컨테이너
사. 석탄 아. 밸러스트

[해설] 공선 또는 적화량이 적을 경우, 배수량을 증가시켜 선박의 복원력을 향상시키고, 추진기를 충분히 물속에 침하시키기 위해 배의 선저에 싣는 중량물로 해수, 모래, 자갈 등을 이용한다.

55
선박이 장기간 항행하여 연료유, 청수 등을 다량 소비하면 무게중심이 상승하는데 그에 따라서 복원력은 어떻게 되는가?

가. 감소한다. 나. 증가한다.
사. 변하지 않는다. 아. 감소하다가 증가한다.

[해설] 선박이 항해를 하면 연료유, 청수 등의 소비로 인하여 배수량이 감소하고, 이러한 것들은 선체 밑바닥의 탱크에 적재되어 있으므로, 연료유, 청수 등의 소비는 무게중심의 위치가 높아져서 복원력의 감소를 가져온다.

56
선박의 복원성 및 안정성에 대한 설명으로 옳은 것은?

가. 선폭이 감소함에 따라 복원력은 커진다.
나. 건현의 크기를 감소시키면 무게중심은 상승하나 복원력에 대응하는 경사각이 커진다.
사. 선박의 현호는 능파성을 증가시킬 뿐 아니라 갑판의 끝단이 물이 잠기는 것을 방지하여 복원력을 증가시킨다.
아. 배수량의 크기를 증가시키면 복원력은 상대적으로 급격히 감소한다.

[해설] 가. 일반적으로 선폭이 증가함에 따라 복원력은 커진다.

정답 48 나 49 나 50 아 51 가 52 사 53 아 54 아 55 가
56 사

나. 건현을 증가시키면 무게중심은 상승하나 최대복원각에 대응하는 경사각은 커진다.

아. 배수량이 증가하면 복원력은 커진다.

57

배의 전복 방지를 위한 주의사항이다. 틀린 설명은?

가. 중심이 너무 높지 않게 화물을 배치한다.

나. 화물이 무너지거나 이동하지 않게 한다.

사. 파도를 선수 또는 선미에서 받지 않게 한다.

아. 선체개구부의 수밀과 배수구의 상황을 잘 검사한다.

해설 황천시는 선박의 전복 방지를 위해서 파도를 선수 또는 선미에서 받도록 한다.

58

화물선에서 복원성을 확보하기 위한 방법으로 볼 수 없는 것은?

가. 선체의 길이 방향으로 화물을 배치한다.

나. 선저부의 탱크에 밸러스트를 적재한다.

사. 가능하면 높은 곳의 중량물을 아래쪽으로 옮긴다.

아. 연료유나 청수를 공급받는다.

해설 화물의 수직 방향 배치에 따라서 GM의 크기가 변화하므로, 적당한 크기의 GM을 가질 수 있도록 화물 무게를 하부 선창과 중갑판에 구분하여 배치하여야 한다.

59

선박의 복원력에 대한 설명으로 옳은 것은?

가. 선체가 튼튼하면 복원력이 없어도 안전하다.

나. 항해중에는 복원력이 필요 없다.

사. 선박의 안정성을 판단하는 것과는 관계 없다.

아. 복원력이 너무 작으면 선박에 위험을 초래하게 된다.

해설 • 선체가 튼튼한 것과 복원력은 관계가 없으며, 항해중에는 반드시 복원력이 필요하며, 복원력 크기로 선박의 안정성을 판단한다.

• 선박은 복원력이 너무 작으면 경사하였을 때 원위치로 되돌아오는 힘이 약하며, 이 상태에서 높은 파도나 강풍을 만나면 전복의 위험이 있다. 반대로 복원력이 과대하면 횡동요 주기가 짧아지고, 선원들이 멀미를 하며, 화물의 이동이 우려된다. 따라서 적당한 크기의 복원력을 가져야 한다.

정답 **57** 사 **58** 가 **59** 아

CHAPTER 04 황천시의 조종

제1절 파랑 중의 위험 현상

(1) 동조 횡동요(synchronized rolling)
- 선체의 횡동요 주기가 파도의 주기와 일치하여 횡동요각이 점차 커지는 현상
- 파랑을 만나는 주기를 침로나 속력을 바꾸어서 변화시킨다.

(2) 러칭(lurching)
선체가 횡동요 중에 옆에서 돌풍을 받든지 또는 파랑 중에서 대각도 조타를 하면 선체는 갑자기 큰 각도로 경사하게 되는 현상

(3) 슬래밍(slamming)
- 파를 선수에서 받으면서 항주하면 선수 선저부는 강한 파의 충격을 받아 선체는 짧은 주기로 급격한 진동을 하게 되는데, 이러한 파에 의한 충격을 말한다.
- 방지책은 속력을 낮추든지, 선미에서 파도를 받으면서 항행하는 것이다.

(4) 브로칭(broaching)
선박이 파도를 선미로부터 받으며 항주할 때에 선체 중앙이 파도의 마루나 파도의 오르막 파면에 위치하면 급격한 선수 동요에 의해 선체가 파도와 평행하게 놓이게 되는 현상

(5) 레이싱(프로펠러의 공회전 : racing)
선박이 파도를 선수나 선미에서 받아서 선미부가 공기에 노출되어 프로펠러에 부하가 급격히 감소하면 프로펠러는 진동을 일으키면서 급회전을 하게 되는 현상

제2절 태풍의 중심 추정

(1) 바이스 밸럿의 법칙(Buys Ballot's law)
바람을 등지고 양팔을 벌리면 북반구에서는 왼손 전방 약 20~30° 방향에 태풍의 중심이 있고, 남반구에서는 오른손 전방 약 20~30° 방향에 있음

(2) 위험반원(북반구에서)
- 태풍의 중심이 진행하는 방향에서 진로의 오른쪽에 위치한 우반원
- 풍향이 시계방향으로 변하며, 태풍의 중심으로 휩쓸려 들어가게 됨

(3) 가항반원(북반구에서)
- 진로의 왼쪽에 위치한 좌반원
- 풍향이 반시계방향으로 변하고, 풍력이 비교적 약하며 태풍의 중심에서 멀어짐

제3절 태풍 피항법

(1) 3R 법칙
북반구에서 태풍이 접근할 때 풍향이 우전(right) 변화하면 자선은 태풍의 진로의 우반원(right)에 있으므로 풍향을 우현 선수(right)에 받아서 선박을 조선하는 방법

(2) LLS 법칙
북반구에서 태풍이 접근할 때 풍향이 좌전(left) 변화하면 자선은 태풍의 진로 좌반원(left)에 있으므로 풍향을 우현 선미(right stern)에 받아서 선박을 조종하는 방법

(3) 풍향에 변화가 없이 일정하고 풍력이 강해지며, 기압이 더욱 하강하면 자선은 태풍의 진로상에 있으므로, 풍랑을 우현 선미에서 받으며 가항반원으로 항주하는 피항 침로를 취해야 한다.

제4절 황천시 선박 조종법

(1) 히브 투(Heave to) = 거주
풍랑을 선수로부터 좌우현 25~35° 방향으로 받아 조타가 가능한 최소의 속력으로 전진하는 방법

(2) 라이 투(Lie to) = 표주
황천 속에서 기관을 정지하여 선체를 풍하 쪽으로 표류하도록 하는 방법 ▶sea anchor 사용

(3) 스커딩(Scudding) = 순주
풍랑을 선미 퀴터(quarter)에서 받으며 파에 쫓기는 자세로 항주하는 방법

(4) 진파기름(Storm Oil)의 살포
파랑을 진정시킬 목적으로 선체 주위에 점성이 커서 해수와 잘 섞이지 않는 동물성 기름이나 식물성 기름을 살포하는 방법

CHAPTER 04 황천시의 조종 **실전예상문제**

제2과목 운용

01 [최근빈출 대표유형]

파랑중의 위험 현상에 관한 사항을 잘못 설명한 것은?

가. 선체가 횡동요중 옆에서 파도를 받으면 위험하다.

나. 선박은 공선시 선수의 충격이 크다.

사. 선체의 횡동요 주기와 파도의 주기가 일치하도록 조종한다.

아. 공선 항해시 프로펠러의 공회전 현상이 일어난다.

[해설] 선체의 횡동요 주기와 파랑의 주기가 일치하여 횡동요각이 점점 커지는 현상을 동조 횡동요라 한다. 이때는 선체가 대각도로 경사하면 위험하므로, 침로나 속력을 조정하여 파도와 만나는 주기를 바꾸어서 동조 횡동요를 피할 수 있게 하여야 한다.

02 [최근빈출 대표유형]

선박이 파도를 선미로부터 받으면서 항주할 때에 선체중앙이 파도의 파정에 위치하면 급격한 선수동요에 의해 선체가 파도와 평행하게 놓이는 현상은?

가. 러칭   나. 슬래밍

사. 브로칭 투   아. 레이싱

[해설] ▶ **파랑 중의 위험현상**
- 러칭(lurching) : 선체가 횡동요 중에 옆에서 돌풍을 받든지 또는 파랑 중에서 대각도 조타를 하면 선체는 갑자기 큰 각도로 경사하게 되는 현상
- 슬래밍(slamming) : 파도를 선수에서 받으면서 항주하면 선수 선저부는 강한 파도의 충격을 받아 선체는 짧은 주기로 급격한 진동을 하게 되며, 이러한 파도에 의한 충격
- 브로칭(broaching) : 선박이 파도를 선미로부터 받으며 항주할 때에 선체 중앙이 파도의 마루나 파도의 오르막 파면에 위치하면 급격한 선수동요에 의해 선체가 파도와 평행하게 놓이게 되는 현상
- 레이싱(프로펠러의 공회전 : racing) : 선박이 파도를 선수나 선미에서 받아서 선미부가 공기에 노출되어 프로펠러에 부하가 급격히 감소하면 프로펠러는 진동을 일으키면서 급회전을 하게 되는 현상

03 [최근빈출 대표유형]

선체가 파를 선수에서 받으면서 항해할 때 선수 선저부가 강한 파의 충격을 받는 경우 선체가 짧은 주기로 급격한 진동을 하게 되는 것은?

가. 러칭(Lurching)   나. 슬래밍(Slamming)

사. 브로칭 투(Broaching-to)   아. 히빙(Heaving)

[해설]
- 슬래밍(slamming) : 파도를 선수에서 받으면서 항주하면 선수 선저부는 강한 파도의 충격을 받아 선체는 짧은 주기로 급격한 진동을 하게 되며, 이러한 파도에 의한 충격
- 히빙(Heaving) : 상하 동요
  선체의 6자유도 운동 중 Z축을 중심으로 상하 직선왕복운동

04

황천 항해중 선미부가 공기중에 노출되어 프로펠러가 공회전할 때 발생되는 현상이 아닌 것은?

가. 프로펠러가 손상될 수 있다.

나. 기관이 손상을 일으킬 수 있다.

사. 프로펠러가 진동을 일으킨다.

아. 선속이 빨라진다.

[해설] 선속이 빨라지지는 않는다.

▶ **레이싱(Racing) = 스크루 프로펠러 공회전**
선박이 파도를 선수나 선미에서 받을 때 과도한 종동요 현상으로 인하여 선미부가 공기중에 노출되어 스크루 프로펠러에 미치는 부하가 급격히 감소하고, 스크루 프로펠러는 진동을 일으키면서 급회전을 하게 되는 현상

05

황천 항해중에 스크루 프로펠러의 공회전을 방지하기 위한 조치가 아닌 것은?

가. 선미 흘수를 증가시킨다.

나. 핏칭을 줄일 수 있도록 침로를 변경한다.

사. 기관의 회전수를 줄인다.

아. 선수 흘수를 증가시킨다.

[해설] 스크루 프로펠러의 공회전이 있을 때는 선미 흘수를 증가시켜 선미 트림이 되도록 한다.

06 [최근빈출 대표유형]

거주(heave to)법의 단점으로 옳지 않은 것은?

가. 풍하측으로의 표류가 심하다.

나. 해수의 갑판상 침입이 심하다.

사. 선속을 너무 감속하면 보침이 어렵다.

아. 파랑에 의한 선수부의 충격작용이 심하다.

[해설] 풍하측으로의 표류가 적다.

▶ **황천시 선박의 조종**

① 히브 투(Heave to) = 거주
풍랑을 선수로부터 좌우현 25~35° 방향으로 받아 조타가 가능한 최소의 속력으로 전진하는 방법

② 라이 투(Lie to) = 표주
황천 속에서 기관을 정지하여 sea anchor를 사용하여 선체를 풍하 쪽으로 표류하도록 하는 방법

③ 스커딩(Scudding) = 순주
풍랑을 선미 쿼터(quarter)에서 받으며 파에 쫓기는 자세로 항주하는 방법으로 레이싱이 없는 한 최고 속력으로 항주한다.

④ 스톰 오일(Storm Oil)의 살포
- 파랑을 진정시킬 목적으로 선체 주위에 기름을 살포한다.
- 점성이 커서 해수와 잘 섞이지 않는 동물성 기름이나 식물성 기름 사용

07 [최근빈출 대표유형]

일반적으로 거친 바다를 항행하는 선박이 어느 방향에서 파도를 받는 것이 가장 안전한가?

가. 정선수   나. 정선미

사. 정횡   아. 선수로부터 2~3점

[해설] 황천시에는 선수 좌·우현에서 2~3점(약 25~35° 정도) 받고 항해하는 것이 좋다. 이렇게 항해하는 것을 Heave to라 한다.

정답 1사 2사 3나 4아 5아 6가 7아

제2과목 운용 68 Chapter 4. 황천시의 조종

08 최근빈출 대표유형
황천 중에 항행이 곤란할 때의 조선상의 조치로서 황천속에서 기관을 정지하고 선수를 풍랑에 향하게 하여 선체를 풍하로 표류하도록 하는 방법은?

가. 표주(Lie to)법
나. 순주(Scuding)법
사. 거주(Heave to)법
아. 진파기름(Storm oil)의 살포

해설 라이 투(Lie to)=표주 : 황천 속에서 기관을 정지하여 sea anchor를 사용하여 선체를 풍하 쪽으로 표류하도록 하는 방법

09
정박 중의 황천 준비 사항으로 틀린 것은?

가. 이동물을 고정시킨다.
나. 하역 작업을 중지한다.
사. 선체 개구부를 개방한다.
아. 기관을 항상 사용할 수 있도록 준비한다.

해설 선체 개구부를 밀폐하여야 한다.

10
다음 중 안전한 선박 운항이 되기 위한 것으로 옳은 것은?

가. 배의 무게중심을 위로 오도록 해야 한다.
나. 선박의 안정한 상태를 유지할 필요가 있다.
사. 선수 흘수를 크게 하는 것이 필요하다.
아. 가능한 한 청수, 연료유는 적게 싣고 다닌다.

해설 무게중심은 낮추어 복원력이 좋도록 하여야 하며, 선수 흘수보다는 선미 흘수가 큰 선미 트림이 되도록 하여 선박이 안정한 상태를 유지하면서 운항을 하여야 한다.

11 최근빈출 대표유형
황천에 대비하여 선체동요를 방지하기 위한 조치로 옳지 않은 것은?

가. 하역장치를 고박한다.
나. 곡물류는 표면이 평탄하도록 싣는다.
사. 유동수(Free water)를 증대시킨다.
아. 선체의 트림과 흘수를 표준상태로 유지한다.

해설
- 유동수란 선체동요에 의하여 청수, 해수, 기름 등의 유동하는 액체화물을 말한다.
- 황천에 대비하여 선체동요를 방지하기 위한 조치로는 유동수를 최대한 없애야 한다.
- 선박이 동요하게 되면 탱크 내의 액체도 유동하게 되고, 탱크의 벽 등에 충격을 주어 누설과 파손의 원인이 될 뿐만 아니라, 선박 전체의 중심을 상승시킨 것과 같은 복원력의 감소가 생긴다. 이러한 유동수의 영향을 없애기 위해서는 탱크를 가득 채우거나 완전히 비우면 된다.

12
선박의 황천항해 준비사항 중 맞지 않는 것은?

가. 선내의 이동물을 고박한다.
나. 구명뗏목을 로프로 고박시킨다.
사. 선창 등 개구부를 밀폐시킨다.
아. 각종 사고방지를 위한 준비를 한다.

해설 구명뗏목은 유사시 낙하시킬 수 있도록 고박을 하면 안된다.

13
선박의 정박중 황천을 만난 경우의 조치로 틀린 것은?

가. 공선시 밸러스팅을 하여 흘수를 증가시킨다.
나. 앵커체인의 길이는 되도록 짧게 한다.
사. 육안에 계류 중이면 떼어서 정박지로 이동한다.
아. 상륙자는 전원 귀선시킨다.

해설 앵커체인의 길이를 더 길게 내어 주어 파주력을 증가시켜야 한다.

14 최근빈출 대표유형
좌초 사고가 발생하여 인명피해가 발생하였거나 침몰위험에 처한 경우 구조요청을 하여야 하는 곳은?

가. 가까운 해양경찰서
나. 선주
사. 관할 해양수산청
아. 대리점

해설 가까운 해양경찰서에 구조요청을 하여야 한다.

15 최근빈출 대표유형
황천항해에 대비하여 선창에 화물을 실을 때 주의사항으로 옳지 않은 것은?

가. 먼저 양하할 화물부터 싣는다.
나. 갑판 개구부의 폐쇄를 확인한다.
사. 화물의 이동에 대한 방지책을 세워야 한다.
아. 무거운 것은 밑에 실어 무게중심을 낮춘다.

해설 나중에 양하할 화물을 먼저 싣고, 먼저 양하할 화물은 나중에 싣는다.

정답 8 가 9 사 10 나 11 사 12 나 13 나 14 가 15 가

CHAPTER 05 비상제어 및 해난방지

소형선박조종사

제1절 해양 사고

• 선박의 손상, 침몰, 충돌, 좌초, 화재 등의 원인으로 인명이나 선체 및 화물에 손상을 입히는 것
• 모든 선박은 비상시에 대비하여 비상배치표를 만들어 잘 보이는 곳에 게시하며, 비상시에 각자의 부서와 임무를 숙지하여 신속하게 대처할 수 있도록 비상훈련을 자주 실시해야 한다.

제2절 충돌

(1) 충돌하였을 때의 조치

① 자선과 타선에 급박한 위험이 있는지 판단한다.
② 자선과 타선의 인명구조에 임한다.
③ 선체의 손상과 침수 정도를 파악한다.
④ 선명, 선적항, 선박 소유자, 출항지, 도착지 등을 서로 알린다.
⑤ 충돌 시각, 위치, 선수 방향과 당시의 침로, 천후, 기상 상태 등을 확인하여 기록
⑥ 퇴선시에는 중요 서류를 반드시 지참한다.

(2) 충돌시의 선박 운용

① 충돌 직후는 즉시 기관을 정지한다.
② 파손된 구멍이 크고 침수가 심하면 수밀문을 닫아 한 구획만 침수되도록 한다.
③ 급박한 위험이 있을 때에는 연속된 음향신호를 울려서 구조를 요청한다.
④ 충돌 후 침몰이 예상될 때는 사람을 대피시킨 후 수심이 낮은 곳에 임의 좌주를 시킨다.

제3절 좌초(Grounding =Stranding)와 이초(Refloating)

(1) 좌초시의 조치

① 즉시 기관을 정지
② 빌지와 탱크를 측심하여 선저 손상의 유무를 확인한다.
③ 후진 기관의 사용은 손상을 확대시킬 우려가 있으므로 신중을 기한다.
④ 본선의 기관만으로 이초가 가능한지 파악한다.
⑤ 자력 이초가 불가능하면 협조를 요청한다.

(2) 손상의 확대를 막기 위한 조치

① 자력으로 이초가 불가능할 때에는 선체를 현재의 자리에 고정시킨다.
② 선체가 움직이는 것을 막기 위하여 선저 탱크에 해수를 주입하여 선저를 해저에 밀착시킨다.
③ 임시로 사용한 앵커체인은 길게 내어 팽팽하게 고정시킨다.
④ 육지의 바위 등의 고정물에 로프 등을 연결하여 고정시킨다.
⑤ 파주력을 크게 하기 위하여 체인 하나에 앵커 2개를 연결시켜 사용하여도 좋다.

(3) 자력 이초

본선의 태클과 윈치를 이용하거나, 양묘기를 이용하여 앵커를 감아 들이면서 기관을 적절히 사용하여 빠져 나오는 방법으로 우선 밸러스트를 배출하거나 화물을 투하하여 선체를 부상시킨 후, 이초작업을 한다.

① 고조가 되기 직전에 시도하고, 바람이나 파도, 조류 등을 이용한다.
② 선체 중량의 경감은 시작하기 직전에 시도한다.
③ 기관의 회전수를 천천히 높이고, 반출한 앵커 및 앵커체인을 감아들인다.
④ 모래나 갯벌 위에 좌초되었을 때에는 펄이나 모래가 냉각수로 흡입되어 펌프나 기관이 고장나기 쉽다.
⑤ 암초에 얹혔을 때에는 얹힌 부분의 흘수를 줄인다.
⑥ 모래에 좌주된 경우에는 얹히지 않는 부분의 흘수를 줄이는 것이 좋다.
⑦ 갯벌에 얹혔을 경우에는 선체를 좌우로 흔들면서 기관을 사용하면 좋다.
⑧ 선미가 얹혔을 때에는 키와 프러펠러에 손상이 가지 않도록 선미 흘수를 줄인 후 기관을 사용한다.

(4) 임의 좌주(좌안 : Beaching)

선체의 손상이 매우 커서 침몰 직전에 이르게 되면 선체를 적당한 해안에 좌초시키는 것으로 탱크나 선창에 물을 채우고, 시간의 여유가 있다면 만조시에 하며, 투묘 후 해안과 직각이 되도록 하여 좌주시키는 것이 좋다.

① 해저가 모래나 자갈로 되어 있는 곳을 선택한다.
② 경사가 완만하고 암반이 없는 지반이 단단한 곳으로 육지로 둘러싸인 곳을 선택한다.
③ 강한 조류가 없는 곳이 좋다.
④ 이초 작업에 도움을 주도록 갯벌은 피한다.

제2과목 운용 **70** Chapter 5. 비상제어 및 해난방지

제4절 화재

(1) 화재의 종류
① A급 화재 : 연소 후 재가 남는 화재 ▶물, 포말 등으로 소화
② B급 화재 : 연소 후 재가 남지 않는 가연성 액체(기름, 페인트) 화재 ▶이산화탄소, 포말, 분말, 분무형 물로 소화
③ C급 화재 : 전기에 의한 화재 ▶이산화탄소, 분말로 소화
④ D급 화재 : 가연성 금속물질의 화재 ▶분말로 소화
⑤ E급 화재 : 가스에 의한 화재 ▶가스차단 및 B급 화재의 소화법으로 소화

(2) 화재발생시 선박조정
화재가 난 곳을 풍하로 하며 상대풍속이 0이 되게 조선한다.
▶선수에 화재가 난 경우는 선수를 풍하쪽으로 되게 한다.

제5절 방수

• 침수시의 조치
① 침수를 발견하면 그 원인과 침수 공의 크기, 깊이, 수량 등을 확인한다.
② 긴급히 방수조치를 취하고 전력을 다하여 배수한다.
③ 침수가 한 구역에 한정되도록 수밀문의 폐쇄
④ 인명, 선체, 적재 화물의 안전을 위한 조치

제6절 인명구조

1 사람이 물에 빠졌을 때의 조치
① 먼저 본 사람은 "좌현(우현)에 사람이 물에 빠졌다."라고 외치고 사람들에게 알리는 것과 동시에 구명부환이나 뜰 수 있는 부유물을 던진다.
② 당직 항해사는 즉시 기관을 정지시키고 물에 빠진 쪽으로 키를 최대각으로 돌려 프로펠러에 빨려들지 않게 조종하며 자기 점화등, 자기발연부신호가 부착된 구명부환을 던져서 위치를 표시한다.
③ 선내 비상소집을 행하여 구조 작업에 임한다.

2 인명구조시 선박의 조종

(1) 빠진 시간을 모를 때
① 윌리암슨즈 턴(Williamson's turn)
• 야간에 물에 빠진 시간을 모를 때의 구조법
• 익수자가 빠진 쪽으로 전타하여 원침로에서 60° 정도 벗어난 후에 반대방향으로 전타한다.
• 선수가 침로 반대방향 20° 전이 되면 Midship하여 선박을 침로 반대방향으로 회전시킨다.
② 샤르노브 턴(Scharnov-turn)
• 타를 전타하여 원래의 침로로부터 240° 벗어난 후에 반대방향으로 다시 전타하여 선수가 침로 반대방향 20° 전이되면 Midship에 두고 선박을 반대 침로로 선회시킨다.
• 윌리암슨즈 턴보다 거리가 짧아 시간이 적게 걸린다.

(2) 익수자를 보면서
① 싱글턴(A Single turn) = 지연선회법(Delayed turn)
• 익수자가 빠진 쪽으로 전타하여 원침로에서 230° 회두할 무렵 선수전방에 익수자가 나타나면, 원침로에서 250° 벗어난 후 Midship하여 초기 침로로 되돌아가도록 조종
• 가장 빠른 구출방법
• 다루기 어려운 선회특성을 가진 선박에 유용하다.
• 상당한 출력을 가진 선박에서 주로 많이 사용된다.
• 단추진기를 가진 선박에서는 어렵다.
• 사람에 대한 접근이 일직선이 아니므로 어렵다.
② 반원 2회 선회법(Two 180° turn)
• 물에 빠진 사람이 보일 때의 익수자 구조법
• 전타 및 기관을 정지하여 사람이 선미에서 벗어나면 다시 전속 전진하다 180° 선회가 되면 정침하여 전진하다가 사람이 정횡 후방 약 30° 근방에 보일 때 다시 최대 타각을 주면서 선회시키고 원침로에 왔을 때 정침하여 전진하면 선수 부근에 사람이 보이게 된다.
• 빠진 사람을 늘 한쪽 위치에서 볼 수 있고 풍향이 침로와 직각일 때 유리

제7절 퇴선

선장은 해난이 발생하여 선체를 포기하지 않으면 안 된다고 판단되는 경우에는 퇴선 명령을 발하여 퇴선 신호를 올리게 된다. 퇴선 신호는 기적 또는 선내 경보기를 사용하여 단음 7회에 장음 1회를 울린다.

제2과목 운용

CHAPTER 05 비상제어 및 해난방지 **실전예상문제**

01 [최근빈출 대표유형]
선박의 출항 준비사항으로 알맞지 않은 것은?

가. 선내 이동물을 고박시킨다.
나. 수밀장치를 밀폐한다.
사. 승무원 인원점검을 한다.
아. 계선 및 하역준비를 한다.

해설 계선 및 하역준비는 입항 준비사항이다.

02
선박에서 흘수를 조사하는 이유는?

가. 항행이 가능한 수심을 알기 위함이다.
나. 해수의 침입을 방지하기 위함이다.
사. 풍랑을 선미에서 받을 수 있도록 하기 위함이다.
아. 날씨의 변화를 조사하기 위함이다.

해설 흘수를 측정하는 이유는 여러 가지가 있으나 첫 번째는 본선이 현재 수심에서 항행이 가능한가를 알아보기 위함이다.

03
닻줄이 많이 꼬여 풀리지 않을 때의 조치사항으로 옳은 것은?

가. 닻줄을 절단하여 푼다.
나. 닻줄을 양묘기에서 떼어서 모두 버린다.
사. 시간이 많이 걸리더라도 풀기를 계속한다.
아. 해양경찰서에 신고한다.

해설 꼬인 닻줄을 푸는 작업을 클리어링 호즈(Clearing hawse)라고 하며, 한 바퀴 꼬인 엘보(Elbow = one turn)까지는 본선의 양묘기를 이용하여 풀 수 있으나 그 이상 꼬임에는 ① 기관이용 ② 양쪽의 양묘기를 적절히 활용하는 방법 ③ 닻줄을 섀클로 분리하여 절단하여 푸는 방법 등을 이용한다.

04
화물을 선창에 실을 때 주의사항으로 볼 수 없는 것은?

가. 무거운 것은 밑에 실어 무게중심을 낮춘다.
나. 화물의 이동에 대한 방지책을 세워야 한다.
사. 먼저 양하할 화물부터 싣는다.
아. 갑판 개구부의 폐쇄를 확인한다.

해설 화물을 선창에 실을 때는 나중에 내릴 화물을 먼저 싣는다. 즉 먼저 양하할 화물은 나중에 싣도록 해야 한다.

05
선박에 화물을 실을 때 유의사항으로 옳은 것은?

가. 흘수선 이상 최대한으로 많은 화물을 싣는다.
나. 화물의 무게분포가 한 곳에 집중되지 않도록 한다.
사. 선수 화물창에 화물을 많이 싣는 것이 좋다.
아. 선체의 중앙부에 화물을 많이 싣는다.

해설 가. 만재흘수선 이하로 화물을 실어야 한다.
사. 선수 화물창에 화물을 많이 실으면 선수트림이 되어 좋지 않다.
아. 선체 중앙부에 화물을 많이 실으면 새깅상태가 되어 좋지 않다.

06
야간 항해시 다른 선박과 횡단하는 자세로 마주치면 어떻게 해야 하는가?

가. 큰 배가 피한다.
나. 작은 배가 피한다.
사. 홍등을 보이는 쪽이 피한다.
아. 홍등을 보는 쪽이 피한다.

해설 다른 선박과 횡단하는 상태에서는 다른 선박을 우현쪽에서 보는 선박 즉 다른 선박의 현등 중 홍등을 보는 선박이 피항선이다.

07
항해중 안개가 끼어 앞이 안보일 때 본선의 행동으로 적당한 것은?

가. 안전한 속력으로 항행하며 수단과 방법을 다하여 소리를 발생하고, 근처에 항행하는 선박에 알린다.
나. 다른 배는 모두 레이더를 가지고 있으므로 우리 배를 피할 것으로 보고 계속 항행한다.
사. 최고의 속력으로 빨리 항구에 입항한다.
아. 컴퍼스를 이용하여 선위를 구한다.

해설 항해중 안개, 폭우, 폭설 등으로 협시계가 되면 즉시 선장에게 보고하고, 레이더 등 항해계기를 적극 활용하여, 엄중한 경계를 하여야 하고, 안전한 속력으로 항해를 하며, 필요한 항해등을 점등하고, 필요시는 즉시 사용할 수 있도록 앵커 투묘준비를 한다.

08
야간 항해시 항법과 관계가 적은 사항은?

가. 기본적인 항법규칙을 지킨다.
나. 양 선박이 마주치면 우현 변침한다.
사. 기적과 기관을 사용해서는 안된다.
아. 다른 선박의 등화를 발견하면 확인하고 자선의 조치를 취한다.

해설 야간 항해시에 당직사관은 언제든지 필요할 때에는 기관과 기적신호를 사용할 수 있다.

09
선박의 안전운항에 있어 가장 중요한 것은?

가. 적절한 경계　　　　　나. 측심
사. 등화　　　　　　　　아. 속력 측정

해설 적절한 경계가 이루어지지 아니 하고는 선박의 안전운항을 할 수가 없으므로 가장 중요하다고 할 수 있다.

정답 1 아　2 가　3 가　4 사　5 나　6 아　7 가　8 사　9 가

제2과목 운용　72　Chapter 5. 비상제어 및 해난방지

10
조류가 있는 곳에서 타효가 잘 나타나는 경우는 어느 때인가?

가. 순류시　　　　　　　나. 역류시
사. 게류시　　　　　　　아. 정조시

해설 조류는 역조 때에는 정침이 잘 되나 순조 때에는 정침이 어려우므로 타효가 잘 나타나는 안전한 속력을 유지하도록 한다. 협수로에서 통항시기는 게류시나 조류가 약한 때를 택하고, 만곡이 급한 수로는 순조시 통항을 피하며, 순조통항선이 먼저 통과한 후에 통항한다.

11
야간에 항해등을 켜고 항해할 때 브릿지 앞쪽으로 새어 나오는 선내의 불빛은 어떻게 해야 하는가?

가. 그대로 둔다.
나. 다른 선박이 분명히 볼 수 있도록 조치한다.
사. 커튼으로 차단시킨다.
아. 어떻게 조치하든 상관 없다.

해설 적법한 항해등을 켜도록 하고, 항해등과 오인되기 쉽거나 경계를 방해할 수 있는 내부등, 특히 선내의 불빛은 커튼으로 차단시킨다.

12
제한시계 항행시의 조종과 관계가 없는 것은?

가. 항상 앵커 투하 준비
나. 항해등을 포함한 모든 등을 점등한다.
사. 기관을 즉시 사용할 수 있도록 한다.
아. 선내 정숙을 기한다.

해설 적절한 항해등을 점등하고, 필요 외의 조명등은 규제를 한다.

13 [최근빈출 대표유형]
선박간 충돌사고가 발생하였을 때의 조치사항으로 옳지 않은 것은?

가. 자선과 타선의 인명 구조에 임한다.
나. 자선과 타선에 급박한 위험이 있는지 판단한다.
사. 상대선의 항해당직자가 누구인지 파악한다.
아. 퇴선시에는 중요 서류를 반드시 지참한다.

해설 충돌하였을 때의 조치
- 자선과 타선에 급박한 위험이 있는지 판단한다.
- 자선과 타선의 인명 구조에 임한다.
- 선체의 손상과 침수 정도를 파악한다.
- 선명, 선적항, 선박 소유자, 출항지, 도착지 등을 서로 알린다.
- 충돌 시각, 위치, 선수 방향과 당시의 침로, 천후, 기상 상태 등을 확인하여 기록한다.
- 퇴선시에는 중요 서류를 반드시 지참한다.

14 [최근빈출 대표유형]
좌초된 직후 자력으로 이초가 불가능하다고 판단하였을 때 조치로 옳은 것은?

가. 기관을 전속으로 후진시킨다.
나. 모든 밸러스트 탱크를 비운다.
사. 전 승무원을 퇴선시킨다.
아. 선체를 현재 위치에 고정시키는 작업을 한다.

해설 좌초된 후 자력으로 이초를 할 수 없을 때는 선박의 안정된 위치를 잡기 위하여 선체를 현재의 위치에 고정시키는 작업이 우선되어야 한다.

15 [최근빈출 대표유형]
선박의 침몰 방지를 위하여 선체를 해안에 고의적으로 얹히는 것은?

가. 좌초　　　　　　　나. 접촉
사. 임의 좌주　　　　　아. 충돌

해설 충돌 등으로 선체의 손상이 매우 커서 침몰 직전에 이르게 되면 최선의 방법으로 선체를 적당한 해안에 임의적으로 얹히는 것을 임의 좌주(좌안)라 한다.

16 [최근빈출 대표유형]
선박 내에서 화재 발생 시 조치사항으로 옳지 않은 것은?

가. 필요시 화재 구역의 전기를 차단한다.
나. 바람의 방향이 앞바람이 되도록 배를 돌린다.
사. 불의 확산방지를 위하여 인접한 격벽에 물을 뿌린다.
아. 어떤 물질이 타고 있는지를 확인하여 적합한 소화 방법을 강구한다.

해설 화재가 난 곳을 풍하측으로 선박을 조종해야 한다.

17 [최근빈출 대표유형]
충돌사고의 주요 원인인 경계소홀에 해당하지 않는 것은?

가. 해도실에서 많은 시간 소비　　나. 당직중 졸음
사. 선박조종술 미숙　　　　　　아. 제한시계에서 레이더 미사용

해설 선박조종술 미숙은 경계와는 관계가 없다.

18 [최근빈출 대표유형]
찰과상 같은 출혈로 마치 모래 사이로 스며들듯 서서히 흘러나오는 출혈은?

가. 동맥성 출혈　　　　나. 정맥성 출혈
사. 모세혈관 출혈　　　아. 실질성 출혈

해설
- 동맥성 출혈 : 동맥이 손상되었을 때 상처 부위에서 선홍색의 피가 솟구쳐 나오는 출혈로 자연히 지혈되지 않으며, 단시간에 많은 양의 출혈로 생명의 위험을 초래할 수 있다.
- 정맥성 출혈 : 정맥이 손상되었을 때 상처 부위에서 지속적으로 검붉은 색의 피가 흘러나오는 출혈로 유출성 출혈이라고도 한다.
- 모세혈관 출혈 : 찰과상과 같은 출혈로 마치 모래 사이로 스며 나오는 샘물처럼 서서히 흘러나오는 출혈로 참출성 출혈이라고도 하며, 피의 색깔은 동맥성 출혈과 정맥성 출혈 색의 중간색으로 자연히 멈추기도 하지만 압박시켜 주는 것이 좋다.

19 [최근빈출 대표유형]
다음 중 피로할 때 나타나는 증상으로 옳지 않은 것은?

가. 집중력이 높아진다.
나. 주의력이 감소된다.
사. 졸음, 두통, 짜증이 일어난다.
아. 불쾌감이 증가한다.

해설 피로할 때는 집중력이 떨어진다.

정답 10 나　11 사　12 나　13 사　14 아　15 사　16 나　17 사
18 사　19 가

MEMO

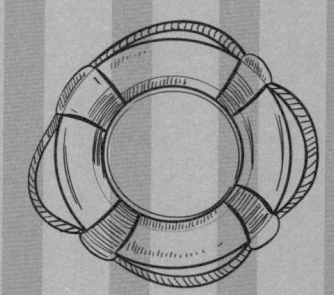

5일만에 끝내기 소형선박조종사

과목 03

기관

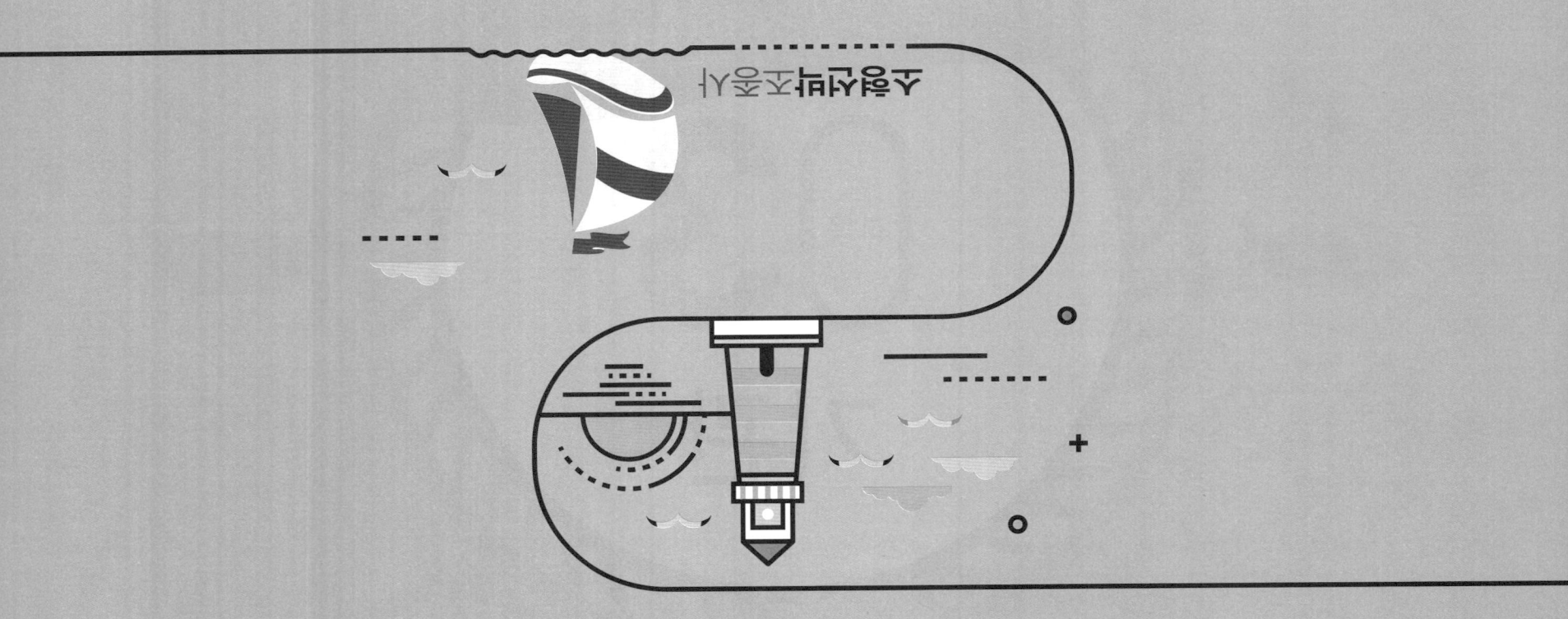

CHAPTER 01 내연기관 및 추진장치

제1절 열기관의 개요

1 내연기관
- 연료를 기관 내부에서 연소시켜 발생한 고온·고압의 연소가스를 이용하여 동력을 얻는 기관
- 종류 : 디젤기관, 가솔린기관, 가스터빈기관

2 외연기관
- 보일러에서 연료를 연소시켜 보일러 내의 물을 고온·고압의 증기로 만들고 이 증기를 이용하여 동력을 얻는 기관
- 종류 : 증기 왕복동 기관, 증기터빈기관

제2절 기초지식 및 기초용어

(1) **압력**
표준대기압 = 760mmHg = 101,325Pa = 1,013.25hPa
= 1.033kgf/cm²

(2) **섭씨온도와 화씨온도**

섭씨온도와 화씨온도와의 관계	
$t_c = \dfrac{5}{9}(t_f - 32)$	$t_f = \dfrac{9}{5}t_c + 32$

(3) **절대온도** : 물체의 분자운동이 정지되었다고 생각하는 가장 낮은 온도 −273.15℃)의 상태를 0으로 정하고, K로 표시한다. "절대온도(K) ≒ 섭씨온도(℃)+273.15"

(4) **열** : 물체의 온도와 부피를 변화시키고, 물질의 상태를 변화시키는 에너지

(5) **비열** : 어떤 물질 1kg의 온도를 1K 올리는 데 필요한 열량(단위 : J/kg·K)

(6) **열의 이동**
① 전도 : 서로 접촉되어 있는 물체 사이에서 열이 온도가 높은 곳에서 낮은 곳으로 이동하는 현상
② 대류 : 고온부와 저온부의 밀도차에 의해 순환운동이 일어나 열이 이동하는 현상
③ 복사 : 열이 중간에 다른 물질을 통하지 않고 직접 이동하는 현상

(7) **힘** : 정지해 있는 물체를 움직이게 하든지, 운동하고 있는 물체의 속도와 방향을 변화시키든지 또는 정지시키는 원인

(8) **일** : 어떤 물체에 힘이 작용하여 어느 거리만큼 이동했을 때에 일을 했다고 한다.

(9) **동력** : 단위시간 동안 하는 일량
1kW = 1,000W ≒ 102kgf·m/s ≒ 1.36ps
1ps = 75kgf·m/s ≒ 0.735kW

(10) **열의 일당량** : 열은 일로 바꿀 수 있고, 반대로 일도 열로 바꿀 수 있다.
W(기계적 일)=J·Q, Q(열량)=A·W
여기서 J는 열의 일당량(427kgf·m/kcal), $A(=\dfrac{1}{J})$는 일의 열당량 ($\dfrac{1}{427}$kcal/kgf·m)

제3절 내연기관의 분류 및 기본용어

1 열 사이클에 의한 분류

(1) **정적 사이클 기관** : 연료의 연소가 일정 부피 아래에서 행해진다. 오토 사이클이라고도 한다. 가솔린기관과 같은 불꽃점화기관의 기본 사이클이다.

(2) **정압 사이클 기관** : 일정 압력하에서 연소가 행해진다. 디젤 사이클이라고도 한다. 초기의 공기 분사식 디젤기관의 기본 사이클이다.

(3) **복합 사이클 기관** : 연소의 일부는 일정 부피하에서, 나머지는 일정 압력하에서 행해진다. 사바테 사이클이라고도 하며, 현재 사용되고 있는 무기 분사식 디젤기관의 기본 사이클이다.

2 동작 방법에 의한 분류

(1) **4행정 기관** : 4행정(흡입, 압축, 폭발, 배기)으로 이루어 한 사이클을 완료하는 기관

(2) **2행정 기관** : 2행정(흡입−압축, 폭발−배기)으로 이루어 한 사이클을 완료하는 기관 ▶4행정은 한 사이클 동안 크랭크축은 2회전, 캠축은 1회전 한다. 2행정은 크랭크축과 캠축이 1회전 한다.

3 점화 방법에 의한 분류

(1) **불꽃점화기관** : 전기불꽃장치에 의해 실린더 내의 혼합가스에 점화하는 것(가스기관, 가솔린기관)

(2) **압축점화기관** : 실린더 내에 흡입된 공기를 피스톤에 의해 압축하여 발생한 압축열에 의해 실린더 내에 분사된 연료가 스스로 점화되는 기관(디젤기관)

4 피스톤로드의 유무에 의한 분류

(1) **트렁크 피스톤형 기관** : 피스톤로드가 없으며, 피스톤핀에 의해 커넥팅로드를 직접 피스톤에 연결하는 기관

(2) **크로스헤드형 기관** : 피스톤과 커넥팅로드 사이에 피스톤로드가 크로스헤드에 의하여 연결되는 기관

5 기본용어

(1) **크랭크 위치와 사점** : 피스톤이 실린더 내를 왕복 운동할 때에 그 끝을 사점(dead center)이라 한다.
- T.D.C(Top Dead Center) : 피스톤이 실린더의 최상부에 왔을 때 위치점
- B.D.C(Bottom Dead Center) : 피스톤이 실린더의 최하부에 왔을 때 위치점

(2) **행정** : 상사점과 하사점 사이의 직선거리

(3) **기관의 회전수** : 크랭크축이 1분 동안에 회전하는 수를 매분 회전수라 한다.

(4) **압축부피** : 피스톤이 상사점에 있을 때의 피스톤 상부의 부피를 말하며, 연소실부피 혹은 간극부피라 한다.

(5) **행정부피** : 피스톤이 행정운동을 하여 움직인 부피를 말하며, 흔히 배기량을 나타내기도 한다.

(6) **실린더부피** : 피스톤이 하사점에 있을 때의 실린더 내의 전부피, 즉 행정부피 + 압축부피를 말한다.

(7) **압축비** : 피스톤이 하사점에 있을 때의 실린더 부피를 피스톤이 상사점에 있을 때의 압축부피로 나눈 값

(8) **피스톤 평균속도** : 피스톤의 순간속도는 위치에 따라 다르지만, 1초 동안 피스톤이 실린더 내를 움직인 거리

(9) **톱 클리어런스(top clearance)** : 피스톤이 상사점에 있을 때 피스톤 최상부와 실린더 헤드 하부와의 틈(거리)

제4절 디젤기관의 원리

1 4행정 사이클 디젤기관의 구조와 작동

| (a) 흡입행정 | (b) 압축행정 | (c) 작동행정 | (d) 배기행정 |

P : 피스톤
C : 실린더
R : 커넥팅 로드
W : 크랭크
S : 흡기밸브
E : 배기밸브

[4행정 사이클 디젤기관의 작동 원리]

(1) **흡입행정(suction stroke)**
배기밸브는 닫힌 상태에서 흡기밸브만 열려서 피스톤이 상사점에서 하사점까지 움직이는 사이에 공기가 실린더 내에 흡입됨(실린더 내의 압력이 대기압보다 약간 낮아질 때의 행정)

(2) **압축행정(compression stroke)**
흡기밸브가 닫히고(배기밸브는 이미 닫혀 있음), 피스톤은 하사점에서 상사점까지 움직이는 사이에 실린더에 흡입된 공기는 압축되기 시작함

(3) **작동행정(working stroke)**
① 피스톤이 상사점에 도달하기 전에 연료분사밸브로부터 연료유가 실린더 내에 분사됨(흡 · 배기밸브는 모두 닫혀 있다)
② 분사된 연료유는 고온의 압축 공기에 의해 발화, 연소함
③ 연소가스의 높은 압력에 의해 피스톤이 하사점으로 움직이면서 크랭크를 회전시켜 일을 함

(4) **배기행정(exhaust stroke)**
① 배기밸브가 열리면 실린더 내에서 팽창한 연소 가스는 대기 중으로 급격히 방출됨
② 피스톤이 올라오면 나머지 가스를 실린더 밖으로 밀어내고 상사점에 도달하여 처음의 상태로 되돌아 감

2 2행정 사이클 디젤기관의 구조와 작동

| (a) | (b) | (c) | (d) |

[2행정 사이클 디젤기관의 작동 원리]

(1) 1행정(소기와 압축 작용)
① 피스톤이 하사점 부근에 있을 때에는 소기구와 배기구가 동시에 열려 있게 됨
② 소기펌프에 의해 압축된 소기(신선한 공기)가 실린더 내에 들어와 배기를 밀어내고, 실린더 내를 공기로 가득 채움
③ 피스톤이 하사점에서 상사점으로 올라가면 피스톤에 의해서 소기구가 먼저 닫히고, 그 다음 배기구가 닫혀 소기를 압축하기 시작함
④ 압축은 피스톤이 상사점에 도달할 때까지 계속됨

(2) 2행정(작동, 배기와 소기작용)
① 피스톤이 상사점에 도달하면 실린더 내의 공기는 고온이 됨
② 연료가 연료분사밸브를 통하여 분사되면 발화하여 폭발하게 됨
③ 폭발 가스의 압력으로 피스톤을 아래로 밀어 내어 작동시킴
④ 피스톤이 하사점에 이르렀을 때 배기구가 열리고, 연소 가스는 자체의 압력으로 분출됨
⑤ 피스톤이 더욱 내려가면 소기구가 열려 소기가 들어와 배기를 배출함

[1회 폭발에 필요한 크랭크축의 회전수와 피스톤 행정수]

분류	크랭크축 회전수	크랭크 회전각	피스톤 행정수	캠축 회전수
4행정 사이클 기관	2회전	720°	4행정(2왕복)	1회전
2행정 사이클 기관	1회전	360°	2행정(1왕복)	1회전

제5절 디젤기관의 구조 및 부속장치

1 실린더

(1) **실린더의 구조** : 실린더 블록, 실린더 라이너, 실린더 헤드의 세 부분으로 이루어져 있다.

(2) **워터 재킷(water jacket)** : 실린더 배럴과 라이너 사이에 있는 냉각수 통로로 냉각수가 흘러 실린더를 냉각시킨다.

(3) **실린더 라이너**
- 재질 : 특수 주철, 규소 성분이 많이 함유된 퍼얼라이트 주철, 니켈크롬 주철, 주철제 라이너에 크롬 도금한 것이 있다.

(4) **실린더 헤드(Cylinder head) = 실린더 커버**
① 실린더와 피스톤과 함께 연소실을 형성한다.
② 실린더 헤드 동 패킹 : 실린더와의 결합부 가스누설 방지
③ 실린더 헤드 스텃 볼트(Stud bolt)는 대각선으로 균일하게 죄어야 한다.

2 기관 베드와 프레임

(1) **기관 베드**
① 메인 베어링이 설치된다.
② 크랭크축과 프레임으로부터 힘을 받아 지지한다.
③ 각부의 윤활유를 받아 모은다.

(2) **프레임**
① 베드와 실린더를 연결한다.
② 실린더 무게로 인한 압축력, 장력, 측압 등을 받는다.

3 메인 베어링

(1) **역할** : 크랭크축을 지지하고, 크랭크축에 전달되는 회전력을 받는다.

(2) **구조** : 상하 2부분으로 되어 있고 하반부는 베드에 설치되어 상반부는 캡을 씌워 볼트로 죄고 캡 위에서 주유한다.

(3) **메인 베어링의 유간격** : 8/100 ~ 10/100mm 또는 7/10,000 ~ 8/10,000d(축지름 : d)

4 피스톤

(1) **역할**
① 신기를 흡입하고 압축한 후 연소가스에 의한 압력을 받아 커넥팅로드를 거쳐 크랭크축에 회전력을 전한다.
② 실린더 헤드와 연소실을 형성한다.

(2) **재질** : 특수 주철, 알미늄 합금(고속 기관)

5 피스톤핀

트렁크 피스톤형 기관에서 커넥팅 로드와 피스톤을 연결하고 피스톤에 작용하는 힘을 커넥팅 로드에 전하는 역할

6 피스톤링

(1) **종류**
① 압축링 : 가스누설 방지, 전열 작용(피스톤의 상부에 2~4개 설치)
② 오일링 : 윤활 작용(피스톤의 하부에 1~2개 설치)

(2) **재질** : 주철로서 크롬, 인, 망간이 첨가되어 있다(주철은 조직 중에 함유된 흑연이 윤활유의 유막 형성을 좋게 하여 마멸이나 눌어붙는 것을 적게 해 준다. 또한 실린더 내벽과 접촉이 좋고 고온에서 탄력 감소가 적다).

7 커넥팅 로드

(1) **역할**
① 피스톤이 받는 폭발력을 크랭크축에 전함
② 피스톤의 왕복운동을 크랭크의 회전운동으로 바꾸는 역할을 함

(2) **재질**
① 가볍고 충분한 강도를 가져야 함
② 고탄소강, 크롬강, 크롬-몰리브덴강 등의 특수강을 사용함

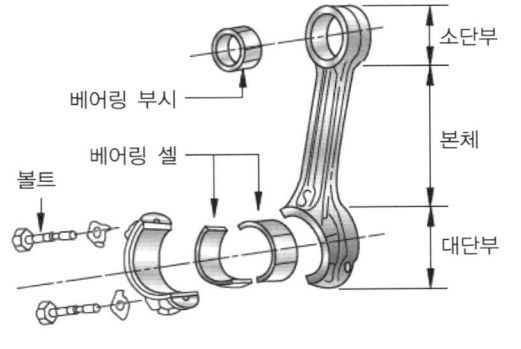

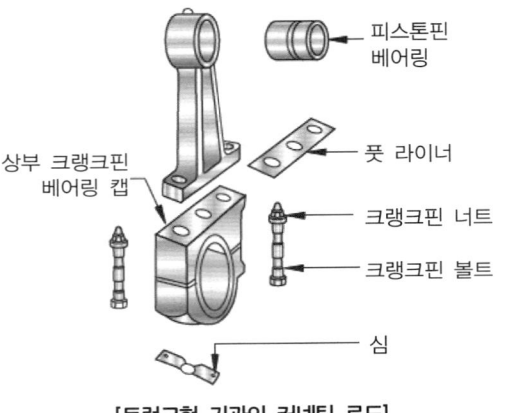

[트렁크형 기관의 커넥팅 로드]

8 크랭크축

(1) **역할** : 커넥팅 로드에 의해 피스톤의 왕복운동을 크랭크축 회전운동으로 고쳐 동력을 외부로 전한다.

(2) **재질**
　① 연강을 단조하여 만들거나 고속기관용으로는 니켈, 몰리브덴강 같은 특수강을 쓴다.
　② 일체형, 조립형, 반조립형이 있다.

(3) **구조**

크랭크 저널	메인 베어링으로 지지되어 회전하는 부분, 크랭크축이 절손되기 쉬움
크랭크 핀	크랭크 저널의 중심에서 크랭크 반지름만큼 떨어진 곳에 있으며 저널과 평행하게 설치됨
크랭크 암	크랭크 저널과 크랭크 핀을 연결함
평형추	크랭크 핀 반대쪽의 크랭크 암에 평형추를 설치하여 크랭크 회전력의 평형을 유지하고, 불평형 관성력에 의한 기관의 진동을 줄임

9 플라이 휠

(1) **역할**
　① 회전력을 고르게 한다.
　② 부하의 변동에 따라서 일어나는 회전의 변동을 조절한다.
　③ 저속회전을 가능하게 한다.
　④ 기관의 시동을 쉽게 한다.
　⑤ 밸브 조정에 편리하다.

(2) **구조 및 재질** : 주철제 또는 주강으로 만들며, 림, 보스, 암으로 되어 있다.

10 과급장치
　내연기관의 출력을 증대시키기 위해서는 단위 시간동안에 실린더 내로 흡입되는 공기량을 증가시켜 많은 양의 연료를 소모시켜

야 함

11 냉각장치

(1) **냉각수 온도가 너무 낮을 때의 현상**
　① 연료소비량은 증가함
　② 기계효율은 저하됨
　③ 실린더 마멸이 촉진됨
　④ 스케일이 부착되기 쉬움
　⑤ 발화 늦음이 길어짐

(2) **냉각수가 필요한 곳** : 배기밸브, 피스톤, 연료분사밸브

(3) **실린더의 과냉으로 인한 영향**
　① 시동이 곤란함
　② 열효율이 저하됨
　③ 연료가 불완전 연소됨

(4) **냉각 계통**
　냉각수 펌프 → 윤활유 냉각기 → 배기관 → 선외(킹스톤 밸브)

(5) **냉각수에서 기름이 섞여 나오는 원인** : 유냉각기의 누설

(6) **실린더 냉각** : 청수로 냉각함

(7) **피스톤 냉각** : 윤활유 또는 청수로 냉각함

(8) **해수 냉각 계통(냉각수 출구 온도는 80~85℃)**
　선외 → 냉각수 펌프 → 윤활유 냉각기 → 실린더 헤드 → 배기밸브 박스 → 배기관 → 선외

(9) **대형 디젤기관에 주로 사용되는 냉각수 펌프** : 원심펌프

(10) **피스톤 냉각 방식 중 오일 제트 냉각의 냉각제** : 윤활유

12 조속기
　기관의 회전수가 부하의 변동에 의해서 설정한 값보다 증가하거나 감소할 때, 연료 분사량을 자동으로 조절하여 필요한 회전 속도를 유지하게 하는 장치

13 윤활 및 냉각장치

(1) **윤활유 온도가 상승하는 원인**
　① 윤활유 압력이 낮고 윤활유량이 부족할 때
　② 유냉각기의 성능이 불충분할 때
　③ 주유 부분이 과열 또는 소착을 일으켰을 때
　④ 윤활유의 불량 또는 열화시

(2) **기관의 냉각**
　① 기관의 냉각수 온도가 너무 낮을 때 기관에 미치는 영향
　　㉠ 기계 효율 저하
　　㉡ 연료 소비량이 많다.
　　㉢ 실린더 마멸 촉진
　　㉣ 스케일이 부착되기 쉽다.
　② 해수 냉각시 실린더 헤드 냉각수 출구의 온도 : 45℃ 정도 유지가 보통이다.

③ 전식 작용 : 해수 냉각 계통 중에서 구리, 철같이 서로 다른 금속이 접하고 있으면, 이 사이에 전류가 흘러 전기 화학 작용에 의해 철 쪽이 빨리 부식한다.
▶방지책 : 실린더, 물, 재킷, 헤드, 냉각기에 보호 아연판 설치
④ 냉각수 계통(해수 냉각) : 선외 – 냉각수 펌프 – 윤활유 냉각기 – 실린더 헤드 – 배기밸브 박스 – 배기관 – 선외

14 윤활유

(1) 기능

윤활작용	상대운동을 하는 두 금속면 사이의 마찰면에 유막을 형성하여 운동 중인 두 금속면을 분리함으로써 마찰을 적게 하여 마멸을 줄이고, 융착을 방지하는 작용
냉각작용	마찰에 의해 생긴 열을 외부로 방산시켜 냉각하고, 열변형이나 융착 등이 일어나지 않도록 하는 작용
응력분산	마찰부는 일시적으로 압력이 집중되어 국부적으로 큰 충격을 받게 된다. 이와 같은 국부 압력을 윤활유 전체에 분산, 평균화시켜 파손을 방지하는 작용
기밀작용	실린더와 피스톤 사이에 유막을 형성하여 압축과 폭발시 공기나 가스의 누출을 방지하는 작용
청정작용	윤활유는 활동면에 부착된 금속가루, 탄화물, 먼지 등의 이물질을 씻어 냄
방청작용	윤활유는 금속 표면에 수분이나 부식성 가스의 침투를 막고, 또 이를 제거함으로써 금속면에 녹이 스는 것을 방지한다.

(2) 종류
내연기관용 윤활유, 터빈유, 기계유 : 종래의 기계유, 베어링유, 기어유, 냉동기유, 유압작동유, 그리스

(3) 윤활유의 성질
① 점도가 너무 낮을 때
  ㉠ 기름의 내부 마찰은 감소하지만 유막이 파괴되어 마멸이 심하게 됨
  ㉡ 베어링 등 마찰부가 소손될 우려가 있음
  ㉢ 연소가스의 기밀효과가 떨어져 가스의 누설이 증대됨
② 윤활유의 점도가 높을 때
  ㉠ 유막은 두꺼워지지만 기름의 내부 마찰이 증대됨
  ㉡ 윤활계통의 순환이 불량해짐
  ㉢ 시동이 곤란해질 수 있음
  ㉣ 기관 출력이 떨어짐
③ 유성
④ 항유화성
⑤ 산화 안정도

(4) 윤활유 냉각기는 각부를 윤활하고 나온 뜨거운 기름을 차가운 해수와 열교환을 통해 냉각시켜주는 장치

(5) 냉각수 펌프
① 왕복펌프 : 주로 플런저 펌프가 사용(중·소형 기관의 냉각수 펌프로 사용)
② 원심펌프 : 대형기관의 냉각수 펌프로 많이 사용

제6절 추진장치

1 클러치
기관에서 발생한 동력을 추진기축으로 전달하거나 끊어주는 장치
① 마찰 클러치
② 유체 클러치
③ 전자 클러치

2 감속장치
① 기관의 크랭크축으로부터 회전수를 감속시켜서 추진장치에 전달하여 주는 장치
② 같은 크기의 기관에서 출력을 증대시키고 높은 열효율로 운전하기에는 높은 회전수의 운전이 필요
③ 종류 : 내외 기어식 감속장치, 유성 기어식 감속장치, 차동장치

3 변속장치
클러치와 추진축 사이에 설치되어 주행상태에 따라 추진축의 회전속도를 변화시키며, 이에 따라 토크를 변화시키는 역할

4 역전장치
① 직접 역전장치(direct reversing gear)
② 간접 역전장치(indirect reversing gear)

5 추진축계

(1) 동력 전달 과정에서 마력의 종류와 효율
① 제동마력(BHP, brake horsepower) : 증기터빈 등에서는 축마력 동력을 측정하기 때문에 축마력(SHP, shaft horsepower)이라 한다.
② 전달마력(DHP, delivered horsepower) : 실제로 프로펠러에 전달되는 동력으로 제동마력에서 주로 축계에 있는 베어링, 선미관 등에서의 마찰 손실 및 기타 손실 동력을 뺀 값이다.
③ 추진마력(THP, thrust horsepower) : 선박에 설치된 프로펠러가 주위의 물에 전달한 동력을 말한다.
④ 유효마력(EHP, effective horsepower) : 예인동력(towing power)이라고도 하며, 선체를 특정한 속도로 전진시키는 데 필요한 동력이다.

(2) 축계장치
① 축계 : 주기관으로부터 추진기에 이르기까지 동력을 전달하고 추진기의 회전에 의하여 발생된 추력을 추력 베어링(thrust bearing)을 통하여 선체에 전달하는 일련의 장치

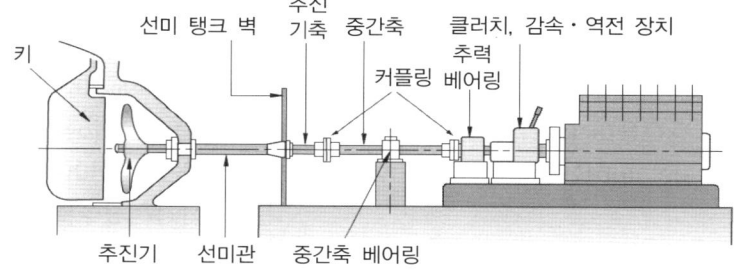

[선박의 동력전달장치]

∗구 성
㉠ 주기관 → 클러치/감속/역전장치 → 추력베어링 → 추진기축 → 선미관 → 추진기(소형선박)
㉡ 주기관 → 추력베어링 → 중간축 → 추진기축 → 선미관 → 추진기(중/대형기관)

② 커플링
　　㉠ 커플링의 의의 : 기관에서 축으로 또는 구동축에서 피동축으로 축의 끝에서 접속하여 동력을 전달하는 축이음
　　㉡ 유체 커플링 : 선박의 축계에서는 2대 이상의 기관으로로부터 한 개의 축으로 병렬 운전시 사용
　　㉢ 고탄성 고무 커플링 : 플렉시블 커플링의 대표적인 예
③ 추력 베어링 : 추진기에서 발생된 추력, 즉 스러스트는 축계를 거쳐서 감속기에, 감속기가 없는 경우에는 곧바로 기관에 작용하게 된다. 그러나 감속기 또는 강한 추력을 받을 수 있는 구조가 아니기 때문에, 별도의 장치에 의하여 추력을 받아서 선체에 전해주어야 한다.
④ 추진기축 : 추진기를 조립하는 축으로 선체의 후미부분을 관통하여 안쪽은 중간축에 커플링으로 연결되고, 바깥쪽은 테이퍼에 의하여 추진기를 조립

(3) 프로펠러축

① 프로펠러축(propeller shaft)
　　㉠ 프로펠러에 연결되어 프로펠러에 회전력을 전달하는 축
　　㉡ 선체의 후미 부분을 관통하여 선체 안에서는 중간축에 커플링으로 연결되고, 선체 밖에서는 프로펠러에 연결됨
② 프로펠러축의 구조

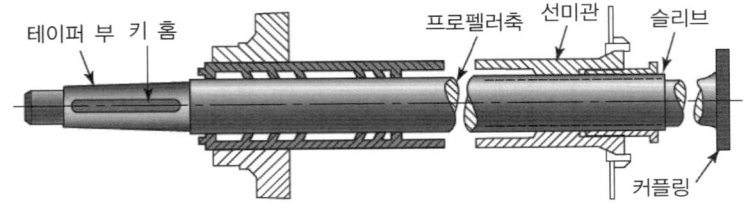

[프로펠러축]

(4) 선미관의 구조 및 선미관 베어링

① 선미관(stern tube)의 역할 : 프로펠러축이 선체를 관통하는 부분에 설치되어 해수가 선체 내로 들어오는 것을 막고 프로펠러축을 지지함
② 선미관 밀봉(stern tube seal) 장치 : 해수가 선내로 침입하여 들어오지 못하도록 하는 축봉장치가 설치되어 있음
③ 선미관(stern tube) 베어링의 종류
　　㉠ 해수 윤활식 선미관 베어링 : 선미관 베어링의 윤활제로 해수를 사용하는 것으로 기관실 측과 선미 측에 부시(bush)를 끼워 넣고, 부시 안쪽에 원주면을 따라 베어링이 설치되며, 여기서 베어링으로 사용된 지면재의 종류로는 리그넘바이티(lignumvitae, 나무 판재)와 합성 고무가 있다.
　　㉡ 기름 윤활식 선미관 베어링(oil bath type stern tube)

(5) 스크루 프로펠러

① 스크루 프로펠러(screw propeller)의 기본 용어
　　㉠ 지름(diameter, d) : 프로펠러가 1회전할 때 날개의 끝이 그린 원의 지름
　　㉡ 피치(pitch) : 프로펠러가 1회전할 때 날개 위의 어떤 점이 축 방향으로 이동한 거리
② 스크루 프로펠러의 슬립(slip)
　　프로펠러 속도 V_P는 프로펠러를 P, 매분 회전수를 N이라 할 때,

$$V_P = P \cdot N$$

CHAPTER 01 내연기관 및 추진장치 실전예상문제

01 [최근빈출 대표유형]
온도를 표시하는 단위는?

가. [℃]
나. [㎛]
사. [kcal]
아. [MPa]

해설 [㎛] : 길이, [kcal] : 열량, [MPa] : 압력의 단위

02
일정량의 연료를 가열했을 때 그 값이 변하지 않는 것은?

가. 점도
나. 부피
사. 질량
아. 온도

해설 연료를 가열하면 대부분 부피는 증가하고, 점도는 감소한다.

03
다음 중 단위 면적에 수직으로 작용하는 힘을 무엇이라 하는가?

가. 부피
나. 체적
사. 압력
아. 비중

해설
- 단위 면적에 수직으로 작용하는 힘을 압력이라고 한다.
- 압력의 단위는 N/m^2로 나타내며 파스칼(Pa)이라고 부른다. 기압을 나타낼 때는 헥토파스칼(1hPa=100Pa)이 주로 사용된다. 공학 단위로는 kgf/cm^2 또는 psi(pound per square inch)를 사용한다.
- 1기압 = 101,325Pa = 1,013.25hPa = 0.101325MPa = 1.033kgf/cm^2 ≒ 14.7psi
- 1bar = 10^5Pa

04
열이 중간에 다른 물질을 통하지 않고 직접 이동하는 전열 현상을 무엇이라 하는가?

가. 대류
나. 전도
사. 전이
아. 복사

해설 열의 이동
- 전도(conduction) : 온도 차가 있는 두 물체 사이에서는 온도가 높은 물체로부터 온도가 낮은 물체로 열이 이동하는 현상
- 대류(convection) : 고온부와 저온부의 밀도 차에 의해 순환 운동이 일어나 열이 이동하는 현상
- 복사(radiation) : 열이 중간에 다른 물질을 통하지 않고 직접 이동하는 현상(태양열)

05
기관에서 발생되는 동력을 나타내는 단위로 옳지 않은 것은?

가. PS
나. kgf·m/s
사. kW
아. m/s

해설 m/s는 속력의 단위
▶ **동력** : 단위 시간에 하는 일량(J/s나 W로 나타낸다)
- 1kW=1,000W≒102kgf·m/s≒1.36ps
- 1ps(마력, 미터마력)=75kgf·m/s≒0.735kW

06
다음 중 기관의 출력을 나타내는 단위가 아닌 것은?

가. 마력
나. 분당 회전수(RPM)
사. kW
아. PS

해설 RPM은 1분당 기관의 회전수이다.

07
기관의 출력을 나타내는 단위로 옳은 것은?

가. bar
나. rpm
사. kW
아. kg

해설 bar : 압력, rpm : 분당 회전수, kg : 중량의 단위

08
200마력[PS]은 약 몇 [kW]인가?

가. 120[kW]
나. 147[kW]
사. 175[kW]
아. 197[kW]

해설 1ps≒0.735kW, ∴ 200×0.735=147[kW]

09 [최근빈출 대표유형]
1마력(PS)의 크기를 옳게 표시한 것은?

가. 75[kgf·m/s]
나. 102[kgf·m/s]
사. 150[kgf·m/s]
아. 204[kgf·m/s]

해설
- 동력 : 단위 시간에 하는 일량
- 1kW=1,000W≒102kgf·m/s≒1.36ps
- 1ps=75kgf·m/s≒0.735kW

10 [최근빈출 대표유형]
압력의 단위가 아닌 것은?

가. 파스칼(Pa)
나. kgf/cm^2
사. bar
아. kcal

해설
- cal는 압력의 단위가 아니라 에너지의 단위로, 온도가 다른 물체 사이에 전해지는 에너지의 양이다. 즉 물질의 온도를 높이는 데 소요되는 열의 양이다.
- 압력 : 단위 면적에 수직으로 작용하는 힘의 크기
  1기압=101.325Pa(파스칼) = 0.10325MPa = 1.033kgf/cm^2 = 14.7psi
  1ha(100Pa) = 1mb = 1/1,000bar = 0.75mHg

정답 1 가 2 사 3 사 4 아 5 아 6 나 7 사 8 나 9 가 10 아

11

기관의 실린더 내 압력을 표시하는 단위는?

가. kg/cm^2
나. cm^2/kg
사. kg/cm
아. cm/kg

해설 • 압력의 단위는 N/m^2로 나타내며 파스칼(Pa)이라고 부른다. 기압을 나타낼 때는 헥토파스칼(1hPa=100Pa)이 주로 사용된다. 공학 단위로는 kgf/cm^2 또는 psi(pound per square inch)를 사용한다.
• 1기압=101,325Pa=1,013.25hPa=0.101325MPa=1.033kgf/cm²
≒ 14.7psi
• 1bar=105Pa

12

실린더 안에서 직접 연료를 연소하여 그 연소가스의 팽창으로 동력을 발생시키는 기관은?

가. 내연기관
나. 외연기관
사. 증기기관
아. 터빈기관

해설 • 내연기관 : 내부에서 연료를 연소하여 그 연소가스의 팽창으로 동력을 발생시키는 기관
• 외연기관 : 보일러에서 연료를 연소시켜 보일러 물을 고온·고압의 증기로 만들고, 이 증기의 열 에너지를 이용하여 동력을 발생시키는 기관

13 　최근빈출 대표유형

소형선박에 설치되는 가솔린기관과 디젤기관에 대한 설명으로 옳은 것은?

가. 가솔린기관과 디젤기관 모두 4행정 사이클 기관이 없다.
나. 가솔린기관에는 4행정 사이클 기관이 있고 디젤기관에는 없다.
사. 가솔린기관에는 4행정 사이클 기관이 없고 디젤기관에는 있다.
아. 가솔린기관과 디젤기관 모두 4행정 사이클 기관이 있다.

해설 가솔린기관과 디젤기관 모두 2행정 및 4행정 사이클 기관이 있다.

14 　최근빈출 대표유형

가솔린기관과 디젤기관에 대한 설명으로 옳은 것은?

가. 가솔린기관과 디젤기관 모두 2행정 사이클 기관이 없다.
나. 가솔린기관에는 2행정 사이클 기관이 있고 디젤기관에는 없다.
사. 가솔린기관에는 2행정 사이클 기관이 없고 디젤기관에는 있다.
아. 가솔린기관과 디젤기관 모두 2행정 사이클 기관이 있다.

해설 가솔린기관과 디젤기관 모두 2행정 및 4행정 사이클 기관이 있다.

15

디젤기관에서 행정이란?

가. 피스톤의 상사점과 하사점 사이의 직선거리
나. 폭발에 의해 크랭크축이 움직인 거리
사. 캠에 의해 푸시로드가 움직인 거리
아. 실린더의 높이

해설 상사점과 하사점 사이의 직선거리를 행정(stroke)이라 하고, 피스톤의 1행정으로 크랭크는 반회전, 즉 180도 회전한다.

16 　최근빈출 대표유형

4행정 사이클 기관의 작동 순서로 옳은 것은?

가. 흡입 → 압축 → 작동 → 배기
나. 흡입 → 작동 → 압축 → 배기
사. 흡입 → 배기 → 압축 → 작동
아. 흡입 → 압축 → 배기 → 작동

해설 4행정 기관의 작동 순서 : 흡입 → 압축 → 작동(팽창 또는 폭발) → 배기

17

피스톤이 최상부에 왔을 때의 크랭크 위치를 무엇이라 하는가?

가. 상사점
나. 하사점
사. 행정
아. 사이클

해설 피스톤이 실린더의 최상부에 왔을 때의 위치를 상사점(top dead center, TDC), 최하부에 왔을 때의 위치를 하사점(bottom dead center, BDC)이라고 한다.

18 　최근빈출 대표유형

4행정 사이클 디젤기관이 시동 위치를 맞추지 않고도 크랭크 각도 어느 위치에서나 시동될 수 있으려면 최소 몇 기통 이상이어야 하는가?

가. 2기통
나. 4기통
사. 6기통
아. 8기통

해설 2행정 사이클 기관은 4기통 이상, 4행정 사이클 기관은 6기통 이상인 경우에는 크랭크가 어느 위치에 있든 1개의 피스톤은 상사점(T.D.C)에 있기 때문에 시동이 가능하다.

19 　최근빈출 대표유형

다음 내용은 4행정 사이클 디젤기관의 어느 행정을 설명한 것인가?

> 연소가스의 팽창으로 피스톤이 하강한다.

가. 흡입행정
나. 압축행정
사. 작동행정
아. 배기행정

해설 • 흡입행정(suction stroke) : 배기밸브가 닫힌 상태에서 흡기밸브만 열려서, 피스톤이 상사점에서 하사점으로 움직이는 동안 실린더 내부는 진공이 되므로 공기가 흡입되어 연소에 필요한 산소를 확보하는 행정이다.
• 압축행정(compression stroke) : 흡·배기 밸브 모두 닫힌 실린더 밀폐 상태에서 피스톤이 하사점에서 상사점까지 움직이는 동안에 흡입된 공기는 압축되기 시작한다. 압축 공기의 압력은 약 3~4MPa, 온도는 약 600℃ 정도가 되어 연료가 자연 발화할 수 있는 온도를 만드는 행정이다.
• 작동행정(working stroke) : 압축행정의 끝, 피스톤이 상사점에 도달하기 바로 전에 연료분사밸브로부터 연료유가 실린더 내에 분사되고, 분사된 연료유는 고온의 압축 공기에 의해 발화되어 연소한다. 이때 발생한 연소 가스의 높은 압력이 피스톤을 하사점까지 움직이게 하고, 커넥팅로드를 통해 크랭크축을 회전시켜 동력을 발생하는 행정이다.
• 배기행정(exhaust stroke) : 배기밸브가 열리면서 실린더 내에서 팽창한 연소 가스는 실린더 밖으로 급격히 분출된다. 이어서 피스톤이 하사점에서 상사점으로 이동하면서 나머지 가스를 실린더 밖으로 밀어내는 행정이다.

정답 11 가　12 가　13 아　14 아　15 가　16 가　17 가　18 사
19 사

20
4행정 사이클 디젤기관에서 흡·배기 밸브의 밸브겹침이란?

가. 상사점 부근에서 흡·배기 밸브가 동시에 열려 있는 기간
나. 상사점 부근에서 흡·배기 밸브가 동시에 닫혀 있는 기간
사. 하사점 부근에서 흡·배기 밸브가 동시에 열려 있는 기간
아. 하사점 부근에서 흡·배기 밸브가 동시에 닫혀 있는 기간

[해설] 상사점 부근에서 크랭크 각도 40° 동안 흡기밸브와 배기밸브가 동시에 열려 있는데, 이 기간을 밸브겹침(valve overlap)이라 하며, 실린더 내의 소기 작용과 밸브와 연소실의 냉각을 돕기 위해서이다.

21
4행정 사이클 기관에서 작동행정에 대한 설명으로 옳은 것은?

가. 흡기밸브가 열리고 배기밸브가 닫힌 상태에서 작동행정을 시작한다.
나. 흡기밸브가 닫히고 배기밸브가 열린 상태에서 작동행정을 시작한다.
사. 흡기밸브와 배기밸브가 모두 열린 상태에서 작동행정을 시작한다.
아. 흡기밸브와 배기밸브가 모두 닫힌 상태에서 작동행정을 시작한다.

[해설] 작동행정(working stroke) : 압축행정의 끝, 피스톤이 상사점에 도달하기 바로 전에 연료분사밸브로부터 연료유가 실린더 내에 분사되고, 분사된 연료유는 고온의 압축 공기에 의해 발화되어 연소한다. 이때 발생한 연소 가스의 높은 압력이 피스톤을 하사점까지 움직이게 하고, 커넥팅 로드를 통해 크랭크축을 회전시켜 동력을 발생하는 행정이다.

22
소형선박의 디젤기관에서 흡기 및 배기밸브는 무엇에 의해 닫히는가?

가. 윤활유 압력
나. 스프링의 힘
사. 연료유가 분사되는 힘
아. 흡·배기 가스 압력

[해설] 4행정 사이클 기관에서 밸브를 열 때에는 캠으로, 닫을 때에는 스프링의 힘을 이용한다.

23
디젤기관에서 회전운동을 하는 것은?

가. 메인 베어링
나. 피스톤
사. 크랭크축
아. 배기밸브 푸시로드

[해설]
• 메인 베어링 : 고정부
• 피스톤 : 왕복운동
• 배기밸브 푸시로드 : 상하운동

24
( )에 적합한 것은?

"크랭크축이 1분간 회전하는 수를 ( )라고 한다."

가. 연속 회전수
나. 매분 회전수
사. 위험 회전수
아. 크랭크 회전수

[해설] 매분 회전수(rpm, revolution per minute) : 크랭크축이 1분간 회전하는 수

25
분당 회전수(rpm)가 1200인 기관에서 추진축이 1바퀴 회전하는 동안 걸리는 시간은?

가. 20초
나. 1/20초
사. 2초
아. 1/3초

[해설] 1분(60초)당 1200회전, 60초로 나누면, 초당 회전수는 20
∴ 1회전에는 1/20초가 걸림

26
디젤기관에서 과부하 운전이란 어떠한 상태인가?

가. 기관회전수가 증가되는 상태
나. 기관회전수가 감소되는 상태
사. 정격출력 이상의 출력으로 운전하는 상태
아. 공기 공급이 증가되는 상태

[해설] 과부하 운전이란 안전하게 기관의 동력을 얻을 수 있는 정격출력 이상으로 운전하는 상태를 말한다.

27
선박용 소형기관의 시동장치로 가장 많이 사용하는 것은?

가. 전기 시동장치
나. 압축공기 시동장치
사. 유체 시동장치
아. 수동 시동장치

[해설] 소형기관에서는 수동으로 시동하는 방법을 사용하기도 하지만, 주로 전동기 또는 압축 공기로 시동한다.

28
디젤기관에서 플라이 휠의 주된 역할은?

가. 크랭크축의 회전력 변동을 줄인다.
나. 새로운 공기를 흡입하고 압축한다.
사. 회전속도의 변화를 크게 한다.
아. 피스톤 상사점의 눈금을 표시한다.

[해설] 부하의 변동에 따라서 일어나는 회전의 변동을 조절하여 회전력을 고르게 한다.

29
기관의 부속품 중 연소실의 일부를 형성하고 피스톤의 안내 역할을 하는 것은 어느 부품인가?

가. 실린더 헤드
나. 피스톤
사. 실린더 라이너
아. 크랭크

[해설] 실린더는 실린더 라이너(cylinder liner), 실린더 헤드(cylinder head), 실린더 블록(cylinder block, 또는 engine block)으로 구성된다.

정답 20 가 21 아 22 나 23 사 24 나 25 나 26 사 27 가
28 가 29 사

30 최근빈출 대표유형
디젤기관에서 실린더 라이너에 윤활유를 공급하는 주된 이유는?

가. 불완전 연소를 방지하기 위해
나. 연소가스의 누설을 방지하기 위해
사. 피스톤의 균열 발생을 방지하기 위해
아. 실린더 라이너의 마멸을 방지하기 위해

해설 실린더 라이너의 윤활 목적은 라이너의 마멸을 줄이고, 라이너 내벽과 피스톤링 사이의 기밀을 유지하기 위함이다.

31 최근빈출 대표유형
디젤기관에서 실린더 라이너의 마멸 원인으로 옳지 않은 것은?

가. 연접봉의 경사로 생긴 피스톤의 측압
나. 피스톤링의 장력이 너무 클 때
사. 흡입공기 압력이 너무 높을 때
아. 사용 윤활유가 부적당하거나 과부족일 때

해설 실린더 라이너의 마멸 원인
• 피스톤링과 실린더 라이너의 재질의 부적합
• 윤활유 품질의 부적합 및 급유량의 부족
• 연소 가스 중의 부식을 초래하는 성분
• 연료유나 공기 중에 혼입된 단단한 입자
• 수분 등의 유입으로 유막 형성이 불량 등

32 최근빈출 대표유형
디젤기관에서 각 실린더의 출력이 고르지 못한 주된 원인은?

가. 윤활계통에서 윤활유가 누설하는 경우
나. 압축불량인 실린더가 있는 경우
사. 조속기가 고장난 경우
아. 윤활유의 질이 나쁜 경우

해설 실린더의 출력이 고르지 못한 원인으로는 연료 분사시기가 맞지 않은 실린더가 있거나 압축불량의 실린더가 있는 경우, 연료분사 밸브의 상태가 좋지 않은 실린더가 있을 때이다.

33 최근빈출 대표유형
디젤기관에 설치되는 평형추의 설치 목적에 대한 설명으로 옳지 않은 것은?

가. 기관의 진동 방지
나. 기관의 원활한 회전
사. 메인 베어링의 마찰 감소
아. 프로펠러의 균열 방지

해설 평형추(balance weight)는 크랭크 핀 반대쪽의 크랭크 암에 설치하여 크랭크 회전력의 평형을 유지하고, 불평형 관성력에 의한 진동을 줄여 기관의 원활한 회전을 돕고, 메인 베어링의 마멸 감소를 위해 설치한다.

34 최근빈출 대표유형
디젤기관의 메인 베어링에 대한 설명으로 옳지 않은 것은?

가. 크랭크축을 지지한다.
나. 크랭크축의 중심을 잡아준다.
사. 윤활유로 윤활시킨다.
아. 볼베어링을 주로 사용한다.

해설 아. 주로 평면베어링을 사용한다.
• 메인 베어링은 기관 베드 위에 있으면서, 크랭크 저널에 설치되어 크랭크축을 지지하고, 축의 회전 중심을 잡아 준다.
• 베어링 캡 상부의 주유구를 통하여 강압 주유된 윤활유는 메인 베어링을 윤활하고, 크랭크축의 기름 통로를 거쳐 크랭크핀 베어링까지 윤활한다.

35 최근빈출 대표유형
디젤기관에서 연소실을 형성하는 부품이 아닌 것은?

가. 커넥팅 로드
나. 실린더 헤드
사. 실린더 라이너
아. 피스톤

해설 • 연소실을 형성하는 부품으로는 실린더 헤더(실린더 커버), 실린더 라이너, 피스톤 등이다.
• 커넥팅 로드는 피스톤과 크랭크축을 연결하는 부품으로 연소실 외부에 있다.

36 최근빈출 대표유형
트렁크 피스톤형 디젤기관에서 커넥팅 로드와 연결되는 부품은?

가. 크랭크축과 캠축
나. 추력축과 프로펠러축
사. 피스톤핀과 크랭크핀
아. 실린더 헤드와 실린더 라이너

해설 커넥팅 로드는 피스톤이 받는 폭발력을 크랭크축에 전하고, 피스톤의 왕복운동을 크랭크의 회전운동으로 바꾸는 역할을 한다. 트렁크 피스톤형 기관에서는 피스톤핀과 크랭크핀을 통해 피스톤과 크랭크를 직접 연결하고, 크로스 헤드형 기관에서는 크로스헤드와 크랭크를 연결한다.

37 최근빈출 대표유형
다음 그림에서 (1)과 (2)의 명칭으로 옳은 것은?

        (1)   (2)

가. 피스톤핀과 피스톤
나. 크랭크핀과 피스톤
사. 피스톤핀과 크랭크핀
아. 크랭크축과 피스톤

해설 (1) 피스톤핀, (2) 피스톤이다.
• 피스톤핀은 커넥팅 로드의 소단부와 연결된다.

38 최근빈출 대표유형
소형선박에서 스러스트 베어링의 역할로 옳은 것은?

가. 크랭크축을 지지하는 역할
나. 스러스트축의 회전운동을 직선운동으로 바꾸는 역할
사. 프로펠러의 추력을 선체에 전달하는 역할
아. 연접봉을 받치는 역할

해설 • 스러스트 베어링[thrust bearing, 추력(推力)베어링] : 프로펠러축과 중간축을 통해 프로펠러의 축방향 힘을 선체에 전달하기 위해 기관 베드의 후단부에 설치 – 프로펠러의 추력을 선체에 전달하는 역할
• 스러스트 베어링은 프로펠러축이 선체를 관통하는 곳에 설치되며 선내에 해수 침입을 막고 프로펠러축을 지지한다.

정답 **30** 아 **31** 사 **32** 나 **33** 아 **34** 아 **35** 가 **36** 사 **37** 가 **38** 사

39 [최근빈출 대표유형]
해수 윤활식 선미관에서 리그넘바이티의 주된 역할은?

가. 베어링 역할
나. 전기 절연 역할
사. 선체강도 보강 역할
아. 누설 방지 역할

해설 리그넘바이티는 해수 윤활식 선미관 베어링으로 사용되는 지면재의 종류로 리그넘바이트(lignumvitae, 나무 판재)와 합성고무가 사용된다.

40 [최근빈출 대표유형]
디젤기관에서 피스톤링의 역할에 대한 설명으로 옳지 않은 것은?

가. 피스톤과 실린더 라이너 사이의 기밀을 유지한다.
나. 피스톤과 연접봉을 서로 연결시킨다.
사. 피스톤의 열을 실린더 벽으로 전달시켜 피스톤을 냉각시킨다.
아. 피스톤과 실린더 라이너 사이에 유막을 형성하여 마찰을 감소시킨다.

해설 피스톤과 연접봉(커넥팅 로드)을 서로 연결시키는 부위는 피스톤핀(piston pin)이다.

41 [최근빈출 대표유형]
내연기관에서 피스톤링의 주된 역할이 아닌 것은?

가. 피스톤과 실린더 라이너 사이의 기밀을 유지한다.
나. 피스톤에서 받은 열을 실린더 라이너로 전달한다.
사. 실린더 내벽의 윤활유를 고르게 분포시킨다.
아. 실린더 라이너의 마멸을 방지한다.

해설
- 피스톤링에는 피스톤과 실린더 사이의 기밀을 유지하며, 피스톤에서 받은 열을 실린더 벽으로 방출하는 압축링(compression ring)과 실린더 라이너 내벽의 윤활유가 연소실로 들어가지 못하도록 긁어 내리고, 윤활유를 라이너 내벽에 고르게 분포시키는 오일링(oil ring)이 있다.
- 일반적으로 압축링은 피스톤의 상부에 2~4개, 오일링은 하부에 1~2개 설치한다.
- 링의 틈새에는 피스톤링 홈과 피스톤링의 간극인 옆틈(side clearance)과 밑틈(back clearance)이 있고, 피스톤링의 끝단 사이의 간극인 절구틈(end clearance 또는 end gap)이 있다.
- 링의 틈새가 너무 크면 연소가스가 누설되어 기관의 출력이 낮아지고, 링의 배압이 커져서 실린더 내벽의 마멸이 크게 된다. 반대로 틈새가 너무 작으면 열팽창에 의해 틈새가 없어져서 실린더 내벽을 손상시키게 된다.

42 [최근빈출 대표유형]
디젤기관의 피스톤링에 대한 설명으로 옳지 않은 것은?

가. 피스톤링은 적절한 절구 틈을 가져야 한다.
나. 피스톤링에는 압축링과 오일링이 있다.
사. 오일링보다 압축링의 수가 많다.
아. 오일링이 압축링보다 연소실에 더 가까이 설치된다.

해설 아. 오일링은 압축링의 하단부에 설치되어, 피스톤 벽면의 오일을 긁어내리는 역학을 한다.
- 피스톤링에는 피스톤과 실린더 사이의 기밀을 유지하며, 피스톤에서 받은 열을 실린더 벽으로 방출하는 압축링(compression ring)과 실린더 라이너 내벽의 윤활유가 연소실로 들어가지 못하도록 긁어 내리고, 윤활유를 라이너 내벽에 고르게 분포시키는 오일링(oil ring)이 있다.
- 일반적으로 압축링은 피스톤의 상부에 2~4개, 오일링은 하부에 1~2개 설치한다.
- 링의 틈새에는 피스톤링 홈과 피스톤링의 간극인 옆틈(side clearance)과 밑틈(back clearance)이 있고, 피스톤링의 끝단 사이의 간극인 절구틈(end clearance 또는 end gap)이 있다.

43
과급기의 설명으로 옳은 것은?

가. 기관의 운동 부분에 마찰을 줄이기 위해 윤활유를 공급하는 장치
나. 연소가스가 접하는 고온부를 냉각시키는 장치
사. 기관의 회전수를 일정하게 유지시키기 위해 연료분사량을 자동 조절하는 장치
아. 공기의 압력을 높여 밀도가 높아진 공기를 실린더 내에 공급하는 장치

해설 과급기(supercharger) : 연소에 필요한 공기를 대기압 이상의 압력으로 압축, 밀도가 높은 공기를 실린더 내에 공급하여 연료를 완전 연소시킴으로써 평균 유효 압력을 높여 기관의 출력을 증대시키는 장치

44
기관이 정해진 회전속도보다 증가 또는 감소하였을 때 연료의 공급량을 자동적으로 조절하여 항상 일정한 회전수로 유지시키는 장치는?

가. 플라이 휠
나. 평형추
사. 주유기
아. 조속기(거버너)

해설 조속기(governor) : 기관에 부가되는 부하 변동에 따라 연료 공급량을 가감하여 기관의 회전 속도를 언제나 원하는 속도로 유지하기 위한 장치

45 [최근빈출 대표유형]
내연기관의 거버너에 대한 설명으로 옳은 것은?

가. 기관의 회전 속도가 일정하게 되도록 연료유의 공급량을 조절한다.
나. 기관에 들어가는 연료유의 온도를 자동으로 조절한다.
사. 배기가스 온도가 고온이 되는 것을 방지한다.
아. 기관의 흡입 공기량을 효율적으로 조절한다.

해설 조속기(=거버너 : governor) : 기관이 정해진 회전속도보다 증가 또는 감소하였을 때 연료의 공급량을 자동적으로 조절하여 항상 일정한 회전수로 유지시키는 장치로 기관에 부가되는 부하 변동에 따라 연료 공급량을 가감하여 기관의 회전 속도를 언제나 원하는 속도로 유지하기 위한 장치

46 [최근빈출 대표유형]
내연기관의 기계 손실에 해당되지 않는 것은?

가. 운전 부주의에 의한 손실
나. 기관 각부의 마찰 손실
사. 보조 기계를 운전하기 위한 손실
아. 흡기와 배기 행정에 의한 손실

해설 내연기관의 기계 손실
- 피스톤 및 베어링의 마찰 손실
- 보조 기계를 운전하기 위한 손실
- 흡·배기 행정에 의한 손실
- 각 운동 부분의 공기 마찰에 의한 손실

47 [최근빈출 대표유형]
소형선박의 기관에서 발생한 동력을 추진기축으로 전달하거나 끊어 주는 장치는?

가. 클러치
나. 추진기
사. 추력베어링
아. 크랭크축

해설 클러치(clutch)는 동력 전달 장치의 기관에서 발생한 동력을 추진기축으로 전달하거나 끊어 주는 장치이다.

정답 39 가 40 나 41 아 42 아 43 아 44 아 45 가 46 가 47 가

소형선박조종사

Chapter 1 내연기관 및 추진장치

48 [최근빈출 대표유형]
선박의 가장 뒤쪽에 설치되는 축은?

가. 추력축
나. 크랭크축
사. 중간축
아. 프로펠러축

[해설] 축계장치 : 크랭크축 → 추력 베어링 → 중간축 → 추진기축(프로펠러축) → 선미관 → 추진기

추진 기축 중간축 클러치, 감속·역전 장치
선미 탱크 벽 추력 베어링
커플링 키
추진기 선미관 중간축 베어링

49 [최근빈출 대표유형]
디젤기관의 크랭크축에 대한 설명으로 옳지 않은 것은?

가. 피스톤의 왕복운동을 회전운동으로 바꾼다.
나. 기관의 회전 중심축이다.
사. 저널, 핀, 암으로 구성된다.
아. 피스톤링의 힘이 전달된다.

[해설] 아. 피스톤링은 피스톤에 부착되어 실린더와 피스톤 사이의 ① 기밀유지 ② 피스톤의 냉각 ③ 실린더 벽면의 오일제거 등의 역할을 한다.
• 피스톤의 왕복운동을 커넥팅 로드에 의해 회전운동으로 변화시키고, 이 회전력을 중간축으로 전달하며, 저널, 핀, 암으로 구성된다.
• 크랭크 저널(journal) : 메인 베어링에 의해서 지지되는 회전축이다.
• 크랭크 핀(pin) : 저널과 평행하게 설치되고 커넥팅 로드의 대단부와 연결된다.
• 크랭크 암(arm) : 크랭크 저널과 크랭크 핀을 연결하는 부분이다.

50 [최근빈출 대표유형]
디젤기관에서 실린더 라이너와 실린더 헤드 사이의 개스킷 재료로 많이 사용되는 것은?

가. 구리
나. 아연
사. 고무
아. 석면

[해설] 실린더 헤드 개스킷(gasket) : 실린더 내 유체의 누설이나 외부로부터의 이물질 침입을 방지하기 위해서 실린더의 이음매나 파이프의 접합부 등을 메우는 데 사용하는 얇은 판 모양의 패킹으로 주로 구리를 사용

51 [최근빈출 대표유형]
크랭크축의 구성부분이 아닌 것은?

가. 핀
나. 림
사. 암
아. 저널

[해설] • 크랭크축은 저널(journal), 핀(pin), 암(arm)으로 구성된다.
• 림은 플라이 휠의 구성 부분이다.

52
디젤기관에서 피스톤링의 역할이 아닌 것은?

가. 피스톤과 실린더 라이너 사이의 기밀을 유지한다.
나. 피스톤과 연접봉을 연결시킨다.
사. 피스톤의 열을 실린더에 전달시켜 냉각시킨다.
아. 피스톤과 실린더 사이에 유막을 형성하여 마찰을 감소시킨다.

[해설] • 피스톤링에는 피스톤과 실린더 사이의 기밀을 유지하며, 피스톤에서 받은 열을 실린더 벽으로 방출하는 압축링(compression ring)과 실린더 라이너 내벽의 윤활유가 연소실로 들어가지 못하도록 긁어내리고, 윤활유를 라이너 내벽에 고르게 분포시키는 오일링(oil ring)이 있다.
• 일반적으로 압축링은 피스톤의 상부에 2~4개, 오일링은 하부에 1~2개 설치한다.
• 링의 틈새에는 피스톤링 홈과 피스톤링의 간극인 옆틈(side clearance)과 밑틈(back clearance)이 있고, 피스톤링의 끝단 사이의 간극인 절구틈(end clearance 또는 end gap)이 있다.
• 링의 틈새가 너무 크면 연소가스가 누설되어 기관의 출력이 낮아지고, 링의 배압이 커져서 실린더 내벽의 마멸이 크게 된다. 반대로 틈새가 너무 작으면 열팽창에 의해 틈새가 없어져서 실린더 내벽을 손상시키게 된다.

53 [최근빈출 대표유형]
디젤기관에서 피스톤링을 피스톤에 조립할 경우의 주의사항으로 옳지 않은 것은?

가. 링의 상하면 방향이 바뀌지 않도록 조립한다.
나. 가장 아래에 있는 링부터 차례로 조립한다.
사. 링이 링 홈 안에서 잘 움직이는지를 확인한다.
아. 링의 절구 틈이 모두 같은 방향이 되도록 조립한다.

[해설] 링의 절구 틈이 180°로 서로 어긋나게 조립한다.

54 [최근빈출 대표유형]
실린더가 6개인 디젤 주기관에서 크랭크핀과 메인 베어링의 최소 개수로 옳은 것은?

가. 크랭크핀 6개, 메인 베어링 6개
나. 크랭크핀 6개, 메인 베어링 7개
사. 크랭크핀 7개, 메인 베어링 6개
아. 크랭크핀 7개, 메인 베어링 7개

[해설] 6기통 기관의 경우 크랭크핀은 각 실린더마다 1개, 메인 베어링은 중간과 양끝 모두 합쳐 7개이다.

55 [최근빈출 대표유형]
디젤기관에서 윤활이 필요하지 않은 부품은?

가. 크랭크핀
나. 크랭크암
사. 피스톤핀
아. 메인 베어링

[해설] • 크랭크암은 크랭크핀과 크랭크축을 연결하는 부분으로 별도의 윤활이 필요없다.
• 크랭크핀 반대쪽으로 평형추를 설치하여 크랭크 회전력의 평행을 유지하고, 불평형 관성력에 의한 기관의 진동을 줄이는 역할을 한다.

56
추진기 재료로 많이 사용되는 것은?

가. 주철
나. 알루미늄
사. 고력 황동
아. 탄소강

[해설] 스크루 추진기(screw propeller)는 간단하고 성능이 좋으며, 튼튼하고 신뢰성이 높을 뿐만 아니라 가격이 싸므로 현재 대부분의 선박에서 채용하고 있으며, 주로 고력 황동의 재질을 사용한다.

정답 48 아 49 아 50 가 51 나 52 나 53 아 54 나 55 나 56 사

57 [최근빈출 대표유형]
선박용 추진기관의 동력전달계통이 아닌 것은?

가. 감속기
사. 추진기
나. 추진기축
아. 과급기

[해설] • 동력전달계통에는 감속기, 추진기축, 추진기 등이 있다.
• 과급기는 실린더 내에 흡입되는 공기량을 증가하여 연료를 많이 연소시켜 기관의 출력을 증대시키는 일종의 송풍기이다.

58
연료분사 조건 중 분사되는 연료유가 극히 미세화되는 것을 무엇이라 하는가?

가. 무화
사. 분산
나. 관통
아. 분포

[해설] **연료 분사 조건**
- 무화(atomization) : 연료유의 입자가 안개처럼 극히 미세화되는 것
- 관통(penetration) : 분사된 연료유가 압축된 공기 중을 뚫고 나가는 상태
- 분산(dispersion) : 노즐에서 연료유가 분사되어 원뿔형으로 퍼지는 상태
- 분포(distribution) : 분사된 연료유가 공기와 균등하게 혼합된 상태. 무화, 관통, 분산은 분포를 좋게 하기 위함이다.

59 [최근빈출 대표유형]
디젤기관에서 짧은 시간에 완전연소하는 데 필요한 연료분사 조건이 아닌 것은?

가. 무화
사. 관통
나. 윤활
아. 분산

[해설] **연료 분사 조건**
- 무화(atomization) : 연료유의 입자가 안개처럼 극히 미세화되는 것
- 관통(penetration) : 분사된 연료유가 압축된 공기 중을 뚫고 나가는 상태
- 분산(dispersion) : 노즐에서 연료유가 분사되어 원뿔형으로 퍼지는 상태
- 분포(distribution) : 분사된 연료유가 공기와 균등하게 혼합된 상태. 무화, 관통, 분산은 분포를 좋게 하기 위함이다.

60 [최근빈출 대표유형]
디젤기관에 윤활유를 사용하는 주된 목적은?

가. 마찰을 감소시킨다.
나. 마찰을 증가시킨다.
사. 마멸이 전혀 발생되지 않도록 한다.
아. 하중이 한 곳에 집중되도록 한다.

[해설] 윤활유의 역할은 실린더와 피스톤의 마찰과 과열방지이다.
▶ **윤활유의 기능**
- 감마작용, 냉각작용, 기밀작용, 응력분산작용, 방청작용, 청정작용
- 감마작용 : 기계의 운동부 마찰 면에 유막(oil film)을 형성하여 마찰을 감소시키는 작용

61 [최근빈출 대표유형]
윤활유 온도의 상승 원인이 아닌 것은?

가. 윤활유의 압력이 낮고 윤활유량이 부족한 경우
나. 윤활유 냉각기의 냉각수 온도가 낮은 경우
사. 윤활유가 불량하거나 열화된 경우
아. 주유 부분이 고착된 경우

[해설] 윤활유 온도가 상승하는 원인은 ① 윤활유 압력이 낮을 때 ② 윤활유량이 부족할 때 ③ 윤활유가 불량하거나 열화된 때 ④ 주유 부분이 고착된 때 ⑤ 유냉각기의 이상 등이다.

62 [최근빈출 대표유형]
동일 기관에서 가장 큰 값을 가지는 출력은?

가. 도시마력
사. 전달마력
나. 제동마력
아. 유효마력

[해설] 선박의 기관에서 발생한 마력은 도시마력(지시마력) → 제동마력 → 축마력 → 전달마력 → 유효마력의 과정을 거치게 되며 도시마력이 가장 크고 유효마력이 가장 작다.
▶ **출력의 표시**
- 도시마력(IHP, Indicated Horse Power) : 실린더 내의 연소 압력이 피스톤에 실제로 작용하는 동력(지시마력)
- 제동마력(BHG, Brake Horse Power) : 일반적으로 축마력(SHP, Shaft Horse Power)이라고도 하는데, 제동마력은 크랭크축의 끝에서 계측한 마력이고, 축마력은 동력 전달축에서 얻어지는 마력이다. 일반적으로 내연기관의 출력을 제동마력이라 한다.
- 전달마력(DHP, Delivered Horsepower) : 실제로 프로펠러에 전달되는 동력으로 제동마력에서 주로 축계에 있는 베어링, 선미관 등에서의 마찰손실 및 기타 손실 동력을 뺀 값이다.
- 유효마력(EHP, Effective Horsepower) : 예인동력(towing power)이라고도 하며, 선체를 특정한 속도로 전진시키는 데 필요한 동력이다.

63
동력 전달축에서 얻어지는 동력이며, 동력계로 측정되는 마력은?

가. 도시마력
사. 최대마력
나. 정격마력
아. 제동마력

[해설] 제동마력은 크랭크축의 끝에서 계측한 마력이고, 축마력은 동력 전달축에서 얻어지는 마력이다. 일반적으로 내연기관의 출력을 제동마력이라 한다.

64 [최근빈출 대표유형]
윤활유 냉각기의 냉각 해수 계통에 부식방지를 위해 사용되는 것은?

가. 구리판
사. 아연판
나. 주석판
아. 백금판

[해설] 전식작용 : 해수 중에 구리, 철과 같이 종류가 다른 금속이 있으면 이 두 금속 사이에 전기 화학 작용에 의하여 철이 빨리 부식한다. 이 현상을 전식(전위차 부식)작용이라 하며, 이를 방지하기 위하여 보호 아연판을 설치하여 철 대신 보호 아연판이 빨리 부식하도록 한다.

정답 57 아 58 가 59 나 60 가 61 나 62 가 63 아 64 사

CHAPTER
02 보조기기 및 전기장치

소형선박조종사

제**1**절 보조기기

1 선박보조기계

선박보조기계란 직접 선체를 추진하는 주기관(main engine) 및 보일러를 제외한 선내의 모든 기계

2 펌프(Pump)

(1) 펌프의 원리

어떤 용기 내에 국부의 진공을 이루고, 대기압과의 차이에 의하여 낮은 곳의 물을 흡입해서 여기에 압력을 주어서 높은 곳이나 압력이 있는 곳에 보낸다.

(2) 펌프의 동력과 효율

① 수마력(water horse power, Lw) : 펌프를 지나는 유체가 펌프로부터 얻는 동력을 마력(PS)의 단위로 나타낸 것을 말한다.
② 효율 : 실제로 펌프를 운전하는 데에는 수마력보다는 펌프 내부에서의 여러 가지 손실분만큼 더 큰 동력이 필요하며, 그러한 동력을 축마력(shaft horse power, Ls) 또는 제동마력(brake horse power)이라 한다.

(3) 원심펌프

① 원리 : 케이싱 속의 회전차를 수중에서 고속으로 회전시키면 회전차 외주 쪽에는 높은 압력이 발생하여 물을 송출관 쪽으로 밀어올리고, 회전차 중심부는 압력이 낮아져서 물을 흡입할 수 있어 연속적인 펌프작용이 가능하게 되는데, 이러한 원리를 이용한 액체 수송 장치를 말한다.
② 원심펌프의 분류
  ㉠ 안내깃의 유무에 따른 분류 : 벌류트펌프, 터빈(디퓨저)펌프
  ㉡ 흡입방식에 따른 분류 : 단흡입, 양흡입
  ㉢ 단수에 따른 분류 : 단단, 다단
  ㉣ 회전차의 형상에 따른 분류 : 반경류형, 혼류형

(4) 왕복펌프의 특징

① 흡입양정이 양호하다.
② 높은 양정을 얻기가 쉬운 반면에 큰 유량을 얻는 데에는 불리하다.
③ 운전조건이 광범위하게 변해도 효율의 변화가 적으며, 무리한 운전에도 잘 견딘다.

(5) 회전펌프

① 기어펌프 : 2개의 기어가 케이싱 속에서 서로 맞물려 회전하여 기름을 흡입측에서 송출측으로 밀어내는 펌프로서 일반적으로 소용량의 것에 적합하고 회전속도는 1,750rpm 정도이고, 압력은 유압용으로 170kgf/cm^2 정도이다.
② 나사펌프 : 나사모양의 회전차를 케이싱 속에서 회전시켜서 케이싱과 나사 골 사이에 갇힌 유체를 축방향으로 이송하는 펌프이다. 회전차의 수는 1~3개이며, 운전이 조용하고 유체가 연속적으로 이송되므로 맥동이 적으며, 고속운전에 적합하여 부피에 비해 큰 유량을 얻을 수 있다.
③ 슬라이딩 베인펌프
  ㉠ 원통형 케이싱에 내접하여 원주형의 회전차가 회전하며, 회전차에는 외주에 홈이 있고 그 내부에서 평판형의 베인이 원심력에 의하여 케이싱 내면에 밀착하여 회전하게 되는데 이 회전에 따라 케이싱, 회전차, 베인 및 양측면에 의하여 밀폐된 공간 내의 액체를 송출구로 압송하는 원리를 이용한 펌프이다.
  ㉡ 최고송출압력은 보통의 1단 펌프의 경우 70kgf/cm^{2}이며, 2단펌프에서는 140kgf/cm^2 정도이나 210kgf/cm^{2}인 고압펌프도 있다.

(6) 특수펌프

① 마찰펌프 : 다수의 홈을 가지는 회전차를 회전시키면 케이싱 내에 연속적인 와류가 발생하며, 이때의 난류마찰에 의하여 회전차와 케이싱 사이에 있는 액체는 회전차에 강하게 구속되어 송출구까지 이송하는 원리의 펌프이다.
② 제트펌프 : 노즐을 통하여 유체를 분출함에 따라 발생하는 진공압을 이용하여 피 이송 유체를 흡입, 이송하는 펌프이다.

3 선체보조기계

(1) 조타장치(steering gear)

(2) 사이드 스러스트(side thrust) 장치 : 선수나 선미를 횡 방향으로 이동시키는 장치로서 선수나 선미 부분의 수면하에 위치

제2절 전기장치

1 전기와 자기

(1) 정전기
  ① 대전체 : 전기적 성질을 띤 물체
  ② 쿨롱의 법칙 : 두 대전체 사이에 작용하는 힘은 두 전하의 크기의 곱에 비례하고, 두 전하 사이의 거리의 제곱에 반비례한다.

(2) 도체와 절연체
  ① 도체(Conductor) : 전하(전기)의 이동이 쉬운 물질 ➡ 금속
  ② 절연체(Insulator) 또는 부도체(Non-conductor) : 전하(전기)의 이동이 어려운 물질 ➡ 공기, 유리, 비닐
  ③ 반도체(Semi-conductor) : 도체와 절연체의 중간(저온 → 부도체, 고온 → 도체) ➡ 셀렌(Se), 게르마늄(Ge), 규소(Si)

(3) 전류
  ① 전류 : 양 전하의 이동(+에서 −로), I [A : 암페어]
  ② 전위 : 전하의 위치에너지
  ③ 전위차 : 전류를 흐르게 하는 힘, → 전압 : V [V : 볼트]
  ④ 기전력 : 연속적으로 발생하는 전압
  ⑤ 직류와 교류
    ㉠ 직류 : 크기와 방향이 일정함
    ㉡ 교류 : 크기와 방향이 변화함

(4) 전력과 전류의 열작용
  ① 전력 : 전기가 단위시간(s : 초)에 하는 일. P [W : 와트]
  $$P = VI = \frac{V^2}{R} = I^2 R$$
  ② 전력량 : 전력 × 시간 [Wh : 와트시]
  (1[kW]=1000[W], 1[PS]=0.735[kW], 1[kW]=1.36[PS])

2 교류 이론

(1) 교류
  ① 파형 : 사인파(Sine wave)가 표준
  ② 주파수 : 1초 동안의 사이클의 수 ⇒ f = 60Hz(전력용)

(2) 사인파 교류
  • 교류의 표시법
    ① 순시값 : 시각에 따라 변화(식으로 표시) ⇒ e, i
    ② 최대값 : 최대일 때의 값 ⇒ E_m, I_m 실효값의 $\sqrt{2}$ 배

(3) 교류 회로
  ① 저항 회로(R)
  $$I = \frac{E}{R}$$
  ② 인덕턴스 회로(L)
  코일의 전류변화(교류) ⇒ 역기전력 발생(전류변화 방해 : 저항작용)
  ③ 용량 회로(C)
    ㉠ 콘덴서에 교류 ⇒ 충·방전작용(전압변화 방해 : 저항과 같은 작용)
    ㉡ 용량 리액턴스 $X_C = \dfrac{1}{2\pi f C}$ (f와 C에 반비례)
    ㉢ 임피던스 : 저항과 리액턴스의 벡터 합
  ④ 교류 전력 : 전압과 전류의 위상이 같은 성분을 곱한 값
  ▶피상전력=전압×전류 [VA : 볼트암페어]

(4) 3상 교류 : 크기가 같고 위상이 다른(위상차 : 120°) 3개의 전류

제3과목 기관

CHAPTER 02 보조기기 및 전기장치 실전예상문제

01 『최근빈출 대표유형』
선박보조기계에 대한 설명으로 옳은 것은?

가. 주기관을 말한다.
나. 주기관을 제외한 선내의 모든 기계를 말한다.
사. 직접 배를 움직이는 기계를 말한다.
아. 기관실 밖에 설치된 기계를 말한다.

해설 선내에서 선박의 추진 동력을 얻기 위한 주기관과 보일러를 제외한 모든 기계를 선박보조기계라 한다.

02
디젤기관의 냉각수 펌프로 가장 적당한 펌프는?

가. 기어펌프   나. 원심펌프
사. 이모펌프   아. 베인펌프

해설 냉각수 펌프로는 대형 내연기관에서는 원심펌프, 소형 저속 기관에서는 플런저 펌프를 주로 사용한다.

03 『최근빈출 대표유형』
기어펌프로 이송하기에 적합한 유체는?

가. 청수   나. 해수
사. 윤활유   아. 압축공기

해설 기어펌프는 구조가 간단하고, 왕복펌프에 비해 고속으로 회전할 수 있어서 소형으로도 송출량을 높일 수 있고, 경량이며 흡입 양정이 크고, 점도가 높은 유체를 이송하는 데 적합하다.

04 『최근빈출 대표유형』
기어펌프에서 송출 압력이 일정치 이상으로 상승하면 송출측 유체를 흡입측으로 되돌리는 밸브는?

가. 릴리프밸브   나. 송출밸브
사. 흡입밸브   아. 나비밸브

해설 릴리프밸브(relief valve) : 유·공압 회로에서 압력이 설정된 압력 이상으로 되면 밸브가 열리고, 잉여유체를 흘려서 회로 내의 압력을 설정치로 유지하는 압력제어밸브이고, 사용목적에 따라 안전밸브라고도 한다.

05
다음 펌프 중에서 저압의 물을 다량으로 공급할 때 가장 적합한 펌프는?

가. 왕복펌프   나. 원심펌프
사. 기어펌프   아. 분사펌프

해설 원심펌프는 고속 회전이 가능하고, 구조가 단순하여 설치 면적이 작으며 다단 구성도 쉽다. 또한 고유량, 고양정 원하는 대로 골라 쓸 수 있는 장점이 있다.

06 『최근빈출 대표유형』
원심펌프의 부속품은?

가. 평기어   나. 임펠러
사. 피스톤   아. 배기밸브

해설 원심펌프는 밀폐된 케이싱에 회전차(impeller)를 설치하여 회전시키면, 유체의 회전운동 때문에 생기는 원심력에 의해 유체가 회전차의 중심부에서 반지름 방향으로 밀려나는 원리로 작동한다.

07 『최근빈출 대표유형』
원심펌프의 축이 케이싱을 관통하는 곳에 기밀유지를 위해 설치하는 것은?

가. 오일링   나. 구리패킹
사. 피스톤링   아. 글랜드패킹

해설 글랜드패킹 : 축 주위의 스터핑 박스 안에 넣어 축과 패킹 사이의 마찰 면을 밀봉하는 축봉장치

08
기관실 바닥에 고인 물이나 선외에서 침입한 더러워진 물을 배출하는 펌프는?

가. 빌지펌프   나. 냉각수펌프
사. 윤활유펌프   아. 연료유펌프

해설 빌지펌프(bilge pump) : 주로 배 안에 괸 오수를 배 밖으로 배출하는 펌프를 말한다. 선박의 안전상 중요한 것으로서, 펌프 대수, 용량 등이 법규상에 정해져 있으며, 원심펌프를 사용하는 경우에는 입구 부근에 공기 분리기를 설치하는 경우도 있다. 따라서 왕복동 펌프가 흔히 사용된다. 일반적으로 흡입측의 배관 구멍이 길고 또한 흡입구도 다수이다.

09 『최근빈출 대표유형』
유체를 한 방향으로만 흐르게 하고 반대 방향으로의 흐름을 차단하는 밸브는?

가. 나비밸브   나. 체크밸브
사. 흡입밸브   아. 글러브밸브

해설 • 체크밸브 : 배관에 설치되어 유체가 오직 한쪽 방향으로만 흐르도록 하는 데 사용되고, 역류방지밸브라고도 한다.
• 나비밸브 : 원형의 밸브를 회전하여 유로를 개폐하는 동작기구의 밸브
• 글로브 밸브(스톱밸브) : 나사에 의해 밸브를 밸브 시트에 눌러 유체의 개폐를 실행하는 밸브

10
왕복펌프에 공기실을 설치하는 주 목적은?

가. 발생되는 공기를 모아 제거시키기 위하여
나. 송출유량을 균일하게 하기 위하여
사. 펌프의 발열을 방지하기 위하여
아. 공기의 유입이나 액체의 누설을 막기 위하여

정답 1 나 2 나 3 사 4 가 5 나 6 나 7 아 8 가 9 나 10 나

제3과목 기관 92 Chapter 2. 보조기기 및 전기장치

해설 왕복펌프는 피스톤의 위치에 따라 피스톤의 운동속도가 달라져 송출량의 맥놀이 현상이 발생한다. 이 맥놀이 현상을 줄이기 위해 펌프 송출측의 실린더에 공기실(air chamber)을 설치한다.

11 [최근빈출 대표유형]
송출측에 공기실을 설치하는 펌프는?
가. 원심펌프　　나. 축류펌프
사. 왕복펌프　　아. 기어펌프

해설
- 왕복펌프는 피스톤의 위치에 따라 송출 유량의 맥놀이 현상이 발생한다. 이러한 송출 유량의 맥놀이 현상을 줄이기 위해 펌프 송출 측의 실린더에 공기실(air chamber)을 설치한다.
- 공기실 : 송출 압력이 높으면 송출액의 일부가 공기실의 공기를 압축하면서 공기실 내로 들어가고, 송출 압력이 약하면 송출 유량도 적어져서 공기실 내에 축척되어 있던 액체가 공기의 압력으로 밀려나와 송출관 쪽으로 흘러가게 되므로 송출 유량이 일정하게 된다.

12 [최근빈출 대표유형]
원심펌프에서 마우스링이 설치되는 부위는?
가. 축과 베어링 사이
나. 송출밸브와 송출 압력계 사이
사. 회전차와 케이싱 사이
아. 전동기와 케이싱 사이

해설 마우스링(mouth ring) : 회전차(impeller)에서 송출되는 액체가 흡입구 쪽으로 역류하는 것을 방지하기 위하여 케이싱과 회전차 입구 사이에 설치하는 링으로 웨어링 링(wearing ring)이라고도 한다.

13 [최근빈출 대표유형]
전동기의 기동반에 설치되는 표시등이 아닌 것은?
가. 전원등　　나. 운전등
사. 경보등　　아. 병렬등

해설 2대의 발전기를 병렬운전하는 경우 동기검증등이 설치된다.

14 [최근빈출 대표유형]
전동기로 구동되는 해수펌프가 정상적으로 작동되지 않는 경우의 원인이 아닌 것은?
가. 흡입관 계통에 공기가 새어 들어갈 때
나. 글랜드패킹으로 공기가 새어 들어갈 때
사. 전동기의 공급전압이 너무 낮을 때
아. 선박의 흘수가 클 때

해설 선박의 흘수가 작은 경우 해수펌프가 작동되지 않는 원인이 되기도 한다.

15 [최근빈출 대표유형]
해수펌프가 물을 송출하지 못하는 경우의 원인으로 옳지 않은 것은?
가. 흡입하는 해수의 온도가 영하일 때
나. 흡입측 스트레이너가 많이 막혀 있을 때
사. 송출밸브가 잠겨 있을 때
아. 흡입밸브가 잠겨 있을 때

해설 해수의 온도가 영하일 때라도 얼지 않으면 송출이 가능하다.

16
유압펌프가 기름을 송출하지 못하는 원인으로서 적당치 못한 것은?
가. 원동기의 회전 방향이 반대다.
나. 흡입 필터가 막혔다.
사. 흡입관에서 공기가 흡입된다.
아. 기름의 점도가 낮다.

해설 유압펌프(oil-hydraulic pump) : 기계적 에너지를 유압작동유의 압력에너지로 변환하는 기기이고, 고체벽(피스톤, 베인등)의 이동에 의한 용적의 이동과 변화를 이용한 용적식(positive displacement type)의 펌프이다. 유압펌프는 고체벽의 운동형태에 의해 왕복동형과 회전형으로 대별된다. 펌프의 송출은 기름의 점도와는 무관하다.

17
유압장치에 관한 설명으로 틀린 것은?
가. 유압펌프의 흡입측에 자석식 필터를 많이 사용한다.
나. 작동유는 유압유를 사용한다.
사. 작동유의 온도가 낮아지면 점도도 낮아진다.
아. 작동유 중의 공기를 빼기 위한 플러그를 설치한다.

해설 작동유의 온도가 낮아지면 대개 점도가 커진다.

18
다음 중 가스압축식 냉동장치의 계통도가 바르게 된 것은?
가. 압축기 → 응축기 → 팽창밸브 → 증발기
나. 압축기 → 팽창밸브 → 응축기 → 증발기
사. 압축기 → 증발기 → 응축기 → 팽창밸브
아. 압축기 → 증발기 → 팽창밸브 → 응축기

해설 가스압축식 냉동장치는 냉매를 순환시켜 냉동 목적을 달성하는 데 필요한 압축기, 응축기, 팽창밸브, 증발기 등의 주요 기기와 각종 부속기기로 구성된다.

19 [최근빈출 대표유형]
전기기기의 절연시험이란 무엇인가?
가. 흐르는 전류의 크기를 측정하는 것을 말한다.
나. 선로와 비선로 사이의 저항을 측정하는 것을 말한다.
사. 전압의 크기를 측정하는 것을 말한다.
아. 전기기기의 작동여부를 확인하는 것을 말한다.

해설 선로와 비선로 사이에 누설되는 전류가 있는지 '절연저항계(megger)'로 측정하는 것을 절연시험이라 한다(절연저항 값이 높으면 누전이 발생하지 않는다).

20
전력의 단위는?
가. 옴　　나. 암페어
사. 볼트　　아. 와트

해설 전기 관련 각종 단위
- 저항 : 옴[Ω]
- 전류 : 암페어[A]
- 전압 : 볼트[V]
- 전력 : 와트[W]

정답　11 사　12 사　13 아　14 아　15 가　16 아　17 사　18 가
　　　19 나　20 아

소형선박조종사　　　　　　　　　　　　　　　　　　　　　　　Chapter 2 보조기기 및 전기장치

21 [최근빈출 대표유형]
전류의 흐름을 방해하는 성질인 저항의 단위로 옳은 것은?

가. [V]　　　　　　　　　　　나. [A]
사. [Ω]　　　　　　　　　　　아. [kW]

해설 전기 관련 각종 단위
- 저항 : 옴[Ω]　　　• 전류 : 암페어[A]
- 전압 : 볼트[V]　　• 전력 : 와트[W]

22
다음 중 전기 용어와 단위가 잘못 짝지어진 것은?

가. 전류 - 암페어　　　　　　나. 저항 - 옴
사. 전력 - 헤르츠　　　　　　아. 전압 - 볼트

해설 헤르츠[Hz]는 주파수의 단위이다.

23 [최근빈출 대표유형]
전기회로에서 멀티테스터로 직접 측정할 수 없는 것은?

가. 저항　　　　　　　　　　　나. 직류전압
사. 교류전압　　　　　　　　　아. 전력

해설 전기량을 측정하는 계기에는 그 종류가 많으므로 실험의 목적에 따라 알맞은 실험 계기를 선택해야 한다. 이러한 전압, 전류 및 저항 등의 값을 하나의 기기로 측정할 수 있게 만든 기기 중에서 가장 간단한 것이 멀티미터(multimeter)이다. 이를 회로시험기 또는 멀티 테스터(multi-tester)라고도 하며, 하나의 계기로 전압, 저항 및 밀리암페어의 소전류를 측정한다는 의미로 VOM(Volt Ohm-Milliammeter) 계기라고도 한다.

24 [최근빈출 대표유형]
변압기의 역할로 옳은 것은?

가. 전압의 변환　　　　　　　나. 전력의 변환
사. 압력의 변환　　　　　　　아. 저항의 변환

해설 변압기는 전자유도작용을 이용하여 교류 전압과 전류의 크기를 변환시키는 전기기기이다.

25 [최근빈출 대표유형]
440[V] 교류를 220[V]의 교류 전기로 낮추고자 할 때 필요한 것은?

가. 유도전동기　　　　　　　　나. 변압기
사. 계전기　　　　　　　　　　아. 동기발전기

해설 변압기는 전자유도작용을 이용하여 교류 전압과 전류의 크기를 변환시키는 전기기기이다.

26 [최근빈출 대표유형]
기관실의 220[V] AC 발전기에 해당하는 것은?

가. 직류 분권발전기　　　　　나. 직류 복권발전기
사. 동기발전기　　　　　　　　아. 유도발전기

해설 기관실의 교류발전기로는 동기발전기가 사용된다.

27 [최근빈출 대표유형]
발전기의 기중차단기를 나타내는 것은?

가. ACB　　　　　　　　　　　나. NFB
사. OCR　　　　　　　　　　　아. MCCB

해설
- 기중차단기(ACB, Air Circuit Breaker)
- NFB(No Fuse Breaker)라는 용어 대신에 MCCB(Molded Case Circuit Breaker, 배선용 차단기)라는 정식 명칭을 사용

28 [최근빈출 대표유형]
유도전동기의 기동반에 주로 설치되는 계기는?

가. 전력계　　　　　　　　　　나. 전압계
사. 전류계　　　　　　　　　　아. 주파수계

해설 유도전동기는 기동시 정격 전류의 5~8배의 기동 전류가 흐르므로 과전류 감지를 위해 전류계를 설치한다.

29
선내에 사용하는 교류 전원의 주파수는 얼마인가?

가. 30[Hz]　　　　　　　　　　나. 40[Hz]
사. 60[Hz]　　　　　　　　　　아. 100[Hz]

해설 우리나라 전기기기의 주파수는 60[Hz]로 통일되어 있으나, 일본과 중국 등 외국에서는 지역에 따라서 50[Hz]를 사용한다.

30
다음 중 선박용 배터리의 전압은 주로 몇 볼트[V]인가?

가. 10볼트　　　　　　　　　　나. 15볼트
사. 20볼트　　　　　　　　　　아. 24볼트

해설 선박에서 비상 발전기 기동용과 비상 조명용 및 비상 통신용 등으로 사용하기 위한 비상 전원은 축전지가 사용되며 항상 대기 상태로 있다가 주전원이 상실되면 전력을 공급하기 시작한다. 전압은 24[V]로 하는 것이 보통이다. 한 셀당 약 2[V]인 납축전지 12개를 직렬로 연결하여 사용하거나, 한 셀당 1.2[V]인 알칼리축전지 20개를 직렬로 연결하여 사용한다.

31 [최근빈출 대표유형]
절연저항을 측정하는 데 사용하는 계기는?

가. 메거
나. 마이크로미터
사. 클램프미터
아. 타코미터

해설
- 메거(megger) : 절연저항계
- 마이크로미터(micrometer) : 정확한 피치를 가진 나사를 이용하여 물체의 안지름과 바깥지름, 혹은 종이의 두께 등을 정밀하게 측정하는 기구
- 클램프미터(clampmeter) : 클램프 형태의 전류계로, 회로를 절단하지 않고 회로 전류를 알 수 있는 변류기 내장형의 전류계
- 타코미터(tachometer) : 회전하는 물체의 회전속도를 측량하는 계기, 즉 회전속도계를 말한다.

정답 21 사　22 사　23 아　24 가　25 나　26 사　27 가　28 사
29 사　30 아　31 가

32 [최근빈출 대표유형]
전기를 띤 물체를 무엇이라 하는가?
- 가. 대전체
- 나. 반도체
- 사. 부도체
- 아. 자석

해설 대전(electrification)은 물체가 전기를 띠는 현상을 말하며, 전기를 띤 물체를 대전체라고 한다.

33
축전지의 용액이 부족할 때 일반적으로 무엇을 보충하는가?
- 가. 일반 청수
- 나. 증류수
- 사. 해수
- 아. 부동액

해설 납축전지의 전해액으로는 황산과 증류수를 혼합한 묽은 황산이 사용되며, 전해액 보충은 증류수로 한다.

34
납축전지 전해액의 비중은?
- 가. 0.5
- 나. 1.2
- 사. 2.0
- 아. 3.0

해설 전해액의 적정 혼합 비중은 축전지가 완전 충전 상태일 때, 20[℃]에서 1.24, 1.26, 1.28이다. 이 세 종류는 열대지방, 온대지방, 한랭지방에서 쓰이며 우리나라에서는 1.28을 표준으로 허용한다.

35
선박에 사용하는 납축전지의 용량을 나타내는 단위는?
- 가. [V]
- 나. [A]
- 사. [Ah]
- 아. [kW]

해설
- 전압 : 볼트[V], 전류 : 암페어[A], 전력 : 와트[W, kW]
- 납축전지의 용량은 암페어 시[Ah]로 나타낸다.

36 [최근빈출 대표유형]
납축전지의 전해액으로 많이 사용되는 것은?
- 가. 묽은 황산 용액
- 나. 알칼리 용액
- 사. 가성소다 용액
- 아. 청산가리 용액

해설 납축전지의 전해액은 묽은 황산이 사용된다.

37
납축전지의 구성 요소가 아닌 것은?
- 가. 극판
- 나. 충전판
- 사. 격리판
- 아. 전해액

해설 납축전지는 극판(양극판과 음극판), 격리판, 전해액, 전조로 이루어진다.

38
우리나라에서 납축전지가 완전 충전 상태일 때 섭씨 20도에서 전해액의 표준 비중 값은 얼마인가?
- 가. 1.20
- 나. 1.28
- 사. 1.36
- 아. 1.48

해설 전해액의 적정 혼합 비중은 축전지가 완전 충전 상태일 때, 20[℃]에서 1.24, 1.26, 1.28이다. 이 세 종류는 열대지방, 온대지방, 한랭지방에서 쓰이며 우리나라에서는 1.28을 표준으로 허용한다.

정답 32 가 33 나 34 나 35 사 36 가 37 나 38 나

CHAPTER 03 기관 고장시의 대책

소형선박조종사

제1절 디젤기관의 운전

1 관계 지식

디젤기관의 운전 방법은 기관의 크기와 형식에 따라 다르고, 부속 장치의 종류에 따라 차이가 있으므로 제작사에서 제시하는 취급 설명서에 따라야 한다.

(1) 시동 전 점검사항

① **압축 공기 계통** : 시동 공기 탱크의 압력을 확인하고, 드레인 (drain) 밸브의 개폐를 반복해서 수분을 배출시킨다. 압력이 부족한 경우 공기 압축기를 운전하여 약 3MPa이 될 때까지 공기를 보충한다.

② **윤활유 계통** : 섬프 탱크의 레벨을 확인하고, 부족할 경우 보충하여 정상레벨을 유지하고, 윤활유 펌프를 작동시켜 윤활유의 압력이 정상인지 확인한다. 윤활유의 압력이 정상적으로 올라가면 크랭크실, 피스톤 냉각유, 캠 샤프트, 과급기 등의 점검창을 통과해 관찰하면서 유량은 충분한지, 색깔이 변질되었는지 등을 확인한다. 실린더 주유기가 별도로 설치되어 있는 기관일 경우, 실린더유 탱크의 레벨을 확인하고 부족하면 보충한다.

③ **연료유 계통** : 연료유 서비스 탱크의 레벨을 확인하고 드레인 밸브를 열어 수분과 침전물 등을 배출시킨다. 연료유 양이 부족하면 청정기를 운전하여 보충한다. 연료유 공급 펌프와 순환 펌프를 가동하여 기관입구의 압력을 확인한다. 연료유 여과기의 출·입구 압력차도 점검하여 여과기의 오손 상태를 확인하며, 오손 상태가 심하다면 개방하여 소제한다.

④ **냉각수 계통** : 팽창 탱크의 수위를 점검하여 정상 수위보다 많이 낮다면 누수 부위가 있다는 것을 의미하므로 반드시 원인을 찾아 조치를 취한 후 보충한다.
냉각수 예열기를 작동시키고, 청수 냉각 펌프를 가동하여 재킷 냉각수 온도가 최소 20℃ 이상이 되도록 예열한다. 기관이 시동된 후 재킷 냉각수 온도가 정상적인 온도가 될 때까지 해수 펌프는 미리 가동하지 않는다.

⑤ **작동부 이상 유무** : 터닝 기어로 기관을 회전시키면서 터닝 기어 전류계의 값을 확인한다. 평상시보다 높은 전류 값을 나타낸다면 기관의 작동부에 이물질이 끼었다는 것을 의미하므로 반드시 확인하도록 한다. 열려 있는 인디케이터 콕으로 물, 기름과 같은 이물질이 나오는지를 확인한다.

⑥ **제어반 점검** : 제어반의 각종 계기를 점검하면서, 안전 정지 장치와 경보 감시 기능을 확인한다. 이상 경보가 들어와 있다면 반드시 확인하고 조치를 취해 경보가 해제되도록 한다.

(2) 시동 후 점검사항

① 기관이 시동되면 각 작동부의 음향과 진동, 압력계, 온도계, 회전계 등을 살피고, 이상 발열이나 소리가 없는지 확인한다.

② 냉각수 순환계통의 이상 유무를 확인한다.

③ 모든 실린더에서 연소가 이루어지고 있는지 확인하고, 실린더 주유기의 작동 상태를 확인한다.

④ 기관으로 들어가는 주 시동 공기 파이프를 만져서 뜨거우면 실린더 헤드의 시동 밸브가 누설되어 연소 가스가 새어 있는 것이니 조치한다.

2 안전 및 유의사항

(1) 기관을 작동하기 전에 취급 설명서나 관련 도면 등을 보고 계통을 충분히 파악해 두어야 한다.

(2) 기관실은 언제나 깨끗이 정돈하고 청결을 유지하여 누설부가 있을 경우 신속히 확인할 수 있도록 한다.

(3) 추운 지역에서 장시간 정지하고 있을 때는 냉각수 계통의 물을 빼내어 동파로 인한 피해를 방지하도록 한다. 가능하면 계속 워밍 (warming) 상태로 유지해 두는 것이 좋고, 기관실 내의 보온에 유의한다.

3 디젤기관의 운전

(1) 디젤기관의 시동

① 시동하기 전에 윤활유 펌프를 비롯하여 운전에 필요한 각 펌프들이 운전되고 있는지 확인하고 그 압력과 온도를 점검한다.

② 터닝 기어를 구동시켜 기관을 천천히 회전시키면서 각부 윤활유 공급을 수 분간 계속한 후, 터닝 기어를 플라이 휠로부터 분리시킨다.

③ 시동공기 탱크의 밸브를 열어서 압력을 확인한다.

④ 연료 조정 장치를 '시동' 위치에 두고, '시동' 버튼을 눌러 수 초 동안 시동공기만 들어가도록 조작하여 공기 운전(air running)을 한다. 이때 인디케이터 콕으로부터 수분이나 그 밖의 이물질이 분출되지 않는지 확인하고, 이상이 없으면 인디케이터 콕을 잠근다.

⑤ 연료 조정 장치를 '시동' 위치에 두고, '시동' 버튼을 눌러 기관을 시동한다.

⑥ 모든 부분이 정상 운전 상태인지를 확인한 후, 서서히 회전수를 상승시키며 원하는 회전수로 운전한다.

(2) 정지 및 정지 후의 조치

① 중유를 주 연료로 사용하는 기관에서는 정지하기 최소 1시간 전에 연료유를 저질 중유에서 경질중유(디젤유)로 바꿔준다 (bunker change).
② 부하를 줄이고 수 분간에 걸쳐 서서히 회전수를 낮춘다.
③ '정지' 스위치로 기관을 정지한다.
④ 기관이 완전히 정지하면 다음과 같은 조치를 취한다.
　㉠ 연료 조정 장치의 정지 핸들을 '정지' 위치로 돌린다.
　㉡ 인디케이터 콕을 열고 수 회 동안 공기 운전시켜 실린더 내의 잔류 배기가스를 배출시킨다.
　㉢ 시동 공기탱크의 밸브를 잠근다.
　㉣ 터닝 기어를 플라이 휠에 연결하여 기관을 회전시키면서 실린더 주유기를 수동으로 펌핑하여 피스톤링의 고착을 방지한다.
　㉤ 윤활유, 냉각수 펌프를 약 20분 이상 더 운전한 후 정지시킨다.
　㉥ 기타 계통의 밸브들은 정지 시간의 상황을 고려하여 차단 여부를 결정하도록 한다.
　㉦ 장시간 정지하고자 할 경우는 제작사의 장시간 정비 지침에 따른다.

제2절 주요부의 분해 점검과 취급

디젤기관의 주요부를 분해, 조립하는 순서와 중요 작업은 기관의 크기와 형식에 따라 일정하지 않다.

(1) 트렁크 피스톤형 4행정 사이클 기관의 분해 순서

　실린더 헤드 들어내기 → 커넥팅 로드 대단부 베어링 분해 → 피스톤 발출 → 실린더 라이너 발출

(2) 크로스헤드형 2행정 사이클 기관의 분해 순서

　실린더 헤드 들어내기 → 피스톤 로드와 크로스헤드 분리 → 피스톤 발출 → 실린더 라이너 발출

(3) 조립은 분해 순서의 역순으로 실시한다.

(4) 기관을 분해, 점검하기 전에는 기관이 시동되지 않는지, 크랭크축이 회전하지 않는지를 반드시 확인해야 한다. 조립할 때는 각종 볼트와 너트가 확실히 조여졌는지를 확인한다.

(5) 기관을 분해할 때 주의해야 할 내용
① 분해된 부품은 각 실린더별로 정렬한다.
② 피스톤링과 메탈베어링 등의 실린더 번호가 없는지 부품은 꼬리표를 붙여 정렬한다.
③ 분해된 부품은 충격을 주지 않도록 주의하고, 부식이나 이물질이 떨어지지 않도록 주의한다.
④ 크랭크실 등의 내부에 쇳가루, 먼지 등의 이물질이 떨어지지 않도록 주의한다.
⑤ 배관 계통은 분해 후 즉시 막아서 이물질이 들어가지 않도록 한다.

제3절 고장과 대책

기관의 작동 상태에 이상이 발견된 경우, 특히 시동 시 시동 직후에 정상적인 운전 상태 때와는 다른 소음이 발생하거나 각종 압력과 온도에 이상이 있을 때는 정지하고 취급 설명서의 점검 및 보수 요령을 참조하여 원인을 찾고 대책을 수립한다. 또한 기관의 운전 조건을 잘 알아두고, 점검 결과는 반드시 기록하도록 하여 앞으로 있을 수리 업무에 참고하도록 한다.

(1) 시동 전 고장의 원인과 대책

현상	원인	대책
터닝 기어로 회전시켜도 회전하지 않거나, 전류계의 값이 비정상적으로 상승한다.	터닝 기어의 연결 불량	터닝 기어가 제 위치에 맞물렸는지 확인한다.
	기관 특정 부위의 이물질로 인한 크랭크축의 회전 불량	실린더 내부, 기어 장치 등의 작동부에 볼트, 너트, 공구, 걸레 조각 등의 이물질이 끼어 있는지 확인한다.
윤활유 섬프 탱크의 레벨이 비정상적으로 상승한다.	윤활유 냉각기의 누수	냉각 튜브가 파공된 곳을 점검하고, 필요하면 수압 시험을 하여 파공된 튜브에 플러깅(plugging)을 실시한다.
	실린더 내부를 통한 물의 유입	실린더 라이너의 균열을 확인한다.
	실린더 라이너의 누수	워터 재킷의 오 링을 새 것으로 교환한다.
	실린더 헤드를 통한 물의 유입	• 실린더 헤드의 균열 유무를 점검한다. • 예비품의 실린더 헤드를 교환한다.
	배기밸브의 냉각수 연결 부위로부터의 누수	배기밸브와 실린더 헤드의 냉각수 열결 부위의 오 링을 새 것으로 교환한다.
터닝 시 인디케이터 밸브로부터 물이 나온다.	공기 냉각기를 통한 물의 유입	• 냉각 튜브 누설 부위를 점검한다. • 흡기 매니폴드 내의 수분 여부를 점검하고, 드레인을 배출한다.
	배기관을 통한 빗물 유입	과급기의 배기가스 출구 파이프에 물이 고여 있는지 확인하고, 장시간 기관 정지 시에는 드레인 콕을 열어 둔다.
	실린더 라이너와 실린더 헤드의 균열에 의한 누수	팽창 탱크의 수위를 점검하여 누수 여부를 확인한다. • 크랭크실 내부를 개방하여 점검한다. • 누수 부위가 발견되면 새 부품으로 교환한다.

(2) 시동 시의 고장의 원인과 대책

현상	원인	대책
"start" 버튼을 눌러도 기관이 시동되지 않는다.	시동 공기 탱크의 압력 저하	공기 압축기를 운전하여 탱크 압력을 3MPa까지 올린다.
	터닝 기어의 인터록(Inter lock) 장치 작동	터닝 기어를 플라이휠에서 이탈시켜 인터록 장치를 해제한다.
	시동 공기 분배기의 조정 불량	타이밍 마크를 점검한다.
	실린더 헤드의 시동 공기 밸브의 결함	결함이 있는 밸브를 찾아 교체하거나, 분해 점검한다.

시동 공기에 의해 회전은 하지만 폭발이 일어나지 않는다.	연료 분사펌프의 래크가 고착되거나, 인덱스가 너무 낮음	연료 분사펌프 로드의 연결 상태를 점검하고, 인덱스를 시운전 시의 값과 일치하는지 점검한다.
	연료유 공급 불량	연료유 계통을 점검, 압력을 확인한다.
	연료 펌프로부터 연료 분사 밸브까지의 배관에 공기가 유입됨	연료유 공급 펌프를 운전해 두고, 공기 빼기 밸브를 열어 공기를 빼낸다.
기관이 정상 시동 후 곧바로 정지한다.	조속기에 설정된 스피드 설정 압력이 너무 낮음	취급 설명서를 참고하여 설정 압력을 높인다.
	안전 장치의 작동	각 압력과 온도를 점검하고, 안전 장치의 기능을 복귀시킨다.
연료유로 운전하고 있으나 불안정하게 운전되고, 연소가 불규칙적이다.	보조 송풍기(auxblower)가 작동 불량	보조 송풍기를 기동한다.
	연료유 공급 계통에 공기 배출이 이루어지지 않음	공기 빼기 밸브를 열어 배출시킨다.
	연료유에 물이 유입	연료유 서비스 탱크의 드레인 밸브를 열어 물을 배출시킨다.
	실린더 1~2개가 연소불량	• 배기 온도를 확인하여 온도가 올라가지 않는 실린더의 연료분사밸브를 점검, 교체한다. • 연료 분사펌프의 플런저 및 캠의 작동을 확인하여, 이상이 있으면 교환한다.

(3) 운전중 비정상적인 상태와 그 대책

현 상	원 인	대 책
모든 실린더에서 배기온도가 높다.	부하의 부적합	연료 펌프 래크의 인덱스를 점검하여 부하 상태를 점검한다.
	흡입 공기의 온도가 너무 높음	공기 냉각기의 출·입구 온도를 점검하여 냉각수 유량을 증가시킨다.
	흡입 공기의 저항이 큼	공기 필터를 새 것으로 교환한다.
	과급기의 상태 불량	과급기의 회전수를 확인하고, 정상적으로 작동하는지를 점검한다.
특정 실린더에서 배기온도가 높다.	연료분사밸브나 노즐의 결함	밸브나 노즐을 교체한다.
	배기밸브의 누설	밸브를 교체하거나 분해 점검한다.
배기온도가 낮다.	흡입 공기 온도가 너무 낮음	온도 조절용 3방향 밸브가 정상적으로 작동하는지 점검한다.
	연료유 계통에 공기, 가스, 증기의 흡입	• 공기 분리 밸브의 기능을 점검한다. • 연료유 공급 펌프의 흡입 측의 공기 누설을 점검한다. • 연료유 예열기의 증기 누설 여부를 점검한다.
	연료분사밸브의 고착	연료분사밸브를 교체한다.
배기가스의 색이 검은 색이다.	흡입 공기 압력의 부족	• 과급기를 점검하고, 필요하면 취급 설명서에 따라 과급기를 청소한다. • 공기 필터의 오염 상태를 점검한다.
	연료 분사 상태의 불량	연료분사밸브를 분해·소제하고, 분사 압력을 재조정한다.
	과부하 운전	기관의 부하를 줄인다.
배기가스 색이 청백색이다.	연소실로 윤활유가 섞여 들어가 연소됨	• 피스톤링, 실린더 라이너의 마멸 상태를 계측하여, 한도를 넘었으면 새 것으로 교체한다. • 피스톤링과 홈을 점검한다.
폭발 시 비정상적인 소리가 난다.	실린더 헤드의 개스킷 부위에서 가스의 누출	실린더 헤드 볼트의 풀림을 검사하고, 필요하면 개스킷을 새 것으로 교환한다.
	배기매니폴드 연결관에서의 가스 누출	팽창 조인트의 파손을 점검하고, 개스킷을 새 것으로 교환한다.
	연료분사밸브와 실린더 헤드의 기밀 불량	연료분사밸브를 들어내어 헤드와의 시트 부분에 이물질이 있는지 점검하고, 필요하면 연마한다.
	연료분사밸브의 노즐이 막혔거나 니들 밸브의 오염	연료분사밸브를 예비품으로 교환한다.
유증기 배출관으로부터 대량의 가스가 배출된다.	피스톤, 베어링 등의 운동 부분의 소착	기관을 즉시 정지하고, 크랭크실 폭발의 위험이 있으므로 충분한 시간이 지난 후 크랭크실 점검 창을 열고 천천히 터닝하면서 피스톤링, 베어링, 커넥팅 로드, 실린더 라이너의 하부 등을 촉감으로 검사하고, 최근의 운전 일지등과 비교하면서 이상이 있는 곳을 점검한다.
	피스톤링의 과대한 마멸	최근의 정비 일지, 계측 기록을 비교하여, 사용 시간상 과도한 마멸이 예상되는 실린더의 링을 찾아서 새 것으로 교환한다.
기관이 운전중 급정지한다.	과속도 정지 장치의 작동	과속도 정지 장치가 작동한 원인을 조사하여 원인이 되는 요소를 정상 운전 상태로 복귀시키고, 과속도 정지 장치를 리셋시킨다.
	연료에 물이 혼입	• 연료유 서비스 탱크의 드레인 밸브를 열어 물을 배출시킨다. • 연료유 청정기의 작동 상태를 점검한다.
	연료유의 압력 저하	• 연료유 서비스 탱크의 잔량을 점검한다. • 연료유 계통의 필터를 청소한다.
	조속기의 이상	연료 조절 장치에 이상이 있으면 연료분사펌프의 래크를 '정지' 위치로 돌리고, 취급 설명서를 참조하여 조속기를 점검한다.
기관의 진동이 평소보다 심하다.	위험 회전수에서 운전	위험 회전수 영역을 벗어나서 운전한다.
	각 실린더의 최고 압력이 고르지 못함	지압기를 사용해서 최고 압력을 확인한 후, 필요하면 연료 분사시기를 조정한다.
	기관 베드의 설치 볼트가 이완 또는 절손	점검 후 이완부를 다시 조이고, 부러진 볼트는 교체한다.
	각 베어링의 틈새 과대	제작사에서 권장하는 규정치 내로 베어링 틈새를 적절히 조정한다.

CHAPTER 03 기관 고장시의 대책 실전예상문제

01 최근빈출 대표유형
디젤기관에서 배기가스의 온도가 상승하는 원인이 아닌 것은?
가. 과급기의 작동 불량 나. 흡입공기의 냉각 불량
사. 배기밸브의 누설 아. 윤활유 압력의 저하

해설 배기가스의 온도가 상승하는 원인
- 부하의 부적합
- 흡입공기의 온도가 너무 높은 경우
- 흡입공기의 저항이 클 경우
- 과급기의 상태 불량
- 배기밸브의 누설
- 연료분사밸브나 노즐의 결함

02 최근빈출 대표유형
4행정 사이클 디젤기관에서 배기밸브의 밸브 틈새가 규정값보다 작게 되면 발생하는 현상으로 옳은 것은?
가. 배기밸브가 빨리 열린다.
나. 배기밸브가 늦게 열린다.
사. 흡기밸브가 빨리 열린다.
아. 흡기밸브가 늦게 열린다.

해설 밸브 틈새(valve clearance)가 작게 되면 밸브가 빨리 열린다.

03 최근빈출 대표유형
디젤기관의 운전중 운동부에서 심한 소리가 날 경우의 조치로 옳은 것은?
가. 연료유의 공급량을 늘린다.
나. 윤활유의 압력을 낮춘다.
사. 기관의 회전수를 낮춘다.
아. 냉각수의 공급량을 줄인다.

해설 운전중인 기관에서 이상한 소음이 발생하면 기관을 정지시키거나 기관의 회전수를 내린다.

04 최근빈출 대표유형
디젤기관이 시동되지 않을 경우의 원인으로 옳지 않은 것은?
가. 연료 노즐에서 연료가 분사되지 않을 때
나. 실린더 내 압축압력이 너무 낮을 때
사. 실린더의 온도가 높을 때
아. 불량한 연료유를 사용했을 때

해설 실린더 온도가 높으면 오히려 시동이 쉬워진다.
▶ 기관의 시동이 되지 않는 경우
- 시동 공기 탱크의 압력 저하
- 터닝 기어의 인터록(inter rock) 장치 작동
- 시동 공기 분배기의 조정 불량
- 실린더 헤드 시동공기밸브의 결함

05 최근빈출 대표유형
디젤기관에서 실린더 내로 흡입되는 공기의 압력이 낮을 때 조치사항으로 가장 적절한 것은?
가. 과급기의 회전수를 낮춘다.
나. 과급기의 공기 필터를 소제한다.
사. 과급기의 냉각수 온도를 조정한다.
아. 공기 냉각기의 냉각수량을 감소시킨다.

해설 흡입 공기 압력이 낮을 때에는 과급기를 점검·청소하고, 공기 필터의 오염 상태를 점검한다.

06
디젤 주기관의 시동 후 주의사항 중 가장 거리가 먼 것은?
가. 윤활유 압력에 주의
나. 각 운동부의 작동에 이상이 없는지 조사
사. 배전반의 전압계를 정상인지 확인
아. 냉각수가 공급되는지 확인

해설 기관의 시동 후 주의사항
- 냉각수가 적당하게 공급되고 있는지 확인한다.
- 테스트콕 개방은 실린더 1개씩 순차적으로 실시하여 배기상태를 확인한다.
- 윤활유 압력을 주의깊게 살핀다.
- 각 운동부에 이상이 없는지 확인한다.

07 최근빈출 대표유형
선박의 기관에 사용되는 부동액에 대한 설명으로 옳은 것은?
가. 기관의 시동용 배터리에 들어가는 용액이다.
나. 기관의 냉각수가 얼지 않도록 냉각수의 어는 온도를 낮추는 용액이다.
사. 기관의 윤활유가 얼지 않도록 윤활유의 어는 온도를 낮추는 용액이다.
아. 기관의 연료유가 얼지 않도록 연료유의 어는 온도를 낮추는 용액이다.

해설 부동액 : 각종 엔진에 사용되는 냉각수가 얼어붙는 것을 막기 위해 여러 가지 첨가물(에틸렌글리콜 등)을 섞어 만든 액체

08 최근빈출 대표유형
디젤기관에서 운전중에 확인해야 하는 사항이 아닌 것은?
가. 윤활유의 압력과 온도
나. 배기가스의 색깔과 온도
사. 기관의 진동 여부
아. 크랭크실 내부의 검사

해설 운전중에는 크랭크실 점검을 할 수 없으며, 점검은 기관 정지 시에 한다.

정답 1 아 2 가 3 사 4 사 5 나 6 사 7 나 8 아

09 [최근빈출 대표유형]
디젤기관의 운전중 점검 사항이 아닌 것은?

가. 연료분사밸브의 분사압력 및 분무상태

나. 감속기 및 과급기의 윤활유 양

사. 윤활유 압력

아. 주기관의 윤활유 양

[해설] 연료분사밸브는 기관 정지 중 분리하여 압력 시험 펌프에 연결, 분사압력 및 분무 상태를 점검한다.

10 [최근빈출 대표유형]
디젤기관의 운전중 진동이 심해지는 경우의 원인으로 옳지 않은 것은?

가. 기관대의 설치 볼트가 여러 개 절손되었을 때

나. 윤활유 압력이 높을 때

사. 노킹현상이 심할 때

아. 기관이 위험회전수로 운전될 때

[해설] **기관의 진동이 평소보다 심해지는 경우**
- 위험 회전수에서 운전
- 각 실린더의 최고 압력이 균일하지 못함
- 기관 베드 설치 볼트의 이완 또는 절손
- 각 베어링의 틈새 과대

11 [최근빈출 대표유형]
항해중 주기관을 급히 정지시켜야 할 경우가 아닌 것은?

가. 연료분사펌프의 송출압력이 높아질 때

나. 운동부에서 이상한 소리가 날 때

사. 윤활유의 압력이 급격히 떨어질 때

아. 냉각수가 공급되지 않을 때

[해설] **기관을 정지시켜야 할 경우**
- 운동부에서 이상한 소리가 날 때
- 베어링 기타의 활동부가 발열할 때
- 발열 때문에 연기가 날 때
- 윤활유 압력이 갑자기 떨어져 즉시 복귀하지 못할 때
- 실린더의 안전밸브가 열릴 때
- 조속기에 고장이 생겨 급회전이 일어날 때
- 냉각수 공급이 중단되고 즉시 복구하지 못할 때

12 [최근빈출 대표유형]
운전중인 디젤기관을 정지시켜야 하는 경우가 아닌 것은?

가. 해수 온도가 급강하였을 때

나. 운동부에서 심한 소리가 들릴 때

사. 윤활유를 계속 공급할 수 없을 때

아. 냉각수를 계속 공급할 수 없을 때

[해설] 운전중 기관에서 비정상적인 소음이 발생하거나 각종 압력과 온도 등에 이상이 있을 때는 즉시 기관을 정지하고 원인을 찾고 대책을 수립한다.

13 [최근빈출 대표유형]
디젤기관의 실린더 헤드 볼트를 죄는 요령으로 옳지 않은 것은?

가. 한 번에 다 죄지 말고 여러 번 나누어 죈다.

나. 대각선 위치의 볼트를 번갈아 죈다.

사. 볼트를 죄는 힘을 균일하게 한다.

아. 열팽창을 고려해서 운전중에 다시 죈다.

[해설] 스터드 볼트(stud bolt)의 정비는 기관 정지 시에 행하며, 토크 렌치를 사용하여 규정된 토크로 죈다.

14
기관의 과열 원인이 아닌 것은?

가. 냉각수의 부족

나. 저속운전을 장시간 계속할 때

사. 윤활유 불량

아. 과부하 운전

[해설] 기관의 과열 원인은 냉각수가 부족할 때, 윤활유가 부족할 때, 실린더 라이너 재킷에 스케일이 많이 끼는 경우, 냉각수의 순환이 불량할 때 등이다.

15
디젤기관의 운전시 매일 점검해야 할 사항이 아닌 것은?

가. 배기 온도

나. 윤활유량

사. 피스톤 및 피스톤링

아. 연료유 재고량

[해설] 피스톤 및 피스톤링 점검은 기관 정지시 피스톤을 분해하여 점검한다.

16
기관에 설치되는 평형추의 설치 목적에 대한 설명 중 관계 없는 것은?

가. 기관진동 방지

나. 회전체의 불균형을 보완

사. 크랭크 암과 핀의 원심력과 평형 도모

아. 프로펠러의 급회전을 방지

[해설] **평형추** : 기관의 진동 감소, 원활한 회전, 메인 베어링의 마멸 감소를 위해 크랭크 암에 설치한다.

17 [최근빈출 대표유형]
디젤기관의 실린더 헤드 분해 작업에 대한 설명으로 옳지 않은 것은?

가. 시동공기밸브를 잠근 후 실린더 헤드를 분해한다.

나. 피스톤을 뺀 후 실린더 헤드를 분해한다.

사. 연료유의 공급 밸브를 잠근 후 실린더 헤드를 분해한다.

아. 냉각수 입·출구 밸브를 잠그고 드레인을 배출한 후 실린더 헤드를 분해한다.

[해설] **실린더 헤드 분해 전의 준비사항**
- 시동공기밸브를 잠그고 공기관 내의 드레인 밸브를 열어 잔류 압력을 배출시킨다.
- 터닝 기어를 연결하여 플라이 휠과 맞물리도록 한다.
- 냉각수 입·출구 밸브를 잠그고, 기관 내의 냉각수를 배출한다.
- 연료유와 윤활유의 공급 계통을 차단한다.

18 [최근빈출 대표유형]
내연기관에서 피스톤링의 고착 원인이 아닌 것은?

가. 링의 절구 틈이 모두 과대할 때

나. 실린더유 주유량이 너무 부족할 때

사. 링을 새 것으로 모두 교환하였을 때

아. 연소 불량으로 링에 카본 부착이 심할 때

정답 **9** 가 **10** 나 **11** 가 **12** 가 **13** 아 **14** 나 **15** 사 **16** 아
17 나 **18** 사

해설 피스톤링의 고착 원인
- 실린더 또는 피스톤이 과열되었을 때
- 연소불량에 의해 카본이 부착되었을 때
- 과다한 주유로 오일 슬러지가 부착되었을 때
- 절구 틈이 과소 또는 과대할 때
- 실린더유 주유량이 너무 부족할 때

19 [최근빈출 대표유형]
운전중인 디젤기관에서 메인 베어링의 발열이 심할 때 응급 조치사항으로 가장 적절한 것은?

가. 윤활유를 공급하면서 기관을 서서히 정지시킨다.
나. 발열 부분의 냉각을 위해 냉각수의 압력을 높인다.
사. 발열 부분의 냉각을 위해 냉각수 펌프를 2대 운전한다.
아. 발열 부분의 냉각을 위해 윤활유 펌프를 2대 운전한다.

해설 운전중인 디젤기관에서 메인 베어링의 발열이 심할 때는 베어링의 고착 방지를 위하여 윤활유를 공급하며 기관을 서서히 정지시킨다.

20
운전중 기관 진동이 많아지는 원인이 아닌 것은?

가. 기관 조임 볼트의 이완 또는 절손
나. 실린더의 각 베어링 틈이 좁을 때
사. 기관이 노킹할 때
아. 위험 회전수로 운전할 때

해설 기관의 진동이 커지는 원인
- 노킹이 발생되었을 때
- 각 실린더의 최고 압력이 고르지 못할 때
- 기관 베드의 볼트가 풀리거나 절단되었을 때
- 각 베어링의 틈이 너무 클 때 등

21 [최근빈출 대표유형]
운전중인 디젤기관에서 어느 한 실린더의 배기 온도가 상승한 경우의 원인으로 볼 수 있는 것은?

가. 과부하 운전
나. 조속기 고장
사. 배기밸브의 누설
아. 흡입공기의 냉각 불량

해설 특정 실린더에서 배기 온도가 높아지는 원인은 ① 연료분사밸브의 결함 ② 노즐의 결함 ③ 배기밸브의 누설 등이다.

22 [최근빈출 대표유형]
운전중인 디젤기관이 갑자기 정지되었을 경우 그 원인이 아닌 것은?

가. 과속도 장치의 작동
나. 연료유 여과기의 막힘
사. 시동밸브의 누설
아. 조속기의 고장

해설 시동밸브의 누설은 운전중 기관의 정지와 무관하다.
▶ 운전중인 기관의 정지 원인
- 과속도 정지 장치의 작동
- 연료에 물이 혼입된 경우
- 연료유의 압력 저하
- 조속기의 이상

23
다음은 디젤기관의 배기색이 백색이 되는 원인이다. 이 중 틀린 것은?

가. 연료에 수분이 혼입되었을 때
나. 기관을 과부하로 운전할 때
사. 흡입공기 압력이 너무 높을 때
아. 어느 실린더에서 전혀 연소하지 않을 때

해설 배기색이 백색이 되는 원인 : 연료유에 수분이 포함되어 있을 때, 소음기 내면에 기름재가 부착되어 있을 때, 폭발하지 않은 실린더가 있을 때 등

24 [최근빈출 대표유형]
내연기관에서 배기가스 색이 흑색일 때의 원인이 아닌 것은?

가. 불완전 연소
나. 과부하 운전
사. 연료 속의 수분 혼입
아. 공기 흡입 부족

해설
- 연료유에 수분이 혼입되면 배기가스는 백색을 띤다.
- 배기가 흑색이 될 때의 원인 : 실린더의 과열, 불완전연소, 소기압력이 낮을 때, 베어링 메탈이 타고 있을 때, 기관이 과부하 상태일 때, 공기가 누설되어 압축작용이 나쁠 때, 실린더가 과열되어 피스톤링이 소착되었을 때 등

25 [최근빈출 대표유형]
디젤 주기관의 운전중 검은색 배기가 발생되는 경우는?

가. 연료분사밸브에 이상이 있을 경우
나. 냉각수 온도가 규정치보다 조금 높을 경우
사. 윤활유 압력이 규정치보다 조금 높을 경우
아. 윤활유 온도가 규정치보다 조금 낮을 경우

해설 연료분사밸브나 펌프에 이상이 있을 경우에는 검은색 배기가스가 발생한다.
▶ 배기가스의 색이 검은색인 경우
- 흡입 공기 압력의 부족
- 연료 분사 상태의 불량
- 과부하 운전

26
볼트나 너트를 풀고 조이기 위한 렌치(Wrench)의 바른 사용 방법은?

가. 가능한 한 자기 앞쪽으로 당긴다.
나. 자기와 반대쪽으로 민다.
사. 동작방향으로 몸과 함께 민다.
아. 작업자의 기호에 따라 다르다.

해설 렌치(Wrench)는 자기 몸쪽으로 당겨 사용한다.

27
디젤기관의 시동 전 준비사항으로 가장 관계가 없는 것은?

가. 기관실의 보온
나. 터닝 후 기관 각 부 이상여부 파악
사. 각 활동부의 윤활유 주입
아. 냉각수 온도 조절

해설 기관의 시동 전 준비사항
- 냉각수, 윤활유, 연료유의 압력을 점검
- 계기판의 압력계가 정상치인가 확인
- 공기계통의 압력을 확인
- 각종 펌프를 기동한 워밍

정답 19 가 20 나 21 사 22 사 23 나 24 사 25 가 26 가
27 가

28 `최근빈출 대표유형`

전동기의 운전중 주의사항으로 옳지 않은 것은?

가. 전동기의 각부에서 발열이 되는지를 점검한다.

나. 이상한 소리, 진동, 냄새 등이 발생하는지를 점검한다.

사. 전류계의 지시치에 주의한다.

아. 절연저항을 측정한다.

`해설` 절연저항 측정은 전동기 정지시에 행한다.

▶ **전동기의 운전중 주의사항**
- 전동기의 각부에서 발열이 되는지를 점검한다.
- 이상한 소리, 진동, 냄새 등이 발생하는지를 점검한다.
- 전류계의 지시치에 주의한다.
- 장시간 연속하여 사용하지 않는다.
- 운전중 인체나 이물질 등이 접촉하지 않도록 주의한다.

29 `최근빈출 대표유형`

디젤기관을 장기간 휴지할 경우의 주의사항으로 옳지 않은 것은?

가. 동파를 방지한다.

나. 부식을 방지한다.

사. 정기적으로 터닝을 시켜준다.

아. 중요 부품은 분해하여 보관한다.

`해설` **디젤기관의 장기간 휴지중 조치사항**
- 냉각수를 전부 뺀다(동파 방지).
- 각부를 주의깊게 점검하여 사소한 결점이라도 수리·소제한다.
- 기관은 적어도 1주일에 한번 터닝해서 각부의 접촉 부위를 바꿔주고 녹이 슬지 않도록 해야 한다.

`정답` **28** 아 **29** 아

CHAPTER 04 연료유 수급

제1절 디젤기관의 연료장치

디젤기관의 연료장치는 기름탱크, 여과기, 연료펌프, 연료밸브의 중요부로 이루어져 있다.

1 연료장치

(1) **연료유 탱크의 종류**
  ① 저장탱크 : 청수 및 밸러스트탱크 이외 연료유의 저장탱크는 이중저 구조
  ② 침전탱크 : 불량한 연료유를 사용할 경우 증기로 50℃로 가열하여 수분과 불순물 분리
  ③ 청정유탱크 : 침전탱크에서 분리한 청정유를 저장
  ④ 서비스탱크 : 기관실의 상부에 설치, 저장탱크, 청정유탱크로부터 이송
  ⑤ 드레인탱크 : 서비스, 침전, 청정유탱크 및 기관부에서 방출된 드레인을 모아 방출

(2) **연료유 여과기** : 연료유 중 불순물이 있으면 분사밸브의 노즐이 막히고, 분사펌프의 플런저나 분사밸브의 마멸을 촉진시키는 원인이 되므로 여과기에 의하여 여과한 것을 사용한다.
  ① 제1여과기 : 연료탱크의 출구에 설치(30~60메시)
  ② 제2여과기 : 연료분사펌프 입구에 설치(100~200메시 황동 그물이나 펠트 등)
  ③ 제3여과기 : 연료분사밸브 입구에 설치(250~300)

2 연료유

(1) **종류** : 가솔린(비중 : 0.69~0.77), 등유(비중 : 0.78~0.84), 경유(비중 : 0.84~0.89), 중유(비중 : 0.91~0.99)

(2) **비중** : 부피가 같은 기름의 무게와 물의 무게와의 비로써, 온도에 따라 큰 변화가 있으며 보통 15℃를 기준으로 한다.

(3) **점도** : 액체가 유동할 때 분자 간의 마찰에 의하여 유동을 방해하려는 작용이 일어나는 성질을 말한다.

(4) **인화점** : 연료가 서서히 가열될 때 나오는 유증기에 불을 가까이 하면 불이 붙게 되는 최저온도

(5) **발화점** : 연료의 온도를 인화점보다 높게 하면 외부에서 불이 없어도 자연발화되는 최저온도

(6) **응고점** : 기름의 온도를 점점 낮게 하면 유동하기 어려운데, 전혀 유동하지 않는 기름의 최고온도

(7) **유동점** : 응고된 기름에 열을 가하여 움직이기 시작할 때의 최저온도(응고점보다 2.5℃ 정도 높다.)

(8) **연료유 중의 불순물**
  ① 잔류탄소 : 증발시킨 후 남는 탄소 퇴적물
  ② 황 : 연소에 의해 이산화황, 삼산화황으로 되어 황산을 생성시킨다.
  ③ 수분 : 연료유 중 수분함유량이 1% 이상일 때에는 불완전 연소, 연료 발열량의 감소가 발생한다.
  ④ 슬러지 : 연료를 저장하고 있는 중에 기름에 용해되지 않는 성분들이 응집하여 생기는 흑색 침전물

(9) **디젤기관용 연료유의 조건**
  ① 발열량이 높고 연소성이 좋을 것
  ② 부식성이 없고 점도가 적당할 것
  ③ 응고점이 낮을 것
  ④ 회분, 수분, 유황분 등 불순물이 적을 것
  ⑤ 쉽게 기화하여 공기와 잘 혼합, 착화성이 좋을 것
  ▶1드럼은 200L이다.

제2절 연료유 수급

1 연료유 수급

선박에서 매우 중요한 작업으로 수급 중 작업자의 사소한 잘못으로도 해양오염 사고가 유발될 수 있으므로 작업 시 주의사항을 숙지하고 있어야 함
  ① 연료유 수급 중 오버플로(overflow)에 의한 해양오염 사고 예방 : 인적 과실로 인하여 오염 사고가 발생하지 않도록 유류 수급 작업을 하기 전에 교육과 훈련을 통하여 사고를 미리 방지하도록 해야 함
  ② 이송라인에 관한 파이프 라인 숙지

2 연료유 수급 안전대책

유류 수급 전·후의 확인 사항과 유류 수급 중의 확인 사항 등을 숙지하여 작업에 임함
  ① 유류 수급 전의 준비사항
    ㉠ 수급계획서 및 파이프라인 계통도를 작성하고 비치함
    ㉡ 각 연료유탱크의 잔량 계측
    ㉢ Bunkering Plan 작성 및 관련 부서 배포
    ㉣ 수급시 승조원의 임무에 관한 교육(비상 배치표에 따른 배치)
    ㉤ 기관실, Bunkering Station, Local Sounding Position에

대한 통신수단 점검
ⓗ 수급 시작 전 신호기 게양을 확인(주간 B기, 야간 홍등 1개)
ⓢ 수급 전 체크 리스트 작성
ⓞ 연료유 수급 설비 상태 점검(Packing, Pipe Adapter, Valves, Sampling Method, Press, Gauge, 자장식 호흡구 등)
ⓩ 각 Scupper(갑판의 배수구) 폐쇄
ⓩ 공급선의 모든 탱크를 보급업자와 같이 측심하고 온도도 계측하여 그 내용을 보급업자에게 서명을 받은 후 기관장에게 보고

② 유류 수급중의 주의사항 : 기관장은 본선 및 보급선의 준비 상태를 확인한 후 송유 지시를 하고 문제가 발생될 경우 즉시 수급 작업을 중단함
㉠ 보급선 책임자와 수급량, 수급 압력, 시간당 공급량(pumping rate) 등에 관해 긴밀한 연락
㉡ 수급 초기에는 시간당 공급량을 낮춰 저압으로 유지하면서 정해진 탱크로의 유입 여부, 각 파이프, 밸브 등의 상태 및 선외 누유 여부를 확인한 후 수급 압력을 점진적으로 증가시킴
㉢ 선박의 경사 및 트림에 특별히 유의하여 유량을 산출하고, 특히 점도가 높은 기름은 측심에 세심한 주의를 기울임
㉣ 수급 작업 중에는 계류색(mooring rope)들을 조절하여 로딩 암(loading arm) 또는 이송 호스에 무리한 힘이 걸리지 않도록 하고, 유류 수급용 호스 연결부에 인원을 배치하여 위험 상황에 대비
㉤ 수급 최종단계에는 유량을 적게 주입하여 오버플로를 방지
㉥ 수급을 완료한 탱크도 사운딩을 계속하여 급유가 완전히 정지되었는지 확인
㉦ 동시에 여러 탱크에 주입할 경우 수급 예정량을 감안하여 유입량을 조절하고 탱크 교체 시는 공급자 측에 통지하여 다른 탱크의 급격한 유면 상승에 주의
㉧ 수급 작업 관련자는 어떠한 경우라도 현장에서 자격 있는 승무원과 교대하지 않는 한 현장을 떠나서는 안 됨
㉨ 기름 유출이 발견되었을 경우는 비상 통신 수단으로 공급자에게 알려 작업을 중지시키도록 하고 비상 대처 계획에 의거하여 유출유 방제작업을 즉시 실시
㉩ 수급 탱크를 바꿀 시점의 적절한 Line Up
㉪ 규정에 따른 Sample 채취

③ 유류 수급 완료 후의 업무
㉠ 수급 작업이 종료되었을 경우는 공급자 측에 통보
㉡ 에어 블로(air blow)를 한 후 필링(filling) 밸브를 폐쇄하고 누유 여부를 확인
㉢ 수급량을 확인
㉣ 수급량에 오차가 없고 안전하게 수급이 종료되었음을 확인한 후 호스 분리를 지시
㉤ 호스 연결부에는 기름받이통을 설치하고 호스 분리 시에는 기름 유출이 발생하지 않도록 주의
㉥ 선내에 수급 종료를 통보하고 신호기를 하강
㉦ 연료유 수급 장비의 수거
㉧ 기름이 묻은 걸레 및 톱밥 등의 처리에 유의
㉨ 우천 시에는 유류 수급 마무리 작업을 하면서 나오는 유성 잔류물 등이 바다로 유출될 수 있으므로 주의
㉩ Sampling Bottle의 서명 확인 및 전송

3 연료유량 계산
► 온도 보정(temp. correction)
① 온도의 변화에 따라 기름의 부피가 변함
② 무게는 온도와 관계없이 일정함
③ 선박에서 연료유의 수급량이나 항해중 연료유의 소모량은 주로 메트릭톤으로 계산
④ 연료유의 비중 : S.G 15/4도로 나타내는데 물의 표준온도는 4도이고 연료유의 표준온도는 15도임
⑤ 탱크의 연료유량을 메트릭톤으로 계산하기 위해서는 탱크의 특정 온도에서 측심한 연료유량(CBM)을 15도에서의 용량으로 온도 보정을 함

CHAPTER 04 연료유 수급 실전예상문제

01
기름 한 드럼은 몇 리터인가?
가. 20리터 나. 60리터
사. 120리터 아. 200리터

해설 1드럼=200ℓ, 1배럴(barrel)≒160ℓ

02 [최근빈출 대표유형]
연료유의 부피 단위로 옳은 것은?
가. kℓ 나. kg
사. MPa 아. cSt

해설
- kℓ : 부피 단위
- kg : 무게 단위
- MPa : 메가 파스칼(압력의 단위)
- cSt : 점도의 단위

03
"( )는(은) 연료유의 가장 중요한 성질로서 이것이 크면 연료유관 내의 기름이 흐르기 힘들고 분사하는 데 큰 압력을 필요로 한다." ( )에 알맞은 말은?
가. 발열량 나. 점도
사. 비중 아. 세탄가

해설 연료유의 가장 중요한 성질은 점도이다.

04 [최근빈출 대표유형]
디젤기관에서 연료분사밸브의 연료분사 상태에 가장 영향을 많이 주는 연료유의 성질은?
가. 비중 나. 점도
사. 유동점 아. 응고점

해설 일반적으로 연료유의 온도가 상승하면 점도는 낮아지고, 온도가 낮아지면 점도는 높아진다. 점도는 연료의 유동성과 밀접한 관계가 있고, 연료의 분사상태에 가장 큰 영향을 미친다.

05 [최근빈출 대표유형]
다음의 연료유 중 색깔이 가장 검은 것은?
가. 경유 나. 윤활유
사. C중유 아. 가솔린

해설 C중유는 진한 갈색으로 연료유 중 가장 검은색을 띤다.

06
대형 선박의 주기관에서 주로 사용되는 연료유의 종류는?
가. 휘발유 나. 경유
사. 석유 아. 중질유

해설 중질유는 대형 보일러와 디젤기관 등에 주로 사용하며 벙커씨유라고도 한다.

07 [최근빈출 대표유형]
동일한 온도와 부피일 때 다음 중 무게가 가장 가벼운 기름은?
가. 경유 나. A중유
사. C중유 아. 휘발유

해설 C중유>A중유>경유>휘발유 순

08
다음 연료유의 종류에서 인화점이 가장 높은 연료유는?
가. 등유 나. 중유
사. 휘발유 아. 경유

해설
- 인화점이 높은 순위 : 중유>경유>등유>휘발유
- 인화점 : 연료를 서서히 가열할 때 나오는 유증기에 불을 가까이 하면 불이 붙게 된다. 이와 같이 불을 가까이 했을 때, 불이 붙을 수 있도록 유증기를 발생시키는 최저온도
- 발화점 : 연료의 온도를 인화점보다 높게 하면 외부에서 불을 붙여주지 않아도 자연 발화하는데, 이와 같이 자연 발화하는 연료의 최저온도
- 응고점과 유동점 : 기름의 온도를 점차 낮게 하면 유동하기 어렵게 되는데, 전혀 유동하지 않는 기름의 최고온도를 응고점이라 하고, 반대로 응고된 기름에 열을 가하여 움직이기 시작할 때의 최저온도를 유동점이라 한다.

09
연료의 온도를 연소점보다 높게 하면 자연 발화하는데, 이와 같이 자연 발화하는 최저온도를 무엇이라 하는가?
가. 진화점 나. 착화점
사. 발열량 아. 소기점

해설 착화점(발화점) : 연료의 온도를 인화점보다 높게 하면 외부에서 불을 붙여주지 않아도 자연 발화하는데, 이와 같이 자연 발화하는 연료의 최저온도

10 [최근빈출 대표유형]
화재에 가장 유의해야 하는 연료유는?
가. 점도가 큰 연료유
나. 발화성이 작은 연료유
사. 인화점이 낮은 연료유
아. 비중이 작은 연료유

해설 인화점 : 연료를 서서히 가열할 때 나오는 유증기에 불을 가까이 하면 불이 붙게 된다. 이와 같이 불을 가까이 했을 때, 불이 붙을 수 있도록 유증기를 발생시키는 최저온도

정답 1 아 2 가 3 나 4 나 5 사 6 아 7 아 8 나 9 나 10 사

소형선박조종사

Chapter 4 연료유 수급

11

"선박에서 일정시간 항해시 연료소비량은 선박 속도의 (   )에 비례한다."
에서 (   )에 알맞은 것은?

가. 2제곱
나. 3제곱
사. 4제곱
아. 5제곱

해설 일정한 시간 동안에 소비하는 연료는 속력의 3제곱에 비례하고, 또 일정한 거리를 항주하는 데 소비하는 연료는 속력의 2제곱에 비례한다.

12 [최근빈출 대표유형]

다음 중 기관실에서 가장 위쪽에 있는 것은?

가. 상용 연료탱크
나. 냉각해수펌프
사. 프로펠러축
아. 기름여과장치

해설 서비스 탱크는 기관실 상부에 설치되며, 공급펌프 및 순환펌프, 연료유 가열기, 연료유 여과기 등을 거쳐 기관의 연료분사펌프로 공급된다.

13

다음 중 연료유의 저장량을 측정하기 위한 곳은?

가. 측심관
나. 주입관
사. 오버플로관
아. 드레인관

해설 탱크 내의 기름량을 산정하기 위해 측심(sounding)한다.

14 [최근빈출 대표유형]

디젤기관의 연료유 장치에 포함되지 않는 것은?

가. 연료분사펌프
나. 섬프탱크
사. 연료분사밸브
아. 여과기

해설 • 연료유 장치에는 연료유 공급 장치로 ① 연료유 탱크(저장탱크, 침전탱크, 서비스탱크) ② 연료유 여과기 ③ 연료유 공급펌프 등이 있으며, 연료유 분사장치로는 ① 연료분사펌프 ② 연료분사밸브 등이 있다.
• 섬프탱크는 기관의 각부로부터 흘러내리는 윤활유를 모이게 하는 동시에 윤활유 저장탱크의 역할도 한다.

15 [최근빈출 대표유형]

연료유 침전탱크에 설치되어 있는 관이 아닌 것은?

가. 주입관
나. 공기관
사. 빌지관
아. 드레인관

해설 빌지관(bilge pipe)은 빌지 저장탱크에 연결된다.

16 [최근빈출 대표유형]

연료유 필터의 설치 목적은?

가. 불순물을 제거하기 위해
나. 파이프의 부식을 방지하기 위해
사. 펌프 회전속도를 높이기 위해
아. 압력을 일정하게 하기 위해

해설 연료유 필터는 연료유 중에 포함된 카본 등 불순물을 제거하기 위해 사용된다.

17

디젤기관에서 연료분사밸브가 누설되면 발생하는 현상으로 옳은 것은?

가. 배기온도가 내려가고 검은색 배기가 발생한다.
나. 배기온도가 올라가고 검은색 배기가 발생한다.
사. 배기온도가 내려가고 흰색 배기가 발생한다.
아. 배기온도가 올라가고 흰색 배기가 발생한다.

해설 연료의 과잉 공급으로 인해 배기온도가 올라가고 검은색 배기가 발생한다.

18 [최근빈출 대표유형]

비중이 0.80인 경유 200[ℓ]와 비중이 0.85인 경유 100[ℓ]를 혼합하였을 경우의 혼합비중은 약 얼마인가?

가. 0.80
나. 0.82
사. 0.83
아. 0.85

해설 비중＝무게/부피, 혼합 연료유의 무게＝0.80×200＋0.85×100, 혼합 연료유의 부피＝200＋100
∴혼합비중＝혼합 연료유의 무게/혼합 연료유의 부피＝245/300 ≒ 0.82

19 [최근빈출 대표유형]

연료유의 소모량을 무게로 계산하는 방법으로 옳은 것은?

가. 소모된 연료유의 15[℃]의 부피 × 15[℃]의 비중량
나. 소모된 연료유의 15[℃]의 부피 × 15[℃]의 점도
사. 소모된 연료유의 15[℃]의 무게 × 15[℃]의 비중량
아. 소모된 연료유의 15[℃]의 무게 × 15[℃]의 점도

해설 무게＝비중×부피

정답 11 나 12 가 13 가 14 나 15 사 16 가 17 나 18 나
19 가

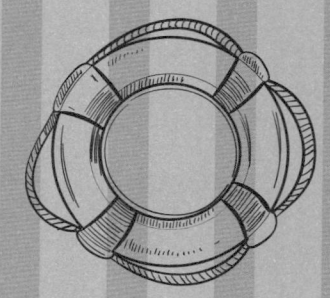

5일만에 끝내기 소형선박조종사

과목 04
해사법규

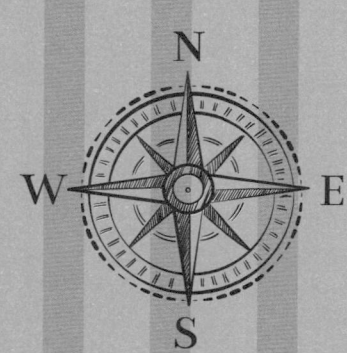

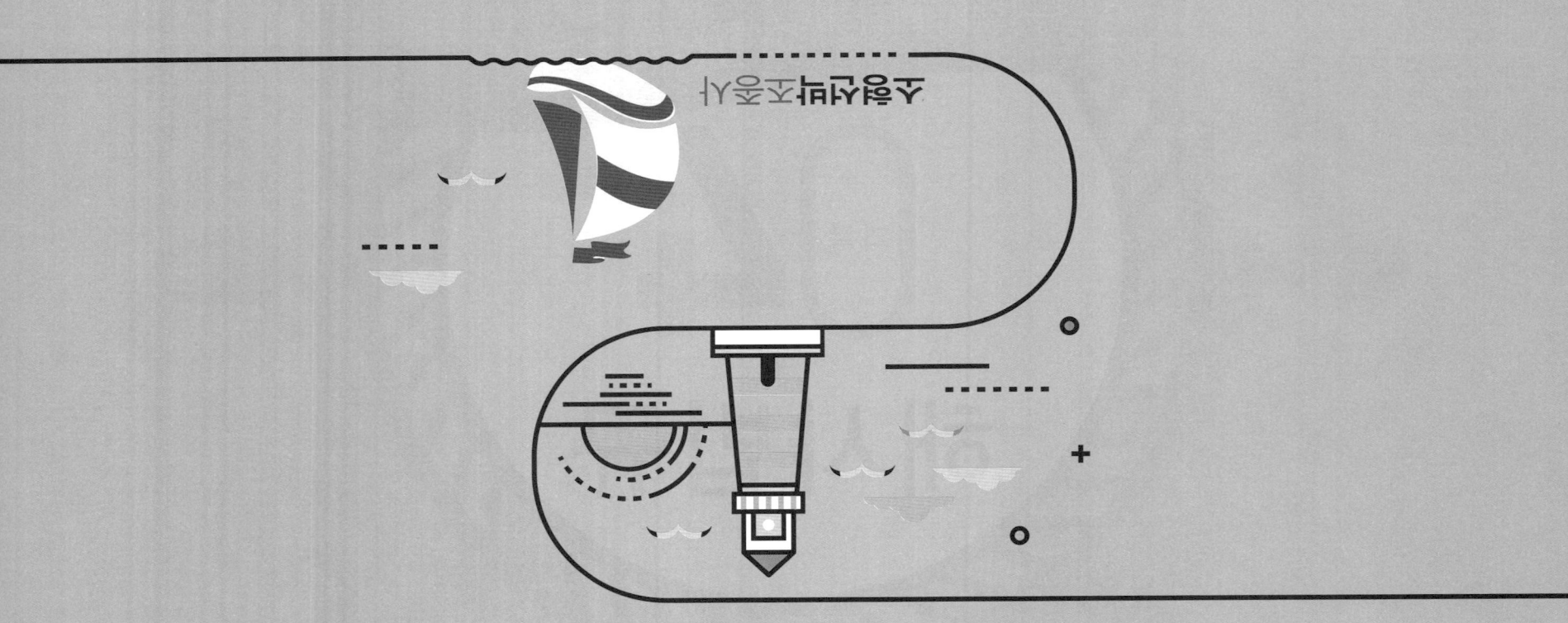

CHAPTER 01 해상교통안전법

제1절 총칙

■ 용어의 정의

(1) **선박** : 물에서 항행수단으로 사용하거나 사용할 수 있는 모든 종류의 배
  ▶수상항공기와 수면비행선박 포함

(2) **수면비행선박** : 표면효과 작용을 이용하여 수면 가까이 비행하는 선박

(3) **위험화물운반선** : 선체의 한 부분인 화물창이나 선체에 고정된 탱크 등에 해양수산부령으로 정하는 위험물을 싣고 운반하는 선박

(4) **거대선** : 길이 200미터 이상의 선박

(5) **고속여객선** : 시속 15노트 이상으로 항행하는 여객선

(6) **동력선** : 기관을 사용하여 추진하는 선박
  ▶돛을 설치한 선박이라도 주로 기관을 사용하여 추진하는 경우에는 동력선으로 본다.

(7) **범선** : 돛을 사용하여 추진하는 선박을 말한다.
  ▶기관을 설치한 선박이라도 주로 돛을 사용하여 추진하는 경우에는 범선으로 본다.

(8) **어로에 종사하고 있는 선박** : 그물, 낚싯줄, 트롤망, 그 밖에 조종성능을 제한하는 어구를 사용하여 어로작업을 하고 있는 선박

(9) **조종불능선** : 선박의 조종성능을 제한하는 고장이나 그 밖의 사유로 조종을 할 수 없게 되어 다른 선박의 진로를 피할 수 없는 선박

(10) **조종제한선** : 선박의 조종성능을 제한하는 작업에 종사하고 있어 다른 선박의 진로를 피할 수 없는 다음의 작업 중에 있는 선박
  ① 항로표지, 해저전선 또는 해저파이프라인의 부설·보수·인양 작업
  ② 준설·측량 또는 수중 작업
  ③ 항행 중 보급, 사람 또는 화물의 이송 작업
  ④ 항공기의 발착작업
  ⑤ 기뢰제거작업
  ⑥ 진로에서 벗어날 수 있는 능력에 제한을 많이 받는 예인작업

(11) **흘수제약선** : 가항수역의 수심 및 폭과 선박의 흘수와의 관계에 비추어 볼 때 그 진로에서 벗어날 수 있는 능력이 매우 제한되어 있는 동력선

(12) **통항로** : 선박의 항행안전을 확보하기 위하여 한쪽 방향으로만 항행할 수 있도록 되어 있는 일정한 범위의 수역

(13) **항로지정제도** : 선박이 통항하는 항로, 속력 및 그 밖에 선박 운항에 관한 사항을 지정하는 제도

(14) **선박교통관제** : 선박교통의 안전을 증진하고 해양환경과 해양시설을 보호하기 위하여 선박의 위치를 탐지하고 선박과 통신할 수 있는 설비를 설치·운영함으로써 선박의 동정을 관찰하며 선박에 대하여 안전에 관한 정보 및 항만의 효율적 운영에 필요한 항만운영정보를 제공하는 것

(15) **항행 중** : 선박이 다음의 어느 하나에 해당하지 아니하는 상태
  ① 정박
  ② 항만의 안벽 등 계류시설에 매어 놓은 상태
  ③ 얹혀 있는 상태

(16) **길이** : 선체에 고정된 돌출물을 포함하여 선수의 끝단부터 선미의 끝단 사이의 최대 수평거리

(17) **폭** : 선박 길이의 횡방향 외판의 외면으로부터 반대쪽 외판의 외면 사이의 최대 수평거리

(18) **통항분리제도** : 선박의 충돌을 방지하기 위하여 통항로를 설정하거나 그 밖의 적절한 방법으로 한쪽 방향으로만 항행할 수 있도록 항로를 분리하는 제도

(19) **분리선 또는 분리대** : 서로 다른 방향으로 진행하는 통항로를 나누는 선 또는 일정한 폭의 수역

(20) **연안통항대** : 통항분리수역의 육지 쪽 경계선과 해안 사이의 수역

(21) **예인선열** : 선박이 다른 선박을 끌거나 밀어 항행할 때의 선단 전체

(22) **대수속력** : 선박의 물에 대한 속력으로서 자기 선박 또는 다른 선박의 추진장치의 작용이나 그로 인한 선박의 타력에 의하여 생기는 것

소형선박조종사

Chapter 1 해상교통안전법

제2절 선박의 항법

1 모든 시계상태에서의 항법

(1) 경계
시각·청각 및 당시의 상황에 맞게 이용할 수 있는 모든 수단을 이용하여 항상 적절한 경계를 하여야 한다.

(2) 안전한 속력
① 적절하고 효과적인 동작을 취하거나 당시의 상황에 알맞은 거리에서 선박을 멈출 수 있도록 항상 안전한 속력으로 항행하여야 한다.
② 안전한 속력을 결정할 때의 고려사항 ▶레이더를 사용하고 있지 아니한 선박의 경우에는 제1호부터 제6호까지 해당
1. 시계의 상태
2. 해상교통량의 밀도
3. 선박의 정지거리·선회성능, 그 밖의 조종성능
4. 야간의 경우에는 항해에 지장을 주는 불빛의 유무
5. 바람·해면 및 조류의 상태와 항행장애물의 근접상태
6. 선박의 흘수와 수심과의 관계
7. 레이더의 특성 및 성능
8. 해면상태·기상, 그 밖의 장애요인이 레이더 탐지에 미치는 영향
9. 레이더로 탐지한 선박의 수·위치 및 동향

(3) 충돌 위험
• 선박은 다른 선박과 충돌할 위험이 있는지를 판단하기 위하여 당시의 상황에 알맞은 모든 수단을 활용하여야 한다.
• 선박은 접근하여 오는 다른 선박의 나침방위에 뚜렷한 변화가 일어나지 아니하면 충돌할 위험성이 있다고 보고 필요한 조치를 하여야 한다.

(4) 좁은 수로에서의 항법
① 좁은 수로나 항로(좁은 수로등)를 따라 항행하는 선박은 항행의 안전을 고려하여 될 수 있으면 좁은 수로등의 오른편 끝 쪽에서 항행하여야 한다.
② 좁은 수로등에서의 앞지르기
• 우현 앞지르기하려는 경우 ▶장음 2회와 단음 1회(장-장-단)
• 좌현 앞지르기하려는 경우 ▶장음 2회와 단음 2회(장-장-단-단)
• 동의할 경우 ▶장음 1회, 단음 1회의 순서로 2회(장-단-장-단)
③ 좁은 수로등의 굽은 부분
장음으로 1회의 기적신호 ▶응답신호 장음 1회

2 선박이 서로 시계 안에 있을 때의 항법

(1) 앞지르기
① 앞지르기 하는 배는 모든 시계상태에서의 항법과 서로 시계안에 있을 때의 항법의 다른 규정에도 불구하고 앞지르기당하고 있는 선박을 완전히 앞지르기하거나 그 선박에서 충분히 멀어질 때까지 그 선박의 진로를 피하여야 한다.
② 다른 선박의 양쪽 현의 정횡으로부터 22.5도를 넘는 뒤쪽[밤에는 다른 선박의 선미등만을 볼 수 있고 어느 쪽의 현등도 볼 수 없는 위치]에서 그 선박을 앞지르는 선박은 앞지르기 하는 배로 보고 필요한 조치를 취하여야 한다.

③ 선박은 스스로 다른 선박을 앞지르기하고 있는지 분명하지 아니한 경우에는 앞지르기 하는 배로 보고 필요한 조치를 취하여야 한다.
④ 앞지르기하는 경우 2척의 선박 사이의 방위가 어떻게 변경되더라도 앞지르기하는 선박은 앞지르기가 완전히 끝날 때까지 앞지르기당하는 선박의 진로를 피하여야 한다.

(2) 마주치는 상태
① 2척의 동력선이 마주치거나 거의 마주치게 되어 충돌의 위험이 있을 때에는 각 동력선은 서로 다른 선박의 좌현 쪽을 지나갈 수 있도록 침로를 우현 쪽으로 변경하여야 한다.
② 선박은 다른 선박을 선수 방향에서 볼 수 있는 경우로서 다음의 어느 하나에 해당하면 마주치는 상태에 있다고 보아야 한다.
• 밤에는 2개의 마스트등을 일직선으로 또는 거의 일직선으로 볼 수 있거나 양쪽의 현등을 볼 수 있는 경우
• 낮에는 2척의 선박의 마스트가 선수에서 선미까지 일직선이 되거나 거의 일직선이 되는 경우
③ 선박은 마주치는 상태에 있는지가 분명하지 아니한 경우에는 마주치는 상태에 있다고 보고 필요한 조치를 취하여야 한다.

(3) 횡단하는 상태
2척의 동력선이 상대의 진로를 횡단하는 경우로서 충돌의 위험이 있을 때에는 다른 선박을 우현 쪽에 두고 있는 선박이 그 다른 선박의 진로를 피하여야 한다. 이 경우 다른 선박의 진로를 피하여야 하는 선박은 부득이한 경우 외에는 그 다른 선박의 선수 방향을 횡단하여서는 아니 된다.

(4) 피항선의 동작
피항선은 될 수 있으면 미리 동작을 크게 취하여 다른 선박으로부터 충분히 멀리 떨어져야 한다.

(5) 유지선의 동작
① 2척의 선박 중 1척의 선박이 다른 선박의 진로를 피하여야 할 경우 다른 선박은 그 침로와 속력을 유지하여야 한다. ▶유지선은 피항선이 피항 동작을 취할 때까지 일정기간 동안 침로와 속력을 유지하여야 한다.
② 유지선은 피항선이 해상교통안전법에 따른 적절한 조치를 취하고 있지 아니하다고 판단하면 ①에도 불구하고 스스로의 조종만으로 피항선과 충돌하지 아니하도록 조치를 취할 수 있다. 이 경우 유지선은 부득이하다고 판단하는 경우 외에는 자기 선박의 좌현 쪽에 있는 선박을 향하여 침로를 왼쪽으로 변경하여서는 아니 된다.
③ 유지선은 피항선과 매우 가깝게 접근하여 해당 피항선의 동작만으로는 충돌을 피할 수 없다고 판단하는 경우에는 ①에도 불구하고 충돌을 피하기 위하여 충분한 협력을 하여야 한다.
④ ②와 ③과 같은 유지선의 피항 협력 동작은 피항선에게 진로를 피하여야 할 의무를 면제하는 것은 아니다.

(6) 선박 사이의 책무
항행 중인 선박은 좁은 수로등, 통항분리제도 및 앞지르기에 따른 경우 외에는 선박 사이의 책무에서 정하는 항법에 따라야 한다.

⚓ **참고 | 피항 우선 순위**

수상항공기 수면비행선박	>	동력선	>	범선	>	어로에 종사 중인 선박	>	흘수 제약선	>	조종불능선 조종제한선	>	정박선

3 제한된 시계에서 선박의 항법

- 모든 선박은 시계가 제한된 그 당시의 사정과 조건에 적합한 안전한 속력으로 항행하여야 하며, 동력선은 제한된 시계 안에 있는 경우 기관을 즉시 조작할 수 있도록 준비하고 있어야 한다.
- 금지행위
  1. 다른 선박이 자기 선박의 양쪽 현의 정횡 앞쪽에 있는 경우 좌현 쪽으로 침로를 변경하는 행위
  2. 자기 선박의 양쪽 현의 정횡 또는 그곳으로부터 뒤쪽에 있는 선박의 방향으로 침로를 변경하는 행위

제3절 등화와 형상물 및 음향신호

1 등화의 종류

구 분	내 용
1. 마스트등	선수와 선미의 중심선상에 설치되어 225°에 걸치는 수평의 호를 비추되, 그 불빛이 정선수 방향으로부터 양쪽 현의 정횡으로부터 뒤쪽 22.5°까지 비출 수 있는 흰색 등
2. 현등	정선수 방향에서 양쪽 현으로 각각 112.5도에 걸치는 수평의 호를 비추는 등화로서 그 불빛이 정선수 방향에서 좌현 정횡으로부터 뒤쪽 22.5°까지 비출 수 있도록 좌현에 설치된 붉은색 등과 그 불빛이 정선수 방향에서 우현 정횡으로부터 뒤쪽 22.5°까지 비출 수 있도록 우현에 설치된 녹색 등
3. 선미등	135°에 걸치는 수평의 호를 비추는 흰색 등으로서 그 불빛이 정선미 방향으로부터 양쪽 현의 67.5°까지 비출 수 있도록 선미 부분 가까이에 설치된 등
4. 예선등	선미등과 같은 특성을 가진 황색 등
5. 전주등	360°에 걸치는 수평의 호를 비추는 등화. 다만, 섬광등은 제외한다.
6. 섬광등	360°에 걸치는 수평의 호를 비추는 등화로서 일정한 간격으로 1분에 120회 이상 섬광을 발하는 등
7. 양색등	선수와 선미의 중심선상에 설치된 붉은색과 녹색의 두 부분으로 된 등화로서 그 붉은색과 녹색 부분이 각각 현등의 붉은색 등 및 녹색 등과 같은 특성을 가진 등
8. 삼색등	선수와 선미의 중심선상에 설치된 붉은색·녹색·흰색으로 구성된 등으로서 그 붉은색·녹색·흰색의 부분이 각각 현등의 붉은색 등과 녹색 등 및 선미등과 같은 특성을 가진 등

2 등화의 가시거리

구 분	마스트 정부등	현등	선미등	예선등	전주등
50m 이상	6해리 이상	3해리 이상	3해리 이상	3해리 이상	3해리 이상
12-50m	5해리 이상 (20m 미만은 3해리)	2해리 이상	2해리 이상	2해리 이상	2해리 이상
12m 미만	2해리 이상	1해리 이상	2해리 이상	2해리 이상	2해리 이상

3 주간·야간 등화와 형상물

구 분	야 간	주 간
정박선	백색 전주등	구형형상물 1개
좌초선	홍 - 홍 (홍색 전주등 2개)	구형형상물 3개
조종불능선	홍 - 홍 (홍색 전주등 2개)	구형형상물 2개
흘수제약선	홍 - 홍 - 홍 (홍색 전주등 3개)	원통형
조종제한선	홍 - 백 - 홍 (각각의 전주등)	구형 - 마름모형 - 구형

4 음향신호설비

구 분	음향신호설비
길이 12m 이상	기적 1개
길이 20m 이상	기적 1개 + 호종 1개
길이 100m 이상	기적 1개 + 호종 1개 + 징 (징은 호종과 혼동되지 아니하는 음조와 소리)
길이 12m 미만	위의 규정에 의한 음향신호설비를 갖추어 두지 아니하여도 된다. 다만, 이들을 갖추어 두지 아니하는 경우에는 유효한 음향신호를 낼 수 있는 다른 기구를 갖추어 두어야 한다.

5 의문 신호

서로 상대의 시계 안에 있는 선박이 접근하고 있을 경우에는 하나의 선박이 다른 선박의 의도 또는 동작을 이해할 수 없거나 다른 선박이 충돌을 피하기 위하여 충분한 동작을 취하고 있는지 분명하지 아니한 경우에는 그 사실을 안 선박이 즉시 기적으로 다음을 5회(●●●●●) 이상 재빨리 울려 그 사실을 표시하여야 한다. 이 경우 의문신호는 5회 이상의 짧고 빠르게 섬광을 발하는 발광신호로써 보충할 수 있다.

6 제한된 시정에서의 음향신호

구 분			방 법		비 고
항행 중인 동력선	대수속력 있는 경우	2분 이하	장음 1회	―	
	대수속력 없는 경우		장음 2회	― ―	
어로 종사선 조종 불능선 범선 조종제한선 흘수제약선 예인선		2분 이하	장-단-단	― ••	
피예인선			장-단-단-단	― •••	예인선이 울린 직후에 실시
정박선	100m 미만	1분 이하	5초 호종 난타		
	100m 이상		앞쪽 5초 호종난타 + 뒷쪽 징 5초난타		접근해오는 다른 선박에 경고신호 ● ― ● (단-장-단)
얹혀 있는 선박	100m 미만		호종 3회 + 호종 5초난타 + 호종 3회		
	100m 이상		호종 3회 + 호종 5초난타 + 호종 3회 + 징 5초 난타		
길이 12m 미만 선박		2분 이하	항해중이나 정박중, 얹혀있는 선박은 음향신호를 하지 아니할 수 있다. 이 때는 다른 유효한 음향신호를 하여야 한다.		
길이 12m 이상 20m 미만		2분 이하	정박중이나 얹혀있는 선박은 음향신호를 하지 아니할 수 있다. 이 때는 다른 유효한 음향신호를 하여야 한다. ▶항해중에는 무중신호를 하여야 한다.		
도선선			항해중인 동력선의 신호 외에 다음 4회의 식별신호 ● ● ● ●		

제4과목 해사법규

CHAPTER 01 해상교통안전법 실전예상문제

01
「해상교통안전법」의 목적을 잘못 설명한 것은?

가. 항해 당직자의 피로를 회복함
나. 선박 항행상의 모든 위험을 방지함
사. 해상 교통의 장애를 제거함
아. 충돌의 위험을 방지함

해설 수역 안전관리, 해상교통 안전관리, 선박·사업장의 안전관리 및 선박의 항법 등 선박의 안전운항을 위한 안전관리체계에 관한 사항을 규정함으로써 선박항행과 관련된 모든 위험과 장해를 제거하고 해사안전 증진과 선박의 원활한 교통에 이바지함을 목적으로 한다(법 제1조).

02 [최근빈출 대표유형]
( )에 적합한 것은?

> "「해상교통안전법」상 선박의 길이란 선체에 고정된 돌출물을 포함하여 선수의 끝단부터 선미의 끝단 사이의 ( )를 말한다."

가. 최대 수평거리
나. 최소 수평거리
사. 최대 수직거리
아. 최소 수직거리

해설
• 선박의 길이 : 선체에 고정된 돌출물을 포함하여 선수의 끝단부터 선미의 끝단 사이의 최대 수평거리(법 제2조 제20호)
• 선박의 폭 : 선박 길이의 횡방향 외판의 외면으로부터 반대쪽 외판의 외면 사이의 최대 수평거리(법 제2조 제21호)

03
「해상교통안전법」상 선박의 길이는 무엇을 의미하는가?

가. 전장
나. 수선장
사. 수선간장
아. 등록장

해설 "길이"란 선체에 고정된 돌출물을 포함하여 선수의 끝단부터 선미의 끝단 사이의 최대 수평거리를 말한다(법 제2조 제20호). ▶전장을 말한다.

04
「해상교통안전법」상 "항행 중"으로 규정하고 있는 것은?

가. 정박
나. 좌초
사. 계류
아. 정류

해설 "항행 중"이란 선박이 다음에 해당하지 아니하는 상태를 말한다(법 제2조 제19호).
가. 정박
나. 항만의 안벽 등 계류시설에 매어 놓은 상태(계류)
다. 얹혀 있는 상태(좌초)

05 [최근빈출 대표유형]
「해상교통안전법」상 '항행 중'인 상태는?

가. 정박
나. 얹혀 있는 상태
사. 계류시설에 매어 놓은 상태
아. 해상에서 일시적으로 운항을 멈춘 상태

해설 해상에서 일시적으로 운항을 멈춘 상태를 정류라 하며, 정류는 항행 중인 상태이다.
• 선박이 항행 중이라는 것은 다음의 어느 하나에 해당하지 아니하는 상태를 말한다(법 제2조 제19호).
 1. 정박
 2. 항만의 안벽 등 계류시설에 매어 놓은 상태
 ▶계선부표나 정박하고 있는 선박에 매어 놓은 경우를 포함한다.
 3. 얹혀 있는 상태

06 [최근빈출 대표유형]
「해상교통안전법」상 '거대선'의 기준은?

가. 길이 100미터 이상
나. 길이 150미터 이상
사. 길이 200미터 이상
아. 길이 300미터 이상

해설 거대선은 길이 200미터 이상인 선박을 말한다(법 제2조 제5호).

07 [최근빈출 대표유형]
( )에 적합한 것은?

> "「해상교통안전법」상 고속여객선이란 시속 ( ) 이상으로 항행하는 여객선을 말한다."

가. 10노트
나. 15노트
사. 20노트
아. 30노트

해설 고속여객선이란 시속 15노트 이상으로 항행하는 여객선을 말한다(법 제2조 제6호).

08
「해상교통안전법」상 통항분리수역의 육지 쪽 경계선과 해안 사이의 수역을 무엇이라 하는가?

가. 통항로
나. 분리대
사. 선회 해역
아. 연안통항대

해설
• 연안통항대 : 통항분리수역의 육지 쪽 경계선과 해안 사이의 수역(법 제2조 제24호)
• 통항로 : 선박의 항행안전을 확보하기 위하여 한쪽 방향으로만 항행할 수 있도록 되어 있는 일정한 범위의 수역(법 제2조 제16호)
• 분리대 : 서로 다른 방향으로 진행하는 통항로를 나누는 일정한 폭의 수역(법 제2조 제23호)
• 분리선 : 서로 다른 방향으로 진행하는 통항로를 나누는 선(법 제2조 제23호)

정답 1 가 2 가 3 가 4 아 5 아 6 사 7 나 8 아

09 최근빈출 대표유형
「해상교통안전법」상 서로 다른 방향으로 진행하는 통항로를 나누는 일정한 폭의 수역은?

가. 통항로
나. 분리대
사. 분리선
아. 연안통항대

해설 분리대 : 서로 다른 방향으로 진행하는 통항로를 나누는 일정한 폭의 수역(법 제2조 제23호)

10 최근빈출 대표유형
「해상교통안전법」상 '어로에 종사하고 있는 선박'이 아닌 것은?

가. 투망중인 안강망 어선
나. 양망중인 저인망 어선
사. 낚시를 드리우고 있는 채낚기 어선
아. 어장 이동을 위해 항행하는 통발 어선

해설 어장 이동을 위해 항행하는 통발 어선은 항해 중인 동력선이다. "어로에 종사하고 있는 선박"이란 그물, 낚싯줄, 트롤망, 그 밖에 조종성능을 제한하는 어구를 사용하여 어로 작업을 하고 있는 선박을 말한다(법 제2조 제9호).

11
「해상교통안전법」상 조종성능이 제한되어 있는 선박이 아닌 것은?

가. 흘수로 제약받고 있는 선박
나. 수중작업에 종사하고 있는 선박
사. 항공기의 발착작업에 종사하는 선박
아. 기뢰제거 작업중인 소해정

해설 가.는 흘수제약선이다.
▶ 조종제한선(법 제2조 제11호)
다음의 작업과 그 밖에 선박의 조종성능을 제한하는 작업에 종사하고 있어 다른 선박의 진로를 피할 수 없는 선박을 말한다.
1. 항로표지, 해저전선 또는 해저파이프라인의 부설·보수·인양 작업
2. 준설·측량 또는 수중 작업
3. 항행 중 보급, 사람 또는 화물의 이송 작업
4. 항공기의 발착작업
5. 기뢰제거작업
6. 진로에서 벗어날 수 있는 능력에 제한을 많이 받는 예인작업

12 최근빈출 대표유형
「해상교통안전법」상 '조종제한선'이 아닌 선박은?

가. 준설 작업을 하고 있는 선박
나. 기뢰제거 작업을 하고 있는 선박
사. 항로표지를 부설하고 있는 선박
아. 조타기 고장으로 수리 중인 선박

해설 조타기 고장으로 수리 중인 선박은 조종불능선이다.

13 최근빈출 대표유형
「해상교통안전법」상 항행 중 보급, 사람 또는 화물의 이송작업을 하는 선박은?

가. 조종불능선
나. 조종제한선
사. 흘수제약선
아. 이선작업선

해설 항행 중 보급, 사람 또는 화물의 이송작업을 하는 선박은 조종성능을 제한하는 작업에 종사하고 있어 다른 선박의 진로를 피할 수 없는 선박으로 조종제한선이다(법 제2조 제11호).

14
「해상교통안전법」상 '조종불능선'에 해당하는 선박은?

가. 고장으로 주기관을 사용할 수 없는 선박
나. 선장이 질병으로 위독한 상태인 선박
사. 어구를 끌고 있는 선박
아. 기적신호 장치를 사용할 수 없는 선박

해설 "조종불능선"이란 선박의 조종성능을 제한하는 고장이나 그 밖의 사유로 조종을 할 수 없게 되어 다른 선박의 진로를 피할 수 없는 선박을 말한다(법 제2조 제10호).

15 최근빈출 대표유형
「해상교통안전법」상 "조종불능선"이 아닌 선박은?

가. 기관 고장으로 표류 중인 선박
나. 조타기 고장으로 변침불능인 선박
사. 화물의 이적작업에 종사 중인 선박
아. 발전기 고장으로 기관이 정지된 선박

해설
- 조종불능선은 선박의 조종성능을 제한하는 고장이나 그 밖의 사유로 조종을 할 수 없게 되어 다른 선박의 진로를 피할 수 없는 선박을 말한다.
- 화물의 이적작업에 종사 중인 선박은 조종제한선이다.

16 최근빈출 대표유형
( )에 적합한 것은?

> "「해상교통안전법」상 원유, 중유, 경유 등의 화물을 ( ) 이상 싣고 운반하는 선박은 유조선통항금지해역에서 항행하여서는 아니 된다."

가. 1,000 킬로리터
나. 1,500 킬로리터
사. 2,000 킬로리터
아. 2,500 킬로리터

해설 유조선의 통항제한(법 제11조 제1항)
다음에 해당하는 석유 또는 유해액체물질을 운송하는 유조선의 선장이나 항해당직을 수행하는 항해사는 유조선의 안전운항을 확보하고 해양사고로 인한 해양오염을 방지하기 위하여 유조선의 통항을 금지한 유조선통항금지해역에서 항행하여서는 아니 된다.
1. 원유, 중유, 경유 또는 이에 준하는 탄화수소유, 가짜석유제품, 석유대체연료 중 원유·중유·경유에 준하는 것으로 해양수산부령으로 정하는 기름 1천500킬로리터 이상을 화물로 싣고 운반하는 선박
2. 유해액체물질을 1천500톤 이상 싣고 운반하는 선박

17 최근빈출 대표유형
「해상교통안전법」상 선박이 다른 선박과의 충돌을 피하기 위하여 당시의 상황에 알맞은 거리에서 선박을 멈출 수 있는 속력은?

가. 경제 속력
나. 항해 속력
사. 제한된 속력
아. 안전한 속력

해설 선박은 다른 선박과의 충돌을 피하기 위하여 적절하고 효과적인 동작을 취하거나 당시의 상황에 알맞은 거리에서 선박을 멈출 수 있도록 항상 안전한 속력으로 항행하여야 한다(법 제71조 제1항).

정답 9 나 10 아 11 가 12 아 13 나 14 가 15 사 16 나 17 아

18

「해상교통안전법」에서 안전한 속력을 지켜야 할 시기로서 가장 옳은 것은?

가. 급박한 위험이 있을 때 지켜야 한다.

나. 시정이 제한될 때 지켜야 한다.

사. 운항자의 주관적인 판단에 따른다.

아. 항상 지켜야 한다.

해설 선박은 다른 선박과의 충돌을 피하기 위하여 적절하고 효과적인 동작을 취하거나 당시의 상황에 알맞은 거리에서 선박을 멈출 수 있도록 항상 안전한 속력으로 항행하여야 한다(법 제71조 제1항).

19 최근빈출 대표유형

「해상교통안전법」상 '안전한 속력'을 결정하는 데 고려해야 할 요소가 아닌 것은?

가. 본선의 조종 성능

나. 시계의 상태

사. 해상교통량의 밀도

아. 선박의 구조 설비

해설 **안전한 속력**(법 제71조 제1항)

- 선박은 다른 선박과의 충돌을 피하기 위하여 적절하고 효과적인 동작을 취하거나 당시의 상황에 알맞은 거리에서 선박을 멈출 수 있도록 항상 안전한 속력으로 항행하여야 한다.
- 안전한 속력을 결정할 때 고려사항(법 제71조 제2항)
  ► 레이더를 사용하고 있지 아니한 선박의 경우에는 제1호부터 제6호까지 해당
  1. 시계의 상태
  2. 해상교통량의 밀도
  3. 선박의 정지거리·선회성능, 그 밖의 조종성능
  4. 야간의 경우에는 항해에 지장을 주는 불빛의 유무
  5. 바람·해면 및 조류의 상태와 항행장애물의 근접상태
  6. 선박의 흘수와 수심과의 관계
  7. 레이더의 특성 및 성능
  8. 해면상태·기상, 그 밖의 장애요인이 레이더 탐지에 미치는 영향
  9. 레이더로 탐지한 선박의 수·위치 및 동향

20 최근빈출 대표유형

「해상교통안전법」상 안전한 속력을 결정할 때 고려할 사항이 아닌 것은?

가. 시계의 상태

나. 컴퍼스의 오차

사. 해상교통량의 밀도

아. 선박의 흘수와 수심과의 관계

해설 안전한 속력과 컴퍼스의 오차와는 무관하다.

21 최근빈출 대표유형

「해상교통안전법」상 '적절한 경계'에 대한 설명으로 옳지 않은 것은?

가. 이용할 수 있는 모든 수단을 이용한다.

나. 청각을 이용하는 것이 가장 효과적이다.

사. 선박 주위의 상황을 파악하기 위함이다.

아. 다른 선박과 충돌할 위험성을 파악하기 위함이다.

해설 선박은 주위의 상황 및 다른 선박과 충돌할 수 있는 위험성을 충분히 파악할 수 있도록 시각·청각 및 당시의 상황에 맞게 이용할 수 있는 모든 수단을 이용하여 항상 적절한 경계를 하여야 한다(법 제70조).

22

「해상교통안전법」상 충돌 위험성이 있는지를 판단하는 가장 적절한 방법은?

가. 접근 선박의 거리를 측정한다.

나. 접근 선박의 컴퍼스 방위의 변화를 관찰한다.

사. 타선이 신호를 발하고 있는지 살핀다.

아. 접근 선박의 마스트와 마스트의 거리를 관찰한다.

해설 선박은 접근하여 오는 다른 선박의 나침방위에 뚜렷한 변화가 일어나지 아니하면 충돌할 위험성이 있다고 보고 필요한 조치를 하여야 한다. 접근하여 오는 다른 선박의 나침방위에 뚜렷한 변화가 있더라도 거대선 또는 예인작업에 종사하고 있는 선박에 접근하거나, 가까이 있는 다른 선박에 접근하는 경우에는 충돌을 방지하기 위하여 필요한 조치를 하여야 한다(법 제72조 제4항).

23 최근빈출 대표유형

(   )에 순서대로 적합한 것은?

> "「해상교통안전법」상 선박은 접근하여 오는 다른 선박의 나침방위에 뚜렷한 변화가 있더라도 (   ) 또는 (   )에 종사하고 있는 선박에 접근하거나, 가까이 있는 다른 선박에 접근하는 경우에는 충돌을 방지하기 위하여 필요한 조치를 하여야 한다."

가. 소형선, 어로작업

나. 소형선, 예인작업

사. 거대선, 어로작업

아. 거대선, 예인작업

해설 접근하여 오는 다른 선박의 나침방위에 뚜렷한 변화가 있더라도 거대선 또는 예인작업에 종사하고 있는 선박에 접근하거나, 가까이 있는 다른 선박에 접근하는 경우에는 충돌을 방지하기 위하여 필요한 조치를 하여야 한다(법 제72조 제4항 제2문).

24

「해상교통안전법」상 '충돌을 피하기 위한 동작'에 관한 설명으로 옳은 것은?

가. 침로는 소폭으로 연속하여 변경한다.

나. 충분한 시간적 여유를 두고 행한다.

사. 속력을 높여서 피하는 것이 좋다.

아. 상대 선박의 움직임에 따라 적절한 동작을 취한다.

해설 가. 선박은 다른 선박과 충돌을 피하기 위하여 침로나 속력을 변경할 때에는 될 수 있으면 다른 선박이 그 변경을 쉽게 알아볼 수 있도록 충분히 크게 변경하여야 하며, 침로나 속력을 소폭으로 연속적으로 변경하여서는 아니 된다(법 제73조 제2항).

나. 「해상교통안전법」 항법에 따라 다른 선박과 충돌을 피하기 위한 동작을 취하되, 법에서 정하는 바가 없는 경우에는 될 수 있으면 충분한 시간적 여유를 두고 적극적으로 조치하여 선박을 적절하게 운용하는 관행에 따라야 한다(법 제73조 제1항).

사. 선박은 다른 선박과의 충돌을 피하거나 상황을 판단하기 위한 시간적 여유를 얻기 위하여 필요하면 속력을 줄이거나 기관의 작동을 정지하거나 후진하여 선박의 진행을 완전히 멈추어야 한다(법 제73조 제5항).

아. 충분한 시간적 여유를 두고 적극적으로 조치하여 선박을 적절하게 운용하는 관행에 따라야 하며, 다른 선박과의 충돌을 피하거나 상황을 판단하기 위한 시간적 여유를 얻기 위하여 필요하면 속력을 줄이거나 기관의 작동을 정지하거나 후진하여 선박의 진행을 완전히 멈추어야 한다.

정답 18 아 19 아 20 나 21 나 22 나 23 아 24 나

25 [최근빈출 대표유형]
「해상교통안전법」상 충돌을 피하거나 상황을 판단하기 위한 시간적 여유를 얻기 위한 조치는?

가. 소각도 변침 나. 레이더 작동
사. 상대선 호출 아. 속력을 줄임

해설 선박은 다른 선박과의 충돌을 피하거나 상황을 판단하기 위한 시간적 여유를 얻기 위하여 필요하면 속력을 줄이거나 기관의 작동을 정지하거나 후진하여 선박의 진행을 완전히 멈추어야 한다(법 제73조 제5항).

26
「해상교통안전법」상 충돌을 피하기 위한 동작으로 부적당한 것은?

가. 적극적인 동작
나. 충분한 시간적 여유를 가지는 동작
사. 적절한 운용술에 입각한 동작
아. 침로나 속력을 조금씩 연속적으로 변경하는 동작

해설 선박은 다른 선박과 충돌을 피하기 위하여 침로나 속력을 변경할 때에는 될 수 있으면 다른 선박이 그 변경을 쉽게 알아볼 수 있도록 충분히 크게 변경하여야 하며, 침로나 속력을 소폭으로 연속적으로 변경하여서는 아니 된다(법 제73조 제2항).

27
「해상교통안전법」상 넓고 여유 있는 수역에서 충돌을 피하기 위한 가장 효과적인 동작은?

가. 속력 변경 나. 기관 후진
사. 신호 게양 아. 침로 변경

해설 넓고 여유 있는 수역에서 충돌을 피하기 위한 가장 효과적인 동작은 변침이다.

28
「해상교통안전법」상 선박이 서로 시계 내에 있다는 의미는?

가. 음파를 감지할 수 있다.
나. 레이더를 이용, 확인할 수 있다.
사. 시각에 의한 탐지가 가능하다.
아. VHF로 통화할 수 있다.

해설 '선박이 서로 시계 안에 있는 상태'란 다른 선박을 눈으로 볼 수 있는 상태, 즉 시각에 의한 탐지가 가능한 상태를 말한다(법 제76조 참조).

29
「해상교통안전법」상 좁은 수로등에서 정박이 허용되는 경우는?

가. 검역 대기시 나. 하역 준비시
사. 화물 적재시 아. 인명 구조시

해설 선박은 좁은 수로등에서 정박(정박 중인 선박에 매어 있는 것을 포함한다)을 하여서는 아니 된다. 다만, 해양사고를 피하거나 인명이나 그 밖의 선박을 구조하기 위하여 부득이하다고 인정되는 경우에는 그러하지 아니하다(법 제74조 제7항).

30 [최근빈출 대표유형]
「해상교통안전법」상 좁은 수로등에서 정박이 허용되지 않는 경우는?

가. 인명 구조시
나. 검역 대기시
사. 선박의 구조시
아. 해양사고를 피할 경우

해설 검역대기 중에는 검역묘지에 정박을 하여야 한다(법 제74조 제7항).

31
「해상교통안전법」상 좁은 수로를 선박이 항해할 때 올바른 항해 방법은 다음 중 어느 것인가?

가. 될 수 있으면 왼쪽으로 항해해야 한다.
나. 될 수 있으면 가운데로 항해해야 한다.
사. 될 수 있으면 오른쪽으로 항해해야 한다.
아. 아무 쪽이든 항해할 수 있다.

해설 좁은 수로나 항로를 따라 항행하는 선박은 항행의 안전을 고려하여 될 수 있으면 좁은 수로등의 오른편 끝 쪽에서 항행하여야 한다(법 제74조 제1항 전단).

32 [최근빈출 대표유형]
( )에 적합한 것은?

> "「해상교통안전법」상 길이 ( ) 미만의 선박이나 범선은 좁은 수로 등의 안쪽에서만 안전하게 항행할 수 있는 다른 선박의 통행을 방해하여서는 아니 된다."

가. 10미터 나. 20미터
사. 30미터 아. 50미터

해설 길이 20미터 미만의 선박이나 범선은 좁은 수로등의 안쪽에서만 안전하게 항행할 수 있는 다른 선박의 통행을 방해하여서는 아니 된다(법 제74조 제2항).

33 [최근빈출 대표유형]
「해상교통안전법」상 '통항분리제도'에서의 항행 원칙으로 옳지 않은 것은?

가. 통항로 안에서는 정하여진 진행방향으로 항행한다.
나. 통항로의 양끝단을 통하여 출입하는 것이 원칙이다.
사. 부득이한 사유로 통항로를 횡단하여야 하는 경우에는 통항로와 작은 각도로 횡단하여야 한다.
아. 길이 20미터 미만의 선박은 통항로를 따라 항행하고 있는 다른 선박의 항행을 방해하지 않아야 한다.

해설 선박은 통항로를 횡단하여서는 아니 된다(법 제75조 제3항).
▶ 다만, 부득이한 사유로 그 통항로를 횡단하여야 하는 경우에는 그 통항로와 선수방향이 직각에 가까운 각도로 횡단하여야 한다.

정답 25 아 26 아 27 아 28 사 29 아 30 나 31 사 32 나
33 사

34 최근빈출 대표유형

( )에 적합한 것은?

"통항분리수역에서 부득이한 사유로 통항로를 횡단하여야 하는 경우에는 그 통항로와 선수 방향이 ( )에 가까운 각도로 횡단하여야 한다."

가. 직각
나. 예각
사. 둔각
아. 대각

해설 횡단의 금지
- 선박은 통항로를 횡단하여서는 아니 된다(법 제75조 제3항).
  ► 다만, 부득이한 사유로 그 통항로를 횡단하여야 하는 경우에는 그 통항로와 선수방향이 직각에 가까운 각도로 횡단하여야 한다.
- 통항로를 횡단하거나 통항로에 출입하는 선박 외의 선박은 급박한 위험을 피하기 위한 경우나 분리대 안에서 어로에 종사하고 있는 경우 외에는 분리대에 들어가거나 분리선을 횡단하여서는 아니 된다(법 제75조 제5항).

35

「해상교통안전법」상 '통항분리제도'에서의 항행원칙으로 옳지 않은 것은?

가. 길이 20미터 미만의 선박은 통항로를 언제든지 횡단할 수 있다.
나. 정해진 진행방향으로 항행한다.
사. 통항로의 출입구를 통하여 출입하는 것이 원칙이다.
아. 길이 20미터 미만의 선박은 통항로를 따라 항행하고 있는 다른 선박의 항행을 방해하지 말아야 한다.

해설 통항로를 횡단하거나 통항로에 출입하는 선박 외의 선박은 급박한 위험을 피하기 위한 경우나 분리대 안에서 어로에 종사하고 있는 경우 외에는 분리대에 들어가거나 분리선을 횡단하여서는 아니 된다(법 제75조 제5항).

36 최근빈출 대표유형

( )에 적합한 것은?

"「해상교통안전법」상 2척의 범선이 서로 접근하여 충돌할 위험이 있는 경우, 각 범선이 다른 쪽 현에 바람을 받고 있는 경우에는 ( )에 바람을 받고 있는 범선이 다른 범선의 진로를 피하여야 한다."

가. 선수
나. 우현
사. 좌현
아. 선미

해설 범선 항법의 원칙(법 제77조 제1항)
1. 각 범선이 다른 쪽 현에 바람을 받고 있는 경우에는 좌현에 바람을 받고 있는 범선이 다른 범선의 진로를 피하여야 한다.
2. 두 범선이 서로 같은 현에 바람을 받고 있는 경우에는 바람이 불어오는 쪽의 범선이 바람이 불어가는 쪽의 범선의 진로를 피하여야 한다.
3. 좌현에 바람을 받고 있는 범선은 바람이 불어오는 쪽에 있는 다른 범선을 본 경우로서 그 범선이 바람을 좌우 어느 쪽에 받고 있는지 확인할 수 없는 때에는 그 범선의 진로를 피하여야 한다.

37

「해상교통안전법」상 범선의 피항원칙으로 옳은 것은?

가. 대형범선이 소형범선을 피항한다.
나. 풍상측에 있거나 바람을 왼쪽에서만 받는 선박이 우현 변침하여 피항한다.
사. 돛범선이 돛기관 겸용범선을 피항한다.
아. 우현에서 바람을 받는 범선이 피항 의무가 제일 크다.

해설 가. 대형범선과 소형범선 사이의 피항은 범선의 항법에 따른다.
사. 돛기관 겸용범선은 동력선이므로 돛기관 겸용범선이 피항한다.
아. 좌현에서 바람을 받는 범선이 피항 의무가 제일 크다.

38 최근빈출 대표유형

「해상교통안전법」상 앞지르기 하는 배란 다른 선박의 정횡에서 몇 도를 넘는 후방의 위치로부터 앞지르는 선박인가?

가. 22.5°
나. 45°
사. 60°
아. 90°

해설 다른 선박의 양쪽 현의 정횡으로부터 22.5도를 넘는 뒤쪽[► 밤에는 다른 선박의 선미등만을 볼 수 있고 어느 쪽의 현등도 볼 수 없는 위치]에서 그 선박을 앞지르는 선박은 앞지르기 하는 배로 보고 필요한 조치를 취하여야 한다(법 제78조 제2항).

39 최근빈출 대표유형

「해상교통안전법」상 야간에 본선의 정선수 방향에서 다른 선박의 마스트등과 양쪽의 현등이 동시에 보이는 상태는?

가. 마주치는 상태
나. 횡단하는 상태
사. 앞지르기하는 상태
아. 통과하는 상태

해설 두 척의 선박이 충돌의 위험성이 있는 상태에서 서로 상대선의 양쪽 현등을 동시에 보면서 접근하고 있으면 마주치는 상태라고 볼 수 있다.
► 마주치는 상태(법 제79조 제2항)
선박은 다른 선박을 선수 방향에서 볼 수 있는 경우로서 다음의 어느 하나에 해당하면 마주치는 상태에 있다고 보아야 한다.
1. 밤에는 2개의 마스트등을 일직선으로 또는 거의 일직선으로 볼 수 있거나 양쪽의 현등을 볼 수 있는 경우
2. 낮에는 2척의 선박의 마스트가 선수에서 선미까지 일직선이 되거나 거의 일직선이 되는 경우

40

「해상교통안전법」상 서로 시계 안에 있는 2척의 동력선이 항행 중 마주치는 상태에서 충돌의 위험이 있을 때 항법으로 옳은 것은?

가. 양 선박이 속력을 증가시킨다.
나. 작은 배가 큰 배를 피한다.
사. 서로 좌현 변침하여 피한다.
아. 서로 우현 변침하여 피한다.

해설 2척의 동력선이 마주치거나 거의 마주치게 되어 충돌의 위험이 있을 때에는 각 동력선은 서로 다른 선박의 좌현 쪽을 지나갈 수 있도록 침로를 우현쪽으로 변경하여야 한다(법 제79조 제1항).

41 최근빈출 대표유형

( )에 순서대로 적합한 것은?

"「해상교통안전법」상 2척의 동력선이 상대의 진로를 횡단하는 경우로서 충돌의 위험이 있을 때에는 다른 선박을 ( )쪽에 두고 있는 선박이 다른 선박의 진로를 피하여야 한다. 이 경우 다른 선박의 진로를 피하여야 하는 선박은 부득이한 경우 외에는 다른 선박의 ( ) 방향을 횡단하여서는 아니 된다."

가. 좌현, 선수
나. 좌현, 선미
사. 우현, 선수
아. 우현, 선미

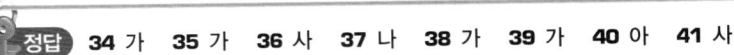

정답 34 가 35 가 36 사 37 나 38 가 39 가 40 아 41 사

제4과목 해사법규 116 Chapter 1. 해상교통안전법

해설 횡단하는 상태(법 제80조)
2척의 동력선이 상대의 진로를 횡단하는 경우로서 충돌의 위험이 있을 때에는 다른 선박을 우현 쪽에 두고 있는 선박이 그 다른 선박의 진로를 피하여야 한다. 이 경우 다른 선박의 진로를 피하여야 하는 선박은 부득이한 경우 외에는 그 다른 선박의 선수 방향을 횡단하여서는 아니 된다.

42
「해상교통안전법」상 선박이 서로 시계 안에 있을 때 횡단하는 상태에서 '피항선'은?
가. 다른 선박의 우현을 보는 선박
나. 다른 선박의 좌현을 보는 선박
사. 다른 선박의 선수만을 보는 선박
아. 다른 선박의 선미만을 보는 선박

해설 다른 선박을 우현 쪽에 두고 있는 선박(다른 선박의 홍등을 보는 선박)이 그 다른 선박의 진로를 피하여야 한다.

43
「해상교통안전법」상 피항선에 관한 다음 설명 중에서 맞는 내용은?
가. 대형선은 소형선을 무조건 피해야 한다.
나. 소형선은 대형선을 무조건 피해야 한다.
사. 서로 횡단할 때 상대선의 홍등을 보는 선박이 피항선이다.
아. 서로 횡단할 때 상대선의 녹등을 보는 선박이 피항선이다.

해설 다른 선박을 우현 쪽에 두고 있는 선박이 그 다른 선박의 진로를 피하여야 한다. 즉 상대선의 홍등을 보는 배가 피항선이다.

44 [최근빈출 대표유형]
「해상교통안전법」상 항행 중 우현 20도 부근에서 비스듬히 접근하며 내려오는 상대 선박을 발견하였을 때 본선이 취할 조치로서 옳은 것은?
가. 무조건 좌현 변침하여 멀리 떨어진다.
나. 특별히 규정된 것은 없으므로 적당히 상황을 봐서 행동한다.
사. 본선이 유지선이므로 변침하지 말고 그대로 진행한다.
아. 상대선을 관측한 컴퍼스 방위가 거의 변화가 없으면 우현 변침하여 피항하여야 한다.

해설 상대선이 방위변화 없이 본선과 가까워지므로, 상대선은 본선을 향하여 오는 충돌위험이 있는 선박이므로 본선은 우현으로 변침하여 피항하여야 한다.

45 [최근빈출 대표유형]
( )에 적합한 것은?

> 「해상교통안전법」상 ( )은 피항선이 이 법에 따른 적절한 조치를 취하고 있지 아니하다고 판단하면 스스로의 조종만으로 피항선과 충돌하지 아니하도록 조치를 취할 수 있다.

가. 제한선 나. 유지선
사. 불능선 아. 앞지르기 하는 배

해설 ▶ 유지선의 동작(법 제82조)
① 2척의 선박 중 1척의 선박이 다른 선박의 진로를 피하여야 할 경우 다른 선박은 그 침로와 속력을 유지하여야 한다.

▶ 유지선은 피항선이 피항 동작을 취할 때까지 일정기간 동안 침로와 속력을 유지하여야 한다.
② 유지선은 피항선이 이 법에 따른 적절한 조치를 취하고 있지 아니하다고 판단하면 ①항에도 불구하고 스스로의 조종만으로 피항선과 충돌하지 아니하도록 조치를 취할 수 있다. 이 경우 유지선은 부득이하다고 판단하는 경우 외에는 자기 선박의 좌현 쪽에 있는 선박을 향하여 침로를 왼쪽으로 변경하여서는 아니 된다.
③ 유지선은 피항선과 매우 가깝게 접근하여 해당 피항선의 동작만으로는 충돌을 피할 수 없다고 판단하는 경우에는 ①항에도 불구하고 충돌을 피하기 위하여 충분한 협력을 하여야 한다.
④ ②항과 ③항과 같은 유지선의 피항 협력 동작은 피항선에게 진로를 피하여야 할 의무를 면제하는 것은 아니다.

46
「해상교통안전법」에서 유지선의 동작으로 옳지 않은 것은?
가. 침로 유지 나. 좌현 변침
사. 속력 유지 아. 경계 철저

해설 유지선은 부득이하다고 판단하는 경우 외에는 자기 선박의 좌현 쪽에 있는 선박을 향하여 침로를 왼쪽으로 변경하여서는 아니 된다(법 제82조 제2항 후문).

47
「해상교통안전법」상 유지선이 협조동작을 취해야 할 시기로서 가장 타당한 설명은?
가. 충돌의 위험이 있을 때
나. 피항선이 적합한 동작을 취하지 아니할 때
사. 자선의 조종만으로 조기의 피항동작을 취한 직후
아. 피항선의 동작만으로는 충돌을 피할 수 없다고 판단한 때

해설 유지선은 피항선과 매우 가깝게 접근하여 해당 피항선의 동작만으로는 충돌을 피할 수 없다고 판단하는 경우에는 충돌을 피하기 위하여 충분한 협력을 하여야 한다(법 제82조 제3항).

48
「해상교통안전법」상 어로에 종사하고 있는 선박은 어떤 선박의 진로를 피해야 하는가?
가. 길이 7미터 미만의 소형선 나. 수상항공기
사. 조종불능선 아. 쾌속 여객선

해설 피항 우선 순위(법 제83조)
수상항공기·수면비행선박 > 동력선 > 범선 > 어로에 종사 중인 선박 > 흘수제약선 > 조종불능선·조종제한선 > 정박선

49 [최근빈출 대표유형]
「해상교통안전법」상 어로에 종사하고 있는 선박이 진로를 피하지 않아도 되는 선박은?
가. 조종제한선 나. 조종불능선
사. 수상항공기 아. 흘수제약선

해설 수상항공기 및 수면비행선박은 모든 선박의 진로를 피하여야 한다.

정답 42 나 43 사 44 아 45 나 46 나 47 아 48 사 49 사

50 [최근빈출 대표유형]

「해상교통안전법」상 항행 중인 범선이 진로를 피하지 않아도 되는 선박은?

가. 조종제한선　　　　　　나. 조종불능선
사. 수상항공기　　　　　　아. 어로에 종사하고 있는 선박

해설 수상항공기 및 수면비행선박은 모든 선박의 진로를 피하여야 한다.

51 [최근빈출 대표유형]

「해상교통안전법」상 피항선에 관한 설명으로 옳은 것은?

가. 항행 중인 대형 동력선과 소형 동력선이 서로 시계 안에 있을 때 대형 동력선이 피항선이다.
나. 어로에 종사하고 있는 선박과 항행 중인 동력선이 서로 시계 안에 있을 때 어로에 종사하고 있는 선박이 피항선이다.
사. 2척의 동력선이 서로 시계 안에 있으며 상대의 진로를 횡단하는 경우로서 충돌의 위험이 있을 때에는 다른 선박을 우현 쪽에 두고 있는 선박이 피항선이다.
아. 수면비행선박이 이륙하고 있을 때 동력선과 서로 시계 안에 있으면 동력선이 피항선이다.

해설 가. 대형 동력선과 소형 동력선은 같은 동력선이기 때문에 다른 선박을 우현에서 보는 선박이 피항선이 된다.
나. 어로에 종사하고 있는 선박과 항행 중인 동력선이 서로 시계 안에 있을 때 동력선이 피항선이다.
아. 수면비행선박이 이륙하고 있을 때 동력선과 서로 시계 안에 있으면 피항 우선 순위에 의하여 수면비행선박이 피항선이다.

52 [최근빈출 대표유형]

「해상교통안전법」상 서로 시계 안에서 항행 중인 범선이 반드시 진로를 피해야 하는 선박이 아닌 것은?

가. 동력선　　　　　　　　나. 조종제한선
사. 조종불능선　　　　　　아. 어로에 종사하고 있는 선박

해설 서로 시계 내에서는 동력선이 범선의 진로를 피해야 한다.

53

「해상교통안전법」상 범선과 동력선이 서로 마주치는 경우에 적용되는 항법으로 옳은 것은?

가. 각각 좌현 변침한다.
나. 동력선이 변침한다.
사. 각각 우현 변침을 한다.
아. 동력선은 우현, 범선은 풍하측으로 변침한다.

해설 「해상교통안전법」 제83조(선박 사이의 책무)에 의하여 조종성능이 좋은 선박이 피항선이 된다. 그러므로 동력선이 변침하여 피한다.

54

「해상교통안전법」상 안개 속에서 정횡 전방으로부터 무중신호를 들었을 때의 조치로 틀린 것은?

가. 정상 속도로 항행하면서 경계를 한다.
나. 침로를 유지할 정도로 감속한다.
사. 타력을 멈추어 정지할 수도 있다.
아. 근접상태에서 침로를 변경시키지 않는다.

해설 제한된 시계에서 선박의 항법(법 제84조 제6항)
충돌할 위험성이 없다고 판단한 경우 외에는 다음의 어느 하나에 해당하는 경우 모든 선박은 자기 배의 침로를 유지하는 데에 필요한 최소한으로 속력을 줄여야 한다. 이 경우 필요하다고 인정되면 자기 선박의 진행을 완전히 멈추어야 하며, 어떠한 경우에도 충돌할 위험성이 사라질 때까지 주의하여 항행하여야 한다.
1. 자기 선박의 양쪽 현의 정횡 앞쪽에 있는 다른 선박에서 무중신호를 듣는 경우
2. 자기 선박의 양쪽 현의 정횡으로부터 앞쪽에 있는 다른 선박과 매우 근접한 것을 피할 수 없는 경우

55

「해상교통안전법」상 레이더만으로 자선 정횡 전방에서 다른 선박의 존재를 알았을 때의 조치로서 부적합한 것은?

가. 좌현 변침　　　　　　　나. 우현 변침
사. 기관 정지　　　　　　　아. 기적 신호

해설 다른 선박이 자기 선박의 양쪽 현의 정횡 앞쪽에 있는 경우 좌현 쪽으로 침로를 변경하는 행위를 피하여야 한다.

56

「해상교통안전법」상 불빛이 정선수 방향으로부터 양쪽 현 정횡으로부터 22.5도까지를 비추어야 하는 흰색 등화는?

가. 현등　　　　　　　　　나. 선미등
사. 전주등　　　　　　　　아. 마스트등

해설 • 마스트등 : 225도에 걸치는 수평의 호를 비추되, 양쪽 현의 정횡으로부터 뒤쪽 22.5도까지 비출 수 있는 흰색 등(법 제86조 제1호)
• 현등 : 정선수 방향에서 양쪽 현으로 각각 112.5도에 걸치는 수평의 호를 비추는 등화(법 제86조 제2호)
• 선미등 : 135도에 걸치는 수평의 호를 비추는 흰색 등(법 제86조 제3호)
• 전주등 : 360도에 걸치는 수평의 호를 비추는 등화(법 제86조 제5호)

57

「해상교통안전법」상 '선미등'의 수평 사광범위와 등색으로 바르게 짝지어진 것은?

가. 135도 - 홍색　　　　　나. 225도 - 홍색
사. 135도 - 백색　　　　　아. 225도 - 백색

해설 • 선미등 : 135도 - 흰색
• 마스트등 : 225도 - 흰색
• 현등 : 112.5도 - 좌현 : 붉은색, 우현 : 녹색

58 [최근빈출 대표유형]

「해상교통안전법」상 선박의 항해등에 대한 설명으로 옳지 않은 것은?

가. 야간 항해시에는 항상 점등시켜야 한다.
나. 주간에도 무중 항해시에는 점등시켜야 한다.
사. 현등의 색깔은 좌현에 녹등, 우현에 홍등이다.
아. 야간에 접근하여 오는 선박의 진행방향은 항해등을 관찰하여 알 수 있다.

해설 현등은 좌현에 홍등, 우현에 녹등을 표시하여야 한다.

정답 **50** 사　**51** 사　**52** 가　**53** 나　**54** 가　**55** 가　**56** 아　**57** 사
58 사

59 최근빈출 대표유형

( )에 적합한 것은?

"해상교통안전법상 135도에 걸치는 수평의 호를 비추는 흰색 등으로서 그 불빛이 정선미 방향으로부터 양쪽 현의 67.5도까지 비출 수 있도록 선미부분 가까이에 설치된 등은 ( )이다."

가. 현등 나. 전주등
사. 선미등 아. 예선등

해설 등화의 종류(법 제86조)

구 분	내 용
1. 마스트등	선수와 선미의 중심선상에 설치되어 225°에 걸치는 수평의 호를 비추되, 그 불빛이 정선수 방향으로부터 양쪽 현의 정횡으로부터 뒤쪽 22.5°까지 비출 수 있는 흰색 등
2. 현등	정선수 방향에서 양쪽 현으로 각각 112.5°에 걸치는 수평의 호를 비추는 등화로서 그 불빛이 정선수 방향에서 좌현 정횡으로부터 뒤쪽 22.5°까지 비출 수 있도록 좌현에 설치된 붉은색 등과 그 불빛이 정선수 방향에서 우현 정횡으로부터 뒤쪽 22.5°까지 비출 수 있도록 우현에 설치된 녹색 등
3. 선미등	135°에 걸치는 수평의 호를 비추는 흰색 등으로서 그 불빛이 정선미 방향으로부터 양쪽 현의 67.5°까지 비출 수 있도록 선미 부분 가까이에 설치된 등
4. 예선등	선미등과 같은 특성을 가진 황색 등
5. 전주등	360°에 걸치는 수평의 호를 비추는 등화. 다만, 섬광등은 제외한다.
6. 섬광등	360°에 걸치는 수평의 호를 비추는 등화로서 일정한 간격으로 1분에 120회 이상 섬광을 발하는 등
7. 양색등	선수와 선미의 중심선상에 설치된 붉은색과 녹색의 두 부분으로 된 등화로서 그 붉은색과 녹색 부분이 각각 현등의 붉은색 등 및 녹색 등과 같은 특성을 가진 등
8. 삼색등	선수와 선미의 중심선상에 설치된 붉은색·녹색·흰색으로 구성된 등으로서 그 붉은색·녹색·흰색의 부분이 각각 현등의 붉은색 등과 녹색 등 및 선미등과 같은 특성을 가진 등

60

「해상교통안전법」상의 규정 중 "삼색등"에 사용하지 않는 등색은?

가. 붉은색 나. 노란색
사. 녹색 아. 흰색

해설 삼색등은 선수와 선미의 중심선상에 설치된 붉은색·녹색·흰색으로 구성된 등으로서 그 붉은색·녹색·흰색의 부분이 각각 현등의 붉은색 등과 녹색 등 및 선미등과 같은 특성을 가진 등

61 최근빈출 대표유형

「해상교통안전법」상 '섬광등'의 정의는?

가. 선수쪽 225도의 사광범위를 갖는 등
나. 선미쪽 135도의 사광범위를 갖는 등
사. 360도에 걸치는 수평의 호를 비추는 등화로서 일정한 간격으로 1분에 120회 이상 섬광을 발하는 등
아. 360도에 걸치는 수평의 호를 비추는 등화로서 일정한 간격으로 1분에 60회 이상 섬광을 발하는 등

해설 섬광등은 360도에 걸치는 수평의 호를 비추는 등화로서 일정한 간격으로 1분에 120회 이상 섬광을 발하는 등을 말한다.

62

「해상교통안전법」상 "전주등이란 ( )도에 걸치는 수평의 호를 비추는 등화를 말한다."에서 ( ) 속에 알맞은 숫자는?

가. 360 나. 300
사. 225 아. 135

해설 전주등이란 360도에 걸치는 수평의 호를 비추는 등화를 말한다.

63 최근빈출 대표유형

「해상교통안전법」상 '선미등과 같은 특성을 가진 황색 등'은?

가. 현등 나. 전주등
사. 예선등 아. 마스트등

해설
- 선미등 : 135°에 걸치는 수평의 호를 비추는 흰색 등으로서 그 불빛이 정선미 방향으로부터 양쪽 현의 67.5°까지 비출 수 있도록 선미 부분 가까이에 설치된 등
- 예선등 : 예선등은 선미등과 같은 특성을 가진 황색 등

64 최근빈출 대표유형

「해상교통안전법」상 선박의 등화 중 정선미 쪽에서 보이는 등화는?

가. 예선등 나. 마스트등
사. 오른쪽 현등 아. 왼쪽 현등

해설 정선미 쪽에서 보이는 등화에는 선미등과 예선등이 있다.
- 선미등 : 135°에 걸치는 수평의 호를 비추는 흰색 등으로서 그 불빛이 정선미 방향으로부터 양쪽 현의 67.5°까지 비출 수 있도록 선미 부분 가까이에 설치된 등
- 예선등 : 예선등은 선미등과 같은 특성을 가진 황색 등

65 최근빈출 대표유형

「해상교통안전법」상 길이 50미터 미만의 동력선이 표시하지 않아도 되는 것은?

가. 현등 1쌍 나. 선미등 1개
사. 앞쪽의 마스트등 1개 아. 뒤쪽의 마스트등 1개

해설 선박 길이 50미터 미만의 동력선은 뒤쪽 마스트등을 표시하지 않아도 된다(법 제88조 제1항 제1호).
선박 길이 100미터 이상일 때 50미터 미만의 동력선의 등화에 추가하여 뒤쪽의 마스트등 1개를 표시하여야 한다.

66

「해상교통안전법」상 현등 1쌍 대신에 양색등으로 표시할 수 있는 선박은?

가. 길이 20미터 이상인 선박 나. 길이 20미터 미만인 선박
사. 총톤수 100톤 이상인 선박 아. 총톤수 100톤 미만인 선박

해설 길이 20미터 미만의 선박은 현등 1쌍을 대신하여 양색등을 표시할 수 있다(법 제88조 제1항 제2호).

67

「해상교통안전법」상 항행 중인 길이 12미터 미만의 동력선이 마스트등 대신에 표시하는 등화는 어느 것인가?

가. 황색 전주등 1개 나. 황색 전주등 2개
사. 백색 전주등 1개 아. 백색 전주등 2개

정답 59 사 60 나 61 사 62 가 63 사 64 가 65 아 66 나
67 사

해설 길이 12미터 미만의 동력선은 마스트등, 선미등을 대신하여 흰색 전주등 1개와 현등 1쌍을 표시할 수 있다(법 제88조 제4항).

68 [최근빈출 대표유형]
( )에 적합한 것은?

> "「해상교통안전법」상 길이 7미터 미만이고 최대속력이 7노트 미만인 동력선은 항행 중인 동력선이 표시하여야 하는 등화를 대신하여 ( ) 1개만을 표시할 수 있으며, 가능한 경우 현등 1쌍도 표시할 수 있다."

가. 황색 전주등　　　　　　　나. 흰색 전주등
사. 홍색 전주등　　　　　　　아. 녹색 전주등

해설 길이 7m 미만, 최대속력 7노트 미만의 동력선은 항행 중인 동력선의 등화를 대신하여 흰색 전주등 1개만을 표시할 수 있으며, 가능한 경우 현등 1쌍도 표시할 수 있다(법 제88조 제5항).
1. 흰색 전주등 : 1개
2. 가능한 경우 현등을 표시 : 오른쪽, 왼쪽 현에 각각 1개

69 [최근빈출 대표유형]
「해상교통안전법」상 항행 중인 길이 20미터 미만의 범선이 현등과 선미등을 대신하여 표시할 수 있는 등화는?

가. 양색등　　　　　　　　　나. 삼색등
사. 백색 전주등　　　　　　　아. 섬광등

해설 항행 중인 길이 20미터 미만의 범선은 항행 중인 범선의 등화를 대신하여 마스트의 꼭대기나 그 부근의 가장 잘 보이는 곳에 삼색등 1개를 표시할 수 있다(법 제90조 제2항).
• 삼색등 : 선수와 선미의 중심선상에 설치된 붉은색·녹색·흰색으로 구성된 등으로서 그 붉은색·녹색·흰색의 부분이 각각 현등의 붉은색 등과 녹색 등 및 선미등과 같은 특성을 가진 등

70 [최근빈출 대표유형]
「해상교통안전법」상 예인선열의 길이가 200미터를 초과하면, 예인 작업에 종사하는 동력선이 표시하여야 하는 형상물은?

가. 마름모꼴 형상물 1개
나. 마름모꼴 형상물 2개
사. 마름모꼴 형상물 3개
아. 마름모꼴 형상물 4개

해설 예인선열의 길이가 200미터를 초과하면 낮에는 마름모꼴 형상물 1개를, 야간에는 마스트등 대신 백색 전주등 3개을 표시하여야 한다(법 제89조 제1항 제5호).

71 [최근빈출 대표유형]
( )에 적합한 것은?

> "「해상교통안전법」상 조종불능선은 가장 잘 보이는 곳에 수직으로 ( )를 표시하여야 한다."

가. 황색 전주등 1개
나. 황색 전주등 2개
사. 붉은색 전주등 1개
아. 붉은색 전주등 2개

해설 주간·야간 등화와 형상물

구 분	야 간	주 간
정박선	백색 전주등	구형형상물 1개
좌초선	홍 - 홍 (홍색 전주등 2개)	구형형상물 3개
조종불능선	홍 - 홍 (홍색 전주등 2개)	구형형상물 2개
흘수제약선	홍 - 홍 - 홍 (홍색 전주등 3개)	원통형
조종제한선	홍 - 백 - 홍 (각각의 전주등)	구형 - 마름모형 - 구형

72 [최근빈출 대표유형]
「해상교통안전법」상 가장 잘 보이는 곳에 수직으로 붉은색 전주등 2개를 켜고 있는 선박은?

가. 기관 고장선　　　　　　　나. 잠수 작업선
사. 소해 작업선　　　　　　　아. 흘수제약선

해설 • 기관 고장선 : 조종불능선이므로 조종불능선의 등화인 홍색 전주등 2개를 점등
• 잠수 작업선 : 조종제한선이므로 조종제한선의 등화인 위쪽과 아래쪽에는 홍색 전주등, 가운데에는 흰색 전주등 각 1개
• 소해(기뢰) 작업선 : 녹색의 전주등 3개 또는 둥근꼴의 형상물 3개를 표시
• 흘수제약선 : 붉은색 전주등 3개를 수직으로 표시하거나 원통형의 형상물 1개를 표시할 수 있다.

73
「해상교통안전법」상 조타기가 고장나서 항해에 지장이 있을 때 표시하는 것은?

가. 야간에는 홍등 2개를 달아야 한다.
나. 흰색의 기를 달아야 한다.
사. 흑구 1개를 달아야 한다.
아. 특별히 표시할 필요가 없다.

해설 조타기가 고장난 선박은 조종불능선이므로 야간에는 가장 잘 보이는 곳에 수직으로 붉은색 전주등 2개를, 주간에는 수직으로 둥근꼴이나 그와 비슷한 형상물 2개를 표시해야 한다(법 제92조 제1항).

74
「해상교통안전법」상 수직선상 홍등 2개, 좌현에 홍등, 우현에 녹등, 선미등을 켜고 있는 선박은?

가. 조종제한선　　　　　　　나. 어로에 종사하고 있는 선박
사. 대수속력이 있는 조종불능선　아. 대수속력이 없는 조종불능선

해설 수직선상 홍등 2개를 표시하고 있는 선박은 조종불능선이며, 현등과 선미등을 표시하고 있기 때문에 대수속력이 있는 조종불능선이다(법 제92조 제1항).

75
「해상교통안전법」상 '조종제한선'이 표시하는 등화로서 옳은 것은?

가. 수직으로 홍색 전주등 2개
나. 수직으로 백색, 홍색 전주등
사. 수직으로 홍색, 백색, 홍색 전주등
아. 수직으로 백색, 홍색, 백색 전주등

해설 • 조종제한선 : 홍 - 백 - 홍 (구형-마름모형-구형)
• 조종불능선 : 홍 - 홍 (구형형상물 2개)

정답 68 나　69 나　70 가　71 아　72 가　73 가　74 사　75 사

76 [최근빈출 대표유형]

「해상교통안전법」상 야간에 가장 잘 보이는 곳에 붉은색 전주등 3개를 수직으로 표시하고 있는 선박은?

가. 조종제한선
나. 어로에 종사하고 있는 선박
사. 조종불능선
아. 흘수제약선

해설
- 흘수제약선 : 홍등 3개
- 얹혀 있는 선박 : 홍등 2개
- 조종불능선 : 홍등 2개

77

「해상교통안전법」상 장고형 형상물 1개를 달고 있는 선박을 보았다. 이 선박은 어떤 선박인가?

가. 어로에 종사중인 선박　나. 여객선
사. 상선　　　　　　　　아. 준설선

해설 어로에 종사하는 선박은 항행 여부에 관계없이 수직선 위에 두 개의 원뿔을 그 꼭대기에서 위 아래로 결합한 형상물(장고형 형상물) 1개 표시하여야 한다(법 제91조 제1항, 제2항).

78

「해상교통안전법」상 수직선 위에 2개의 원뿔을 그 꼭대기에서 위아래로 결합한 형상물 1개를 달고 있는 선박을 보았다. 이 선박은 어떤 선박인가?

가. 트롤어업에 종사하는 선박
나. 여객선
사. 상선
아. 준설선

해설 수직선상에 2개의 원뿔을 그 꼭대기에서 위아래로 결합한 형상물(장고형) 1개를 표시하는 선박은 항망이나 그 밖의 어구를 수중에서 끄는 트롤망어로에 종사하는 선박과 트롤망어로 외 어로에 종사하는 선박이다(법 제91조 제1항, 제2항).

79 [최근빈출 대표유형]

「해상교통안전법」상 길이 12미터 이상의 어선이 정박하였을 때 주간에 표시하는 것은?

가. 어선은 특별히 표시할 필요가 없다.
나. 앞쪽에 둥근꼴의 형상물 1개를 표시하여야 한다.
사. 둥근꼴의 형상물 2개를 가장 잘 보이는 곳에 표시하여야 한다.
아. 잘 보이도록 황색기 1개를 표시하여야 한다.

해설 어선이 정박하고 있을 때는 주간에는 정박선의 형상물인 둥근꼴 형상물(흑구) 1개를 표시해야 한다.

▶ **정박선의 등화와 형상물**(법 제95조 제1항, 제2항)
① 정박 중인 선박은 가장 잘 보이는 곳에 다음의 등화나 형상물을 표시하여야 한다.
　1. 앞쪽에 흰색의 전주등 1개 또는 둥근꼴의 형상물 1개
　2. 선미나 그 부근에 제1호에 따른 등화보다 낮은 위치에 흰색 전주등 1개
② 길이 50미터 미만인 선박은 제1항에 따른 등화를 대신하여 가장 잘 보이는 곳에 흰색 전주등 1개를 표시할 수 있다.

80 [최근빈출 대표유형]

「해상교통안전법」상 선수, 선미에 각각 백색의 전주등 1개씩과 수직선상에 홍등 2개를 켜고 있는 선박은 어떤 상태의 선박인가?

가. 정박선　　　　　　나. 얹혀 있는 선박
사. 조종불능선　　　아. 어선

해설 얹혀 있는 선박(법 제95조 제4항)
정박시 등화와 형상물의 등화를 표시하여야 하며, 이에 덧붙여 가장 잘 보이는 곳에 식별등화를 수직으로 홍색의 전주등 2개, 주간에는 주간 형상물을 수직으로 구형 형상물 3개를 표시하여야 한다.

81 [최근빈출 대표유형]

「해상교통안전법」상 '얹혀 있는 선박'의 주간 형상물은?

가. 가장 잘 보이는 곳에 수직으로 원통형 형상물 2개
나. 가장 잘 보이는 곳에 수직으로 원통형 형상물 3개
사. 가장 잘 보이는 곳에 수직으로 둥근꼴 형상물 2개
아. 가장 잘 보이는 곳에 수직으로 둥근꼴 형상물 3개

해설 얹혀 있는 선박(좌초선) : 주간 흑구 3개, 야간은 홍색 전주등 2개

82

「해상교통안전법」상 좌초한 길이 12미터 이상의 선박이 낮에 표시하는 형상물은 다음 중 어느 것인가?

가. 둥근꼴 형상물 1개　나. 둥근꼴 형상물 2개
사. 둥근꼴 형상물 3개　아. 둥근꼴 형상물 4개

해설 얹혀 있는 선박의 등화와 형상물(법 제95조 제4항)
얹혀 있는 선박은 정박하고 있는 선박의 등화를 표시하여야 하며, 이에 덧붙여 가장 잘 보이는 곳에 다음의 등화나 형상물을 표시하여야 한다.
　1. 수직으로 붉은색의 전주등 2개
　2. 수직으로 둥근꼴의 형상물 3개
▶ 길이 12미터 미만의 선박이 얹혀 있는 경우에는 제4항에 따른 등화나 형상물을 표시하지 아니할 수 있다(법 제95조 제6항).

83 [최근빈출 대표유형]

「해상교통안전법」에서 규정하고 있는 장음과 단음에 대한 설명으로 옳은 것은?

가. 단음 : 약 1초 정도 계속되는 고동소리
나. 단음 : 약 3초 정도 계속되는 고동소리
사. 장음 : 약 8초 정도 계속되는 고동소리
아. 장음 : 약 10초 정도 계속되는 고동소리

해설 기적의 종류(법 제97조)
"기적"이란 다음 각 호의 구분에 따라 단음과 장음을 발할 수 있는 음향신호장치를 말한다.
　1. 단음 : 1초 정도 계속되는 고동소리
　2. 장음 : 4초부터 6초까지의 시간 동안 계속되는 고동소리

84 [최근빈출 대표유형]

「해상교통안전법」상 단음은 몇 초 정도 계속되는 고동소리인가?

가. 1초　　　　나. 2초
사. 4초　　　　아. 6초

해설
- 단음 : 1초 정도 계속되는 고동소리
- 장음 : 4초부터 6초까지의 시간 동안 계속되는 고동소리

정답 76 아　77 가　78 가　79 나　80 나　81 아　82 사　83 가
84 가

85 [최근빈출 대표유형]

「해상교통안전법」상 조종신호와 그 의미가 옳은 것은?

가. 장음 2회 – 기관정지　　　나. 단음 2회 – 후진

사. 장음 1회 – 좌현변침　　　아. 단음 1회 – 우현변침

해설
- 단음 1회 : 우현변침(●)
- 단음 2회 : 좌현변침(●●)
- 단음 3회 : 후진(●●●)

86 [최근빈출 대표유형]

「해상교통안전법」상 가까이 있는 다른 선박으로부터 단음 2회의 기적신호를 들었을 때 그 선박이 취하고 있는 동작은?

가. 우현변침　　　　　　나. 좌현변침

사. 감속　　　　　　　　아. 침로유지

해설 단음 2회 : 좌현변침(●●)

87 [최근빈출 대표유형]

「해상교통안전법」상 좌현 또는 우현으로 변침하면서 조종신호를 울리는 시기로 옳은 것은?

가. 무중에서만 실시한다.

나. 야간에만 실시한다.

사. 서로 시계 안에서만 실시한다.

아. 항내에서만 실시한다.

해설 조종신호는 서로 상대의 시계 안에 있는 경우에만 해당된다.

88 [최근빈출 대표유형]

「해상교통안전법」상 좁은 수로에서 타선의 좌현쪽으로 앞지르기하고자 할 때 앞지르기 하는 배가 울리는 기적신호는?

가. 장음, 장음, 단음, 단음　　나. 장음, 단음, 장음, 단음

사. 장음, 장음, 단음　　　　　아. 단음, 장음, 단음, 장음

해설 좁은 수로등에서의 앞지르기 신호(법 제99조 제4항)

서로 상대의 시계 안에 있는 경우 좁은 수로등에서 앞지르기에 관한 기적신호에 따른 기적신호를 할 때에는 다음에 따라 행하여야 한다.
1. 우현 앞지르기 : 장음 2회＋단음 1회 (장-장-단 : ― ― ●)
2. 좌현 앞지르기 : 장음 2회＋단음 2회 (장-장-단-단 : ― ― ● ●)
3. 앞지르기 당하는 배의 동의신호 : 장음 1회＋단음 1회＋장음 1회＋단음 1회 (장-단-장-단 : ― ● ― ●)

89

「해상교통안전법」상 "좁은 수로의 굽은 부분에 접근하는 선박은 (　　)의 기적신호를 울리고, 그 기적신호를 들은 선박은 (　　)의 기적신호로서 응답하여야 한다."에서 (　　) 속에 알맞은 말로 짝지어진 것은?

가. 단음 1회, 단음 2회　　　나. 장음 1회, 단음 2회

사. 단음 1회, 단음 1회　　　아. 장음 1회, 장음 1회

해설 좁은 수로등의 굽은 부분이나 장애물 때문에 다른 선박을 볼 수 없는 수역에 접근하는 선박은 다음의 기적 신호를 울려야 하고, 맞은 편에 접근하는 선박이 기적신호를 들은 때에는 다음과 같은 응답신호를 하여야 한다(법 제99조 제6항).
1. 굽은 수로의 기적 신호 : 장음 1회
2. 굽은 수로의 응답 신호 : 장음 1회

90 [최근빈출 대표유형]

「해상교통안전법」상 서로 시계 안에 있는 선박이 접근하고 있을 경우, 다른 선박의 동작을 이해할 수 없을 때 울리는 의문 신호는?

가. 장음 5회 이상　　　　나. 단음 5회 이상

사. 장음 5회, 단음 1회　　아. 단음 5회, 장음 1회

해설 의문 신호(법 제99조 제5항)

서로 상대의 시계 안에 있는 선박이 접근하고 있을 경우에는 하나의 선박이 다른 선박의 의도 또는 동작을 이해할 수 없거나 다른 선박이 충돌을 피하기 위하여 충분한 동작을 취하고 있는지 분명하지 아니한 경우에는 그 사실을 안 선박이 즉시 기적으로 단음을 5회 (●●●●●) 이상 재빨리 울려 그 사실을 표시하여야 한다. 이 경우 의문신호는 5회 이상의 짧고 빠르게 섬광을 발하는 발광신호로써 보충할 수 있다.

91

「해상교통안전법」상 상대 선박이 위험할 정도로 가까이 접근할 때 사용할 적당한 신호는 무엇인가?

가. 특별한 신호가 없다.　　나. 조종신호

사. 앞지르기신호　　　　　아. 경고신호

해설 서로 상대의 시계 안에 있는 선박이 접근하고 있을 경우에는 다른 선박의 의도 또는 동작을 이해할 수 없거나 다른 선박이 충돌을 피하기 위하여 충분한 동작을 취하고 있는지 분명하지 아니한 경우에는 그 사실을 안 선박이 즉시 기적으로 단음을 5회 이상 재빨리 울려 경고신호를 하여야 한다(법 제99조 제5항).

92 [최근빈출 대표유형]

「해상교통안전법」상 안개가 짙게 끼어 있을 때 장음 2회의 기적신호를 들었다면 그 선박의 상태는 어떠한가?

가. 좌초되어 있는 선박

나. 대수속력이 없는 동력선

사. 조종제한선

아. 정박중인 선박

해설
- 대수속력이 있는 항행 중인 동력선 ▶2분을 넘지 않는 간격으로 장음 1회
- 대수속력이 없는 항행 중인 동력선 ▶2분을 넘지 않는 간격으로 장음 2회
- 조종불능선, 조종제한선, 예인선, 조종제한선, 흘수제약선, 어로에 종사하고 있는 선박
  ▶2분을 넘지 않는 간격으로 장음 1회＋단음 2회 : 장-단-단 (― ● ●)

93 [최근빈출 대표유형]

「해상교통안전법」상 안개 속에서 2분을 넘지 않는 간격으로 장음 1회의 기적을 들었다. 기적을 울린 선박은 어떤 선박인가?

가. 대수속력이 있는 항행 중인 동력선

나. 대수속력이 없는 항행 중인 동력선

사. 조종불능선

아. 피예인선을 예인 중인 예인선

해설
- 대수속력이 있는 항행 중인 동력선 ▶2분을 넘지 않는 간격으로 장음 1회
- 대수속력이 없는 항행 중인 동력선 ▶2분을 넘지 않는 간격으로 장음 2회
- 조종불능선, 조종제한선, 예인선, 조종제한선, 흘수제약선, 어로에 종사하고 있는 선박
  ▶2분을 넘지 않는 간격으로 장음 1회＋단음 2회 : 장-단-단 (― ● ●)

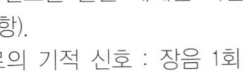
정답 **85** 아　**86** 나　**87** 사　**88** 가　**89** 아　**90** 나　**91** 아　**92** 나　**93** 가

94 [최근빈출 대표유형]

「해상교통안전법」상 제한된 시계 안에서 어로작업을 하고 있는 선박이 울려야 하는 기적 신호는?

가. 장음 1회, 단음 1회　　나. 장음 2회, 단음 1회
사. 장음 1회, 단음 2회　　아. 장음 3회

해설 어로에 종사하고 있는 선박, 조종불능선, 조종제한선, 예인선, 흘수제약선
▶2분을 넘지 않는 간격으로 장음 1회+단음 2회 : 장-단-단 (— • •)

95

「해상교통안전법」상 안개 속에서 정박하고 있는 선박이 주기적으로 울려야 하는 음향신호로서 옳은 것은?

가. 10초 정도의 긴 장음　　나. 10초 정도의 호루라기
사. 단음 5회　　아. 5초 정도의 급속한 호종

해설 정박 중인 선박의 음향신호(법 제100조 제1항 제5호)
정박 중인 선박은 1분을 넘지 아니하는 간격으로 5초 정도 재빨리 호종을 울릴 것. 다만, 정박하여 어로 작업을 하고 있거나 작업 중인 조종제한선은 장-단-단 신호를 울려야 하고, 길이 100미터 이상의 선박은 호종을 선박의 앞쪽에서 울리되, 호종을 울린 직후에 뒤쪽에서 징을 5초 정도 재빨리 울려야 하며, 접근하여 오는 선박에 대하여 자기 선박의 위치와 충돌의 가능성을 경고할 필요가 있을 경우에는 이에 덧붙여 연속하여 3회(단음 1회, 장음 1회, 단음 1회) 기적을 울릴 수 있다.

96

「해상교통안전법」상 항행 중인 동력선이 대수속력이 있는 경우 안개로 인하여 부근의 항행하는 선박이 보이지 않을 때 울리는 신호는?

가. 장음 1회 단음 3회
나. 단음 1회 장음 1회 단음 1회
사. 2분을 넘지 않는 간격으로 장음 1회
아. 2분을 넘지 않는 간격으로 장음 2회

해설 • 대수속력이 있는 항행 중인 동력선 ▶2분을 넘지 않는 간격으로 장음 1회
• 대수속력이 없는 항행 중인 동력선 ▶2분을 넘지 않는 간격으로 장음 2회

97 [최근빈출 대표유형]

「해상교통안전법」상 안개 속에서 정횡 전방으로부터 무중신호를 들었을 때의 조치로 옳지 않은 것은?

가. 최대 속도로 항행하면서 경계를 한다.
나. 침로를 유지할 정도로 감속한다.
사. 타력을 멈추어 정지할 수도 있다.
아. 좌현쪽으로 침로를 변경시키지 않는다.

해설 자기 배의 침로를 유지하는 데에 필요한 최소한으로 속력을 줄여야 한다 (법 제84조 제6항).

정답 94 사　95 아　96 사　97 가

CHAPTER 02 선박의 입항 및 출항 등에 관한 법률

소형선박조종사

제1절 총 칙

1 용어의 정의

(1) 무역항

국민경제와 공공의 이해에 밀접한 관계가 있고 주로 외항선이 입항·출항하는 항만으로서 「항만법」에 따라 대통령령으로 정하는 항만

(2) 무역항의 수상구역등

무역항의 수상구역과 「항만법」의 수역시설 중 수상구역 밖의 수역시설로서 관리청이 지정·고시한 것

(3) 관리청

무역항의 수상구역등에서 선박의 입항 및 출항 등에 관한 행정업무를 수행하는 다음 각 목의 구분에 따른 행정관청을 말한다.
가. 「항만법」 제3조 제2항 제1호에 따른 국가관리무역항 : 해양수산부장관
나. 「항만법」 제3조 제2항 제2호에 따른 지방관리무역항 : 특별시장·광역시장·도지사 또는 특별자치도지사(이하 "시·도지사"라 한다)

(4) 선박 : 수상 또는 수중에서 항행용으로 사용하거나 사용할 수 있는 배 종류

(5) 예선

다른 선박을 끌거나 밀어서 이동시키는 예인선 중 무역항에 출입하거나 이동하는 선박을 끌어당기거나 밀어서 이안·접안·계류를 보조하는 선박

(6) 정박지 : 선박이 정박할 수 있는 장소

(7) 우선피항선

주로 무역항의 수상구역에서 운항하는 선박으로서 다른 선박의 진로를 피하여야 하는 다음의 선박
1. 부선
2. 주로 노와 삿대로 운전하는 선박
3. 예선
4. 항만운송관련사업을 등록한 자가 소유한 선박
5. 해양환경관리업을 등록한 자가 소유한 선박 또는 해양폐기물관리업을 등록한 자가 소유한 선박 ▶폐기물해양배출업으로 등록한 선박은 제외
6. 1.~5.에 해당하지 아니하는 총톤수 20톤 미만의 선박

(8) 정박 : 선박이 해상에서 닻을 바다 밑바닥에 내려놓고 운항을 멈추는 것

(9) 정류 : 선박이 해상에서 일시적으로 운항을 멈추는 것

(10) 계류 : 선박을 다른 시설에 붙들어 매어 놓는 것

(11) 계선 : 선박이 운항을 중지하고 정박하거나 계류하는 것

(12) 항로 : 선박의 출입 통로로 이용하기 위하여 법에 따라 지정·고시한 수로

(13) 위험물 : 화재·폭발 등의 위험이 있거나 인체 또는 해양환경에 해를 끼치는 물질로서 해양수산부령으로 정하는 것

(14) 선박교통관제

선박교통의 안전을 증진하고 해양환경과 해양시설을 보호하기 위하여 선박의 위치를 탐지하고 선박과 통신할 수 있는 설비를 설치·운영함으로써 선박의 동정을 관찰하며 선박에 대하여 안전에 관한 정보 및 항만의 효율적 운영에 필요한 항만운영정보를 제공하는 것

2 다른 법률과의 관계

무역항의 수상구역등에서의 선박 입항·출항에 관하여는 다른 법률에 특별한 규정이 있는 경우를 제외하고는 이 법에 따른다.

제2절 입항·출항 및 정박

1 출입신고

무역항의 수상구역등에 출입하려는 선박의 선장은 대통령령으로 정하는 바에 따라 관리청에 신고하여야 한다.

> **⚓참고 | 출입신고 면제선박**
>
> 1. 총톤수 5톤 미만의 선박
> 2. 해양사고구조에 사용되는 선박
> 3. 수상레저기구 중 국내항 간을 운항하는 모터보트 및 동력요트
> 4. 그 밖에 공공목적이나 항만 운영의 효율성을 위하여 해양수산부령으로 정하는 선박
>   • 해양수산부령으로 정하는 선박
>   ① 관공선, 군함, 해양경찰함정 등 공공의 목적으로 운영하는 선박
>   ② 도선선, 예선 등 선박의 출입을 지원하는 선박
>   ③ 연안수역을 항행하는 정기여객선으로서 경유항에 출입하는 선박
>   ④ 피난을 위하여 긴급히 출항하여야 하는 선박
>   ⑤ 그 밖에 항만운영을 위하여 지방해양수산청장이나 시·도지사가 필요하다고 인정하여 출입신고를 면제한 선박

제4과목 해사법규 124 Chapter 2. 선박의 입항 및 출항 등에 관한 법률

2 출입 허가

전시·사변이나 그에 준하는 국가비상사태 또는 국가안전보장에 필요한 경우에는 선장은 대통령령으로 정하는 바에 따라 관리청 허가를 받아야 한다.

3 선박의 계선 신고 등

총톤수 20톤 이상의 선박을 무역항의 수상구역등에 계선하려는 자는 해양수산부령으로 정하는 바에 따라 관리청에 신고하여야 한다.

제3절 항로 지정

우선피항선 외의 선박은 무역항의 수상구역등에 출입하는 경우 또는 무역항의 수상구역등을 통과하는 경우에는 지정·고시된 항로를 따라 항행하여야 한다.
다만, 해양사고를 피하기 위한 경우 등 해양수산부령으로 정하는 사유가 있는 경우에는 그러하지 아니하다.

제4절 무역항의 수상구역등에서의 항법

(1) 항로에서의 항법
① 항로 밖에서 항로에 들어오거나 항로에서 항로 밖으로 나가는 선박은 항로를 항행하는 다른 선박의 진로를 피하여 항행할 것
② 항로에서 다른 선박과 나란히 항행하지 아니할 것
③ 항로에서 다른 선박과 마주칠 우려가 있는 경우에는 오른쪽으로 항행할 것
④ 항로에서 다른 선박을 추월하지 아니할 것 ▶다만, 추월하려는 선박을 눈으로 볼 수 있고 안전하게 추월할 수 있다고 판단되는 경우에는 「해상교통안전법」에 따라 기적신호를 하여 추월하겠다는 의사를 나타내는 신호에 동의하면 추월할 것
⑤ 항로를 항행하는 위험물운송선박 또는 흘수제약선의 진로를 방해하지 아니할 것
⑥ 범선은 항로에서 지그재그(zigzag)로 항행하지 아니할 것

(2) 방파제 부근에서의 항법

무역항의 수상구역등에 입항하는 선박이 방파제 입구 등에서 출항하는 선박과 마주칠 우려가 있는 경우에는 방파제 밖에서 출항하는 선박의 진로를 피하여야 한다.

(3) 부두등 부근에서의 항법

선박이 무역항의 수상구역등에서 해안으로 길게 뻗어 나온 육지부분, 부두, 방파제 등 인공시설물의 튀어나온 부분 또는 정박중인 선박을 오른쪽 뱃전에 두고 항행할 때에는 부두등에 접근하여 항행하고, 부두등을 왼쪽 뱃전에 두고 항행할 때에는 멀리 떨어져서 항행하여야 한다.

(4) 예인선 등의 항법
① 예인선이 무역항의 수상구역등에서 다른 선박을 끌고 항행할 때에는 해양수산부령으로 정하는 방법에 따라야 한다.
② 예인선이 무역항의 수상구역등에서 다른 선박을 끌고 항행하는 경우
  ㉠ 예인선의 선수로부터 피예인선의 선미까지의 길이는 200미터를 초과하지 아니할 것
  ㉡ 예인선은 한꺼번에 3척 이상의 피예인선을 끌지 아니할 것
③ 범선이 무역항의 수상구역등에서 항행할 때에는 돛을 줄이거나 예인선이 범선을 끌고 가게 하여야 한다.

(5) 진로방해의 금지
① 우선피항선은 무역항의 수상구역등이나 무역항의 수상구역 부근에서 다른 선박의 진로를 방해하여서는 아니 된다.
② 공사 등의 허가를 받은 선박과 선박경기 등의 행사를 허가받은 선박은 무역항의 수상구역등에서 다른 선박의 진로를 방해하여서는 아니 된다.

(6) 항행 선박 간의 거리

무역항의 수상구역등에서 2척 이상의 선박이 항행할 때에는 서로 충돌을 예방할 수 있는 상당한 거리를 유지하여야 한다.

제5절 속력 등의 제한

선박이 무역항의 수상구역등이나 무역항의 수상구역 부근을 항행할 때에는 다른 선박에 위험을 주지 아니할 정도의 속력으로 항행하여야 한다.

제6절 선박교통관제

① 해양경찰청장은 선박교통의 안전을 도모하기 위하여 선박교통관제를 시행하여야 한다.
② 선박교통관제구역에서 교통관제대상 선박의 선장은 선박교통관제에 따라야 한다. 다만, 선박을 안전하게 운항할 수 없는 명백한 사유가 있는 경우에는 선박교통관제를 따르지 아니할 수 있다.
③ 선장은 선박교통관제사의 관제에도 불구하고 그 선박의 안전운항에 대한 책임을 면제받지 아니한다.

제7절 위험물의 관리 등

(1) 위험물의 반입 신고

위험물을 무역항의 수상구역등으로 들여오려는 자는 관리청에 신고하여야 한다.

(2) 위험물운송선박의 정박 등

위험물운송선박은 관리청이 지정한 장소가 아닌 곳에 정박하거나 정류하여서는 아니 된다.

(3) 위험물의 하역

무역항의 수상구역등에서 위험물을 하역하려는 자는 대통령령으

로 정하는 바에 따라 자체안전관리계획을 수립하여 관리청의 승인을 받아야 한다.

(4) 선박수리의 허가 및 신고

① 선장은 무역항의 수상구역등에서 다음의 선박을 불꽃이나 열이 발생하는 용접 등의 방법으로 수리하려는 경우 관리청의 허가를 받아야 한다. 다만, 총톤수 20톤 이상의 선박은 기관실, 연료탱크 등 선박 내 위험구역에서 수리작업을 하는 경우에만 허가를 받아야 한다.

　㉠ 위험물을 저장·운송하는 선박과 위험물을 하역한 후에도 인화성 물질 또는 폭발성 가스가 남아 있어 화재 또는 폭발의 위험이 있는 선박

　㉡ 총톤수 20톤 이상의 선박 ▶위험물운송선박은 제외

② 총톤수 20톤 이상의 선박을 위험구역 밖에서 불꽃이나 열이 발생하는 용접 등의 방법으로 수리하려는 경우에 그 선박의 선장은 관리청에 신고하여야 한다.

제8절 수로의 보전

1 폐기물의 투기 금지 등

누구든지 무역항의 수상구역등이나 무역항의 수상구역 밖 10킬로미터 이내의 수면에 선박의 안전운항을 해칠 우려가 있는 흙·돌·나무·어구 등 폐기물을 버려서는 아니 된다.

2 해양사고 등이 발생한 경우의 조치

무역항의 수상구역등이나 무역항의 수상구역 부근에서 해양사고·화재 등의 재난으로 인하여 다른 선박의 항행이나 무역항의 안전을 해칠 우려가 있는 조난선의 선장은 즉시 항로표지를 설치하는 등 필요한 조치를 하여야 한다.

3 장애물의 제거

관리청은 무역항의 수상구역등이나 무역항의 수상구역 부근에서 선박의 항행을 방해하거나 방해할 우려가 있는 물건을 발견한 경우에는 그 장애물의 소유자 또는 점유자에게 제거를 명할 수 있다.

4 공사 등의 허가

무역항의 수상구역등이나 무역항의 수상구역 부근에서 공사 또는 작업을 하려는 자는 관리청의 허가를 받아야 한다.

5 선박경기 등 행사의 허가

무역항의 수상구역등에서 선박경기 등 행사를 하려는 자는 관리청의 허가를 받아야 한다.

6 부유물에 대한 허가

무역항의 수상구역등에서 목재 등 선박교통의 안전에 장애가 되는 부유물을 수상에 띄워 놓으려는 자 또는 부유물을 선박 등 다른 시설에 붙들어 매거나 운반하려는 자는 관리청의 허가를 받아야 한다.

7 어로의 제한

누구든지 무역항의 수상구역등에서 선박교통에 방해가 될 우려가 있는 장소 또는 항로에서는 어로(어구 등의 설치 포함)를 하여서는 아니 된다.

제9절 불빛 및 신호

1 불빛의 제한

① 누구든지 무역항의 수상구역등이나 무역항의 수상구역 부근에서 선박교통에 방해가 될 우려가 있는 강력한 불빛을 사용하여서는 아니 된다.

② 관리청은 강력한 불빛을 사용하고 있는 자에게 그 빛을 줄이거나 가리개를 씌우도록 명할 수 있다.

2 기적 등의 제한

선박은 무역항의 수상구역등에서 특별한 사유 없이 기적이나 사이렌을 울려서는 아니 된다.

3 화재 경보방법

• 화재를 알리는 경보는 기적이나 사이렌을 장음으로 5회 울려야 한다. ▶장음 : 4초에서 6초까지의 시간 동안 계속되는 울림

• 경보는 적당한 간격을 두고 반복하여야 한다.

CHAPTER 02 선박의 입항 및 출항 등에 관한 법률 실전예상문제

01 [최근빈출 대표유형]
무역항의 수상구역 등에서 선박의 입항·출항에 대한 지원과 선박운항의 안전 및 질서를 유지할 목적으로 만들어진 법규는?
가. 선박법
나. 해상교통안전법
사. 선원법
아. 선박의 입항 및 출항 등에 관한 법률

해설 「선박의 입항 및 출항 등에 관한 법률」은 무역항의 수상구역 등에서 선박의 입항·출항에 대한 지원과 선박운항의 안전 및 질서 유지에 필요한 사항을 규정함을 목적으로 한다(법 제1조).

02
「선박의 입항 및 출항 등에 관한 법률」상 국민경제와 공공의 이해에 밀접한 관계가 있고, 주로 외항선이 입·출항하는 항만은?
가. 내항
나. 연안항
사. 무역항
아. 국제항

해설 무역항은 국민경제와 공공의 이해에 밀접한 관계가 있고 주로 외항선이 입항·출항하는 항만으로서 항만법따라 대통령령으로 정하는 항만을 말한다(법 제2조 제1호).

03
다음 중 무역항의 수상구역 등에서의 선박 입항·출항에 관하여 가장 우선적으로 적용되는 법은?
가. 해상교통안전법
나. 선박의 입항 및 출항 등에 관한 법률
사. 항만법
아. 선박안전법

해설 무역항의 수상구역 등에서의 선박 입항·출항에 관하여 가장 우선적으로 적용되는 법은 「선박의 입항 및 출항 등에 관한 법률」이다.

04
「선박의 입항 및 출항 등에 관한 법률」상 '무역항'의 정의로서 가장 옳은 것은?
가. 주로 외항선이 입항·출항하는 항만
나. 한국 선박이 상시 출입할 수 있는 항
사. 어선과 화물선이 상시 출입할 수 있는 항
아. 대형 선박의 출입이 가능한 항

해설 무역항은 국민경제와 공공의 이해에 밀접한 관계가 있고 주로 외항선이 입항·출항하는 항만으로서 항만법따라 지정된 항만을 말한다(법 제2조 제1호).

05 [최근빈출 대표유형]
「선박의 입항 및 출항 등에 관한 법률」상 "항로"의 정의는?
가. 선박이 가장 빨리 갈 수 있는 길이다.
나. 선박이 가장 안전하게 갈 수 있는 길이다.
사. 선박이 일시적으로 이용하는 뱃길을 말한다.
아. 선박의 출입 통로로 이용하기 위하여 지정·고시한 수로이다.

해설 "항로"란 선박의 출입 통로로 이용하기 위하여 「선박의 입항 및 출항 등에 관한 법률」 제10조에 따라 지정·고시한 수로를 말한다(법 제2조 제11호).

06 [최근빈출 대표유형]
「선박의 입항 및 출항 등에 관한 법률」상 선박이 해상에서 일시적으로 운항을 정지한 것을 무엇이라 하는가?
가. 정박
나. 정류
사. 계류
아. 계선

해설 • 정박 : 선박이 해상에서 닻을 바다 밑바닥에 내려놓고 운항을 멈추는 것
• 정류 : 선박이 해상에서 일시적으로 운항을 멈추는 것
• 계류 : 선박을 다른 시설에 붙들어 매어 놓는 것
• 계선 : 선박이 운항을 중지하고 정박하거나 계류하는 것

07
선박이 해상에서 닻을 놓고 운항을 정지하는 것은?
가. 정류
나. 정박
사. 계류
아. 좌주

해설 • 정류 : 선박이 해상에서 일시적으로 운항을 멈추는 것
• 정박 : 선박이 해상에서 닻을 바다 밑바닥에 내려놓고 운항을 멈추는 것
• 계류 : 선박을 다른 시설에 붙들어 매어 놓는 것
• 좌주 : 선박이 모래나 뻘에 얹히는 것

08 [최근빈출 대표유형]
「선박의 입항 및 출항 등에 관한 법률」상 선박이 해상에서 닻을 바다 밑바닥에 내려놓고 운항을 멈출 수 있는 장소는?
가. 부두
나. 항계
사. 항로
아. 정박지

해설 • 정박 : 선박이 해상에서 닻을 바다 밑바닥에 내려놓고 운항을 멈추는 것
• 정박지 : 선박이 정박할 수 있는 장소
• 정류 : 선박이 해상에서 일시적으로 운항을 멈추는 것
• 계류 : 선박을 다른 시설에 붙들어 매어 놓는 것
• 계선 : 선박이 운항을 중지하고 정박하거나 계류하는 것

09
「선박의 입항 및 출항 등에 관한 법률」에 규정된 '우선피항선'이 아닌 것은?
가. 20톤의 공기부양선
나. 부선
사. 10톤의 단정
아. 예선

해설 총톤수 20톤 이상의 공기부양선은 우선피항선이 아니다.
▶ 우선피항선(법 제2조 제5호)
가. 「선박법」에 따른 부선

정답 1 아 2 사 3 나 4 가 5 아 6 나 7 나 8 아 9 가

► 예인선이 부선을 끌거나 밀고 있는 경우의 예인선 및 부선을 포함하되, 예인선에 결합되어 운항하는 압항부선은 제외한다.

나. 주로 노와 삿대로 운전하는 선박

다. 예선

라. 「항만운송사업법」에 따라 항만운송관련사업을 등록한 자가 소유한 선박

마. 해양환경관리업을 등록한 자가 소유한 선박 또는 해양폐기물관리업을 등록한 자가 소유한 선박(폐기물해양배출업으로 등록한 선박은 제외한다)

바. 가. ~ 마.의 규정에 해당하지 아니하는 총톤수 20톤 미만의 선박

10 [최근빈출 대표유형]

(　　)에 적합한 것은?

> 「선박의 입항 및 출항 등에 관한 법률」상 총톤수 (　　)미만의 선박은 무역항의 수상구역에서 다른 선박의 진로를 피하여야 한다.

가. 10톤　　　　나. 20톤　　　　사. 50톤　　　　아. 100톤

해설 우선피항선인 총톤수 20톤 미만인 선박은 무역항의 수상구역등이나 무역항의 수상구역 부근에서 다른 선박의 진로를 방해하여서는 아니 된다.

11 [최근빈출 대표유형]

「선박의 입항 및 출항 등에 관한 법률」상 주로 무역항의 수상구역등에서 운항하는 선박으로서 다른 선박의 진로를 피하여야 하는 선박이 아닌 것은?

가. 부선　　　　　　　　　　　나. 10톤의 단정

사. 예선　　　　　　　　　　　아. 총톤수 25톤인 선박

해설 우선피항선인 총톤수 20톤 미만인 선박은 무역항의 수상구역등에서 운항하는 선박 다른 선박의 진로를 피하여야 한다.

▶ **우선피항선**(법 제2조 제5호)

주로 무역항의 수상구역에서 운항하는 선박으로서 다른 선박의 진로를 피하여야 하는 다음 각 목의 선박을 말한다.

가. 「선박법」에 따른 부선

　► 예인선이 부선을 끌거나 밀고 있는 경우의 예인선 및 부선을 포함하되, 예인선에 결합되어 운항하는 압항부선은 제외한다.

나. 주로 노와 삿대로 운전하는 선박

다. 예선

라. 항만운송관련사업을 등록한 자가 소유한 선박

마. 해양환경관리업을 등록한 자가 소유한 선박 또는 해양폐기물관리업을 등록한 자가 소유한 선박(폐기물해양배출업으로 등록한 선박은 제외한다)

바. 가. ~ 마.의 규정에 해당하지 아니하는 총톤수 20톤 미만의 선박

12

「선박의 입항 및 출항 등에 관한 법률」상 '우선피항선'으로 볼 수 없는 선박은?

가. 부선　　　　　　　　　　　나. 10톤의 단정

사. 노도선　　　　　　　　　　아. 예인선과 결합된 압항부선

해설 예인선이 부선을 끌거나 밀고 있는 경우의 예인선 및 부선을 포함하되, 예인선에 결합되어 운항하는 압항부선은 제외한다(법 제2조 제5호 가목).

13 [최근빈출 대표유형]

「선박의 입항 및 출항 등에 관한 법률」상 우선피항선이 아닌 것은?

가. 예선　　　　　　　　　　　나. 20톤 미만의 수면비행선박

사. 주로 삿대로 운전하는 선박　아. 주로 노로 운전하는 선박

해설 우선피항선은 주로 무역항의 수상구역에서 운항하는 선박을 말한다. 그러나 수면비행선박은 주로 무역항의 수상구역에서 운항하는 선박이 아니므로 우선피항선이 아니다.

14 [최근빈출 대표유형]

「선박의 입항 및 출항 등에 관한 법률」상 무역항의 수상구역등에서 정박지를 지정하는 기준이 아닌 것은?

가. 선박의 종류　　　　　　　나. 선박의 국적

사. 선박의 톤수　　　　　　　아. 적재물의 종류

해설 관리청은 무역항의 수상구역등에 정박하는 선박의 종류·톤수·흘수 또는 적재물의 종류에 따른 정박구역 또는 정박지를 지정·고시할 수 있다(법 제5조 제1항).

15 [최근빈출 대표유형]

선박이 무역항의 수상구역등에서 정박할 수 있는 경우가 아닌 것은?

가. 해양사고를 피하기 위한 경우

나. 선원의 승선이 늦어 대기하는 경우

사. 허가를 받은 작업에 사용하는 경우

아. 고장으로 선박을 조종할 수 없는 경우

해설 ▶ **정박지의 사용**

무역항의 수상구역등에 정박하려는 선박(우선피항선은 제외한다)은 법령에 따른 정박구역 또는 정박지에 정박하여야 한다. 다만, 해양사고를 피하기 위한 경우 등 해양수산부령으로 정하는 사유가 있는 경우에는 그러하지 아니하다(법 제5조 제2항).

▶ **"해양수산부령으로 정하는 사유"**(시행규칙 제6조 제2항)

1. 해양사고를 피하기 위한 경우

2. 선박의 고장이나 그 밖의 사유로 선박을 조종할 수 없는 경우

3. 인명을 구조하거나 급박한 위험이 있는 선박을 구조하는 경우

4. 해양오염 등의 발생 또는 확산을 방지하기 위한 경우

5. 그 밖에 선박의 안전운항을 위하여 지방해양수산청장 또는 시·도지사가 필요하다고 인정하는 경우

16 [최근빈출 대표유형]

무역항의 항로를 따라 항행 중인 선박이 고장으로 조종할 수 없어 항로에서 정박하였을 때 선장은 누구에게 이 사실을 신고하여야 하는가?

가. 지방자치단체장　　　　　　나. 해양경찰청장

사. 해양경찰서장　　　　　　　아. 지방해양수산청장

해설 관리청에 신고를 하여야 하나, 위임사항으로 국가관리무역항의 경우에는 지방해양수산청장에게 위임한다(법 제5조 제4항, 시행령 제22조 제1항 제2호).

17

「선박의 입항 및 출항 등에 관한 법률」상 무역항의 수상구역등에서 정박이 제한되는 장소로 볼 수 없는 것은?

가. 잔교 부근　　　　　　　　나. 하천

사. 수심이 깊은 곳　　　　　　아. 좁은 수로

해설 선박은 무역항의 수상구역등에서 다음의 장소에는 정박하거나 정류하지 못한다(법 제6조 제1항).

1. 부두·잔교·안벽·계선부표·돌핀 및 선거의 부근 수역

2. 하천, 운하 및 그 밖의 좁은 수로와 계류장 입구의 부근 수역

정답 10 나　11 아　12 아　13 나　14 나　15 나　16 아　17 사

18 최근빈출 대표유형
「선박의 입항 및 출항 등에 관한 법률」상 무역항의 수상구역등에서 부두 부근의 수역에 정박 또는 정류가 허용되지 않는 경우는?

가. 총톤수 5톤 미만의 선박이 정박 또는 정류하는 경우
나. 해양사고를 피하기 위한 경우
사. 허가받은 공사 또는 작업에 사용하는 경우
아. 인명을 구조하는 경우

해설 정박의 제한 및 방법 등(법 제6조 제1항·제2항)
① 선박은 무역항의 수상구역등에서 다음의 장소에는 정박하거나 정류하지 못한다.
1. 부두·잔교·안벽·계선부표·돌핀 및 선거의 부근 수역
2. 하천, 운하 및 그 밖의 좁은 수로와 계류장 입구의 부근 수역
② 제1항에도 불구하고 다음의 경우에는 정박하거나 정류할 수 있다.
1. 해양사고를 피하기 위한 경우
2. 선박의 고장이나 그 밖의 사유로 선박을 조종할 수 없는 경우
3. 인명을 구조하거나 급박한 위험이 있는 선박을 구조하는 경우
4. 허가를 받은 공사 또는 작업에 사용하는 경우

19 최근빈출 대표유형
( )에 적합한 것은?

> "「선박의 입항 및 출항 등에 관한 법률」상 총톤수 ( )톤 이상의 선박을 무역항의 수상구역등에 계선하려는 자는 해양수산부령으로 정하는 바에 따라 관리청에 신고하여야 한다."

가. 10   나. 20
사. 30   아. 40

해설 총톤수 20톤 이상의 선박을 무역항의 수상구역등에 계선하려는 자는 해양수산부령으로 정하는 바에 따라 관리청에 신고하여야 한다(법 제7조 제1항).

20 최근빈출 대표유형
「선박의 입항 및 출항 등에 관한 법률」상 항로에서 다른 선박과 마주칠 우려가 있는 경우의 항법으로 옳은 것은?

가. 항로의 중앙으로 항행한다.
나. 항로의 왼쪽으로 항행한다.
사. 항로의 오른쪽으로 항행한다.
아. 타선을 우현측에 두는 선박이 항로를 벗어나 항행한다.

해설 항로에서의 항법(법 제12조)
모든 선박은 항로에서 다음 각 호의 항법에 따라 항행하여야 한다.
1. 항로 밖에서 항로에 들어오거나 항로에서 항로 밖으로 나가는 선박은 항로를 항행하는 다른 선박의 진로를 피하여 항행할 것
2. 항로에서 다른 선박과 나란히 항행하지 아니할 것
3. 항로에서 다른 선박과 마주칠 우려가 있는 경우에는 오른쪽으로 항행할 것
4. 항로에서 다른 선박을 추월하지 아니할 것. 다만, 추월하려는 선박을 눈으로 볼 수 있고 안전하게 추월할 수 있다고 판단되는 경우에는 「해상교통안전법」 제74조 제5항 및 제78조에 따른 방법으로 추월할 것
5. 항로를 항행하는 위험물운송선박 또는 흘수제약선의 진로를 방해하지 아니할 것
6. 범선은 항로에서 지그재그(zigzag)로 항행하지 아니할 것

21 최근빈출 대표유형
「선박의 입항 및 출항 등에 관한 법률」상 무역항 항로에서의 항법으로 옳은 것은?

가. 나란히 항행하여야 한다.
나. 가장 빠른 속력으로 항행한다.
사. 피예인선을 끌고 항행할 수가 없다.
아. 다른 선박과 마주칠 때는 우측으로 항행한다.

해설 가. 나란히 항행하여서는 안된다(법 제12조 제1항 제2호).
나. 선박이 무역항의 수상구역등이나 무역항의 수상구역 부근을 항행할 때에는 다른 선박에 위험을 주지 아니할 정도의 속력으로 항행하여야 한다(법 제17조 제1항).
사. 예인선은 한꺼번에 2척까지 피예인선을 끌 수 있다. ▶3척 이상은 끌지 말 것(시행규칙 제9조 제1항 제2호)

22 최근빈출 대표유형
「선박의 입항 및 출항 등에 관한 법률」상 무역항의 수상구역등에서의 항법으로 옳지 않은 것은?

가. 항로에서 나란히 항행할 수 없다.
나. 항로에서 마주칠 경우 항로의 왼쪽으로 항행한다.
사. 항로를 따라 항행하는 선박이 항로 밖에서 항로에 들어오는 선박보다 항로 통항에 우선권이 있다.
아. 항로에서 타선을 추월하여서는 안 되지만, 눈으로 볼 수 있고 안전하다고 판단되면 추월할 수도 있다.

해설 항로에서 마주칠 경우 항로의 오른쪽으로 항행한다(법 제12조 제1항 제3호).

23 최근빈출 대표유형
「선박의 입항 및 출항 등에 관한 법률」상 무역항의 방파제 부근에서 동력선이 입항할 때 출항하는 선박과 마주칠 우려가 있는 경우의 항법으로 옳은 것은?

가. 출항선은 항로에서 대기하여야 한다.
나. 입항선은 신속히 방파제 안으로 들어간다.
사. 입항선은 방파제 밖에서 대기하여야 한다.
아. 출항선은 입항선의 진로를 피하여야 한다.

해설 무역항의 수상구역등에 입항하는 선박이 방파제 입구 등에서 출항하는 선박과 마주칠 우려가 있는 경우에는 방파제 밖에서 출항하는 선박의 진로를 피하여야 한다(법 제13조).

24 최근빈출 대표유형
무역항의 수상구역등에서 선박이 방파제를 오른쪽 뱃전에 두고 항행할 때 선박의 조종 방법으로 옳은 것은?

가. 방파제에 접근하여 항행한다.
나. 방파제로부터 멀리 떨어져서 항행한다.
사. 방파제 부근에서 정지하였다가 항행하여야 한다.
아. 오른쪽 멀리 통항 원칙에 준하여 항행하여야 한다.

해설 선박이 무역항의 수상구역등에서 해안으로 길게 뻗어 나온 육지 부분, 부두, 방파제 등 인공시설물의 튀어나온 부분 또는 정박중인 선박(부두등)을 오른쪽 뱃전에 두고 항행할 때에는 부두등에 접근하여 항행하고, 부두등을 왼쪽 뱃전에 두고 항행할 때에는 멀리 떨어져서 항행하여야 한다(법 제14조).

정답 18 가 19 나 20 사 21 아 22 나 23 사 24 가

25

「선박의 입항 및 출항 등에 관한 법률」상 무역항의 수상구역등의 항로에서의 항법을 잘못 기술한 것은?

가. 항로를 항행하는 선박은 항로 밖으로 나가는 선박의 진로를 피하여야 한다.

나. 범선은 항로에서 지그재그로 항행하지 못한다.

사. 선박은 항로에서 나란히 항행하지 못한다.

아. 선박이 항로에서 다른 선박과 마주칠 우려가 있는 경우에는 오른쪽으로 항행하여야 한다.

해설 항로 밖에서 항로에 들어오거나 항로에서 항로 밖으로 나가는 선박은 항로를 항행하는 다른 선박의 진로를 피하여 항행할 것(법 제12조 제1항 제1호)

26 최근빈출 대표유형

「선박의 입항 및 출항 등에 관한 법률」상 항로에서의 항법으로 옳은 것은?

가. 항로 밖에 있는 선박은 항로에 들어오지 못한다.

나. 항로 밖에서 항로에 들어오는 선박은 장음 10회의 기적을 울려야 한다.

사. 항로를 벗어나는 선박은 일단 정지했다가 타 선박이 항로에 없을 때 항로를 벗어난다.

아. 항로 밖에서 항로로 들어오는 선박은 항로를 항행하는 다른 선박의 진로를 피하여 항행해야 한다.

해설 항로 밖에서 항로에 들어오거나 항로에서 항로 밖으로 나가는 선박은 항로를 항행하는 다른 선박의 진로를 피하여 항행하여야 한다(법 제12조 제1항 제1호).

27 최근빈출 대표유형

「선박의 입항 및 출항 등에 관한 법률」상 선박이 무역항의 수상구역등을 항행할 때 선박의 속력에 대한 설명으로 옳은 것은?

가. 미속으로 항행한다.

나. 반속으로 항행한다.

사. 전속으로 항행한다.

아. 다른 선박에 위험을 주지 아니할 정도의 속력으로 항행한다.

해설 선박이 무역항의 수상구역등이나 무역항의 수상구역 부근을 항행할 때에는 다른 선박에 위험을 주지 아니할 정도의 속력으로 항행하여야 한다(법 제17조 제1항).

28 최근빈출 대표유형

「선박의 입항 및 출항 등에 관한 법률」상 무역항의 수상구역등에 출입하려고 하는 선박의 출입신고에 관한 설명으로 옳지 않은 것은?

가. 내항선이 무역항의 수상구역등의 안으로 입항하는 경우 입항 전에 출입신고서를 관리청에 제출해야 한다.

나. 내항선이 무역항의 수상구역등의 밖으로 출항하려는 경우 출항 전에 출입신고서를 관리청에 제출해야 한다.

사. 무역항을 출항한 선박이 피난, 수리 또는 그 밖의 사유로 출항 후 48시간 이내에 출항한 무역항으로 귀항하는 경우에는 그 사실을 구두로 보고해야 한다.

아. 해양사고를 피하기 위하여 무역항의 수상구역등의 안으로 입항하는 경우 그 사실을 적어 서면 또는 전자적 방법으로 관리청에 제출하여야 한다.

해설 무역항을 출항한 선박이 피난, 수리 또는 그 밖의 사유로 출항 후 12시간 이내에 출항한 무역항으로 귀항하는 경우에는 그 사실을 적어 서면 또는 전자적 방법으로 관리청에 제출하여야 한다(시행령 제2조 제3호).

29 최근빈출 대표유형

「선박의 입항 및 출항 등에 관한 법률」상 무역항의 수상구역등에 출입하려고 할 때 선장이 반드시 출입신고를 하여야 하는 선박은?

가. 도선선

나. 총톤수 4톤인 어선

사. 해양사고구조에 사용되는 선박

아. 부선을 선미에서 끌고 있는 예인선

해설 ▶ **출입신고 의무 및 면제선박**(법 제4조 제1항)

무역항의 수상구역등에 출입하려는 선박의 선장은 대통령령으로 정하는 바에 따라 관리청에 신고하여야 한다.

다만, 다음 각 호의 선박은 출입신고를 하지 아니할 수 있다.

1. 총톤수 5톤 미만의 선박
2. 해양사고구조에 사용되는 선박
3. 수상레저기구 중 국내항 간을 운항하는 모터보트 및 동력요트
4. 공공목적이나 항만 운영의 효율성을 위하여 해양수산부령으로 정하는 선박

▶ **신고의 면제**(시행규칙 제4조)

위에서 "해양수산부령으로 정하는 선박"이란

1. 관공선, 군함, 해양경찰함정 등 공공의 목적으로 운영하는 선박
2. 도선선, 예선 등 선박의 출입을 지원하는 선박
3. 연안수역을 항행하는 정기여객선으로서 경유항에 출입하는 선박
4. 피난을 위하여 긴급히 출항하여야 하는 선박
5. 그 밖에 항만운영을 위하여 지방해양수산청장이나 시·도지사가 필요하다고 인정하여 출입신고를 면제한 선박

30

「선박의 입항 및 출항 등에 관한 법률」상 무역항의 수상구역등에서 불꽃 또는 발열을 수반하는 방법으로 선박의 기관실을 수리하고자 할 때 허가를 받아야 하는 선박은?

가. 총톤수 20톤 이상의 선박

나. 총톤수 30톤 이상의 선박

사. 총톤수 40톤 이상의 선박

아. 총톤수 100톤 이상의 선박

해설 **선박수리의 허가 등**(법 제37조)

① 선장은 무역항의 수상구역등에서 다음의 선박을 불꽃이나 열이 발생하는 용접 등의 방법으로 수리하려는 경우 해양수산부장관의 허가를 받아야 한다. 다만, 제2호의 선박은 기관실, 연료탱크, 그 밖에 해양수산부령으로 정하는 선박 내 위험구역에서 수리작업을 하는 경우에만 허가를 받아야 한다(제1항).

　1. 위험물을 저장·운송하는 선박과 위험물을 하역한 후에도 인화성 물질 또는 폭발성 가스가 남아 있어 화재 또는 폭발의 위험이 있는 선박(이하 "위험물운송선박"이라 한다)

　2. 총톤수 20톤 이상의 선박(위험물운송선박은 제외한다)

② 총톤수 20톤 이상의 선박을 제1항 단서에 따른 위험구역 밖에서 불꽃이나 열이 발생하는 용접 등의 방법으로 수리하려는 경우에 그 선박의 선장은 해양수산부장관에게 신고하여야 한다(제3항).

정답 **25** 가 **26** 아 **27** 아 **28** 사 **29** 아 **30** 가

31 [최근빈출 대표유형]

「선박의 입항 및 출항 등에 관한 법률」상 무역항의 수상구역등에서 위험물운송선박이 아닌 선박이 불꽃이나 열이 발생하는 용접 등의 방법으로 수리하려고 하는 경우 관리청의 허가를 받아야 하는 선박의 최저톤수는?

가. 총톤수 20톤
나. 총톤수 30톤
사. 총톤수 40톤
아. 총톤수 100톤

해설 총톤수 20톤 이상의 선박은 허가를 받아야 한다(법 제37조 제1항).

32 [최근빈출 대표유형]

「선박의 입항 및 출항 등에 관한 법률」상 무역항의 수상구역등에서 화재가 발생한 선박이 울리는 경보는?

가. 기적 또는 사이렌으로 장음 5회를 적당한 간격으로 반복
나. 기적 또는 사이렌으로 장음 7회를 적당한 간격으로 반복
사. 기적 또는 사이렌으로 단음 5회를 적당한 간격으로 반복
아. 기적 또는 사이렌으로 단음 7회를 적당한 간격으로 반복

해설 무역항의 수상구역등 화재 경보방법(시행규칙 제29조)
- 화재를 알리는 경보는 기적이나 사이렌을 장음으로 5회 울려야 한다.
  ▶ 장음은 4초에서 6초까지의 시간 동안 계속되는 울림을 말한다.
- 경보는 적당한 간격을 두고 반복하여야 한다.

33

무역항의 수상구역등에서 예인선이 다른 선박을 예항할 때 관계되는 사항들이다. 틀린 것은?

가. 한꺼번에 피예인선 3척 이상을 예항하지 못한다.
나. 지방해양수산청장은 필요시 피예인선의 척수를 조정할 수 있다.
사. 다른 선박의 진로를 방해하여서는 안된다.
아. 예인선의 선수로부터 피예인물체의 선미까지 길이가 100m를 초과하지 못한다.

해설 예인선이 무역항의 수상구역등에서 다른 선박을 끌고 항행하는 경우에는 다음에서 정하는 바에 따라야 한다(시행규칙 제9조 제1항).
1. 예인선의 선수로부터 피예인선의 선미까지의 길이는 200미터를 초과하지 아니할 것. 다만, 다른 선박의 출입을 보조하는 경우에는 그러하지 아니하다.
2. 예인선은 한꺼번에 3척 이상의 피예인선을 끌지 아니할 것

34 [최근빈출 대표유형]

「선박의 입항 및 출항 등에 관한 법률」상 무역항의 수상구역등에서 다른 선박을 예인할 때 예인선의 선수로부터 피예인선의 선미까지의 길이는 몇 미터를 초과할 수 없는가?

가. 100미터
나. 200미터
사. 300미터
아. 400미터

해설 예인선의 항법(시행규칙 제9조 제1항)
1. 예인선의 선수로부터 피예인선의 선미까지의 길이는 200미터를 초과하지 아니할 것. 다만, 다른 선박의 출입을 보조하는 경우에는 그러하지 아니하다.
2. 예인선은 한꺼번에 3척 이상의 피예인선을 끌지 아니할 것

35 [최근빈출 대표유형]

( )에 적합한 것은?

> 「선박의 입항 및 출항 등에 관한 법률」상 무역항의 수상구역등에서 예인선은 한꺼번에 ( ) 이상의 피예인선을 끌지 못한다.

가. 1척
나. 2척
사. 3척
아. 4척

해설 예인선의 항법(시행규칙 제9조 제1항)
1. 예인선의 선수로부터 피예인선의 선미까지의 길이는 200미터를 초과하지 아니할 것. 다만, 다른 선박의 출입을 보조하는 경우에는 그러하지 아니하다.
2. 예인선은 한꺼번에 3척 이상의 피예인선을 끌지 아니할 것

36 [최근빈출 대표유형]

( )에 적합한 것은?

> 「선박의 입항 및 출항 등에 관한 법률」상 무역항의 수상구역등이나 무역항의 수상구역 밖 ( ) 이내의 수면에 선박의 안전운항을 해칠 우려가 있는 폐기물을 버려서는 아니 된다.

가. 10킬로미터
나. 15킬로미터
사. 20킬로미터
아. 25킬로미터

해설 누구든지 무역항의 수상구역등이나 무역항의 수상구역 밖 10킬로미터 이내의 수면에 선박의 안전운항을 해칠 우려가 있는 흙·돌·나무·어구 등 폐기물을 버려서는 아니 된다(법 제38조 제1항).

정답 31 가 32 가 33 아 34 나 35 사 36 가

CHAPTER 03 해양환경관리법

소형선박조종사

제1절 용어의 정의

(1) 기름

「석유 및 석유대체연료 사업법」에 따른 원유 및 석유제품(석유가스 제외)과 이들을 함유하고 있는 액상유성혼합물 및 폐유

(2) 기름여과장치

기름이 섞여있는 폐수를 유분함유량 0.0015퍼센트(15ppm) 이하로 처리하여 배출할 수 있는 해양오염방지설비

(3) 선박평형수(밸러스트)

선박의 중심을 잡기 위하여 선박에 실려 있는 물

(4) 맑은평형수

- 유조선의 경우에는 유분함유량이 15ppm를 초과하지 않게 세정된 선박평형수
- 유해액체물질산적운반선의 경우에는 유해액체물질을 운송한 후 선박에서의 오염방지에 관한 규칙 제11조에 따라 세정하고 비운 탱크에 적재된 선박평형수

(5) 분리평형수

기름 또는 유해액체물질 외의 물질의 적재를 위하여 영구적으로 설치되어 있는 탱크에 적재된 선박평형수로서 화물용 관 또는 연료유계통으로부터 완전히 분리된 것

(6) 배출

오염물질 등을 유출·투기하거나 오염물질 등이 누출·용출되는 것

(7) 분뇨

- 모든 형태의 화장실이나 소변소로부터 나오는 배출물과 쓰레기
- 의무실, 병실 등의 의료구역의 세면기, 세탁통 및 배수구를 통하여 나오는 배출물
- 살아 있는 동물이 들어있는 장소로부터의 배출물
- 위에서 말하는 배출물과 혼합된 폐수

(8) 선저폐수

선박의 밑바닥에 고인 액상유성혼합물

(9) 유성찌꺼기(sludge)

- 연료유 및 윤활유를 청정할 때 생기는 폐유
- 기름여과장치로부터 분리된 폐유
- 기관구역에서 기름의 누출 등으로 생기는 폐유
- 폐유압유 및 폐윤활유 등 선박의 운항 중에 발생하는 폐유

(10) 오염물질

해양에 유입 또는 해양으로 배출되어 해양환경에 해로운 결과를 미치거나 미칠 우려가 있는 폐기물·기름·유해액체물질 및 포장유해물질

(11) 유해액체물질

해양환경에 해로운 결과를 미치거나 미칠 우려가 있는 액체물질(기름을 제외)과 그 물질이 함유된 혼합 액체물질로서 해양수산부령이 정하는 것으로 X류 물질, Y류 물질, Z류 물질, 기타 물질, 잠정평가물질 등으로 분류한다.

(12) 폐기물

해양에 배출되는 경우 그 상태로는 쓸 수 없게 되는 물질로서 해양환경에 해로운 결과를 미치거나 미칠 우려가 있는 물질

(13) 해양오염

해양에 유입되거나 해양에서 발생되는 물질 또는 에너지로 인하여 해양환경에 해로운 결과를 미치거나 미칠 우려가 있는 상태

(14) 해양환경

해양에 서식하는 생물체와 이를 둘러싸고 있는 해양수·해양지·해양대기 등 비생물적 환경 및 해양에서의 인간의 행동양식을 포함하는 것으로서 해양의 자연 및 생활상태

(15) 해양시설

해역의 안 또는 해역과 육지 사이에 연속하여 설치·배치하거나 투입되는 시설 또는 구조물로서 해양수산부령이 정하는 것

(16) 혼합물탱크(slop tank)

다음에 해당하는 것을 한 곳에 모으기 위한 탱크
① 유조선 또는 유해액체물질 산적운반선의 화물창 안의 화물잔류물 또는 화물창 세정수
② 화물펌프실 바닥에 고인 기름, 유해액체물질 또는 포장유해물질의 혼합물

제2절 해양오염방지를 위한 규제

해양에서 선박으로부터 어떠한 형태의 오염물질도 배출하거나 버리는 것을 원칙적으로 금지하고 있다. 다만 안전우선 원칙, 불가항력적인 오염 발생과 적합한 배출(처리)기준 및 방법에 따라 배출(또는 처리)할 경우에는 이를 적용하지 아니한다.

제4과목 해사법규 132 Chapter 3. 해양환경관리법

1 안전우선 원칙 및 불가항력적인 오염에 따른 예외

① 선박 또는 해양시설등의 안전확보나 인명구조를 위하여 부득이하게 배출하는 경우
② 선박 또는 해양시설등의 손상 등으로 인하여 부득이하게 배출되는 경우
③ 선박 또는 해양시설등의 오염사고에 있어 해양수산부령이 정하는 방법에 따라 오염피해를 최소화하는 과정에서 부득이하게 오염물질이 배출되는 경우

2 폐기물의 배출규제 및 설비

(1) 폐기물의 배출

선박 안에서 발생하는 폐기물은 규정에 의하여 배출된 경우를 제외하고는 해당 선박 안에 저장한 후 오염물질저장시설의 설치·운영자 또는 유창청소업자에게 인도하여야 한다.

해 역	배출 가능한 폐기물
12해리 이상	• 음식찌꺼기 ▶분쇄기 또는 연마기로 분쇄 또는 연마한 후 25mm 이하의 개구를 가진 스크린을 통과한 것은 3해리 이상의 해역에 버릴 수 있음 • 화물잔류물 중 부유성이 없는 것(가라앉는 잔류물) : 종이제품, 넝마, 유리, 금속, 병, 도자기, • 화물탱크를 일반세제를 사용하여 청소한 탱크 세정수
25해리 이상	화물잔류물 중 부유성이 있는 것 : 화물보호재료(짐깔개 : Dunnage), 라이닝(lining) 및 포장재료
버릴 수 있는 것	• 음식찌꺼기 • 화물잔류물(유해하지 아니 한 것) • 목욕, 설거지 등의 중수 • 혼획된 수산동식물 + 자원기원물질(진흙, 퇴적물)
버릴 수 없는 것	다음을 포함한 모든 플라스틱류 • 합성로프, 합성어망 • 플라스틱의 쓰레기 봉지 • 독성 또는 중금속 잔류물을 포함할 수 있는 플라스틱 제품의 소각제

(2) 분뇨의 배출

① 분뇨오염방지설비의 대상선박
  ㉠ 총톤수 400톤 이상의 선박
  ㉡ 선박검사증서 또는 어선검사증서 상 최대승선인원이 16명 이상인 선박
  ㉢ 수상레저기구 안전검사증에 따른 승선정원이 16명 이상인 선박
  ㉣ 소속 부대의 장 또는 경찰관서·해양경찰관서의 장이 정한 승선인원이 16명 이상인 군함과 경찰용 선박
② 분뇨배출방법
  ㉠ 수산자원 보호구역, 보호수면 및 수산자원관리수면을 제외한 해역
    ▶분뇨처리장치를 운전하여 배출
  ㉡ 영해기선으로부터 3해리를 넘는 거리의 해역
    ▶분뇨마쇄소독장치를 사용하여 4노트 이상의 속력으로 항해중 배출
  ㉢ 영해기선으로부터 12해리를 넘는 거리의 해역
    ▶4노트 이상의 속력으로 항해중 배출
  ㉣ 국제특별해역에서 배출하려는 경우에는 국제협약에서 정하는 바에 따른다.
  ㉤ 분뇨오염방지설비의 설치대상이 아닌 선박의 분뇨배출
    ▶부두에 접안중이거나 계류시설에 계류된 경우에는 배출하여서는 아니 되며, 계류시설, 어장 등으로부터 가능한 한 멀리 떨어진 해역에서 배출할 것

3 기름의 배출규제 및 설비

(1) 기름의 배출 기준(기관구역의 선저폐수)

① 선박의 항해중에 배출할 것(시추선 및 플랫폼을 제외한다)
② 배출액 중의 기름 성분이 0.0015%(15ppm) 이하일 것
③ 기름오염방지설비의 작동중에 배출할 것

(2) 유조선에서 화물유가 섞인 선박평형수, 화물창 세정수 및 화물펌프실의 선저폐수의 배출요건

① 항해중에 배출할 것
② 기름의 순간배출률이 1해리당 30ℓ 이하일 것
③ 1회의 항해중(선박평형수를 실은 후 그 배출을 완료할 때까지를 말한다)의 배출총량이 그 전에 실은 화물총량의 3만분의 1 이하일 것(1979년 12월 31일 이전에 인도된 선박으로서 유조선의 경우에는 1만5천분의 1)
④ 영해 및 접속수역법에 따른 기선으로부터 50해리 이상 떨어진 곳에서 배출할 것
⑤ 규정에 따른 기름오염방지설비의 작동중에 배출할 것

4 선박오염물질기록부 관리

(1) 기록부의 종류

구 분	대상 선박
폐기물기록부	1. 총톤수 400톤 이상의 선박 2. 최대승선인원이 15명 이상인 선박 ▶운항속력으로 1시간 이내의 항해에 종사하는 선박은 제외
기름기록부	1. 총톤수 100톤 이상의 선박 2. 군함과 경찰용 선박의 경우에는 경하배수톤수(사람, 화물 등을 적재하지 않은 선박 자체의 톤수) 200톤 이상의 선박 ▶선저폐수가 생기지 아니하는 선박은 제외
유해액체물질기록부	유해액체물질운반선박

(2) 보존기간

선박오염물질기록부의 보존기간은 최종기재를 한 날부터 3년이다.

5 선박해양오염방지관리인

(1) 대상 선박

① 총톤수 150톤 이상인 유조선
② 총톤수 400톤 이상인 선박[국적취득조건부 선체용선한 외국선박을 포함]

(2) 선박해양오염방지관리인의 임명

선박의 소유자는 해양오염방지관리인을 임명하여야 한다. ▶유해액체물질을 산적하여 운반하는 선박은 유해액체물질의 해양오염방지관리인 1인 이상을 추가로 임명하여야 한다.

(3) 선박해양오염방지관리인의 자격

「선박직원법」에 따른 선박직원(선장·통신장 및 통신사는 제외한다)으로 해양환경관리법 제121조 제1호에 따른 교육·훈련과정을 이수한 날부터 5년이 경과하지 않은 사람

(4) 선박해양오염방지관리인 임명장 비치

선박의 소유자는 임명한 증빙서류를 선박 안에 비치하여야 한다.

소형선박조종사

Chapter 3 해양환경관리법

제3절 해양오염방지를 위한 선박의 검사 등

[해양환경관리법에 의한 검사의 종류]

검사의 종류	내 용
정기검사	최초설치 + 유효기간 만료시 ▶해양오염방지검사증서 – 유효기간 5년
중간검사	정기검사와 정기검사 사이
임시검사	해양오염방지설비등을 교체·개조 또는 수리
임시항해검사	해양오염방지검사증서를 발급받기 전에 임시로 선박을 항해에 사용하고자 하는 때 ▶임시해양오염방지검사증서
방오시스템검사	• 방오시스템을 선박에 설치하여 항해에 사용하려는 때 • 국제항해에 종사하는 총톤수 400톤 이상의 선박 ▶방오시스템검사증서 – 영구
임시 방오시스템검사	방오시스템을 변경 또는 교체하는 경우
예비검사	대기오염방지설비를 제조·개조·수리·정비 또는 수입하려는 자 ▶예비검사증서
에너지효율검사	• 국제항해에 사용되는 총톤수 400톤 이상의 선박 중 선박에너지효율설계지수의 계산 대상선박의 소유자 • 국제항해에 사용되는 총톤수 400톤 이상의 선박 중 선박에너지효율관리계획서의 비치 대상선박의 소유자 • 국제항해에 사용되는 총톤수 400톤 이상의 선박 중 선박에너지효율지수의 계산 대상선박의 소유자 ▶에너지효율검사증서 – 영구
국제협약검사	선박을 국제항해에 사용하기 위하여 해양오염방지에 관한 국제협약에 따른 검사증서의 발급신청이 있는 때 ▶국제협약검사증서 – 5년
재검사	• 해양오염방지선박검사, 예비검사 및 에너지효율검사를 받은 자가 그 검사결과에 대하여 불복이 있는 때 • 그 결과에 관한 통지를 받은 날부터 90일 이내에 신청

제4절 해양오염방제를 위한 조치

대통령령이 정하는 배출기준을 초과하는 오염물질이 해양에 배출되거나 배출될 우려가 있다고 예상되는 경우

(1) 해양경찰청장 또는 해양경찰서장에게 지체없이 신고하여야 하는 자

① 배출되거나 배출될 우려가 있는 오염물질이 적재된 선박의 선장 또는 해양시설의 관리자

② 오염물질의 배출원인이 되는 행위를 한 자

③ 배출된 오염물질을 발견한 자

⚓ **참고ㅣ대통령령이 정하는 배출기준**

종 류	양·농도	확산범위
기 름	배출된 기름 중 유분이 100만분의 1,000 이상이고 유분총량이 100ℓ 이상	배출된 기름이 1만m² 이상으로 확산되어 있거나 확산될 우려가 있는 경우

(2) 방제의무자 : (1)의 ① 및 ②

(3) 신고사항

① 해양오염사고의 발생일시·장소 및 원인

② 배출된 오염물질의 종류, 추정량 및 확산상황과 응급조치상황

③ 사고선박 또는 시설의 명칭, 종류 및 규모

④ 해면상태 및 기상상태

제4과목 해사법규 **134** Chapter 3. 해양환경관리법

CHAPTER 03 해양환경관리법 실전예상문제

제4과목 해사법규

01 [최근빈출 대표유형]
다음 중 해양환경관리법에 의해 규제되는 해양오염물질에 해당되지 않는 것은?

가. 기름
나. 쓰레기
사. 분뇨
아. 방사성 물질

해설 방사성 물질은 「해양환경관리법」을 적용받는 것이 아니라 「원자력안전법」의 적용을 받는다(법 제3조 제1항).

02
「해양환경관리법」상 '선박의 밑바닥에 고인 액상유성혼합물'을 무엇이라 하는가?

가. 선저 폐수
나. 선저 세정수
사. 선저 유류
아. 윤활유

해설 "선저폐수"라 함은 선박의 밑바닥에 고인 액상유성혼합물을 말한다(법 제2조 제18호).

03
「해양환경관리법」상 다음 중 해양에 배출이 금지된 기름에 해당되지 않는 것은?

가. 석유 가스
나. 경유
사. 윤활유
아. 등유

해설 석유가스는 기름에서 제외된다(법 제2조 제5호).

04
「해양환경관리법」상 다음 중 선박 내에서 생긴 오염물질이 아닌 것은?

가. 슬러지
나. 선저폐수
사. 폐연료
아. 청수

해설 청수는 오염물질이 아니다(법 제2조 제11호).

05 [최근빈출 대표유형]
「해양환경관리법」상 생물체의 부착을 제한·방지하기 위하여 선박에 사용하는 것으로 유기주석 성분 등 생물체의 파괴작용을 하는 성분이 포함된 것은?

가. 포장유해물질
나. 유해방오도료
사. 대기오염물질
아. 선저폐수

해설
- 유해방오도료 : 생물체의 부착을 제한·방지하기 위하여 선박 또는 해양시설 등에 사용하는 방오도료 중 유기주석 성분 등 생물체의 파괴작용을 하는 성분이 포함된 것으로서 해양수산부령이 정하는 것을 말한다.
- 포장유해물질 : 포장된 형태로 선박에 의하여 운송되는 유해물질 중 해양에 배출되는 경우 해양환경에 해로운 결과를 미치거나 미칠 우려가 있는 물질로서 해양수산부령이 정하는 것을 말한다
- 대기오염물질 : 오존층파괴물질, 휘발성유기화합물과 「대기환경보전법」 제2조 제1호의 대기오염물질 및 같은 조 제3호의 온실가스 중 이산화탄소를 말한다.
- 선저폐수 : 선박의 밑바닥에 고인 액상유성혼합물

06 [최근빈출 대표유형]
「해양환경관리법」상 폐기물이 아닌 것은?

가. 맥주병
나. 음식찌꺼기
사. 기름
아. 플라스틱병

해설 기름은 폐기물에서 제외한다.
▶ 폐기물(법 제2조 제4호)
해양에 배출되는 경우 그 상태로는 쓸 수 없게 되는 물질로서 해양환경에 해로운 결과를 미치거나 미칠 우려가 있는 물질
▶ 기름·유해액체물질 및 포장유해물질에 해당하는 물질을 제외한다.

07
「해양환경관리법」상 해양환경 및 생태계가 양호한 해역 중 해양환경기준의 유지를 위하여 지속적인 관리가 필요한 해역으로서 해양수산부장관이 정하여 고시하는 해역의 명칭은?

가. 환경보전해역
나. 해양환경 생태해역
사. 오염물질 관리해역
아. 해양환경 조사해역

해설
- 환경보전해역 : 해양환경 및 생태계가 양호한 해역 중 「해양환경 보전 및 활용에 관한 법률」 제13조 제1항에 따른 해양환경기준의 유지를 위하여 지속적인 관리가 필요한 해역으로서 해양수산부장관이 정하여 고시하는 해역(해양오염에 직접 영향을 미치는 육지를 포함한다)(법 제15조 제1항 제1호)
- 특별관리해역 : 「해양환경 보전 및 활용에 관한 법률」 제13조 제1항에 따른 해양환경기준의 유지가 곤란한 해역 또는 해양환경 및 생태계의 보전에 현저한 장애가 있거나 장애가 발생할 우려가 있는 해역으로서 해양수산부장관이 정하여 고시하는 해역(해양오염에 직접 영향을 미치는 육지를 포함한다)(법 제15조 제1항 제2호)

08 [최근빈출 대표유형]
해양환경관리법상 해양에서 배출할 수 있는 것은?

가. 합성로프
나. 어획한 물고기
사. 합성어망
아. 플라스틱 쓰레기봉투

해설 혼획된 수산동식물과 자원기원물질(진흙, 퇴적물) 등은 배출할 수 있다.
▶ 버릴 수 없는 것
- 모든 플라스틱류
- 합성로프, 합성어망
- 플라스틱의 쓰레기 봉지
- 독성 또는 중금속 잔류물을 포함할 수 있는 플라스틱 제품의 소각

09 [최근빈출 대표유형]
「해양환경관리법」상 선박에서 발생하는 폐기물 배출에 대한 설명으로 옳지 않은 것은?

가. 플라스틱 재질의 폐기물은 해양에 배출 금지
나. 해양환경에 유해하지 않은 화물잔류물도 해양에 배출금지
사. 폐사된 어획물은 해양에 배출 가능
아. 분쇄 또는 연마하지 않은 음식찌꺼기는 영해기선으로부터 12해리 이상에서 배출 가능

정답 1 아 2 가 3 가 4 아 5 나 6 사 7 가 8 나 9 나

해설 해양에 배출할 수 있는 폐기물(선박에서의 오염방지에 관한 규칙 제8조 제2호 관련 별표 3)
1. 음식찌꺼기
2. 해양환경에 유해하지 않은 화물잔류물
3. 선박 내 거주구역에서 목욕, 세탁, 설거지 등으로 발생하는 중수(中水)(화장실 오수 및 화물구역 오수는 제외한다)
4. 「수산업법」에 따른 어업활동 중 혼획된 수산동식물(폐사된 것을 포함한다.) 또는 어업활동으로 인하여 선박으로 유입된 자연기원물질(진흙, 퇴적물 등 해양에서 비롯된 자연상태 그대로의 물질을 말하며, 어장의 오염된 퇴적물은 제외한다)

10

「해양환경관리법」상 항해중 해양에 그대로 버릴 수 있는 것은 다음 중 어느 것인가?

가. 오수

나. 유성 혼합물

사. 기름이 섞이지 않은 깨끗한 물

아. 폐기물

해설 기름이 섞이지 않은 깨끗한 물은 배출할 수 있다.

11

「해양환경관리법」상 해양오염방지를 위한 선박 검사의 종류가 아닌 것은?

가. 정기검사   나. 중간검사

사. 특별검사   아. 임시검사

해설 특별검사는 선박안전법상의 검사종류이다.

12

「해양환경관리법」상 해양오염방지설비 등을 선박에 최초로 설치하여 항행에 사용하고자 할 때 받는 검사는?

가. 정기검사   나. 임시검사

사. 특별검사   아. 건조검사

해설 정기검사(법 제49조 제1항)
해양오염방지설비를 설치하거나 선체 및 화물창을 설치·유지하여야 하는 선박의 소유자가 해양오염방지설비, 선체 및 화물창을 선박에 최초로 설치하여 항해에 사용하려는 때 또는 유효기간이 만료한 때에 해양수산부장관으로부터 받는 검사

13

「해양환경관리법」상 유조선에서 화물유가 섞인 선박평형수의 유분의 순간 배출율은 1해리당 얼마인가?

가. 30ℓ 이하   나. 60ℓ 이하

사. 80ℓ 이하   아. 100ℓ 이하

해설 유조선에서 화물유가 섞인 선박평형수, 화물창의 세정수, 선저폐수의 배출기준 및 방법(선박에서의 오염방지에 관한 규칙 제10조 관련 별표 4)
1. 항해중에 배출할 것
2. 기름의 순간배출률이 1해리당 30ℓ 이하일 것
3. 1회의 항해중의 배출총량이 그 전에 실은 화물총량의 3만분의 1 이하일 것
4. 영해 및 접속수역법에 따른 기선으로부터 50해리 이상 떨어진 곳에서 배출할 것
5. 규정에 따른 기름오염방지설비의 작동중에 배출할 것

14

「해양환경관리법」상 기름여과장치에 의하여 분리된 기름은 슬러지(유성찌꺼기) 탱크에 저장했다가 배출관 장치를 이용하여 어디에 배출하여야 하는가?

가. 수용 시설   나. 공해상

사. 영해상   아. 항계 바깥

해설 유성찌꺼기(Sludge)는 유성찌꺼기탱크에 저장하되, 유성찌꺼기탱크용량의 80%를 초과하는 경우에는 출항 전에 유성찌꺼기 전용펌프와 배출관장치를 통하여 저장시설 등의 운영자에게 인도할 것. 다만, 소각설비가 설치된 선박의 경우에는 해상에서 유성찌꺼기를 소각하여 처리할 수 있다.
► 선박에서의 오염방지에 관한 규칙 제10조 관련 별표 4

15

「해양환경관리법」상 선박에서 발생되는 폐유, 폐수 등에서 물과 기름을 분리하여 환경오염을 줄이는 장치는?

가. 청정장치   나. 열교환장치

사. 계선장치   아. 유수분리장치

해설 유수분리장치는 기름과 물을 분리하는 장치이다.

16

「해양환경관리법」상 다음 선박직원 중 오염방지관리인이 될 수 없는 자는?

가. 기관장   나. 2기사

사. 3항사   아. 통신사

해설 선장, 통신장, 통신사는 제외한다(시행령 제39조 제1항 관련 별표 5).

17 최근빈출 대표유형

해양환경관리법상 선박오염물질기록부에 해당하지 않는 것은?

가. 폐기물기록부   나. 기름기록부

사. 유해액체물질기록부   아. 분뇨기록부

해설 선박오염물질기록부에는 폐기물기록부, 기름기록부, 유해액체물질기록부의 3종이 있다(법 제30조 제1항).

18

「해양환경관리법」상 기름기록부의 기록은 누가 하는가?

가. 선박소유자   나. 기관장

사. 1등항해사   아. 해양오염방지관리인

해설 해양오염방지관리인 및 대리자의 업무내용 및 준수사항(시행령 제39조 제2항)
1. 폐기물기록부와 기름기록부의 기록 및 보관
2. 오염물질 및 대기오염물질을 이송 또는 배출하는 작업의 지휘·감독
3. 해양오염방지설비의 정비 및 작동상태의 점검
4. 대기오염방지설비의 정비 및 점검
5. 해양오염방제를 위한 자재 및 약제의 관리
6. 오염물질의 배출이 있는 경우 신속한 신고 및 필요한 응급조치
7. 해양오염 방지 및 방제에 관한 교육·훈련의 이수 및 해당 선박의 승무원에 대한 교육의 실시(해양오염방지 관리인만 해당한다)
8. 그 밖에 해당 선박으로부터의 오염사고를 방지하는 데 필요한 사항

 **정답** **10** 사 **11** 사 **12** 가 **13** 가 **14** 가 **15** 아 **16** 아 **17** 아 **18** 아

19
「해양환경관리법」상 피예인선의 기름기록부는 어디에 보관하여야 하는가?

가. 피예인선의 선내 나. 선박소유자의 사무실
사. 지방해양수산청 아. 예인선의 선내

해설 선박의 선장(피예인선의 경우에는 선박의 소유자를 말한다)은 그 선박에서 사용하거나 운반·처리하는 폐기물·기름 및 유해액체물질에 대한 선박오염물질기록부를 그 선박(피예인선의 경우에는 선박의 소유자의 사무실을 말한다) 안에 비치하고 그 사용량·운반량 및 처리량 등을 기록하여야 한다(법 제30조 제1항).

20 [최근빈출 대표유형]
「해양환경관리법」상 유해액체물질기록부는 최종기재한 날부터 몇 년간 보존해야 하는가?

가. 1년 나. 2년
사. 3년 아. 5년

해설 선박오염물질기록부(기름기록부, 유해액체물질기록부, 폐기물기록부)의 보존기간은 최종기재를 한 날부터 3년으로 하며, 그 기재사항·보존방법 등에 관하여 필요한 사항은 해양수산부령으로 정한다(법 제30조 제2항).

21
「해양환경관리법」상 해양오염방지검사증서의 유효기간은?

가. 1년 나. 3년
사. 5년 아. 7년

해설 해양오염방지검사증서의 유효기간은 5년이다(법 제56조 제1항 제1호).

22 [최근빈출 대표유형]
「해양환경관리법」상 유조선에서 기름이 섞인 물을 한 곳에 모으기 위한 탱크는?

가. 혼합물탱크(슬롭 탱크) 나. 밸러스트 탱크
사. 화물창 탱크 아. 분리 밸러스트 탱크

해설 **혼합물 탱크(슬롭 탱크)**(선박에서의 오염방지에 관한 규칙 제2조 제20호) 다음의 어느 하나에 해당하는 것을 한 곳에 모으기 위한 탱크를 말한다.
1. 유조선 또는 유해액체물질 산적운반선의 화물창 안의 화물잔류물 또는 화물창 세정수
2. 화물펌프실 바닥에 고인 기름, 유해액체물질 또는 포장유해물질의 혼합물

23
「해양환경관리법」상 분뇨오염방지설비를 설치해야 하는 선박은 선박검사증서상 최대승선인원이 몇 명 이상인가?

가. 15명 나. 16명
사. 17명 아. 18명

해설 선박검사증서 또는 어선검사증서상 최대승선인원이 16명 이상인 선박은 분뇨오염방지설비를 설치해야 한다.
▶ **분뇨오염방지설비의 대상선박**(선박에서의 오염방지에 관한 규칙 제14조 제1항)
1. 총톤수 400톤 이상의 선박
▶ 선박검사증서상 최대승선인원이 16명 미만인 부선은 제외
2. 선박검사증서 또는 어선검사증서상 최대승선인원이 16명 이상인 선박
3. 수상레저기구 안전검사증에 따른 승선정원이 16명 이상인 선박

4. 소속 부대의 장 또는 경찰관서·해양경찰관서의 장이 정한 승선인원이 16명 이상인 군함과 경찰용 선박

24
「해양환경관리법」상 선박을 해체하고자 하는 자는 선박의 해체작업과정에서 오염물질이 배출되지 않도록 해양수산부령이 정하는 바에 따라 작업계획을 수립하여 작업개시 며칠 전까지 신고하여야 하는가?

가. 7일 나. 15일
사. 30일 아. 60일

해설 선박을 해체하고자 하는 자는 선박의 해체작업과정에서 오염물질이 배출되지 아니하도록 해양수산부령이 정하는 바에 따라 작업계획을 수립하여 작업개시 7일 전까지 해양경찰청장에게 신고하여야 한다. 다만, 육지에서 선박을 해체하는 등 해양수산부령이 정하는 방법에 따라 선박을 해체하는 경우에는 그러하지 아니하다(법 제111조 제1항).
▶ 위에서 "해양수산부령이 정하는 방법"이란 오염물질이 제거된 선박으로서 총톤수 100톤(군함과 경찰용 선박의 경우에는 경하배수톤수 200톤) 미만의 선박(유조선은 제외한다)을 육지에 올려놓고 해체하는 것을 말한다(시행규칙 제73조 제2항).

25 [최근빈출 대표유형]
해양환경관리법상 배출기준을 초과하는 오염물질이 해양에 배출된 경우 누구에게 신고하여야 하는가?

가. 환경부장관 나. 해양경찰서장
사. 지방해양수산청장 아. 해양수산부장관

해설 해양경찰청장 또는 해양경찰서장에게 신고하여야 한다.
▶ **신고의무자**(법 제63조 제1항)
• 대통령령이 정하는 배출기준을 초과하는 오염물질이 해양에 배출되거나 배출될 우려가 있다고 예상되는 경우 다음의 어느 하나에 해당하는 자는 지체 없이 해양경찰청장 또는 해양경찰서장에게 이를 신고하여야 한다.
1. 배출되거나 배출될 우려가 있는 오염물질이 적재된 선박의 선장 또는 해양시설의 관리자
2. 오염물질의 배출원인이 되는 행위를 한 자
3. 배출된 오염물질을 발견한 자
• 신고기준

종류	양·농도	확산범위
기름	배출된 기름 중 유분이 100만 분의 1,000 이상이고 유분총량이 100ℓ 이상	배출된 기름이 1만㎡ 이상으로 확산되어 있거나 확산될 우려가 있는 경우

26 [최근빈출 대표유형]
해양환경관리법상 선박으로부터 오염물질이 배출되는 경우 신고할 사항이 아닌 것은?

가. 오염물질이 배출된 장소 나. 오염물질을 적재한 장소
사. 오염물질을 배출한 선박명 아. 오염물질이 배출된 일자와 시간

해설 **신고사항**(시행규칙 제29조 제1항)
해양시설로부터의 오염물질 배출을 신고하려는 자는 서면·구술·전화 또는 무선통신 등을 이용하여 신속하게 하여야 하며, 그 신고사항은 다음 각 호와 같다.
① 해양오염사고의 발생일시·장소 및 원인
② 배출된 오염물질의 종류, 추정량 및 확산상황과 응급조치상황
③ 사고선박 또는 시설의 명칭, 종류 및 규모
④ 해면상태 및 기상상태

정답 19 나 20 사 21 사 22 가 23 나 24 가 25 나 26 나

소형선박조종사   Chapter 3 해양환경관리법

27 「최근빈출 대표유형」

「해양환경관리법」상 선박의 방제의무자는?

가. 배출된 오염물질이 적재되었던 선박의 기관장
나. 배출을 발견한 자
사. 배출된 오염물질이 적재되었던 선박의 선장
아. 지방해양수산청장

[해설] **방제의무자**(법 제64조 제1항)
1. 배출되거나 배출될 우려가 있는 오염물질이 적재된 선박의 선장 또는 해양시설의 관리자
2. 오염물질의 배출원인이 되는 행위를 한 자

28 「최근빈출 대표유형」

「해양환경관리법」상 오염물질이 배출된 경우의 방제조치에 해당되지 않는 것은?

가. 오염물질의 배출방지
나. 배출된 오염물질의 확산방지 및 제거
사. 배출된 오염물질의 수거 및 처리
아. 기름오염방지설비의 가동

[해설] 방제의무자는 배출된 오염물질에 대하여 대통령령이 정하는 바에 따라 다음에 해당하는 방제조치를 하여야 한다(법 제64조 제1항).
1. 오염물질의 배출방지
2. 배출된 오염물질의 확산방지 및 제거
3. 배출된 오염물질의 수거 및 처리

29 「최근빈출 대표유형」

「해양환경관리법」상 기름오염방제에 대한 설명으로 옳지 않은 것은?

가. 자재와 약제는 형식승인, 검정 및 인정을 받아야 한다.
나. 방제 자재 및 약제의 비치 방법은 선박소유자가 정한다.
사. 선박소유자와 선장은 방제조치의 의무가 있다.
아. 선박소유자와 선장은 정부의 명령에 따라서 방제조치를 취해야 한다.

[해설] 비치·보관하여야 하는 자재 및 약제의 종류·수량·비치방법과 보관시설의 기준 등에 필요한 사항은 해양수산부령으로 정한다(법 제66조 제3항).

30

「해양환경관리법」상 소형선박(총톤수 5톤 이상 25톤 미만)의 경우 기름의 배출을 방지하기 위한 설비로 폐유저장을 위한 용기를 비치하지 아니한 경우에 얼마의 과태료에 처하는가?

가. 100만원 이하   나. 100만원 이상
사. 300만원 이하   아. 500만원 이하

[해설] **법 제132조 제4항**
다음의 어느 하나에 해당하는 자는 100만원 이하의 과태료를 부과한다.
1의3. 제26조 제1항의 규정에 따른 폐유저장을 위한 용기를 비치하지 아니한 자

정답 **27** 사 **28** 아 **29** 나 **30** 가

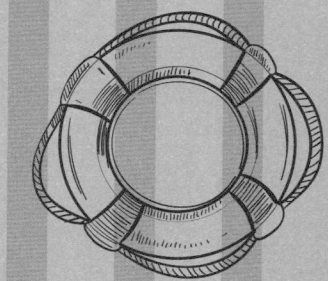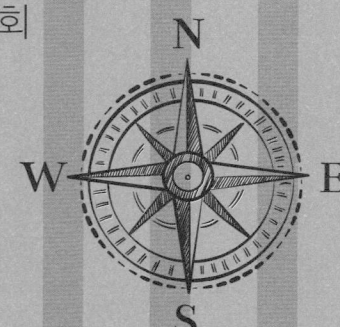

5일만에 끝내기 소형선박조종사

부록 05

최근기출문제

- 2022년 제1회~제4회
- 2023년 제1회~제4회

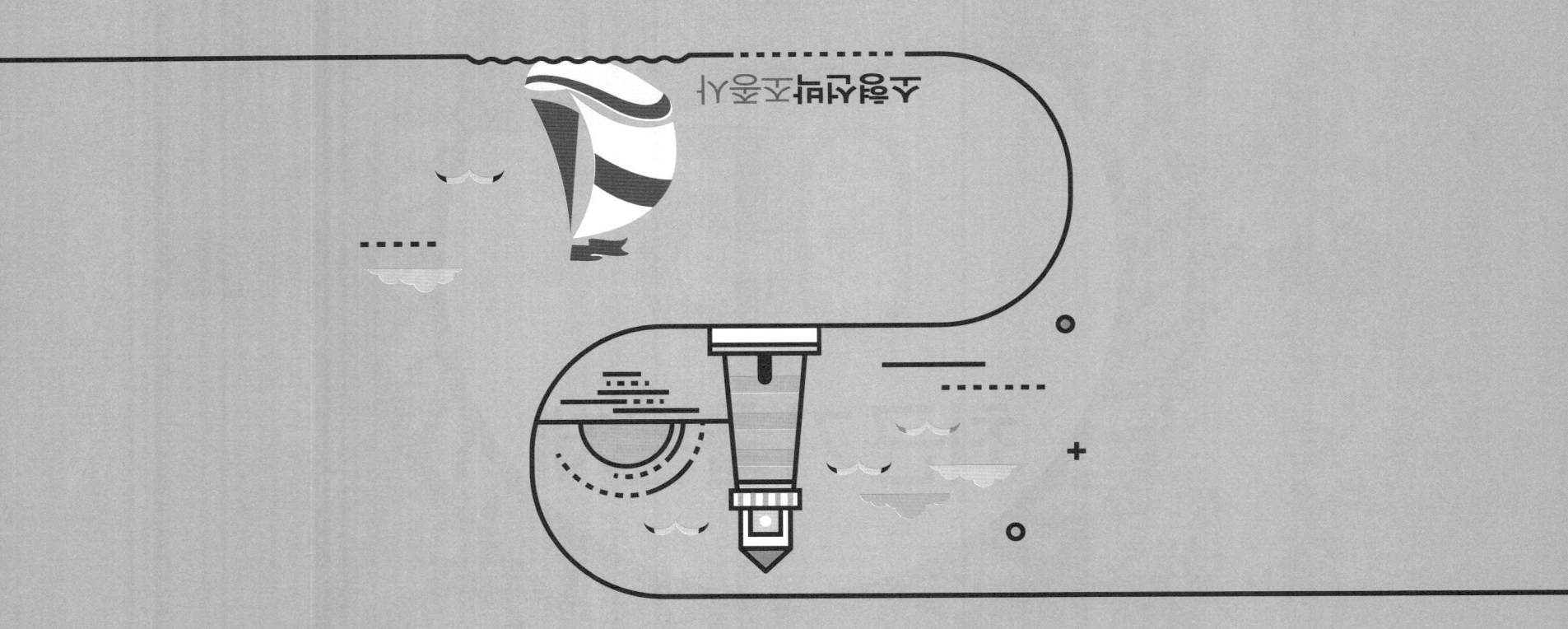

제1회 2022 해기사시험 소형선박조종사

제1과목 항해

01
어느 지점을 지나는 진자오선과 자기자오선이 이루는 교각은?

가. 자차
나. 편차
사. 풍압차
아. 유압차

해설
- 자차 : 자기자오선(자북)과 컴퍼스의 남북선(나북)이 이루는 각
- 편차 : 진자오선(진북)과 자기자오선(자북)이 이루는 각
- 풍압차 : 배가 바람에 떠밀려서 그 항적이 선수미선과 이루는 교각
- 유압차 : 배가 조류에 떠밀려서 그 항적이 선수미선과 이루는 교각

02
자이로컴퍼스에서 선박의 속력이 빠르고 그 침로가 남북에 가까울수록, 또 위도가 높아질수록 커지는 오차는?

가. 위도오차
나. 속도오차
사. 동요오차
아. 가속도오차

해설 ▶ 속도오차
- 선박이 움직이지 않을 때는 지반운동과 세차운동이 평형을 이루나 항해 중에는 평형을 잃게 되어 생기는 오차
- 선속이 빠르고, 침로가 남북, 위도가 높을수록 오차는 커진다.
- 북항일 때 ▶ 편서오차   남항일 때 ▶ 편동오차

03
풍향에 대한 설명으로 옳지 않은 것은?

가. 풍향이란 바람이 불어가는 방향을 말한다.
나. 풍향이 시계방향으로 변하는 것을 풍향 순전이라 한다.
사. 풍향이 반시계 방향으로 변하는 것을 풍향 반전이라 한다.
아. 보통 북(N)을 기준으로 시계방향으로 16방위로 나타내며, 해상에서는 32방위로 나타낼 때도 있다.

해설 풍향은 불어오는 방향을 말하며, 유향은 흘러가는 방향을 말한다.

04
자기 컴퍼스의 자차계수 중 일반적으로 수정하지 않는 자차계수는?

가. A, B
나. A, E
사. C, E
아. C, D

해설 자차계수 A, E는 크기가 작기 때문에 일반적으로 수정을 하지 않는다.
- 자차계수 B : 선수미 B 자석으로 수정
- 자차계수 C : 정횡 C 자석으로 수정
- 자차계수 D : 연철구로 수정

05
일반적으로 자기 컴퍼스의 유리가 파손되거나 기포가 생기지 않는 온도 범위는?

가. 0℃~70℃
나. -5℃~75℃
사. -20℃~50℃
아. -40℃~30℃

해설 자기 컴퍼스의 유리가 파손되거나 기포가 생기지 않는 온도 범위는 -20℃ ~50℃ 정도이다.

06
(　　)에 적합한 것은?

> "육상 송신국 또는 선박으로부터의 전파의 방위를 측정하여 위치선으로 활용하는 것으로 등대, 섬 등 육표의 시각 방위측정법에 비해 측정거리가 길고, 천후 또는 밤낮에 관계없이 위치측정이 가능한 장비는 (　　)이다."

가. 알디에프(RDF)
나. 지피에스(GPS)
사. 로란(LORAN)
아. 데카(DECCA)

해설 ▶ 무선방위측정기(RDF ; Radio Direction Finder)
루프 안테나의 지향 특성을 이용하여 육상 무선 표지국이나 선박 등에서 발사된 전파의 오는 방향을 측정하는 계기

07
연안항해에서 많이 사용하는 방법으로 뚜렷한 물표 2개 또는 3개를 이용하여 선위를 구하는 방법은?

가. 3표양각법
나. 4점방위법
사. 교차방위법
아. 수심연측법

해설 교차방위법은 2개 이상의 뚜렷한 물표를 선정하여 거의 동시에 각각의 방위를 측정하여 해도상에 방위선을 긋고 이들의 교점을 선위로 하는 방법

08
천의 극 중에서 관측자의 위도와 반대쪽에 있는 극은?

가. 동명극
나. 천의 북극
사. 이명극
아. 천의 남극

해설 천의 극(천의 축이 천구와 만난 두 점, 즉 천의 북극과 남극) 중 관측자의 위도가 같은 쪽의 극을 동명극, 반대쪽의 극을 이명극이라 한다.

정답 1 나 2 나 3 가 4 나 5 사 6 가 7 사 8 사

09
작동 중인 레이더 화면에서 'A' 점은?

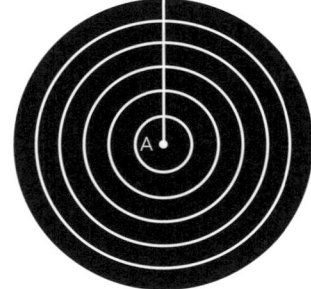

가. 섬

나. 자기 선박

사. 육지

아. 다른 선박

해설 레이더 화면의 중앙이 본선의 위치이다.

10
위성항법장치(GPS)에서 오차가 발생하는 원인이 아닌 것은?

가. 위성 오차

나. 수신기 오차

사. 전파 지연 오차

아. 사이드 로브에 의한 오차

해설 사이드 로브에 의한 오차는 레이더의 거짓상을 생기게 하는 원인이다.

11
해도상에 표시된 해저 저질의 기호에 대한 의미로 옳지 않은 것은?

가. S – 자갈

나. M – 뻘

사. R – 암반

아. Co – 산호

해설 S는 모래(Sand)이다.

▶ 저질약자

약어	뜻	약어	뜻
S	모래	Oys	굴
M	펄	Co	산호
G	자갈	Rk. 또는 R	바위
Oz	연니	Sh	조개껍질
Cl 또는 Cy	점토(찰흙)	St	돌

12
우리나라에서 발간하는 종이해도에 대한 설명으로 옳은 것은?

가. 수심 단위는 피트(Feet)를 사용한다.

나. 나침도의 바깥쪽은 나침 방위권을 사용한다.

사. 항로의 지도 및 안내서의 역할을 하는 수로서지이다.

아. 항박도는 대축척 해도로 좁은 구역을 상세히 그린 평면도이다.

해설 가. 우리나라 해도의 수심 단위는 미터를 사용한다.
　　 나. 나침도의 바깥쪽은 진 방위권을 사용한다.
　　 사. 항로의 지도 및 안내서의 역할을 하는 것은 항로지이다.

13
수로서지 중 특수서지가 아닌 것은?

가. 등대표

나. 조석표

사. 천측력

아. 항로지

해설 수로도지는 해도와 바다에 관한 안내서인 수로서지로 나뉘며, 수로서지는 항로지와 수로특수서지로 나뉜다. 그러므로 등대표, 조석표, 천측력은 수로특수서지에 속한다.

14
등부표에 대한 설명으로 옳지 않은 것은?

가. 강한 파랑이나 조류에 의해 유실되는 경우도 있다.

나. 항로의 입구, 폭 및 변침점 등을 표시하기 위해 설치한다.

사. 해저의 일정한 지점에 체인으로 연결되어 수면에 떠 있는 구조물이다.

아. 조류표에 기재되어 있으므로, 선박의 정확한 속력을 구하는 데 사용하면 좋다.

해설 등부표는 조류표에는 나오지 않으며, 등대표와 해도에 기재되어 있다.

15
암초, 사주(모래톱) 등의 위치를 표시하기 위하여 그 위에 세워진 경계표이며, 여기에 등광을 설치하면 등표가 되는 항로표지는?

가. 입표

나. 부표

사. 육표

아. 도표

해설 • 입표
암초, 노출암, 사주(모래톱) 등의 위치를 표시하기 위하여 마련된 경계표로 바다 속에 고립하여 건조되므로 파랑과 풍압에 견딜 수 있는 위치를 선정하며, 등광을 함께 설치하면 등표가 된다.
　• 부표
항행이 곤란한 장소나 항만의 유도표지로서 항로를 따라 설치하며 변침점에도 설치하며, 특별한 경우가 아니면 등광을 함께 설치하여 등부표로 사용한다.
　• 육표
입표의 설치가 곤란한 경우에 육상에 마련한 간단한 항로표지로 야간에 이용하도록 등광을 설치하면 등주가 된다.
　• 도표
좁은 수로의 항로를 표시하기 위하여 항로의 연장선 위에 앞뒤로 2개 이상의 육표를 설치하여 중시선에 의하여 선박을 인도하는 항로표지로 등광이 함께 설치하면 도등이 된다.

16
전자력에 의해서 발음판을 진동시켜 소리를 내게 하는 음파(음향)표지는?

가. 무종

나. 다이어폰

사. 에어 사이렌

아. 다이어프램폰

해설 • 무종 : 가스의 압력 또는 기계 장치로서 종을 쳐서 소리를 내는 장치
　• 다이어폰 : 압축 공기에 의해서 발음체인 피스톤을 왕복시켜서 소리를 내는 장치
　• 에어 사이렌 : 압축된 공기에 의하여 사이렌을 취명하는 신호장치
　• 다이어프램폰 : 전자식 발음기(유니트)에 의해서 발음판을 진동시켜 취명하는 신호장치

정답 9 나　10 아　11 가　12 아　13 아　14 아　15 가　16 아

17
종이해도번호 앞에 'F'(에프)로 표기된 것은?

가. 해류도
나. 조류도
사. 해저 지형도
아. 어업용 해도

해설 어업용 해도는 일반해도와 같으며, 어업에 관한 것이 표시되어 있으며 해도번호 앞에 F를 표시한다.

18
다음 중 가장 축척이 큰 종이 해도는?

가. 총도
나. 항양도
사. 항해도
아. 항박도

해설 축척이 큰 순서 : 항박도＞해안도＞항해도＞항양도＞총도
- 총도 : 4백만분의 1 이하
- 항양도 : 1백만분의 1 이하
- 항해도 : 30만분의 1 이하
- 해안도 : 5만분의 1 이하
- 항박도 : 5만분의 1 이상

19
해도상에 표시된 등대의 등질 'Fl.2s10m20M'에 대한 설명으로 옳지 않은 것은?

가. 섬광등이다.
나. 주기는 2초이다.
사. 등고는 10미터이다.
아. 광달거리는 20킬로미터이다.

해설 광달거리는 20마일(해리)이다.

20
다음 그림의 항로표지에 대한 설명으로 옳은 것은? (단, 두표의 모양만 고려함)

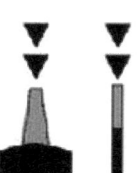

가. 표지의 동쪽에 가항수역이 있다.
나. 표지의 서쪽에 가항수역이 있다.
사. 표지의 남쪽에 가항수역이 있다.
아. 표지의 북쪽에 가항수역이 있다.

해설 두표모양은 정점하향이며, 표체는 위쪽에 황색, 아래쪽은 흑색인 남방위표지로 남쪽에 가항수역이 있다는 뜻이다.

21
선박에서 주로 사용하는 습도계는?

가. 자기 습도계
나. 모발 습도계
사. 건습구 습도계
아. 모발 자기 습도계

해설 건습구 온도계는 2개의 온도계, 즉 하나는 건구, 다른 하나는 습구를 갖춘 온도계의 한 종류로 물의 증발하는 정도를 재어, 습도를 측정하는 기계로 보통 %로 표시하는 상대습도를 측정한다.

22
전선을 동반하는 저기압으로, 기압경도가 큰 온대지방과 한대지방에서 생기며, 일명 온대 저기압이라고도 부르는 것은?

가. 전선 저기압
나. 비전선 저기압
사. 한랭 저기압
아. 온난 저기압

해설 • 전선 저기압
전선을 동반한 저기압을 말하며 기압경도가 큰 온대와 한대지방의 경계에서 주로 발생하며, 우리나라에서는 보통 온대저기압이라 한다.

23
일기도의 날씨 기호 중 '≡'가 의미하는 것은?

가. 눈
나. 비
사. 안개
아. 우박

해설 ≡ 안개   ▽ 소낙성 강우
● 강우   ✻ 눈
⬤ 이슬비   ⌐ 뇌우

24
항해계획을 수립할 때 고려하여야 할 사항이 아닌 것은?

가. 경제적 항해
나. 항해일수의 단축
사. 항해할 수역의 상황
아. 선적항의 화물 준비 사항

해설 선적항의 화물 준비 사항은 적화계획 수립 시 고려사항이다.

25
( )에 적합한 것은?

"항정을 단축하고 항로표지나 자연의 목표를 충분히 이용할 수 있도록 육안에 접근한 항로를 선정하는 것이 원칙이지만, 지나치게 육안에 접근하는 것은 위험을 수반하기 때문에 항로를 선정할 때 ( )을/를 결정하는 것이 필요하다."

가. 피험선
나. 위치선
사. 중시선
아. 이안 거리

해설 ▶ 이안 거리 : 해안선으로부터 떨어진 거리
- 이안 거리 고려사항
  ㉠ 선박의 크기 및 제반 상태
  ㉡ 항로의 교통량 및 항로 길이
  ㉢ 선위 측정 방법 및 정확성
  ㉣ 수심을 포함한 해도상에 표시된 각종 자료의 정확성
  ㉤ 해상, 기상, 시정의 영향 조건 및 본선의 통과 시기(주간, 야간)
  ㉥ 당직자의 자질 및 위기 대처 능력

정답 17 아 18 아 19 아 20 사 21 사 22 가 23 사 24 아 25 아

소형선박조종사　　　　　　　　　　　　　　　　　　　　　　2022 제1회

제2과목　　　운　용

복판타의 구조
1. 타두재　4. 키판
5. 타심재　9. 수직골재
10. 수평골재

01

현호의 기능이 아닌 것은?

가. 선박의 능파성을 향상시킨다.

나. 선체가 부식되는 것을 방지한다.

사. 건현을 증가시키는 효과가 있다.

아. 갑판단이 일시에 수중에 잠기는 것을 방지한다.

> **해설** 현호(Sheer)는 건현 갑판의 현측선의 휘어진 것을 말하며, 예비부력과 능파성을 향상시키고 선체를 미관상 좋게 한다.

02

다음 중 선박에 설치되어 있는 수밀격벽의 종류가 아닌 것은?

가. 선수격벽　　　　　　나. 기관실격벽

사. 선미격벽　　　　　　아. 타기실격벽

> **해설** 수밀격벽에는 선수격벽, 선미격벽, 기관실전단격벽, 기관실후단격벽 등이 있으며, 타기실격벽은 보통 비수밀격벽으로 되어 있다.

03

상갑판 보(Beam) 위의 선수재 전면으로부터 선미재 후면까지의 수평거리로 선박원부 및 선박국적증서에 기재되는 길이는?

가. 전장　　　　　　　　나. 수선장

사. 등록장　　　　　　　아. 수선간장

> **해설** 등록장은 선박국적증서 및 선적증서에 기재되는 길이로 상갑판 보(beam) 상 선수재 전면에서 선미재 후면까지를 잰 수평거리를 말한다.

04

타(Rudder)의 구조를 나타낸 그림에서 ①은 무엇인가?

가. 타판　　나. 핀틀　　사. 거전　　아. 타심재

> **해설**

단판타의 구조 명칭
1. 타두재
2. 러더 커플링
3. 러더 암
4. 키판
5. 타심재
6. 핀틀
7. 거전
8. 타주

05

크레인식 하역장치의 구성요소가 아닌 것은?

가. 카고 훅　　　　　　나. 데릭 붐

사. 토핑 윈치　　　　　아. 선회 윈치

> **해설** 데릭 붐은 데릭식 하역장치의 구성요소이다.

06

희석제(Thinner)에 대한 설명으로 옳지 않은 것은?

가. 인화성이 강하므로 화기에 유의하여야 한다.

나. 많은 양을 희석하면 도료의 점도가 높아진다.

사. 도료에 첨가하는 양은 최대 10% 이하가 좋다.

아. 도료의 성분을 균질하게 하여 도막을 매끄럽게 한다.

> **해설** • 희석제를 많이 넣으면 도료의 점도는 낮아진다.
> • 희석제는 도료의 액체 성분을 녹여서 점성을 작게 하고 성분을 균질하게 하여 도막을 매끄럽게 하고 건조를 촉진시키며, 도장 후에는 거의 증발하여 도막 중에는 남지 않는다.

07

다음 중 페인트를 칠하는 용구는?

가. 철솔　　　　　　　　나. 스크레이퍼

사. 그리스 건　　　　　아. 스프레이 건

> **해설** • 스프레이 건 : 페인트를 에어 컴프레서의 공기압력으로 분사하는 장치
> • 스크레이퍼 : 녹을 긁어내는 기구
> • 철솔 : 와이어로 된 솔로 녹을 제거하는 기구
> • 그리스 건 : 그리스를 필요한 부분에 주입할 수 있는 장치

08

물이 스며들지 않아 수온이 낮은 물속에서 체온을 보호할 수 있는 것으로 2분 이내에 혼자서 착용 가능하여야 하는 것은?

가. 구명조끼　　　　　　나. 보온복

사. 방수복　　　　　　　아. 방화복

> **해설** • 구명조끼(Life Jacket) : 조난 또는 비상시 상체에 착용하는 것으로 청수에서 24시간 잠긴 후 부력이 5% 이상 감소되지 아니 할 것
> • 구명부환(Life Ring) : 개인용 구명 설비로 위치를 표시하기 위해 자기 점화등과 자기 발연 신호를 부착하여 위치를 표시하며, 담수 중에서 14.5kg의 철편을 달고 24시간 이상 떠 있을 수 있을 것
> • 방수복 : 낮은 수온의 물속에서 체온을 보호하기 위한 장비이다.
> • 보온복 : 방수 물질로 만들어진 옷으로 방수복을 착용하지 않은 사람이 입는 장비이다.

정답 1 나　2 아　3 사　4 아　5 나　6 나　7 아　8 사

09
해상이동업무식별번호(MMSI)에 대한 설명으로 옳은 것은?

가. 5자리 숫자로 구성된다.
나. 9자리 숫자로 구성된다.
사. 국제 항해 선박에만 사용된다.
아. 국내 항해 선박에만 사용된다.

[해설] ▶ 해상이동업무식별부호(MMSI : Maritime Mobile Service Identities)
- 선박국, 선박지구국, 해안국, 해안지구국 및 집단 호출을 유일하게 식별하기 위하여 무선경로를 통하여 송신되는 9개의 숫자로 구성된 번호
- 해상이동업무 또는 해상이동위성업무의 무선국이 해상이동업무식별번호의 사용을 요구할 경우에 책임 있는 주관청은 ITU-R 및 ITU-T의 관련 권고를 참작하고 RR(Radio Regulations)의 규정(S19.100~S19.126)에 따라 해상이동업무식별번호를 할당하고 있다.

10
선박이 침몰하여 수면 아래 4미터 정도에 이르면 수압에 의하여 선박에서 자동 이탈되어 조난자가 탈 수 있도록 압축가스에 의해 펼쳐지는 구명설비는?

가. 구명정
나. 구명뗏목
사. 구조정
아. 구명부기

[해설] 구명뗏목은 나일론 등과 같은 합성 섬유로 된 포지를 고무로 가공해서 뗏목 모양으로 제작한 것으로 내부에서 탄산가스나 질소가스를 주입시켜 긴급 시에 팽창시켜서 뗏목 모양으로 펼쳐지는 구명설비이다.

11
〈보기〉에서 구명설비에 대한 설명과 구명설비의 명칭이 옳게 짝지어진 것은?

―― 보 기 ――
- 구명설비에 대한 설명
ㄱ. 야간에 구명부환의 위치를 알려주는 등으로 구명부환과 함께 수면에 투하되면 자동으로 점등되는 설비
ㄴ. 자기 점화등과 같은 목적의 주간신호이며, 물에 들어가면 자동으로 오렌지색 연기를 내는 설비
ㄷ. 선박이 비상상황으로 침몰 등의 일을 당하게 되었을 때 자동적으로 본선으로부터 이탈 부유하며 사고지점을 포함한 선명 등의 정보를 자동적으로 발사하는 설비
ㄹ. 낮에 거울 또는 금속편에 의해 태양의 반사광을 보내는 것이며, 햇빛이 강한 날에 효과가 큼

- 구명설비의 명칭
A. 비상위치지시 무선표지(EPIRB)
B. 신호 홍염(Hand flare)
C. 자기 점화등(Self-igniting light)
D. 신호 거울(Daylight signaling mirror)
E. 자기 발연 신호(Self-activating smoke signal)

가. ㄱ-A
나. ㄴ-E
사. ㄷ-B
아. ㄹ-C

[해설] ㄱ.-C, ㄴ.-E, ㄷ.-A, ㄹ.-D

12
선박이 조난된 경우 조난을 표시하는 신호의 종류가 아닌 것은?

가. 국제신호기 'NC'기 게양
나. 로켓을 이용한 낙하산 화염신호
사. 흰색 연기를 발하는 발연부 신호
아. 약 1분간의 간격으로 행하는 1회의 발포 기타 폭발에 의한 신호

[해설] 오랜지색 연기를 발하는 발연부 신호이다.

13
고장으로 움직이지 못하는 조난선박에서 생존자를 구조하기 위하여 접근하는 구조선이 풍압에 의하여 조난선박보다 빠르게 밀리는 경우 조난선에 접근하는 방법은?

가. 조난선박의 풍상 쪽으로 접근한다.
나. 조난선박의 풍하 쪽으로 접근한다.
사. 조난선박의 정선미 쪽으로 접근한다.
아. 조난선박이 밀리는 속도의 3배로 접근한다.

[해설] 조난선의 풍상쪽에서 접근하여 풍하측으로 생존자를 올린다.

14
본선 선명은 '동해호'이다. 본선에서 초단파(VHF) 무선설비를 이용하여 부산항 선박교통관제센터를 호출하는 방법으로 옳은 것은?

가. 부산항, 여기는 동해호, 감도 있습니까?
나. 동해호, 여기는 동해호, 감도 있습니까?
사. 부산브이티에스, 여기는 동해호, 감도 있습니까?
아. 동해호, 여기는 부산브이티에스, 감도 있습니까?

[해설] 호출할 상대국을 먼저 부른 다음 본선의 선명을 말한다.

15
전진 중인 선박에 어떤 타각을 주었을 때, 타에 대한 선체응답이 빠르면 무엇이 좋다고 하는가?

가. 정지성
나. 선회성
사. 추종성
아. 침로안정성

[해설]
- 선회성 : 일정한 타각을 주었을 때 선박이 어떠한 각속도로 움직이는지를 나타내는 것
- 추종성 : 조타에 대한 선체 회두의 추종이 빠른지 또는 늦은지를 나타내는 것
- 침로안정성(방향안정성) : 선박이 정해진 진로상을 직진하는 성질

16
선체운동 중에서 강한 횡방향의 파랑으로 인하여 선체가 좌현 및 우현 방향으로 이동하는 직선 왕복운동은?

가. 종동요운동(Pitching)
나. 횡동요운동(Rolling)
사. 요잉(Yawing)
아. 스웨이(Sway)

[해설] ▶ 선체의 6자유도 운동
① 직선왕복운동
 ㉠ 전후동요(surge) : X축으로 전후의 직선왕복운동
 ㉡ 좌우동요(sway) : Y축으로 좌우 직선왕복운동
 ㉢ 상하동요(heave) : Z축으로 상하 직선왕복운동

정답 9 나　10 나　11 나　12 사　13 가　14 사　15 사　16 아

② 회전운동
  ㉠ 횡동요(rolling) : X축을 기준으로 선체가 좌우로 회전하는 횡경사 운동
  ㉡ 종동요(pitching) : Y축을 기준하여 선수와 선미가 상하 교대로 회전하는 종경사 운동
  ㉢ 선수동요(yawing) : Z축 방향을 축으로 하여 선수가 좌우 교대로 선회하려는 왕복 운동

[선체의 6자유도 운동]

17

우선회 고정피치 단추진기 선박의 흡입류와 배출류에 대한 설명으로 옳지 않은 것은?

가. 측압작용의 영향은 스크루 프로펠러가 수면 위에 노출되어 있을 때 뚜렷하게 나타난다.

나. 기관 전진 중 스크루 프로펠러가 수중에서 회전하면 앞쪽에서는 스크루 프로펠러에 빨려드는 흡입류가 있다.

사. 기관을 후진상태로 작동시키면 선체의 우현 쪽으로 흘러가는 배출류는 우현 선미 측벽에 부딪히면서 측압을 형성한다.

아. 기관을 전진상태로 작동하면 타(Rudder)의 하부에 작용하는 수류는 수면 부근에 위치한 상부에 작용하는 수류보다 강하여 선미를 좌현쪽으로 밀게 된다.

해설 횡압력의 영향이 스크루 프로펠러가 수면 위에 노출되어 있을 때 뚜렷하게 나타난다.

18

( )에 순서대로 적합한 것은?

"일반적으로 배수량을 가진 선박이 직진 중 전타를 하면 선체는 선회 초기에 선회하려는 방향의 ( )으로 경사하고 후기에는 ( )으로 경사한다."

가. 안쪽, 안쪽
나. 안쪽, 바깥쪽
사. 바깥쪽, 안쪽
아. 바깥쪽, 바깥쪽

해설 선회초기에는 내방경사(안쪽경사)를 하며, 시간이 경과함에 따라 후기에는 원심력이 커져 외방경사(바깥쪽 경사)를 하게 된다.

19

수심이 얕은 수역에서 항해 중인 선박에 나타나는 현상이 아닌 것은?

가. 타효의 증가
나. 선체의 침하
사. 속력의 감소
아. 선회권 크기 증가

해설 수심이 얕은 수역에서는 항주 시에는 선저부분은 선수, 선미보다 흐름이 빨라지므로 선저부근의 수압이 높아져서 선체가 침하되어 흘수가 증가한다.

20

항해 중 선수 부근에서 사람이 선외로 추락한 경우 즉시 취하여야 하는 조치로 옳지 않은 것은?

가. 선외로 추락한 사람을 발견한 사람은 익수자에게 구명부환을 던져 주어야 한다.

나. 선외로 추락한 사람이 시야에서 벗어나지 않도록 계속 주시한다.

사. 익수자가 발생한 반대 현측으로 즉시 전타한다.

아. 인명구조 조선법을 이용하여 익수자 위치로 되돌아간다.

해설 익사자가 빠진 쪽으로 전타를 하여 선미 킥을 이용하여 익수자를 스크루프로펠러에 빨려들어 가지 않게 하여야 한다.

21

황천항해에 대비하여 선창에 화물을 실을 때 주의사항으로 옳지 않은 것은?

가. 먼저 양하할 화물부터 싣는다.

나. 선적 후 갑판 개구부의 폐쇄를 확인한다.

사. 화물의 이동에 대한 방지책을 세워야 한다.

아. 무거운 것은 밑에 실어 무게중심을 낮춘다.

해설 화물을 선창에 실을 때는 나중에 내릴 화물을 먼저 싣는다. 즉 먼저 양하할 화물은 나중에 싣도록 해야 한다.

22

선체가 횡동요(Rolling) 운동 중 옆에서 돌풍을 받는 경우 또는 파랑 중에서 대각도 조타를 시작하면 선체가 갑자기 큰 각도로 경사하게 되는 현상은?

가. 러칭(Lurching)
나. 레이싱(Racing)
사. 슬래밍(Slamming)
아. 브로칭 투(Broaching-to)

해설 ▶ 파랑 중의 위험현상
• 러칭(Lurching)
  선체가 횡동요 중에 옆에서 돌풍을 받든지 또는 파랑 중에서 대각도 조타를 하면 선체는 갑자기 큰 각도로 경사하게 되는 현상
• 슬래밍(Slamming)
  파도를 선수에서 받으면서 항주하면 선수 선저부는 강한 파도의 충격을 받아 선체는 짧은 주기로 급격한 진동을 하게 되며, 이러한 파도에 의한 충격
• 브로칭(Broaching)
  선박이 파도를 선미로부터 받으며 항주할 때에 선체 중앙이 파도의 마루나 파도의 오르막 파면에 위치하면 급격한 선수 동요에 의해 선체가 파도와 평행하게 놓이게 되는 현상
• 레이싱(프로펠러의 공회전 : Racing)
  선박이 파도를 선수나 선미에서 받아서 선미부가 공기에 노출되어 프로펠러에 부하가 급격히 감소하면 프로펠러는 진동을 일으키면서 급회전을 하게 되는 현상

정답 17 가 18 나 19 가 20 사 21 가 22 가

23
황천조선법인 순주(Scudding)의 장점이 아닌 것은?

가. 상당한 속력을 유지할 수 있다.
나. 선체가 받는 충격작용이 현저히 감소한다.
사. 보침성이 향상되어 브로칭 투 현상이 일어나지 않는다.
아. 가항반원에서 적극적으로 태풍권으로부터 탈출하는 데 유리하다.

해설 황천조선법
- 히브 투(Heave to) = 거주
  풍랑을 선수로부터 좌우현 25~35° 방향으로 받아 조타가 가능한 최소의 속력으로 전진하는 방법
- 스커딩(Scudding) = 순주
  풍랑을 선미 쿼터(quarter)에서 받으며 파에 쫓기는 자세로 항주하는 방법으로 레이싱이 없는 한 최고 속력으로 항주한다.
- 라이 투(Lie to) = 표주
  황천 속에서 기관을 정지하여 sea anchor를 사용하여 선체를 풍하 쪽으로 표류하도록 하는 방법

24
해양사고가 발생하여 해양오염물질의 배출이 우려되는 선박에서 취할 조치로 옳지 않은 것은?

가. 사고 손상부위의 긴급 수리
나. 배출방지를 위한 필요한 조치
사. 오염물질을 다른 선박으로 옮겨 싣는 조치
아. 침수를 방지하기 위하여 오염물질을 선외 배출

해설 오염물질은 함부로 배출할 수 없으며, 배출기준에 해당될 때만 배출할 수 있다.

25
충돌사고의 주요 원인인 경계 소홀에 해당하지 않는 것은?

가. 당직 중 졸음
나. 선박조종술 미숙
사. 해도실에서 많은 시간 소비
아. 제한시계에서 레이더 미사용

해설 선박조종술 미숙은 경계와 관계가 없다.

제3과목 법 규

01
해상교통안전법상 주의환기신호에 대한 설명으로 옳지 않은 것은?

가. 규정된 신호로 오인되지 아니하는 발광신호 또는 음향신호를 사용하여야 한다.
나. 다른 선박의 주의 환기를 위하여 해당 선박 방향으로 직접 탐조등을 비추어야 한다.
사. 발광신호를 사용할 경우 항행보조시설로 오인되지 아니하는 것이어야 한다.
아. 탐조등은 강력한 빛이 점멸하거나 회전하는 등화를 사용하여서는 아니 된다.

해설 선박 방향으로 직접 탐조등을 비추는 것이 아니라 위험이 있는 방향으로 탐조등을 비출 수 있다.

▶ 해상교통안전법 제101조(주의환기신호)
① 모든 선박은 다른 선박의 주의를 환기시키기 위하여 필요하면 이 법에서 정하는 다른 신호로 오인되지 아니하는 발광신호 또는 음향신호를 하거나 다른 선박에 지장을 주지 아니하는 방법으로 위험이 있는 방향에 탐조등을 비출 수 있다.
② 제1항에 따른 발광신호나 탐조등은 항행보조시설로 오인되지 아니하는 것이어야 하며, 스트로보등(燈)이나 그 밖의 강력한 빛이 점멸하거나 회전하는 등화를 사용하여서는 아니 된다.

02
해상교통안전법상 선박의 출항을 통제하는 목적은?

가. 국적선의 이익을 위해
나. 선박의 안전운항을 위해
사. 선박의 효율적 통제를 위해
아. 항만의 무리한 운영을 막기 위해

해설 해양수산부장관은 해상에 대하여 기상특보가 발표되거나 제한된 시계 등으로 선박의 안전운항에 지장을 줄 우려가 있다고 판단할 경우에는 선박소유자나 선장에게 선박의 출항통제를 명할 수 있다.

03
( )에 적합한 것은?

> "해상교통안전법상 선박은 주위의 상황 및 다른 선박과 충돌할 수 있는 위험성을 충분히 파악할 수 있도록 ( ) 및 당시의 상황에 맞게 이용할 수 있는 모든 수단을 이용하여 항상 적절한 경계를 하여야 한다."

가. 시각·청각
나. 청각·후각
사. 후각·미각
아. 미각·촉각

해설 선박은 주위의 상황 및 다른 선박과 충돌할 수 있는 위험성을 충분히 파악할 수 있도록 시각·청각 및 당시의 상황에 맞게 이용할 수 있는 모든 수단을 이용하여 항상 적절한 경계를 하여야 한다.

04
해상교통안전법상 레이더가 설치되지 아니한 선박에서 안전한 속력을 결정할 때 고려할 사항을 〈보기〉에서 모두 고른 것은?

보 기
ㄱ. 선박의 흘수와 수심과의 관계
ㄴ. 레이더의 특성 및 성능
ㄷ. 시계의 상태
ㄹ. 해상교통량의 밀도
ㅁ. 레이더로 탐지한 선박의 수·위치 및 동향

가. ㄱ, ㄴ, ㄷ
나. ㄱ, ㄷ, ㄹ
사. ㄴ, ㄷ, ㅁ
아. ㄴ, ㄹ, ㅁ

해설 ▶「해상교통안전법」 제71조(안전한 속력) 제2항
안전한 속력을 결정할 때에는 다음 각 호(레이더를 사용하고 있지 아니한 선박의 경우에는 제1호부터 제6호까지)의 사항을 고려하여야 한다.
1. 시계의 상태
2. 해상교통량의 밀도
3. 선박의 정지거리·선회성능, 그 밖의 조종성능
4. 야간의 경우에는 항해에 지장을 주는 불빛의 유무

정답 23 사 24 아 25 나 / 1 나 2 나 3 가 4 나

5. 바람·해면 및 조류의 상태와 항행장애물의 근접상태
6. 선박의 흘수와 수심과의 관계
7. 레이더의 특성 및 성능
8. 해면상태·기상, 그 밖의 장애요인이 레이더 탐지에 미치는 영향
9. 레이더로 탐지한 선박의 수·위치 및 동향

05

해상교통안전법상 2척의 범선이 서로 접근하여 충돌할 위험이 있는 경우 항행방법으로 옳지 않은 것은?

가. 각 범선이 다른 쪽 현에 바람을 받고 있는 경우에는 좌현에 바람을 받고 있는 범선이 다른 범선의 진로를 피하여야 한다.

나. 두 범선이 서로 같은 현에 바람을 받고 있는 경우에는 바람이 불어오는 쪽의 범선이 바람이 불어가는 쪽의 범선의 진로를 피하여야 한다.

사. 좌현에 바람을 받고 있는 범선은 바람이 불어오는 쪽에 있는 다른 범선이 바람을 좌우 어느 쪽에 받고 있는지 확인할 수 없는 때에는 그 범선의 진로를 피하여야 한다.

아. 바람이 불어오는 쪽에 있는 범선은 다른 범선이 바람을 좌우 어느 쪽에 받고 있는지 확인할 수 없을 때에는 조우자세에 따라 피항한다.

해설 바람이 불어오는 쪽에 있는 범선은 다른 범선이 바람을 좌우 어느 쪽에 받고 있는지 확인할 수 없을 때에는 좌현에 바람을 받고 있는 범선이 진로를 피해야 한다.

▶ 「해상교통안전법」 제77조 (범선)

2척의 범선이 서로 접근하여 충돌할 위험이 있는 경우에는 다음 각 호에 따른 항행방법에 따라 항행하여야 한다.

1. 각 범선이 다른 쪽 현(舷)에 바람을 받고 있는 경우에는 좌현(左舷)에 바람을 받고 있는 범선이 다른 범선의 진로를 피하여야 한다.
2. 두 범선이 서로 같은 현에 바람을 받고 있는 경우에는 바람이 불어오는 쪽의 범선이 바람이 불어가는 쪽의 범선의 진로를 피하여야 한다.
3. 좌현에 바람을 받고 있는 범선은 바람이 불어오는 쪽에 있는 다른 범선을 본 경우로서 그 범선이 바람을 좌우 어느 쪽에 받고 있는지 확인할 수 없는 때에는 그 범선의 진로를 피하여야 한다.

06

해상교통안전법상 서로 시계 안에서 범선과 동력선이 서로 마주치는 경우 항법으로 옳은 것은?

가. 각각 침로를 좌현 쪽으로 변경한다.

나. 동력선이 침로를 변경한다.

사. 각각 침로를 우현 쪽으로 변경한다.

아. 동력선은 침로를 우현 쪽으로, 범선은 침로를 바람이 불어가는 쪽으로 변경한다.

해설 「해상교통안전법」 제83조(선박 사이의 책무)에 의하여 조종성능이 좋은 선박이 피항선이 된다. 그러므로 동력선이 변침하여 피한다.

▶ 피항 우선 순위

수상항공기 수면비행선박 > 동력선 > 범선 > 어로에 종사 중인 선박 > 흘수 제약선 > 조종불능선 조종제한선 > 정박선

07

해상교통안전법상 제한된 시계에서 충돌할 위험성이 없다고 판단한 경우 외에 자기 선박의 양쪽 현의 정횡 앞쪽에 있는 다른 선박의 무중신호를 듣고 취할 조치로 옳은 것을 〈보기〉에서 모두 고른 것은?

┃ 보 기 ┃

ㄱ. 최대 속력으로 항행하면서 경계를 한다.
ㄴ. 우현 쪽으로 침로를 변경시키지 않는다.
ㄷ. 필요시 자기 선박의 진행을 완전히 멈춘다.
ㄹ. 충돌할 위험성이 사라질 때까지 주의하여 항행하여야 한다.

가. ㄴ, ㄷ   나. ㄷ, ㄹ

사. ㄱ, ㄴ, ㄹ   아. ㄴ, ㄷ, ㄹ

해설 안전한 속력으로 항행하며, 좌현쪽으로 변침을 하여서는 안 된다.

▶ 제한된 시계에서 선박의 항법

• 모든 선박은 시계가 제한된 그 당시의 사정과 조건에 적합한 안전한 속력으로 항행하여야 하며, 동력선은 제한된 시계 안에 있는 경우 기관을 즉시 조작할 수 있도록 준비하고 있어야 한다.

• 금지행위
1. 다른 선박이 자기 선박의 양쪽 현의 정횡 앞쪽에 있는 경우 좌현 쪽으로 침로를 변경하는 행위
2. 자기 선박의 양쪽 현의 정횡 또는 그곳으로부터 뒤쪽에 있는 선박의 방향으로 침로를 변경하는 행위

08

해상교통안전법상 제한된 시계에서 선박의 항법에 대한 설명으로 옳지 않은 것은?

가. 모든 선박은 시계가 제한된 그 당시의 사정과 조건에 적합한 안전한 속력으로 항행하여야 한다.

나. 레이더만으로 다른 선박이 있는 것을 탐지한 선박은 해당 선박과 얼마나 가까이 있는지 또는 충돌할 위험이 있는지를 판단하여야 한다.

사. 충돌할 위험성이 없다고 판단한 경우 외에는 자기 선박의 양쪽 현의 정횡 앞쪽에 있는 다른 선박에서 무중신호를 듣는 경우 침로를 유지하는 데에 필요한 최소한의 속력으로 줄여야 한다.

아. 레이더만으로 다른 선박이 있는 것을 탐지한 선박의 피항동작이 침로의 변경을 수반하는 경우 자기 선박의 양쪽 현의 정횡 또는 그곳으로부터 뒤쪽에 있는 선박 쪽으로 침로를 변경하여야 한다.

해설 자기 선박의 양쪽 현의 정횡 또는 그곳으로부터 뒤쪽에 있는 선박 쪽으로 침로를 변경하여서는 안 된다.

▶ 제한된 시계에서 선박의 항법

레이더만으로 다른 선박이 있는 것을 탐지한 선박은 피항동작이 침로의 변경을 수반하는 경우에는 될 수 있으면 다음의 동작은 피하여야 한다.

1. 다른 선박이 자기 선박의 양쪽 현의 정횡 앞쪽에 있는 경우 좌현 쪽으로 침로를 변경하는 행위(추월당하고 있는 선박에 대한 경우는 제외한다)
2. 자기 선박의 양쪽 현의 정횡 또는 그곳으로부터 뒤쪽에 있는 선박의 방향으로 침로를 변경하는 행위

정답 5 아   6 나   7 나   8 아

09
해상교통안전법상 등화에 사용되는 등색이 아닌 것은?

가. 붉은색
나. 녹색
사. 흰색
아. 청색

해설 붉은색, 녹색, 흰색, 황색을 이용한다.

10
해상교통안전법상 '삼색등'을 구성하는 색이 아닌 것은?

가. 흰색
나. 황색
사. 녹색
아. 붉은색

해설 삼색등은 선수와 선미의 중심선상에 설치된 붉은색·녹색·흰색으로 구성된 등으로서 그 붉은색·녹색·흰색의 부분이 각각 현등의 붉은색 등과 녹색 등 및 선미등과 같은 특성을 가진 등을 말한다.
▶ 길이 20미터 미만의 범선은 삼색등 1개를 표시할 수 있다.

11
해상교통안전법상 '섬광등'의 정의는?

가. 선수 쪽 225도의 수평사광범위를 갖는 등
나. 360도에 걸치는 수평의 호를 비추는 등화로서 일정한 간격으로 1분에 30회 이상 섬광을 발하는 등
사. 360도에 걸치는 수평의 호를 비추는 등화로서 일정한 간격으로 1분에 60회 이상 섬광을 발하는 등
아. 360도에 걸치는 수평의 호를 비추는 등화로서 일정한 간격으로 1분에 120회 이상 섬광을 발하는 등

해설 섬광등이란 360°에 걸치는 수평의 호를 비추는 등화로서 일정한 간격으로 1분에 120회 이상 섬광을 발하는 등을 말한다.

12
( )에 순서대로 적합한 것은?

"해상교통안전법상 주간에 항망(桁網)이나 그 밖의 어구를 수중에서 끄는 트롤망어로에 종사하는 선박 외에 어로에 종사하는 선박은 ( )로 ( )미터가 넘는 어구를 선박 밖으로 내고 있는 경우에는 ( )의 형상물 1개를 어로에 종사하는 선박의 형상물에 덧붙여 표시하여야 한다."

가. 수평거리, 150, 꼭대기를 위로 한 원뿔꼴
나. 수직거리, 150, 꼭대기를 아래로 한 원뿔꼴
사. 수평거리, 200, 꼭대기를 위로 한 원뿔꼴
아. 수직거리, 200, 꼭대기를 아래로 한 원뿔꼴

해설 트롤망어로에 종사하는 선박 외에 어로에 종사하는 선박은 수평거리로 150미터가 넘는 어구를 선박 밖으로 내고 있는 경우에는 어구를 내고 있는 방향으로 흰색 전주등 1개 또는 꼭대기를 위로 한 원뿔꼴의 형상물 1개를 표시하여야 한다.

13
( )에 적합한 것은?

"해상교통안전법상 항행 중인 동력선이 ( )에 있는 경우에 그 침로를 변경하거나 그 기관을 후진하여 사용할 때에는 기적신호를 행하여야 한다."

가. 평수구역
나. 서로 상대의 시계 안
사. 제한된 시계
아. 무역항의 수상구역 안

해설 항행 중인 동력선이 서로 상대의 시계 안에 있는 경우에 조종신호를 할 수 있다.

14
( )에 순서대로 적합한 것은?

"해상교통안전법상 발광신호에 사용되는 섬광의 지속시간 및 섬광과 섬광 사이의 간격은 ( ) 정도로 하되, 반복되는 신호 사이의 간격은 ( ) 이상으로 한다."

가. 1초, 5초
나. 1초, 10초
사. 5초, 5초
아. 5초, 10초

해설 섬광의 지속시간 및 섬광과 섬광 사이의 간격은 1초 정도로 하되, 반복되는 신호 사이의 간격은 10초 이상으로 한다.
▶ 발광신호 등화는 적어도 5해리의 거리에서 볼 수 있는 흰색 전주등이어야 한다.

15
해상교통안전법상 안개로 시계가 제한되었을 때 항행 중인 길이 12미터 이상인 동력선이 대수속력이 있는 경우 울려야 하는 음향신호는?

가. 2분을 넘지 아니하는 간격으로 단음 4회
나. 2분을 넘지 아니하는 간격으로 장음 1회
사. 2분을 넘지 아니하는 간격으로 장음 1회에 이어 단음 3회
아. 2분을 넘지 아니하는 간격으로 단음 1회, 장음 1회, 단음 1회

해설
- 대수속력이 있는 항행 중인 동력선
  ▶ 2분을 넘지 않는 간격으로 장음 1회
- 대수속력이 없는 항행 중인 동력선
  ▶ 2분을 넘지 않는 간격으로 장음 2회

16
선박의 입항 및 출항 등에 관한 법률상 무역항의 수상구역등에서 화재가 발생한 경우 기적이나 사이렌을 갖춘 선박이 울리는 경보는?

가. 기적이나 사이렌으로 장음 5회를 적당한 간격으로 반복
나. 기적이나 사이렌으로 장음 7회를 적당한 간격으로 반복
사. 기적이나 사이렌으로 단음 5회를 적당한 간격으로 반복
아. 기적이나 사이렌으로 단음 7회를 적당한 간격으로 반복

해설 무역항의 수상구역등에서 기적이나 사이렌을 갖춘 선박에 화재가 발생한 경우 해양수산부령으로 정하는 바에 따라 기적이나 사이렌을 장음(4초에서 6초까지의 시간 동안 계속되는 울림을 말한다)으로 5회를 적당한 간격을 두고 반복하여야 한다.

정답 9 아 10 나 11 아 12 가 13 나 14 나 15 나 16 가

소형선박조종사

2022 제1회

17

선박의 입항 및 출항 등에 관한 법률상 무역항의 수상구역등에 출입하는 경우 출입신고를 서면으로 제출하여야 하는 선박은?

가. 예선 등 선박의 출입을 지원하는 선박

나. 피난을 위하여 긴급히 출항하여야 하는 선박

사. 연안수역을 항행하는 정기여객선으로서 항구에 출입하는 선박

아. 관공선, 군함, 해양경찰함정 등 공공의 목적으로 운영하는 선박

> **해설** 연안수역을 항행하는 정기여객선으로서 항구에 출입하는 선박은 출입항 신고를 하여야 한다.
> ► 연안수역을 항행하는 정기여객선으로서 경유항에 출입하는 선박은 면제된다.
>
> ▶ **출입신고 의무 및 면제선박**
> 무역항의 수상구역등에 출입하려는 선박의 선장은 대통령령으로 정하는 바에 따라 해양수산부장관에게 신고하여야 한다.
> 다만, 다음 각 호의 선박은 출입 신고를 하지 아니할 수 있다.
> 1. 총톤수 5톤 미만의 선박
> 2. 해양사고구조에 사용되는 선박
> 3. 수상레저기구 중 국내항 간을 운항하는 모터보트 및 동력요트
> 4. 공공목적이나 항만 운영의 효율성을 위하여 해양수산부령으로 정하는 선박
>
> ▶ **신고의 면제**
> 위에서 "해양수산부령으로 정하는 선박"
> 1. 관공선, 군함, 해양경찰함정 등 공공의 목적으로 운영하는 선박
> 2. 도선선, 예선 등 선박의 출입을 지원하는 선박
> 3. 연안수역을 항행하는 정기여객선으로서 경유항에 출입하는 선박
> 4. 피난을 위하여 긴급히 출항하여야 하는 선박
> 5. 그 밖에 항만운영을 위하여 지방해양수산청장이나 시·도지사가 필요하다고 인정하여 출입 신고를 면제한 선박

18

선박의 입항 및 출항 등에 관한 법률상 우선피항선에 대한 규정으로 옳은 것은?

가. 우선피항선은 다른 선박의 항행에 방해가 될 우려가 있는 장소에 정박하거나, 정류하여서는 아니 된다.

나. 무역항의 수상구역등이나 무역항의 수상구역 부근에서 우선피항선은 다른 선박과 만나는 자세에 따라 유지선이 될 수 있다.

사. 총톤수 5톤 미만인 우선피항선이 무역항의 수상구역등에 출입하려는 경우에는 대통령령으로 정하는 바에 따라 관리청에 신고하여야 한다.

아. 우선피항선은 무역항의 수상구역등에 출입하는 경우 또는 무역항의 수상구역등을 통과하는 경우에는 관리청에서 지정·고시한 항로를 따라 항행하여야 한다.

> **해설** 나. 우선피항선은 무역항의 수상구역등이나 무역항의 수상구역 부근에서 다른 선박의 진로를 방해하여서는 아니 된다.
> ► 우선피항선은 유지선이 아니라 피항선이다.
> 사. 총톤수 5톤 미만 선박은 출입항 신고 면제선박이다.
> 아. 우선피항선은 지정·고시한 항로를 따라 항행하지 않아도 된다.
> ► 우선피항선 외의 선박은 무역항의 수상구역등에 출입하는 경우 또는 무역항의 수상구역등을 통과하는 경우에는 지정·고시된 항로를 따라 항행하여야 한다. 다만, 해양사고를 피하기 위한 경우 등 해양수산부령으로 정하는 사유가 있는 경우에는 그러하지 아니하다.

19

선박의 입항 및 출항 등에 관한 법률상 무역항의 수상구역등에서 항행 중인 동력선이 서로 상대의 시계 안에 있는 경우 침로를 우현으로 변경하는 선박이 울려야 하는 음향신호는?

가. 단음 1회   나. 단음 2회

사. 단음 3회   아. 장음 1회

> **해설** • 단음 1회 : 우현 변침(●)
> • 단음 2회 : 좌현 변침(● ●)
> • 단음 3회 : 후진(● ● ●)

20

( )에 적합하지 않은 것은?

> "선박의 입항 및 출항 등에 관한 법률상 선박이 무역항의 수상구역등에서 ( )[이하 부두등이라 한다]을 오른쪽 뱃전에 두고 항행할 때에는 부두등에 접근하여 항행하고, 부두등을 왼쪽 뱃전에 두고 항행할 때에는 멀리 떨어져서 항행하여야 한다."

가. 정박 중인 선박

나. 항행 중인 동력선

사. 해안으로 길게 뻗어 나온 육지 부분

아. 부두, 방파제 등 인공시설물의 튀어나온 부분

> **해설** ▶ **부두등 부근에서의 항법**
> 선박이 무역항의 수상구역등에서 해안으로 길게 뻗어 나온 육지 부분, 부두, 방파제 등 인공시설물의 튀어나온 부분 또는 정박 중인 선박(이하 "부두등"이라 한다)을 오른쪽 뱃전에 두고 항행할 때에는 부두등에 접근하여 항행하고, 부두등을 왼쪽 뱃전에 두고 항행할 때에는 멀리 떨어져서 항행하여야 한다.

21

선박의 입항 및 출항 등에 관한 법률상 무역항의 수상구역등에서 그림과 같이 항로 밖에 있던 선박이 항로 안으로 들어오려고 할 때, 항로를 따라 항행하고 있는 선박과의 관계에 대한 설명으로 옳은 것은?

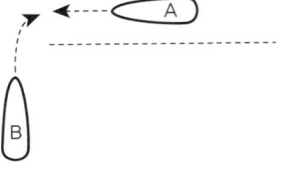

가. A선은 항로의 우측으로 진로를 피하여야 한다.

나. B선은 A선의 진로를 피하여 항행하여야 한다.

사. B선은 A선과 우현 대 우현으로 통과하여야 한다.

아. A선은 B선이 항로에 안전하게 진입할 수 있게 대기하여야 한다.

> **해설** 다른 선박과 횡단하는 상태에서는 다른 선박을 우현쪽에서 보는 선박인, 즉 다른 선박의 현등 중 홍등을 보는 B선박이 피항선이므로 A선박의 진로를 피하여 항행하여야 한다.

> **정답** 17 사 18 가 19 가 20 나 21 나

22
선박의 입항 및 출항 등에 관한 법률상 우선피항선이 아닌 것은?

가. 예선
나. 수면비행선박
사. 주로 삿대로 운전하는 선박
아. 주로 노로 운전하는 선박

해설 ▶ **우선피항선**
주로 무역항의 수상구역에서 운항하는 선박으로서 다른 선박의 진로를 피하여야 하는 다음 각 목의 선박을 말한다.
가. 「선박법」에 따른 부선
  ▶ 예인선이 부선을 끌거나 밀고 있는 경우의 예인선 및 부선을 포함하되, 예인선에 결합되어 운항하는 압항부선은 제외한다.
나. 주로 노와 삿대로 운전하는 선박
다. 예선
라. 항만운송관련사업을 등록한 자가 소유한 선박
마. 해양환경관리업을 등록한 자가 소유한 선박
  ▶ 폐기물해양배출업으로 등록한 선박은 제외한다.
바. 가. ~ 마.의 규정에 해당하지 아니하는 총톤수 20톤 미만의 선박

23
다음 중 해양환경관리법상 해양에서 배출할 수 있는 것은?

가. 합성로프
나. 어획한 물고기
사. 합성어망
아. 플라스틱 쓰레기봉투

해설 혼획된 수산동식물과 자원기원물질(진흙, 퇴적물) 등은 배출할 수 있다.
▶ **폐기물의 배출**

해 역	배출 가능한 폐기물
버릴 수 있는 것	1. 음식찌꺼기 2. 화물잔류물(유해하지 아니 한 것) 3. 목욕, 설거지 등의 중수 4. 혼획된 수산동식물 + 자원기원물질(진흙, 퇴적물)
버릴 수 없는 것	다음을 포함한 모든 플라스틱류 • 합성로프, 합성어망 • 플라스틱의 쓰레기 봉지 • 독성 또는 중금속 잔류물을 포함할 수 있는 플라스틱 제품의 소각재

24
해양환경관리법상 오염물질의 배출이 허용되는 예외적인 경우가 아닌 것은?

가. 선박이 항해 중일 때 배출하는 경우
나. 인명구조를 위하여 불가피하게 배출하는 경우
사. 선박의 안전 확보를 위하여 부득이하게 배출하는 경우
아. 선박의 손상으로 인하여 가능한 한 조치를 취한 후에도 배출될 경우

해설 ▶ 「해양환경관리법」 제22조 제3항
• 배출의 예외
  1. 선박 또는 해양시설등의 안전확보나 인명구조를 위하여 부득이하게 오염물질을 배출하는 경우
  2. 선박 또는 해양시설등의 손상 등으로 인하여 부득이하게 오염물질이 배출되는 경우
  3. 선박 또는 해양시설등의 오염사고에 있어 해양수산부령이 정하는 방법에 따라 오염피해를 최소화하는 과정에서 부득이하게 오염물질이 배출되는 경우

25
해양환경관리법상 유조선에서 화물창 안의 화물잔류물 또는 화물창 세정수를 한 곳에 모으기 위한 탱크는?

가. 화물탱크(Cargo tank)
나. 혼합물탱크(Slop tank)
사. 평형수탱크(Ballast tank)
아. 분리평형수탱크(Segregated ballast tank)

해설 ▶ **혼합물탱크(슬롭 탱크)**
다음의 어느 하나에 해당하는 것을 한 곳에 모으기 위한 탱크를 말한다.
1. 유조선 또는 유해액체물질 산적운반선의 화물창 안의 화물잔류물 또는 화물창 세정수
2. 화물펌프실 바닥에 고인 기름, 유해액체물질 또는 포장유해물질의 혼합물

제4과목 기 관

01
실린더 부피가 1,200[cm³]이고 압축부피가 100[cm³]인 내연기관의 압축비는 얼마인가?

가. 11
나. 12
사. 13
아. 14

해설 압축비 = $\dfrac{\text{실린더부피}}{\text{압축부피}} = \dfrac{1,200}{100} = 12$

02
4행정 사이클 디젤기관에서 흡기밸브와 배기밸브가 거의 모든 기간에 닫혀 있는 행정은?

가. 흡입행정과 압축행정
나. 흡입행정과 배기행정
사. 압축행정과 작동행정
아. 작동행정과 배기행정

해설 압축행정과 작동행정은 흡기밸브과 배기밸브가 닫혀 있다.
• 흡입행정 : 배기밸브는 닫힌 상태에서 흡기밸브만 열려서 피스톤이 상사점에서 하사점까지 움직이는 사이에 공기가 실린더 내에 흡입됨
• 압축행정 : 흡기밸브가 닫히고(배기밸브는 이미 닫혀 있음), 피스톤은 하사점에서 상사점까지 움직이는 사이에 실린더에 흡입된 공기는 압축되기 시작함
• 작동행정 : 피스톤이 상사점에 도달하기 전에 연료분사밸브로부터 연료유가 실린더 내에 분사됨(흡·배기밸브는 모두 닫혀 있다).
• 배기행정 : 배기밸브가 열리면 실린더 내에서 팽창한 연소 가스는 대기 중으로 급격히 방출됨

03
직렬형 디젤기관에서 실린더가 6개인 경우 메인 베어링의 최소 개수는?

가. 5개
나. 6개
사. 7개
아. 8개

해설 6기통 기관의 경우 크랭크 핀은 각 실린더 마다 1개, 메인 베어링은 중간과 양끝 모두 합쳐 7개가 사용된다.

정답 22 나 23 나 24 가 25 나 / 1 나 2 사 3 사

04

소형기관에서 흡·배기밸브의 운동에 대한 설명으로 옳은 것은?

가. 흡기밸브는 스프링의 힘으로 열린다.

나. 흡기밸브는 푸시로드에 의해 닫힌다.

사. 배기밸브는 푸시로드에 의해 닫힌다.

아. 배기밸브는 스프링의 힘으로 닫힌다.

해설 4행정 사이클 기관에서 밸브를 열 때에는 캠으로, 닫을 때에는 스프링의 힘을 이용한다.

05

내연기관에서 피스톤링의 주된 역할이 아닌 것은?

가. 피스톤과 실린더 라이너 사이의 기밀을 유지한다.

나. 피스톤에서 받은 열을 실린더 라이너로 전달한다.

사. 실린더 내벽의 윤활유를 고르게 분포시킨다.

아. 실린더 라이너의 마멸을 방지한다.

해설 실린더 라이너의 마멸 방지는 윤활유가 한다.

- 피스톤 링에는 피스톤과 실린더 사이의 기밀을 유지하며, 피스톤에서 받은 열을 실린더 벽으로 방출하는 압축 링(compression ring)과 실린더 라이너 내벽의 윤활유가 연소실로 들어가지 못하도록 긁어내리고, 윤활유를 라이너 내벽에 고르게 분포시키는 오일 링(oil ring)이 있다.
- 일반적으로 압축 링은 피스톤의 상부에 2~4개, 오일 링은 하부에 1~2개 설치한다.
- 링의 틈새에는 피스톤 링 홈과 피스톤 링의 간극인 옆틈(side clearance)과 밑틈(back clearance)이 있고, 피스톤 링의 끝단 사이의 간극인 절구 틈(end clearance 또는 end gap)이 있다.
- 링의 틈새가 너무 크면 연소가스가 누설되어 기관의 출력이 낮아지고, 링의 배압이 커져서 실린더 내벽의 마멸이 크게 된다. 반대로 틈새가 너무 작으면 열팽창에 의해 틈새가 없어져서 실린더 내벽을 손상시키게 된다.

06

소형기관의 피스톤 재질에 대한 설명으로 옳지 않은 것은?

가. 무게가 무거운 것이 좋다.

나. 강도가 큰 것이 좋다.

사. 열전도가 잘 되는 것이 좋다.

아. 마멸에 잘 견디는 것이 좋다.

해설 피스톤의 재질은 무게가 가벼운 것이 좋다.

▶ **피스톤의 재질**

㉠ 높은 압력과 열을 직접 받으므로 충분한 강도를 가져야 한다.

㉡ 열을 실린더 내벽으로 잘 전달할 수 있는 열전도가 잘 되어야 한다.

　▶ 열팽창 계수는 실린더의 재질과 비슷한 것이 좋다.

㉢ 마멸에 잘 견디어야 한다.

㉣ 관성의 영향이 적도록 무게가 가벼워야 한다.

07

다음 그림과 같은 크랭크축에서 커넥팅로드가 연결되는 부분은?

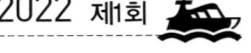

가. ①

나. ②

사. ③

아. ④

해설 그림에서 크랭크 핀은 크랭크 저널의 중심에서 크랭크 반지름만큼 떨어진 곳에 있으며, 저널과 평행하게 설치되어 커넥팅 로드 대단부와 연결된다.

① 크랭크 암　　② 크랭크 핀　　③ 크랭크 저널

[크랭크축의 구조]

08

디젤기관에 설치되어 있는 평형추에 대한 설명으로 옳지 않은 것은?

가. 기관의 진동을 방지한다.

나. 크랭크축의 회전력을 균일하게 해준다.

사. 메인 베어링의 마찰을 감소시킨다.

아. 프로펠러의 균열을 방지한다.

해설 평형추(balance weight)는 크랭크 핀 반대쪽의 크랭크 암에 설치하여 크랭크 회전력의 평형을 유지하고, 불평형 관성력에 의한 진동을 줄여 기관의 원활한 회전을 돕고, 메인베어링의 마멸 감소를 위해 설치한다.

09

운전중인 디젤기관이 갑자기 정지되었을 경우 그 원인이 아닌 것은?

가. 과속도 장치의 작동

나. 연료유 여과기의 막힘

사. 시동밸브의 누설

아. 조속기의 고장

해설 운전 중인 기관이 갑자기 정지하는 경우는 연료펌프의 플런저가 고착되었을 때, 조속기의 고장, 연료유 중에 수분이 많이 혼입되었을 때, 연료유 공급이 차단될 때 등이다.

10

디젤기관에서 시동용 압축공기의 최고압력은 몇 $[kgf/cm^2]$인가?

가. 약 $10[kgf/cm^2]$

나. 약 $20[kgf/cm^2]$

사. 약 $30[kgf/cm^2]$

아. 약 $40[kgf/cm^2]$

해설 디젤기관 시동용 압축 공기의 압축 압력은 대략 2.5~3MPa(25~30kgf/cm^2)이다.

정답 **4** 아　**5** 아　**6** 가　**7** 나　**8** 아　**9** 사　**10** 사

11
디젤기관을 완전히 정지한 후의 조치사항으로 옳지 않은 것은?

가. 시동공기 계통의 밸브를 잠근다.
나. 인디케이터 콕을 열고 기관을 터닝시킨다.
사. 윤활유펌프를 약 20분 이상 운전시킨 후 정지한다.
아. 냉각 청수의 입·출구 밸브를 열어 냉각수를 모두 배출시킨다.

해설 ▶ 디젤기관의 정지 후의 조치
- 시동공기 계통의 밸브를 잠근다.
- 연료유계통의 밸브 및 콕을 잠근다.
- 인디케이터 콕을 열고 기관을 터닝시킨다.
- 윤활유 여과기를 점검하고 소제한다.
- 상용탱크의 연료유량을 조사하고 보충한다.

12
디젤기관의 운전 중 점검사항이 아닌 것은?

가. 배기가스 온도
나. 윤활유 압력
사. 피스톤링 마멸량
아. 기관의 회전수

해설 피스톤링 마멸량은 운전 중 검사사항이 아니다.

13
소형 선박의 추진 축계에 포함되는 것으로만 짝지어진 것은?

가. 캠축과 추력축
나. 캠축과 중간축
사. 캠축과 프로펠러축
아. 추력축과 프로펠러축

해설 • 축계장치 : 크랭크축 – 추력 베어링 – 중간축 – 추진기(프로펠러)축 – 선미관 – 추진기

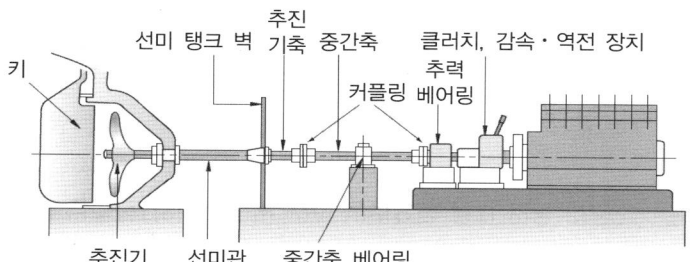

14
프로펠러의 피치가 1[m]이고 매초 2회전 하는 선박이 1시간 동안 프로펠러에 의해 나아가는 거리는 몇 [km]인가?

가. 0.36[km]
나. 0.72[km]
사. 3.6[km]
아. 7.2[km]

해설 • 1시간 전진거리 = 피치 × 1초 동안 회전수 × 3600초
= 1 × 2 × 3,600 = 7,200m = 7.2km

15
유압장치에 대한 설명으로 옳지 않은 것은?

가. 유압펌프의 흡입측에 자석식 필터를 많이 사용한다.
나. 작동유는 유압유를 사용한다.
사. 작동유의 온도가 낮아지면 점도도 낮아진다.
아. 작동유 중의 공기를 배출하기 위한 플러그를 설치한다.

해설 작동유의 온도가 낮아지면 대개 점도가 커진다.

16
기관실 펌프의 기동전 점검사항에 대한 설명으로 옳지 않은 것은?

가. 입·출구 밸브의 개폐상태를 확인한다.
나. 에어벤트 콕을 이용하여 공기를 배출한다.
사. 기동반 전류계가 정격전류값을 가리키는지 확인한다.
아. 손으로 축을 돌리면서 각부의 이상 유무를 확인한다.

해설 펌프와 정격전류값과는 관계가 없다.

17
전기용어에 대한 설명으로 옳지 않은 것은?

가. 전류의 단위는 암페어이다.
나. 저항의 단위는 옴이다.
사. 전력의 단위는 헤르츠이다.
아. 전압의 단위는 볼트이다.

해설 헤르츠(Hz)는 주파수를 나타내는 단위이다.
• 전압 : 볼트[V], 전류 : 암페어[A], 전력 : 와트[W, kW], 저항 : 옴[Ω]

18
다음과 같은 원심펌프 단면에서 ③과 ④의 명칭은?

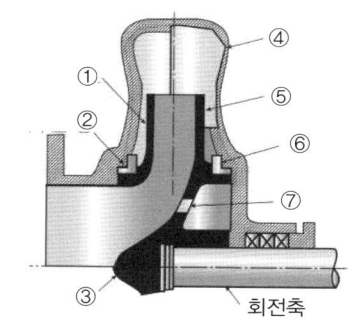

가. ③은 회전차이고 ④는 케이싱이다.
나. ③은 회전차이고 ④는 슈라우드이다.
사. ③은 케이싱이고 ④는 회전차이다.
아. ③은 케이싱이고 ④는 슈라우드이다.

해설 ① 전면 슈라우드 ② 마우스 링 ③ 회전차 ④ 케이싱 ⑤ 후면 슈라우드 ⑥ 마우스 링 ⑦ 평형 공

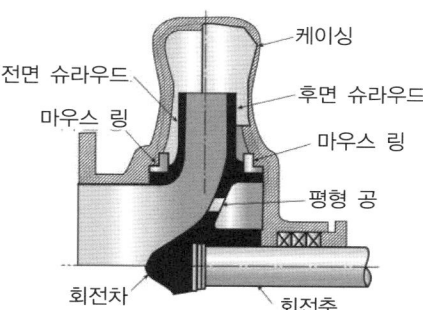

정답 11 아 12 사 13 아 14 아 15 사 16 사 17 사 18 가

19

아날로그 멀티테스터의 사용 시 주의사항이 아닌 것은?

가. 저항을 측정할 경우에는 영점을 조정한 후 측정한다.

나. 전압을 측정할 경우에는 교류와 직류를 구분하여 측정한다.

사. 리드선의 검은색 리드봉은 −단자에, 빨간색 리드봉은 ＋단자에 꽂아 사용한다.

아. 전압을 측정할 경우에는 낮은 측정 레인지에서부터 점차 높은 레인지로 올려가면서 측정한다.

> **해설** • 전압을 측정할 때에는 측정하기 전에 반드시 전환 스위치가 측정범위에 있는가를 확인한 다음 측정한다.
> • 측정할 전압과 전류를 미리 예측할 수 없을 때에는 먼저 전환 스위치를 최대 측정 범위에 돌려놓는다.
> • 전기량을 측정하는 계기에는 그 종류가 많으므로 실험의 목적에 따라 알맞은 실험 계기를 선택해야 한다. 이러한 전압 전류 및 저항 등의 값을 하나의 기기로 측정할 수 있게 만든 기기 중에서 가장 간단한 것이 멀티미터(multimeter)이다. 이를 회로시험기 또는 멀티 테스터(multi-tester)라고도 하며, 하나의 계기로 전압, 저항 및 밀리암페어의 소전류를 측정한다는 의미로 VOM(Volt Ohm-Milliammeter) 계기라고도 한다.

20

액 보충 방식 납축전지의 점검 및 관리 방법으로 옳지 않은 것은?

가. 전해액의 액위가 적정한지를 점검한다.

나. 전선을 분리하여 전해액을 점검한 후 다시 단자에 연결한다.

사. 전해액을 보충할 때 증류수를 전극판의 약간 위까지 보충한다.

아. 과방전이 발생하지 않도록 주의한다.

> **해설** • 정전압 충전법으로는 단전지당 2.3~2.5V의 비율로 충전 전압을 걸어 주고, 그 전압을 유지하면서 충전을 한다.
> • 전해액을 주입할 때에는 정규 규격에 따라 30℃ 이하의 묽은 황산을 축전지 격리판에서 10~15mm 정도 위에 있는 최고 액면까지 넣는다.

21

디젤기관의 실린더 헤드를 분해하여 체인블록으로 들어 올릴 때 필요한 볼트는?

가. 타이 볼트 　　　　　나. 아이 볼트

사. 인장 볼트 　　　　　아. 스터드 볼트

> **해설** 주로 물품을 달아 올릴 때에 사용되는 눈구멍을 붙인 볼트(eyebolt)

와이어 로프

A : 아이 볼트

실린더 헤드

22

운전중인 디젤기관의 진동 원인이 아닌 것은?

가. 위험회전수로 운전하고 있을 때

나. 윤활유가 실린더 내에서 연소하고 있을 때

사. 메인 베어링의 틈새가 너무 클 때

아. 크랭크 핀 베어링의 틈새가 너무 클 때

> **해설** ▶ 기관의 진동이 평소보다 심해지는 경우
> • 위험회전수에서 운전
> • 각 실린더의 최고 압력이 균일하지 못함
> • 기관베드 설치 볼트의 이완 또는 절손
> • 각 베어링의 틈새 과대

23

디젤기관에서 크랭크 암 개폐에 대한 설명으로 옳지 않은 것은?

가. 선박이 물 위에 떠 있을 때 계측한다.

나. 다이얼식 마이크로미터로 계측한다.

사. 각 실린더마다 정해진 여러 곳을 계측한다.

아. 개폐가 심할수록 유연성이 좋으므로 기관의 효율이 높아진다.

> **해설** 크랭크 암 개폐작용이 과대하게 발생하면 축의 균열이 생겨 결국 부러지게 된다.
> • 크랭크 암 개폐작용 : 크랭크 암 사이의 거리가 넓어지거나 좁아지는 현상

24

일정량의 연료유를 가열했을 때 그 값이 변하지 않는 것은?

가. 점도 　　　　　나. 부피

사. 질량 　　　　　아. 온도

> **해설** 연료유를 가열하면 점도는 낮아지며, 부피는 커지고, 온도는 높아진다.

25

1드럼은 몇 리터인가?

가. 5리터 　　　　　나. 20리터

사. 100리터 　　　　　아. 200리터

> **해설** 1드럼은 200리터이다.

정답 19 아　20 나　21 나　22 나　23 아　24 사　25 아

제2회 2022 해기사시험 소형선박조종사

제1과목 항해

01
자기컴퍼스에서 선박의 동요로 비너클이 기울어져도 볼을 항상 수평으로 유지시켜 주는 장치는?

가. 피벗
나. 컴퍼스 액
사. 짐벌즈
아. 섀도 핀

해설
- 짐벌링(Gimbal Ring) = 짐벌즈(gimbals)
  선박의 동요로 비너클이 기울어져도 볼을 항상 수평하게 유지하기 위한 장치이다.
- 피벗(Pivot ; 축침)
  캡과의 사이에 마찰이 작아 카드가 자유롭게 회전하게 하는 장치로 끝은 이리듐과 백금이 9 : 1의 비율의 합금으로 되어 있다.
- 컴퍼스액
  알콜과 증류수를 4 : 6의 비율로 혼합하여 비중이 약 0.95인 액으로 +60℃~-20℃에 걸쳐 점성 및 팽창계수의 변화가 작아야 한다.
- 섀도 핀(Shadow Pin)
  물표의 방위를 가장 빨리 측정할 수 있는 기구로 놋쇠로 된 가는 막대로 컴퍼스 볼의 글라스 커버의 중앙에 핀을 세울 수 있는 섀도 핀 꽂이(Shadow Pin Shoe)가 있다.

02
경사제진식 자이로 컴퍼스에만 있는 오차는?

가. 위도오차
나. 속도오차
사. 동요오차
아. 가속도오차

해설 위도오차는 적도에서는 생기지 않으나 위도가 변화하면 생기는 오차로 경사제진식 자이로 컴퍼스(스페리식 자이로 컴퍼스)의 제진장치에 의하여 일어나는 오차이다.

03
음향 측심기의 용도가 아닌 것은?

가. 어군의 존재 파악
나. 해저의 저질 상태 파악
사. 선박의 속력과 항주 거리 측정
아. 수로 측량이 부정확한 곳의 수심 측정

해설 선박의 속력과 항주 거리 측정하는 계기는 선속계이다.

04
다음 중 자차계수 D가 최대가 되는 침로는?

가. 000°
나. 090°
사. 225°
아. 270°

해설
- 자차계수 D가 최대가 되는 침로 : 사우점
  ▶ 북동(NE : 045°), 남동(SE : 135°), 남서(SW : 225°), 북서(NW : 315°)

05
자기컴퍼스에서 섀도 핀에 의한 방위 측정 시 주의사항에 대한 설명으로 옳지 않은 것은?

가. 핀의 지름이 크면 오차가 생기기 쉽다.
나. 핀이 휘어져 있으면 오차가 생기기 쉽다.
사. 선박의 위도가 크게 변하면 오차가 생기기 쉽다.
아. 볼(Bowl)이 경사된 채로 방위를 측정하면 오차가 생기기 쉽다.

해설 위도가 변하는 것과 섀도 핀에 의한 방위측정은 관계가 없다.
- 섀도 핀
  놋쇠로 된 가는 막대로, 가장 빨리 물표의 방위를 측정할 수 있는 방위측정기구로 볼의 윗면에는 유리 덮개가 있고 그 중심에는 섀도 핀을 꽂는 섀도 핀 꽂이가 있다.

06
레이더를 이용하여 얻을 수 없는 것은?

가. 본선의 위치
나. 물표의 방위
사. 물표의 표고차
아. 본선과 다른 선박 사이의 거리

해설 물표의 표고차, 즉 물표의 높이는 구할 수 없다.

07
( )에 적합한 것은?

> 생소한 해역을 처음 항해할 때에는 수로지, 항로지, 해도 등에 ( )가 설정되어 있으면 특별한 이유가 없는 한 그 항로를 따르도록 한다.

가. 추천항로
나. 우회항로
사. 평행항로
아. 심흘수 전용항로

해설
- 추천항로 : 처음 항행하는 해역일 때는 항로지에서 추천한 항로를 선정
- 해안선과 평행한 항로 : 뚜렷한 물표가 없는 경우 해안선과 평행한 항로 선정
- 우회항로 : 위험물이 많은 항로나 조종성능 제한 상태일 때는 우회항로 선정

08
( )에 순서대로 적합한 것은?

> 국제협정에 의하여 ( )을 기준경도로 정하여 서경 쪽에서 동경 쪽으로 통과할 때에는 1일을 ( ).

가. 본초자오선, 늦춘다
나. 본초자오선, 건너뛴다
사. 날짜변경선, 늦춘다
아. 날짜변경선, 건너뛴다

해설
- 서경에서 동경으로 넘어올 때 날짜변경선에서는 : 24시간 빠르다.

정답 1 사 2 가 3 사 4 사 5 사 6 사 7 가 8 아

소형선박조종사

2022 제2회

09
상대운동 표시방식의 레이더 화면에 'A'선박의 예상 움직임이 다음 그림과 같이 표시되었을 때 이에 대한 설명으로 옳은 것은?

가. 본선과 침로가 비슷하다.
나. 본선과 속력이 비슷하다.
사. 본선의 크기와 비슷하다.
아. 본선과 충돌의 위험이 있다.

해설 A선박은 본선으로 향하여 오고 있는 선박으로 본선과 충돌의 위험이 있다.

10
레이더의 수신 장치 구성요소가 아닌 것은?

가. 증폭장치
나. 펄스변조기
사. 국부발진기
아. 주파수변환기

해설 펄스변조기는 송신장치로 펄스폭을 결정하는 장치이다.

11
해도도식 중 노출암 표시 ⌢(4) 에서 "(4)"는 무엇을 표시하는가?

가. 수심
나. 암초 높이
사. 파고
아. 암초 크기

해설 평균수면에서 4m 높이의 노출암을 표시한다.

12
( )에 적합한 것은?

해도상에 기재된 건물, 항만시설물, 등부표, 수중 장애물, 조류, 해류, 해안선의 형태, 등고선, 연안 지형 등의 기호 및 약어가 수록된 수로서지는 ( )이다.

가. 해류도
나. 조류도
사. 해도목록
아. 해도도식

해설 해도도식은 해도상 여러 가지 사항들을 표시하기 위하여 사용되는 특수한 기호와 약어를 말하며 국립해양 조사원에서 간행하고 있다.

13
조석표에 대한 설명으로 옳지 않은 것은?

가. 조석 용어의 해설도 포함하고 있다.
나. 각 지역의 조석 및 조류에 대해 상세히 기술하고 있다.
사. 표준항 이외에 항구에 대한 조시, 조고를 구할 수 있다.
아. 국립해양조사원은 외국항 조석표를 발행하지 않는다.

해설
• 국립해양조사원에서는 제1권 국내항에 대한 조석표뿐만 아니라, 제2권 태평양 및 인도양의 주요항에 대한 조석표도 발행하고 있다.
• 조석표는 각 지역의 조석 및 조류에 대하여 상세하게 기술한 것으로 조석용어의 해설도 포함하고 있다. 이 표는 표준항 이외의 항구에 대한 조시 및 조고를 표준항에 대한 조시 및 조고에 대한 개정수(조시차, 조고비)를 참고하여 구하도록 되어 있다.

14
등색이나 등력이 바뀌지 않고 일정하게 계속 빛을 내는 등은?

가. 부동등
나. 섬광등
사. 호광등
아. 명암등

해설
• 부동등 : 등색이나 광력이 바뀌지 않고 일정하게 계속 빛을 내는 등
• 섬광등 : 빛을 비추는 시간(명간)이 꺼져 있는 시간(암간)보다 짧은 등
• 호광등 : 색깔이 다른 종류의 빛을 교대로 내는 등
• 명암등 : 빛을 비추는 시간(명간)이 꺼져 있는 시간(암간)보다 길거나 같은 등

15
아래에서 설명하는 형상(주간) 표지는?

"선박에 암초, 얕은 여울 등의 존재를 알리고 항로를 표시하기 위하여 바다 위에 떠 있는 구조물로서 빛을 비추지 않는다."

가. 도표
나. 부표
사. 육표
아. 입표

해설
• 부표 : 바다 위에 떠 있는 구조물로 항행이 곤란한 장소나 항만의 유도표지로 항로를 따라 설치하며, 특별한 경우가 아니면 등광을 함께 설치하여 등부표로 사용한다.
• 도표 : 항로를 표시하기 위하여 항로의 연장선 위에 앞뒤로 2개 이상의 표지를 설치하여 선박을 인도하는 주간표지 ►도표에 등을 켜 놓으면 도등이 된다.
• 육표 : 입표의 설치가 곤란한 경우에 육상에 마련한 간단한 항로표지로 항구, 항내에 설치되며, 꼭대기에 등을 달아 놓은 야간표지를 등주라 한다.
• 입표 : 암초, 노출암, 사주(모래톱) 등의 위치를 표시하기 위하여 마련된 경계표로 바다 속에 고립하여 건조되므로 파랑과 풍압에 견딜 수 있는 위치를 선정하며, 암초 기타의 위험을 피하기 위하여 이용되는 것을 피험표(clearing marks)라고 한다. ►등광을 함께 설치하면 등표가 된다.

16
레이콘에 대한 설명으로 옳지 않은 것은?

가. 레이마크 비콘이라고도 한다.
나. 레이더에서 발사된 전파를 받을 때에만 응답한다.
사. 레이더 화면상에 일정형태의 신호가 나타날 수 있도록 전파를 발사한다.
아. 레이콘의 신호로 표준신호와 모스 부호가 이용된다.

해설 레이콘과 레이마크 비콘은 다른 전파표지이다.
• 레이콘 : 선박 레이더에서 발사된 전파를 받은 때에만 응답하여 모스 신호가 나타날 수 있도록 하여, 표지의 방위와 거리를 알 수 있다.
• 레이마크 : 일정한 지점에서 레이더파를 계속 발사하는 전파표지국으로 본선의 레이더 지시기상에 1~3°의 휘선이 나타나 표지국의 방위를 알 수 있다.

정답 9 아 10 나 11 나 12 아 13 아 14 가 15 나 16 가

17
연안항해에 사용되는 해도의 축척에 대한 설명으로 옳은 것은?

가. 최신 해도이면 축척은 관계없다.
나. 사용 가능한 대축척 해도를 사용한다.
사. 총도를 사용하여 넓은 범위를 관측한다.
아. 1:50,000인 해도가 1:150,000인 해도보다 소축척 해도이다.

해설 가. 최신의 해도를 사용하여야 하며, 축척은 대축척 해도가 좋다.
사. 총도는 세계전도와 같이 극히 넓은 구역을 나타낸 것으로, 항해계획, 긴 항해에도 사용할 수 있는 해도이다.
아. 1:50,000인 해도가 1:150,000인 해도보다 대축척 해도이다.

18
종이해도를 사용할 때 주의사항으로 옳은 것은?

가. 여백에 낙서를 해도 무방하다.
나. 연필끝은 둥글게 깎아서 사용한다.
사. 반드시 해도의 소개정을 할 필요는 없다.
아. 가장 최근에 발행된 해도를 사용해야 한다.

해설 가. 해도에는 필요한 선만을 긋도록 한다.
나. 연필은 2B나 4B를 사용하되 끝은 도끼날 같이 납작하게 깎아야 한다.
사. 반드시 소개정을 하여 사용하여야 하며, 연안항해시는 축척이 큰 해도를 사용한다.

19
정해진 등질이 반복되는 시간은?

가. 등색
나. 섬광등
사. 주기
아. 점등시간

해설 주기는 정해진 등질이 반복되는 시간으로 초(sec)로 표시한다.

20
항로의 좌우측 한계를 표시하기 위하여 설치된 표지는?

가. 특수표지
나. 측방표지
사. 고립장해표지
아. 안전수역표지

해설
- 특수표지 : 공사구역 등 특별한 시설이 있음을 나타내는 표지이다.
- 측방표지 : 선박이 항행하는 수로의 좌우측 한계를 표시한다.
- 고립장해표지 : 전 주위가 가항수역인 암초나 침선 등 고립된 장해물의 위에 설치한다.
- 안전수역표지 : 모든 주위가 가항수역임을 알려 주는 표지로 중앙선이나 수로의 중앙을 나타낸다.

21
오호츠크해기단에 대한 설명으로 옳지 않은 것은?

가. 한랭하고 습윤하다.
나. 해양성 열대기단이다.
사. 오호츠크해가 발원지이다.
아. 오호츠크해기단은 늦봄부터 발생하기 시작한다.

해설 오호츠크해기단은 해양성 한랭기단이다.

22
저기압의 일반적인 특성으로 옳지 않은 것은?

가. 저기압은 중심으로 갈수록 기압이 낮아진다.
나. 저기압에서는 중심에 접근할수록 기압경도가 커지므로 바람도 강하다.
사. 저기압 역내에서는 하층의 발산기류를 보충하기 위하여 하강기류가 일어난다.
아. 북반구에서 저기압 주위의 대기는 반시계방향으로 회전하고 하층에서는 대기의 수렴이 있다.

해설 저기압에서는 상승기류가 형성되어 대기가 불안정하여 날씨가 흐리거나, 비나 눈이 내리는 경우가 많다.

23
현재부터 1~3일 후까지의 전선과 기압계의 이동 상태에 따른 일기 상황을 예보하는 것은?

가. 수치예보
나. 실황예보
사. 단기예보
아. 단시간예보

해설 단기예보는 예보시점부터 3일 이내 기간에 대하여 행하는 예보로, 전국의 읍·면·동 단위로 상세한 날씨를 예보하기 위하여 2시부터 3시간 간격으로 일 8회 발표
- 수치예보(Numerical weather prediction)
현재의 대기 상태를 이용하여 미래의 대기 상태를 예측하는 것
- 실황예보(Nowcasting)
실황예보는 0~6시간까지 미래의 날씨를 현재 날씨를 바탕으로 0~2시간까지 혹은 길게는 6시간까지 예측하는 것

24
항해계획을 수립할 때 구별하는 지역별 항로의 종류가 아닌 것은?

가. 원양 항로
나. 왕복 항로
사. 근해 항로
아. 연안 항로

해설 항로의 종류로는 일반적으로 연안 항로, 근해항로, 원양항로로 구분한다.

25
항로계획에 따른 안전한 항해를 확인하는 방법이 아닌 것은?

가. 레이더를 이용한다.
나. 음향측심기를 이용한다.
사. 중시선을 이용한다.
아. 선박의 평균속력을 계산한다.

해설 레이더로 본선 또는 타선박의 위치를 확인하며, 음향측심기로 수심을 확인하고 중시선으로 컴퍼스 오차(자이로 오차)를 확인하면서 안전한 항해를 하여야 한다.
선박의 속력은 선박의 평균속력으로 항해를 하는 것이 아니라, 현재의 대수속력과 외력의 영향을 가감한 대지속력을 비교하면서 항해중 받게 될 조류의 영향을 예상하여 자기 선박이 취할 침로와 속력을 추정하여 항해계획을 세워야 한다.

정답 17 나 18 아 19 사 20 나 21 나 22 사 23 사 24 나
25 아

소형선박조종사   2022 제2회

제2과목   운 용

01

파랑 중 항행하는 선박의 선수부와 선미부는 파랑에 의한 큰 충격을 예방하기 위해 선수미 부분을 견고하게 보강한 구조의 명칭은?

가. 팬팅(Panting) 구조
나. 이중선체(Double hull) 구조
사. 이중저(Double bottom) 구조
아. 구상형 선수(Bulbous bow) 구조

【해설】
• 팬팅(Panting) : 선수부에는 파랑의 충격으로 또 선미부에는 프로펠러로 심한 진동이 발생하므로 특별히 보강하여 손상을 방지하는 구조
• 이중저(Double bottom) 구조 : 좌초 등으로 선저부에 손상이 있어도 내저판에 의해 일차적으로 선내의 침수를 방지하여 화물과 선박의 안전을 기할 수 있는 이중 선저구조
• 구상형 선수(Bulbous bow) 구조 : 선수부의 수선 아래의 부분을 둥근 모양, 즉 큰 혹을 붙인 형상으로 선수파를 부분적으로 감소시켜 선박의 조파저항을 감소시킨다.

02

선체의 외형에 따른 명칭 그림에서 ㉠은?

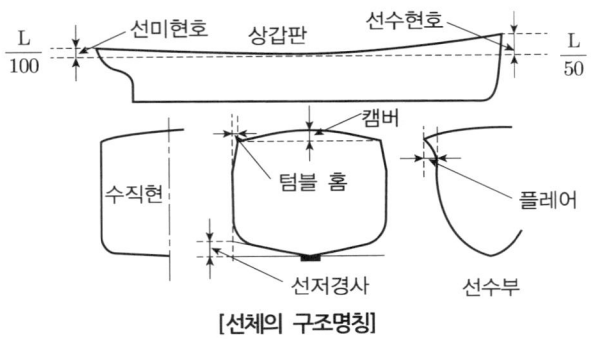

가. 용골   나. 빌지   사. 캠버   아. 텀블 홈

【해설】 캠버(Camber) : 갑판보(Deck beam)는 갑판상 배수와 선체의 횡강력을 위해 양 현의 현측보다 선체 중앙선 부근이 높도록 원호를 이루고 있는데 이 높이의 차를 말하며, 크기는 선폭의 1/50 정도이다.

[선체의 구조명칭]

03

선박의 트림(Trim)에 대한 설명으로 옳은 것은?

가. 선수 흘수와 선미 흘수의 곱   나. 선수 흘수와 선미 흘수의 비
사. 선수 흘수와 선미 흘수의 차   아. 선수 흘수와 선미 흘수의 합

【해설】 ▶ 트림(Trim) : 선수 흘수와 선미 흘수의 차로 선박 길이 방향의 경사를 나타낸다.
• 선수 트림(Trim By Head)
선수 흘수가 선미 흘수보다 큰 상태로 선수에 파랑이 많이 덮쳐 오고, 선미 안정성이 없어 타효가 불량하여 선속이 감소

• 선미 트림(Trim By The Stern)
선미 흘수가 선수 흘수보다 큰 경우로 선수에 파랑의 침입을 줄이는 효과가 있으며, 타효가 좋고 선속이 증가되므로, 선박 운항 시에는 약간의 선미 트림이 좋다.
• 등흘수(Even Keel)
선미 흘수와 선수 흘수가 같은 상태로 수심이 얕은 수역을 항해할 때나 입거할 때 유리하다.

04

각 흘수선상의 물에 잠긴 선체의 선수재 전면에서 선미후단까지의 수평거리는?

가. 전장   나. 등록장   사. 수선장   아. 수선간장

【해설】

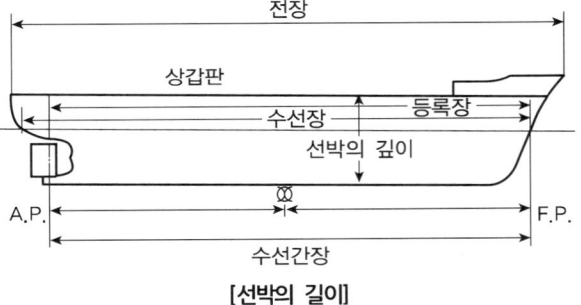

[선박의 길이]

▶ 선박의 길이
(1) 전장(Length Over All ; Loa)
• 선수 최전단부터 선미 최후단까지의 수평거리
• 부두 접안, 입거 등과 같이 선박 조종에 필요한 선박의 길이
(2) 수선간장(Length Between Perpendiculars ; Lbp)
• 계획 만재 흘수선상의 선수재 전면에서 러더포스트의 후면까지 수평거리
• 전부수선(FP)에서 후부수선(AP)까지의 수평거리
• 일반적으로 사용되는 선박의 길이로 강선구조기준, 만재흘수선 기준 등 각종 설비기준에 사용되며 선체길이의 중앙이란 수선간장의 중앙을 말한다.
(3) 수선장(Length On Load Water Line)
• 만재 흘수선상에서 물에 잠긴 선체의 길이
• 배의 저항, 추진력 계산에 사용
(4) 등록장(Registered Length)
• 상갑판 보(beam)상 선수재 전면에서 선미재 후면까지를 잰 수평거리
• 선박의 원부 및 선박국적증서에 기재되는 길이

05

키의 구조와 각부 명칭을 나타낸 아래 그림에서 '5'는?

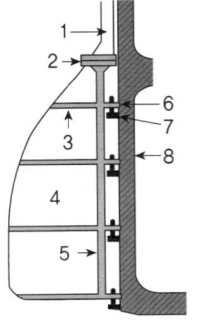

가. 타두재   나. 러더 암
사. 타심재   아. 러더 커플링

정답   1 가   2 사   3 사   4 사   5 사

해설

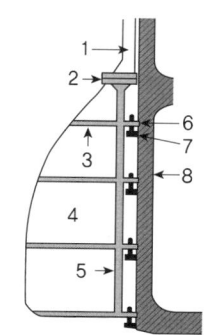

키의 구조와 명칭
1. 타두재
2. 러더 커플링
3. 러더 암
4. 키판
5. 타심재
6. 핀틀
7. 거전
8. 타주

06
스톡 앵커의 각부 명칭을 나타낸 아래 그림에서 6은?

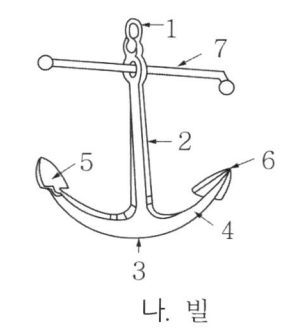

가. 암 나. 빌
사. 생크 아. 스톡

해설

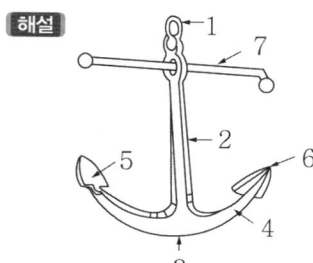

[스톡앵커의 구조 명칭]
1.앵커 링 2.생크 3.크라운 4.암
5.플루크 6.빌

07
고정식 소화기 중에서 화재가 발생하면 자동으로 작동하여 물을 분사하는 장치는?

가. 고정식 포말소화 장치 나. 자동 스프링클러 장치
사. 고정식 분말소화 장치 아. 고정식 이산화탄소 장치

해설 화재가 발생하면 자동으로 작동하여 물을 분사하는 장치는 자동 스프링클러 장치이다.

08
열전도율이 낮은 방수 물질로 만들어진 포대기 또는 옷으로 방수복을 착용하지 않은 사람이 입는 것은?

가. 보호복 나. 작업용 구명조끼
사. 보온복 아. 노출 보호복

해설
- 보온복 : 열전도율이 낮은 방수 물질로 만들어진 포대기 또는 옷으로 방수복을 착용하지 않은 사람이 입는 장비
- 방수복(Immersion Suit) : 낮은 수온의 물속에서 체온을 보호하기 위한 장비

09
수신된 조난신호의 내용 중에서 시각이 '05:30 UTC'라고 표시되었다면, 우리나라 시각은?

가. 한국시각 05시 30분 나. 한국시각 14시 30분
사. 한국시각 15시 30분 아. 한국시각 17시 30분

해설
- UTC(Coordinated Universal Time : 협정세계시)
국제사회가 사용하는 과학적 시간의 표준을 말하는 것으로 우리나라가 9시간 빠르다. 그러므로 05시30분 + 09시 = 14시30분이 된다.

10
나일론 등과 같은 합성섬유로 된 포지를 고무로 가공해서 내부에는 탄산가스나 질소가스를 주입시켜 긴급 시에 팽창시켜 사용하는 구명설비는?

가. 구명정 나. 구조정
사. 구명부기 아. 구명뗏목

해설 구명뗏목은 나일론 등과 같은 합성섬유로 된 포지를 고무로 가공해서 뗏목 모양으로 제작한 것으로 내부에서 탄산가스나 질소가스를 주입시켜 긴급 시에 팽창시켜서 뗏목 모양으로 펼쳐지는 구명설비이다.

11
자기 점화등과 같은 목적으로 구명부환과 함께 수면에 투하되면 자동으로 오렌지색 연기를 내는 것은?

가. 신호 홍염 나. 자기 발연 신호
사. 신호 거울 아. 로켓 낙하산 화염신호

해설 자기 발연 신호는 주간용 신호로 자기 점화등과 같은 목적으로 사용되며, 물에 들어가면 자동으로 최소한 15분 동안 잘 보이는 색의 연기를 내며 최소한 10초 이상 물에 잠겼어도 계속해서 연기를 낼 수 있을 것

12
해상에서 사용하는 조난신호가 아닌 것은?

가. 국제신호기 'SOS' 게양
나. 좌우로 벌린 팔을 천천히 위아래로 반복함
사. 비상위치지시 무선표지(EPIRB)에 의한 신호
아. 수색구조용레이더 트랜스폰더(SART)의 신호

해설 국제신호기 'NC'를 게양한다.

13
지혈의 방법으로 옳지 않은 것은?

가. 환부를 압박한다.
나. 환부를 안정시킨다.
사. 환부를 온열시킨다.
아. 환부를 심장부위보다 높게 올린다.

해설 거즈나 기타 깨끗한 헝겊을 두껍게 접어 상처에 대고 직접 누르고 붕대를 단단히 감아준다.

정답 6 나 7 나 8 사 9 나 10 아 11 나 12 가 13 사

14

초단파 무선설비(VHF)를 사용하는 방법으로 옳지 않은 것은?

가. 볼륨을 적절히 조절한다.
나. 묘박 중에는 필요한 때만 켜서 사용한다.
사. 항해 중에는 16번 채널을 청취한다.
아. 관제구역에서는 지정된 관제통신 채널을 청취한다.

해설 초단파 무선설비(VHF)는 24시간 채널 16번을 청취하여야 한다.

15

타판에서 생기는 항력의 작용 방향은?

가. 우현 방향　　　　　　나. 좌현 방향
사. 타판의 직각 방향　　　아. 선수미선 방향

해설 • 항력 : 선수미 방향의 분력으로 선박의 속력을 감소시킨다.
　　　 • 양력 : 정횡방향의 분력으로 선체를 정횡방으로 작용하여 선회시킨다.
　　　 • 직압력 : 전체압력으로 타판에 직각으로 작용한다.

16

선박의 조종성을 판별하는 성능이 아닌 것은?

가. 복원성　　　　　　　나. 선회성
사. 추종성　　　　　　　아. 침로안정성

해설 복원성은 선박이 바람, 파도 등의 외력의 영향을 받아 경사되었을 때 원래
상태로 되돌아가려는 성질로 선박의 조종성을 판별하는 성능과는 관계가
적다.
　　 • 선회성 : 일정한 타각을 주었을 때 선박이 어떠한 각속도로 움직이는지를
　　　 나타내는 것
　　 • 추종성 : 조타에 대한 선체 회두의 추종이 빠른지 또는 늦은지를 나타내
　　　 는 것
　　 • 침로안정성(방향 안정성) : 선박이 정해진 진로상을 직진하는 성질

17

닻의 역할이 아닌 것은?

가. 침로 유지에 사용된다.
나. 좁은 수역에서 선회하는 경우에 이용된다.
사. 선박을 임의의 수면에 정지 또는 정박시킨다.
아. 선박의 속력을 급히 감소시키는 경우에 사용된다.

해설 침로를 유지하는 것은 타(Rudder)이다.

18

우선회 고정피치 단추진기를 설치한 선박에서 흡입류와 배출류에 대한 내용
으로 옳지 않은 것은?

가. 횡압력의 영향은 스크루 프로펠러가 수면 위에 노출되어 있을 때
　　뚜렷하게 나타난다.
나. 기관 전진 중 스크루 프로펠러가 수중에서 회전하면 앞쪽에서는 스
　　크루 프로펠러에 빨려드는 흡입류가 있다.
사. 기관을 전진상태로 작동하면 타의 하부에 작용하는 수류는 수면 부
　　근에 위치한 상부에 작용하는 수류보다 강하여 선미를 좌현 쪽으
　　로 밀게 된다.

아. 기관을 후진상태로 작동시키면 선체의 우현 쪽으로 흘러가는 배출
　　류는 우현 선미 측벽에 부딪치면서 측압을 형성하며, 이 측압작용
　　은 현저하게 커서 선미를 우현 쪽으로 밀게 되므로 선수는 좌현 쪽
　　으로 회두한다.

해설 후진 시 배출류는 선미우현에 측압이 작용하여 선미를 좌현으로, 선수를
우현으로 회두시킨다.

19

복원성이 작은 선박을 조선할 때 적절한 조선 방법은?

가. 순차적으로 타각을 높임
나. 큰 속력으로 대각도 전타
사. 전타 중 갑자기 타각을 줄임
아. 전타 중 반대 현측으로 대각도 전타

해설 복원성이 작은 선박이 선회를 할 때는 원심력에 의해 전복될 수가 있으므
로 속력을 줄이고 순차적으로 타각을 높여야 한다.

20

물에 빠진 사람을 구조하는 조선법이 아닌 것은?

가. 표준 턴　　　　　　　나. 샤르노브 턴
사. 싱글 턴　　　　　　　아. 윌리암슨 턴

해설 익수자 구조법에는 익수자의 빠진 시각을 모를 때 구조하는 윌리암슨 턴,
샤르노브 턴 등이 있고, 익수자를 보면서 구조하는 싱글 턴(앤드슨 턴, 지
연선회법), 반원 2회선회법 등이 있다.

21

복원력에 관한 내용으로 옳지 않은 것은?

가. 복원력의 크기는 배수량의 크기에 반비례한다.
나. 무게중심의 위치를 낮추는 것이 복원력을 크게 하는 가장 좋은 방
　　법이다.
사. 황천항해 시 갑판에 올라온 해수가 즉시 배수되지 않으면 복원력이
　　감소할 수 있다.
아. 항해의 경과로 연료유와 청수 등의 소비, 유동수의 발생으로 인해
　　복원력이 감소할 수 있다.

해설 복원력의 크기는 배수량의 크기에 비례한다.
　　　▶ 배수량이 커지면 복원력도 커진다.

22

배의 길이와 파장의 길이가 거의 같고 파랑을 선미로부터 받을 때 나타나기
쉬운 현상은?

가. 러칭(Lurching)
나. 슬래밍(Slamming)
사. 브로칭(Broaching)
아. 동조 횡동요(Synchronized rolling)

해설 슬래밍은 선수, 브로칭은 선미에서 파도를 받고 항해 시 주로 발생한다.
　　▶ 파랑 중의 위험현상
　　 • 러칭(lurching)
　　　 선체가 횡동요 중에 옆에서 돌풍을 받든지 또는 파랑 중에 대각도 조
　　　 타를 하면 선체는 갑자기 큰 각도로 경사하게 되는 현상

정답 **14** 나　**15** 아　**16** 가　**17** 가　**18** 아　**19** 가　**20** 가　**21** 가
22 사

- 슬래밍(slamming)
파도를 선수에서 받으면서 항주하면 선수 선저부는 강한 파도의 충격을 받아 선체는 짧은 주기로 급격한 진동을 하게 되며, 이러한 파도에 의한 충격
- 브로칭(broaching)
선박이 파도를 선미로부터 받으며 항주할 때에 선체 중앙이 파도의 마루나 파도의 오르막 파면에 위치하면 급격한 선수 동요에 의해 선체가 파도와 평행하게 놓이게 되는 현상
- 레이싱(프로펠러의 공회전 : racing)
선박이 파도를 선수나 선미에서 받아서 선미부가 공기에 노출되어 프로펠러에 부하가 급격히 감소하면 프로펠러는 진동을 일으키면서 급회전을 하게 되는 현상
- 동조 횡동요(synchronized rolling)
선체의 횡동요 주기가 파도의 주기와 일치하여 횡동요각이 점차 커지는 현상

23
황천 중에 항행이 곤란할 때 기관을 정지하고 선체를 풍하 측으로 표류하도록 하는 방법으로 소형선에서 선수를 풍랑 쪽으로 세우기 위하여 해묘(Sea anchor)를 사용하는 방법은?

가. 라이 투(Lie to) 나. 스커딩(Scudding)
사. 히브 투(Heave to) 아. 스톰 오일(Storm oil)의 살포

해설 ▶ 황천시 선박의 조종
① 히브 투(Heave to) = 거주
풍랑을 선수로부터 좌우현 25~35° 방향으로 받아 조타가 가능한 최소의 속력으로 전진하는 방법
② 라이 투(Lie to) = 표주
황천 속에서 기관을 정지하여 sea anchor를 사용하여 선체를 풍하 쪽으로 표류하도록 하는 방법
③ 스커딩(Scudding) = 순주
풍랑을 선미 쿼터(quarter)에서 받으며 파에 쫓기는 자세로 항주하는 방법으로 레이싱이 없는 한 최고 속력으로 항주한다.
④ 스톰 오일(Storm Oil)의 살포
- 파랑을 진정시킬 목적으로 선체 주위에 기름을 살포한다.
- 점성이 커서 해수와 잘 섞이지 않는 동물성 기름이나 식물성 기름 사용

24
해상에서 선박과 인명의 안전에 관한 언어적 장해가 있을 때의 신호방법과 수단을 규정하는 신호서는?

가. 국제신호서 나. 선박신호서
사. 해상신호서 아. 항공신호서

해설 • 국제신호서(International Code of Signal) = INTERCO
각종 통신수단(기류신호, 발광신호, 무선통신신호)으로 선박, 항공기 또는 육상과의 통신에 사용하는 통신코드, 약어 등을 적어 놓은 책

25
전기장치에 의한 화재 원인이 아닌 것은?

가. 산화된 금속의 불똥
나. 과전류가 흐르는 전선
사. 절연이 충분치 않은 전동기
아. 불량한 전기접점 그리고 노출된 전구

해설 가. 일반 화재의 원인이며, 전기장치에 의한 화재는 아니다.

제3과목 법 규

01
(   )에 적합한 것은?

"해상교통안전법상 통항분리수역에서 항행을 하는 경우에 선박이 부득이한 사유로 통항로를 횡단하여야 하는 경우에는 그 통항로와 선수 방향이 (   )에 가까운 각도로 횡단하여야 한다."

가. 둔각 나. 직각
사. 예각 아. 평형

해설 ▶ 횡단의 금지
- 선박은 통항로를 횡단하여서는 아니 된다.
  ▶ 다만, 부득이한 사유로 그 통항로를 횡단하여야 하는 경우에는 그 통항로와 선수방향이 직각에 가까운 각도로 횡단하여야 한다.
- 통항로를 횡단하거나 통항로에 출입하는 선박 외의 선박은 급박한 위험을 피하기 위한 경우나 분리대 안에서 어로에 종사하고 있는 경우 외에는 분리대에 들어가거나 분리선을 횡단하여서는 아니 된다.

02
해상교통안전법상 선박의 항행안전에 필요한 항행보조시설을 〈보기〉에서 모두 고른 것은?

보 기
ㄱ. 신호 설비   ㄴ. 해양관측설비
ㄷ. 조명 설비   ㄹ. 항로표지

가. ㄱ, ㄴ, ㄷ 나. ㄱ, ㄷ, ㄹ
사. ㄴ, ㄷ, ㄹ 아. ㄱ, ㄴ, ㄹ

해설 해양관측설비를 항행보조시설이라 하지는 않는다.

03
해상교통안전법상 안전한 속력을 결정할 때 고려할 사항이 아닌 것은?

가. 해상교통량의 밀도
나. 레이더의 특성 및 성능
사. 항해사의 야간 항해당직 경험
아. 선박의 정지거리·선회성능, 그 밖의 조종성능

해설 ▶ 안전한 속력
- 선박은 다른 선박과의 충돌을 피하기 위하여 적절하고 효과적인 동작을 취하거나 당시의 상황에 알맞은 거리에서 선박을 멈출 수 있도록 항상 안전한 속력으로 항행하여야 한다.
▶ 안전한 속력을 결정할 때 고려사항
  ▶ 레이더를 사용하고 있지 아니한 선박의 경우에는 제1호부터 제6호까지 해당
  1. 시계의 상태
  2. 해상교통량의 밀도
  3. 선박의 정지거리·선회성능, 그 밖의 조종성능
  4. 야간의 경우에는 항해에 지장을 주는 불빛의 유무
  5. 바람·해면 및 조류의 상태와 항행장애물의 근접상태
  6. 선박의 흘수와 수심과의 관계
  7. 레이더의 특성 및 성능
  8. 해면상태·기상, 그 밖의 장애요인이 레이더 탐지에 미치는 영향

정답 23 가 24 가 25 가 / 1 나 2 나 3 사

소형선박조종사

2022 제2회

04

해상교통안전법상 충돌 위험의 판단에 대한 설명으로 옳지 않은 것은?

가. 선박은 다른 선박과 충돌할 위험이 있는지를 판단하기 위하여 당시의 상황에 알맞은 모든 수단을 활용하여야 한다.

나. 선박은 다른 선박과의 충돌 위험 여부를 판단하기 위하여 불충분한 레이더 정도라도 다른 선박과의 충돌위험 여부 판단에 적극 활용한다.

사. 선박은 접근하여 오는 다른 선박의 나침방위에 뚜렷한 변화가 일어나지 아니하면 충돌할 위험성이 있다고 보고 필요한 조치를 취하여야 한다.

아. 레이더를 설치한 선박은 다른 선박과 충돌할 위험성 유무를 미리 파악하기 위하여 레이더를 이용하여 장거리 주사, 탐지된 물체에 대한 작도, 그 밖의 체계적인 관측을 하여야 한다.

해설 선박은 불충분한 레이더 정보나 그 밖의 불충분한 정보에 의존하여 다른 선박과의 충돌 위험 여부를 판단하여서는 아니 된다.

05

( )에 순서대로 적합한 것은?

> "해상교통안전법상 밤에는 다른 선박의 ( )만을 볼 수 있고 어느 쪽의 ( )도 볼 수 없는 위치에서 그 선박을 앞지르는 선박은 앞지르기 하는 배로 보고 필요한 조치를 취하여야 한다."

가. 선수등, 현등 나. 선수등, 전주등
사. 선미등, 현등 아. 선미등, 전주등

해설 다른 선박의 양쪽 현의 정횡으로부터 22.5도를 넘는 뒤쪽[밤에는 다른 선박의 선미등만을 볼 수 있고 어느 쪽의 현등도 볼 수 없는 위치]에서 그 선박을 앞지르는 선박은 앞지르기하는 배로 보고 필요한 조치를 취하여야 한다.

06

해상교통안전법상 항행 중인 동력선이 진로를 피하지 않아도 되는 선박은?

가. 조종제한선 나. 조종불능선
사. 수상항공기 아. 어로에 종사하고 있는 선박

해설 수상항공기 및 수면비행선박은 모든 선박을 피해야 한다.

▶ 피항 우선 순위

수상항공기 수면비행선박 > 동력선 > 범선 > 어로에 종사 중인 선박 > 흘수 제약선 > 조종불능선 조종제한선 > 정박선

07

해상교통안전법상 제한된 시계에서 충돌할 위험성이 없다고 판단한 경우 외에 자기 선박의 양쪽 현의 정횡 앞쪽에 있는 다른 선박의 무중신호를 들었을 경우의 조치로 옳은 것을 〈보기〉에서 모두 고른 것은?

> **┤ 보 기 ├**
> ㄱ. 최대 속력으로 항행하면서 경계를 한다.
> ㄴ. 우현 쪽으로 침로를 변경시키지 않는다.
> ㄷ. 필요 시 자기 선박의 진행을 완전히 멈춘다.
> ㄹ. 충돌할 위험성이 사라질 때까지 주의하여 항행하여야 한다.

가. ㄴ, ㄷ 나. ㄷ, ㄹ
사. ㄱ, ㄴ, ㄹ 아. ㄴ, ㄷ, ㄹ

해설 안전한 속력으로 항행하며, 좌현쪽으로 변침을 하여서는 안 된다.

▶ 제한된 시계에서 선박의 항법

• 모든 선박은 시계가 제한된 그 당시의 사정과 조건에 적합한 안전한 속력으로 항행하여야 하며, 동력선은 제한된 시계 안에 있는 경우 기관을 즉시 조작할 수 있도록 준비하고 있어야 한다.

• 금지행위
1. 다른 선박이 자기 선박의 양쪽 현의 정횡 앞쪽에 있는 경우 좌현 쪽으로 침로를 변경하는 행위
2. 자기 선박의 양쪽 현의 정횡 또는 그곳으로부터 뒤쪽에 있는 선박의 방향으로 침로를 변경하는 행위

08

( )에 순서대로 적합한 것은?

> "해상교통안전법상 제한된 시계에서 레이더만으로 다른 선박이 있는 것을 탐지한 선박은 ( )과 얼마나 가까이 있는지 또는 ( )이 있는지를 판단하여야 한다. 이 경우 해당 선박과 매우 가까이 있거나 그 선박과 충돌할 위험이 있다고 판단한 경우에는 충분한 시간적 여유를 두고 ( )을 취하여야 한다."

가. 해당 선박, 충돌할 위험, 피항동작
나. 해당 선박, 충돌할 위험, 피항협력동작
사. 다른 선박, 근접상태의 상황, 피항동작
아. 다른 선박, 근접상태의 상황, 피항협력동작

해설 **▶ 해상교통안전법 제84조(제한된 시계에서 선박의 항법) 제4항**

레이더만으로 다른 선박이 있는 것을 탐지한 선박은 해당 선박과 얼마나 가까이 있는지 또는 충돌할 위험이 있는지를 판단하여야 한다. 이 경우 해당 선박과 매우 가까이 있거나 그 선박과 충돌할 위험이 있다고 판단한 경우에는 충분한 시간적 여유를 두고 피항동작을 취하여야 한다.

09

해상교통안전법상 선미등과 같은 특성을 가진 황색등은?

가. 현등 나. 전주등 사. 예선등 아. 마스트등

해설 • 선미등 : 135도에 걸치는 수평의 호를 비추는 흰색등으로서 그 불빛이 정선미 방향으로부터 양쪽 현의 67.5도까지 비출 수 있도록 선미 부분 가까이에 설치된 등

• 예선등 : 선미등과 같은 특성을 가진 황색등

10

해상교통안전법상 예인선열의 길이가 200미터를 초과하면, 예인작업에 종사하는 동력선이 표시하여야 하는 형상물은?

가. 마름모꼴 형상물 1개 나. 마름모꼴 형상물 2개
사. 마름모꼴 형상물 3개 아. 마름모꼴 형상물 4개

해설 예인작업에 종사하는 동력선은 주간에는 구형-마름모-구형형상물을 표시하며, 예인선열의 길이가 200미터를 초과하면 마름모꼴 형상물을 표시하여야 한다.

11

해상교통안전법상 동력선이 다른 선박을 끌고 있는 경우 예선등을 표시하여야 하는 곳은?

가. 선수 나. 선미
사. 선교 아. 마스트

정답 4 나 5 사 6 사 7 나 8 가 9 사 10 가 11 나

해설 예선등은 선미등과 같은 특성을 가진 황색등으로 선미에 있는 선미등 위에 표시한다.

12
해상교통안전법상 도선업무에 종사하고 있는 선박이 항행 중 표시하여야 하는 등화로 옳은 것은?

가. 마스트의 꼭대기나 그 부근에 수직선 위쪽에는 붉은색 전주등, 아래쪽에는 흰색 전주등 각 1개
나. 마스트의 꼭대기나 그 부근에 수직선 위쪽에는 흰색 전주등, 아래쪽에는 붉은색 전주등 각 1개
사. 현등 1쌍과 선미등 1개, 마스트의 꼭대기나 그 부근에 수직선 위쪽에는 흰색 전주등, 아래쪽에는 붉은색 전주등 각 1개
아. 현등 1쌍과 선미등 1개, 마스트의 꼭대기나 그 부근에 수직선 위쪽에는 붉은색 전주등, 아래쪽에는 흰색 전주등 각 1개

해설 ▶ 도선업무에 종사하고 있는 선박
① 식별등화 : 마스트의 꼭대기나 그 부근에 수직선 위쪽에는 흰색 전주등, 아래쪽에는 붉은색 전주등 각 1개
② 항행 중 : 항행 중에는 식별 등화(백-홍)에 덧붙여 현등 1쌍과 선미등 1개
③ 정박 중 : 식별 등화(백-홍)에 덧붙여 정박하고 있는 선박의 등화나 형상물

13
해상교통안전법상 좁은 수로등에서 서로 시계 안에 있는 상태에서 다른 선박의 좌현쪽으로 앞지르기 하려는 경우 행하여야 하는 기적신호는?

가. 장음, 장음, 단음
나. 장음, 장음, 단음, 단음
사. 장음, 단음, 장음, 단음
아. 단음, 장음, 단음, 장음

해설 ▶ 좁은 수로등에서의 추월 신호
1. 우현 추월 : 장음 2회 + 단음 1회(장장단 : ─ ─ ●)
2. 좌현 추월 : 장음 2회 + 단음 2회(장장단단 : ─ ─ ● ●)
3. 피추월선의 동의신호 : 장음1회+단음1회+장음1회+단음1회(장단장단 : ─ ● ─ ●)

14
해상교통안전법상 단음은 몇 초 정도 계속되는 고동소리인가?

가. 1초   나. 2초
사. 4초   아. 6초

해설 ▶ 기적의 종류
"기적"이란 다음 각 호의 구분에 따라 단음과 장음을 발할 수 있는 음향신호장치를 말한다.
1. 단음 : 1초 정도 계속되는 고동소리
2. 장음 : 4초부터 6초까지의 시간 동안 계속되는 고동소리

15
해상교통안전법상 안개로 시계가 제한되었을 때 항행 중인 길이 12미터 이상인 동력선이 대수속력이 있는 경우 울려야 하는 신호는?

가. 2분을 넘지 아니하는 간격으로 단음 4회
나. 2분을 넘지 아니하는 간격으로 장음 1회
사. 2분을 넘지 아니하는 간격으로 장음 1회에 이어 단음 3회
아. 2분을 넘지 아니하는 간격으로 단음 1회, 장음 1회, 단음 1회

해설
• 대수속력이 있는 항행 중인 동력선
  ▶ 2분을 넘지 않는 간격으로 장음 1회
• 대수속력이 없는 항행 중인 동력선
  ▶ 2분을 넘지 않는 간격으로 장음 2회

16
선박의 입항 및 출항 등에 관한 법률상 정박의 제한 및 방법에 대한 규정으로 옳지 않은 것은?

가. 안벽 부근 수역에 인명을 구조하는 경우 정박할 수 있다.
나. 좁은 수로 입구의 부근 수역에서 허가받은 공사를 하는 경우 정박할 수 있다.
사. 정박하는 선박은 안전에 필요한 조치를 취한 후에는 예비용 닻을 고정할 수 있다.
아. 선박의 고장으로 선박을 조종할 수 없는 경우 부두 부근 수역에서 정박할 수 있다.

해설 무역항의 수상구역등에 정박하는 선박은 지체 없이 예비용 닻을 내릴 수 있도록 닻 고정장치를 해제하여야 한다.

17
선박의 입항 및 출항 등에 관한 법률상 무역항의 수상구역등에서 위험물 운송선박이 아닌 선박이 불꽃이나 열이 발생하는 용접 등의 방법으로 기관실에서 수리작업을 하는 경우 관리청의 허가를 받아야 하는 선박의 크기 기준은?

가. 총톤수 20톤 이상   나. 총톤수 25톤 이상
사. 총톤수 50톤 이상   아. 총톤수 100톤 이상

해설 선장은 무역항의 수상구역등에서 다음의 선박을 불꽃이나 열이 발생하는 용접 등의 방법으로 수리하려는 경우 해양수산부령으로 정하는 바에 따라 관리청의 허가를 받아야 한다.
1. 위험물을 저장·운송하는 선박과 위험물을 하역한 후에도 인화성 물질 또는 폭발성 가스가 남아 있어 화재 또는 폭발의 위험이 있는 선박(=위험물운송선박)
2. 총톤수 20톤 이상의 선박

18
( )에 적합하지 않은 것은?

"선박의 입항 및 출항 등에 관한 법률상 관리청은 무역항의 수상구역등에서 선박교통의 안전을 위하여 필요하다고 인정하여 항로 또는 구역을 지정한 경우에는 ( )을/를 정하여 공고하여야 한다."

가. 제한기간   나. 관할 해양경찰서
사. 금지기간   아. 항로 또는 구역의 위치

해설 ▶ 법 제9조(선박교통의 제한)
① 관리청은 무역항의 수상구역등에서 선박교통의 안전을 위하여 필요하다고 인정하는 경우에는 항로 또는 구역을 지정하여 선박교통을 제한하거나 금지할 수 있다.
② 관리청이 제1항에 따라 항로 또는 구역을 지정한 경우에는 항로 또는 구역의 위치, 제한·금지 기간을 정하여 공고하여야 한다.

정답 12 사   13 나   14 가   15 나   16 사   17 가   18 나

19

선박의 입항 및 출항 등에 관한 법률상 무역항의 수상구역에서 수로를 보전하기 위한 내용으로 옳은 것은?

가. 항행 장애물을 제거하는 데 드는 비용은 국가에서 부담하여야 한다.

나. 무역항의 수상구역 밖 5킬로미터 이상의 수면에는 폐기물을 버릴 수 있다.

사. 흩어지기 쉬운 석탄, 돌, 벽돌 등을 하역할 경우에 수면에 떨어지는 것을 방지해야 한다.

아. 해양사고 등의 재난으로 인하여 다른 선박의 항행이나 무역항의 안전을 해칠 우려가 있는 경우 해양경찰서장은 항로표지를 설치하는 등 필요한 조치를 하여야 한다.

> **해설** 가. 항행 장애물을 제거하는 데 드는 비용은 그 장애물의 소유자 또는 점유자가 부담하여야 한다.
> 나. 누구든지 무역항의 수상구역등이나 무역항의 수상구역 밖 10킬로미터 이내의 수면에 선박의 안전운항을 해칠 우려가 있는 흙·돌·나무·어구 등 폐기물을 버려서는 아니 된다.
> 아. 조난선의 선장이 즉시 항로표지를 설치하는 등 필요한 조치를 하여야 한다.

20

선박의 입항 및 출항 등에 관한 법률상 항로에서의 항법으로 옳은 것은?

가. 항로 밖에 있는 선박은 항로에 들어오지 아니 할 것

나. 항로 밖에서 항로에 들어오는 선박은 장음 10회의 기적을 울릴 것

사. 항로 밖에서 항로로 들어오는 선박은 항로를 항행하는 다른 선박의 진로를 피하여 항행할 것

아. 항로는 밖으로 나가는 선박은 일단 정지했다가는 다른 선박이 항로에 없을 때 항로 밖으로 나갈 것

> **해설** ▶ **항로에서의 항법**
> 1. 항로 밖에서 항로에 들어오거나 항로에서 항로 밖으로 나가는 선박은 항로를 항행하는 다른 선박의 진로를 피하여 항행할 것
> 2. 항로에서 다른 선박과 나란히 항행하지 아니할 것
> 3. 항로에서 다른 선박과 마주칠 우려가 있는 경우에는 오른쪽으로 항행할 것
> 4. 항로에서 다른 선박을 추월하지 아니할 것.
> 다만, 추월하려는 선박을 눈으로 볼 수 있고 안전하게 추월할 수 있다고 판단되는 경우에는 「해상교통안전법」 제74조 제5항 및 제78조(앞지르기)에 따른 방법으로 추월할 것

21

( )에 순서대로 적합한 것은?

> "선박의 입항 및 출항 등에 관한 법률상 항로상의 모든 선박은 항로를 항행하는 ( ) 또는 ( )의 진로를 방해하지 아니하여야 한다. 다만, 항만운송관련사업을 등록한 자가 소유한 급유선은 제외한다."

가. 어선, 범선

나. 흘수제약선, 범선

사. 위험물운송선박, 대형선

아. 위험물운송선박, 흘수제약선

> **해설** 선박의 입항 및 출항 등에 관한 법률상 항로에서 모든 선박은 항로를 항행하는 위험물운송선박 또는 흘수제약선의 진로를 방해하지 아니할 것 〈법 제12조 제1항 제5호〉

22

선박의 입항 및 출항 등에 관한 법률상 우선피항선이 아닌 것은?

가. 예선

나. 총톤수 20톤 미만인 어선

사. 주로 노와 삿대로 운전하는 선박

아. 예인선에 결합되어 운항하는 압항부선

> **해설** 예인선에 결합되어 운항하는 압항부선은 우선피항선에서 제외된다.
> ▶ **우선피항선**
> 주로 무역항의 수상구역에서 운항하는 선박으로서 다른 선박의 진로를 피하여야 하는 다음의 선박을 말한다.
> 1. 부선 ▶예인선이 부선을 끌거나 밀고 있는 경우의 예인선 및 부선을 포함하되, 예인선에 결합되어 운항하는 압항부선은 제외한다.
> 2. 주로 노와 삿대로 운전하는 선박
> 3. 예선
> 4. 항만운송관련사업을 등록한 자가 소유한 선박
> 5. 해양환경관리업을 등록한 자가 소유한 선박
> 6. 위의 1~5의 규정에 해당하지 아니하는 총톤수 20톤 미만의 선박

23

해양환경관리법상 선박에서 배출기준을 초과하는 오염물질이 해양에 배출된 경우 방제조치에 대한 설명으로 옳지 않은 것은?

가. 오염물질을 배출한 선박의 선장은 현장에서 가급적 빨리 대피한다.

나. 오염물질을 배출한 선박의 선장은 오염물질의 배출방지 조치를 하여야 한다.

사. 오염물질을 배출한 선박의 선장은 배출된 오염물질을 수거 및 처리를 하여야 한다.

아. 오염물질을 배출한 선박의 선장은 배출된 오염물질의 확산방지를 위한 조치를 하여야 한다.

> **해설** 오염물질을 배출한 선박의 선장은 오염물질의 배출방지 조치, 수거 및 처리, 확산방지를 위한 조치 등을 하여야 한다.

24

( )에 순서대로 적합한 것은?

> "해양환경관리법령상 음식찌꺼기는 항해 중에 ( )으로부터 최소한 ( )의 해역에 버릴 수 있다. 다만, 분쇄기 또는 연마기를 통하여 25mm 이하의 개구를 가진 스크린을 통과할 수 있도록 분쇄되거나 연마된 음식찌꺼기의 경우 ( )으로부터 ( )의 해역에 버릴 수 있다."

가. 항만, 10해리 이상, 항만, 5해리 이상

나. 항만, 12해리 이상, 항만, 3해리 이상

사. 영해기선, 10해리 이상, 영해기선, 5해리 이상

아. 영해기선, 12해리 이상, 영해기선, 3해리 이상

> **해설** 해양환경관리법령상 음식찌꺼기는 항해 중에 영해기선으로부터 최소한 12해리 이상의 해역에 버릴 수 있다. 다만, 분쇄기 또는 연마기를 통하여 25mm 이하의 개구를 가진 스크린을 통과할 수 있도록 분쇄되거나 연마된 음식찌꺼기의 경우 영해기선으로부터 3해리 이상의 해역에 버릴 수 있다.

정답 19 사 20 사 21 아 22 아 23 가 24 아

25
해양환경관리법상 소형선박에 비치해야 하는 기관구역용 폐유저장용기에 관한 규정으로 옳지 않은 것은?

가. 용기는 2개 이상으로 나누어 비치 가능
나. 용기의 재질은 견고한 금속성 또는 플라스틱 재질일 것
사. 총톤수 5톤 이상 10톤 미만의 선박은 30리터 저장용량의 용기 비치
아. 총톤수 10톤 이상 30톤 미만의 선박은 60리터 저장용량의 용기 비치

[해설] 총톤수 5톤 이상 10톤 미만의 선박은 20리터 저장용량의 용기 비치

▶ 폐유저장용기의 비치기준(기관구역용 폐유저장용기)

대상선박	저장용량(단위: ℓ)
1) 총톤수 5톤 이상 10톤 미만의 선박	20
2) 총톤수 10톤 이상 30톤 미만의 선박	60
3) 총톤수 30톤 이상 50톤 미만의 선박	100
4) 총톤수 50톤 이상 100톤 미만으로서 유조선이 아닌 선박	200

가) 폐유저장용기는 2개 이상으로 나누어 비치할 수 있다.
나) 폐유저장용기는 견고한 금속성 재질 또는 플라스틱 재질로서 폐유가 새지 아니하도록 제작되어야 하고, 해당 용기의 표면에는 선명 및 선박 번호를 기재하고 그 내용물이 폐유임을 표시하여야 한다.
다) 폐유저장용기 대신에 소형선박용 기름여과장치를 설치할 수 있다.

제4과목 기관

01
실린더 부피가 1,200[cm³]이고 압축부피가 100[cm³]인 내연기관의 압축비는 얼마인가?

가. 11   나. 12   사. 13   아. 14

[해설] 압축비 = $\frac{실린더부피}{압축부피} = \frac{1,200}{100} = 12$

02
소형선박의 4행정 사이클 디젤기관에서 흡기밸브와 배기밸브를 닫는 힘은?

가. 연료유 압력   나. 압축공기 압력
사. 연소가스 압력   아. 스프링 장력

[해설] 흡기밸브와 배기밸브를 닫는 힘은 스프링의 장력이다.

03
소형 디젤기관에서 실린더 라이너의 심한 마멸에 의한 영향이 아닌 것은?

가. 압축불량
나. 불완전 연소
사. 착화 시기가 빨라짐
아. 연소가스가 크랭크실로 누설

[해설] 라이너가 마멸되면 착화시기가 느려진다.
• 실린더 마멸의 영향 : 압축공기 누설로 압축압력 저하, 윤활유의 연소실 침입에 의한 불완전 연소, 연료 및 소비량 증가, 연소 가스의 누설, 열효율 감소

04
다음과 같은 습식 라이너에 대한 설명으로 옳지 않은 것은?

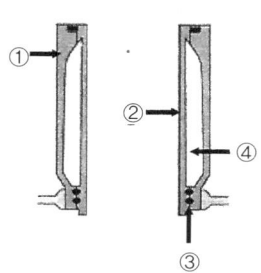

가. ①은 실린더 블록이다.
나. ②는 실린더 헤드이다.
사. ③은 냉각수 누설을 방지한 오링이다.
아. ④는 냉각수가 통과하는 통로이다.

[해설] ②는 실린더 라이너이다.

05
트렁크형 피스톤 디젤기관의 구성 부품이 아닌 것은?

가. 피스톤 핀   나. 피스톤 로드
사. 커넥팅 로드   아. 크랭크 핀

[해설] 피스톤 로드는 크로스 헤드형 피스톤 기관의 부품이다.

06
디젤기관에서 피스톤의 장력에 대한 설명으로 옳은 것은?

가. 피스톤 링이 새 것일 때 장력이 가장 크다.
나. 기관의 사용시간이 증가할수록 장력이 커진다.
사. 피스톤 링의 절구 틈이 커질수록 장력은 커진다.
아. 피스톤 링의 장력이 커질수록 링의 마멸은 줄어든다.

[해설] 나. 기관의 사용시간이 증가할수록 장력이 줄어든다.
사. 피스톤 링의 절구 틈이 커질수록 장력은 작아진다.
아. 피스톤 링의 장력이 커질수록 링의 마멸은 커진다.

07
내연기관에서 크랭크축의 역할은?

가. 피스톤의 회전운동을 크랭크축의 회전운동으로 바꾼다.
나. 피스톤의 왕복운동을 크랭크축의 회전운동으로 바꾼다.
사. 피스톤의 회전운동을 크랭크축의 왕복운동으로 바꾼다.
아. 피스톤의 왕복운동을 크랭크축의 왕복운동으로 바꾼다.

[해설] 크랭크축의 역할은 피스톤의 왕복운동을 크랭크축의 회전운동으로 바꾼다.

08
디젤기관의 플라이 휠에 대한 설명으로 옳지 않은 것은?

가. 기관의 시동을 쉽게 한다.
나. 저속 회전을 가능하게 한다.
사. 윤활유의 소비량을 증가시킨다.
아. 크랭크축의 회전력을 균일하게 한다.

[해설] 플라이 휠은 윤활유의 소비량을 증가시키지는 않는다.

정답 25 사 / 1 나 2 아 3 사 4 나 5 나 6 가 7 나 8 사

▶ 플라이 휠의 역할
- 크랭크축의 회전력을 균일하게 한다.
- 저속 회전을 가능하게 한다.
- 기관의 시동을 쉽게 한다.
- 밸브의 조정(valve timing)이 편리하다.

09
내연기관의 연료유에 대한 설명으로 옳지 않은 것은?

가. 발열량이 클수록 좋다.

나. 유황분이 적을수록 좋다.

사. 물이 적게 함유되어 있을수록 좋다.

아. 점도가 높을수록 좋다.

해설 점도가 높으면 연료유관 내의 기름이 흐르기 힘들고 분사하는 데 큰 압력이 필요하므로 좋지 않다.

10
디젤기관에서 시동용 압축공기의 최대압력은 몇 [kgf/cm³]인가?

가. 약 10[kgf/cm³]

나. 약 20[kgf/cm³]

사. 약 30[kgf/cm³]

아. 약 40[kgf/cm³]

해설 디젤기관 시동용 압축공기의 압축압력은 대략 2.5~3MPa(25~30kgf/cm³)이다.

11
디젤기관에서 연료분사밸브의 분사압력이 정상값보다 낮아지는 경우에 나타나는 현상이 아닌 것은?

가. 연료분사시기가 빨라진다.

나. 무화의 상태가 나빠진다.

사. 압축압력이 낮아진다.

아. 불완전 연소가 발생한다.

해설 연료분사밸브의 분사압력이 낮아지는 경우에 압축압력이 낮아지지 않는다.

12
소형 디젤기관에서 윤활유가 공급되는 부품이 아닌 것은?

가. 피스톤핀

나. 연료분사펌프

사. 크랭크핀 베어링

아. 메인 베어링

해설 윤활유는 피스톤과 실린더, 베어링 등에 공급하여 마찰이 적게 되어 기관의 동력 손실을 줄이고, 기계효율을 높일 수 있다.

13
소형선박에 설치되는 축이 아닌 것은?

가. 캠축

나. 스러스트축

사. 프로펠러축

아. 크로스헤드축

해설 크로스헤드는 피스톤로드와 커넥팅로드를 연결하는 장치로서 크랭크 기구의 측압을 흡수하고 커넥팅로드의 길이를 짧게 하여 크랭크 기구의 회전 중량을 감소시켜 준다.

14
나선형 추진기 날개의 한 개가 절손되었을 때 일어나는 현상으로 옳은 것은?

가. 출력이 높아진다.

나. 진동이 증가한다.

사. 속력이 높아진다.

아. 추진기 효율이 증가한다.

해설 출력이 낮아지며, 진동은 증가, 속력감소, 추진기 효율감소 등이 생긴다.

15
양묘기에서 회전축에 동력이 차단되었을 때 회전축의 회전을 억제하는 장치는?

가. 클러치

나. 체인드럼

사. 워핑드럼

아. 마찰브레이크

해설
- 마찰 브레이크 : 회전축에 동력이 차단되었을 때 회전축의 회전을 억제한다.
- 클러치(Clutch) : 회전축에 동력을 전달시키는 장치
- 체인드럼(Chain Drum) = Chain Holder = 치차 앵커체인이 홈에 꼭 끼도록 되어 있어서 드럼의 회전에 따라 체인을 내어 주거나 감아 들이는 장치
- 워핑드럼(Warping Drum) : 계선줄을 감는 데 사용

16
기관실 바닥에 고인 물이나 해수펌프에서 누설한 물을 배출하는 전용 펌프는?

가. 빌지펌프

나. 잠용수펌프

사. 슬러지펌프

아. 위생펌프

해설 선박 안에 괸 오수를 밖으로 배출하는 빌지펌프로는 왕복펌프가 사용되며, 냉각수 펌프로는 원심펌프, 윤활유 펌프로는 기어펌프가 많이 사용된다.

17
선박에서 발생되는 선저폐수를 물과 기름으로 분리시키는 장치는?

가. 청정장치

나. 분뇨처리장치

사. 폐유소각장치

아. 기름여과장치

해설 기름여과장치는 기름이 섞여 있는 폐수를 유분 함유량 100만 분의 15 이하로 처리하여 배출하는 해양오염 방지설비이다.

18
전동기의 기동반에 설치되는 표시등이 아닌 것은?

가. 전원등

나. 운전등

사. 경보등

아. 병렬등

해설 2대의 발전기를 병렬운전 하는 경우 동기검증등이 설치된다.

정답 9 아　10 사　11 사　12 나　13 아　14 나　15 아　16 가　17 아
18 아

19
선박에서 많이 사용되는 유도전동기의 명판에서 직접 알 수 없는 것은?

가. 전동기의 출력
나. 전동기의 회전수
사. 공급전원
아. 전동기의 절연저항

해설
- 절연저항은 명판에서 알 수 없다.
- 절연저항은 선로와 비선로 사이에 누설되는 전류가 있는지 '절연저항계(megger)'로 측정하는 것을 절연시험이라 한다(절연저항 값이 높으면 누전이 발생하지 않는다).

20
방전되어 다시 충전해서 계속 사용할 수 있는 전지는?

가. 1차전지
나. 2차전지
사. 3차전지
아. 4차전지

해설
- 2차전지는 충전 및 방전이 가능한 하나 이상의 전기화학 셀로 구성된 배터리이다.
- 2차전지의 경우 일반적으로는 일회용 배터리보다 초기 비용이 많이 들지만 교체하기 전 여러 번 충전할 수 있으므로 총 소요 비용과 환경 영향이 훨씬 적은 것이 장점이다.
  ▶ 1차전지 : 방전해 버리면 외부에서 에너지를 공급해도 원상태로 회복하는 충전 조작을 할 수 없는 전지

21
표준 대기압을 나타낸 것으로 옳지 않은 것은?

가. 760[mmHg]
나. 1.013(bar)
사. 1.0332(kgf/cm²)
아. 3,000(hPa)

해설 1기압 = 760[mmHg] = 1,013(mbar) = 1.013(bar)
= 1,013hPa = 1.033kgf/cm² ≒ 14.7psi

22
운전중인 디젤기관이 갑자기 정지되는 경우가 아닌 것은?

가. 윤활유의 압력이 너무 낮은 경우
나. 기관의 회전수가 과속도 설정값에 도달된 경우
사. 연료유가 공급되지 않는 경우
아. 냉각수 온도가 너무 낮은 경우

해설 냉각수 온도가 너무 낮다고 기관이 정지되지는 않는다.
  ▶ 냉각수 온도가 너무 낮을 때의 현상
  ① 연료소비량은 증가함
  ② 기계효율은 저하됨
  ③ 실린더 마멸이 촉진됨
  ④ 스케일이 부착되기 쉬움
  ⑤ 발화 늦음이 길어짐

23
디젤기관에서 크랭크암 개폐에 대한 설명으로 옳지 않은 것은?

가. 선박이 물 위에 떠 있을 때 계측한다.
나. 다이얼식 마이크로미터로 계측한다.
사. 각 실린더마다 정해진 여러 곳을 계측한다.
아. 개폐가 심할수록 유연성이 좋으므로 기관의 효율이 높아진다.

해설 크랭크암 개폐작용이 과대하게 발생하면 축의 균열이 생겨 결국 부러지게 된다.
- 크랭크암 개폐작용 : 크랭크암 사이의 거리가 넓어지거나 좁아지는 현상

24
연료유에 대한 설명으로 가장 적절한 것은?

가. 온도가 낮을수록 부피가 더 커진다.
나. 온도가 높을수록 부피가 더 커진다.
사. 대기 중 습도가 낮을수록 부피가 더 커진다.
아. 대기 중 습도가 높을수록 부피가 더 커진다.

해설 기름은 온도가 높을수록 부피가 더 커진다.

25
연료유 서비스 탱크에 설치되어 있는 것이 아닌 것은?

가. 안전밸브
나. 드레인 밸브
사. 에어벤트
아. 레벨 게이지

해설 안전밸브는 고압 장치 내의 압력이 규정 이상으로 상승되는 것을 방지하기 위한 밸브로 연료유 탱크에는 설치되어 있지 않다.

정답 19 아 20 나 21 아 22 아 23 아 24 나 25 가

2022년 제3회

제3회 2022 해기사시험 소형선박조종사

제1과목 항 해

01

자기컴퍼스에서 0도와 180도를 연결하는 선과 평행하게 자석이 부착되어 있는 원형판은?

가. 볼 　　　　　　　　　　　나. 기선
사. 부실 　　　　　　　　　　아. 컴퍼스 카드

해설 • 볼(Bowl) : 반자성 재료인 청동 또는 놋쇠로 되어 있는 용기로서, 그 안에 액체가 있어 컴퍼스 카드 부분이 거의 떠 있고, 볼은 상하 2개의 방으로 되어 있다.
• 기선(Lubber point) : 볼 내벽의 카드와 동일한 면 안에 4개의 기선이 각각 선수, 선미, 좌우의 정횡방향을 표시한다.
• 짐벌즈(Gimbals) : 짐벌링(Gimbal ring)이라고도 하며, 선박의 동요로 비너클이 기울어져도 볼을 항상 수평하게 유지하기 위한 장치로 그 구조는 안팎의 2개 링(ring)으로 되어 있다.
• 컴퍼스 카드 : 온도가 변화하더라도 변형되지 않도록 부실에 부착된 운모 혹은 황동제의 원형판으로 주변에 정밀하게 눈금을 파 놓았다. 그 원주에 북을 0°로 하여 시계방향으로 360등분 된 방위 눈금이 새겨져 있고, 그 안쪽에는 사방점인 N, S, E, W 방위와 사우점인 NE, SE, SW, NW의 방위가 새겨져 있다.

02

( )에 적합한 것은?

> "자이로컴퍼스에서 지지부는 선체의 요동, 충격 등의 영향이 추종부에 거의 전달되지 않도록 ( ) 구조로 추종부를 지지하게 되며, 그 자체는 비너클에 지지되어 있다."

가. 짐벌 　　　　　　　　　　나. 인버터
사. 로터 　　　　　　　　　　아. 토커

해설 짐벌즈(Gimbals) : 짐벌링(Gimbal ring)이라고도 하며, 선박의 동요로 비너클이 기울어져도 볼을 항상 수평하게 유지하기 위한 장치로 그 구조는 안팎의 2개 링(ring)으로 되어 있다.

03

수심이 얕은 곳에서 수심을 측정하거나 투묘할 때 배의 진행 방향 및 타력 또는 정박 중 닻의 끌림을 알기 위한 기기는?

가. 핸드 레드 　　　　　　　　나. 사운딩 자
사. 트랜스듀서 　　　　　　　아. 풍향풍속계

해설 ▶ 핸드 레드(Hand lead : 수용측정의)
수심이 얕은 곳에서 수심과 저질을 측정하는 측심기로 3～7kg의 레드(lead : 납덩이)와 45～70m 정도의 레드라인으로 구성되어 있다.
• 납덩이의 밑에 있는 해저의 저질을 판별하기 위한 구멍인 아밍 홀(arming hole)이 있다.
• 투묘시 배의 진행 방향과 타력을 알 수 있다.
• 줄(lead line)의 움직임을 파악하여 정박 중 닻끌림(주묘)을 알 수 있다.

04

전자식 선속계가 표시하는 속력은?

가. 대수속력 　　　　　　　　나. 대지속력
사. 대공속력 　　　　　　　　아. 평균속력

해설 일반적으로 선속계에 표시되는 속력은 대수속력이다.
도플러 선속계는 대수속력, 대지속력 모두 표시할 수 있다.

05

다음 중 자기컴퍼스의 자차가 가장 크게 변하는 경우는?

가. 선체가 경사할 경우
나. 적화물을 이동할 경우
사. 선수 방위가 바뀔 경우
아. 선체가 약한 충격을 받을 경우

해설 전부 자차가 변화하는 경우이나 가장 크게 변화하는 경우는 선수 방위가 바뀔 경우이다.

06

선박자동식별장치(AIS)에서 확인할 수 없는 정보는?

가. 선명 　　　　　　　　　　나. 선박의 흘수
사. 선원의 국적 　　　　　　아. 선박의 목적지

해설 선원의 국적은 알 수가 없다.
▶ 선박자동식별장치(AIS) 정보

구 분	정보 내용	비 고
정적정보 (선박제원)	• IMO 번호 • 호출부호 및 선명 • 선박의 길이, 폭 • 선박의 종류 • 안테나의 위치(선미/선수/중심선의 좌우)	• 변경사항 발생시 수시로 수정입력
동적정보	• 선박의 위치 • UTC로 표시하는 시간 • 대지침로 • 대지속력 • 선수방위 • 항해상태(항해, 정박 등) • 선회율(임의) • 경사각도(임의)	• 선박의 항해 상태에 따라 자동입력(수동입력도 가능)
항해정보	• 선박의 흘수 • 위험화물 • 목적지 및 도착예정시간 • 항로계획(임의)	• 항해선 및 항해중 주기적으로 수동 입력
문자정보	• 중요한 항해 또는 기상경보 포함	

정답 1 아　2 가　3 가　4 가　5 사　6 사

07
용어에 대한 설명으로 옳은 것은?

가. 전위선은 추측위치와 추정위치의 교점이다.
나. 중시선은 교각이 90도인 두 물표를 연결한 선이다.
사. 추측위치란 선박의 침로, 속력 및 풍압차를 고려하여 예상한 위치이다.
아. 위치선은 관측을 실시한 시점에 선박이 그 선위에 있다고 생각되는 특정한 선을 말한다.

[해설] 가. 전위선은 위치선을 침로방향으로 그 동안의 항정만큼 평행이동 시킨 것으로 격시관측위치를 구할 때 사용된다.
나. 중시선은 두 물표가 일직선이 될 때를 말하며, 컴퍼스오차 측정, 자이로오차 측정, 선속측정, 피험선 등에 이용된다.
사. 추정위치에 대한 설명으로 풍압차를 수정하면 추정위치가 된다.
▶ 추측위치는 본선의 침로와 선속(항정)으로 구한 위치로 이 위치에 외력의 영향인 풍압차를 가감하면 추정위치가 된다.

08
45해리 떨어진 두 지점 사이를 대지속력 10노트로 항해할 때 걸리는 시간은? (단, 외력은 없음)

가. 3시간
나. 3시간 30분
사. 4시간
아. 4시간 30분

[해설] 60분 : 10해리 = (x) : 45해리
$10x = 60 \times 45$ ∴ $x = 270$분 = 4시간30분

09
상대운동 표시방식 레이더 화면에서 본선 주변에 있는 4척의 선박을 플로팅 한 것이다. 현재 상태에서 본선과 충돌할 가능성이 가장 큰 선박은?

가. A
나. B
사. C
아. D

[해설] A선박은 본선으로 향하여 오고 있는 선박으로 본선과 충돌의 위험이 있다.

10
여러 개의 천체 고도를 동시에 측정하여 선위를 얻을 수 있는 시기는?

가. 박명시
나. 표준시
사. 일출시
아. 정오시

[해설] 일출 전 또는 일몰 후의 약 1시간~1시간반 정도는 대기중의 수증기나 먼지 등에 태양광선이 반사산란되기 때문에 하늘이 맑아 수평선이 뚜렷이 보이므로 천체를 관측하기 좋다. 이때를 박명시(Twilight)라 한다.

11
우리나라 해도상 수심의 단위는?

가. 미터(m)
나. 인치(inch)
사. 패덤(fm)
아. 킬로미터(km)

[해설] 우리나라 해도상 수심, 지물의 높이(산높이, 등대높이)의 단위는 미터(m)이다.

12
항로, 암초, 항행금지구역 등을 표시하는 지점에 고정으로 설치하여 선박의 좌초를 예방하고 항로의 안내를 위해 설치하는 광파(야간)표지는?

가. 등대
나. 등선
사. 등주
아. 등표

[해설]
• 등대 : 야표의 대표적인 것으로 해양으로 돌출한 곳이나 섬 등 선박의 물표가 되기에 알맞은 장소에 설치된 탑과 같이 생긴 구조물
• 등선 : 등대를 설치하기 곤란한 장소에 등대를 대신하여 등대의 역할을 하는 일정한 지점에 정박하고 있는 특수 구조의 선박
• 등주 : 쇠나 나무 또는 콘크리트 기둥의 꼭대기에 등을 달아 놓은 야간표지로 광달거리가 별로 크지 않아도 되는 항구, 항내에 설치한다.
• 등표 : 입표에 등을 켜 놓은 야간표지로 항로, 암초, 항행금지구역 등을 표시하는 지점에 고정 설치하여 선박의 좌초를 예방하고, 항로의 지도를 위한 표지

13
레이더 트랜스폰더에 대한 설명으로 옳은 것은?

가. 음성신호를 방송하여 방위측정이 가능하다.
나. 송신 내용에 부호화된 식별신호 및 데이터가 들어있다.
사. 선박의 레이더 영상에 송신국의 방향이 숫자로 표시된다.
아. 좁은 수로 또는 항만에서 선박을 유도할 목적으로 사용한다.

[해설] 가. : 토킹 비컨(Talking beacon)에 대한 설명이다.
사. : 유도 비컨(Course beacon)에 대한 설명이다.
아. : 레이마크(Ramark)에 대한 설명이다.

14
등질에 대한 설명으로 옳지 않은 것은?

가. 모스 부호등은 모스 부호를 빛으로 발하는 등이다.
나. 분호등은 3가지 등색을 바꾸어가며 계속 빛을 내는 등이다.
사. 섬광등은 빛을 비추는 시간이 꺼져 있는 시간보다 짧은 등이다.
아. 호광등은 색깔이 다른 종류의 빛을 교대로 내며, 그 사이에 등광은 꺼지는 일이 없는 등이다.

[해설] 분호등은 등광의 색깔이 바뀌지 않고 서로 다른 지역을 다른 색상으로 비추는 등화로 등광이 해면을 비추어 주는 부분(명호) 안에서 어느 부분만 비추어주는 등으로 지향등, 조사등(부등) 등이 분호등에 속한다.

정답 7 아 8 아 9 가 10 가 11 가 12 아 13 나 14 나

15

다음 그림의 항로표지에 대한 설명으로 옳은 것은? (단, 두표의 모양으로 구분)

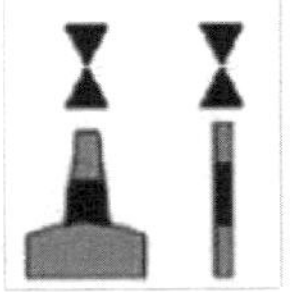

가. 표지의 동쪽에 가항수역이 있다.
나. 표지의 서쪽에 가항수역이 있다.
사. 표지의 남쪽에 가항수역이 있다.
아. 표지의 북쪽에 가항수역이 있다.

해설 두표모양은 정점대향, 표체는 위쪽에 황색, 아래쪽은 흑색인 서방위표지로 표지의 서쪽에 가항수역이 있으므로 서쪽으로 항행을 하여야 한다.

16

아래에서 설명하는 것은?

> 해도상에 기재된 "건물, 항만 시설물, 등부표, 해안선의 형태 등의 기호 및 약어를 수록하고 있다."

가. 해류도
나. 해도도식
사. 조류도
아. 해저 지형도

해설 해도도식 : 해도상에 사용되는 특수한 기호 및 약어를 일람표로 하여 특별히 편집한 책자

17

점장도의 특징으로 옳지 않은 것은?

가. 항정선이 직선으로 표시된다.
나. 자오선은 남북 방향의 평행선이다.
사. 거등권은 동서 방향의 평행선이다.
아. 적도에서 남북으로 멀어질수록 면적이 축소되는 단점이 있다.

해설 항정선이 직선이 되기 위해서는 자오선이 평행하여야 하므로 점장도는 적도에서 남북으로 멀어질수록 면적이 확대되는 단점이 있어 위도 70도 이상의 고위도에서 사용하기 불편하다.

18

항행통보에 의해 항해사가 직접 해도를 수정하는 것은?

가. 개판
나. 재판
사. 보도
아. 소개정

해설 소개정 : 항해자가 항행통보에 의해 직접 수기로 해도를 개정하는 방법

19

종이해도 위에 표시되어 있는 등질 중 'Fl(3)20s'의 의미는?

가. 군섬광으로 3초간 발광하고 20초간 쉰다.
나. 군섬광으로 20초간 발광하고 3초간 쉰다.
사. 군섬광으로 3초에 20회 이하로 섬광을 반복한다.
아. 군섬광으로 20초 간격으로 연속적인 3번의 섬광을 반복한다.

해설 군섬광등, 주기20초에 3번의 섬광을 발한다.

20

장해물을 중심으로 하여 주위를 4개의 상한으로 나누고, 그들 상한에 각각 북, 동, 남, 서라는 이름을 붙이고, 그 각각의 상한에 설치된 표지는?

가. 방위표지
나. 고립장해표지
사. 측방표지
아. 안전수역표지

해설 ▶ 방위표지
- 장해물을 중심으로 4개로 나누어 북방위표지, 동방위표지, 남방위표지, 서방위표지로 이름을 붙여 부르며, 이러한 방위표지가 있을 때는 이 표지를 기준으로 항행하면 안전하다.
- 두표는 반드시 2개의 흑색의 원추형을 사용하여야 한다.
- 등색은 모두 백색이며, 등질은 모두 다르다.

21

풍속을 관측할 때 몇 분간의 풍속을 평균하는가?

가. 5분
나. 10분
사. 15분
아. 20분

해설 풍속은 10분간의 평균풍속을 말한다.

22

중심이 주위보다 따뜻하고, 여름철 대륙 내에서 발생하는 저기압으로, 상층으로 갈수록 저기압성 순환이 줄어들면서 어느 고도 이상에서 사라지는 키가 작은 저기압은?

가. 전선 저기압
나. 한랭 저기압
사. 온난 저기압
아. 비전선 저기압

해설 • 온난저기압
중심부가 주변부보다 기온이 높은 열대 저기압으로 따뜻한 중심의 기압은 주위보다 고도에 따라 느리게 감소하므로 상층에서는 오히려 주위보다 기압이 높아지는 키가 작은 고기압이다.

23

한랭전선과 온난전선이 서로 겹쳐져 나타나는 전선은?

가. 한랭전선
나. 온난전선
사. 폐색전선
아. 정체전선

해설 • 한랭전선 : 찬 공기의 이동 속도가 따뜻한 공기의 이동 속도보다 빨라서 찬 공기가 밑으로 파고 들어가서 따뜻한 공기를 상승시켜서 만든 전선
• 온난전선 : 따뜻한 공기의 이동속도가 찬 공기의 이동속도보다 빨라서 따뜻한 공기가 찬 공기 위를 타고 오를 때 나타나는 전선
• 폐색전선 : 한랭전선의 진행 속도가 온난전선보다 빨라서 두 전선이 겹치게 될 때 나타나는 전선
• 정체전선 : 두 기단의 세력이 비슷하여 거의 이동하지 않고 정체한 경우 발생하는 전선

정답 15 나 16 나 17 아 18 아 19 아 20 가 21 나 22 사 23 사

24
피험선에 대한 설명으로 옳은 것은?
가. 위험 구역을 표시하는 등심선이다.
나. 선박이 존재한다고 생각하는 특정한 선이다.
사. 항의 입구 등에서 자선의 위치를 구할 때 사용한다.
아. 항해 중에 위험물에 접근하는 것을 쉽게 탐지할 수 있다.

해설 피험선은 협수로 통과시나 입·출항 시에 위험을 피하기 위한 준비된 위험 예방선으로 피험선을 벗어났을 때는 위험물에 접근하고 있다는 것을 쉽게 알 수 있다.

25
입항항로를 선정할 때 고려사항이 아닌 것은?
가. 항만관계 법규
나. 묘박지의 수심, 저질
사. 항만의 상황 및 지형
아. 선원의 교육훈련 상태

해설 선원의 교육훈련 상태와 입항항로 선정과는 관계가 없다.

제2과목 운 용

01
선체 각부의 명칭을 나타낸 아래 그림에서 ㉠은?

가. 선수현호
나. 선미현호
사. 상갑판
아. 용골

해설 상갑판(Upper Deck) : 정통갑판 중 최상층에 있는 갑판

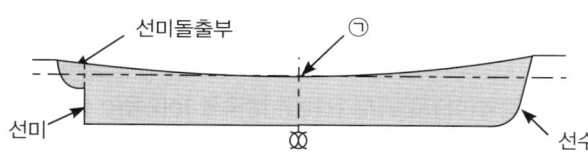

[선체의 구조 명칭]
1.선미현호 2.선미 3.선미돌출부 4.상갑판 5.선수현호 6.선수

02
대형 선박의 건조에 많이 사용되는 선체의 재료는?
가. 목재
나. 플라스틱
사. 철재
아. 알루미늄

해설 대형선박에 사용되는 선체의 재료에는 철재(강재)가 가장 많이 사용된다.

03
크레인식 하역장치의 구성요소가 아닌 것은?
가. 카고 훅
나. 토핑 윈치
사. 데릭 붐
아. 선회 윈치

해설 데릭 붐은 데릭식 하역장치의 구성요소이다.

04
강선구조기준, 선박만재흘수선규정, 선박구획기준 및 선체 운동의 계산 등에 사용되는 길이는?
가. 전장
나. 등록장
사. 수선장
아. 수선간장

해설 ▶ 선박의 길이
(1) 전장(Length Over All ; Loa)
  • 선수 최전단부터 선미 최후단까지의 수평거리
  • 부두 접안, 입거 등과 같이 선박 조종에 필요한 선박의 길이
(2) 수선간장(Length Between Perpendiculars ; Lbp)
  • 계획 만재흘수선상의 선수재 전면에서 러더포스트의 후면까지 수평거리
  • 전부수선(FP)에서 후부수선(AP)까지의 수평거리
  • 일반적으로 사용되는 선박의 길이로 강선구조기준, 만재흘수선 기준 등 각종 설비기준에 사용되며 선체길이의 중앙이란 수선간장의 중앙을 말한다.
(3) 수선장(Length On Load Water Line)
  • 만재흘수선상에서 물에 잠긴 선체의 길이
  • 배의 저항, 추진력 계산에 사용
(4) 등록장(Registered Length)
  • 상갑판 보(beam)상 선수재 전면에서 선미재 후면까지를 잰 수평거리
  • 선박의 원부 및 선박국적증서에 기재되는 길이

05
동력 조타장치의 제어장치 중 주로 소형선에 사용되는 방식은?
가. 기계식
나. 유압식
사. 전기식
아. 전동 유압식

해설 소형선에서의 동력조타장치는 보통 기계식으로 되어 있다.

06
다음 중 합성 섬유로프가 아닌 것은?
가. 마닐라 로프
나. 폴리프로필렌 로프
사. 나일론 로프
아. 폴리에틸렌 로프

해설 마닐라 로프는 천연섬유 로프이다.

정답 24 아 25 아 / 1 사 2 사 3 사 4 아 5 가 6 가

07

열분해 작용 시 유독가스가 발생하므로, 선박에 비치하지 아니하는 소화기는?

가. 포말 소화기
나. 분말 소화기
사. 할론 소화기
아. 이산화탄소 소화기

해설 할론 소화기는 공기보다 5배가량 더 무거운 불활성 가스인 할론에 의하여 화재 주변의 산소 농도를 떨어뜨리고, 열분해 과정에서 물과 이산화탄소를 생성함으로써 소화하는 방식으로 B급 화재와 C급 화재에 사용하며, 유독가스가 발생하므로 신조선 및 현존선 모두 새로운 설치가 금지되어 있다.

08

체온을 유지할 수 있도록 열전도율이 낮은 방수 물질로 만들어진 포대기 또는 옷을 의미하는 구명설비는?

가. 방수복
나. 구명조끼
사. 보온복
아. 구명부환

해설 보온복은 방수 물질로 만들어진 옷으로 방수복을 착용하지 않은 사람이 입는 장비이다.

09

국제신호기를 이용하여 혼돈의 염려가 있는 방위신호를 할 때 최상부에 게양하는 기류는?

가. A기
나. B기
사. C기
아. D기

해설 • A기 : 방위를 나타낼 때 숫자기와 함께 사용
　　　 • C기 : 침로를 나타낼 때
　　　 • D기 : 날짜를 나타낼 때

10

퇴선 시 여러 사람이 붙들고 떠 있을 수 있는 부체는?

가. 페인터
나. 구명부기
사. 구명줄
아. 부양성 구조고리

해설 구명부기는 선박 조난 시 구조를 기다릴 때 사용하는 인명구조장비로 사람이 타지 않고 손으로 밧줄을 붙잡고 있도록 하는 구명설비이다.

11

비상위치지시 무선표지(EPIRB)로 조난신호가 잘못 발신되었을 때 연락하여야 하는 곳은?

가. 회사
나. 서울무선전신국
사. 주변 선박
아. 수색구조조정본부

해설 비상위치지시용무선설비(EPIRB)로 조난신호가 잘못 발신되었을 경우에는 가장 적절한 통신수단을 사용하여 해안국, 해안지구국, 또는 구조조정본부(RCC)를 연결하여 그 사실을 알리고 조난경보를 취소하여야 한다.

12

선박이 침몰할 경우 자동으로 조난신호를 발신할 수 있는 무선설비는?

가. 레이더(Radar)
나. NAVTEX 수신기
사. 초단파(VHF) 무선설비
아. 비상위치지시 무선표지(EPIRB)

해설 ▶ 비상위치지시 무선표지(Emergency Position Indicating Radio Beacon : EPIRB)
위성을 이용하여 선박이나 항공기가 조난 상태에서 생존자의 위치를 알리는 무선설비로 수색과 구조 작업 시 생존자의 위치 결정을 용이하게 하도록 한다.

13

불을 붙여 물에 던지면 해면 위에서 연기를 내는 조난신호장비로서 방수 용기로 포장되어 잔잔한 해면에서 3분 이상 잘 보이는 색깔의 연기를 내는 것은?

가. 신호 홍염
나. 자기 점화등
사. 신호 거울
아. 발연부 신호

해설 • 발연부 신호(Buoyant Smoke Signal)
주간용 신호로 불을 붙여 물에 던지면 해면 위에서 연기를 낸다. 방수용기로 포장되어야 하며, 잔잔한 해면에서 3분 이상 잘 보이는 색깔의 연기를 분출해야 하며 100mm 깊이의 수중에서 10초 이상 잠긴 후에도 계속 연기를 분출할 것
• 신호홍염(Hand Flare)
손잡이에 불을 붙이면 붉은색 불꽃을 내며, 자체 점화 장치를 보유하고 있어야 하며, 1분 이상의 연소시간과 100mm 깊이의 수중에서 10초 동안 잠긴 후에도 계속 타야 한다.
• 자기 점화등(Self-igniting Light)
야간에 구명부환의 위치를 알려 주는 등으로 구명부환과 함께 수면에 투하되면 자동으로 백색의 빛이 점등되며, 최소 2시간 이상 점등되어 있거나 섬광을 낸다.

14

초단파(VHF) 무선설비의 조난경보 버튼을 눌렀을 때 발신되는 조난신호의 내용으로 옳은 것은?

가. 조난의 종류, 선명, 위치, 시각
나. 조난의 종류, 선명, 위치, 거리
사. 조난의 종류, 해상이동업무식별번호(MMSI number), 위치, 시각
아. 조난의 종류, 해상이동업무식별번호(MMSI number), 위치, 거리

해설 조난의 종류, 해상이동업무식별번호(MMSI number), 위치, 시각 등이 발사된다.

15

선박의 침로안정성에 대한 설명으로 옳지 않은 것은?

가. 방향안정성이라고도 한다.
나. 선박의 항행거리와는 관계가 없다.
사. 선박이 정해진 항로를 직진하는 성질을 말한다.
아. 침로에서 벗어났을 때 곧바로 침로에 복귀하는 것을 침로안정성이 좋다고 한다.

해설 선박의 침로안정성은 항행거리에 영향을 주며, 선박의 경제적인 운용을 위하여 필요한 요소 중 하나이다.

정답 **7** 사　**8** 사　**9** 가　**10** 나　**11** 아　**12** 아　**13** 아　**14** 사　**15** 나

16
선체운동 중에서 선수미선을 중심으로 좌·우현으로 교대로 횡경사를 일으키는 운동은?

가. 종동요
나. 횡동요
사. 전후운동
아. 상하운동

해설
- 종동요(pitching) 운동 : 선수와 선미가 상하 교대로 회전하는 종경사 운동
- 횡동요(rolling) 운동 : 선수미선을 기준으로 선체가 좌우로 회전하는 횡경사 운동
- 선수동요(yawing) 운동 : 선수가 좌우 교대로 선회하려는 왕복 운동
- 선체 좌우이동(Swaying) : 선수미선을 중심으로 좌우 직선왕복운동

17
( )에 순서대로 적합한 것은?

> "타각을 크게 하면 할수록 타에 작용하는 압력이 커져서 선회 우력은 ( ) 선회권은 ( )."

가. 커지고, 커진다
나. 작아지고, 커진다
사. 커지고, 작아진다
아. 작아지고, 작아진다

해설 타각을 크게 하면 선회우력이 커져서 선회성이 좋아지기 때문에 선회권은 작아진다.

18
좁은 수로를 항해할 때 유의할 사항으로 옳지 않은 것은?

가. 통항시기는 게류 때나 조류가 약한 때를 택하고, 만곡이 급한 수로는 순조 시 통항하여야 한다.
나. 좁은 수로의 만곡부에서 유속은 일반적으로 만곡의 외측에서 강하고 내측에서는 약한 특징이 있다.
사. 좁은 수로에서의 유속은 일반적으로 수로 중앙부가 강하고, 육안에 가까울수록 약한 특징이 있다.
아. 좁은 수로는 수로의 폭이 좁고, 조류나 해류가 강하며, 굴곡이 심하여 선박의 조종이 어렵고, 항행할 때에는 철저한 경계를 수행하면서 통항하여야 한다.

해설 역조 시는 순조 시보다 조종이 잘 되므로 만곡이 급한 수로는 순조 시보다 역조 시에 통항하는 것이 좋다.

19
다음 중 선박 조종에 미치는 영향이 가장 작은 요소는?

가. 바람
나. 파도
사. 조류
아. 기온

해설 기온과 선박 조종과는 관계가 없다.

20
선박의 충돌 시 더 큰 손상을 예방하기 위해 취해야 할 조치사항으로 옳지 않은 것은?

가. 가능한 한 빨리 전진속력을 줄이기 위해 기관을 정지한다.
나. 승객과 선원의 상해와 선박과 화물의 손상에 대해 조사한다.
사. 전복이나 침몰의 위험이 있더라도 임의 좌주를 시켜서는 아니 된다.
아. 침수가 발생하는 경우, 침수구역 배출을 포함한 침수 방지를 위한 대응조치를 취한다.

해설 선박이 충돌하여 침몰할 것이 예상되면 적당한 곳에 임의 좌주(좌안 : Beaching)를 하여야 한다.

21
접·이안 시 닻을 사용하는 목적이 아닌 것은?

가. 선회 보조 수단
나. 전진속력의 제어
사. 추진기관의 출력 증가
아. 후진 시 선수의 회두 방지

해설 닻을 사용한다고 출력이 증가되지는 않는다.

22
황천항해를 대비하여 선박에 화물을 실을 때 주의사항으로 옳은 것은?

가. 선체의 중앙부에 화물을 많이 싣는다.
나. 선수부에 화물을 많이 싣는 것이 좋다.
사. 화물의 무게 분포가 한 곳에 집중되지 않도록 한다.
아. 상갑판보다 높은 위치에 최대한으로 많은 화물을 싣는다.

해설
가. 선체 중앙부에 화물을 많이 적재하면 새깅(Sagging)상태가 된다.
나. 선수부에 화물을 많이 적재하면 선수트림이 되어 선수에 파랑이 많이 덮쳐 오고 선속을 감소시키며, 침로안정성이 떨어지고 타효도 불량하게 된다.
사. 상갑판보다 높은 위치에 화물을 많이 적재하면 무게 중심이 높아져 복원력이 감소된다.

23
황천항해 중 선수 2~3점(Point)에서 파랑을 받으면서 조타가 가능한 최소의 속력으로 전진하는 방법은?

가. 표주(Lie to)법
나. 순주(Scudding)법
사. 거주(Heave to)법
아. 진파기름(Storm oil)의 살포

해설
- 히브 투(Heave to) = 거주
  풍랑을 선수로부터 좌우현 25~35° 방향으로 받아 조타가 가능한 최소의 속력으로 전진하는 방법
- 스커딩(Scudding) = 순주
  풍랑을 선미 쿼터(quarter)에서 받으며 파에 쫓기는 자세로 항주하는 방법으로 레이싱이 없는 한 최고 속력으로 항주한다.
- 라이 투(Lie to) = 표주
  황천 속에서 기관을 정지하여 sea anchor를 사용하여 선체를 풍하 쪽으로 표류하도록 하는 방법
- 스톰 오일(Storm Oil)의 살포
  파랑을 진정시킬 목적으로 선체 주위에 기름을 살포한다.

24
정박 중 선내 순찰의 목적이 아닌 것은?

가. 각종 설비의 이상 유무 확인
나. 선내 각부의 화재위험 여부 확인
사. 정박등을 포함한 각종 등화 및 형상물 확인
아. 선내 불빛이 외부로 새어 나가는지 여부 확인

해설 선내 불빛이 외부로 새어 나가는지의 여부의 점검은 항해시의 주의사항이다.

정답 16 나 17 사 18 가 19 아 20 사 21 사 22 사 23 사 24 아

소형선박조종사

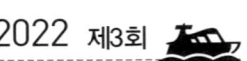

2022 제3회

25
화재의 종류 중 전기화재가 속하는 것은?

가. A급 화재
나. B급 화재
사. C급 화재
아. D급 화재

해설 ▷ **화재의 종류**
① A급 화재 : 연소 후 재가 남는 화재 ▶물, 포말 등으로 소화
② B급 화재 : 연소 후 재가 남지 않는 가연성 액체(기름, 페인트)화재
▶이산화탄소, 포말, 분말, 분무형 물로 소화
③ C급 화재 : 전기에 의한 화재 ▶이산화탄소, 분말로 소화
④ D급 화재 : 가연성 금속물질의 화재 ▶분말로 소화
⑤ E급 화재 : 가스에 의한 화재 ▶가스차단 및 B급 화재의 소화법으로 소화

제3과목 **법 규**

01
해상교통안전법상 피항선의 피항조치를 위한 방법으로 옳은 것을 〈보기〉에서 모두 고른 것은?

┌─── 보 기 ───┐
ㄱ. 잦은 변침 ㄴ. 조기 변침
ㄷ. 소각도 변침 ㄹ. 대각도 변침

가. ㄱ, ㄴ
나. ㄱ, ㄹ
사. ㄴ, ㄷ
아. ㄴ, ㄹ

해설 • 다른 선박의 진로를 피하여야 하는 모든 선박["피항선"]은 될 수 있으면 미리 동작을 크게 취하여 다른 선박으로부터 충분히 멀리 떨어져야 한다.
• 선박은 다른 선박과 충돌을 피하기 위하여 침로나 속력을 변경할 때에는 될 수 있으면 다른 선박이 그 변경을 쉽게 알아볼 수 있도록 충분히 크게 변경하여야 하며, 침로나 속력을 소폭으로 연속적으로 변경하여서는 아니 된다.
• 선박은 넓은 수역에서 충돌을 피하기 위하여 침로를 변경하는 경우에는 적절한 시기에 큰 각도로 침로를 변경하여야 하며, 그에 따라 다른 선박에 접근하지 아니하도록 하여야 한다.

02
해상교통안전법상 안전한 속력을 결정할 때 고려할 사항이 아닌 것은?

가. 시계의 상태
나. 컴퍼스의 오차
사. 해상교통량의 밀도
아. 선박의 흘수와 수심과의 관계

해설 안전한 속력과 컴퍼스의 오차와는 무관하다.
▷ **안전한 속력**
• 선박은 다른 선박과의 충돌을 피하기 위하여 적절하고 효과적인 동작을 취하거나 당시의 상황에 알맞은 거리에서 선박을 멈출 수 있도록 항상 안전한 속력으로 항행하여야 한다.
▷ **안전한 속력을 결정할 때 고려사항**
▶레이더를 사용하고 있지 아니한 선박의 경우에는 제1호부터 제6호까지 해당
1. 시계의 상태
2. 해상교통량의 밀도
3. 선박의 정지거리 · 선회성능, 그 밖의 조종성능
4. 야간의 경우에는 항해에 지장을 주는 불빛의 유무

5. 바람 · 해면 및 조류의 상태와 항행장애물의 근접상태
6. 선박의 흘수와 수심과의 관계
7. 레이더의 특성 및 성능
8. 해면상태 · 기상, 그 밖의 장애요인이 레이더 탐지에 미치는 영향
9. 레이더로 탐지한 선박의 수 · 위치 및 동향

03
해상교통안전법상 서로 시계 안에서 2척의 동력선이 마주치게 되어 충돌의 위험이 있는 경우에 대한 설명으로 옳지 않은 것은?

가. 두 선박은 서로 대등한 피항 의무를 가진다.
나. 우현 대 우현으로 지나갈 수 있도록 변침한다.
사. 낮에는 2척의 선박의 마스트가 선수에서 선미까지 일직선이 되거나 거의 일직선이 되는 경우이다.
아. 밤에는 2개의 마스트등을 일직선 또는 거의 일직선으로 볼 수 있거나 양쪽의 현등을 볼 수 있는 경우이다.

해설 같은 동력선이기 때문에 좌현 대 좌현으로 지나갈 수 있도록 서로 우현으로 변침한다.

04
해상교통안전법상 제한된 시계에서 레이더만으로 다른 선박이 있는 것을 탐지한 선박의 피항동작이 침로의 변경을 수반하는 경우 선박이 취하여야 할 행위로 옳은 것은?

가. 자기 선박의 양쪽 현의 정횡에 있는 선박의 방향으로 침로를 변경하는 행위
나. 자기 선박의 양쪽 현의 정횡 뒤쪽에 있는 선박의 방향으로 침로를 변경하는 행위
사. 다른 선박이 자기 선박의 양쪽 현의 정횡 앞쪽에 있는 경우 우현 쪽으로 침로를 변경하는 행위
아. 다른 선박이 자기 선박의 양쪽 현의 정횡 앞쪽에 있는 경우 좌현 쪽으로 침로를 변경하는 행위(앞지르기당하고 있는 선박에 대한 경우는 제외한다)

해설 • 피항동작이 침로의 변경을 수반하는 경우에는 될 수 있으면 다음 각 호의 동작은 피하여야 한다.
1. 다른 선박이 자기 선박의 양쪽 현의 정횡 앞쪽에 있는 경우 좌현 쪽으로 침로를 변경하는 행위(앞지르기당하고 있는 선박에 대한 경우는 제외한다)
2. 자기 선박의 양쪽 현의 정횡 또는 그곳으로부터 뒤쪽에 있는 선박의 방향으로 침로를 변경하는 행위

05
해상교통안전법상 선수, 선미에 각각 흰색의 전주등 1개씩과 수직선상에 붉은색 전주등 2개를 표시하고 있는 선박은 어떤 상태의 선박인가?

가. 정박선
나. 조종불능선
사. 얹혀 있는 선박
아. 어로에 종사하고 있는 선박

해설 ▷ **얹혀 있는 선박**
정박 시 등화와 형상물의 등화를 표시하여야 하며, 이에 덧붙여 가장 잘 보이는 곳에 식별등화를 수직으로 홍색의 전주등 2개, 주간에는 주간 형상물을 수직으로 구형 형상물 3개를 표시하여야 한다.

정답 **25** 사 / **1** 아 **2** 나 **3** 나 **4** 사 **5** 사

06
해상교통안전법상 선미등의 수평사광범위와 등색은?

가. 135도, 붉은색
나. 225도, 붉은색
사. 135도, 흰색
아. 225도, 흰색

해설
- 선미등 : 135도에 걸치는 수평의 호를 비추는 흰색 등
- 마스트등 : 225도에 걸치는 수평의 호를 비출 수 있는 흰색 등
- 현등 : 정선수 방향에서 양쪽 현으로 각각 112.5도에 걸치는 수평의 호를 비추는 등화

07
해상교통안전법상 장음과 단음에 대한 설명으로 옳은 것은?

가. 단음 : 1초 정도 계속되는 고동소리
나. 단음 : 3초 정도 계속되는 고동소리
사. 장음 : 8초 정도 계속되는 고동소리
아. 장음 : 10초 정도 계속되는 고동소리

해설
- 단음 : 1초 정도 계속되는 고동소리
- 장음 : 4초부터 6초까지의 시간 동안 계속되는 고동소리

08
해상교통안전법상 선박 'A'가 좁은 수로의 굽은 부분으로 인하여 다른 선박을 볼 수 없는 수역에 접근하면서 장음 1회의 기적을 울렸다면 선박 'A'가 울린 음향신호의 종류는?

가. 조종신호
나. 경고신호
사. 조난신호
아. 응답신호

해설 좁은 수로의 굽은 부분에서 장음 1회의 기적을 울리는 것은 경고신호이다.

▶ 의문신호
서로 상대의 시계 안에 있는 선박이 접근하고 있을 경우에는 하나의 선박이 다른 선박의 의도 또는 동작을 이해할 수 없거나 다른 선박이 충돌을 피하기 위하여 충분한 동작을 취하고 있는지 분명하지 아니한 경우에는 그 사실을 안 선박이 즉시 기적으로 단음을 5회 이상 재빨리 울려 그 사실을 표시하여야 한다. 이 경우 의문신호(疑問信號)는 5회 이상의 짧고 빠르게 섬광을 발하는 발광신호로써 보충할 수 있다.

09
해상교통안전법상 조종제한선이 아닌 것은?

가. 수중작업에 종사하고 있는 선박
나. 기뢰제거작업에 종사하고 있는 선박
사. 항공기의 발착작업에 종사하고 있는 선박
아. 흘수로 인하여 진로이탈 능력이 제약받고 있는 선박

해설 흘수로 인하여 진로이탈 능력이 제약받고 있는 선박은 흘수제약선이다.

▶ 조종제한선
다음의 작업과 그 밖에 선박의 조종성능을 제한하는 작업에 종사하고 있어 다른 선박의 진로를 피할 수 없는 선박을 말한다.
가. 항로표지, 해저전선 또는 해저파이프라인의 부설·보수·인양 작업
나. 준설·측량 또는 수중 작업
다. 항행 중 보급, 사람 또는 화물의 이송 작업
라. 항공기의 발착작업
마. 기뢰제거작업
바. 진로에서 벗어날 수 있는 능력에 제한을 많이 받는 예인작업

10
( )에 순서대로 적합한 것은?

"해상교통안전법상 밤에는 다른 선박의 ( )만을 볼 수 있고 어느 쪽의 ( )도 볼 수 없는 위치에서 그 선박을 앞지르는 선박은 앞지르기 하는 배로 보고 필요한 조치를 취하여야 한다."

가. 선수등, 현등
나. 선수등, 전주등
사. 선미등, 현등
아. 선미등, 전주등

해설 다른 선박의 양쪽 현의 정횡으로부터 22.5도를 넘는 뒤쪽[밤에는 다른 선박의 선미등만을 볼 수 있고 어느 쪽의 현등도 볼 수 없는 위치]에서 그 선박을 앞지르는 선박은 앞지르기 하는 선박으로 보고 필요한 조치를 취하여야 한다.

11
해상교통안전법상 길이 12미터 이상인 어선이 투묘하여 정박하였을 때 낮 동안에 표시하는 것은?

가. 어선은 특별히 표시할 필요가 없다.
나. 잘 보이도록 황색기 1개를 표시하여야 한다.
사. 앞쪽에 둥근꼴의 형상물 1개를 표시하여야 한다.
아. 둥근꼴의 형상물 2개를 가장 잘 보이는 곳에 표시하여야 한다.

해설 어선이 정박하고 있을 때는 주간에는 정박선의 형상물인 둥근꼴 형상물(흑구) 1개를 표시해야 한다.

▶ 정박선의 등화와 형상물
- 정박 중인 선박은 가장 잘 보이는 곳에 다음의 등화나 형상물을 표시하여야 한다.
  1. 앞쪽에 흰색의 전주등 1개 또는 둥근꼴의 형상물 1개
  2. 선미나 그 부근에 제1호에 따른 등화보다 낮은 위치에 흰색 전주등 1개
- 길이 50미터 미만인 선박은 제1항에 따른 등화를 대신하여 가장 잘 보이는 곳에 흰색 전주등 1개를 표시할 수 있다.

12
해상교통안전법상 현등 1쌍 대신에 양색등으로 표시할 수 있는 선박의 길이 기준은?

가. 길이 12미터 미만
나. 길이 20미터 미만
사. 길이 24미터 미만
아. 길이 45미터 미만

해설 길이 20미터 미만의 선박은 현등1쌍을 대신하여 양색등을 표시할 수 있다.

13
해상교통안전법상 2척의 범선이 서로 접근하여 충돌할 위험이 있고, 각 범선이 다른 쪽 현에 바람을 받고 있는 경우의 항법으로 옳은 것은?

가. 대형 범선이 소형 범선을 피항한다.
나. 우현에서 바람을 받는 범선이 피항선이다.
사. 좌현에 바람을 받고 있는 범선이 다른 범선의 진로를 피한다.
아. 바람이 불어오는 쪽의 범선이 바람이 불어가는 쪽의 범선의 진로를 피한다.

해설 ▶ 「해상교통안전법」 제77조(범선)
2척의 범선이 서로 접근하여 충돌할 위험이 있는 경우에는 다음 각 호에 따른 항행방법에 따라 항행하여야 한다.
1. 각 범선이 다른 쪽 현에 바람을 받고 있는 경우에는 좌현에 바람을 받고 있는 범선이 다른 범선의 진로를 피하여야 한다.

정답 6 사 7 가 8 나 9 아 10 사 11 사 12 나 13 사

2. 두 범선이 서로 같은 현에 바람을 받고 있는 경우에는 바람이 불어오는 쪽의 범선이 바람이 불어가는 쪽의 범선의 진로를 피하여야 한다.
3. 좌현에 바람을 받고 있는 범선은 바람이 불어오는 쪽에 있는 다른 범선을 본 경우로서 그 범선이 바람을 좌우 어느 쪽에 받고 있는지 확인할 수 없는 때에는 그 범선의 진로를 피하여야 한다.

14
해상교통안전법상 등화에 사용되는 등색이 아닌 것은?

가. 붉은색
나. 녹색
사. 흰색
아. 청색

해설 붉은색, 녹색, 흰색, 황색을 이용한다.

15
선박의 입항 및 출항 등에 관한 법률상 총톤수 5톤인 내항선이 무역항의 수상구역등을 출입할 때 하는 출입신고에 대한 내용으로 옳은 것은?

가. 내항선이므로 출입신고를 하지 않아도 된다.
나. 출항 일시가 이미 정하여진 경우에도 입항 신고와 출항 신고는 동시에 할 수 없다.
사. 무역항의 수상구역등의 안으로 입항하는 경우 통상적으로 입항하기 전에 입항 신고를 하여야 한다.
아. 무역항의 수상구역등의 밖으로 출항하는 경우 통상적으로 출항 직후 즉시 출항 신고를 하여야 한다.

해설 ▶ 출입신고의 구분
1. 내항선(국내에서만 운항하는 선박을 말한다)이 무역항의 수상구역등의 안으로 입항하는 경우에는 입항 전에, 무역항의 수상구역등의 밖으로 출항하려는 경우에는 출항 전에 해양수산부령으로 정하는 바에 따라 내항선 출입 신고서를 해양수산부장관에게 제출할 것
2. 외항선(국내항과 외국항 사이를 운항하는 선박을 말한다)이 무역항의 수상구역등의 안으로 입항하는 경우에는 입항 전에, 무역항의 수상구역등의 밖으로 출항하려는 경우에는 출항 전에 해양수산부령으로 정하는 바에 따라 외항선 출입 신고서를 해양수산부장관에게 제출할 것
3. 무역항의 수상구역등으로 입항하는 선박의 선장은 해당 선박의 출항 일시가 이미 정해진 경우에는 입항과 출항의 신고를 동시에 할 수 있다.

16
해상교통안전법상 안개 속에서 2분을 넘지 아니하는 간격으로 장음 1회의 기적을 들었을 때 기적을 울린 선박은?

가. 조종불능선
나. 피예인선을 예인 중인 예인선
사. 대수속력이 있는 항행 중인 동력선
아. 대수속력이 없는 항행 중인 동력선

해설 • 조종불능선, 어로종사선, 범선, 조종제한선, 예인선
  ▶2분을 넘지 않는 간격으로 장음–단음–단음
• 대수속력이 있는 항행 중인 동력선
  ▶2분을 넘지 않는 간격으로 장음 1회
• 대수속력이 없는 항행 중인 동력선
  ▶2분을 넘지 않는 간격으로 장음 2회

17
무역항의 수상구역등에서 선박의 입항·출항에 대한 지원과 선박운항의 안전 및 질서 유지에 필요한 사항을 규정할 목적으로 만들어진 법은?

가. 선박안전법
나. 해상교통안전법
사. 선박교통관제에 관한 법률
아. 선박의 입항 및 출항 등에 관한 법률

해설 무역항의 수상구역등에서 선박의 입항·출항에 대한 지원과 선박운항의 안전 및 질서 유지에 필요한 사항을 규정함을 목적으로 한다.

18
선박의 입항 및 출항 등에 관한 법률상 무역항의 수상구역 등에서 정박하거나 정류하지 못하도록 하는 장소가 아닌 것은?

가. 하천
나. 잔교 부근 수역
사. 좁은 수로
아. 수심이 깊은 곳

해설 선박은 무역항의 수상구역등에서 다음의 장소에는 정박하거나 정류하지 못한다.
1. 부두·잔교·안벽·계선부표·돌핀 및 선거의 부근 수역
2. 하천, 운하 및 그 밖의 좁은 수로와 계류장 입구의 부근 수역

19
선박의 입항 및 출항 등에 관한 법률상 무역항의 수상구역등에서 입항하는 선박이 방파제 입구에서 출항하는 선박과 마주칠 우려가 있는 경우의 항법에 대한 설명으로 옳은 것은?

가. 출항선은 입항선이 방파제를 통과한 후 통과한다.
나. 입항선은 방파제 밖에서 출항선의 진로를 피한다.
사. 입항선은 방파제 사이의 가운데 부분으로 먼저 통과한다.
아. 출항선은 방파제 입구를 왼쪽으로 접근하여 통과한다.

해설 동력선이 무역항의 방파제 입구 부근에서 다른 선박과 마주칠 우려가 있을 때는 입항선은 방파제 밖에서 출항선의 진로를 피한다.

20
( )에 순서대로 적합한 것은?

> "선박의 입항 및 출항 등에 관한 법률상 ( )은 ( )으로부터 최고속력의 지정을 요청받은 경우 특별한 사유가 없으면 무역항의 수상구역등에서 선박 항행 최고속력을 지정·고시하여야 한다."

가. 관리청, 해양경찰청장
나. 지정청, 해양경찰청장
사. 관리청, 지방해양수산청장
아. 지정청, 지방해양수산청장

해설 • 지정, 고시권자 : 관리청
• 요청권자 : 해양경찰청장
▶ 법 제17조 제2항, 제3항
② 해양경찰청장은 선박이 빠른 속도로 항행하여 다른 선박의 안전 운항에 지장을 초래할 우려가 있다고 인정하는 무역항의 수상구역등에 대하여는 관리청에게 무역항의 수상구역등에서의 선박 항행 최고속력을 지정할 것을 요청할 수 있다.
③ 관리청은 요청을 받은 경우 특별한 사유가 없으면 무역항의 수상구역등에서 선박 항행 최고속력을 지정·고시하여야 한다. 이 경우 선박은 고시된 항행 최고속력의 범위에서 항행하여야 한다.

정답 14 아 15 사 16 사 17 아 18 아 19 나 20 가

21
선박의 입항 및 출항 등에 관한 법률상 무역항의 수상구역등에서 항행 중인 동력선이 서로 상대의 시계 안에 있는 경우 침로를 우현으로 변경하는 선박이 울려야 하는 음향신호는?

가. 단음 1회
나. 단음 2회
사. 단음 3회
아. 장음 1회

해설
- 단음 1회 : 우현 변침(●)
- 단음 2회 : 좌현 변침(● ●)
- 단음 3회 : 후진(● ● ●)

22
선박의 입항 및 출항 등에 관한 법률상 항로의 정의는?

가. 선박이 가장 빨리 갈 수 있는 길을 말한다.
나. 선박이 일시적으로 이용하는 뱃길을 말한다.
사. 선박이 가장 안전하게 갈 수 있는 길을 말한다.
아. 선박의 출입 통로로 이용하기 위하여 지정·고시한 수로를 말한다.

해설 "항로"란 선박의 출입 통로로 이용하기 위해 「선박의 입항 및 출항 등에 관한 법률」 제10조에 따라 지정·고시한 수로를 말한다.

23
해양환경관리법상 선박에서 발생하는 폐기물 배출에 대한 설명으로 옳지 않은 것은?

가. 폐사된 어획물은 해양에 배출이 가능하다.
나. 플라스틱 재질의 폐기물은 해양에 배출이 금지된다.
사. 해양환경에 유해하지 않은 화물잔류물은 해양에 배출이 금지된다.
아. 분쇄 또는 연마되지 않은 음식찌꺼기는 영해기선으로부터 12해리 이상에서 배출이 가능하다.

해설 해양환경에 유해하지 않은 화물잔류물은 배출할 수 있다.

▶ **폐기물의 배출**

해역	배출 가능한 폐기물
12해리 이상	• 음식찌꺼기 ▶ 분쇄기 또는 연마기로 분쇄 또는 연마한 후 25mm 이하의 개구를 가진 스크린을 통과한 것은 3해리 이상의 해역에 버릴 수 있음 • 화물잔류물 중 부유성이 없는 것(가라앉는 잔류물) : 종이제품, 넝마, 유리, 금속, 병, 도자기 • 화물탱크를 일반세제를 사용하여 청소한 탱크 세정수
25해리 이상	• 화물잔류물 중 부유성이 있는 것 : 화물보호재료(짐깔개:Dunnage), 라이닝(lining) 및 포장재료
버릴 수 있는 것	• 음식찌꺼기 • 화물잔류물(유해하지 아니 한 것) • 목욕, 설거지 등의 중수 • 혼획된 수산동식물 + 자원기원물질(진흙, 퇴적물)
버릴 수 없는 것	다음을 포함한 모든 플라스틱류 • 합성로프, 합성어망 • 플라스틱의 쓰레기 봉지 • 독성 또는 중금속 잔류물을 포함할 수 있는 플라스틱 제품의 소각재

24
해양환경관리법상 유조선에서 화물창 안의 화물잔류물 또는 화물창 세정수를 한 곳에 모으기 위한 탱크는?

가. 화물탱크(Cargo tank)
나. 혼합물탱크(Slop tank)
사. 평형수탱크(Ballast tank)
아. 분리평형수탱크(Segregated ballast tank)

해설 ▶ 혼합물탱크(슬롭 탱크)
다음의 어느 하나에 해당하는 것을 한 곳에 모으기 위한 탱크를 말한다.
1. 유조선 또는 유해액체물질 산적운반선의 화물창 안의 화물잔류물 또는 화물창 세정수
2. 화물펌프실 바닥에 고인 기름, 유해액체물질 또는 포장유해물질의 혼합물

25
해양환경관리법상 방제의무자의 방제조치가 아닌 것은?

가. 확산 방지 및 제거
나. 오염물질의 배출 방지
사. 오염물질의 수거 및 처리
아. 오염물질을 배출한 원인 조사

해설 오염물질을 배출한 원인 조사는 방제의무자가 하는 것이 아니다.

제4과목   기 관

01
과급기에 대한 설명으로 옳은 것은?

가. 기관의 운동 부분에 마찰을 줄이기 위해 윤활유를 공급하는 장치이다.
나. 연소가스가 지나가는 고온부를 냉각시키는 장치이다.
사. 기관의 회전수를 일정하게 유지시키기 위해 연료분사량을 자동으로 조절하는 장치이다.
아. 기관의 연소에 필요한 공기를 대기압 이상으로 압축하여 밀도가 높은 공기를 실린더 내로 공급하는 장치이다.

해설 과급기 : 연소에 필요한 공기를 대기압 이상의 압력으로 압축하여 밀도가 높은 공기를 실린더 내에 공급하여 연료를 완전 연소시킴으로써 평균 유효 압력을 높여 기관의 출력을 증대시키는 장치

02
4행정 사이클 6실린더 기관에서는 운전 중 크랭크 각 몇 도마다 폭발이 일어나는가?

가. 60°
나. 90°
사. 120°
아. 180°

해설 4행정 사이클 기관에서는 크랭크축 회전수는 2회전, 크랭크의 회전각은 720°이므로 6실린더 기관에서는 크랭크의 회전각은 120°이다.

정답 21 가 22 아 23 사 24 나 25 아 / 1 아 2 사

03

소형 디젤기관에서 실린더 라이너의 심한 마멸에 의한 영향이 아닌 것은?

가. 압축 불량
나. 불완전 연소
사. 착화 시기가 빨라짐
아. 연소가스가 크랭크실로 누설

해설 라이너가 마멸되면 착화시기가 느려진다.
- 실린더 마멸의 영향 : 압축공기 누설로 압축압력 저하, 윤활유의 연소실 침입에 의한 불완전 연소, 연료 및 소비량 증가, 연소 가스의 누설, 열효율 감소

04

디젤기관의 운전 중 윤활유 계통에서 주의해서 관찰해야 하는 것은?

가. 기관의 입구 온도와 기관의 입구 압력
나. 기관의 출구 온도와 기관의 출구 압력
사. 기관의 입구 온도와 기관의 출구 압력
아. 기관의 출구 온도와 기관의 입구 압력

해설 윤활유의 온도는 기관의 입구 온도를 기준으로 하며, 압력은 기관의 입구 압력을 주의해서 관찰해야 한다.

05

디젤기관에서 실린더 라이너에 윤활유를 공급하는 주된 이유는?

가. 불완전 연소를 방지하기 위해
나. 연소가스의 누설을 방지하기 위해
사. 피스톤의 균열 발생을 방지하기 위해
아. 실린더 라이너의 마멸을 방지하기 위해

해설 윤활유를 공급하는 주된 이유는 실린더 라이너의 마멸을 방지하기 위함이다.

06

4행정 사이클 기관의 작동 순서로 옳은 것은?

가. 흡입 → 압축 → 작동 → 배기
나. 흡입 → 작동 → 압축 → 배기
사. 흡입 → 배기 → 압축 → 작동
아. 흡입 → 압축 → 배기 → 작동

해설 4행정 기관의 작동 순서 : 흡입 ⇨ 압축 ⇨ 작동(팽창 또는 폭발) ⇨ 배기

07

디젤기관에서 "실린더 헤드는 다른 말로 (   )(이)라고도 한다."에서 (   )에 알맞은 것은?

가. 피스톤
나. 연접봉
사. 실린더 커버
아. 실린더 블록

해설 실린더 헤드(cylinder head)는 실린더 커버(cylinder cover)라고도 한다.

08

운전중인 디젤기관의 연료유 사용량을 나타내는 계기는?

가. 회전계
나. 온도계
사. 압력계
아. 유량계

해설 연료 소비량을 알려주는 계기는 유량계이다.

09

실린더부피가 1,200[cm³]이고 압축부피가 100[cm³]인 내연기관의 압축비는 얼마인가?

가. 11
나. 12
사. 13
아. 14

해설 압축비 $= \dfrac{\text{실린더부피}}{\text{압축부피}} = \dfrac{1,200}{100} = 12$

10

디젤기관에서 피스톤링의 역할에 대한 설명으로 옳지 않은 것은?

가. 피스톤과 연접봉을 서로 연결시킨다.
나. 피스톤과 실린더 라이너 사이의 기밀을 유지한다.
사. 피스톤의 열을 실린더 벽으로 전달하여 피스톤을 냉각시킨다.
아. 피스톤과 실린더 라이너 사이에 유막을 형성하여 마찰을 감소시킨다.

해설 · 피스톤과 연접봉(커넥팅 로드)을 연결시키는 것은 피스톤 핀이다.
▶크랭크축과 연접봉을 연결하는 것은 크랭크 핀이다.

11

내연기관의 연료유에 대한 설명으로 옳지 않은 것은?

가. 발열량이 클수록 좋다.
나. 점도가 높을수록 좋다.
사. 유황분이 적을수록 좋다.
아. 물이 적게 함유되어 있을수록 좋다.

해설 점도가 높으면 연류유관 내의 기름이 흐르기 힘들고 분사하는 데 큰 압력이 필요하므로 좋지 않다.

12

선박이 항해 중에 받는 마찰저항과 관련이 없는 것은?

가. 선박의 속도
나. 선체 표면의 거칠기
사. 선체와 물의 접촉 면적
아. 사용되고 있는 연료유의 종류

해설 사용되고 있는 연료유의 종류와 마찰저항과는 관계가 없다.

정답 **3** 사 **4** 가 **5** 아 **6** 가 **7** 사 **8** 아 **9** 나 **10** 가 **11** 나 **12** 아

13
추진기의 회전속도가 어느 한도를 넘으면 추진기 배면의 압력이 낮아지며 물의 흐름이 표면으로부터 떨어져 기포가 발생하여 추진기 표면을 두드리는 현상은?

가. 슬립현상
나. 공동현상
사. 명음현상
아. 수격현상

해설
- 프로펠러의 공동현상(cavitation) : 프로펠러의 회전 속도가 어느 한도를 넘게 되면, 프로펠러 배면의 압력이 낮아지며, 물의 흐름이 표면으로부터 떨어져서 기포 상태가 발생한다. 프로펠러 후연 부근에 가서 압력이 회복됨에 따라 이 기포가 순식간에 소멸되면서 높은 충격 압력을 일으켜 프로펠러 표면을 두드리는 현상. 공동현상이 반복되면 표면을 거친 모양으로 침식(erosion)하게 된다.
- 공동현상을 방지하려면 지나치게 높은 회전수의 운전을 피하고, 프로펠러가 수면 부근에서 회전하지 않도록 해야 한다.

14
선박용 추진기관의 동력전달계통에 포함되지 않는 것은?

가. 감속기 나. 추진기 사. 과급기 아. 추진기축

해설
- 선박용 추진기관의 동력전달계통에는 클러치, 변속기 및 역전 장치, 추진기 축, 추진기 등이 포함된다.
- 과급기는 기관의 출력을 증대시키는 장치이다.

15
선박용 납축전지의 충전법이 아닌 것은?

가. 간헐충전
나. 균등충전
사. 급속충전
아. 부동충전

해설 충전법에는 ① 보통충전, ② 급속충전, ③ 부동충전, ④ 균등충전, ⑤ 보충충전 등이 있다.

16
전동기의 기동반에 설치되는 표시등이 아닌 것은?

가. 전원등
나. 운전등
사. 경보등
아. 병렬등

해설 2대의 발전기를 병렬운전하는 경우 동기검증등이 설치된다.

17
낮은 곳에 있는 액체를 흡입하여 압력을 가한 후 높은 곳으로 이송하는 장치는?

가. 발전기 나. 보일러 사. 조수기 아. 펌프

해설 펌프는 어떤 용기 내에 국부의 진공을 이루고, 대기압과의 차이에 의하여 낮은 곳의 물을 흡입해서 여기에 압력을 주어서 높은 곳이나 압력이 있는 곳에 보내는 장치이다.

18
기관실의 연료유 펌프로 가장 적합한 것은?

가. 기어펌프
나. 왕복펌프
사. 축류펌프
아. 원심펌프

해설 연료유 펌프는 중·대형 기관에서 기어펌프가 사용되나 차량용 기관에서는 왕복펌프가 많다. 용량은 분사펌프 흡입량의 2~3배로 하고 토출 압력은 1bar 정도이다. 기어펌프는 구조가 간단하고, 소형으로도 송출량을 높일 수 있고, 정량이며 흡입 양정이 크고, 연료유와 같은 유체를 이송하는데 적합하다.

19
전동기의 운전 중 주의사항으로 옳지 않은 것은?

가. 발열되는 곳이 있는지를 점검한다.
나. 이상한 소리, 냄새 등이 발생하는지를 점검한다.
사. 전류계의 지시값에 주의한다.
아. 절연저항을 자주 측정한다.

해설 절연저항(선로와 비선로 사이의 저항)은 전동기 정지 시에 측정한다.

20
해수펌프에 설치되지 않는 것은?

가. 흡입관 나. 압력계 사. 감속기 아. 축봉장치

해설 해수펌프에는 제동장치와 감속기가 없다.

21
운전중인 디젤 주기관에서 윤활유펌프의 압력에 대한 설명으로 옳은 것은?

가. 기관의 속도가 증가하면 압력을 더 높여준다.
나. 배기온도가 올라가면 압력을 더 높여준다.
사. 부하에 관계없이 압력을 일정하게 유지한다.
아. 운전마력이 커지면 압력을 더 낮춘다.

해설 윤활유 펌프의 압력은 부하에 관계없이 압력을 일정하게 유지한다.

22
디젤기관에서 흡·배기밸브의 틈새를 조정할 경우 주의사항으로 옳은 것은?

가. 피스톤이 압축행정의 상사점에 있을 때 조정한다.
나. 틈새는 규정치보다 약간 크게 조정한다.
사. 틈새는 규정치보다 약간 작게 조정한다.
아. 피스톤이 배기행정의 상사점에 있을 때 조정한다.

해설 흡·배기밸브의 틈새를 조정할 경우에는 피스톤이 상사점에 있을 때 조정한다.

23
운전중인 디젤기관에서 진동이 심한 경우의 원인으로 옳은 것은?

가. 디젤 노킹이 발생할 때
나. 정격부하로 운전 중일 때
사. 배기밸브의 틈새가 작아졌을 때
아. 윤활유의 압력이 규정치보다 높아졌을 때

해설 착화성이 좋지 않은 연료, 즉 착화 늦음이 긴 연료를 사용하면 실린더에 연료가 분사되기 시작하여 착화될 때까지 시간이 걸리게 되며, 실린더 내에 축적된 많은 연료가 착화와 동시에 한꺼번에 연소하게 되어 실린더 내 압력이 급상승하여 망치 두드리는 소리가 나면서 디젤 노킹이 발생한다.

정답 13 나 14 사 15 가 16 아 17 아 18 가 19 아 20 사 21 사 22 가 23 가

소형선박조종사

2022 제3회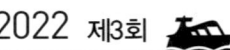

24

연료유의 비중이란?

가. 부피가 같은 연료유와 물의 무게 비이다.
나. 압력이 같은 연료유와 물의 무게 비이다.
사. 점도가 같은 연료유와 물의 무게 비이다.
아. 인화점이 같은 연료유와 물의 무게 비이다.

해설 연료유의 비중은 부피가 같은 연료유와 물의 무게 비이다.
  • **연료유의 비중** : S.G 15/4도로 나타내는데 물의 표준 온도는 4도이고 연료유의 표준 온도는 15도임.

25

연료유의 끈적끈적한 성질의 정도를 나타내는 용어는?

가. 점도   나. 비중
사. 밀도   아. 융점

해설 • 기름의 끈적끈적한 성질의 정도로 액체가 유동할 때 분자 간의 마찰에 의하여 유동을 방해하려는 작용이 일어나는 성질을 말한다.
  • 일반적으로 연료유의 온도가 상승하면 점도는 낮아지고, 온도가 낮아지면 점도는 높아진다.
  • 점도는 연료의 유동성과 밀접한 관계가 있고, 연료의 분사상태에 가장 큰 영향을 미친다.

정답 **24** 가   **25** 가

2022년 제4회

제4회 2022 해기사시험 소형선박조종사

제1과목 항 해

01
자기컴퍼스의 카드 자체가 15도 정도의 경사에도 자유로이 경사할 수 있게 카드의 중심이 되며, 부실의 밑 부분에 원뿔형으로 움푹 파인 부분은?

가. 캡　　　　　　　　　나. 피벗
사. 기선　　　　　　　　아. 짐벌즈

해설
- **캡** : 컴퍼스 카드의 중심에 위치하고 있으며 중앙에 사파이어를 장치하여 마모를 방지하도록 되어 있고, 부실 중심 하부에 달려 있다.
- **피벗(Pivot ; 축침)** : 캡과의 사이에 마찰이 작아 카드가 자유롭게 회전하게 하는 장치로 끝은 이리듐과 백금이 9 : 1 비율의 합금으로 되어 있다.
- **짐벌링(Gimbal Ring = 짐벌즈(gimbals)**
　선박의 동요로 비너클이 기울어져도 볼을 항상 수평하게 유지하기 위한 장치이다.
- **기선(Lubber point)** : 볼 내벽의 카드와 동일한 면 안에 4개의 기선이 각각 선수, 선미, 좌우의 정횡방향을 표시한다.

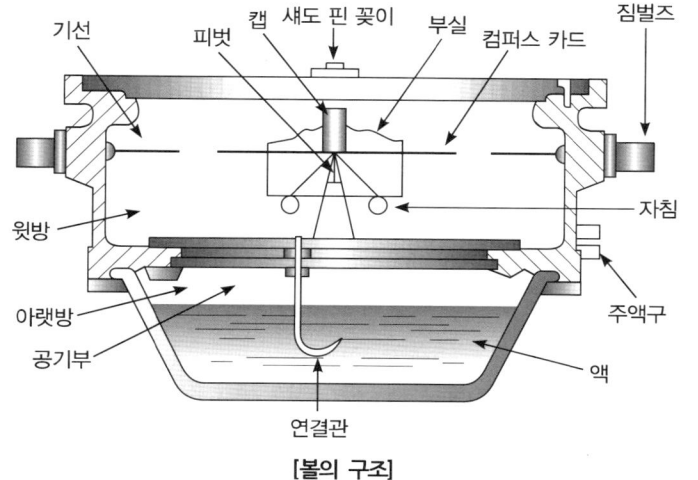

[볼의 구조]

02
경사제진식 자이로컴퍼스에만 있는 오차는?

가. 위도오차　나. 속도오차　사. 동요오차　아. 가속도오차

해설 위도오차는 적도에서는 생기지 않으나 위도가 변화하면 생기는 오차로 경사제진식 자이로컴퍼스(스페리식 자이로컴퍼스)의 제진장치에 의하여 일어나는 오차이다.

03
선박에서 속력과 항주거리를 측정하는 계기는?

가. 나침의　나. 선속계　사. 측심기　아. 핸드 레드

해설
- **나침의** : 물표의 방위 측정과 선박의 침로를 알 수 있는 계기
- **선속계** : 선박의 속력과 항주거리(항정)를 측정하는 계기
- **측심기** : 수심과 저질을 측정하는 계기
- **핸드 레드(Hand lead)** : 수심이 얕은 곳에서 수심과 저질을 측정하는 측심계로 레드(lead : 납덩이)와 45~70m 정도의 레드라인으로 구성되어 있다.

04
기계식 자이로컴퍼스를 사용하고자 할 때에는 몇 시간 전에 기동하여야 하는가?

가. 사용 직전　　　　　나. 약 30분 전
사. 약 1시간 전　　　　아. 약 4시간 전

해설 자이로컴퍼스는 자석 대신에 고속으로 회전하는 자이로 스코프를 이용하여 진북을 지시하는 컴퍼스로 4시간 정도 기동을 시켜야 정확한 방위를 지시한다.

05
지구 자기장의 복각이 0°가 되는 지점을 연결한 선은?

가. 지자극　　　　　　　나. 자기적도
사. 지방자기　　　　　　아. 북회귀선

해설
- **지자극** : 지구 자석의 자력이 집중되는 곳으로 지자극은 남극과 북극에 가까운 곳에 있다.
- **자기적도** : 복각(경차)이 0°가 되는 지점을 연결한 선
- **지방자기** : 특수한 자장을 갖고 있는 그 지역을 지방자기를 가지고 있는 곳이라고 하며, 지방자기가 있는 섬으로는 남해안에 청산도가 있다.

06
선박자동식별장치(AIS)에서 확인할 수 없는 정보는?

가. 선명　　　　　　　　나. 선박의 흘수
사. 선원의 국적　　　　아. 선박의 목적지

해설 선원의 국적은 알 수가 없다.

▶ **선박자동식별장치(AIS) 정보**

구 분	정보 내용	비 고
정적정보 (선박제원)	• IMO 번호 • 호출부호 및 선명 • 선박의 길이, 폭 • 선박의 종류 • 안테나의 위치(선미/선수/중심선의 좌우)	• 변경사항 발생시 수시로 수정입력
동적정보	• 선박의 위치 • UTC로 표시하는 시간 • 대지침로 • 대지속력 • 선수방위 • 항해상태(항해, 정박 등) • 선회율(임의) • 경사각도(임의)	• 선박의 항해 상태에 따라 자동입력(수동입력도 가능)
항해정보	• 선박의 흘수 • 위험화물 • 목적지 및 도착예정시간 • 항로계획(임의)	• 항해선 및 항해중 주기적으로 수동 입력
문자정보	• 중요한 항해 또는 기상경보 포함	

정답 1 가　2 가　3 나　4 아　5 나　6 사

07

항해 중에 산봉우리, 섬 등 해도상에 기재되어 있는 2개 이상의 고정된 뚜렷한 물표를 선정하여 거의 동시 각각의 방위를 측정하여 선위를 구하는 방법은?

가. 수평협각법
나. 교차방위법
사. 추정위치법
아. 고도측정법

> **해설** · 교차방위법은 2개 이상의 뚜렷한 물표를 선정하여 거의 동시에 각각의 방위를 측정하여 해도상에 방위선을 긋고 이들의 교점을 선위로 하는 방법
> · 장점 : ㉠ 쉽고 간편하여 가장 많이 사용한다.
>   ㉡ 외력을 받지 않는다.
>   ㉢ 정밀도가 높다.

08

실제의 태양을 기준으로 측정하는 시간은?

가. 평시   나. 항성시
사. 태음시   아. 시태양시

> **해설** · 시태양시 : 실제의 태양을 기준으로 측정하는 시간
> · 평시(평균태양시) : 평균태양을 기준으로 측정하는 시간
>   ▶ 일상생활에 사용됨

09

선박 주위에 있는 높은 건물로 인해 레이더 화면에 나타나는 거짓상은?

가. 맹목구간에 의한 거짓상
나. 간접 반사에 의한 거짓상
사. 다중 반사에 의한 거짓상
아. 거울면 반사에 의한 거짓상

> **해설** 거울면 반사에 의한 거짓상은 레이더 반사 전파에 대해서 거울처럼 작용하는 강한 반사체가 자선 가까이 있을 때, 반사된 레이더 전파가 거울면에 부딪혀 반사되어 다른 물표에 도달한 후 다시 되돌아 와서 화면상에 거짓상을 만든다.
>
> ▶ **거짓상의 종류**
>
> | 종 류 | 원인물체 | 생기는 방향 | 조 치 |
> | --- | --- | --- | --- |
> | 간접반사 | 마스트, 연돌 | 진상과 다른 방향, 같은 거리 | 변침 |
> | 거울면반사 (경면반사) | 방파제, 창고 송전선, 교량 | · 반사물표로부터 대칭되는 곳
· 직각방향에 작은 점으로 표시 | 수신감도(Gain)를 낮춘다. |
> | 다중반사 | 대형선 | 같은 방향, 같은 거리 | STC를 강하게 Gain을 낮춘다. |
> | 측엽효과 (side lobe) (부복사) | 측엽 | · 7°, 90° 방향
· 진상과 대칭되게 원호형태 | STC |
> | 2차소인반사 | 초굴절이나 도관현상 | 먼 곳의 물표가 가까이 | 거리선택스위치 |

10

작동 중인 레이더 화면에서 'A' 점은 무엇인가?

가. 섬   나. 육지
사. 본선   아. 다른 선박

> **해설** 레이더 화면의 중앙이 본선의 위치이다.

11

다음 중 해도에 표시되는 높이나 깊이의 기준면이 다른 것은?

가. 수심   나. 등대
사. 세암   아. 암암

> **해설** · 기본수준면 : 수심, 조고, 조승, 간출암, 세암
> · 평균수면 : 등대 높이, 산높이
> · 약최고고조면 : 해안선, 교량의 높이

12

해도상에 표시된 해저 저질의 기호에 대한 의미로 옳지 않은 것은?

가. S - 자갈   나. M - 뻘
사. R - 암반   아. Co - 산호

> **해설** S : 모래(Sand)   ▶자갈 : G(Gravel)

13

해도에 사용되는 특수한 기호와 약어는?

가. 해도도식   나. 해도 제목
사. 수로도지   아. 해도 목록

> **해설** 해도도식 : 해도상에 사용되는 특수한 기호 및 약어를 일람표로 하여 특별히 편집한 책자

14

다음 중 항행통보가 제공하지 않는 정보는?

가. 수심의 변화
나. 조시 및 조고
사. 위험물의 위치
아. 항로표지의 신설 및 폐지

> **해설** 조시와 고조는 조석표에 기재되어 있다.

정답 7 나 8 아 9 아 10 사 11 나 12 가 13 가 14 나

15
등부표에 대한 설명으로 옳지 않은 것은?

가. 강한 파랑이나 조류에 의해 유실되는 경우도 있다.
나. 항로의 입구, 폭 및 변침점 등을 표시하기 위해 설치한다.
사. 해저의 일정한 지점에 체인으로 연결되어 수면에 떠 있는 구조물이다.
아. 조류표에 기재되어 있으므로, 선박의 정확한 속력을 구하는 데 사용하면 좋다.

해설 등부표는 조류표에는 나오지 않으며, 등대표와 해도에 기재되어 있다.

16
전자력에 의해서 발음판을 진동시켜 소리를 내게 하는 음파(음향)표지는?

가. 무종
나. 에어 사이렌
사. 다이어폰
아. 다이어프램 폰

해설
- 무종 : 가스의 압력 또는 기계 장치로서 종을 쳐서 소리를 내는 장치
- 다이어폰 : 압축 공기에 의해서 발음체인 피스톤을 왕복시켜서 소리를 내는 장치
- 에어 사이렌 : 압축된 공기에 의하여 사이렌을 취명하는 신호장치
- 다이어프램 폰 : 전자식 발음기(유니트)에 의해서 발음판을 진동시켜 취명하는 신호장치

17
등대의 등색으로 사용하지 않는 색은?

가. 백색
나. 적색
사. 녹색
아. 보라색

해설 등화의 등색은 적색(붉은색), 백색(흰색,) 노란색, 녹색 4가지가 주로 사용된다.

18
항만 내의 좁은 구역을 상세하게 표시하는 대축척도는?

가. 총도
나. 항양도
사. 항해도
아. 항박도

해설
- 항박도는 축척이 5만분의 1 이상으로 항만, 정박지, 좁은 수로등의 좁은 구역을 상세히 그린 해도이다.
- 축척이 큰 순서 : 항박도 > 해안도 > 항해도 > 항양도 > 총도

19
종이해도에서 찾을 수 없는 정보는?

가. 나침도
나. 간행연월일
사. 일출 시간
아. 해도의 축척

해설 해도에는 일출 시간은 기재되어 있지 않다.
▶ 일출, 일몰 시는 천측력에 기재되어 있다.

20
해저의 지형이나 기복상태를 판단할 수 있도록 수심이 동일한 지점을 가는 실선으로 연결하여 나타낸 것은?

가. 등고선
나. 등압선
사. 등심선
아. 등온선

해설 등심선 : 같은 수심을 연결한 선으로 해저의 지형이나 기복상태를 판단할 수 있다.

21
다음 중 제한된 시계가 아닌 것은?

가. 폭설이 내릴 때
나. 폭우가 쏟아질 때
사. 교통의 밀도가 높을 때
아. 안개로 다른 선박이 보이지 않을 때

해설 제한된 시계란 폭우(소나기), 폭설, 안개, 황사 등으로 시정이 나쁠 때로 선박이 많을 때는 제한된 시계가 아니다.

22
시베리아 고기압과 같이 겨울철에 발달하는 한랭 고기압은?

가. 온난 고기압
나. 지형성 고기압
사. 이동성 고기압
아. 대륙성 고기압

해설 대륙성 고기압은 한랭 건조하며 시베리아 고기압이 여기에 속한다.

23
기압 1,013밀리바는 몇 헥토파스칼인가?

가. 1헥토파스칼
나. 76헥토파스칼
사. 760헥토파스칼
아. 1,013헥토파스칼

해설 기압을 나타낼 때는 헥토파스칼이 주로 사용되며, 1기압=1,013밀리바=1,013헥토파스칼이다.

24
〈보기〉에서 항해계획을 수립하는 순서를 옳게 나타낸 것은?

보 기
① 가장 적합한 항로를 선정하고, 소축척 종이해도에 선정한 항로를 기입한다.
② 수립한 계획이 적절한가를 검토한다.
③ 상세한 항해일정을 구하여 출·입항 시각을 결정한다.
④ 대축척 종이해도에 항로를 기입한다.

가. ① → ② → ③ → ④
나. ① → ③ → ④ → ②
사. ① → ② → ④ → ③
아. ① → ④ → ③ → ②

해설 ▶ 항해계획의 수립 순서
㉠ 각종 수로도지에 의한 항행 해역의 조사 및 연구와 자신의 경험을 바탕으로 가장 적합한 항로를 선정한다.
㉡ 소축척 해도상에 선정한 항로를 기입하고, 일단 대략적인 항정을 구한다.
㉢ 사용 속력을 결정하고, 실속력을 추정한다.
㉣ 대략의 항정과 추정한 실속력으로 항행할 시간을 구하여 출·입항 시각 및 항로상의 중요한 지점을 통과하는 시각 등을 추정한다.
㉤ 수립한 계획이 적절한가를 검토한다.

정답 15 아 16 아 17 아 18 아 19 사 20 사 21 사 22 아 23 아 24 사

소형선박조종사

2022 제4회

ⓗ 항해에 사용하는 대축척 해도에 출·입항 항로, 연안 항로를 그리고, 다시 정확한 항정을 구하여 예정 항행 계획표를 작성한다.

ⓢ 상세한 항행 일정을 구하여 출·입항 시각을 결정한다.

25
선박의 항로지정제도(Ships′ routeing)에 관한 설명으로 옳지 않은 것은?

가. 국제해사기구(IMO)에서 지정할 수 있다.

나. 특정 화물을 운송하는 선박에 대해서도 사용을 권고할 수 있다.

사. 모든 선박 또는 일부 범위의 선박에 대하여 강제적으로 적용할 수 있다.

아. 국제해사기구에서 정한 항로지정방식은 해도에 표시되지 않을 수도 있다.

해설 국제해사기구에서 정한 항로지정방식은 반드시 해도에 표시되어야 한다.

제2과목 　　운 용

01
갑판 개구 중에서 화물창에 화물을 적재 또는 양화하기 위한 개구는?

가. 탈출구　　　　나. 해치(Hatch)

사. 승강구　　　　아. 맨홀(Manhole)

해설
• 해치(Hatch) : 선창에 화물을 적재하거나 양하하기 위한 갑판구
• 맨홀(manhole) : 선박의 수리나 검사를 하기 위하여 사람이 들어갈 수 있는 구멍

02
선체의 명칭을 나타낸 아래 그림에서 ㉠은?

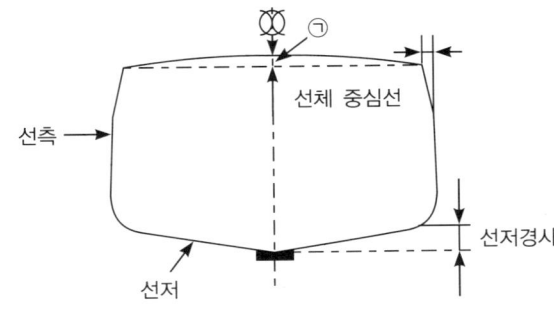

가. 용골　　　　나. 빌지

사. 캠버　　　　아. 텀블 홈

해설 • 캠버(Camber) : 갑판보(Deck beam)는 갑판상 배수와 선체의 횡강력을 위해 양 현의 현측보다 선체 중앙선 부근이 높도록 원호를 이루고 있는데 이 높이의 차를 말하며, 크기는 선폭의 1/50 정도이다.

03
트림의 종류가 아닌 것은?

가. 등흘수　　　　나. 중앙트림

사. 선수트림　　　아. 선미트림

해설 트림의 종류에는 선수트림, 선미트림, 등흘수 등이 있다.

▶ 트림(Trim) : 선수 흘수와 선미 흘수의 차로 선박 길이 방향의 경사를 나타낸다.

• 선수트림(Trim By Head)
선수 흘수가 선미 흘수보다 큰 상태로 선수에 파랑이 많이 덮쳐 오고, 선미 안정성이 없어 타효가 불량하여 선속이 감소

• 선미트림(Trim By The Stern)
선미 흘수가 선수 흘수보다 큰 경우로 선수에 파랑의 침입을 줄이는 효과가 있으며, 타효가 좋고 선속이 증가되므로, 선박 운항 시에는 약간의 선미트림이 좋다.

• 등흘수(Even Keel)
선미 흘수와 선수 흘수가 같은 상태로 수심이 얕은 수역을 항해할 때나 입거할 때 유리하다.

04
(　　)에 적합한 것은?

"공선항해 시 화물선에서 적절한 흘수를 확보하기 위하여 일반적으로 (　　)을/를 싣는다."

가. 목재　　　　나. 컨테이너

사. 석탄　　　　아. 선박평형수

해설 밸러스트(선박평형수)는 공선 또는 적화량이 적을 경우, 배수량을 증가시켜 선박의 복원력을 향상시키고, 추진기를 충분히 물속에 침하시키기 위해 배의 선저에 싣는 평형수를 말한다.

05
타주를 가진 선박에서 계획 만재흘수선상의 선수재 전면으로부터 타주 후면까지의 수평거리는?

가. 전장　　　　나. 등록장

사. 수선장　　　아. 수선간장

해설 ▶ 선박의 길이
• 전장 : 선수 최전단부터 선미 최후단까지의 수평거리
• 등록장 : 상갑판 보(beam)상 선수재 전면에서 선미재 후면까지를 잰 수평거리
• 수선장 : 흘수선상에서 물에 잠긴 선체 선수에서 선미까지의 길이
• 수선간장 : 계획 만재흘수선상의 선수재 전면에서 러더포스트의 후면까지 수평거리 또는 전부수선(FP)에서 후부수선(AP)까지의 수평거리

06
여객이나 화물을 운송하기 위하여 쓰이는 용적을 나타내는 톤수는?

가. 순톤수　　　　나. 배수톤수

사. 총톤수　　　　아. 재화중량톤수

해설
• 용적톤수 중 여객이나 화물을 운송하기 위하여 쓰이는 용적은 순톤수이다.
• 총톤수와 순톤수는 용적톤수이며, 배수톤수와 재화중량톤수는 중량톤수이다.

정답 25 아 / 1 나 2 사 3 나 4 아 5 아 6 가

07
희석제(Thinner)에 대한 설명으로 옳지 않은 것은?
가. 인화성이 강하므로 화기에 유의하여야 한다.
나. 도료에 첨가하는 양은 최대 10% 이하가 좋다.
사. 도료의 성분을 균질하게 하여 도막을 매끄럽게 한다.
아. 도료에 많은 양을 사용하면 도료의 점도가 높아진다.

해설
- 희석제를 많이 넣으면 도료의 점도는 낮아진다.
- 희석제(Thinner)는 도료의 액체 성분을 녹여서 점성을 작게 하고 성분을 균질하게 하여 도막을 매끄럽게 하고 건조를 촉진시키며, 도장 후에는 거의 증발하여 도막 중에는 남지 않는다.

08
체온을 유지할 수 있도록 열전도율이 낮은 방수로 만들어진 포대기 또는 옷을 의미하는 구명설비는?
가. 방수복   나. 구명조끼
사. 보온복   아. 구명부환

해설
- 보온복 : 열전도율이 낮은 방수 물질로 만들어진 포대기 또는 옷으로 방수복을 착용하지 않은 사람이 입는 장비
- 방수복(Immersion Suit) : 낮은 수온의 물속에서 체온을 보호하기 위한 장비

09
선박에서 선장이 직접 조타를 하고 있을 때, "우측선현 쪽으로 사람이 떨어졌다."라는 외침을 들은 선장이 즉시 취하여야 할 조치로 옳은 것은?
가. 타 중앙   나. 우현 전타
사. 좌현 전타   아. 후진 기관 사용

해설 익수가가 있을 때는 익수자가 있는 쪽으로 전타를 해야 한다. 즉 우현 쪽에 익수가가 있으면 우현 쪽으로 전타를 하여야 한다.

10
선박이 침몰하여 수면 아래 4미터 정도에 이르면 수압에 의하여 선박에서 자동 이탈되어 조난자가 탈 수 있도록 압축가스에 의해 펼쳐지는 구명설비는?
가. 구명정   나. 구명뗏목
사. 구조정   아. 구명부기

해설 구명뗏목은 나일론 등과 같은 합성 섬유로 된 포지를 고무로 가공해서 뗏목 모양으로 제작한 것으로 내부에서 탄산가스나 질소가스를 주입시켜 긴급시에 팽창시켜서 뗏목 모양으로 펼쳐지는 구명설비이다.

11
해상이동업무식별번호(MMSI number)에 대한 설명으로 옳지 않은 것은?
가. 9자리 숫자로 구성된다.
나. 소형선박에는 부여되지 않는다.
사. 초단파(VHF) 무선설비에도 입력되어 있다.
아. 우리나라 선박은 440 또는 441로 시작된다.

해설 ▶ 해상이동업무식별부호(MMSI : Maritime Mobile Service Identities)
- 선박국, 선박지구국, 해안, 해안지구국 및 집단 호출을 유일하게 식별하기 위하여 무선경로를 통하여 송신되는 9개의 숫자로 구성된 번호
- 해상이동업무 또는 해상이동위성업무의 무선국이 해상이동업무식별번호의 사용을 요구할 경우에 책임 있는 주관청은 ITU-R 및 ITU-T의 관련 권고를 참작하고 RR(Radio Regulations)의 규정(S19.100~S19.126)에 따라 해상이동업무식별번호를 할당하고 있다.

12
다음 조난신호 중 수면상 가장 멀리서 볼 수 있는 것은?
가. 기류신호   나. 발연부 신호
사. 신호 홍염   아. 로켓 낙하산 화염신호

해설 로켓 낙하산 화염신호는 300m 이상 올라가야 하기 때문에 가장 멀리서도 볼 수 있다.

13
선박용 초단파(VHF) 무선설비의 최대 출력은?
가. 10W   나. 15W   사. 20W   아. 25W

해설 초단파(VHF) 무선설비의 최대 출력은 25W이다.

14
평수구역을 항해하는 총톤수 2톤 이상의 선박에 반드시 설치하여야 하는 무선통신 설비는?
가. 위성통신설비
나. 초단파(VHF) 무선설비
사. 중단파(MF/HF) 무선설비
아. 수색구조용 레이더 트랜스폰더(SART)

해설 평수구역을 항행구역으로 하는 선박(총톤수 2톤 미만 제외)은 초단파 무선설비를 갖추어야 한다.
▶ 연해구역 이상을 항행구역으로 하는 선박은 초단파 무선설비(VHF) 및 EPIRB를 설치하여야 한다.

15
다음 중 선박 조종에 미치는 영향이 가장 작은 요소는?
가. 바람   나. 파도
사. 조류   아. 기온

해설 기온과 선박 조종과는 관계가 없다.

16
( )에 적합한 것은?

> "우회전 고정피치 스크루 프로펠러 1개가 설치되어 있는 선박이 타가 우타각이고, 정지상태에서 후진할 때, 후진속력이 커지면 흡입류의 영향이 커지므로 선수는 ( )한다."

가. 직진   나. 좌회두
사. 우회두   아. 물속으로 하강

해설 선박의 타각이 우타각일 때는 전진시에 선수는 우회두, 선미는 좌편향하지만 후진 시에는 선수는 좌회두, 선미는 우편향한다.

정답 7 아 8 사 9 나 10 나 11 나 12 아 13 아 14 나 15 아 16 나

소형선박조종사 · 2022 제4회

17

( )에 순서대로 적합한 것은?

> "수심이 얕은 수역에서는 타의 효과가 나빠지고, 선체 저항이 ( )하여 선회권이 ( )"

가. 감소, 작아진다.　　　　　나. 감소, 커진다.
사. 증가, 작아진다.　　　　　아. 증가, 커진다.

해설 수심이 얕은 수역(천수)에서는 선체저항이 커져서 선회권은 커진다.

18

다음 중 정박지로 가장 좋은 저질은?

가. 뻘　　　　　　　　　나. 자갈
사. 모래　　　　　　　　아. 조개껍질

해설 뻘은 닻의 파주력을 크게 하므로 정박시 가장 좋은 저질이다.

19

접·이안 시 계선줄을 이용하는 목적이 아닌 것은?

가. 접안 시 선용품 선적
나. 선박의 전진속력 제어
사. 접안 시 선박과 부두 사이 거리 조절
아. 이안 시 선미가 부두로부터 떨어지도록 작용

해설 선용품 선적과 계선줄 이용과는 관계가 없다.

20

전속 전진 중인 선박이 선회 중 나타나는 일반적인 현상으로 옳지 않은 것은?

가. 선속이 감소한다.
나. 횡경사가 발생한다.
사. 선미 킥이 발생한다.
아. 선회 각속도가 감소하다가 증가한다.

해설 선회 중에 각속도는 증가한다.

21

협수로를 항해할 때 유의할 사항으로 옳은 것은?

가. 침로를 변경할 때는 대각도로 한 번에 변경하는 것이 좋다.
나. 선수미선과 조류의 유선이 직각을 이루도록 조종하는 것이 좋다.
사. 언제든지 닻을 사용할 수 있도록 준비된 상태에서 항행하는 것이 좋다.
아. 조류는 순조 때에는 정침이 잘 되지만, 역조 때에는 정침이 어려우므로 조종 시 유의하여야 한다.

해설 가. 변침할 때는 한 번에 변침하지 말고 소각도로 여러 번 변침한다.
　　나. 선수미선과 조류의 유선이 일치하게 조종하는 것이 좋다.
　　아. 조류는 역조 때에는 정침이 잘 되지만, 순조 때에는 정침이 어려우므로 조종 시 유의하여야 한다.

22

황천항해를 대비하여 선박에 화물을 실을 때 주의사항으로 옳은 것은?

가. 선체의 중앙부에 화물을 많이 싣는다.
나. 선수부에 화물을 많이 싣는 것이 좋다.
사. 화물의 무게 분포가 한 곳에 집중되지 않도록 한다.
아. 상갑판보다 높은 위치에 최대한으로 많은 화물을 싣는다.

해설 가. 선체 중앙부에 화물을 많이 적재하면 새깅(Sagging)상태가 된다.
　　나. 선수부에 화물을 많이 적재하면 선수트림이 되어 선수에 파랑이 많이 덮쳐 오고 선속을 감소시키며, 침로안정성이 떨어지고 타효도 불량하게 된다.
　　아. 상갑판보다 높은 위치에 화물을 많이 적재하면 무게 중심이 높아져 복원력이 감소된다.

23

파도가 심한 해역에서 선속을 저하시키는 요인이 아닌 것은?

가. 바람　　　　　　　　나. 풍랑(Wave)
사. 수온　　　　　　　　아. 너울(Swell)

해설 선속의 증감에는 수온, 기압 등은 관계가 없다.

24

선박의 침몰 방지를 위하여 선체를 해안에 고의적으로 얹히는 것은?

가. 전복　　　　　　　　나. 접촉
사. 충돌　　　　　　　　아. 임의 좌주

해설 임의 좌주(좌안) : 충돌 등으로 선체의 손상이 매우 커서 침몰 직전에 이르게 되면 최선의 방법으로 선체를 적당한 해안에 임의적으로 얹히는 것을 임의 좌주(좌안)라 한다.

25

기관손상 사고의 원인 중 인적과실이 아닌 것은?

가. 기관의 노후　　　　　나. 기기조작 미숙
사. 부적절한 취급　　　　아. 일상적인 점검 소홀

해설 기관의 노후에 의한 사고는 인간이 잘못하여 생기는 인적과실(human error)이 아니다.

제3과목　　　　　　법　규

01

( )에 적합한 것은?

> "해상교통안전법상 고속여객선이란 시속 ( ) 이상으로 항행하는 여객선을 말한다."

가. 10노트　　　　　　　나. 15노트
사. 20노트　　　　　　　아. 30노트

해설 고속여객선이란 시속 15노트 이상으로 항행하는 여객선을 말한다.

정답 17 아　18 가　19 가　20 아　21 사　22 사　23 사　24 아　25 가　/　1 나

02
해상교통안전법상 '조종제한선'이 아닌 선박은?
가. 준설 작업을 하고 있는 선박
나. 항로표지를 부설하고 있는 선박
사. 주기관이 고장나 움직일 수 없는 선박
아. 항행 중 어획물을 옮겨 싣고 있는 어선

해설 주기관이 고장나 움직일 수 없는 선박은 조종불능선이다.

03
해상교통안전법상 고속여객선이 교통안전특정해역을 항행하려는 경우 항행안전을 확보하기 위하여 필요 시 해양경찰서장이 선장에게 명할 수 있는 것은?
가. 속력의 제한
나. 입항의 금지
사. 선장의 변경
아. 앞지르기의 지시

해설 ▶ 거대선 등의 항행안전확보 조치(해상교통안전법 제8조)
해양경찰서장은 거대선, 위험화물운반선, 고속여객선, 그 밖에 해양수산부령으로 정하는 선박이 교통안전특정해역을 항행하려는 경우 항행안전을 확보하기 위하여 필요하다고 인정하면 선장이나 선박소유자에게 다음의 사항을 명할 수 있다.
1. 통항시각의 변경
2. 항로의 변경
3. 제한된 시계의 경우 선박의 항행 제한
4. 속력의 제한
5. 안내선의 사용
6. 그 밖에 해양수산부령으로 정하는 사항

04
해상교통안전법상 떠다니거나 침몰하여 다른 선박의 안전운항 및 해상교통질서에 지장을 주는 것은?
가. 침선
나. 항행장애물
사. 기름띠
아. 부유성 산화물

해설 ▶ 항행장애물
선박으로부터 떨어진 물건, 침몰·좌초된 선박 또는 이로부터 유실된 물건으로 선박항행에 장애가 되는 물건을 말한다.
1. 선박으로부터 수역에 떨어진 물건
2. 침몰·좌초된 선박 또는 침몰·좌초되고 있는 선박
3. 침몰·좌초가 임박한 선박 또는 침몰·좌초가 충분히 예견되는 선박
4. 제2호 및 제3호의 선박에 있는 물건
5. 침몰·좌초된 선박으로부터 분리된 선박의 일부분

05
해상교통안전법상 다른 선박과 충돌을 피하기 위한 선박의 동작에 대한 설명으로 옳지 않은 것은?
가. 침로나 속력을 변경할 때에는 소폭으로 연속적으로 변경하여야 한다.
나. 필요하면 속력을 줄이거나 기관의 작동을 정지하거나 후진하여 선박의 진행을 완전히 멈추어야 한다.
사. 피항동작을 취할 때에는 그 동작의 효과를 다른 선박이 완전히 통과할 때까지 주의 깊게 확인하여야 한다.
아. 침로를 변경할 경우에는 될 수 있으면 충분한 시간적 여유를 두고 다른 선박이 그 변경을 쉽게 알아볼 수 있도록 충분히 크게 변경하여야 한다.

해설 침로나 속력을 변경할 때에는 될 수 있으면 다른 선박이 그 변경을 쉽게 알아볼 수 있도록 충분히 크게 변경하여야 한다.

06
해상교통안전법상 안전한 속력을 결정할 때 고려하여야 할 사항이 아닌 것은?
가. 시계의 상태
나. 선박 설비의 구조
사. 선박의 조종 성능
아. 해상교통량의 밀도

해설 ▶ 안전한 속력
선박은 다른 선박과의 충돌을 피하기 위하여 적절하고 효과적인 동작을 취하거나 당시의 상황에 알맞은 거리에서 선박을 멈출 수 있도록 항상 안전한 속력으로 항행하여야 한다.
▶ 안전한 속력을 결정할 때 고려 사항
▶ 레이더를 사용하고 있지 아니한 선박의 경우에는 1.~6.까지 해당
1. 시계의 상태
2. 해상교통량의 밀도
3. 선박의 정지거리·선회성능, 그 밖의 조종성능
4. 야간의 경우에는 항해에 지장을 주는 불빛의 유무
5. 바람·해면 및 조류의 상태와 항행장애물의 근접상태
6. 선박의 흘수와 수심과의 관계
7. 레이더의 특성 및 성능
8. 해면상태·기상, 그 밖의 장애요인이 레이더 탐지에 미치는 영향
9. 레이더로 탐지한 선박의 수·위치 및 동향

07
해상교통안전법상 술에 취한 상태를 판별하는 기준은?
가. 체온
나. 걸음걸이
사. 혈중알코올농도
아. 실제 섭취한 알코올 양

해설 술에 취한 상태의 기준은 혈중알코올농도 0.03퍼센트 이상으로 한다.

08
( )에 적합한 것은?

> "해상교통안전법상 2척의 동력선이 상대의 진로를 횡단하는 경우로서 충돌의 위험이 있을 때에는 다른 선박을 ( ) 쪽에 두고 있는 선박이 그 다른 선박의 진로를 피하여야 한다."

가. 선수
나. 좌현
사. 우현
아. 선미

해설 ▶ 횡단하는 상태
2척의 동력선이 상대의 진로를 횡단하는 경우로서 충돌의 위험이 있을 때에는 다른 선박을 우현 쪽에 두고 있는 선박이 그 다른 선박의 진로를 피하여야 한다. 이 경우 다른 선박의 진로를 피하여야 하는 선박은 부득이한 경우 외에는 그 다른 선박의 선수 방향을 횡단하여서는 아니 된다.

09
해상교통안전법상 제한된 시계에서 충돌할 위험성이 없다고 판단한 경우 외에 자기 선박의 양쪽 현의 정횡 앞쪽에 있는 다른 선박의 무중신호를 듣고 취할 조치로 옳은 것을 〈보기〉에서 모두 고른 것은?

> 보기
> ㄱ. 최대 속력으로 항행하면서 경계를 한다.
> ㄴ. 우현 쪽으로 침로를 변경시키지 않는다.
> ㄷ. 필요 시 자기 선박의 진행을 완전히 멈춘다.
> ㄹ. 충돌할 위험성이 사라질 때까지 주의하여 항행하여야 한다.

가. ㄴ, ㄷ
나. ㄷ, ㄹ
사. ㄱ, ㄴ, ㄹ
아. ㄴ, ㄷ, ㄹ

정답 2 사 3 가 4 나 5 가 6 나 7 사 8 사 9 나

해설 안전한 속력으로 항행하며, 좌현 쪽으로 변침을 하여서는 안 된다.

▶ 제한된 시계에서 선박의 항법
• 모든 선박은 시계가 제한된 그 당시의 사정과 조건에 적합한 안전한 속력으로 항행하여야 하며, 동력선은 제한된 시계 안에 있는 경우 기관을 즉시 조작할 수 있도록 준비하고 있어야 한다.
• 금지행위
1. 다른 선박이 자기 선박의 양쪽 현의 정횡 앞쪽에 있는 경우 좌현 쪽으로 침로를 변경하는 행위
2. 자기 선박의 양쪽 현의 정횡 또는 그곳으로부터 뒤쪽에 있는 선박의 방향으로 침로를 변경하는 행위

10

해상교통안전법상 항행 중인 동력선의 등화에 덧붙여 가장 잘 보이는 곳에 붉은색 전주등 3개를 수직으로 표시하거나 원통형의 형상물 1개를 표시할 수 있는 선박은?

가. 도선선　　　　　　　　나. 흘수제약선
사. 좌초선　　　　　　　　아. 조종불능선

해설 ▶ 주간 · 야간 등화와 형상물

구 분	야 간	주 간
정박선	백색 전주등	구형형상물 1개
얹혀 있는 선박	홍 – 홍(홍색 전주등 2개)	구형형상물 3개
조종불능선	홍 – 홍(홍색 전주등 2개)	구형형상물 2개
흘수제약선	홍 – 홍 – 홍 (홍색 전주등 3개)	원통형
조종제한선	홍 – 백 – 홍(각각의 전주등)	구형 – 마름모형 – 구형

11

해상교통안전법상 삼색등을 구성하는 색이 아닌 것은?

가. 흰색　　　　　　　　나. 황색
사. 녹색　　　　　　　　아. 붉은색

해설 • 삼색등 : 선수와 선미의 중심선상에 설치된 붉은색 · 녹색 · 흰색으로 구성된 등으로서 그 붉은색 · 녹색 · 흰색의 부분이 각각 현등의 붉은색등과 녹색등 및 선미등과 같은 특성을 가진 등
▶ 길이 20미터 미만의 범선은 삼색등 1개를 표시할 수 있다.

12

해상교통안전법상 정박 중인 길이 70미터 이상인 선박이 표시하여야 하는 형상물은?

가. 둥근꼴 형상물
나. 원뿔꼴 형상물
사. 원통형 형상물
아. 마름모꼴 형상물

해설 ▶ 정박선
선박 중인 선박은 가장 잘 보이는 곳에 다음의 등화나 형상물을 표시하여야 한다.
① 길이 50m 미만의 선박 : 가장 잘 보이는 곳에 흰색 전주등 1개를 표시
② 길이 50m 이상의 선박 : 선수나 선미쪽 백색 전주등 각 1개
▶ 선미쪽 등화는 선수보다 낮은 위치에 표시한다.
③ 주간 형상물 : 길이와 관계없이 선수쪽 구형(둥근꼴) 형상물 1개
④ 길이 100m 이상의 선박 : 작업등 점등으로 갑판상을 조명하여야 한다.

13

해상교통안전법상 '섬광등'의 정의는?

가. 선수 쪽 225도의 수평사광범위를 갖는 등
나. 360도에 걸치는 수평의 호를 비추는 등화로서 일정한 간격으로 1분에 30회 이상 섬광을 발하는 등
사. 360도에 걸치는 수평의 호를 비추는 등화로서 일정한 간격으로 1분에 60회 이상 섬광을 발하는 등
아. 360도에 걸치는 수평의 호를 비추는 등화로서 일정한 간격으로 1분에 120회 이상 섬광을 발하는 등

해설 섬광등이란 360°에 걸치는 수평의 호를 비추는 등화로서 일정한 간격으로 1분에 120회 이상 섬광을 발하는 등을 말한다.

14

해상교통안전법상 장음은 얼마 동안 계속되는 고동소리인가?

가. 약 1초　　　　　　　　나. 약 2초
사. 2~3초　　　　　　　　아. 4~6초

해설 • 단음 : 1초 정도 계속되는 고동소리
• 장음 : 4초부터 6초까지의 시간 동안 계속되는 고동소리

15

해상교통안전법상 제한된 시계 안에서 항행 중인 동력선이 대수속력이 있는 경우에는 2분을 넘지 아니하는 간격으로 장음을 1회 울려야 하는데 이와 같은 음향신호를 하지 아니할 수 있는 선박의 크기 기준은?

가. 길이 12미터 미만
나. 길이 15미터 미만
사. 길이 20미터 미만
아. 길이 50미터 미만

해설 길이 12미터 미만의 선박은 규정의 신호를 하지 아니할 수 있다.
▶ 다만, 그 신호를 하지 아니한 경우에는 2분을 넘지 아니하는 간격으로 다른 유효한 음향신호를 하여야 한다.

16

무역항의 수상구역등에서 선박의 입항 · 출항에 대한 지원과 선박운항의 안전 및 질서 유지에 필요한 사항을 규정할 목적으로 만들어진 법은?

가. 선박안전법
나. 해상교통안전법
사. 선박교통관제에 관한 법률
아. 선박의 입항 및 출항 등에 관한 법률

해설 무역항의 수상구역등에서 선박의 입항 · 출항에 대한 지원과 선박운항의 안전 및 질서 유지에 필요한 사항을 규정함을 목적으로 한다.

정답 10 나　11 나　12 가　13 아　14 아　15 가　16 아

17
( )에 적합한 것은?

"선박의 입항 및 출항 등에 관한 법률상 무역항의 수상구역등에서 해양사고를 피하기 위한 경우 등 해양수산부령으로 정하는 사유로 선박을 정박지가 아닌 곳에 정박한 선장은 즉시 그 사실을 ( )에/에게 신고하여야 한다."

가. 관리청
나. 환경부장관
사. 해양경찰청
아. 해양수산부장관

해설 선박의 입항 및 출항 등에 관한 법률상에서는 관리청에 신고하여야 한다.

18
선박의 입항 및 출항 등에 관한 법률상 선박이 해상에서 일시적으로 운항을 멈추는 것은?

가. 정박
나. 정류
사. 계류
아. 계선

해설
- 정박 : 선박이 해상에서 닻을 바다 밑바닥에 내려놓고 운항을 멈추는 것
- 정류 : 선박이 해상에서 일시적으로 운항을 멈추는 것
- 계류 : 선박을 다른 시설에 붙들어 매어 놓는 것
- 계선 : 선박이 운항을 중지하고 정박하거나 계류하는 것

19
선박의 입항 및 출항 등에 관한 법률상 무역항의 수상구역등에서 선박을 예인하고자 할 때 한꺼번에 몇 척 이상의 피예인선을 끌지 못하는가?

가. 1척
나. 2척
사. 3척
아. 4척

해설 ▶ 예인선의 항법
1. 예인선의 선수로부터 피예인선의 선미까지의 길이는 200미터를 초과하지 아니할 것. 다만, 다른 선박의 출입을 보조하는 경우에는 그러하지 아니하다.
2. 예인선은 한꺼번에 3척 이상의 피예인선을 끌지 아니할 것

20
선박의 입항 및 출항 등에 관한 법률상 방파제 입구 등에서 입항 및 출항을 하는 두 척의 선박이 마주칠 우려가 있을 때의 항법은?

가. 입항하는 선박이 방파제 밖에서 출항하는 선박의 진로를 피하여야 한다.
나. 출항하는 선박은 방파제 안에서 입항하는 선박의 진로를 피하여야 한다.
사. 입항하는 선박이 방파제 입구를 우현 쪽으로 접근하여 통과하여야 한다.
아. 출항하는 선박은 방파제 입구를 좌현 쪽으로 접근하여 통과하여야 한다.

해설 무역항의 수상구역등에 입항하는 선박이 방파제 입구 등에서 출항하는 선박과 마주칠 우려가 있는 경우에는 방파제 밖에서 출항하는 선박의 진로를 피하여야 한다.

21
( )에 적합하지 않은 것은?

"선박의 입항 및 출항 등에 관한 법률상 관리청은 무역항의 수상구역 등에 정박하는 ( )에 따른 정박구역 또는 정박지를 지정·고시할 수 있다."

가. 선박의 톤수
나. 선박의 종류
사. 선박의 국적
아. 적재물의 종류

해설 ▶ 「선박의 입항 및 출항 등에 관한 법률」 제5조(정박지의 사용 등) 제1항
관리청은 무역항의 수상구역등에 정박하는 선박의 종류·톤수·흘수 또는 적재물의 종류에 따른 정박구역 또는 정박지를 지정·고시할 수 있다.

22
다음 중 선박의 입항 및 출항 등에 관한 법률상 우선피항선이 아닌 선박은?

가. 예선
나. 총톤수 20톤 미만인 어선
사. 주로 노와 삿대로 운전하는 선박
아. 예인선에 결합되어 운항하는 압항부선

해설 예인선에 결합되어 운항하는 압항부선은 우선피항선이 아니다.
▶ 우선피항선
주로 무역항의 수상구역에서 운항하는 선박으로서 다른 선박의 진로를 피하여야 하는 다음의 선박을 말한다.
1. 부선 ▶ 예인선이 부선을 끌거나 밀고 있는 경우의 예인선 및 부선을 포함하되, 예인선에 결합되어 운항하는 압항부선은 제외한다.
2. 주로 노와 삿대로 운전하는 선박
3. 예선
4. 항만운송관련사업을 등록한 자가 소유한 선박
5. 해양환경관리업을 등록한 자가 소유한 선박
6. 위의 1.~5.의 규정에 해당하지 아니하는 총톤수 20톤 미만의 선박

23
해양환경관리법상 유해액체물질기록부는 최종 기재를 한 날부터 몇 년간 보존하여야 하는가?

가. 1년
나. 2년
사. 3년
아. 5년

해설 오염물질기록부(폐기물기록부, 기름기록부, 유해액체물질기록부) 등의 오염물질기록부는 최종 기재한 날부터 3년간 보존해야 한다.

24
해양환경관리법상 폐기물이 아닌 것은?

가. 도자기
나. 플라스틱류
사. 폐유압유
아. 음식 쓰레기

해설 기름인 폐·유압유는 폐기물에서 제외된다.
▶ 폐기물
해양에 배출되는 경우 그 상태로는 쓸 수 없게 되는 물질로서 해양환경에 해로운 결과를 미치거나 미칠 우려가 있는 물질
▶ 기름·유해액체물질 및 포장유해물질에 해당하는 물질을 제외한다.

정답 17 가 18 나 19 사 20 가 21 사 22 아 23 사 24 사

소형선박조종사   2022 제4회

25

해양환경관리법상 오염물질이 배출된 경우 오염을 방지하기 위한 조치가 아닌 것은?

가. 기름오염방지설비의 가동
나. 오염물질의 추가 배출방지
사. 배출된 오염물질의 수거 및 처리
아. 배출된 오염물질의 확산방지 및 제거

해설 기름오염방지설비의 가동은 배출 전에 해야 할 조치이다.

제**4**과목   기 관

01

1[kW]는 약 몇 [kgf · m/s]인가?

가. 75[kgf · m/s]   나. 76[kgf · m/s]
사. 102[kgf · m/s]   아. 735[kgf · m/s]

해설 • 동력 : 단위 시간에 하는 일량(J/s나 W로 나타낸다)
     • 1[KW]=1,000[W]≒102[kgf · m/s]≒1.36[ps]
     • 1ps(마력, 미터마력)=75[kgf · m/s]≒0.735[KW]

02

소형기관에서 피스톤 링의 마멸 정도를 계측하는 공구로 가장 적합한 것은?

가. 다이얼 게이지
나. 한계 게이지
사. 내경 마이크로미터
아. 외경 마이크로미터

해설 • 피스톤링 마멸량의 계측은 외경 마이크로미터로 측정한다.
     • 실린더 라이너의 마멸량 계측은 내경 마이크로미터로 측정한다.

03

디젤기관에서 오일 링의 주된 역할은?

가. 윤활유를 실린더 내벽에서 밑으로 긁어내린다.
나. 피스톤의 열을 실린더에 전달한다.
사. 피스톤의 회전운동을 원활하게 한다.
아. 연소가스의 누설을 방지한다.

해설 • 피스톤 링에는 피스톤과 실린더 사이의 기밀을 유지하며, 피스톤에서 받은 열을 실린더 벽으로 방출하는 압축 링(compression ring)과 실린더 라이너 내벽의 윤활유가 연소실로 들어가지 못하도록 긁어내리고, 윤활유를 라이너 내벽에 고르게 분포시키는 오일 링(oil ring)이 있다.
     • 일반적으로 압축 링은 피스톤의 상부에 2~4개, 오일 링은 하부에 1~2개 설치한다.
     • 링의 틈새에는 피스톤 링 홈과 피스톤 링의 간극인 옆틈(side clearance)과 밑틈(back clearance)이 있고, 피스톤 링의 끝단 사이의 간극인 절구틈(end clearance 또는 end gap)이 있다.
     • 링의 틈새가 너무 크면 연소가스가 누설되어 기관의 출력이 낮아지고, 링의 배압이 커져서 실린더 내벽의 마멸이 크게 된다. 반대로 틈새가 너무 작으면 열팽창에 의해 틈새가 없어져서 실린더 내벽을 손상시키게 된다.

04

디젤기관의 운전 중 냉각수 계통에서 가장 주의해서 관찰해야 하는 것은?

가. 기관의 입구 온도와 기관의 입구 압력
나. 기관의 출구 압력과 기관의 출구 온도
사. 기관의 입구 온도와 기관의 출구 압력
아. 기관의 입구 압력과 기관의 출구 온도

해설 기관의 입구 압력과 기관의 출구 온도를 주의해서 관찰하여야 한다.

05

추진 축계장치에서 추력베어링의 주된 역할은?

가. 축의 진동을 방지한다.
나. 축의 마멸을 방지한다.
사. 프로펠러의 추력을 선체에 전달한다.
아. 선체의 추력을 프로펠러에 전달한다.

해설 추력베어링(Thrust bearing)은 선체에 부착되어 있으며, 추력칼라의 앞과 뒤에 설치되어 프로펠러로부터 전달되어 오는 추력을 추력 칼라에서 받아 선체에 전달하여 선박을 추진시키는 역할을 한다.

06

실린더부피가 1,200[cm³]이고 압축부피가 100[cm³] 내연기관의 압축비는 얼마인가?

가. 11   나. 12
사. 13   아. 14

해설 • 압축비 $= \dfrac{\text{실린더부피}}{\text{압축부피}} = \dfrac{\text{압축부피} + \text{행정부피}}{\text{압축부피}} = 1 + \dfrac{\text{행정부피}}{\text{압축부피}}$

     $\therefore$ 압축비 $= \dfrac{100 + 1,100}{100} = 1 + \dfrac{1,100}{100} = 12$

07

디젤기관의 메인 베어링에 대한 설명으로 옳지 않은 것은?

가. 크랭크축을 지지한다.
나. 크랭크축의 중심을 잡아준다.
사. 윤활유로 윤활시킨다.
아. 볼베어링을 주로 사용한다.

해설 주로 평면베어링을 사용한다.
     • 메인 베어링은 기관 베드 위에 있으면서, 크랭크 저널에 설치되어 크랭크축을 지지하고, 축의 회전 중심을 잡아 준다.
     • 베어링 캡 상부의 주유구를 통하여 강압 주유된 윤활유는 메인 베어링을 윤활하고, 크랭크축의 기름 통로를 거쳐 크랭크핀 베어링까지 윤활한다.

08

디젤기관에서 플라이휠의 역할에 대한 설명으로 옳지 않은 것은?

가. 회전력을 균일하게 한다.
나. 회전력의 변동을 작게 한다.
사. 기관의 시동을 쉽게 한다.
아. 기관의 출력을 증가시킨다.

해설 플라이휠은 기관의 출력을 증가시키는 것이 아니다.

정답 25 가 / 1 사 2 아 3 가 4 아 5 사 6 나 7 아 8 아

▶ 플라이 휠의 역할
- 크랭크축의 회전력을 균일하게 한다.
- 저속 회전을 가능하게 한다.
- 기관의 시동을 쉽게 한다.
- 밸브의 조정(valve timing)이 편리하다.

09
소형기관에서 윤활유를 오래 사용했을 경우에 나타나는 현상으로 옳지 않은 것은?

가. 색상이 검게 변한다.
나. 점도가 증가한다.
사. 침전물이 증가한다.
아. 혼입수분이 감소한다.

해설 엔진 오일을 오래 사용하는 경우에는 이물질이나 수분, 배기가스의 혼입 등으로 색상의 변화, 점도 증가 및 침전물 형성, 산화 등의 윤활유 열화(劣化, aging)가 발생한다.

10
소형 디젤기관에서 실린더 라이너의 심한 마멸에 의한 영향이 아닌 것은?

가. 압축 불량
나. 불완전 연소
사. 착화 시기가 빨라짐
아. 연소가스가 크랭크실로 누설

해설 라이너가 마멸되면 착화시기가 느려진다.
- 실린더 마멸의 영향 : 압축공기 누설로 압축압력 저하, 윤활유의 연소실 침입에 의한 불완전 연소, 연료 및 소비량 증가, 연소 가스의 누설, 열효율 감소

11
디젤기관에서 연료분사량을 조절하는 연료래크와 연결되는 것은?

가. 연료분사밸브
나. 연료분사펌프
사. 연료이송펌프
아. 연료 가열기

해설 연료래크는 연료분사펌프와 연결되어 있다.

12
디젤기관에서 과급기를 설치하는 이유가 아닌 것은?

가. 기관에 더 많은 공기를 공급하기 위해
나. 기관의 출력을 더 높이기 위해
사. 기관의 급기온도를 더 높이기 위해
아. 기관이 더 많은 일을 하게 하기 위해

해설 과급기는 기관의 급기온도를 높이기 위한 것이 아니다.
▶ 과급기
연소에 필요한 공기를 대기압 이상의 압력으로 압축하여 밀도가 높은 공기를 실린더 내에 공급하여 연료를 완전 연소시킴으로써 평균 유효 압력을 높여 기관의 출력을 증대시키는 장치

13
선박의 축계장치에서 추력축의 설치 위치에 대한 설명으로 옳은 것은?

가. 캠축의 선수 측에 설치한다.
나. 크랭크축의 선수 측에 설치한다.
사. 프로펠러축의 선수 측에 설치한다.
아. 프로펠러축의 선미 측에 설치한다.

해설 주기관 → 추력축 → 중간축 → 추진기축(프로펠러축) → 프로펠러(추진기)

14
프로펠러에 의한 선체 진동의 원인이 아닌 것은?

가. 프로펠러의 날개가 절손된 경우
나. 프로펠러의 날개수가 많은 경우
사. 프로펠러의 날개가 수면에 노출된 경우
아. 프로펠러의 날개가 휘어진 경우

해설 프로펠어 날개수와 진동은 관계가 없다.

15
선박 보조기계에 대한 설명으로 옳은 것은?

가. 갑판기계를 제외한 기관실의 모든 기계를 말한다.
나. 주기관을 제외한 선내의 모든 기계를 말한다.
사. 직접 배를 움직이는 기계를 말한다.
아. 기관실 밖에 설치된 기계를 말한다.

해설 선내에서 선박의 추진 동력을 얻기 위한 주기관과 보일러를 제외한 모든 기계를 선박 보조기계라 한다.

16
2[V] 단전지 6개를 연결하여 12[V]가 되게 하려면 어떻게 연결해야 하는가?

가. 2[V] 단전지 6개를 병렬 연결한다.
나. 2[V] 단전지 6개를 직렬 연결한다.
사. 2[V] 단전지 3개를 병렬 연결하여 나머지 3개와 직렬 연결한다.
아. 2[V] 단전지 2개를 병렬 연결하여 나머지 4개와 직렬 연결한다.

해설
- 전압이 같은 단전지를 직렬 연결하면 합성 전압은 단전지의 합과 같고, 병렬 연결하면 합성 전압은 단전지 1개의 전압과 같다.
- 2[V] 단전지 6개를 직렬로 연결하면 2×6=12[V]가 된다.

17
양묘기의 구성 요소가 아닌 것은?

가. 구동 전동기
나. 회전드럼
사. 제동장치
아. 데릭 포스트

해설 데릭 포스트는 하역장치인 데릭의 구성품이다.

정답 9 아 10 사 11 나 12 사 13 사 14 나 15 나 16 나
17 아

18

원심펌프에서 송출되는 액체가 흡입측으로 역류하는 것을 방지하기 위해 설치하는 부품은?

가. 회전차　　　　　　　　　나. 베어링
사. 마우스 링　　　　　　　　아. 글랜드패킹

해설 ▶ 마우스 링(mouth ring)

회전차(impeller)에서 송출되는 액체가 흡입구 쪽으로 역류하는 것을 방지하기 위하여 케이싱과 회전차 입구 사이에 설치하는 링으로 웨어링 링(wearing ring)이라고도 한다.

19

납축전지의 용량을 나타내는 단위는?

가. [Ah]　　　　　　　　　　나. [A]
사. [V]　　　　　　　　　　　아. [kW]

해설 • 전압 : 볼트[V], 전류 : 암페어[A], 전력 : 와트[W, kW]
• 납축전지의 용량은 암페어 시[Ah]로 나타낸다.

20

선박용 납축전지에서 양극의 표시가 아닌 것은?

가. +　　　　　　　　　　　나. P
사. N　　　　　　　　　　　아. 적색

해설 사. N은 음극의 표시이다.

전극	기호	극판색	전선색
양극	(+) 또는 P	암흑색	붉은색(적색)
음극	(−) 또는 N	회백색	검은색

21

디젤기관을 장기간 정지할 경우의 주의사항으로 옳지 않은 것은?

가. 동파를 방지한다.
나. 부식을 방지한다.
사. 주기적으로 터닝을 시켜준다.
아. 중요 부품은 분해를 하여 보관한다.

해설 디젤기관을 장기간 정지할 경우라도 중요 부품을 분해하여 보관하지는 않는다.

22

디젤기관의 윤활유에 물이 다량 섞이면 운전 중 윤활유 압력은 어떻게 변하는가?

가. 압력이 평소보다 올라간다.
나. 압력이 평소보다 내려간다.
사. 압력이 0으로 된다.
아. 압력이 진공으로 된다.

해설 윤활유에 물이 섞이면 압력이 평소보다 내려간다.

23

전기시동을 하는 소형 디젤기관에서 시동이 되지 않는 원인이 아닌 것은?

가. 시동용 전동기의 고장
나. 시동용 배터리의 방전
사. 시동용 공기분배 밸브의 고장
아. 시동용 배터리와 전동기 사이의 전선 불량

24

15[℃] 비중이 0.9인 연료유 200리터의 무게는 몇 [kgf]인가?

가. 180[kgf]　　　　　　　나. 200[kgf]
사. 220[kgf]　　　　　　　아. 220[kgf]

해설 200리터 = 200kg
200kg × 0.9 = 180kg
∴ 질량 180kg이며, 무게로는 180kgf가 된다.

25

탱크에 들어있는 연료유보다 비중이 큰 이물질은 되는가?

가. 위로 뜬다.
나. 아래로 가라앉는다.
사. 기름과 균일하게 혼합된다.
아. 탱크의 옆면에 부착된다.

해설 비중이 큰 이물질은 아래로 가라앉는다.

정답 **18** 사　**19** 가　**20** 사　**21** 아　**22** 나　**23** 사　**24** 가　**25** 나

제1과목 항 해

01
자기 컴퍼스에서 선박의 동요로 비너클이 기울어져도 볼을 항상 수평으로 유지하기 위한 것은?

가. 자침
나. 피벗
사. 기선
아. 짐벌즈

[해설] · 짐벌링(Gimbal Ring) = 짐벌즈(gimbals)
선박의 동요로 비너클이 기울어져도 볼을 항상 수평하게 유지하기 위한 장치이다.

02
프리즘을 사용하여 목표물과 카드 눈금을 광학적으로 중첩시켜 방위를 읽을 수 있는 방위 측정 기구는?

가. 쌍안경
나. 방위경
사. 섀도 핀
아. 컴퍼지션 링

[해설] 방위경 : 컴퍼스의 볼 위에 얹어서 천체나 지상물표의 방위를 측정하는 계기로 프리즘을 이용하여 고도가 높은 물표를 측정하는 데 사용하는 방위측정기구이다.

03
다음 중 대수속력을 측정할 수 있는 항해계기는?

가. 레이더
나. 자기 컴퍼스
사. 도플러 로그
아. 지피에스(GPS)

[해설] 도플러 로그는 대수속력, 대지속력 모두 측정할 수 있는 선속계이다.

04
선수미선과 선박을 지나는 자오선이 이루는 각은?

가. 방위
나. 침로
사. 자차
아. 편차

[해설] · 방위 : 관측자와 물표를 지나는 대권과 자오선이 이루는 각
· 침로 : 선수미선과 선박을 지나는 자오선이 이루는 각
· 자차 : 진자오선과 컴퍼스의 남북선이 이루는 각
· 편차 : 진자오선과 자기자오선이 이루는 각

05
자기 컴퍼스의 오차(Compass error)에 대한 설명으로 옳은 것은?

가. 진자오선과 자기 자오선이 이루는 교각
나. 선내 나침의의 남북선과 진자오선이 이루는 교각
사. 자기 자오선과 선내 나침의의 남북선이 이루는 교각
아. 자기 자오선과 물표를 지나는 대권이 이루는 교각

[해설] 가. 편차, 사. 자차, 아. 자침방위

06
선박자동식별장치(AIS)에서 확인할 수 없는 정보는?

가. 선명
나. 선박의 흘수
사. 선원의 국적
아. 선박의 목적지

[해설] 선원의 국적은 알 수가 없다.

▶ 선박자동식별장치(AIS) 정보

구 분	정보 내용	비 고
정적정보 (선박제원)	· IMO 번호 · 호출부호 및 선명 · 선박의 길이, 폭 · 선박의 종류 · 안테나의 위치(선미/선수/중심선의 좌우)	· 변경사항 발생시 수시로 수정입력
동적정보	· 선박의 위치 · UTC로 표시하는 시간 · 대지침로 · 대지속력 · 선수방위 · 항해상태(항해, 정박 등) · 선회율(임의) · 경사각도(임의)	· 선박의 항해 상태에 따라 자동입력(수동입력도 가능)
항해정보	· 선박의 흘수 · 위험화물 · 목적지 및 도착예정시간 · 항로계획(임의)	· 항해선 및 항해 중 주기적으로 수동 입력
문자정보	· 중요한 항해 또는 기상경보 포함	

07
항해 중에 산봉우리, 섬 등 해도상에 기재되어 있는 2개 이상의 고정된 뚜렷한 물표를 선정하여 거의 동시에 각각의 방위를 측정하여 선위를 구하는 방법은?

가. 수평협각법
나. 교차방위법
사. 추정위치법
아. 고도측정법

[해설] · 교차방위법은 2개 이상의 뚜렷한 물표를 선정하여 거의 동시에 각각의 방위를 측정하여 해도상에 방위선을 긋고 이들의 교점을 선위로 하는 방법
· 장점
  ㉠ 쉽고 간편하여 가장 많이 사용한다.
  ㉡ 외력을 받지 않는다.
  ㉢ 정밀도가 높다.

정답 1 아 2 나 3 사 4 나 5 나 6 사 7 나

08

레이더를 활용하는 방법으로 옳지 않은 것은?

가. 야간에 연안항해 시 레이더 플로팅을 철저히 한다.

나. 대양항해 시 통상적으로 레이더를 이용하여 선위를 구한다.

사. 비나 안개 등으로 시계가 제한될 때 레이더 경계를 철저히 한다.

아. 원양에서 연안으로 접근 시 레이더로 실측위치를 구하기 위해 노력한다.

해설 대양항해 시에는 물표가 없기 때문에 레이더로 선위를 측정할 수 없다.

09

레이더 화면에 그림과 같이 나타나는 원인은?

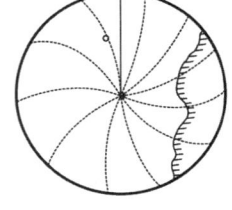

가. 물표의 간접 반사

나. 비나 눈 등에 의한 반사

사. 해면의 파도에 의한 반사

아. 다른 선박의 레이더 파에 의한 간섭

해설 부근에 있는 타 다른 선박이 자선과 같은 주파수대의 레이더를 사용할 때에는 자선의 레이더 지시기에 타선의 레이더 전파가 수신되어 간섭이 일어나며, 모양은 점들이 나선형으로 나타난다.

10

(   )에 적합한 것은?

"(   )는 위치를 알고 있는 기준국의 수신기로 각 위성에서 발사한 전파가 기준국까지 도달하는 시간에 대한 보정량을 구한 후 이를 규정된 데이터 포맷에 따라 사용자의 수신기에 보내면, 사용자의 수신기에서는 이 보정량을 가감하여 보다 정확한 위치를 측정하는 방식이다."

가. 지피에스(GPS)

나. 로란 씨(Loran C)

사. 오메가(Omega)

아. 디지피에스(DGPS)

해설 ▶ DGPS(Differential Global Positioning System)
- 위치가 정확한 육상의 한 지점에 설치된 DGPS 기준 수신기는 자신과 GPS 위성과의 거리를 측정하여 GPS 전파의 거리 측정오차를 계산한다.
- 계산된 거리측정오차는 보정 데이터로 편집되어 중파 무선 표지의 전파에 실어 송신되며, 이것을 수신한 선박의 수신기는 GPS의 위치 오차값을 보정할 수 있으므로 더욱 정확한 위치를 표시할 수 있다.

11

우리나라에서 발간하는 종이해도에 대한 설명으로 옳은 것은?

가. 수심 단위는 피트(Feet)를 사용한다.

나. 나침도의 바깥쪽에는 나침 방위권이 표시되어 있다.

사. 항로의 지도 및 안내서의 역할을 하는 수로서지이다.

아. 항박도는 항만, 정박지, 좁은 수로등 좁은 구역을 상세히 표시한 평면도이다.

해설 가. 수심의 단위는 미터를 사용한다.
나. 나침도의 바깥쪽은 진방위권을 나타낸다.
사. 항로의 지도 및 안내서의 역할을 하는 항로지이다.

12

해도에 사용되는 특수한 기호와 약어는?

가. 해도도식

나. 해도 제목

사. 수로도지

아. 해도 목록

해설 해도도식은 해도상 여러 가지 사항들을 표시하기 위하여 사용되는 특수한 기호와 약어를 말하며 국립해양조사원에서 해도도식(해도번호 제5001호)을 간행하고 있다.

13

다음 해도도식의 의미는?

● *Obstn*

가. 암암

나. 침선

사. 간출암

아. 장애물

해설 Obstn : obstruction(장애물)

14

다음 중 항행통보가 제공하지 않는 정보는?

가. 수심의 변화

나. 조시 및 조고

사. 위험물의 위치

아. 항로표지의 신설 및 폐지

해설 조시와 조고는 조석표에 나온다.

15

풍랑이나 조류 때문에 등부표를 설치하거나 관리하기가 어려운 모래 기둥이나 암초 등이 있는 위험한 지점으로부터 가까운 곳에 등대가 있는 경우, 그 등대에 강력한 투광기를 설치하여 그 구역을 비추어 위험을 표시하는 것은?

가. 도등

나. 조사등

사. 지향등

아. 분호등

해설
- 조사등 : 풍랑이나 조류 때문에 등부표를 설치하거나 관리하기 어려운 모래기둥이나 암초 등이 있는 위험한 지점으로부터 가까운 곳에 등대가 있는 경우 그 등대에서 강력한 투광기를 설치하여 그 위험구역을 유색등(주로 홍색등)으로 비추어 위험을 표시하는 등화를 말한다.
- 도등 : 항해자가 동일한 각도에 있는 등화를 보고 항로를 유지하여 항해할 수 있도록 동일 수직선상에 두 개 또는 그 이상의 등화를 설치한 시설로서 이용구간 내에서 선박을 정확히 유도하며 신뢰할 수 있고, 간단히 이용할 수 있는 항로표지 시설 중시선에 의하여 선박을 인도한다.
- 지향등 : 선박의 통항이 곤란한 좁은 수로, 항구, 만 입구 등에서 선박에 안전한 항로를 알려주기 위하여 항로 연장선상의 육지에 설치한 분호등으로 녹색, 적색, 백색의 3가지 등질이 있으며 백색광이 안전구역이다.
- 분호등 : 등광이 해면을 비추어 주는 부분(명호) 안에서 어느 부분만 비추어주는 등으로 지향등, 조사등(부등) 등이 분호등에 속한다.

정답 8 나 9 아 10 아 11 아 12 가 13 아 14 나 15 나

16
표체의 색상은 황색이며, 두표가 황색의 X자 모양인 항로표지는?

가. 방위표지
나. 측방표지
사. 특수표지
아. 안전수역표지

해설 특수표지는 공사구역 등 특별한 시설이 있음을 나타내는 표지로 표체는 황색이며, 두표는 황색의 'X' 모양으로 되어 있다.

17
선박의 레이더에서 발사된 전파를 받은 때에만 응답전파를 발사하는 전파표지는?

가. 레이콘(Racon)
나. 레이마크(Ramark)
사. 무선방향탐지기(RDF)
아. 토킹 비컨(Talking beacon)

해설
- 레이콘 : 선박 레이더에서 발사된 전파를 받은 때에만 응답하여 모스 신호가 나타날 수 있도록 하여, 표지의 방위와 거리를 알 수 있다.
- 레이마크 : 일정한 지점에서 레이더파를 계속 발사하는 전파표지국으로 본선의 레이더 지시기상에 1~3°의 휘선이 나타나 표지국의 방위를 알 수 있다.
- 무선방향탐지기 : 전파의 오는 방향을 탐지하는 전파계기
- 토킹 비컨 : 보통의 비컨에서는 단음만 듣고 방위를 알 수 있지만, 이 방식에서는 음성신호를 3자리 숫자로 003, 006과 같이 3°마다 방송하므로 수신되는 숫자가 표지국으로부터의 진방위이므로 가장 간단하고 정확히 자기 선박의 방위를 알 수 있다.

18
점장도에 대한 설명으로 옳지 않은 것은?

가. 항정선이 직선으로 표시된다.
나. 경·위도에 의한 위치 표시는 직교 좌표이다.
사. 두 지점 간의 거리는 경도를 나타내는 눈금의 길이와 같다.
아. 두 지점 간 진방위는 두 지점의 연결선과 자오선과의 교각이다.

해설 점장도에서는 두 지점 간의 거리는 위도를 나타내는 눈금의 길이와 같다. 즉 위도 1'의 길이가 1해리이다.

19
종이해도에서 찾을 수 없는 정보는?

가. 나침도
나. 간행연월일
사. 일출 시간
아. 해도의 축척

해설 일출 시간과 월출시간은 천측력에 기재되어 있다.

20
등광은 꺼지지 않고 등색만 바뀌는 등화는?

가. 부동등
나. 섬광등
사. 명암등
아. 호광등

해설
- 호광등 : 색깔이 다른 종류의 빛을 교대로 내며, 그 사이에 등광은 꺼지는 일이 없이 계속 빛을 내는 등화

21
우리나라 부근에 존재하는 기단이 아닌 것은?

가. 적도기단
나. 시베리아기단
사. 북태평양기단
아. 오호츠크해기단

해설 우리나라 부근의 기단에는 시베리아기단, 양쯔강 기단, 오호츠크해기단, 북태평양기단 등이 있다.

22
다음 설명이 의미하는 것은?

> "대기는 무게를 가지며 작용하는 압력은 지표면에서 크고, 고도가 증가함에 따라 감소한다."

가. 습도
나. 안개
사. 기온
아. 기압

해설 기압은 대기가 단위면적인 1㎡을 수직으로 누르는 힘을 의미한다. 상층으로 올라갈수록 공기의 양이 적어지므로, 기압도 감소한다.

23
북반구에서 태풍의 피항방법에 대한 설명으로 옳지 않은 것은?

가. 풍속이 증가하면 태풍의 중심에 접근 중이므로 신속히 벗어나야 한다.
나. 풍향이 반시계방향으로 변하면 위험반원에 있으므로 신속히 벗어나야 한다.
사. 중규모의 태풍이라도 중심 부근은 9~10미터 정도의 파도가 발생하므로 신속히 벗어나야 한다.
아. 풍향이 변하지 않고 폭풍우가 강해지고 있으면 태풍의 진로상에 위치하므로 영향권을 신속히 벗어나야 한다.

해설 북반구에서 풍향이 반시계방향으로 변하면 가항반원에 위치하므로 선미에서 파도를 받고 신속히 벗어나야 한다.

24
연안 수역의 항해계획을 수립할 때 고려하지 않아도 되는 것은?

가. 선박의 조종 특성
나. 당직항해사의 면허급수
사. 선박통항관제업무(VTS)
아. 조타장치에 대한 신뢰성

해설 당직항해사의 면허급수와 항해계획의 수립과는 관계가 없다.

25
2개의 식별 가능한 물표를 하나의 선으로 연결한 선으로 항해 계획을 수립할 때 해도의 해안이나 좁은 수로 부근의 물표에 표시하여 효과적으로 이용할 수 있는 것은?

가. 유도선
나. 중시선
사. 방위선
아. 항해 중지선

해설 중시선은 2물표가 하나의 선으로 연결한 선으로 자이로 오차를 구할 때나 피험선으로 이용할 때 가장 필요한 위치선이다.

정답 16 사 17 가 18 사 19 사 20 아 21 가 22 아 23 나 24 나 25 나

소형선박조종사   2023 제1회

제2과목 운 용

01

선측 상부가 바깥쪽으로 굽은 정도를 의미하는 명칭은?

가. 캠버   나. 플레어
사. 텀블 홈   아. 선수현호

해설 플레어 : 바깥쪽으로 굽은 정도 ⇔ 텀블 홈 : 상갑판 위의 구조물이 안으로 굽은 정도

02

이중저의 용도가 아닌 것은?

가. 청수 탱크로 사용   나. 화물유 탱크로 사용
사. 연료유 탱크로 사용   아. 밸러스트 탱크로 사용

해설 이중저는 주로 연료유 탱크, 청수 탱크, 밸러스트 탱크로 사용되며, 화물유 탱크로 사용하지는 않는다.

03

선체의 최하부 중심선에 있는 종강력재이며, 선체의 중심선을 따라 선수재에서 선미재까지의 종방향 힘을 구성하는 부분은?

가. 보   나. 용골
사. 라이더   아. 브래킷

해설 용골(Keel) : 선체의 최하부 중심선에 있는 종강력재로 선체의 중심선을 따라 선수재에서 선미재까지의 종방향 힘을 구성하는 배의 척추와 같은 구성재

04

타주가 없는 선박에서 계획 만재흘수선상의 선수재 전면으로부터 타두 중심까지의 수평거리는?

가. 전장   나. 등록장
사. 수선장   아. 수선간장

해설 수선간장 : 계획 만재흘수선상의 선수재 전면에서 러더포스트의 후면까지 수평거리로 전부수선(FP)에서 후부수선(AP)까지의 수평거리로 강선구조기준, 만재흘수선 기준 등 각종 설비기준에 사용되는 길이

05

(   )에 적합한 것은?

> "타(키)는 최대흘수 상태에서 전속 전진 시 한쪽 현 타각 35도에서 다른 쪽 현 타각 30도까지 돌아가는 데 ( )의 시간이 걸려야 한다."

가. 30초 이내   나. 35초 이내
사. 28초 이내   아. 25초 이내

해설 선박설비기준에서 주 조타장치는 계획만재흘수에서 최대항행속력으로 전진하는 경우 타를 한쪽 35도로부터 반대쪽 35도까지 조작할 수 있는 것으로서 한쪽 35도에서 반대쪽 30도까지 28초 이내에 조작할 수 있는 것일 것이라고 되어 있다.

06

강선의 부식을 방지하는 방법으로 옳지 않은 것은?

가. 아연판을 부착시켜 이온화 침식을 방지한다.
나. 페인트나 시멘트를 발라서 습기의 접촉을 차단한다.
사. 통풍을 차단하여 외기에 의한 습도 상승을 막는다.
아. 유조선에서는 탱크 내에 불활성 가스를 주입하여 부식을 방지한다.

해설 통풍 차단 시에는 부식이 더 많이 일어난다.

07

전기화재의 소화에 적합하고, 분사 가스가 매우 낮은 온도이므로 사람을 향해서 분사하여서는 아니 되며, 반드시 손잡이를 잡고 분사하여 동상을 입지 않도록 주의하여야 하는 휴대용 소화기는?

가. 포말 소화기   나. 분말 소화기
사. 할론 소화기   아. 이산화탄소 소화기

해설 • 포말 소화기 : 거품에 의해 산소를 차단하여 소화하는 것으로 유류화재(B급화재)에 가장 좋다.
• 분말 소화기 : 용기 내에 중탄산나트륨 또는 중탄산칼륨 등의 약제 분말과 이산화탄소 등의 가스를 배합한 것으로 산소차단 작용과 냉각작용으로 소화하는 것으로 A, B, C급 화재 모두 사용할 수 있다.
• 할론 소화기 : 공기보다 5배가량 더 무거운 불활성 가스인 할론에 의하여 화재 주변의 산소 농도를 떨어뜨리고, 열분해 과정에서 물과 이산화탄소를 생성함으로써 소화하는 방식으로 B급 화재와 C급 화재에 사용하며, 유독 가스가 발생하므로 신조선 및 현존선 모두 새로운 설치가 금지되어 있다.

08

시계가 양호한 주간에만 실시할 수 있으며 자선의 상태를 장시간 계속적으로 표시하는 경우에 적합한 신호는?

가. 기류신호   나. 발광신호
사. 음향신호   아. 수기신호

해설 발광신호 및 음향신호는 주간, 야간 모두 실시할 수 있으며, 수기신호는 사람이 손에 수기를 들고 실시하기 때문에 장시간 계속 사용할 수 없다.

09

다음 중 국제신호서에서 사용되는 조난신호는?

가. H기   나. G기
사. B기   아. NC기

해설 • H기 : 본선은 도선사가 승선하고 있다.
• G기 : 본선은 도선사가 필요하다.
• B기 : 본선은 위험을 싣고 있다 또는 하역 중이다.
• NC기 : 본선은 조난 중이다.

정답 1 나 2 나 3 나 4 아 5 사 6 사 7 아 8 가 9 아

10
본선이 침몰할 때 구명뗏목이 본선에서 이탈되어 자체부력으로 부상하면서 규정 장력에 도달하면 끊어져 본선과 완전히 분리되도록 하는 장치는?

가. 구명줄(Life line)
나. 위크링크(Weak link)
사. 자동줄(Release cord)
아. 자동이탈장치(Hydraulic release unit)

해설
- 연결줄(Painter) : 구명뗏목 본체와 적재대의 링에 고정되어 구명뗏목과 본선의 연결 상태를 유지하는 줄
- 자동줄(Release cord) : 구명뗏목을 팽창시키는 역할을 하는 줄로 줄의 끝부분은 가는 Wire로 되어 있으며, 이산화탄소 용기의 커터장치에 삽입되어 있고 다른 반대쪽 끝단은 적재대에 연결되어 수동 투하시 또는 본선 침몰시 자동으로 이산화탄소를 터트려 구명뗏목을 팽창시킨다.
- 자동이탈장치 : 본선 침몰시 구명뗏목으로부터 자동으로 이탈시키는 장치로 일반적으로 수심 4m 이내의 수압에서 작동하여 본선으로부터 자동 이탈되어 수면으로 부상하도록 설계되어 있다.
- 위크링크 : 일정한 크기의 장력이 가해지면 자동으로 절단되는 링크로 본선이 침몰할 때 구명뗏목 자체의 부력으로 인하여 규정 장력에 도달하면 분리되어 본선과 함께 침몰하는 것을 막아준다.

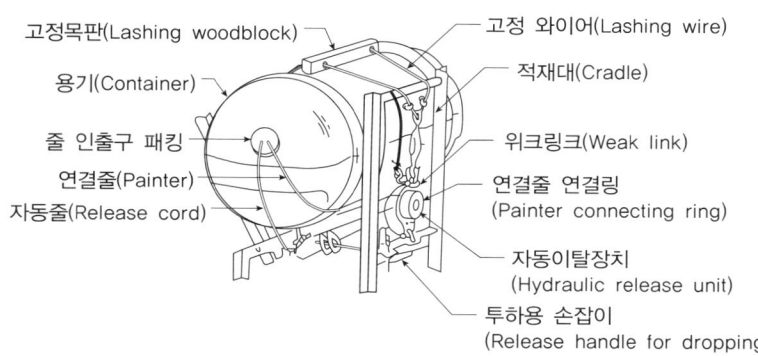

[구명뗏목의 적재장치]

11
아래 그림의 심벌 표시가 있는 곳에 비치된 조난신호장치는?

가. 신호 홍염
나. 구명줄 발사기
사. 발연부 신호
아. 로켓 낙하산 화염신호

해설 로켓 낙하산 화염신호 : 붉은 화염이 300m 이상 올라가야 하며, 화염신호는 초당 5m 이하의 비율로 낙하하여야 하고, 40초 이상의 연소시간을 가져야 한다.

12
초단파(VHF) 무선설비에서 '메이데이'라는 음성을 청취하였다면 이 신호는?

가. 안전신호
나. 긴급신호
사. 조난신호
아. 경보신호

해설
- 조난신호 : 메이데이(MAYDAY)
- 긴급신호 : 팡 팡(PAN PAN)
- 안전신호 : 시큐리티(SECURITE)

13
사람이 물에 빠진 시간 및 위치가 불명확하거나, 제한시계, 어두운 밤 등으로 인하여 물에 빠진 사람을 확인할 수 없을 경우 그림과 같이 지나왔던 원래의 항적으로 돌아가고자 할 때 유효한 인명구조를 위한 조선법은?

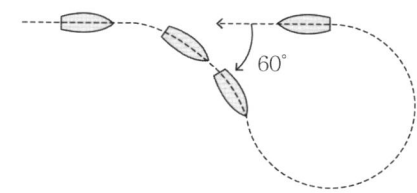

가. 반원 2선회법(Double turn)
나. 샤르노브 턴(Scharnow turn)
사. 윌리암슨 턴(Williamson turn)
아. 싱글 턴 또는 앤더슨 턴(Single turn or Anderson turn)

해설 ▶ 윌리암슨즈 턴(Williamson's turn)
- 야간에 물에 빠진 시간을 모를 때의 구조법
- 익수자가 빠진 쪽으로 전타하여 원침로에서 60° 정도 벗어난 후에 반대방향으로 전타한다.
- 선수가 침로 반대방향 20° 전이되면 Midship하여 선박을 침로 반대방향으로 회전시킨다.

14
잔잔한 바다에서 의식불명의 익수자를 발견하여 구조하려 할 때, 구조선의 안전한 접근방법은?

가. 익수자의 풍하 쪽에서 접근한다.
나. 익수자의 풍상 쪽에서 접근한다.
사. 구조선의 좌현 쪽에서 바람을 받으면서 접근한다.
아. 구조선의 우현 쪽에서 바람을 받으면서 접근한다.

해설 익수자의 풍상에서 접근하며 구조선의 풍하측으로 올린다.

15
천수효과(Shallow water effect)에 대한 설명으로 옳지 않은 것은?

가. 선회성이 좋아진다.
나. 트림의 변화가 생긴다.
사. 선박의 속력이 감소한다.
아. 선체 침하 현상이 발생한다.

해설 천수(얕은 수심)에서는 선회성이 나빠진다.

16
선박이 항진 중 타각을 주었을 때, 수류에 의하여 타에 작용하는 힘 중 방향이 선체 후방인 분력은?

가. 양력
나. 항력
사. 마찰력
아. 직압력

해설
- 항력 : 선수미 방향의 분력으로 선박의 속력을 감소시킨다.
- 양력 : 정횡방향의 분력으로 선체를 정횡방으로 작용하여 선회시킨다.
- 직압력 : 전체압력으로 타판에 직각으로 작용한다.

정답 10 나 11 아 12 사 13 사 14 나 15 가 16 나

소형선박조종사

2023 제1회

17
전속으로 항행 중인 선박에서 전타하였을 때 나타나는 현상이 아닌 것은?

가. 횡경사
나. 선속의 증가
사. 선체회두
아. 선미 킥 현상

해설 전속으로 항행 중인 선박에서 전타하였을 때는 선속이 감소한다.

18
이론상 선박의 최대유효타각은?

가. 15도
나. 25도
사. 45도
아. 60도

해설 이론상 선박의 최대유효타각은 45도 정도이며, 실제 최대유효타각은 35도 정도이다.

19
다음 중 닻의 역할이 아닌 것은?

가. 침로 유지에 사용된다.
나. 좁은 수역에서 선회하는 경우에 이용된다.
사. 선박을 임의의 수면에 정지 또는 정박시킨다.
아. 선박의 속력을 급히 감소시키는 경우에 사용된다.

해설 닻을 침로 유지에 사용하지는 않는다.

20
선박의 안정성에 대한 설명으로 옳지 않은 것은?

가. 배의 중심은 적하상태에 따라 이동한다.
나. 유동수로 인하여 복원력이 감소할 수 있다.
사. 배의 무게중심이 낮은 배를 보톰 헤비(Bottom heavy) 상태라 한다.
아. 배의 무게중심이 높은 경우에는 파도를 옆에서 받고 조선하도록 한다.

해설 파도를 옆에서 받고 항해시는 위험하므로 선수에서 파도를 받도록 해야 한다.

21
황천항해에 대비하여 선체동요에 대한 준비조치로 옳지 않은 것은?

가. 닻 등을 철저히 고박한다.
나. 선내 이동 물체들을 고박한다.
사. 선체 외부의 개구부를 개방한다.
아. 각종 탱크의 자유표면(Free surface)을 줄인다.

해설 황천항해 시에는 선체 외부의 개구부 닫아 복원력의 감소를 막아야 한다.

22
파도가 심한 해역에서 선속을 저하시키는 요인이 아닌 것은?

가. 바람
나. 풍랑(Wave)
사. 수온
아. 너울(Swell)

해설 수온은 선속과는 관계가 적다.

23
황천 중에 항행이 곤란할 때의 조선상의 조치로 풍랑을 선미 쿼터(Quarter)에서 받으면서 파랑에 쫓기는 자세로 항주하는 방법은?

가. 표주(Lie to)법
나. 거주(Heave to)법
사. 순주(Scudding)법
아. 진파기름(Storm oil)의 살포

해설 ▶ 황천피항법
• 라이 투(Lie to) = 표주
  황천 속에서 기관을 정지하여 sea anchor 사용하여 선체를 풍하 쪽으로 표류하도록 하는 방법
• 히브 투(Heave to) = 거주
  풍랑을 선수로부터 좌우현 25~35° 방향으로 받아 조타가 가능한 최소의 속력으로 전진하는 방법
• 스커딩(Scudding) = 순주
  풍랑을 선미 쿼터(quarter)에서 받으며 파에 쫓기는 자세로 항주하는 방법으로 레이싱이 없는 한 최고 속력으로 항주한다.
• 진파기름(Storm oil)의 살포
  기름을 살포하여 파도를 낮게 하는 방법이나 해양오염이 될 수 있다.

24
해양에 오염물질이 배출되는 경우 방제조치로 옳지 않은 것은?

가. 오염물질의 배출 중지
나. 배출된 오염물질의 분산
사. 배출된 오염물질의 수거 및 처리
아. 배출된 오염물질의 제거 및 확산방지

해설 배출된 오염물질의 분산시키면 오염구역이 더욱 확대된다.

25
시계가 제한된 경우의 조치로 옳지 않은 것은?

가. 무중신호를 울린다.
나. 안전속력으로 항해한다.
사. 전속으로 항해하여 안개지역을 빨리 벗어난다.
아. 레이더를 사용하고 거리범위를 자주 변경한다.

해설 안전한 속력으로 항해를 해야 한다.

제3과목 법 규

01
해상교통안전법상 '조종제한선'이 아닌 선박은?

가. 준설 작업을 하고 있는 선박
나. 항로표지를 부설하고 있는 선박
사. 주기관의 고장으로 인해 움직일 수 없는 선박
아. 항행 중 어획물을 옮겨 싣고 있는 어선

해설 기관의 고장으로 인해 움직일 수 없는 선박은 조종불능선이다.

정답 **17** 나 **18** 사 **19** 가 **20** 아 **21** 사 **22** 사 **23** 사 **24** 나 **25** 사 / **1** 사

02
해상교통안전법의 목적으로 옳은 것은?

가. 해상에서의 인명구조
나. 우수한 해기사 양성과 해기인력 확보
사. 해양주권의 행사 및 국민의 해양권 확보
아. 해사안전 증진과 선박의 원활한 교통에 이바지

[해설] ▶ 해상교통안전법의 목적
수역 안전관리, 해상교통 안전관리, 선박・사업장의 안전관리 및 선박의 항법 등 선박의 안전운항을 위한 안전관리체계에 관한 사항을 규정함으로써 선박항행과 관련된 모든 위험과 장해를 제거하고 해사안전 증진과 선박의 원활한 교통에 이바지함을 목적으로 한다.

03
해상교통안전법상 술에 취한 상태에서 조타기를 조작하거나 조작을 지시한 경우 적용되는 규정에 대한 설명으로 옳은 것은?

가. 해기사 면허가 취소되거나 정지될 수 있다.
나. 술에 취한 상태에서는 음주 측정요구에 따르지 않아도 된다.
사. 술에 취한 선장이 조타기 조작을 지시만 하는 경우에는 처벌할 수 없다.
아. 술에 취한 상태에서 조타기를 조작하여도 해양사고가 일어나지 않으면 처벌할 수 없다.

[해설] 술에 취한 상태(혈중알콜농도 0.03 이상)에서 조타기를 조작하거나 조작을 지시한 경우에는 해기사 면허가 취소되거나 정지될 수 있다.

04
해상교통안전법상 충돌 위험의 판단에 대한 설명으로 옳지 않은 것은?

가. 선박은 다른 선박과 충돌할 위험이 있는지를 판단하기 위하여 당시의 상황에 알맞은 모든 수단을 활용하여야 한다.
나. 선박은 다른 선박과의 충돌 위험 여부를 판단하기 위하여 불충분한 레이더 정보나 그 밖의 불충분한 정보를 적극 활용하여야 한다.
사. 선박은 접근하여 오는 다른 선박의 나침방위에 뚜렷한 변화가 일어나지 아니하면 충돌할 위험성이 있다고 보고 필요한 조치를 취하여야 한다.
아. 레이더를 설치한 선박은 다른 선박과 충돌할 위험성 유무를 미리 파악하기 위하여 레이더를 이용하여 장거리 주사, 탐지된 물체에 대한 작도, 그 밖의 체계적인 관측을 하여야 한다.

[해설] 선박은 불충분한 레이더 정보나 그 밖의 불충분한 정보에 의존하여 다른 선박과의 충돌 위험 여부를 판단하여서는 아니 된다.

05
해상교통안전법상 적절한 경계에 대한 설명으로 옳지 않은 것은?

가. 이용할 수 있는 모든 수단을 이용한다.
나. 청각을 이용하는 것이 가장 효과적이다.
사. 선박 주위의 상황을 파악하기 위함이다.
아. 다른 선박과 충돌할 위험성을 파악하기 위함이다.

[해설] 선박은 주위의 상황 및 다른 선박과 충돌할 수 있는 위험성을 충분히 파악할 수 있도록 시각・청각 및 당시의 상황에 맞게 이용할 수 있는 모든 수단을 이용하여 항상 적절한 경계를 하여야 한다.

06
해상교통안전법상 통항분리수역에서의 항법으로 옳지 않은 것은?

가. 통항로는 어떠한 경우에도 횡단할 수 없다.
나. 통항로의 출입구를 통하여 출입하는 것을 원칙으로 한다.
사. 통항로 안에서는 정하여진 진행방향으로 항행하여야 한다.
아. 분리선이나 분리대에서 될 수 있으면 떨어져서 항행하여야 한다.

[해설] 급박한 위험을 피하기 위한 경우나 분리대 안에서 어로에 종사하고 있는 경우에는 분리대에 들어가거나 분리선을 횡단할 수 있다.

07
해상교통안전법상 유지선이 충돌을 피하기 위한 협력동작을 하여야 할 시기로 옳은 것은?

가. 피항선이 적절한 동작을 취하고 있을 때
나. 먼 거리에서 충돌의 위험이 있다고 판단한 때
사. 자선의 조종만으로 조기의 피항동작을 취한 직후
아. 피항선의 동작만으로는 충돌을 피할 수 없다고 판단한 때

[해설] 유지선은 피항선과 매우 가깝게 접근하여 해당 피항선의 동작만으로는 충돌을 피할 수 없다고 판단하는 경우에는 충돌을 피하기 위하여 충분한 협력을 하여야 한다.

08
해상교통안전법상 선박이 '서로 시계 안에 있는 상태'를 옳게 정의한 것은?

가. 한 선박이 다른 선박을 횡단하는 상태
나. 한 선박이 다른 선박과 교신 중인 상태
사. 한 선박이 다른 선박을 눈으로 볼 수 있는 상태
아. 한 선박이 다른 선박을 레이더만으로 확인할 수 있는 상태

[해설] 서로 시계 안에 있는 상태란 선박에서 다른 선박을 눈으로 볼 수 있는 상태일 때를 말한다.

09
해상교통안전법상 2척의 동력선이 마주치는 상태로 볼 수 있는 경우가 아닌 것은?

가. 선수 방향에 있는 다른 선박의 선미등을 볼 수 있는 경우
나. 선수 방향에 있는 다른 선박과 마주치는 상태에 있는지가 분명하지 아니한 경우
사. 다른 선박을 선수 방향에서 볼 수 있는 경우, 낮에는 2척의 선박의 마스트가 선수에서 선미까지 일직선이 되거나 거의 일직선이 되는 경우
아. 다른 선박을 선수 방향에서 볼 수 있는 경우, 밤에는 2개의 마스트등을 일직선으로 또는 거의 일직선으로 볼 수 있거나 양쪽의 현등을 볼 수 있는 경우

[해설] ▶ 마주치는 상태
1. 밤에는 2개의 마스트등을 일직선으로 또는 거의 일직선으로 볼 수 있거나 양쪽의 현등을 볼 수 있는 경우
2. 낮에는 2척의 선박의 마스트가 선수에서 선미까지 일직선이 되거나 거의 일직선이 되는 경우

정답 2 아 3 가 4 나 5 나 6 가 7 아 8 사 9 가

소형선박조종사

2023 제1회

10

해상교통안전법상 제한된 시계에서 충돌할 위험성이 없다고 판단한 경우 외에 자기 선박의 양쪽 현의 정횡 앞쪽에 있는 다른 선박의 무중신호를 듣고 취할 조치로 옳은 것을 〈보기〉에서 모두 고른 것은?

> ㄱ. 최대 속력으로 항행하면서 경계를 한다.
> ㄴ. 우현 쪽으로 침로를 변경시키지 않는다.
> ㄷ. 필요 시 자기 선박의 진행을 완전히 멈춘다.
> ㄹ. 충돌할 위험성이 사라질 때까지 주의하여 항행하여야 한다.

가. ㄴ, ㄷ
나. ㄷ, ㄹ
사. ㄱ, ㄴ, ㄹ
아. ㄴ, ㄷ, ㄹ

해설 ▶ 옳은 것 : ㄷ, ㄹ
▶ 틀린 것 : ㄱ, ㄴ
　　ㄱ. 안전한 속력으로 항행하여야 한다.
　　ㄴ. 좌현 쪽으로 침로를 변경시키지 않는다.

11

해상교통안전법상 야간에 가장 잘 보이는 곳에 붉은색 전주등 3개를 수직으로 표시하고 있는 선박은?

가. 조종불능선
나. 흘수제약선
사. 어로에 종사하고 있는 선박
아. 피예인선을 예인 중인 예인선

해설 흘수제약선은 야간에는 붉은색 전주등 3개, 주간에는 원통형 형상물 1개를 표시해야 한다.

12

해상교통안전법상 '섬광등'의 정의는?

가. 선수 쪽 225도에 걸치는 수평의 호를 비추는 등
나. 360도에 걸치는 수평의 호를 비추는 등화로서 일정한 간격으로 1분에 30회 이상 섬광을 발하는 등
사. 360도에 걸치는 수평의 호를 비추는 등화로서 일정한 간격으로 1분에 60회 이상 섬광을 발하는 등
아. 360도에 걸치는 수평의 호를 비추는 등화로서 일정한 간격으로 1분에 120회 이상 섬광을 발하는 등

13

해상교통안전법상 선미등이 비추는 수평의 호의 범위와 등색은?

가. 135도, 흰색
나. 135도, 붉은색
사. 225도, 흰색
아. 225도, 붉은색

해설 선미등은 135°에 걸치는 수평의 호를 비추는 흰색 등으로서 그 불빛이 정선미 방향으로부터 양쪽 현의 67.5°까지 비출 수 있도록 선미 부분 가까이에 설치된 등이다.

14

해상교통안전법상 항행 중인 길이 12미터 이상인 동력선이 서로 상대의 시계 안에 있고, 침로를 왼쪽으로 변경하고 있는 경우 행하여야 하는 기적신호는?

가. 단음 1회
나. 단음 2회
사. 장음 1회
아. 장음 2회

해설 • 우현 변침 : 단음 1회
• 좌현 변침 : 단음 2회
• 후진 변침 : 단음 3회

15

해상교통안전법상 제한된 시계 안에서 정박하여 어로작업을 하고 있거나 작업 중인 조종제한선을 제외한 길이 20미터 이상 100미터 미만의 선박이 정박 중 1분을 넘지 아니하는 간격으로 울려야 하는 음향신호는?

가. 단음 5회
나. 10초 정도의 긴 장음
사. 10초 정도의 호루라기
아. 5초 정도 재빨리 울리는 호종

해설 • 길이 100m 미만의 선박 : 1분을 넘지 아니하는 간격으로 5초 정도 호종 난타
• 길이 100m 이상의 선박 : 선박의 앞쪽에서 호종 + 뒤쪽에서 징을 5초 정도 난타

16

선박의 입항 및 출항 등에 관한 법률상 무역항의 수상구역등에서 화재가 발생한 경우 기적이나 사이렌을 갖춘 선박이 울리는 경보는?

가. 기적이나 사이렌으로 장음 5회를 적당한 간격으로 반복
나. 기적이나 사이렌으로 장음 7회를 적당한 간격으로 반복
사. 기적이나 사이렌으로 단음 5회를 적당한 간격으로 반복
아. 기적이나 사이렌으로 단음 7회를 적당한 간격으로 반복

해설 무역항의 수상구역등에서 화재가 발생한 경우에는 기적이나 사이렌으로 장음 5회를 적당한 간격으로 반복한다.

17

선박의 입항 및 출항 등에 관한 법률상 무역항의 수상구역등에서 정박하거나 정류할 수 있는 경우가 아닌 것은?

가. 인명을 구조하는 경우
나. 해양사고를 피하기 위한 경우
사. 선용품을 보급 받고 있는 경우
아. 선박의 고장으로 선박을 조종할 수 없는 경우

해설 ▶ 부두 등의 부근수역에 정박할 수 있는 경우
1. 해양사고를 피하기 위한 경우
2. 선박의 고장이나 그 밖의 사유로 선박을 조종할 수 없는 경우
3. 인명을 구조하거나 급박한 위험이 있는 선박을 구조하는 경우
4. 허가를 받은 공사 또는 작업에 사용하는 경우

정답 10 나　11 나　12 아　13 가　14 나　15 아　16 가　17 사

18
선박의 입항 및 출항 등에 관한 법률상 총톤수 5톤인 내항선이 무역항의 수상구역등을 출입할 때 하는 출입신고에 대한 내용으로 옳은 것은?

가. 내항선이므로 출입신고를 하지 않아도 된다.
나. 출항 일시가 이미 정하여진 경우에도 입항 신고와 출항 신고는 동시에 할 수 없다.
사. 무역항의 수상구역등의 안으로 입항하는 경우 원칙적으로 입항하기 전에 입항 신고를 하여야 한다.
아. 무역항의 수상구역등의 밖으로 출항하는 경우 통상적으로 출항 직후 즉시 출항 신고를 하여야 한다.

[해설] 총톤수 5톤 이상의 선박은 출입신고를 하여야 하며, 입항하는 경우 원칙적으로 입항하기 전에 출입신고를 하여야 하며, 출항 일시가 이미 정해진 경우에는 입항과 출항의 신고를 동시에 할 수 있다.

19
선박의 입항 및 출항 등에 관한 법률상 우선피항선에 대한 규정으로 옳은 것은?

가. 우선피항선은 다른 선박의 항행에 방해가 될 우려가 있는 장소에 정박하거나, 정류하여서는 아니 된다.
나. 무역항의 수상구역등이나 무역항의 수상구역 부근에서 우선피항선은 다른 선박과 만나는 자세에 따라 유지선이 될 수 있다.
사. 총톤수 5톤 미만인 우선피항선이 무역항의 수상구역등에 출입하려는 경우에는 통상적으로 대통령령으로 정하는 바에 따라 관리청에 신고하여야 한다.
아. 우선피항선은 무역항의 수상구역등에 출입하는 경우 또는 무역항의 수상구역등을 통과하는 경우에는 관리청에서 지정·고시한 항로를 따라 항행하여야 한다.

[해설] 나. 무역항의 수상구역등이나 무역항의 수상구역 부근에서 우선피항선은 피항선이다.
사. 총톤수 5톤 미만의 선박은 출입신고면제선박이다.
아. 우선피항선은 지정·고시한 항로를 따라 항행하여서는 안된다.
▶ 우선피항선 외의 선박은 무역항의 수상구역등에 출입하는 경우 또는 무역항의 수상구역등을 통과하는 경우에는 지정·고시된 항로를 따라 항행하여야 한다.

20
( )에 적합한 것은?

> "선박의 입항 및 출항 등에 관한 법률상 항로에서 다른 선박과 마주칠 우려가 있는 경우에는 ( )으로 항행하여야 한다."

가. 왼쪽   나. 오른쪽
사. 부두쪽   아. 중앙

[해설] 항로에서 다른 선박과 마주칠 우려가 있는 경우는 오른쪽으로 항행하여야 한다.

21
선박의 입항 및 출항 등에 관한 법률상 무역항의 수상구역등의 방파제 입구 등에서 입항하는 선박과 출항하는 선박이 서로 마주칠 우려가 있을 때의 항법은?

가. 입항하는 선박이 방파제 밖에서 출항하는 선박의 진로를 피하여야 한다.
나. 출항하는 선박은 방파제 안에서 입항하는 선박의 진로를 피하여야 한다.
사. 입항하는 선박이 방파제 입구를 좌현 쪽으로 접근하여 통과하여야 한다.
아. 출항하는 선박은 방파제 입구를 좌현 쪽으로 접근하여 통과하여야 한다.

[해설] 무역항의 수상구역등에 입항하는 선박이 방파제 입구 등에서 출항하는 선박과 마주칠 우려가 있는 경우에는 방파제 밖에서 출항하는 선박의 진로를 피하여야 한다.

22
다음 중 선박의 입항 및 출항 등에 관한 법률상 해양사고를 피하기 위한 경우 등 해양수산부령으로 정하는 사유가 아닌 경우 무역항의 수상구역등을 통과할 때 지정·고시된 항로를 따라 항행하여야 하는 선박은?

가. 예선
나. 압항부선
사. 주로 삿대로 운전하는 선박
아. 예인선이 부선을 끌거나 밀고 있는 경우의 예인선 및 부선

[해설] '가, 사, 아'는 우선피항선이므로 지정·고시된 항로를 따라 항행하여서는 안 되나 압항부선은 우선피항선이 아니기 때문에 지정·고시된 항로를 따라 항행하여야 하는 선박이다.

23
해양환경관리법상 선박의 방제의무자에 해당하는 사람은?

가. 배출을 발견한 자
나. 지방해양수산청장
사. 배출된 오염물질이 적재되었던 선박의 선장
아. 배출된 오염물질이 적재되었던 선박의 기관장

[해설] ▶ 방제의무자
1. 배출되거나 배출될 우려가 있는 오염물질이 적재된 선박의 선장 또는 해양시설 관리자
2. 오염물질의 배출원인이 되는 행위를 한 자

24
해양환경관리법상 선박의 밑바닥에 고인 액상 유성혼합물은?

가. 석유   나. 선저폐수
사. 폐기물   아. 잔류성 오염물질

[해설]
- 기름 : 원유 및 석유제품(석유가스를 제외한다)과 이들을 함유하고 있는 액체상태의 유성혼합물(이하 "액상유성혼합물"이라 한다) 및 폐유
- 선저폐수 : 선박의 밑바닥에 고인 액상 유성혼합물
- 폐기물 : 해양에 배출되는 경우 그 상태로는 쓸 수 없게 되는 물질로서 해양환경에 해로운 결과를 미치거나 미칠 우려가 있는 물질
  ▶ 기름·유해액체물질 및 포장유해물질에 해당하는 물질을 제외한다.
- 잔류성 오염물질 : 해양에 유입되어 생물체에 농축되는 경우 장기간 지속적으로 급성·만성의 독성 또는 발암성을 야기하는 화학물질로서 해양수산부령으로 정하는 것

정답 18 사   19 가   20 나   21 가   22 나   23 사   24 나

소형선박조종사   2023 제1회

25

해양환경관리법상 해양오염방지설비 등을 선박에 최초로 설치하여 항해에 사용하고자 할 때 받는 검사는?

가. 정기검사   나. 임시검사

사. 특별검사   아. 제조검사

해설 폐기물오염방지설비·기름오염방지설비·유해액체물질오염방지설비 및 대기오염방지설비를 설치하거나 선체 및 화물창을 설치·유지하여야 하는 검사대상선박의 소유자가 해양오염방지설비, 선체 및 화물창을 선박에 최초로 설치하여 항해에 사용하려는 때 또는 유효기간이 만료한 때에는 해양수산부장관의 정기검사를 받아야 한다.

제4과목   **기 관**

01

총톤수 10톤 정도의 소형 선박에서 가장 많이 이용하는 디젤기관의 시동 방법은?

가. 사람의 힘에 의한 수동시동

나. 시동 기관에 의한 시동

사. 시동 전동기에 의한 시동

아. 압축 공기에 의한 시동

해설 소형선박에서 가장 많이 사용하는 디젤 기관 시동 방법은 전동기에 의한 시동 방법이다.

02

내연기관을 작동시키는 유체는?

가. 증기   나. 공기

사. 연료유   아. 연소가스

해설 내연기관은 연소가스에 의해 작동된다.

03

디젤기관의 압축비에 해당하는 것은?

가. (압축부피)/(실린더부피)

나. (실린더부피)/(압축부피)

사. (행정부피)/(압축부피)

아. (압축부피)/(행정부피)

해설 ▶ 압축 부피, 행정 부피, 실린더 부피

• 압축 부피 : 피스톤이 상사점에 있을 때 피스톤 상부의 부피

• 압축비 $= \dfrac{\text{실린더부피}}{\text{압축부피}}$

• 압축비는 디젤 기관 11~25, 가솔린 기관 5~11 정도이다.

04

4행정 사이클 디젤기관에서 실제로 동력을 발생시키는 행정은?

가. 흡입행정   나. 압축행정

사. 작동행정   아. 배기행정

해설 • 작동 행정(working stroke)

압축 행정의 끝, 피스톤이 상사점에 도달하기 바로 전에 연료 분사 밸브로부터 연료유가 실린더 내에 분사되고, 분사된 연료유는 고온의 압축 공기에 의해 발화되어 연소한다. 이때 발생한 연소 가스의 높은 압력이 피스톤을 하사점까지 움직이게 하고, 커넥팅 로드를 통해 크랭크축을 회전시켜 동력을 발생하는 행정이다.

05

동일한 디젤기관에서 크기가 가장 작은 것은?

가. 과급기   나. 연료분사밸브

사. 실린더 헤드   아. 실린더 라이너

해설 동일한 디젤기관에서 크기가 가장 작은 것 연료분사밸브이다.

06

소형기관에서 흡·배기밸브의 운동에 대한 설명으로 옳은 것은?

가. 흡기밸브는 스프링의 힘으로 열린다.

나. 흡기밸브는 푸시로드에 의해 닫힌다.

사. 배기밸브는 푸시로드에 의해 닫힌다.

아. 배기밸브는 스프링의 힘으로 닫힌다.

해설 4행정 사이클 기관에서 밸브를 열 때에는 캠으로, 닫을 때에는 스프링의 힘을 이용한다.

07

디젤기관에서 오일 스크레이퍼링에 대한 설명으로 옳은 것은?

가. 윤활유를 실린더 내벽에서 밑으로 긁어내린다.

나. 피스톤의 열을 실린더에 전달한다.

사. 피스톤의 회전운동을 원활하게 한다.

아. 연소가스의 누설을 방지한다.

해설 피스톤 링에는 피스톤과 실린더 사이의 기밀을 유지하며, 피스톤에서 받은 열을 실린더 벽으로 방출하는 압축 링(compression ring)과 실린더 라이너 내벽의 윤활유가 연소실로 들어가지 못하도록 긁어내리고, 윤활유를 라이너 내벽에 고르게 분포시키는 오일 링(oil ring)이 있다.

08

소형기관에서 피스톤과 연접봉을 연결하는 부품은?

가. 로크핀   나. 피스톤핀

사. 크랭크핀   아. 크로스헤드핀

해설

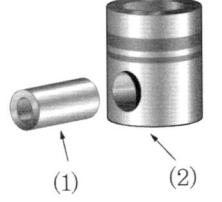

(1)   (2)

(1) 피스톤 핀, (2) 피스톤

• 피스톤 핀은 연접봉(커넥팅로드)의 소단부와 연결된다.

정답 **25** 가 / **1** 사 **2** 아 **3** 나 **4** 사 **5** 나 **6** 아 **7** 가 **8** 나

09
소형기관에서 크랭크축의 구성 요소가 아닌 것은?
가. 크랭크암
나. 크랭크핀
사. 크랭크 저널
아. 크랭크 보스

해설 크랭크축은 핀, 암, 저널로 구성된다.

10
운전중인 디젤기관의 실린더 헤드와 실린더 라이너 사이에서 배기가스가 누설하는 경우의 가장 적절한 조치 방법은?
가. 기관을 정지하여 구리개스킷을 교환한다.
나. 기관을 정지하여 구리개스킷을 1개 더 추가로 삽입한다.
사. 배기가스가 누설하지 않을 때까지 저속으로 운전한다.
아. 실린더 헤드와 실린더 라이너 사이의 죄임 너트를 약간 풀어준다.

해설 실린더 헤드 개스킷(gasket)은 실린더 내 유체의 누설이나 외부로부터의 이물질 침입을 방지하기 위해서 실린더의 이음매나 파이프의 접합부 등을 메우는 데 사용하는 얇은 판 모양의 패킹으로 주로 구리를 사용한다.

11
디젤기관이 효율적으로 운전될 때의 배기가스 색깔은?
가. 회색
나. 백색
사. 흑색
아. 무색

해설
- 무색 : 정상
- 흑색 : 과부하, 불완전 연소, 실린더 과열
- 백색 : 실린더 냉각수 누설, 연료 중 수분의 함유
- 청색 : 윤활유와 연료유가 함께 연소

12
디젤기관에서 디젤 노크를 방지하기 위한 방법으로 옳지 않은 것은?
가. 착화지연을 길게 한다.
나. 냉각수 온도를 높게 유지한다.
사. 착화성이 좋은 연료유를 사용한다.
아. 연소실 내 공기의 와류를 크게 한다.

해설 디젤 기관에서 착화성이 좋지 않은 연료, 착화 지연이 긴 연료를 사용하면 연소실로 분사된 착화 지연 기간 중에 축적되어 일시에 연소되면서 급격한 압력 상승으로 인해 디젤 노크를 발생시킨다. 노크가 발생하면 커넥팅 로드 및 크랭크 전체에 충격적인 힘이 가해져서 커넥팅 로드의 휨이나 베어링의 손상을 일으킨다.

13
디젤기관의 연료유관 계통에서 프라이밍이 완료된 상태는 어떻게 판단하는가?
가. 연료유의 불순물만 나올 때
나. 공기만 나올 때
사. 연료유만 나올 때
아. 연료유와 공기의 거품이 함께 나올 때

해설 프라이밍(priming) : 연료 계통 공기 추출

14
10노트로 항해하는 선박의 속력에 대한 설명으로 옳은 것은?
가. 1시간에 1마일을 항해하는 선박의 속력이다.
나. 1시간에 5마일을 항해하는 선박의 속력이다.
사. 10시간에 1마일을 항해하는 선박의 속력이다.
아. 10시간에 100마일을 항해하는 선박의 속력이다.

해설 선속이 10노트란 1시간에 10마일 항주하는 선박으로 10시간에 100마일을 항해하는 선박의 속력과 같다.

15
조타장치의 역할로 옳은 것은?
가. 선박의 진행 속도 조정
나. 선내 전원 공급
사. 선박의 진행 방향 조정
아. 디젤기관에 윤활유 공급

해설 조타장치의 역할은 키를 회전시키고 또 타각을 유지하는 데 필요한 장치로 선박의 진행 방향 조정하는 장치이다.

16
송출측에 공기실을 설치하는 펌프는?
가. 원심펌프
나. 축류펌프
사. 왕복펌프
아. 기어펌프

해설 왕복 펌프는 피스톤의 위치에 따라 송출 유량의 맥놀이 현상이 발생한다. 이러한 송출 유량의 맥놀이 현상을 줄이기 위해 펌프 송출 측의 실린더에 공기실을 설치한다.

17
디젤기관의 냉각수 펌프로 가장 적당한 펌프는?
가. 기어펌프
나. 원심펌프
사. 이모펌프
아. 베인펌프

해설 원심 펌프는 밀폐된 케이싱에 회전차(impeller)를 설치하여 회전시키면, 유체의 회전운동 때문에 생기는 원심력에 의해 유체가 회전차의 중심부에서 반지름 방향으로 밀려나는 원리로 작동한다.

18
전동기의 기동반에 설치되는 표시등이 아닌 것은?
가. 전원등
나. 운전등
사. 경보등
아. 병렬등

해설
- 2대의 발전기를 병렬운전하는 경우 동기검증등이 설치된다.
- 유도전동기의 기동 배전반에는 전류계 및 전압계, 운전 표시등, 기동 스위치 등이 설치된다.

19
전류의 흐름을 방해하는 성질인 저항의 단위는?
가. [V]
나. [A]
사. [Ω]
아. [kW]

정답 9 아 10 가 11 아 12 가 13 사 14 아 15 사 16 사 17 나 18 아 19 사

해설 ▶ 전기에 관련 각종 단위
- 저항 : 옴[Ω])
- 전류 : 암페어[A]
- 전압 : 볼트[V]
- 전력 : 와트[W]

20

교류 발전기 2대를 병렬운전할 경우 동기검정기로 판단할 수 있는 것은?

가. 두 발전기의 극수와 동기속도의 일치 여부

나. 두 발전기의 부하전류와 전압의 일치 여부

사. 두 발전기의 절연저항과 권선저항의 일치 여부

아. 두 발전기의 주파수와 위상의 일치 여부

해설 2대의 발전기를 병렬운전하는 경우 동기검증등이 설치되며 두 발전기의 주파수와 위상의 일치 여부를 알 수 있다.

21

운전중인 기관을 신속하게 정지시켜야 하는 경우는?

가. 시동용 배터리의 전압이 너무 낮을 때

나. 냉각수 온도가 너무 높을 때

사. 윤활유 온도가 규정값보다 낮을 때

아. 냉각수 압력이 규정값보다 높을 때

해설 냉각수 온도가 너무 높을 때는 기관을 신속히 정지해야 한다.

22

운전중인 디젤기관에서 어느 한 실린더의 배기 온도가 상승한 경우의 원인으로 가장 적절한 것은?

가. 과부하 운전   나. 조속기 고장

사. 배기밸브의 누설   아. 흡입공기의 냉각 불량

해설 배기밸브의 누설이 있을 때는 실린더의 배기 온도가 상승한다.

23

소형 디젤기관에서 실린더 라이너가 너무 많이 마멸되었을 경우에 대한 설명으로 옳지 않은 것은?

가. 윤활유가 오손되기 쉽다.

나. 윤활유가 많이 소모된다.

사. 기관의 출력이 저하된다.

아. 연료유 소비량이 줄어든다.

해설 실린더가 마멸되면 압축공기 누설로 압축압력 저하, 윤활유의 연소실 침입에 의한 불완전 연소, 연료 및 소비량 증가, 연소 가스의 누설, 열효율 감소 등이 생긴다.

24

연료유의 비중이란?

가. 부피가 같은 연료유와 물의 무게 비이다.

나. 압력이 같은 연료유와 물의 무게 비이다.

사. 점도가 같은 연료유와 물의 무게 비이다.

아. 인화점이 같은 연료유와 물의 무게 비이다.

해설 연료유의 비중은 부피가 같은 연료유와 물의 무게 비이다.
- 연료유의 비중 : S.G 15/4도로 나타내는데 물의 표준 온도는 4도이고 연료유의 표준 온도는 15도임

25

연료유의 점도에 대한 설명으로 옳은 것은?

가. 온도가 낮아질수록 점도는 높아진다.

나. 온도가 높아질수록 점도는 높아진다.

사. 대기 중 습도가 낮아질수록 점도는 높아진다.

아. 대기 중 습도가 높아질수록 점도는 높아진다.

해설 점도는 액체가 유동할 때 분자 간의 마찰에 의하여 유동을 방해하려는 작용이 일어나는 성질로 온도가 낮아질수록 점도는 높아진다.

정답 **20** 아 **21** 나 **22** 사 **23** 아 **24** 가 **25** 가

2023 제2회 해기사시험 소형선박조종사

제1과목 항해

01
자기 컴퍼스의 컴퍼스 카드에 부착되어 지북력을 갖게 하는 영구자석은?
가. 피벗 나. 부실 사. 자침 아. 짐벌즈

해설 자침 : 영구 자석이 부실 아랫부분의 양쪽에 고정되어 있는 놋쇠로 된 관 속에 밀봉되어 들어 있으며 카드의 남북선과 평행하여야 한다.

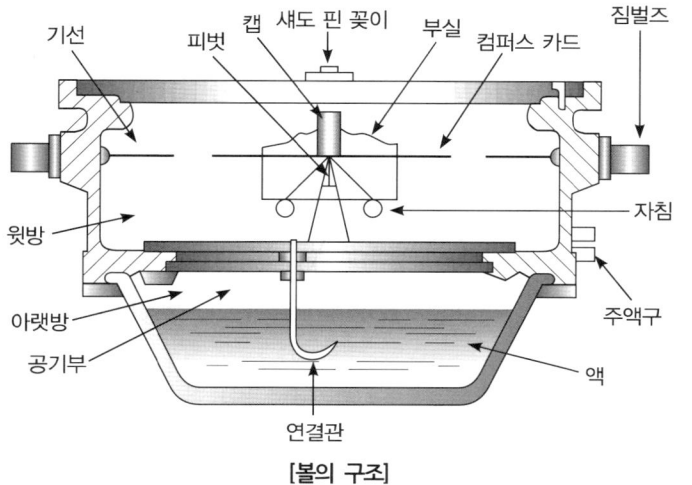
[볼의 구조]

02
기계식 자이로컴퍼스의 위도오차에 대한 설명으로 옳지 않은 것은?
가. 위도가 높을수록 오차는 감소한다.
나. 적도에서는 오차가 생기지 않는다.
사. 북위도 지방에서는 편동오차가 된다.
아. 경사 제진식 자이로컴퍼스에만 있는 오차이다.

해설 위도가 높을수록 오차는 증가한다.

03
다음 중 레이더의 거짓상을 판독하기 위한 방법으로 가장 적절한 것은?
가. 본선의 속력을 줄인다.
나. 레이더의 전원을 껐다가 다시 켠다.
사. 본선 침로를 약 10도 정도 좌우로 변침한다.
아. 레이더와 가장 가까운 항해계기의 전원을 끈다.

해설 간접반사에 의한 거짓상은 변침을 하면 거짓상이 없어진다.

04
선체가 수평일 때에는 자차가 0°이더라도 선체가 기울어지면 다시 자차가 생길 수 있는데, 이때 생기는 자차는?
가. 기차 나. 경선차
사. 편차 아. 컴퍼스 오차

해설 경선차는 선체가 수평인 때의 자차와 경사졌을 때의 자차와의 차를 말하며, 경선차 수정용자석(Heeling Magnet)을 컴퍼스의 볼 밑에 수직으로 놓아 컴퍼스 카드가 미소하게 진동할 때까지 조정한다.

05
자차 3°E, 편차 6°W일 때 나침의 오차(Compass error)는?
가. 3°E 나. 3°W
사. 9°E 아. 9°W

해설 나침의 오차(Compass error)는 자차와 편차를 가감한 것으로 자차와 편차 부호가 같으면 합(+)을 다르면 차(-), 또한 자차와 편차가 큰 쪽의 부호를 붙인다.
∴ 3°E - 6°W=3°W

06
레이더를 이용하여 알 수 없는 정보는?
가. 본선과 다른 선박 사이의 거리
나. 본선 주위에 있는 부표의 존재 여부
사. 본선 주위에 있는 다른 선박의 선체 색깔
아. 안개가 끼었을 때 다른 선박의 존재 여부

해설 레이더로 선체의 색깔은 알 수 없다.

07
(   )에 순서대로 적합한 것은?

"해상에서 일반적으로 추측위치를 디알[DR]위치라고도 부르며, 선박의 (   )와 (   )의 두 가지 요소를 이용하여 구하게 된다."

가. 방위, 거리 나. 경도, 위도
사. 고도, 앙각 아. 침로, 속력

해설 추측위치(DR)는 실측위치를 기준으로 침로와 항정(선속)으로 구한 위치를 말한다.

08
지축을 천구까지 연장한 선, 즉 천구의 회전대를 천의 축이라고 하고, 천의 축이 천구와 만난 두 점을 무엇이라고 하는가?
가. 수직권 나. 천의 적도
사. 천의 극 아. 천의 자오선

해설
- 수직권 : 진수평과 직교하는 대권
- 천의 적도 : 천의 축에 직교하는 대권
- 천의 극 : 천의 축이 천구와 만난 두 점, 즉 천의 북극과 남극
- 천의 자오선 : 천의 양극을 잇는 대권

정답 1 사 2 가 3 사 4 나 5 나 6 사 7 아 8 사

09

레이더 화면을 12해리 거리 범위로 맞추어 놓은 상태에서 고정거리 눈금의 동심원과 동심원 사이 거리는?

가. 0.1해리　　　나. 0.5해리　　　사. 1.0해리　　　아. 2.0해리

해설 고정거리원은 동심원이 6개가 나타나므로 12해리의 거리범위일 때는 동심원 사이의 거리는 2해리가 된다.

10

다음 그림은 상대운동 표시방식 레이더 화면에서 본선 주변에 있는 4척의 선박을 플로팅한 것이다. 현재 상태에서 본선과 충돌할 가능성이 가장 큰 선박은?

가. A　　　　나. B　　　　사. C　　　　아. D

해설 타 선박에서 나오는 선(벡터)은 그 선박의 침로와 속력을 나타낸다.
화면상 탐지 범위가 12마일일 때
• A : 7마일 정도 거리에서 본선을 향하여 오는 위험한 선박
• B : 7마일 정도 떨어진 거리에서 옆 방향으로 지나가는 선박
• C : 7마일 정도의 거리 뒤쪽에서 본선에 접근하는 선박
• D : 9마일 정도의 떨어진 거리에서 본선의 침로와 180° 반대 방향으로 항해하는 선박

11

노출암을 나타낸 다음의 해도도식에서 '4'가 의미하는 것은?

(4)

가. 수심　　　　　　　　나. 암초 높이
사. 파고　　　　　　　　아. 암초 크기

해설 노출암의 높이로 평균수면상 높이가 4m라는 뜻이다.

12

우리나라의 종이해도에서 주로 사용하는 수심의 단위는?

가. 미터(m)　　　　　　나. 인치(inch)
사. 패덤(fm)　　　　　　아. 킬로미터(km)

해설 우리나라 해도 수심의 단위는 미터로 되어 있다.

13

항로의 지도 및 안내서이며 해상에 있어서 기상, 해류, 조류 등의 여러 형상 및 항로의 상황 등을 상세히 기재한 수로서지는?

가. 등대표　　　　　　　나. 조석표
사. 천측력　　　　　　　아. 항로지

해설 항로지 : 수로의 지도 및 안내서로서 기상, 해류, 조류, 도선사, 검역, 항로표지 등의 일반기사 및 항로의 상황, 연안의 지형, 항만의 시설 등을 상세히 기재한 것

14

항로, 항행에 위험한 암초, 항행 금지 구역 등을 표시하는 지점에 고정 설치하여 선박의 좌초를 예방하고 항로를 지도하기 위하여 설치되는 광파(야간)표지는?

가. 등선　　　　　　　　나. 등표
사. 도등　　　　　　　　아. 등부표

해설 등표는 고정 설치되며, 등부표는 체인으로 연결되어 있다.

15

점등장치가 없고, 표지의 모양과 색깔로써 식별하는 표지는?

가. 전파표지　　　　　　나. 형상(주간)표지
사. 광파(야간)표지　　　　아. 음파(음향)표지

해설 형상표지는 주간에 이용하므로 점등장치가 없고 표지의 모양, 표체의 색깔로 식별한다.

16

다음 중 시계가 나빠서 육지나 등화의 발견이 어려울 경우 사용하는 음파(음향)표지는?

가. 육표　　　　　　　　나. 등부표
사. 레이콘　　　　　　　아. 다이어폰

해설 다이어폰은 압축 공기에 의해서 발음체인 피스톤을 왕복시켜서 소리를 내는 장치로 시계가 나쁠 때 위치를 알려주는 음파표지이다.

17

주로 하나의 항만, 어항, 좁은 수로등 좁은 구역을 표시하는 해도에 많이 이용되는 도법은?

가. 평면도법　　　　　　나. 점장도법
사. 대권도법　　　　　　아. 다원추도법

해설 평면도법은 좁은 구역인 항만 등을 나타내는 도법. 대축척 해도로 항박도가 여기에 속한다.

18

연안항해 시 종이해도의 선택 방법으로 옳지 않은 것은?

가. 최신의 해도를 사용한다.
나. 완전히 개보된 것이 좋다.
사. 내용이 상세히 기록된 것이 좋다.
아. 대축척 해도보다 소축척 해도가 좋다.

해설 대축척 해도가 내용이 상세히 기록되므로 소축척 해도보다 좋다.

정답 9 아　10 가　11 나　12 가　13 아　14 나　15 나　16 아
17 가　18 아

19
다음 국제해상부표식의 종류 중 A, B 두 지역에 따라 등화의 색상이 다른 것은?

가. 측방표지
나. 특수표지
사. 방위표지
아. 고립장애(장해)표지

해설 A, B 두 지역의 다른 점은 수로의 좌우측 한계를 표시하기 위하여 설치된 측방표지만 표체의 색상과 등색이 반대로 되어 있다는 것이다.

20
등질에 대한 설명으로 옳지 않은 것은?

가. 모스 부호등은 모스 부호를 빛으로 발하는 등이다.
나. 분호등은 3가지 등색을 바꾸어가며 계속 빛을 내는 등이다.
사. 섬광등은 빛을 비추는 시간이 꺼져 있는 시간보다 짧은 등이다.
아. 호광등은 색깔이 다른 종류의 빛을 교대로 내며, 그 사이에 등광은 꺼지는 일이 없는 등이다.

해설 분호등은 등광의 색깔이 바뀌지 않고 서로 다른 지역을 다른 색상으로 비추는 등화로 등광이 해면을 비추어 주는 부분(명호) 안에서 어느 부분만 비추어 주는 등으로 지향등이 분호등에 속한다.

21
고기압에 대하여 옳게 설명한 것은?

가. 1기압보다 높은 것을 말한다.
나. 상승기류가 있어 날씨가 좋다.
사. 주위의 기압보다 높은 것을 말한다.
아. 바람은 저기압 중심에서 고기압 쪽으로 분다.

해설 고기압은 주위보다 상대적으로 기압이 높은 곳으로 하강기류가 생겨 날씨는 비교적 좋으며, 고기압 중심으로부터 저기압 쪽으로 바람이 불어 나가게 된다. ▶북반구에서는 시계방향

22
우리나라 부근의 고기압 중 아열대역에 동서로 길게 뻗쳐 있으며, 오랫동안 지속되는 키가 큰 고기압은?

가. 이동성 고기압
나. 시베리아 고기압
사. 북태평양 고기압
아. 오호츠크해 고기압

해설 ▶ 키가 큰 고기압(= 온난 고기압)
- 상층으로 갈수록 한층 더 고기압이 됨
- 북태평양 고기압(아열대 고기압)

▶ 키가 작은 고기압(= 한랭 고기압)
- 하층에서는 명확하지만 고도가 증가함에 따라 불명확
- 시베리아 고기압(대륙성 한대 고기압), 이동성 고기압, 오호츠크해 고기압

23
일기도의 종류와 내용을 나타내는 기호의 연결로 옳지 않은 것은?

가. A : 해석도
나. S : 지상자료
사. F : 예상도
아. U : 불명확한 자료

해설
- A : 해석도(ANALYSIS)
- F : 예상도(FORECAST)
- S : 지상자료(SURFACE DATA)
- U : 고층자료(UPPER AIR DATA)
- UKN : 불명(UNKNOWN)

24
소형선박에서 통항계획의 수립은 누가 하여야 하는가?

가. 선주
나. 선장
사. 지방해양수산청장
아. 선박교통관제(VTS) 센터

25
선박의 항로지정제도(Ships' routeing)에 관한 설명으로 옳지 않은 것은?

가. 국제해사기구(IMO)에서 지정할 수 있다.
나. 특정 화물을 운송하는 선박에 대해서도 사용을 권고할 수 있다.
사. 모든 선박 또는 일부 범위의 선박에 대하여 강제적으로 적용할 수 있다.
아. 국제해사기구에서 정한 항로지정방식은 해도에 표시되지 않을 수도 있다.

해설 국제해사기구에서 정한 항로지정방식은 해도에 표시하여야 한다.

제2과목 운 용

01
상갑판 아래의 공간을 선저에서 상갑판까지 종방향 또는 횡방향으로 선체를 구획하는 것은?

가. 갑판
나. 격벽
사. 외판
아. 이중저

해설 격벽(Bulkhead) : 상갑판하의 공간을 선저에서 상갑판까지 종방향 또는 횡방향으로 나누는 벽으로 선미 격벽, 기관실 격벽, 선수 격벽 등이 있다.

02
선박의 예비부력을 결정하는 요소로 선체가 침수되지 않은 부분의 수직거리를 의미하는 것은?

가. 흘수
나. 깊이
사. 수심
아. 건현

해설 건현(Freeboard)은 선체에 예비부력을 증대시키기 위한 것으로 갑판에서 수면까지의 수직거리를 말한다.

03

전진 또는 후진 시 배를 임의의 방향으로 회두시키고 일정한 침로를 유지하는 역할을 하는 설비는?

가. 타(키) 나. 닻
사. 양묘기 아. 주기관

해설 타(Rudder)는 배를 임의의 방향으로 회두시키고 일정한 침로를 유지하는 역할 설비이다.

04

선창 내에서 발생한 물이나 각종 오수들이 흘러 들어가서 모이는 곳은?

가. 해치 나. 빌지 웰
사. 코퍼댐 아. 디프 탱크

해설 • 빌지 웰(Bilge Well)
선창 내에서 발생한 각종 오수들이 흘러들어가는 곳으로 선저의 양단에 전후 방향으로 빌지웨이를 설치하고 그 끝에서 빌지 펌프를 통해서 배출한다.

05

조타장치에 대한 설명으로 옳지 않은 것은?

가. 자동 조타장치에서도 수동조타를 할 수 있다.
나. 동력 조타장치는 작은 힘으로 타의 회전이 가능하다.
사. 인력 조타장치는 소형선이나 범선 등에서 사용되어 왔다.
아. 동력 조타장치는 조타실의 조타륜이 타와 기계적으로 직접 연결되어 비상조타를 할 수 없다.

해설 동력 조타장치의 고장 시에는 선미 타기실에서 직접 타를 돌려 비상조타를 할 수 있다.

06

스톡 앵커의 각부 명칭을 나타낸 아래 그림에서 ㉠은?

가. 생크 나. 크라운
사. 플루크 아. 앵커 링

해설

(a) 스톡리스 앵커 (b) 스톡 앵커
[앵커의 구조 명칭]
1.앵커링 2.생크 3.크라운 4.암 5.플루크 6.빌

07

나일론 로프의 장점이 아닌 것은?

가. 열에 강하다.
나. 흡습성이 낮다.
사. 파단력이 크다.
아. 충격에 대한 흡수율이 좋다.

해설 합성섬유 로프는 가볍고 흡수성이 낮으며, 부식하지 않고, 충격 흡수율이 좋으며, 강도가 마닐라 로프의 약 2배 정도로 좋으나 열에 약하고 신장에 대하여 복원이 늦으며, 섬유 로프에 비해 잘 미끄러진다.

08

열전도율이 낮은 방수 물질로 만들어진 포대기 또는 옷으로 방수복을 착용하지 않은 사람이 입는 것은?

가. 보호복 나. 노출 보호복
사. 보온복 아. 작업용 구명조끼

해설 • 보온복 : 열전도율이 낮은 방수 물질로 만들어진 포대기 또는 옷으로 방수복을 착용하지 않은 사람이 입는 장비
• 방수복 (Immersion Suit) : 낮은 수온의 물속에서 체온을 보호하기 위한 장비

09

초단파(VHF) 무선설비에서 디에스시(DSC)를 통한 조난 및 안전 통신 채널은?

가. 16 나. 21A
사. 70 아. 82

해설 초단파(VHF) 무선설비의 DSC의 조난 및 안전 통신 채널은 Ch700이며, 무선전화 채널은 Ch16이다.

10

나일론 등과 같은 합성섬유로 된 포지를 고무로 가공하여 제작되며, 긴급시에 탄산가스나 질소가스로 팽창시켜 사용하는 구명설비는?

가. 구명정 나. 구명부기
사. 구조정 아. 구명뗏목

해설 구명뗏목은 나일론 등과 같은 합성 섬유로 된 포지를 고무로 가공해서 뗏목 모양으로 제작한 것으로 내부에서 탄산가스나 질소가스를 주입시켜 긴급시에 팽창시켜서 뗏목 모양으로 펼쳐지는 구명설비이다.

11

손잡이를 잡고 불을 붙이면 붉은색의 불꽃을 1분 이상 내며, 10센티미터 깊이의 물속에 10초 동안 잠긴 후에도 계속 타는 팽창식 구명뗏목(Liferaft)의 의장품인 조난신호 용구는?

가. 신호 홍염 나. 자기 점화등
사. 발연부 신호 아. 로켓 낙하산 화염신호

해설 신호 홍염(hand flare)은 손잡이에 불을 붙이면 붉은색 불꽃을 내며, 자체 점화 장치를 보유하고 있어야 하며, 1분 이상의 연소시간과 100mm 깊이의 수중에서 10초 동안 잠긴 후에도 계속 타야 한다.

정답 3 가 4 나 5 아 6 아 7 가 8 사 9 사 10 아 11 가

12
붕대 감는 방법 중 같은 부위에 전폭으로 감는 방법으로 붕대 사용의 가장 기초가 되는 것은?

가. 나선대
나. 환행대
사. 사행대
아. 절전대

해설
- 환행대 : 같은 부위를 전폭으로 감는 방법으로 붕대 사용의 가장 기초가 되며 권축붕대를 사용하는 모든 붕대법에서 시작과 끝을 맺는 방법
- 나선대 : 처음 환행대를 한 뒤 다음으로는 처음 감은 것에 1/3~1/2 또는 2/3를 겹쳐 가면서 감는 방법으로 발이나 팔의 굵기에 변화가 없는 부위에 사용
- 사행대 : 거즈나 부목을 계속 압박해 주기 위해 처음 감은 폭만큼 건너서 나선대와 같은 모양으로 감는 방법
- 절전대 : 굵기가 위와 아래가 다를 때, 즉 하퇴나 대퇴 전박부에서 접어 돌려 감는 방법으로 이 때 1/2~1/3씩 겹치게 하여 벗겨지지 않도록 감는 방법

13
선박안전법상 평수구역을 항해구역으로 하는 선박이 갖추어야 하는 무선설비는?

가. 중파(MF) 무선설비
나. 초단파(VHF) 무선설비
사. 비상위치지시 무선표지(EPIRB)
아. 수색구조용 레이더 트랜스폰더(SART)

해설 초단파(VHF) 무선설비는 평수구역 이상을 항해구역으로 하는 총톤수 2톤 이상의 선박이 갖추어야 한다.

14
선박용 초단파(VHF) 무선설비의 최대 출력은?

가. 10W
나. 15W
사. 20W
아. 25W

해설 초단파(VHF) 무선설비의 최대 출력은 25W이다.

15
선박 상호 간의 흡인 배척 작용에 대한 설명으로 옳지 않은 것은?

가. 고속으로 항과할수록 크게 나타난다.
나. 두 선박 사이의 거리가 가까울수록 크게 나타난다.
사. 선박이 추월할 때보다는 마주칠 때 영향이 크게 나타난다.
아. 선박의 크기가 다를 때에는 소형선박이 영향을 크게 받는다.

해설 추월시가 마주칠 때보다 같이 있는 시간이 많기 때문에 영향이 크게 일어난다.

16
선체운동 중에서 선·수미선을 기준으로 좌·우 교대로 회전하려는 왕복운동은?

가. 종동요
나. 전후운동
사. 횡동요
아. 상하운동

해설
- 횡동요(rolling) 운동 : 선수미선을 기준으로 선체가 좌우로 회전하는 횡경사 운동
- 종동요(pitching) 운동 : 선수와 선미가 상하 교대로 회전하는 종경사 운동
- 전후동요(surge) 운동 : 선수미 방향의 직선 왕복운동
- 상하동요(heave) 운동 : 상하 방향의 직선왕복운동

17
운항 중인 선박에서 나타나는 타력의 종류가 아닌 것은?

가. 발동타력
나. 정지타력
사. 반전타력
아. 전속타력

해설 ▶ 타력의 종류
- 발동 타력 : 정지된 배에 주기관을 발동하여 출력에 해당하는 속력이 나올 때까지의 타력
- 정지 타력 : 전진 중인 선박이 기관 정지를 명령하여 선체가 정지할 때까지의 타력
- 반전 타력 : 전진 중에 기관을 후진 전속으로 걸어서 선체가 정지할 때까지의 타력
- 회두 타력 : 직진 중 전타를 하여 일정한 선회운동을 할 때까지의 타력

18
고정피치 스크루 프로펠러 1개를 설치한 선박에서 후진 시 선체회두에 가장 큰 영향을 미치는 수류는?

가. 반류
나. 배출류
사. 흡수류
아. 흡입류

해설 후진시 수류는 스크루 프로펠러에서 선체 쪽으로 흘러와서 선체의 선미에 작용하는 배출류의 영향이 가장 크다.

▶ 각종 수류의 종류
- 흡입류[(Suction Current) = 흡수류] : 앞쪽에서 프로펠러에 빨려드는 수류
- 배출류[(Discharging Current) = 배수류] : 프로펠러의 뒤쪽으로 흘러 나가는 수류
- 반류[(Wake Current) = 추적류] : 선체가 앞으로 나아가며 생기는 빈 공간을 채워 주는 수류로 인하여, 주로 뒤쪽 선수미선상의 물이 앞쪽으로 따라 들어오는 수류

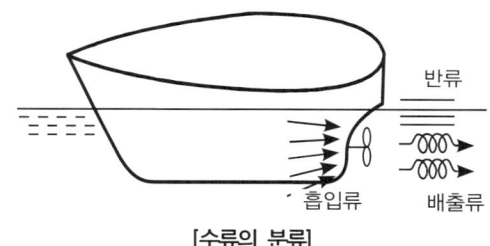

[수류의 분류]

19
복원력이 작은 선박을 조선할 때 적절한 조선 방법은?

가. 순차적으로 타각을 증가시킴
나. 전타 중 갑자기 타각을 감소시킴
사. 높은 속력으로 항행 중 대각도 전타
아. 전타 중 반대 현측으로 대각도 전타

해설 복원력이 작은 선박은 선회를 할 때 원심력에 의한 외방경사가 커지는 것을 방지하기 위하여 조타 명령을 순차적으로 작은 각도로 나누어 선회를 하여야 한다.

정답 12 나 13 나 14 아 15 사 16 사 17 아 18 나 19 가

20

좁은 수로를 항해할 때 유의할 사항으로 옳은 것은?

가. 침로를 변경할 때는 대각도로 한 번에 변경하는 것이 좋다.

나. 선·수미선과 조류의 유선이 직각을 이루도록 조종하는 것이 좋다.

사. 언제든지 닻을 사용할 수 있도록 준비된 상태에서 항행하는 것이 좋다.

아. 조류는 순조 때에는 정침이 잘 되지만, 역조 때에는 정침이 어려우므로 조종 시 유의하여야 한다.

해설 가. 변침할 때는 한 번에 변침하지 말고 소각도로 여러 번 변침한다.
　　　나. 선수미선과 조류의 유선이 일치되게 조종하는 것이 좋다.
　　　아. 조류는 역조 때에는 정침이 잘 되지만, 순조 때에는 정침이 어려우므로 조종 시 유의하여야 한다.

21

파장이 선박길이의 1~2배가 되고, 파랑을 선미로부터 받을 때 나타나기 쉬운 현상은?

가. 러칭(Lurching)

나. 슬래밍(Slamming)

사. 브로칭(Broaching)

아. 동조 횡동요(Synchronized rolling)

해설 브로칭 : 선박이 파도를 선미로부터 받으며 항주할 때에 선체 중앙이 파도의 마루나 파도의 오르막 파면에 위치하면 급격한 선수 동요에 의해 선체가 파도와 평행하게 놓이게 되는 현상

22

복원력에 관한 내용으로 옳지 않은 것은?

가. 복원력의 크기는 배수량의 크기에 반비례한다.

나. 무게중심의 위치를 낮추는 것이 복원력을 크게 하는 가장 좋은 방법이다.

사. 황천항해 시 갑판에 올라온 해수가 즉시 배수되지 않으면 복원력이 감소될 수 있다.

아. 항해의 경과로 연료유와 청수 등의 소비, 유동수의 발생으로 인해 복원력이 감소될 수 있다.

해설 복원력의 크기는 배수량의 크기에 비례한다.
　　　▶ 배수량이 커지면 복원력도 커진다.

23

다음 중 태풍을 피항하는 가장 안전한 방법은?

가. 가항반원으로 항해한다.

나. 위험반원의 반대쪽으로 항해한다.

사. 선미 쪽에서 바람을 받도록 항해한다.

아. 미리 태풍의 중심으로부터 최대한 멀리 떨어진다.

해설 태풍이 예보되었을 때는 태풍의 권역에서 벗어날 수 있도록 항해계획을 수립하여 태풍의 중심으로부터 최대한 멀리 떨어진다.

24

선박으로부터 해양오염물질이 배출된 경우 신고하여야 하는 사항이 아닌 것은?

가. 해면상태 및 기상상태

나. 사고 선박의 선박소유자

사. 배출된 오염물질의 추정량

아. 오염사고 발생일시, 장소 및 원인

해설 ▶ 신고 사항
　　　1. 해양오염사고의 발생일시·장소 및 원인
　　　2. 배출된 오염물질의 종류, 추정량 및 확산상황과 응급조치상황
　　　3. 사고선박 또는 시설의 명칭, 종류 및 규모
　　　4. 해면상태 및 기상상태

25

전기장치에 의한 화재 원인이 아닌 것은?

가. 산화된 금속의 불똥

나. 과전류가 흐르는 낡은 전선

사. 절연이 충분치 않은 전동기

아. 불량한 전기접점 그리고 노출된 전구

해설 산화된 금속의 불똥은 전기화재와 직접적인 관계가 없다.

제3과목　　법　규

01

해상교통안전법상 '어로에 종사하고 있는 선박'이 아닌 것은?

가. 양승 중인 연승 어선

나. 투망 중인 안강망 어선

사. 양망 중인 저인망 어선

아. 어장 이동을 위해 항행하는 통발 어선

해설 어장 이동을 위해 항행하는 통발 어선은 어로 작업을 하지 않기 때문에 항해 중인 동력선이다.

02

해상교통안전법상 침몰·좌초된 선박으로부터 유실된 물건 등 선박항행에 장애가 되는 물건은?

가. 침선　　　　　　　　나. 폐기물

사. 구조물　　　　　　　아. 항행장애물

해설 ▶ 항행장애물
　　　선박으로부터 떨어진 물건, 침몰·좌초된 선박 또는 이로부터 유실된 물건 등 선박항행에 장애가 되는 물건
　　　1. 선박으로부터 수역에 떨어진 물건
　　　2. 침몰·좌초된 선박 또는 침몰·좌초되고 있는 선박
　　　3. 침몰·좌초가 임박한 선박 또는 침몰·좌초가 충분히 예견되는 선박
　　　4. 제2호 및 제3호의 선박에 있는 물건
　　　5. 침몰·좌초된 선박으로부터 분리된 선박의 일부분

정답 20 사　21 사　22 가　23 아　24 나　25 가　/　1 아　2 아

03
해상교통안전법상 법에서 정하는 바가 없는 경우 충돌을 피하기 위한 동작이 아닌 것은?

가. 적극적인 동작
나. 충분한 시간적 여유를 가지는 동작
사. 선박을 적절하게 운용하는 관행에 따른 동작
아. 침로나 속력을 소폭으로 연속적으로 변경하는 동작

해설 선박은 다른 선박과 충돌을 피하기 위하여 침로나 속력을 변경할 때에는 될 수 있으면 다른 선박이 그 변경을 쉽게 알아볼 수 있도록 충분히 크게 변경하여야 하며, 침로나 속력을 소폭으로 연속적으로 변경하여서는 아니 된다.

04
해상교통안전법상 2척의 동력선이 서로 시계 안에서 각 선박은 다른 선박을 선수 방향에서 볼 수 있는 경우로서 밤에는 양쪽의 현등을 동시에 볼 수 있는 경우의 상태는?

가. 마주치는 상태
나. 횡단하는 상태
사. 통과하는 상태
아. 앞지르기 하는 상태

해설 ▶ 마주치는 상태
선박은 다른 선박을 선수 방향에서 볼 수 있는 경우로서 다음의 어느 하나에 해당하면 마주치는 상태에 있다고 보아야 한다.
1. 밤에는 2개의 마스트등을 일직선으로 또는 거의 일직선으로 볼 수 있거나 양쪽의 현등을 볼 수 있는 경우
2. 낮에는 2척의 선박의 마스트가 선수에서 선미까지 일직선이 되거나 거의 일직선이 되는 경우

05
해상교통안전법상 안전한 속력을 결정할 때 고려할 사항이 아닌 것은?

가. 해상교통량의 밀도
나. 레이더의 특성 및 성능
사. 항해사의 야간 항해당직 경험
아. 선박의 정지거리·선회성능, 그 밖의 조종성능

해설 ▶ 안전한 속력을 결정할 때 고려사항
▶ 레이더를 사용하고 있지 아니한 선박의 경우에는 제1호부터 제6호까지 해당
1. 시계의 상태
2. 해상교통량의 밀도
3. 선박의 정지거리·선회성능, 그 밖의 조종성능
4. 야간의 경우에는 항해에 지장을 주는 불빛의 유무
5. 바람·해면 및 조류의 상태와 항행장애물의 근접상태
6. 선박의 흘수와 수심과의 관계
7. 레이더의 특성 및 성능
8. 해면상태·기상, 그 밖의 장애요인이 레이더 탐지에 미치는 영향
9. 레이더로 탐지한 선박의 수·위치 및 동향

06
해상교통안전법상 어로에 종사하고 있는 선박이 원칙적으로 진로를 피하지 않아도 되는 선박은?

가. 조종제한선
나. 조종불능선
사. 수상항공기
아. 흘수제약선

해설 ▶ 피항 우선 순위
수상항공기/수면비행선박 > 동력선 > 범선 > 어로에 종사 중인 선박 > 흘수제약선 > 조종불능선/조종제한선 > 정박선

07
해상교통안전법상 제한된 시계에서 레이더만으로 다른 선박이 있는 것을 탐지한 선박의 피항동작이 침로의 변경을 수반하는 경우 선박이 취하여야 할 행위로 옳은 것은? (단, 앞지르기당하고 있는 선박에 대한 경우는 제외함)

가. 자기 선박의 양쪽 현의 정횡에 있는 선박의 방향으로 침로를 변경하는 행위
나. 자기 선박의 양쪽 현의 정횡 뒤쪽에 있는 선박의 방향으로 침로를 변경하는 행위
사. 다른 선박이 자기 선박의 양쪽 현의 정횡 앞쪽에 있는 경우 우현 쪽으로 침로를 변경하는 행위
아. 다른 선박이 자기 선박의 양쪽 현의 정횡 앞쪽에 있는 경우 좌현 쪽으로 침로를 변경하는 행위

해설
가. 자기 선박의 양쪽 현의 정횡에 있는 선박의 방향으로 침로를 변경하는 행위를 하여서는 안 된다.
나. 자기 선박의 양쪽 현의 정횡 뒤쪽에 있는 선박의 방향으로 침로를 변경하는 행위를 하여서는 안 된다.
아. 다른 선박이 자기 선박의 양쪽 현의 정횡 앞쪽에 있는 경우 좌현 쪽으로 침로를 변경하는 행위를 하여서는 안 된다.

08
( )에 순서대로 적합한 것은?

"해상교통안전법상 모든 선박은 시계가 제한된 그 당시의 ( )에 적합한 ( )으로 항행하여야 하며, ( )은 제한된 시계 안에 있는 경우 기관을 즉시 조작할 수 있도록 준비하고 있어야 한다."

가. 시정, 최소한의 속력, 동력선
나. 시정, 안전한 속력, 모든 선박
사. 사정과 조건, 안전한 속력, 동력선
아. 사정과 조건, 최소한의 속력, 모든 선박

09
해상교통안전법상 가장 잘 보이는 곳에 수직으로 붉은색 전주등 2개, 좌현에 붉은색 등, 우현에 녹색 등, 선미에 흰색 등을 켜고 있는 선박은?

가. 흘수제약선
나. 어로에 종사하고 있는 선박
사. 대수속력이 있는 조종제한선
아. 대수속력이 있는 조종불능선

해설 조종불능선의 등화는 조종불능선의 식별등화인 수직으로 붉은색 전주등 2개와 대수속력이 있을 때는 현등 + 선미등을 표시하며, 마스트 등은 표시하지 않는다.

정답 3 아 4 가 5 사 6 사 7 사 8 사 9 아

10

( )에 적합한 것은?

> "해상교통안전법상 섬광등은 360도에 걸치는 수평의 호를 비추는 등화로서 일정한 간격으로 1분에 ( ) 섬광을 발하는 등이다."

가. 60회 이상 나. 120회 이상
사. 180회 이상 아. 240회 이상

11

해상교통안전법상 원칙적으로 통항분리수역의 연안통항대를 이용할 수 없는 선박은?

가. 길이 25미터인 범선
나. 길이 20미터인 선박
사. 어로에 종사하고 있는 선박
아. 인접한 항구로 입항하는 선박

해설 길이 20미터 미만의 선박은 이용 가능하나 길이 20미터인 선박은 이용할 수 없다.
▶ 연안통항대를 이용할 수 있는 선박
1. 길이 20미터 미만의 선박
2. 범선
3. 어로에 종사하고 있는 선박
4. 인접한 항구로 입항·출항하는 선박
5. 연안통항대 안에 있는 해양시설 또는 도선사의 승하선 장소에 출입하는 선박
6. 급박한 위험을 피하기 위한 선박

12

해상교통안전법상 등화에 사용되는 등색이 아닌 것은?

가. 녹색 나. 흰색
사. 청색 아. 붉은색

해설 선박의 등화에 사용되는 등색에는 흰색, 녹색, 붉은색, 황색 등이 있다.

13

( )에 적합한 것은?

> "해상교통안전법상 항행 중인 동력선이 ( )에 있는 경우에 그 침로를 변경하거나 그 기관을 후진하여 사용할 때에는 기적신호를 행하여야 한다."

가. 평수구역 나. 서로 상대의 시계 안
사. 제한된 시계 아. 무역항의 수상구역 안

해설 기적신호는 서로 상대의 시계 안에 있는 상태에서 행할 수 있다.

14

해상교통안전법상 제한된 시계 안에서 2분을 넘지 아니하는 간격으로 장음 2회의 기적신호를 들었다면 그 기적을 울린 선박은?

가. 정박선
나. 조종제한선

사. 얹혀 있는 선박
아. 대수속력이 없는 항행 중인 동력선

해설 • 대수속력이 있는 항행 중인 동력선
▶ 2분을 넘지 않는 간격으로 장음 1회
• 대수속력이 없는 항행 중인 동력선
▶ 2분을 넘지 않는 간격으로 장음 2회

15

( )에 순서대로 적합한 것은?

> "해상교통안전법상 좁은 수로등의 굽은 부분에 접근하는 선박은 ( )의 기적신호를 울리고, 그 기적신호를 들은 다른 선박은 ( )의 기적신호를 울려 이에 응답하여야 한다."

가. 단음 1회, 단음 2회 나. 장음 1회, 단음 2회
사. 단음 1회, 단음 1회 아. 장음 1회, 장음 1회

16

선박의 입항 및 출항 등에 관한 법률상 무역항의 수상구역등에 출입하는 선박 중 출입 신고 면제 대상 선박이 아닌 것은?

가. 총톤수 10톤인 선박
나. 해양사고구조에 사용되는 선박
사. 국내항 간을 운항하는 동력요트
아. 도선선, 예선 등 선박의 출입을 지원하는 선박

해설 총톤수 5톤 미만인 선박은 면제선박이다.
▶ 출입항 신고 면제선박
1. 총톤수 5톤 미만의 선박
2. 해양사고 구조에 사용되는 선박
3. 수상레저기구 중 국내항 간을 운항하는 모터보트 및 동력요트
4. 그 밖에 공공목적이나 항만 운영의 효율성을 위하여 해양수산부령으로 정하는 선박
▶ 해양수산부령으로 정하는 선박
1. 관공선, 군함, 해양경찰함정 등 공공의 목적으로 운영하는 선박
2. 도선선, 예선 등 선박의 출입을 지원하는 선박
3. 연안수역을 항행하는 정기여객선으로서 경유항에 출입하는 선박
4. 피난을 위하여 긴급히 출항하여야 하는 선박
5. 그 밖에 항만운영을 위하여 지방해양수산청장이나 시·도지사가 필요하다고 인정하여 출입 신고를 면제한 선박

17

선박의 입항 및 출항 등에 관한 법률상 무역항의 수상구역등에서 위험물운송선박이 아닌 선박이 불꽃이나 열이 발생하는 용접 등의 방법으로 기관실에서 수리작업을 하는 경우 관리청의 허가를 받아야 하는 선박의 크기 기준은?

가. 총톤수 20톤 이상 나. 총톤수 25톤 이상
사. 총톤수 50톤 이상 아. 총톤수 100톤 이상

해설 선장은 무역항의 수상구역등에서 총톤수 20톤 이상의 선박 내 위험 구역에서 불꽃이나 열이 발생하는 용접 등의 방법으로 수리하려는 경우 관리청의 허가를 받아야 한다.

정답 10 나 11 나 12 사 13 나 14 아 15 아 16 가 17 가

18
( )에 적합한 것은?

"선박의 입항 및 출항 등에 관한 법률상 해양사고를 피하기 위한 경우 등이 아닌 경우 선장은 항로에 선박을 정박 또는 정류시키거나 예인되는 선박 또는 ( )을 내버려 두어서는 아니 된다."

가. 쓰레기
나. 부유물
사. 배설물
아. 오염물질

19
선박의 입항 및 출항 등에 관한 법률상 선박이 무역항의 수상구역등에서 항로를 따라 항행 중 다른 선박과 마주칠 우려가 있는 경우 항법으로 옳은 것은?

가. 합의하여 항행할 것
나. 오른쪽으로 항행할 것
사. 항로를 빨리 벗어날 것
아. 최대 속력으로 증속할 것

해설 무역항의 수상구역등에서 항로를 따라 항행 중 다른 선박과 마주칠 우려가 있는 경우에는 오른쪽으로 항행을 하여야 한다.

20
( )에 적합한 것은?

"선박의 입항 및 출항 등에 관한 법률상 관리청은 무역항의 수상구역등에서 선박교통의 안전을 위하여 필요한 경우에는 무역항과 무역항의 수상구역 밖의 ( )를 항로로 지정·고시할 수 있다."

가. 수로
나. 일방통항로
사. 어로
아. 통항분리대

21
( )에 순서대로 적합한 것은?

"선박의 입항 및 출항 등에 관한 법률상 ( )은 ( )으로부터 선박항행 최고속력의 지정을 요청받은 경우 특별한 사유가 없으면 무역항의 수상구역등에서 선박항행 최고속력을 지정·고시하여야 한다."

가. 관리청, 해양경찰청장
나. 지정청, 해양경찰청장
사. 관리청, 지방해양수산청장
아. 지정청, 지방해양수산청장

해설
- 요청권자 : 해양경찰청장
- 지정·고시권자 : 관리청

22
( )에 적합한 것은?

"선박의 입항 및 출항 등에 관한 법률상 ( ) 외의 선박은 무역항의 수상구역등에 출입하는 경우 또는 무역항의 수상구역등을 통과하는 경우에는 해양사고를 피하기 위한 경우 등 해양수산부령으로 정하는 사유가 있는 경우를 제외하고 지정·고시된 항로를 따라 항행하여야 한다."

가. 예인선
나. 우선피항선
사. 조종불능선
아. 흘수제약선

해설 우선피항선은 지정·고시된 항로를 따라 항행할 수 없다.

23
해양환경관리법의 적용 대상이 아닌 것은?

가. 영해 내의 방사성 물질
나. 영해 내의 대한민국선박
사. 영해 내의 대한민국선박 외의 선박
아. 배타적경제수역 내의 대한민국선박

해설 방사성물질과 관련한 해양환경관리 및 해양오염방지에 대하여는 「해양환경관리법」이 적용되는 것이 아니라 「원자력안전법」이 정하는 바에 따른다.

24
해양환경관리법상 선박에서 발생하는 폐기물 배출에 대한 설명으로 옳지 않은 것은?

가. 플라스틱 그물은 해양에 배출할 수 없다.
나. 음식찌꺼기는 어떠한 상황에서도 배출할 수 없다.
사. 어업활동 중 폐사된 물고기는 해양에 배출할 수 있다.
아. 해양환경에 유해하지 않은 부유성 화물잔류물은 영해기선으로부터 25해리 이상에서 해양에 배출할 수 있다.

해설 음식찌꺼기는 영해기선으로부터 최소한 12해리 이상의 해역에 배출할 수 있다. 다만, 분쇄기 또는 연마기를 통하여 25mm 이하의 개구를 가진 스크린을 통과할 수 있도록 분쇄되거나 연마된 음식찌꺼기의 경우 영해기선으로부터 3해리 이상의 해역에도 버릴 수 있다.

25
해양환경관리법상 소형선박에 비치하여야 하는 기관구역용 폐유저장용기에 관한 규정으로 옳지 않은 것은?

가. 용기는 2개 이상으로 나누어 비치할 수 있다.
나. 용기는 견고한 금속성 재질 또는 플라스틱 재질이어야 한다.
사. 총톤수 5톤 이상 10톤 미만의 선박은 30리터 저장용량의 용기를 비치하여야 한다.
아. 총톤수 10톤 이상 30톤 미만의 선박은 60리터 저장용량의 용기를 비치하여야 한다.

해설 ▶ 폐유저장용기의 비치기준(기관구역용 폐유저장용기)

대상선박	저장용량 (단위 : ℓ)
1) 총톤수 5톤 이상 10톤 미만의 선박	20
2) 총톤수 10톤 이상 30톤 미만의 선박	60
3) 총톤수 30톤 이상 50톤 미만의 선박	100
4) 총톤수 50톤 이상 100톤 미만으로서 유조선이 아닌 선박	200

가) 폐유저장용기는 2개 이상으로 나누어 비치할 수 있다.
나) 폐유저장용기는 견고한 금속성 재질 또는 플라스틱 재질로서 폐유가 새지 아니하도록 제작되어야 하고, 해당 용기의 표면에는 선명 및 선박번호를 기재하고 그 내용물이 폐유임을 표시하여야 한다.
다) 폐유저장용기 대신에 소형선박용 기름여과장치를 설치할 수 있다.

정답 18 나　19 나　20 가　21 가　22 나　23 가　24 나　25 사

소형선박조종사   2023 제2회

제4과목   기 관

01

내연기관의 거버너에 대한 설명으로 옳은 것은?

가. 기관의 회전 속도가 일정하게 되도록 연료유의 공급량을 조절한다.

나. 기관에 들어가는 연료유의 온도를 자동으로 조절한다.

사. 배기가스 온도가 고온이 되는 것을 방지한다.

아. 기관의 흡입 공기량을 자동으로 조절한다.

해설 조속기(governor) : 기관에 부가되는 부하 변동에 따라 연료 공급량을 가감하여 기관의 회전 속도를 언제나 원하는 속도로 유지하기 위한 장치

02

4행정 사이클 디젤기관의 압축행정에 대한 설명으로 옳은 것을 모두 고른 것은?

> ① 가장 일을 많이 하는 행정이다.
> ② 연소실 내부 공기의 온도가 상승한다.
> ③ 연소실 내부 공기의 압력이 내려간다.
> ④ 흡기밸브와 배기밸브가 모두 닫혀 있다.
> ⑤ 피스톤이 상사점에서 하사점으로 내려간다.

가. ②, ④

나. ②, ③, ④

사. ②, ③, ④, ⑤

아. ①, ②, ③, ④, ⑤

해설 ▶옳은 것 : ②, ④
▶틀린 것 : ①, ③, ⑤

03

소형 내연기관에서 실린더 라이너가 너무 많이 마멸되었을 경우 일어나는 현상이 아닌 것은?

가. 연소가스가 샌다.

나. 출력이 낮아진다.

사. 냉각수의 누설이 많아진다.

아. 연료유의 소모량이 많아진다.

해설 실린더가 마멸되면 압축공기 누설로 압축압력 저하, 윤활유의 연소실 침입에 의한 불완전 연소, 연료 및 소비량 증가, 연소 가스의 누설, 열효율 감소 등이 생긴다.

04

트렁크형 소형기관에서 커넥팅로드의 역할로 옳은 것은?

가. 피스톤이 받은 힘을 크랭크축에 전달한다.

나. 크랭크축의 회전운동을 왕복운동으로 바꾼다.

사. 피스톤로드가 받은 힘을 크랭크축에 전달한다.

아. 피스톤이 받은 열을 실린더 라이너에 전달한다.

해설 커넥팅로드는 피스톤이 받은 힘을 크랭크축에 전달한다.

05

다음과 같은 습식 실린더 라이너에서 ④를 통과하는 유체는?

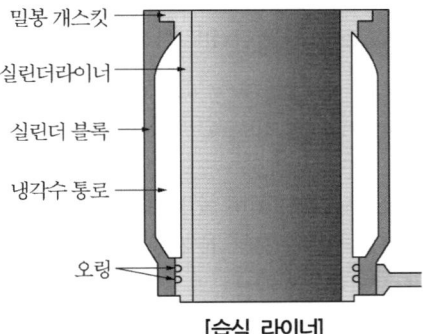

가. 윤활유

나. 청수

사. 연료유

아. 공기

해설 그림에서 ④ 냉각수 통로를 통과하는 유체는 청수이다.

밀봉 개스킷

실린더라이너

실린더 블록

냉각수 통로

오링

[습식 라이네]

06

소형기관의 운전 중 회전운동을 하는 부품이 아닌 것은?

가. 평형추

나. 피스톤

사. 크랭크축

아. 플라이휠

해설 피스톤은 왕복운동을 한다.

07

크랭크축 구조에 대한 설명으로 옳은 것을 모두 고른 것은?

> ① 크랭크핀은 커넥팅로드 대단부와 연결된다.
> ② 크랭크핀은 크랭크저널과 크랭크암을 연결한다.
> ③ 크랭크저널은 크랭크암과 크랭크핀을 연결한다.
> ④ 크랭크저널은 메인 베어링에 의해 지지되는 축이다.

가. ①, ③

나. ①, ④

사. ②, ③

아. ②, ④

해설 ▶옳은 것 : ①, ④
▶틀린 것 : ②, ③

08

디젤기관에서 각부 마멸량을 측정하는 부위와 공구가 옳게 짝지어진 것은?

가. 피스톤링 두께 – 내측 마이크로미터

나. 크랭크암 디플렉션 – 버니어 캘리퍼스

사. 흡기 및 배기밸브 틈새 – 필러 게이지

아. 실린더 라이너 내경 – 외측 마이크로미터

해설 가. 피스톤링 두께 – 외경 마이크로미터
나. 크랭크암 디플렉션 – 다이얼식 마이크로미터
아. 실린더 라이너 내경 – 내경 마이크로미터

정답   **1** 가   **2** 가   **3** 사   **4** 가   **5** 나   **6** 나   **7** 나   **8** 사

09
선교에 설치되어 있는 주기관 연료 핸들의 역할은?
가. 연료공급펌프의 회전수를 조정한다.
나. 연료공급펌프의 압력을 조정한다.
사. 거버너의 연료량 설정값을 조정한다.
아. 거버너의 감도를 조정한다.

해설 주기관 연료 핸들은 거버너의 연료량 설정값을 조정한다.

10
소형 디젤기관의 운전 중 윤활유 섬프탱크의 레벨이 비정상적으로 상승하는 주된 원인은?
가. 연료분사밸브에서 연료유가 누설된 경우
나. 배기밸브에서 배기가스가 누설된 경우
사. 피스톤링의 마멸로 배기가스가 유입된 경우
아. 실린더 라이너의 누수로 인해 물이 유입된 경우

해설 실린더 라이너의 누수로 인해 물이 유입된 경우에는 윤활유 섬프탱크의 레벨이 상승할 수 있다.

11
압축공기로 시동하는 디젤기관에서 시동이 되지 않는 경우의 원인이 아닌 것은?
가. 터닝기어가 연결되어 있는 경우
나. 시동공기의 압력이 너무 낮은 경우
사. 시동공기의 온도가 너무 낮은 경우
아. 시동공기 분배기가 고장이거나 차단된 경우

해설 시동공기의 온도가 너무 낮은 경우에도 시동이 된다.

12
선박용 추진기관의 동력전달계통에 포함되지 않는 것은?
가. 감속기   나. 추진기
사. 과급기   아. 추진기축

해설 과급기는 기관의 출력을 증대시키는 장치로 동력전달계통이 아니다. 선박용 추진기관의 동력전달계통에는 클러치, 변속기 및 역전 장치, 추진기 축, 추진기 등이 포함된다.

13
소형선박에서 전진 및 후진을 하기 위해 필요하며 기관에서 발생한 동력을 추진기축으로 전달하거나 끊어 주는 장치는?
가. 클러치   나. 베어링
사. 샤프트   아. 크랭크

해설 클러치(clutch)는 동력 전달 장치의 기관에서 발생한 동력을 추진기축으로 전달하거나 끊어 주는 장치이다.

14
다음 그림과 같이 4개(1, 2, 3, 4)의 너트로 디젤기관의 실린더 헤드를 조립할 때 너트의 조임 순서로 가장 적절한 것은?

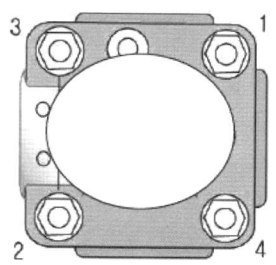

가. 1 → 2 → 3 → 4 → 2 → 1 → 4 → 3
나. 1 → 4 → 2 → 3 → 1 → 4 → 2 → 3
사. 1 → 3 → 2 → 4 → 1 → 3 → 2 → 4
아. 1 → 2 → 3 → 4 → 1 → 3 → 2 → 4

15
조타장치의 조종장치에 사용되는 방식이 아닌 것은?
가. 전기식   나. 공기식
사. 유압식   아. 기계식

해설 조타장치의 조종장치에는 전기식, 유압식, 기계식 등이 있다.

16
다음 중 임펠러가 있는 펌프는?
가. 연료유 펌프   나. 해수 펌프
사. 윤활유 펌프   아. 연료분사 펌프

해설 해수펌프에 이용하는 원심펌프의 구성요소로 펌프케이싱, 임펠러(회전자), 축봉장치, 마우스링, 베어링 등이 있다.

17
"윤활유 펌프는 주로 (   )를 사용한다."에서 (   )에 적합한 것은?
가. 플런저펌프   나. 기어펌프
사. 원심펌프   아. 분사펌프

해설 기어펌프는 구조가 간단하고, 왕복펌프에 비해 고속으로 회전할 수 있어서 소형으로도 송출량을 높일 수 있고, 경량이며 흡입 양정이 크고, 점도가 높은 유체(윤활유)를 이송하는 데 적합하다.

18
변압기의 정격 용량을 나타내는 단위는?
가. [A]   나. [Ah]
사. [kW]   아. [kVA]

해설
가. [A] : 전류의 단위
나. [Ah] : 납축전기의 용량 표시
사. [kW] : 전압의 단위
아. [kVA] : 변압기의 정격 용량 표시

정답 9 사 10 아 11 사 12 사 13 가 14 가 15 나 16 나
      17 나 18 아

19

발전기의 기중차단기를 나타내는 것은?

가. ACB
나. NFB
사. OCR
아. MCCB

해설 • 기중차단기(ACB, Air Circuit Breaker)
• NFB(No Fuse Breaker)라는 용어 대신에 MCCB(Molded Case Circuit Breaker, 배선용 차단기)라는 정식 명칭을 사용

20

방전이 되면 다시 충전해서 계속 사용할 수 있는 전지는?

가. 1차 전지
나. 2차 전지
사. 3차 전지
아. 4차 전지

해설 • 2차 전지는 충전 및 방전이 가능한 하나 이상의 전기화학 셀로 구성된 배터리이다.
• 2차 전지의 경우 일반적으로는 일회용 배터리보다 초기 비용이 많이 들지만 교체하기 전 여러 번 충전할 수 있으므로 총 소요 비용과 환경 영향이 훨씬 적은 것이 장점이다.
▶ 1차 전지 : 방전해 버리면 외부에서 에너지를 공급해도 원상태로 회복하는 충전 조작을 할 수 없는 전지

21

"정박 중 기관을 조정하거나 검사, 수리 등을 할 때 운전속도보다 훨씬 낮은 속도로 기관을 서서히 회전시키는 것을 (   )이라 한다."에서 (   )에 알맞은 것은?

가. 워밍
나. 시동
사. 터닝
아. 운전

해설 • 워밍 : 엔진 등을 가동하기 전에 미리 소정의 온도까지 서서히 예열하는 것
• 시동 : 발전기나 전동기, 증기 기관, 내연 기관 따위의 발동이 걸리기 시작함
• 터닝 : 열기관에서 기동 전 또는 정지 후에 로터 등 온도의 급변으로 인한 변형 발생을 방지하기 위하여 저속으로 회전시키는 것
• 운전 : 작동 장치를 가동시키는 것

22

디젤기관에서 연료분사밸브가 누설될 경우 발생하는 현상으로 옳은 것은?

가. 배기온도가 내려가고 검은색 배기가 발생한다.
나. 배기온도가 올라가고 검은색 배기가 발생한다.
사. 배기온도가 내려가고 흰색 배기가 발생한다.
아. 배기온도가 올라가고 흰색 배기가 발생한다.

해설 연료의 과잉 공급으로 인해 배기온도가 올라가고 검은색 배기가 발생한다.

23

디젤기관을 정비하는 목적이 아닌 것은?

가. 기관을 오래 동안 사용하기 위해
나. 기관의 정격 출력을 높이기 위해
사. 기관의 고장을 예방하기 위해
아. 기관의 운전효율이 낮아지는 것을 방지하기 위해

해설 기관의 정격 출력을 높이는 것과 정비와는 관계가 없다.

24

일정량의 연료유를 가열했을 때 그 값이 변하지 않는 것은?

가. 점도
나. 부피
사. 질량
아. 온도

해설 연료유를 가열하면 점도는 낮아지며, 부피는 커지고, 온도는 높아진다.

25

연료유 탱크에 들어 있는 기름보다 비중이 더 큰 기름을 동일한 양으로 혼합한 경우 비중은 어떻게 변하는가?

가. 혼합비중은 비중이 더 큰 기름보다 더 커진다.
나. 혼합비중은 비중이 더 큰 기름과 동일하게 된다.
사. 혼합비중은 비중이 더 작은 기름보다 더 작아진다.
아. 혼합비중은 비중이 작은 기름과 큰 기름의 중간 정도로 된다.

해설 혼합비중 $= \dfrac{\text{합성무게}}{\text{합성부피}}$ 이므로, 혼합비중은 비중이 작은 기름과 비중이 큰 기름의 중간 정도로 된다.

2023 해기사시험 소형선박조종사
제3회

제1과목 항해

01
자기 컴퍼스에서 선박의 동요로 비너클이 기울어져도 볼을 항상 수평으로 유지시켜 주는 장치는?

가. 피벗
나. 섀도 핀
사. 짐벌즈
아. 컴퍼스 액

해설
- 짐벌링(Gimbal Ring) = 짐벌즈(gimbals)
  선박의 동요로 비너클이 기울어져도 볼을 항상 수평하게 유지하기 위한 장치이다.

02
제진토크와 북탐토크가 동시에 일어나는 경사 제진식 자이로컴퍼스에만 있는 오차는?

가. 위도 오차
나. 경도 오차
사. 동요 오차
아. 가속도 오차

해설 위도오차는 적도에서는 생기지 않으나 위도가 변화하면 생기는 오차로, 경사제진식 자이로컴퍼스(스페리식 자이로 컴퍼스의 제진장치에 의하여 일어나는 오차이다.

03
풍향풍속계에서 지시하는 풍향과 풍속에 대한 설명으로 옳지 않은 것은?

가. 풍향은 바람이 불어오는 방향을 말한다.
나. 풍향이 반시계 방향으로 변하면 풍향 반전이라 한다.
사. 풍속은 정시 관측 시각 전 15분간 풍속을 평균하여 구한다.
아. 어느 시간 내의 기록 중 가장 최대의 풍속을 순간 최대 풍속이라 한다.

해설 풍속은 정시관측 시간 전 10분간의 평균 풍속을 말한다.
- 풍향은 바람이 불어오는 방향을 말하며, 유향은 흘러가는 방향이다.
- 풍향이 시계방향, 즉 북 ⇨ 북동 ⇨ 동 ⇨ 남동으로 변하면 순전
- 풍향이 반시계방향, 즉 북 ⇨ 북서 ⇨ 서 ⇨ 남서로 변하면 반전

04
음향 측심기의 용도가 아닌 것은?

가. 어군의 존재 파악
나. 해저의 저질 상태 파악
사. 선박의 속력과 항주 거리 측정
아. 수로 측량이 부정확한 곳의 수심 측정

해설 선박의 속력과 항주 거리 측정하는 계기는 선속계이다.

05
자기 컴퍼스의 용도가 아닌 것은?

가. 선박의 침로 유지에 사용
나. 물표의 방위 측정에 사용
사. 다른 선박의 속력 측정에 사용
아. 다른 선박의 상대방위 변화 확인에 사용

해설 선박의 속력을 측정하는 계기는 선속계이다.

06
전파항법 장치 중 위성을 이용하는 것은?

가. 데카(DECCA)
나. 지피에스(GPS)
사. 알디에프(RDF)
아. 로란 C(LORAN C)

해설 지피에스(GPS) : 위성을 이용하여 선박의 위치를 정확히 측정할 수 있는 계기

07
출발지에서 도착지까지의 항정선상의 거리 또는 두 지점을 잇는 대권상의 호의 길이를 해리로 표시한 것은?

가. 항정
나. 변경
사. 소권
아. 동서거

해설
- 항정 : 출발지에서 도착지까지의 항정선상의 거리 또는 두 지점을 잇는 대권상의 호의 길이를 해리로 표시한 것
- 변경 : 두 지점의 경도차로 두 지점의 자오선 사이에 낀 적도상의 호의 길이
- 소권 : 지구의 중심을 지나지 않는 평면으로 구를 자를 때 구면 위에 생기는 원
- 동서거 : 지구상의 두 지점 사이에 무수한 자오선을 그었을 때 이들 자오선과 두 지점 사이의 항정선이 만나는 점을 통과하는 거등권의 호의 합 ▶ 선박이 동서방향으로 간 거리

08
오차 삼각형이 생길 수 있는 선위 결정법은?

가. 4점방위법
나. 수심연측법
사. 양측방위법
아. 교차방위법

해설 선수배각법, 4점 방위법, 양측방위법은 격시관측에 의한 선위측정법이다.
- 격시관측법
  동시에 두 개 이상의 위치선을 구할 수 없을 때 시간차를 두고 위치선을 구하여, 전위선과 위치선을 이용하여 선위를 구하는 방법으로 양측방위법, 4점방위법, 선수배각법 등이 있다.
- 동시관측법
  동시관측법은 거의 같은 시간(동시)에 물표의 방위나 거리를 관측하여 선위를 구하는 방법으로 교차방위법, 수평협각법, 방위거리법, 2~3개의 물표거리법, 중시선법 등이 있다.

정답 1 사 2 가 3 사 4 사 5 사 6 나 7 가 8 아

09

다음 그림은 상대운동 표시방식 레이더 화면에서 본선 주변에 있는 4척의 선박을 플로팅한 것이다. 현재 상태에서 본선과 충돌할 가능성이 가장 큰 선박은?

가. A
사. C

나. B
아. D

해설 타 선박에서 나오는 선(벡터)은 그 선박의 침로와 속력을 나타낸다.
화면상 탐지 범위가 12마일일 때
- A : 7마일 정도 거리에서 본선을 향하여 오는 위험한 선박
- B : 7마일 정도 떨어진 거리에서 옆 방향으로 지나가는 선박
- C : 7마일 정도의 거리 뒤쪽에서 본선에 접근하는 선박
- D : 9마일 정도의 떨어진 거리에서 본선의 침로와 180° 반대 방향으로 항해하는 선박

10

레이더를 작동하였을 때, 레이더 화면을 통하여 알 수 있는 정보가 아닌 것은?

가. 암초의 종류
나. 해안선의 윤곽
사. 선박의 존재 여부
아. 표류 중인 부피가 큰 장애물

해설 레이더로는 물속에 있는 암초를 탐지할 수 없다.

11

( )에 적합한 것은?

> "( )은 지구의 중심에 시점을 두고 지구 표면 위의 한점에 접하는 평면에 지구 표면을 투영하는 방법이다."

가. 곡선도법
사. 점장도법

나. 대권도법
아. 평면도법

해설 ▶ 대권도법
- 지구의 중심에 시점(視點)을 두고 지구 표면 위의 한 점에 접하는 평면에 지구의 표면을 투영하는 방법
- 대권인 모든 자오선은 극의 투영점으로부터 부채살 모양으로 퍼져나가 직선으로 표시되며, 대권이 아닌 거등권은 곡선으로 표시된다.
- 지구의 표면을 지나는 모든 대권이 직선으로 표현되기 때문에 두 점 사이의 최단거리를 구하기가 편리하다.

12

조석표에 대한 설명으로 옳지 않은 것은?

가. 조석 용어의 해설도 포함하고 있다.
나. 각 지역의 조석에 대하여 상세히 기술하고 있다.

사. 표준항 외의 항구에 대한 조시, 조고를 구할 수 있다.
아. 국립해양조사원은 외국항 조석표는 발행하지 않는다.

해설 조석표는 제1권은 국내항의 자료, 제2권은 태평양 및 인도양의 주요항에 관한 내용을 기술하고 있다.

13

해도에 사용되는 기호와 약어를 수록한 수로도서지는?

가. 항로지
사. 해도도식

나. 항행통보
아. 국제신호서

해설 해도도식은 해도상 여러 가지 사항들을 표시하기 위하여 사용되는 특수한 기호와 약어를 말하며 국립해양 조사원에서 간행하고 있다.

14

선박이 지향등을 보면서 좁은 수로를 안전하게 통과하려고 할 때 선박이 위치하여야 할 등화의 색상은?

가. 녹색
사. 백색

나. 홍색
아. 청색

해설 지향등은 선박의 통항이 곤란한 좁은 수로, 항구, 만 입구 등에서 선박에 안전한 항로를 알려주기 위하여 항로 연장선상의 육지에 설치한 분호등으로 녹색, 적색, 백색의 3가지 등질이 있으며 백색광이 안전구역이다.

15

황색의 'X' 모양 두표를 가진 표지는?

가. 방위표지
사. 특수표지

나. 안전수역표지
아. 고립장애(장해)표지

해설 특수표지는 공사구역 등 특별한 시설이 있음을 나타내는 표지로 두표는 황색의 'X' 모양으로 되어 있다.

16

항만, 정박지, 좁은 수로등의 좁은 구역을 상세히 그린 종이해도는?

가. 항양도
사. 해안도

나. 항해도
아. 항박도

해설 항박도는 1/5만 이상으로 항만, 정박지, 협수로 등 좁은 구역을 세부에 이르기까지 상세히 그린 해도이며, 평면도법으로 제작한 해도이다.

17

해도상 두 지점간의 거리를 잴 때 기준 눈금은?

가. 위도의 눈금
사. 경도의 눈금

나. 나침도의 눈금
아. 거등권상의 눈금

해설 두 지점간의 거리는 디바이더를 사용하여 두 지점간의 간격을 재고, 이것을 해도의 좌우에 있는 두 지점의 위도와 가장 가까운 위도의 눈금에 대어 거리를 구한다.

정답 9 가 10 가 11 나 12 아 13 사 14 사 15 사 16 아 17 가

18
해저의 지형이나 기복상태를 판단할 수 있도록 수심이 동일한 지점을 가는 실선으로 연결하여 나타낸 것은?

가. 등고선 나. 등압선
사. 등심선 아. 등온선

해설 등심선은 같은 수심을 연결한 선으로 해도에는 실선으로 연결하여 나타내고 있다.

19
다음 등질 중 군섬광등은? (단, 색상은 고려하지 않고, 검은색으로 표시되지 않은 부분은 등광이 비추는 것을 나타냄)

가.
나. ←10sec→
사. ←15sec→
아.

해설 가. 부동등, 나. 섬광등, 사. 군섬광등, 아. 급섬광등

20
다음 국제해상부표식의 종류 중 A와 B지역에 따라 등화의 색상이 다른 것은?

가. 측방표지 나. 특수표지
사. 방위표지 아. 고립장애(장해)표지

해설 A, B 두 지역의 다른 점은 수로의 좌우측 한계를 표시하기 위하여 설치된 측방표지만 표체의 색상과 등색이 반대로 되어 있다는 것이다.

21
선박에서 온도계로 기온을 관측하는 방법으로 옳지 않은 것은?

가. 온도계가 직접 태양광선을 받도록 한다.
나. 통풍이 잘 되는 풍상측 장소를 선택한다.
사. 빗물이나 해수가 온도계에 직접 닿지 않도록 한다.
아. 체온이나 기타 열을 발생시키는 물질이 온도계에 영향을 주지 않도록 한다.

해설 기온의 측정은 그늘인 백엽상 안에 있는 온도계의 기온을 측정한다.

22
고기압에 관한 설명으로 옳은 것은?

가. 1기압보다 높은 것을 말한다.
나. 상승기류가 있어 날씨가 좋다.
사. 주위의 기압보다 높은 것을 말한다.
아. 바람은 저기압 중심에서 고기압 쪽으로 분다.

해설 고기압은 주위보다 상대적으로 기압이 높은 곳으로 하강기류가 생겨 날씨는 비교적 좋으며, 고기압 중심으로부터 저기압 쪽으로 바람이 불어 나가게 된다. ▶북반구에서는 시계방향

23
열대 저기압의 분류 중 'TD'가 의미하는 것은?

가. 태풍 나. 열대 폭풍
사. 열대 저기압 아. 강한 열대 폭풍

해설

약 호	중심부근 최대풍속
Tropical depression(열대저기압 : T.D)	17m/s(34kts) 미만
Tropical storm(열대폭풍 : T.S)	17~24m/s (34~47kts)
Severe tropical storm(강한 열대폭풍 : S.T.S)	25~32m/s (48~63kts)
Typhoon(태풍 : T)	33m/s(64kts) 이상

24
좁은 수로를 통과할 때나 항만을 출입할 때 선위 측정을 자주 하거나 예정 침로를 계속 유지하기가 어려운 경우에 대비하여 미리 해도를 보고 위험을 피할 수 있도록 준비하여 둔 예방선은?

가. 중시선 나. 피험선
사. 방위선 아. 변침선

해설 피험선은 협수로 통과시나 입·출항시에 위험을 피하기 위한 준비된 위험 예방선이다.
▶ 피험선의 종류
㉠ 두 물표의 중시선에 의한 방법 ▶가장 확실한 피험선
㉡ 선수 방향에 있는 목표의 방위선에 의한 방법
㉢ 침로 전방에 있는 한 물표의 방위선에 의한 것
㉣ 수평협각에 의한 방법(수평위험각법)
㉤ 물표의 수직앙각에 의한 법(수직위험각법)
㉥ 측면에 있는 물표의 거리에 의한 방법(수평거리법)
㉦ 수심(등심선)에 의한 것

25
조류가 강한 좁은 수로를 통항하는 가장 좋은 시기는?

가. 강한 순조가 있을 때
나. 조류 시기와는 무관함
사. 게류 또는 조류가 약한 때
아. 타효가 좋은 강한 역조가 있을 때

해설 좁은 수로의 통과시기는 조류가 약할 때 좋으며, 조류가 있을 때는 역조의 말기나 게류시에 통항하는 것이 적당하다.

정답 18 사 19 사 20 가 21 가 22 사 23 사 24 나 25 사

제2과목 운용

01
갑판의 구조를 나타내는 그림에서 ②는?

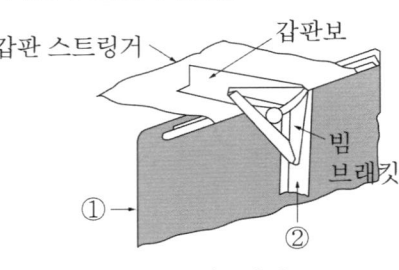

가. 용골　　　　　　　　　　나. 외판
사. 늑판　　　　　　　　　　아. 늑골

해설 그림에서 ①은 외판, ②는 늑골이다.

02
선저부의 중심선에 배치되어 배의 등뼈 역할을 하며, 선수미에 이르는 종강력재는?

가. 외판　　　　　　　　　　나. 용골
사. 늑골　　　　　　　　　　아. 종통재

해설 용골(Keel) : 선체의 최하부 중심선에 있는 종강력재로 선체의 중심선을 따라 선수재에서 선미재까지의 종방향 힘을 구성하는 배의 척추와 같은 구성재

03
강선 선저부의 선체나 타판이 부식되는 것을 방지하기 위해 선체 외부에 부착하는 것은?

가. 동판　　　　　　　　　　나. 아연판
사. 주석판　　　　　　　　　아. 놋쇠판

해설 프로펠러와 타 주위에는 철보다 이온화 경향이 큰 아연판을 부착시켜 철의 전식작용에 의한 이온화 침식을 막는다.

04
선저판, 외판, 갑판 등에 둘러싸여 화물 적재에 이용되는 공간은?

가. 격벽　　　　　　　　　　나. 코퍼댐
사. 선창　　　　　　　　　　아. 밸러스트 탱크

해설
• 격벽(Bulkhead) : 상갑판하의 공간을 선저에서 상갑판까지 종방향 또는 횡방향으로 나누는 벽으로 선미 격벽, 기관실 격벽, 선수 격벽 등이 있다.
• 코퍼댐 : 기관실과 일반선창이 접하는 장소 사이에 설치하는 이중수밀격벽
• 밸러스트 탱크 : 선박의 흘수를 조정하기 위한 평형수를 넣는 탱크

05
선박안전법에 의하여 선체, 기관, 설비, 속구, 만재흘수선, 무선설비 등에 대하여 5년마다 실행하는 정밀검사는?

가. 임시검사　　　　　　　　나. 중간검사
사. 정기검사　　　　　　　　아. 특수선검사

해설 정기검사는 선박을 최초로 항해에 사용하는 때 또는 선박검사증서의 유효기간이 만료된 때에는 선박시설과 만재흘수선에 대하여 5년마다 받는 정밀한 검사이다.

06
선박이 항행하는 구역 내에서 선박의 안전상 허용된 최대의 흘수선은?

가. 선수흘수선　　　　　　　나. 만재흘수선
사. 평균흘수선　　　　　　　아. 선미흘수선

해설 만재흘수선 : 선박이 안전하게 항해할 수 있는 적재한도의 흘수선으로서 여객이나 화물을 승선하거나 싣고 안전하게 항해할 수 있는 최대한도를 나타내는 선

07
선박에서 사용되는 유류를 청정하는 방법이 아닌 것은?

가. 원심적 청정법
나. 여과기에 의한 청정법
사. 전기분해에 의한 청정법
아. 중력에 의한 분리 청정법

해설 유류 청정법으로는 중력에 의한 분리법, 여과기에 의한 분리법, 원심분리법 등이 있다.

08
체온을 유지할 수 있도록 열전도율이 낮은 방수 물질로 만들어진 포대기 또는 옷을 의미하는 구명설비는?

가. 방수복　　　　　　　　　나. 구명조끼
사. 보온복　　　　　　　　　아. 구명부환

해설
• 보온복 : 열전도율이 낮은 방수 물질로 만들어진 포대기 또는 옷으로 방수복을 착용하지 않은 사람이 입는 장비
• 방수복(Immersion Suit) : 낮은 수온의 물속에서 체온을 보호하기 위한 장비

09
조난선박으로부터 수신된 조난신호의 해상이동업무식별번호(MMSI number)에서 앞의 3자리가 '441'이라고 표시되어 있다면 해당 조난선박의 국적은?

가. 한국　　　　　　　　　　나. 일본
사. 중국　　　　　　　　　　아. 러시아

해설 우리나라의 경우 440, 441로 지정되어 있다.

10
구명뗏목의 자동이탈장치가 작동되어야 하는 수심의 기준은?

가. 약 1미터　　　　　　　　나. 약 4미터
사. 약 10미터　　　　　　　아. 약 30미터

해설 자동이탈장치는 본선 침몰시 구명뗏목으로부터 자동으로 이탈시키는 장치로 일반적으로 수심 4m 이내의 수압에서 작동한다.

정답 1 아　2 나　3 나　4 사　5 사　6 나　7 사　8 사　9 가　10 나

11
406MHz의 조난주파수에 부호화된 메시지의 전송 이외에 121.5MHz의 호밍 주파수의 발신으로 구조선박 또는 항공기가 무선방향탐지기에 의하여 위치 탐색이 가능하여 수색과 구조 활동에 이용되는 설비는?

가. 비콘(Beacon)
나. 양방향 VHF 무선전화장치
사. 비상위치지시 무선표지(EPIRB)
아. 수색구조용 레이더 트랜스폰더(SART)

해설 ▶ EPIRB[비상위치지시 무선표지(Emergency Position Indicating Radio Beacon)]
위성을 이용하여 선박이나 항공기가 조난 상태에서 생존자의 위치를 알리는 무선설비로 수색과 구조 작업시 생존자의 위치 결정을 용이하게 하도록 한다.

12
선박의 초단파(VHF) 무선설비에서 다른 선박과의 교신에 사용할 수 있는 채널에 대한 설명으로 옳은 것은?

가. 단신채널만 선박간 교신이 가능하다.
나. 복신채널만 선박간 교신이 가능하다.
사. 단신채널과 복신채널 모두 선박간 교신이 가능하다.
아. 단신채널과 복신채널 모두 선박간 교신이 불가능하다.

해설 초단파(VHF) 무선설비는 단신채널만 선박간 교신이 가능하다.

13
선박안전법상 평수구역을 항해구역으로 하는 선박이 갖추어야 하는 무선설비는?

가. 중파(MF) 무선설비
나. 초단파(VHF) 무선설비
사. 비상위치지시 무선표지(EPIRB)
아. 수색구조용 레이더 트랜스폰더(SART)

해설 초단파(VHF) 무선설비는 평수구역 이상을 항해구역으로 하는 총톤수 2톤 이상의 선박이 갖추어야 한다.

14
선박용 초단파(VHF) 무선설비의 최대 출력은?

가. 10W
나. 15W
사. 20W
아. 25W

해설 초단파(VHF) 무선설비의 최대 출력은 25W이다.

15
근접하여 운항하는 두 선박의 상호 간섭작용에 관한 설명으로 옳지 않은 것은?

가. 선속을 감속하면 영향이 줄어든다.
나. 두 선박 사이의 거리가 멀어지면 영향이 줄어든다.
사. 소형선은 선체가 작아 영향을 거의 받지 않는다.
아. 마주칠 때보다 추월할 때 상호 간섭작용이 오래 지속되어 위험하다.

해설 대형선과 소형선 상호 간에는 소형선이 영향이 크다.

16
다음 중 선박 조종에 미치는 영향이 가장 작은 요소는?

가. 바람
나. 파도
사. 조류
아. 기온

해설 기온은 선박 조종에 거의 영향을 미치지 않는다.

17
( )에 순서대로 적합한 것은?

> "단추진기 선박을 ( )으로 보아서, 전진할 때 스크루프로펠러가 ( )으로 회전하면 우선회 스크루 프로펠러라고 한다."

가. 선미에서 선수방향, 왼쪽
나. 선수에서 선미방향, 오른쪽
사. 선수에서 선미방향, 시계방향
아. 선미에서 선수방향, 시계방향

해설 단추진기선은 대부분 우선회 단추진기선이며, 쌍추진기선은 외선식 쌍추진기선이 대부분이다.

18
( )에 순서대로 적합한 것은?

> "선속을 전속 전진상태에서 감속하면서 선회를 하면 선회경은 ( ), 정지상태에서 선속을 증가하면서 선회를 하면 선회경은 ( )."

가. 감소하고, 감소한다
나. 증가하고, 감소한다
사. 감소하고, 증가한다
아. 증가하고, 증가한다

19
좁은 수로(항내 등)에서 조선 중 주의해야 할 사항으로 옳지 않은 것은?

가. 전후방, 좌우방향을 잘 감시하면서 운항해야 한다.
나. 속력은 조선에 필요한 정도로 저속 운항하고 과속 운항을 피해야 한다.
사. 다른 선박과 충돌의 위험이 있으면 침로를 유지하고 경고신호를 울려야 한다.
아. 충돌의 위험이 있을 때는 조타, 기관조작, 투묘하여 정지시키는 등 조치를 취해야 한다.

해설 다른 선박과 충돌의 위험이 있으면 침로를 유지하는 것이 아니라 조타, 기관조작, 투묘하여 정지시키는 등 조치를 취해야 한다.

20
강한 조류가 있을 경우 선박을 조종하는 방법으로 옳지 않은 것은?

가. 유향, 유속을 잘 알 수 있는 시간에 항행한다.
나. 가능한 한 선수를 유향에 직각 방향으로 향하게 한다.
사. 유속이 있을 때 계류작업을 할 경우 유속에 대등한 타력을 유지한다.
아. 조류가 흘러가는 쪽에 장애물이 있는 경우에는 충분한 공간을 두고 조종한다.

해설 선수미선과 조류의 방향(유향)이 일치되게 조선한다.

정답 11 사 12 가 13 나 14 아 15 사 16 아 17 아 18 나
19 사 20 나

21

배의 운항 시 충분한 건현이 필요한 이유는?

가. 배의 속력을 줄이기 위해서
나. 배의 부력을 확보하기 위해서
사. 배의 조종성능을 알기 위해서
아. 항행 가능한 수심을 알기 위해서

해설 건현(Freeboard)은 선체에 예비부력을 증대시키기 위한 것으로 갑판에서 수면까지의 수직 거리를 말한다.

22

히브 투(Heave to) 방법의 경우 선수로부터 좌우현 몇 도 정도 방향에서 풍랑을 받아야 하는가?

가. 5~10도　　　　　　　　나. 10~15도
사. 25~35도　　　　　　　　아. 45~50도

해설 • 히브 투(Heave to) = 거주
풍랑을 선수로부터 좌우현 25~35° 방향으로 받아 조타가 가능한 최소의 속력으로 전진하는 방법

23

북반구에서 본선이 태풍의 진로상에 있다면 피항 방법으로 옳은 것은?

가. 풍랑을 정선수에 받으며 피항한다.
나. 풍랑을 좌현 선미에 받으며 피항한다.
사. 풍랑을 좌현 선수에 받으며 피항한다.
아. 풍랑을 우현 선미에 받으며 최대 선속으로 피항한다.

해설 풍향이 변하지 않고 폭풍우가 강해지고 기압이 점점 내려가면 본선은 태풍의 진로상에 위치하고 있다. ▶풍랑을 우현 선미에 받고 Scudding하며 가항반원으로 피항한다.

24

연안에서 좌초 사고가 발생하여 인명피해가 발생하였거나 침몰위험에 처한 경우 구조요청을 하여야 하는 곳은?

가. 선주　　　　　　　　나. 관할 해양수산청
사. 대리점　　　　　　　아. 가까운 해양경찰서

25

선박간 충돌사고의 직접적인 원인이 아닌 것은?

가. 계류삭 정비 불량
나. 항해사의 선박 조종술 미숙
사. 항해장비의 불량과 운용 미숙
아. 승무원의 주의태만으로 인한 과실

해설 계류삭의 정비 불량은 부두에 계류시에 발생하는 사고의 직접적인 원인이 될 수 있으나 선박간 충돌사고의 직접적인 원인은 아니다.

제3과목　　　　　　　　　법 규

01

〈보기〉에서 해상교통안전법상 교통안전특정해역이 설정된 구역을 모두 고른 것은?

┤보 기├
| ㄱ. 동해구역 | ㄴ. 부산구역 |
| ㄷ. 여수구역 | ㄹ. 목포구역 |

가. ㄴ　　　　　　　　나. ㄴ, ㄷ
사. ㄴ, ㄷ, ㄹ　　　　아. ㄱ, ㄴ, ㄷ, ㄹ

해설 교통안전특정해역(5구역) : 인천, 여수, 부산, 울산, 포항

02

다음 중 해상교통안전법상 선박이 항행 중인 상태는?

가. 정박 상태
나. 얹혀 있는 상태
사. 고장으로 표류하고 있는 상태
아. 항만의 안벽 등 계류시설에 매어 놓은 상태

해설 고장으로 표류하고 있는 상태의 선박은 항행 중인 선박이다.
• 선박이 항행 중이라는 것은 다음의 어느 하나에 해당하지 아니하는 상태를 말한다.
1. 정박
2. 항만의 안벽 등 계류시설에 매어 놓은 상태
▶계선부표나 정박하고 있는 선박에 매어 놓은 경우를 포함한다.
3. 얹혀 있는 상태

03

해상교통안전법상 '조종제한선'이 아닌 선박은?

가. 준설 작업을 하고 있는 선박
나. 항로표지를 부설하고 있는 선박
사. 기뢰제거 작업을 하고 있는 선박
아. 조타기 고장으로 수리 중인 선박

해설 조타기 고장으로 수리 중인 선박은 조종불능선이다.

04

해상교통안전법상 선박의 항행안전에 필요한 항행보조시설을 〈보기〉에서 모두 고른 것은?

┤보 기├
| ㄱ. 신호 | ㄴ. 해양관측 설비 |
| ㄷ. 조명 | ㄹ. 항로표지 |

가. ㄱ, ㄴ, ㄷ　　　　나. ㄱ, ㄷ, ㄹ
사. ㄴ, ㄷ, ㄹ　　　　아. ㄱ, ㄴ, ㄹ

해설 해양관측 설비는 항행보조시설에 속하지 않는다.

정답 21 나　22 사　23 아　24 아　25 가　/　1 나　2 사　3 아
4 나

05
해상교통안전법상 항로를 지정하는 목적은?

가. 해양사고 방지를 위해
나. 항로 외의 구역을 개발하기 위해
사. 통항하는 선박들의 완벽한 통제를 위해
아. 항로 주변의 부가가치를 창출하기 위해

해설 해양사고 방지 및 해사안전 증진과 선박의 원활한 교통을 위하여 항로를 지정한다.

06
해상교통안전법상 국제항해에 종사하지 않는 여객선의 출항통제권자는?

가. 시·도지사
나. 해양수산부장관
사. 해양경찰서장
아. 지방해양수산청장

해설
- 국제항해에 종사하지 않는 여객선(내항여객선)의 출항통제권자 : 해양경찰서장
- 내항여객선을 제외한 선박의 출항통제권자 : 지방해양수산청장

07
해상교통안전법상 법에서 정하는 바가 없는 경우 충돌을 피하기 위한 동작이 아닌 것은?

가. 적극적인 동작
나. 충분한 시간적 여유를 가지는 동작
사. 선박을 적절하게 운용하는 관행에 따른 동작
아. 침로나 속력을 소폭으로 연속적으로 변경하는 동작

해설 선박은 다른 선박과 충돌을 피하기 위하여 침로나 속력을 변경할 때에는 될 수 있으면 다른 선박이 그 변경을 쉽게 알아볼 수 있도록 충분히 크게 변경하여야 하며, 침로나 속력을 소폭으로 연속적으로 변경하여서는 아니 된다.

08
( )에 적합한 것은?

"해상교통안전법상 통항분리수역에서 부득이한 사유로 통항로를 횡단하여야 하는 경우에는 그 통항로와 선수방향이 ( )에 가까운 각도로 횡단하여야 한다."

가. 직각
나. 예각
사. 둔각
아. 소각

해설
- 통항로를 횡단하여야 하는 경우에는 그 통항로와 선수방향이 직각에 가까운 각도로 횡단하여야 한다.
- 통항로의 옆쪽으로 출입하는 경우에는 선박의 진행방향에 대하여 될 수 있으면 작은 각도로 출입할 것

09
( )에 순서대로 적합한 것은?

"해상교통안전법상 선박은 접근하여 오는 다른 선박의 ( )에 뚜렷한 변화가 일어나지 아니하면 ( )이 있다고 보고 필요한 조치를 하여야 한다."

가. 나침방위, 통과할 가능성
나. 나침방위, 충돌할 위험성
사. 선수 방위, 통과할 가능성
아. 선수 방위, 충돌할 위험성

해설 나침방위 변화 없이 접근하는 선박은 본선을 향하여 오는 선박이므로 충돌의 위험성이 있는 선박이다.

10
( )에 순서대로 적합한 것은?

"해상교통안전법상 밤에는 다른 선박의 ( )만을 볼 수 있고 어느 쪽의 ( )도 볼 수 없는 위치에서 그 선박을 앞지르는 선박은 앞지르기 하는 배로 보고 필요한 조치를 취하여야 한다."

가. 선수등, 현등
나. 선수등, 전주등
사. 선미등, 현등
아. 선미등, 전주등

해설 다른 선박의 양쪽 현의 정횡으로부터 22.5도를 넘는 뒤쪽[밤에는 다른 선박의 선미등만을 볼 수 있고 어느 쪽의 현등도 볼 수 없는 위치]에서 그 선박을 앞지르는 선박은 앞지르기 하는 선박으로 보고 필요한 조치를 취하여야 한다.

11
해상교통안전법상 서로 시계 안에 있는 2척의 동력선이 마주치는 상태로 충돌의 위험이 있을 때의 항법으로 옳은 것은?

가. 큰 배가 작은 배를 피한다.
나. 작은 배가 큰 배를 피한다.
사. 서로 좌현 쪽으로 변침하여 피한다.
아. 서로 우현 쪽으로 변침하여 피한다.

해설 2척의 동력선이 서로 마주치는 상태일 때는 양쪽 선박이 같이 우현 쪽으로 변침하여 피항하여야 한다.

12
해상교통안전법상 충돌의 위험이 있는 2척의 동력선이 상대의 진로를 횡단하는 경우 피항선이 피항동작을 취하고 있지 아니하다고 판단되었을 때 침로와 속력을 유지하여야 하는 선박의 조치로 옳은 것은?

가. 피항 동작
나. 침로와 속력 계속 유지
사. 증속하여 피항선 선수 방향 횡단
아. 좌현 쪽에 있는 피항선을 향하여 침로를 왼쪽으로 변경

해설
- 유지선은 피항선이 적절한 조치를 취하고 있지 아니하다고 판단하면 스스로의 조종만으로 피항선과 충돌하지 아니하도록 조치를 취할 수 있다. 이 경우 유지선은 부득이하다고 판단하는 경우 외에는 자기 선박의 좌현 쪽에 있는 선박을 향하여 침로를 왼쪽으로 변경하여서는 아니 된다.
- 유지선은 피항선과 매우 가깝게 접근하여 해당 피항선의 동작만으로는 충돌을 피할 수 없다고 판단하는 경우에는 충돌을 피하기 위하여 충분한 협력을 하여야 한다.

정답 5 가 6 사 7 아 8 가 9 나 10 사 11 아 12 가

13

( )에 순서대로 적합한 것은?

> "해상교통안전법상 모든 선박은 시계가 제한된 그 당시의 ( )에 적합한 ( )으로 항행하여야 하며, ( )은 제한된 시계 안에 있는 경우 기관을 즉시 조작할 수 있도록 준비하고 있어야 한다."

가. 시정, 최소한의 속력, 동력선
나. 시정, 안전한 속력, 모든 선박
사. 사정과 조건, 안전한 속력, 동력선
아. 사정과 조건, 최소한의 속력, 모든 선박

14

해상교통안전법상 선수와 선미의 중심선상에 설치된 붉은색과 녹색의 두 부분으로 된 등화로서 그 붉은색과 녹색 부분이 각각 현등의 붉은색 등 및 녹색 등과 같은 특성을 가진 등은?

가. 삼색등   나. 전주등
사. 선미등   아. 양색등

해설 양색등은 선수와 선미의 중심선상에 설치된 붉은색과 녹색의 두 부분으로 된 등화로서 그 붉은색과 녹색 부분이 각각 현등의 붉은색 등 및 녹색 등과 같은 특성을 가진 등으로 20미터 미만의 선박은 현등 대신 양색등을 표시할 수 있다.

15

해상교통안전법상 단음은 몇 초 정도 계속되는 고동소리인가?

가. 1초   나. 2초
사. 4초   아. 6초

해설 • 단음 : 1초
• 장음 : 4초에서 6초

16

( )에 적합한 것은?

> "선박의 입항 및 출항 등에 관한 법률상 무역항의 수상구역등에서 예인선이 다른 선박을 끌고 항행할 경우, 예인선 선수로부터 피예인선 선미까지의 길이는 원칙적으로 ( )미터를 초과할 수 없다."

가. 50   나. 100
사. 150   아. 200

해설 ▶ 예인선의 항법
1. 예인선의 선수로부터 피예인선의 선미까지의 길이는 200미터를 초과하지 아니할 것
   ▶ 다만, 다른 선박의 출입을 보조하는 경우에는 그러하지 아니하다.
2. 예인선은 한꺼번에 3척 이상의 피예인선을 끌지 아니할 것

17

선박의 입항 및 출항 등에 관한 법률상 무역항의 수상구역등에서 선박수리 허가를 받아야 하는 선박 내 위험구역이 아닌 곳은?

가. 선교   나. 축전지실
사. 코퍼댐   아. 페인트 창고

해설 ▶ 선박 내 위험구역
① 기관실 ② 연료탱크 ③ 윤활유탱크 ④ 코퍼댐(coffer dam)
⑤ 공소(空所) ⑥ 축전지실 ⑦ 페인트 창고
⑧ 가연성 액체를 보관하는 창고 ⑨ 폐위된 차량구역

18

( )에 적합한 것은?

> "선박의 입항 및 출항 등에 관한 법률상 무역항의 수상구역등이나 무역항의 수상구역 밖 ( ) 이내의 수면에 선박의 안전운항을 해칠 우려가 있는 폐기물을 버려서는 아니 된다."

가. 10킬로미터   나. 15킬로미터
사. 20킬로미터   아. 25킬로미터

해설 무역항의 수상구역등이나 무역항의 수상구역 밖 10킬로미터 이내의 수면에 선박의 안전운항을 해칠 우려가 있는 흙・돌・나무・어구 등 폐기물을 버려서는 아니 된다.

19

( )에 적합한 것은?

> "선박의 입항 및 출항 등에 관한 법률상 총톤수 ( ) 미만의 선박은 무역항의 수상구역에서 다른 선박의 진로를 피하여야 한다."

가. 20톤   나. 30톤
사. 50톤   아. 100톤

해설 우선피항선은 무역항의 수상구역에서 운항하는 선박의 진로를 피하여야 한다. 총톤수 20톤 미만의 선박은 우선피항선에 속하므로 무역항의 수상구역에서는 다른 선박의 진로를 피하여야 한다.

20

( )에 순서대로 적합한 것은?

> "선박의 입항 및 출항 등에 관한 법률상 우선피항선 외의 선박은 무역항의 수상구역등에 ( )하는 경우 또는 무역항의 수상구역등을 ( )하는 경우에는 원칙적으로 지정・고시된 항로를 따라 항행하여야 한다."

가. 입거, 우회   나. 입거, 통과
사. 출입, 통과   아. 출입, 우회

해설 우선피항선 외의 선박은 무역항의 수상구역등에 출입하는 경우 또는 무역항의 수상구역등을 통과하는 경우에는 제1항에 따라 지정・고시된 항로를 따라 항행하여야 한다. 다만, 해양사고를 피하기 위한 경우 등 해양수산부령으로 정하는 사유가 있는 경우에는 그러하지 아니하다.

정답 13 사 14 아 15 가 16 아 17 가 18 가 19 가 20 사

21
( )에 공통으로 적합한 것은?

"선박의 입항 및 출항 등에 관한 법률상 선박이 무역항의 수상구역등에서 해안으로 길게 뻗어 나온 육지 부분, 부두, 방파제 등 인공시설물의 튀어나온 부분 또는 정박 중인 선박[이하 ( )이라 한다]을 오른쪽 뱃전에 두고 항행할 때에는 ( )에 접근하여 항행하고, ( )을 왼쪽 뱃전에 두고 항행할 때에는 멀리 떨어져서 항행하여야 한다."

가. 위험물 나. 항행장애물
사. 부두등 아. 항만구역등

22
( )에 적합하지 않은 것은?

"선박의 입항 및 출항 등에 관한 법률상 관리청은 무역항의 수상구역등에 정박하는 ( )에 따른 정박구역 또는 정박지를 지정·고시할 수 있다."

가. 선박의 톤수 나. 선박의 종류
사. 선박의 국적 아. 적재물의 종류

[해설] 관리청은 무역항의 수상구역등에 정박하는 선박의 종류·톤수·흘수 또는 적재물의 종류에 따른 정박구역 또는 정박지를 지정·고시할 수 있다.

23
해양환경관리법상 배출기준을 초과하는 오염물질이 해양에 배출된 경우 누구에게 신고하여야 하는가?

가. 환경부장관
나. 해양경찰청장 또는 해양경찰서장
사. 도지사 또는 관할 시장·군수·구청장
아. 해양수산부장관 또는 지방해양수산청장

[해설] 대통령령이 정하는 배출기준을 초과하는 오염물질이 해양에 배출되거나 배출될 우려가 있다고 예상되는 경우 지체 없이 해양경찰청장 또는 해양경찰서장에게 이를 신고하여야 한다.

24
해양환경관리법상 소형선박에 비치하여야 하는 기관구역용 폐유저장용기에 관한 규정으로 옳지 않은 것은?

가. 용기는 2개 이상으로 나누어 비치할 수 있다.
나. 용기는 견고한 금속성 재질 또는 플라스틱 재질이어야 한다.
사. 총톤수 5톤 이상 10톤 미만의 선박은 30리터 저장용량의 용기를 비치하여야 한다.
아. 총톤수 10톤 이상 30톤 미만의 선박은 60리터 저장용량의 용기를 비치하여야 한다.

[해설] ▶ 폐유저장용기의 비치기준(기관구역용 폐유저장용기)

대상선박	저장용량(단위: ℓ)
1) 총톤수 5톤 이상 10톤 미만의 선박	20
2) 총톤수 10톤 이상 30톤 미만의 선박	60
3) 총톤수 30톤 이상 50톤 미만의 선박	100
4) 총톤수 50톤 이상 100톤 미만으로서 유조선이 아닌 선박	200

가) 폐유저장용기는 2개 이상으로 나누어 비치할 수 있다.
나) 폐유저장용기는 견고한 금속성 재질 또는 플라스틱 재질로서 폐유가 새지 아니하도록 제작되어야 하고, 해당 용기의 표면에는 선명 및 선박번호를 기재하고 그 내용물이 폐유임을 표시하여야 한다.
다) 폐유저장용기 대신에 소형선박용 기름여과장치를 설치할 수 있다.

25
해양환경관리법상 기름오염방제와 관련된 설비와 자재가 아닌 것은?

가. 유겔화제 나. 유처리제
사. 오일펜스 아. 유수분리기

[해설] ▶ 해양오염방제 자재·약제
1. 오일펜스 2. 유처리제 3. 유흡착재 4. 유겔화제 5. 생물정화제제

제4과목   기 관

01
디젤기관의 연료분사조건 중 분사되는 연료유가 극히 미세화되는 것을 무엇이라 하는가?

가. 무화 나. 관통
사. 분산 아. 분포

[해설] ▶ 연료 분사 조건
• 무화(atomization) : 연료유의 입자가 안개처럼 극히 미세화되는 것
• 관통(penetration) : 분사된 연료유가 압축된 공기 중을 뚫고 나가는 상태
• 분산(dispersion) : 노즐에서 연료유가 분사되어 원뿔형으로 퍼지는 상태
• 분포(distribution) : 분사된 연료유가 공기와 균등하게 혼합된 상태. 무화, 관통, 분산은 분포를 좋게 하기 위함이다.

02
4행정 사이클 디젤기관의 흡·배기 밸브에서 밸브겹침을 두는 주된 이유는?

가. 윤활유의 소비량을 줄이기 위해
나. 흡기온도와 배기온도를 낮추기 위해
사. 진동을 줄이고 원활하게 회전시키기 위해
아. 흡기작용과 배기작용을 돕고 밸브와 연소실을 냉각시키기 위해

[해설] 상사점 부근에서 크랭크 각도 40° 동안 흡기 밸브와 배기 밸브가 동시에 열려 있는데, 이 기간을 밸브 겹침(valve overlap)이라 하며, 실린더 내의 소기 작용과 밸브와 연소실의 냉각을 돕기 위해서이다.

03
디젤기관에서 실린더 내의 연소압력이 피스톤에 작용하는 동력은?

가. 전달마력 나. 유효마력
사. 제동마력 아. 지시마력

[해설] 지시마력(=도시 마력)은 기관의 실린더 내부에서 실제로 발생한 마력으로 가장 큰 값으로 표시된다.
• 지시마력(IHP, Indicated Horse Power) : 실린더 내의 연소 압력이 피스톤에 실제로 작용하는 동력

04
선박용 디젤기관의 요구 조건이 아닌 것은?

가. 효율이 좋을 것
나. 고장이 적을 것
사. 시동이 용이할 것
아. 운전회전수가 가능한 한 높을 것

[해설] 운전회전수는 위험회전수에 달하지 않는 적정의 회전수가 되어야 한다.

정답 21 사 22 사 23 나 24 사 25 아 / 1 가 2 아 3 아
4 아

05

4행정 사이클 디젤기관에서 실린더 내의 압력이 가장 높은 행정은?

가. 흡입행정　　　　　　　　나. 압축행정
사. 작동행정　　　　　　　　아. 배기행정

해설 디젤기관에서 실린더 내의 압력이 가장 높은 행정은 작동행정이다.
- 작동 행정(working stroke) : 압축 행정의 끝, 피스톤이 상사점에 도달하기 바로 전에 연료 분사 밸브로부터 연료유가 실린더 내에 분사되고, 분사된 연료유는 고온의 압축 공기에 의해 발화되어 연소한다. 이때 발생한 연소 가스의 높은 압력이 피스톤을 하사점까지 움직이게 하고, 커넥팅 로드를 통해 크랭크축을 회전시켜 동력을 발생하는 행정이다.

06

디젤기관의 메인 베어링에 대한 설명으로 옳지 않은 것은?

가. 볼베어링이 많이 사용된다.
나. 윤활유가 공급되어 윤활시킨다.
사. 베어링 틈새가 너무 크면 윤활유가 누설이 많아진다.
아. 베어링 틈새가 너무 작으면 냉각이 불량해져서 열이 발생한다.

해설 주로 평면베어링을 사용한다.
- 메인 베어링은 기관 베드 위에 있으면서, 크랭크 저널에 설치되어 크랭크축을 지지하고, 축의 회전 중심을 잡아 준다.
- 베어링 캡 상부의 주유구를 통하여 강압 주유된 윤활유는 메인 베어링을 윤활하고, 크랭크축의 기름 통로를 거쳐 크랭크핀 베어링까지 윤활한다.

07

디젤기관에서 실린더 라이너와 실린더 헤드 사이의 개스킷 재료로 많이 사용되는 것은?

가. 구리　　　　　　　　　　나. 아연
사. 고무　　　　　　　　　　아. 석면

해설 실린더 헤드 개스킷(gasket) : 실린더 내 유체의 누설이나 외부로부터의 이물질 침입을 방지하기 위해서 실린더의 이음매나 파이프의 접합부 등을 메우는 데 사용하는 얇은 판 모양의 패킹으로 주로 구리를 사용

08

디젤기관에서 피스톤링을 피스톤에 조립할 경우의 주의사항으로 옳지 않은 것은?

가. 링의 상하면 방향이 바뀌지 않도록 조립한다.
나. 가장 아래에 있는 링부터 차례로 조립한다.
사. 링이 링 홈 안에서 잘 움직이는지를 확인한다.
아. 링의 절구 틈이 모두 같은 방향이 되도록 조립한다.

해설 피스톤링의 절구 틈이 180°로 서로 어긋나게 조립한다.

09

디젤기관에서 플라이휠을 설치하는 주된 목적은?

가. 소음을 방지하기 위해
나. 과속도를 방지하기 위해
사. 회전을 균일하게 하기 위해
아. 고속회전을 가능하게 하기 위해

해설 ▶ 플라이휠의 역할
- 크랭크축의 회전력을 균일하게 한다.
- 저속 회전을 가능하게 한다.
- 기관의 시동을 쉽게 한다.
- 밸브의 조정(valve timing)이 편리하다.

10

디젤기관에서 연료분사량을 조절하는 연료래크와 연결되는 것은?

가. 연료분사밸브　　　　　　나. 연료분사펌프
사. 연료이송펌프　　　　　　아. 연료가열기

해설 연료래크는 연료분사펌프와 연결되어 있다.

11

디젤기관에서 과급기를 작동시키는 것은?

가. 흡입공기의 압력
나. 배기가스의 압력
사. 연료유의 분사 압력
아. 윤활유 펌프의 출구 압력

해설 배기가스의 압력으로 과급기가 작동한다.

12

디젤기관에서 각부 마멸량을 측정하는 부위와 공구가 옳게 짝지어진 것은?

가. 피스톤링 두께 – 내측 마이크로미터
나. 크랭크암 디플렉션 – 버니어 캘리퍼스
사. 흡기 및 배기밸브 틈새 – 필러 게이지
아. 실린더 라이너 내경 – 외측 마이크로미터

해설 가. 피스톤링 두께 – 외경 마이크로미터
나. 크랭크암 디플렉션 – 다이얼식 마이크로미터
아. 실린더 라이너 내경 – 내경 마이크로미터

13

"프로펠러가 전진으로 회전하는 경우 물을 미는 압력이 생기는 면을 (　　)이라 하고 후진할 때에 물을 미는 압력이 생기는 면을 (　　)이라 한다."에서 (　　)에 각각 순서대로 알맞은 것은?

가. 앞면, 뒷면　　　　　　　나. 뒷면, 앞면
사. 흡입면, 압력면　　　　　아. 뒷날면, 앞날면

14

프로펠러의 피치가 1[m]이고 매초 2회전하는 선박이 1시간 동안 프로펠러에 의해 나아가는 거리는 몇 [km]인가?

가. 0.36[km]　　　　　　　나. 0.72[km]
사. 3.6[km]　　　　　　　　아. 7.2[km]

해설 1시간 전진거리 = 피치 × 1초 동안 회전수 × 3,600초
= 1 × 2 × 3,600 = 7,200m = 7.2km

정답 5 사　6 가　7 가　8 아　9 사　10 나　11 나　12 사　13 가
14 아

15
양묘기의 구성 요소가 아닌 것은?
가. 구동 전동기
나. 회전드럼
사. 제동장치
아. 데릭 포스트

해설 데릭 포스트는 하역장치인 데릭의 구성품이다.

16
기관실 바닥의 선저폐수를 배출하는 펌프는?
가. 청수펌프
나. 빌지펌프
사. 해수펌프
아. 유압펌프

해설 선박 안에 괸 오수를 밖으로 배출하는 빌지펌프로는 왕복펌프가 사용되며, 냉각수 펌프로는 원심펌프, 윤활유 펌프로는 기어펌프가 많이 사용된다.

17
운전중인 해수펌프에 대한 설명으로 옳은 것은?
가. 출구밸브를 조금 잠그면 송출압력이 올라간다.
나. 출구밸브를 조금 잠그면 송출압력이 내려간다.
사. 입구밸브를 조금 잠그면 송출량이 많아진다.
아. 입구밸브를 조금 잠그면 송출 유속이 커진다.

해설 해수펌프는 출구밸브를 조금 잠그면 송출압력이 올라가게 된다.

18
5[kW] 이하의 소형 유도전동기에 많이 이용되는 기동법은?
가. 직접 기동법
나. 간접 기동법
사. 기동 보상기법
아. 리액터 기동법

해설
- 직접 기동법 : 5[kW] 이하의 소형 유도전동기에 적용
- 기동 보상기법 : 용량이 15[kW] 이상이거나 높은 전압을 가하는 경우 또는 작은 부하를 걸고 기동하는 유도전동기에 이용
- 리액터 기동법 : 펌프나 송풍기와 같이 부하 토크가 기동할 때는 작고 가속함에 따라 증가하는 곳에 적합
- 권선형 유도 전동기의 기동법 : 대형 유도전동기에 적합

19
변압기의 역할은?
가. 전압의 변환
나. 전력의 변환
사. 압력의 변환
아. 저항의 변환

해설 변압기는 전자유도작용을 이용하여 교류 전압과 전류의 크기를 변환시키는 전기기기이다.

20
2[V] 단전지 6개를 연결하여 12[V]가 되게 하려면 어떻게 연결해야 하는가?
가. 2[V] 단전지 6개를 병렬 연결한다.
나. 2[V] 단전지 6개를 직렬 연결한다.
사. 2[V] 단전지 3개를 병렬 연결하여 나머지 3개와 직렬 연결한다.
아. 2[V] 단전지 2개를 병렬 연결하여 나머지 4개와 직렬 연결한다.

해설
- 전압이 같은 단전지를 직렬 연결하면 합성 전압은 단전지의 합과 같고, 병렬 연결하면 합성 전압은 단전지 1개의 전압과 같다.
- 2[V] 단전지 6개를 직렬로 연결하면 2×6=12[V]가 된다.

21
디젤기관의 시동 전동기에 대한 설명으로 옳은 것은?
가. 시동 전동기에 교류 전기를 공급한다.
나. 시동 전동기에 직류 전기를 공급한다.
사. 시동 전동기는 유도전동기이다.
아. 시동 전동기는 교류전동기이다.

해설 시동 전동기에는 직류 전기를 공급하여야 한다.

22
1마력(PS)은 1초 동안에 얼마의 일을 하는가?
가. 25[kgf·m]
나. 50[kgf·m]
사. 75[kgf·m]
아. 102[kgf·m]

해설
- 1KW=1,000W≒102kgf·m/s≒1.36ps
- 1ps(마력, 미터마력)=75kgf·m/s≒0.735KW

23
운전중인 디젤기관의 진동 원인이 아닌 것은?
가. 위험회전수로 운전되고 있을 때
나. 윤활유가 실린더 내에서 연소되고 있을 때
사. 각 실린더의 최고압력이 심하게 차이가 날 때
아. 여러 개의 기관베드 설치 볼트가 절손되었을 때

해설 윤활유가 실린더 내에서 연소하고 있을 때는 정상적인 상태이다.
▶ 기관의 진동이 평소보다 심해지는 경우
- 위험회전수에서 운전
- 각 실린더의 최고 압력이 균일하지 못함
- 기관베드 설치 볼트의 이완 또는 절손
- 각 베어링의 틈새 과대

24
연료유의 점도에 대한 설명으로 옳은 것은?
가. 무거운 정도를 나타낸다.
나. 끈적임의 정도를 나타낸다.
사. 수분이 포함된 정도를 나타낸다.
아. 발열량이 큰 정도를 나타낸다.

해설
- 점도는 액체가 유동할 때 분자 간의 마찰에 의하여 유동을 방해하려는 작용이 일어나는 성질로 온도가 낮아질수록 점도는 높아진다.
- 일반적으로 연료유의 온도가 상승하면 점도는 낮아지고, 온도가 낮아지면 점도는 높아진다. 점도는 연료의 유동성과 밀접한 관계가 있고, 연료의 분사상태에 가장 큰 영향을 미친다.

정답 15 아 | 16 나 | 17 가 | 18 가 | 19 가 | 20 나 | 21 나 | 22 사 | 23 나 | 24 나

25

연료유의 저장 시 연료유 성질 중 무엇이 낮으면 화재위험이 높은가?

가. 인화점
나. 임계점
사. 유동점
아. 응고점

해설 인화점이 낮을수록 화재의 위험이 높아진다.

• **인화점** : 연료를 서서히 가열할 때 나오는 유증기에 불을 가까이 하면 불이 붙게 된다. 이와 같이 불을 가까이 했을 때, 불이 붙을 수 있도록 유증기를 발생시키는 최저온도

• **발화점** : 연료의 온도를 인화점보다 높게 하면 외부에서 불을 붙여주지 않아도 자연 발화하는데, 이와 같이 자연 발화하는 연료의 최저온도

정답 25 가

제4회 2023 해기사시험 소형선박조종사

제1과목 항해

01
자기 컴퍼스에서 SW의 나침 방위는?
가. 090도
나. 135도
사. 180도
아. 225도

[해설] SW(남서)는 360도 식으로 225도이다.
▶ 방위표시법

방위		도수
N	북	000°
NE	북동	045°
E	동	090°
SE	남동	135°
S	남	180°
SW	남서	225°
W	서	270°
NW	북서	315°

02
( )에 적합한 것은?

"자이로컴퍼스에서 지지부는 선체의 요동, 충격 등의 영향이 추종부에 거의 전달되지 않도록 ( ) 구조로 추종부를 지지하게 되며, 그 자체는 비너클에 지지되어 있다."

가. 짐벌
나. 인버터
사. 로터
아. 토커

[해설] • 짐벌링(Gimbal Ring) = 짐벌즈(gimbals)
선박의 동요로 비너클이 기울어져도 볼을 항상 수평하게 유지하기 위한 장치이다.

03
어느 선박과 다른 선박 상호간에 선박의 명세, 위치, 침로, 속력 등의 선박 관련 정보와 항해 안전 정보들을 VHF 주파수로 송신 및 수신하는 시스템은?
가. 지피에스(GPS)
나. 선박자동식별장치(AIS)
사. 전자해도표시장치(ECDIS)
아. 지피에스 플로터(GPS plotter)

[해설] 선박자동식별장치(AIS:Automatic Identification System) : 선박의 위치, 침로, 속력 등 항해정보를 실시간으로 제공하는 첨단장치로 선박의 충돌을 방지하기 위하여 자선의 침로, 속력, 위치 등의 정보를 타선에 제공하고 타선의 기본 항해정보를 실시간 검색할 수 있다.

04
프리즘을 사용하여 목표물과 카드 눈금을 광학적으로 중첩시켜 방위를 읽을 수 있는 방위 측정 기구는?
가. 쌍안경
나. 방위경
사. 섀도 핀
아. 컴퍼지션 링

[해설] 방위경 : 컴퍼스의 볼 위에 얹어서 천체나 지상물표의 방위를 측정하는 계기로 프리즘을 이용하여 고도가 높은 물표를 측정하는 데 사용하는 방위측정기구이다.

05
자기 컴퍼스의 용도가 아닌 것은?
가. 선박의 침로 유지에 사용
나. 물표의 방위 측정에 사용
사. 다른 선박의 속력 측정에 사용
아. 다른 선박의 상대방위 변화 확인에 사용

[해설] 선박의 속력을 측정하는 계기는 선속계이다.

06
다음 중 지피에스(GPS)를 이용하여 얻을 수 있는 정보는?
가. 자기 선박의 위치
나. 자기 선박의 국적
사. 다른 선박의 존재 여부
아. 다른 선박과 충돌 위험성

[해설] 지피에스(GPS) : 위성을 이용하여 선박의 위치를 정확히 측정할 수 있는 계기

07
용어에 관한 설명으로 옳은 것은?
가. 전위선은 추측위치와 추정위치의 교점이다.
나. 중시선은 교각이 90도인 두 물표를 연결한 선이다.
사. 추측위치란 선박의 침로, 속력 및 풍압차를 고려하여 예상한 위치이다.
아. 위치선은 관측을 실시한 시점에 선박이 그 선위에 있다고 생각되는 특정한 선을 말한다.

[해설] 가. 전위선은 제1위치선을 침로방향으로 그 동안의 항정만큼 평행이동시킨 선으로 격시관측위치를 구할 때 이용된다.
나. 중시선은 2물표가 일직선이 될 때의 선을 말한다.
사. 추측위치는 실측위치에서 침로와 항정(선속)을 이용하여 구한 선위이다.

정답 1 아 2 가 3 나 4 나 5 사 6 가 7 아

08

45해리 떨어진 두 지점 사이를 대지속력 10노트로 항해할 때 걸리는 시간은? (단, 외력은 없음)

가. 3시간
나. 3시간 30분
사. 4시간
아. 4시간 30분

해설 45해리 ÷ 10 = 4.5시간 = 4시간 30분

09

선박 주위에 있는 높은 건물로 인해 레이더 화면에 나타나는 거짓상은?

가. 맹목구간에 의한 거짓상
나. 간접 반사에 의한 거짓상
사. 다중 반사에 의한 거짓상
아. 거울면 반사에 의한 거짓상

해설 높은 건물은 반사면이 반듯하여 거울면 반사에 의한 거짓상이 생길 수 있다.

10

작동 중인 레이더 화면에서 'A' 점은?

가. 섬
나. 자기 선박
사. 육지
아. 다른 선박

해설 레이더의 중심은 본선의 위치이다.

11

해저의 기복 상태를 알기 위해 같은 수심인 장소를 연결하는 가는 실선으로 나타낸 것은?

가. 등심선
나. 경계선
사. 위험선
아. 해안선

해설 등심선은 같은 수심을 연결한 선을 말한다.

12

다음 중 항행통보가 제공하지 않는 정보는?

가. 수심의 변화
나. 조시 및 조고
사. 위험물의 위치
아. 항로표지의 신설 및 폐지

해설 조시 및 조고는 조석표에 기재되어 있다.

13

다음 중 등색이나 광력이 바뀌지 않고 일정하게 빛을 내는 야간(광파)표지는?

가. 명암등
나. 호광등
사. 부동등
아. 섬광등

해설
• 부동등 : 등색이나 광력이 바뀌지 않고 일정하게 계속 빛을 내는 등
• 섬광등 : 빛을 비추는 시간(명간)이 꺼져 있는 시간(암간)보다 짧은 등
• 호광등 : 색깔이 다른 종류의 빛을 교대로 내는 등
• 명암등 : 빛을 비추는 시간(명간)이 꺼져 있는 시간(암간)보다 길거나 같은 등

14

풍랑이나 조류 때문에 등부표를 설치하거나 관리하기가 어려운 모래 기둥이나 암초 등이 있는 위험한 지점으로부터 가까운 곳에 등대가 있는 경우, 그 등대에 강력한 투광기를 설치하여 그 구역을 비추어 위험을 표시하는 것은?

가. 도등
나. 조사등
사. 지향등
아. 분호등

해설
• 조사등 : 풍랑이나 조류 때문에 등부표를 설치하거나 관리하기 어려운 모래기둥이나 암초 등이 있는 위험한 지점으로부터 가까운 곳에 등대가 있는 경우 그 등대에서 강력한 투광기를 설치하여 그 위험구역을 유색등(주로 홍색등)으로 비추어 위험을 표시하는 등화를 말한다.
• 도등 : 항해자가 동일한 각도에 있는 등화를 보고 항로를 유지하여 항해할 수 있도록 동일 수직선상에 두 개 또는 그 이상의 등화를 설치한 시설로서 이용구간 내에서 선박을 정확히 유도하며 신뢰할 수 있고, 간단히 이용할 수 있는 항로표지 시설 중시선에 의하여 선박을 인도한다.
• 지향등 : 선박의 통항이 곤란한 좁은 수로, 항구, 만 입구 등에서 선박에 안전한 항로를 알려주기 위하여 항로 연장선상의 육지에 설치한 분호등으로 녹색, 적색, 백색의 3가지 등질이 있으며 백색광이 안전구역이다.
• 분호등 : 등광이 해면을 비추어 주는 부분(명호) 안에서 어느 부분만 비추어주는 등으로 지향등, 조사등(부등) 등이 분호등에 속한다.

15

레이더 트랜스폰더에 관한 설명으로 옳은 것은?

가. 음성신호를 방송하여 방위측정이 가능하다.
나. 송신 내용에 부호화된 식별신호 및 데이터가 들어있다.
사. 선박의 레이더 영상에 송신국의 방향이 숫자로 표시된다.
아. 좁은 수로 또는 항만에서 선박을 유도할 목적으로 사용한다.

해설 가. 토킹 비컨(Talking beacon)에 대한 설명이다.
사. 레이마크(Ramark)에 대한 설명이다.
아. 유도 비컨(Course beacon)에 대한 설명이다.

16

점장도의 특징으로 옳지 않은 것은?

가. 항정선이 직선으로 표시된다.
나. 자오선은 남북 방향의 평행선이다.
사. 거등권은 동서 방향의 평행선이다.
아. 적도에서 남북으로 멀어질수록 면적이 축소되는 단점이 있다.

해설 항정선이 직선이 되기 위해서는 자오선이 평행해야 되므로 점장도는 적도에서 남북으로 멀어질수록 면적이 확대되는 단점이 있어 위도 70도 이상의 고위도에서 사용하기 불편하다.

정답 **8** 아 **9** 아 **10** 나 **11** 가 **12** 나 **13** 사 **14** 나 **15** 나 **16** 아

17
해도를 제작하는 데 이용되는 도법이 아닌 것은?

가. 평면도법
나. 점장도법
사. 반원도법
아. 대권도법

> 해설) 해도에 사용되는 도법으로는 주로 평면도법, 점장도법, 대권도법을 이용한다.

18
종이해도를 사용할 때 주의사항으로 옳은 것은?

가. 여백에 낙서를 해도 무방하다.
나. 연필 끝은 둥글게 깎아서 사용한다.
사. 반드시 해도의 소개정을 할 필요는 없다.
아. 가장 최근에 발행된 해도를 사용해야 한다.

> 해설) 해도에는 필요한 선만을 긋도록 하며, 연필은 2B나 4B를 사용하되 끝은 도끼날 같이 납작하게 깎아야 하고, 반드시 소개정을 하여야 한다.

19
해도상에 표시된 등부표의 등질 'Al.RG.10s20M'에 관한 설명으로 옳지 않은 것은?

가. 분호등이다.
나. 주기는 10초이다.
사. 광달거리는 20해리이다.
아. 적색과 녹색을 교대로 표시한다.

> 해설) 등색이 바뀌고 적색과 녹색이 교대로 켜지는 호광등이다.

20
표지가 설치된 모든 주위가 가항수역임을 알려주는 항로표지로서 주로 수로의 중앙에 설치되는 항로표지는?

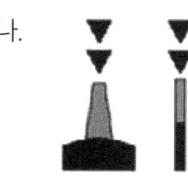
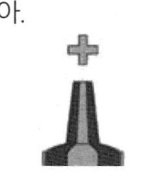

> 해설) 가. 북방위표지 : 북쪽에 가항수역이 있다.
> 나. 남방위표지 : 남쪽에 가항수역이 있다.
> 사. 안전수역표지 : 수로중앙에 가항수역이 있다.
> 아. 침선표지 : 침선 위에 표시한다.

21
저기압의 특징에 관한 설명으로 옳지 않은 것은?

가. 저기압 내에서는 날씨가 맑다.
나. 주위로부터 바람이 불어 들어온다.
사. 중심 부근에서는 상승기류가 있다.
아. 중심으로 갈수록 기압경도가 커서 바람이 강해진다.

> 해설) 저기압 권역에서는 날씨가 나빠진다.

22
중심이 주위보다 따뜻하고, 여름철 대륙 내에서 발생하는 저기압으로, 상층으로 갈수록 저기압성 순환이 줄어들면서 어느 고도 이상에서 사라지는 키가 작은 저기압은?

가. 전선 저기압
나. 한랭 저기압
사. 온난 저기압
아. 비전선 저기압

> 해설) 온난저기압은 중심부가 주변부보다 기온이 높은 열대 저기압으로 키가 작은 저기압에 속한다.

23
피험선에 관한 설명으로 옳은 것은?

가. 위험 구역을 표시하는 등심선이다.
나. 선박이 존재한다고 생각하는 특정한 선이다.
사. 항의 입구 등에서 자기 선박의 위치를 구할 때 사용한다.
아. 항해 중에 위험물에 접근하는 것을 쉽게 탐지할 수 있다.

> 해설) 피험선은 협수로 통과시나 입·출항시에 위험을 피하기 위한 준비된 위험예방선으로 피험선을 벗어났을 때는 위험물에 접근하고 있다는 것을 쉽게 알 수 있다.

24
한랭전선과 온난전선이 서로 겹쳐져 나타나는 전선은?

가. 한랭전선
나. 온난전선
사. 폐색전선
아. 정체전선

> 해설)
> • 한랭전선 : 찬 공기의 이동속도가 따뜻한 공기의 이동속도보다 빨라서 찬 공기가 밑으로 파고 들어가서 따뜻한 공기를 상승시켜서 만든 전선
> • 온난전선 : 따뜻한 공기의 이동속도가 찬 공기의 이동속도보다 빨라서 따뜻한 공기가 찬 공기 위를 타고 오를 때 나타나는 전선
> • 폐색전선 : 한랭전선의 진행 속도가 온난전선보다 빨라서 두 전선이 겹치게 될 때 나타나는 전선
> • 정체전선 : 두 기단의 세력이 비슷하여 거의 이동하지 않고 정체한 경우 발생하는 전선

25
입항항로를 선정할 때 고려사항이 아닌 것은?

가. 항만관계 법규
나. 항만의 상황 및 지형
사. 묘박지의 수심, 저질
아. 선원의 교육훈련 상태

> 해설) 선원의 교육훈련 상태와 입항항로 선정과는 관계가 없다.

정답 17 사 18 아 19 가 20 사 21 가 22 사 23 아 24 사 25 아

소형선박조종사   2023 제4회

해설 선박설비기준에서 주 조타장치는 계획만재흘수에서 최대항행속력으로 전진하는 경우 타를 한쪽 35도로부터 반대쪽 35도까지 조작할 수 있는 것으로서 한쪽 35도에서 반대쪽 30도까지 28초 이내에 조작할 수 있는 것일 것이라고 되어 있다.

제2과목   운 용

01
대형 선박의 건조에 많이 사용되는 선체의 재료는?

가. 목재   나. 플라스틱
사. 강재   아. 알루미늄

해설 대형 선박은 거의 대부분 강재를 선체 재료로 사용한다.

02
갑판 개구 중에서 화물창에 화물을 적재 또는 양화하기 위한 개구는?

가. 탈출구   나. 해치(Hatch)
사. 승강구   아. 맨홀(Manhole)

해설 • 해치(Hatch) : 창에 화물을 적재하거나 양하하기 위한 갑판구
       • 맨홀(Manhole) : 탱크에 사람이 수리나 검사를 하기 위한 개구

03
트림의 종류가 아닌 것은?

가. 등흘수   나. 중앙트림   사. 선수트림   아. 선미트림

해설 트림의 종류에는 선수트림, 선미트림, 등흘수 등 3종류가 있다.
    ▶ 트림(Trim) : 선수 흘수와 선미 흘수의 차로 선박 길이 방향의 경사를 나타낸다.
    • 선수 트림(Trim By Head) : 선수 흘수가 선미 흘수보다 큰 상태로 선수에 파랑이 많이 덮쳐 오고, 선미 안정성이 없어 타효가 불량하여 선속이 감소
    • 선미 트림(Trim By The Stern) : 선미 흘수가 선수 흘수보다 큰 경우로 선수에 파랑의 침입을 줄이는 효과가 있으며, 타효가 좋고 선속이 증가되므로, 선박 운항시에는 약간의 선미 트림이 좋다.
    • 등흘수(Even Keel) : 선미 흘수와 선수 흘수가 같은 상태로 수심이 얕은 수역을 항해할 때나 입거할 때 유리하다.

04
강선구조기준, 선박만재흘수선규정, 선박구획기준 및 선체 운동의 계산 등에 사용되는 길이는?

가. 전장   나. 등록장   사. 수선장   아. 수선간장

해설 • 전장(Length Over All ; Loa)
      선수 최전단부터 선미 최후단까지의 수평거리로 부두 접안, 입거 등과 같이 선박 조종에 필요한 선박의 길이
      • 등록장(Registered Length)
      상갑판 보(beam)상 선수재 전면에서 선미재 후면까지를 잰 수평거리로 선박의 원부 및 선박국적증서에 기재되는 길이
      • 수선장(Length On Load Water Line)
      만재 흘수선상에서 물에 잠긴 선체의 길이로 배의 저항, 추진력 계산에 사용
      • 수선간장(Length Between Perpendiculars ; Lbp)
      계획 만재 흘수선상의 선수재 전면에서 러더포스트의 후면까지 수평거리로 전부수선(FP)에서 후부수선(AP)까지의 수평거리로 강선구조기준, 만재흘수선 기준 등 각종 설비기준에 사용되는 길이

05
(   )에 적합한 것은?

> "타(키)는 최대흘수 상태에서 전속 전진 시 한쪽 현타각 35도에서 다른 쪽 현타각 30도까지 돌아가는 데 (   )의 시간이 걸려야 한다."

가. 28초 이내   나. 30초 이내
사. 32초 이내   아. 35초 이내

06
조타장치에 관한 설명으로 옳지 않은 것은?

가. 자동 조타장치에서도 수동조타를 할 수 있다.
나. 동력 조타장치는 작은 힘으로 타의 회전이 가능하다.
사. 인력 조타장치는 소형선이나 범선 등에서 사용되어 왔다.
아. 동력 조타장치는 조타실의 조타륜이 타와 기계적으로 직접 연결되어 비상조타를 할 수 없다.

해설 동력 조타장치의 고장 시에는 선미 타기실에서 직접 타를 돌려 비상조타를 할 수 있다.

07
스톡 앵커의 각부 명칭을 나타낸 아래 그림에서 ㉠은?

가. 생크   나. 크라운
사. 앵커링   아. 플루크

해설

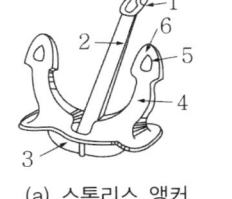
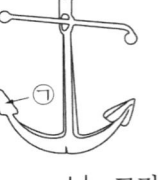

(a) 스톡리스 앵커   (b) 스톡 앵커
[앵커의 구조 명칭]
1.앵커링 2.생크 3.크라운 4.암 5.플루크 6.빌

08
체온을 유지할 수 있도록 열전도율이 낮은 방수 물질로 만들어진 포대기 또는 옷을 의미하는 구명설비는?

가. 방수복   나. 구명조끼
사. 보온복   아. 구명부환

해설 • 보온복 : 열전도율이 낮은 방수 물질로 만들어진 포대기 또는 옷으로 방수복을 착용하지 않은 사람이 입는 장비
       • 방수복(Immersion Suit) : 낮은 수온의 물속에서 체온을 보호하기 위한 장비

09
해상에서 사용되는 신호 중 시각에 의한 통신이 아닌 것은?

가. 수기신호   나. 기류신호
사. 기적신호   아. 발광신호

해설 기적신호는 청각에 의한 음향신호이다.

정답 1 사   2 나   3 나   4 아   5 가   6 아   7 아   8 사   9 사

10
선박이 침몰하여 수면 아래 4미터 정도에 이르면 수압에 의하여 선박에서 자동 이탈되어 조난자가 탈 수 있도록 압축가스에 의해 펼쳐지는 구명설비는?

가. 구명정 나. 구명뗏목
사. 구조정 아. 구명부기

해설 구명뗏목은 나일론 등과 같은 합성 섬유로 된 포지를 고무로 가공해서 뗏목 모양으로 제작한 것으로 내부에서 탄산가스나 질소가스를 주입시켜 긴급시에 팽창시켜서 뗏목 모양으로 펼쳐지는 구명설비이다.

11
다음 IMO 심벌과 같이 표시되는 장치는?

가. 신호 홍염 나. 구명줄 발사기
사. 줄사다리 아. 자기 발연 신호

해설 구명줄 발사기는 로켓 또는 탄환이 구명줄을 끌고 날아가게 하는 장치로 선박이 조난을 당한 경우 조난선과 구조선 또는 조난선과 육상 간에 연결용 줄을 보내는데 사용된다.

[구명줄 발사기]

12
선박 조난 시 구조를 기다릴 때 사람이 올라타지 않고 손으로 밧줄을 붙잡을 수 있도록 만든 구명설비는?

가. 구명정 나. 구명조끼
사. 구명부기 아. 구명뗏목

해설 구명부기는 선박 조난시 구조를 기다릴 때 사용하는 인명구조장비로 사람이 타지 않고 밧줄을 붙잡고 있도록 하는 구명설비이다.

13
선박이 침몰할 경우 자동으로 조난신호를 발신할 수 있는 무선설비는?

가. 레이더(Radar)
나. 초단파(VHF) 무선설비
사. 나브텍스(NAVTEX) 수신기
아. 비상위치지시 무선표지(EPIRB)

해설 ▶ 비상위치지시 무선표지(Emergency Position Indicating Radio Beacon : EPIRB)
위성을 이용하여 선박이나 항공기가 조난 상태에서 생존자의 위치를 알리는 무선설비로 수색과 구조 작업시 생존자의 위치 결정을 용이하게 하도록 한다.

14
점화시켜 물에 던지면 해면 위에서 연기를 내는 조난신호장비로서 방수 용기로 포장되어 잔잔한 해면에서 3분 이상 잘 보이는 색깔의 연기를 내는 것은?

가. 신호 홍염 나. 자기 점화등
사. 신호 거울 아. 발연부 신호

해설 • 발연부 신호(buoyant smoke signal)
주간용 신호로 불을 붙여 물에 던지면 해면 위에서 연기를 낸다. 방수용기로 포장되어야 하며, 잔잔한 해면에서 3분 이상 잘 보이는 색깔의 연기를 분출해야 하며 100mm 깊이의 수중에서 10초 이상 잠긴 후에도 계속 연기를 분출할 것

15
다음 중 선박 조종에 미치는 영향이 가장 작은 요소는?

가. 바람 나. 파도
사. 조류 아. 기온

해설 기온은 선박 조종에 거의 영향을 미치지 않는다.

16
근접하여 운항하는 두 선박의 상호 간섭작용에 관한 설명으로 옳지 않은 것은?

가. 선속을 감속하면 영향이 줄어든다.
나. 두 선박 사이의 거리가 멀어지면 영향이 줄어든다.
사. 소형선은 선체가 작아 영향을 거의 받지 않는다.
아. 마주칠 때보다 추월할 때 상호 간섭작용이 오래 지속되어 위험하다.

해설 대형선과 소형선 상호 간에는 소형선이 영향이 크다.

17
( )에 순서대로 적합한 것은?

"수심이 얕은 수역에서는 타의 효과가 나빠지고, 선체저항이 ( )하여 선회권이 ( )."

가. 감소, 작아진다 나. 감소, 커진다
사. 증가, 작아진다 아. 증가, 커진다

해설 얕은 수심에서는 선체가 침하가 되어 저항이 증가하고, 타효가 나빠져 선회권은 커진다.

18
복원력이 작은 선박을 조선할 때 적절한 조선 방법은?

가. 순차적으로 타각을 증가시킴
나. 전타 중 갑자기 타각을 감소시킴
사. 높은 속력으로 항행 중 대각도 전타
아. 전타 중 반대 현측으로 대각도 전타

해설 복원력이 작은 선박은 선회를 할 때 원심력에 의한 외방경사가 커지는 것을 방지하기 위하여 조타 명령을 순차적으로 작은 각도로 나누어 선회를 하여야 한다.

정답 10 나 11 나 12 사 13 아 14 아 15 아 16 사 17 아
18 가

소형선박조종사　　　　　　　　　　　　　　　　　　　　　　2023 제4회

19

익수자 구조를 위한 표준 윌리암슨 턴은 초기 침로에서 몇 도 선회하였을 때 반대방향으로 전타하여야 하는가?

가. 35도　　　　　　　　　　　나. 60도
사. 90도　　　　　　　　　　　아. 115도

해설　▶ 윌리암슨즈 턴(Williamson's turn)
- 야간에 물에 빠진 시간을 모를 때의 구조법
- 익수자가 빠진 쪽으로 전타하여 원침로에서 60° 정도 벗어난 후에 반대방향으로 전타한다.
- 선수가 침로 반대방향 20° 전이 되면 Midship하여 선박을 침로 반대방향으로 회전시킨다.

20

좁은 수로를 항해할 때 유의사항으로 옳은 것은?

가. 침로를 변경할 때는 대각도로 한 번에 변경하는 것이 좋다.
나. 선·수미선과 조류의 유선이 직각을 이루도록 조종하는 것이 좋다.
사. 언제든지 닻을 사용할 수 있도록 준비된 상태에서 항행하는 것이 좋다.
아. 조류는 순조 때에는 정침이 잘 되지만, 역조 때에는 정침이 어려우므로 조종 시 유의하여야 한다.

해설　좁은 수로에서는 대각도 변침을 피하며, 선·수미선과 조류의 유선이 일치하도록 조종하며, 역조시가 조종이 잘된다.

21

물에 빠진 사람을 구조하는 조선법이 아닌 것은?

가. 표준 턴　　　　　　　　　　나. 샤르노브 턴
사. 싱글 턴　　　　　　　　　　아. 윌리암슨 턴

해설　익수자 구조법에는 익수자의 빠진 시각을 모를 때 구조하는 윌리암슨 턴, 샤르노브 턴 등이 있고, 익수자를 보면서 구조하는 싱글 턴(앤드슨 턴, 지연선회법), 반원 2회선회법 등이 있다

22

황천항해를 대비하여 선박에 화물을 실을 때 주의사항으로 옳은 것은?

가. 선체의 중앙부에 화물을 많이 싣는다.
나. 선수부에 화물을 많이 싣는 것이 좋다.
사. 화물의 무게가 한 곳에 집중되지 않도록 한다.
아. 상갑판보다 높은 위치에 최대한으로 많은 화물을 싣는다.

해설　황천에는 갑판적 화물을 될 수 있으면 선창에 싣는 것이 좋으며, 선수나 선미에 화물의 무게가 한 곳에 집중되지 않도록 한다.

23

황천 조선법인 히브 투(Heave to)의 장점으로 옳지 않은 것은?

가. 선체의 동요를 줄일 수 있다.
나. 풍랑에 대하여 일정한 자세를 취하기 쉽다.
사. 감속이 심하더라도 보침성에는 큰 영향이 없다.
아. 풍하측으로 표류가 일어나지 않아서 풍하측 여유수역이 없어도 선택할 수 있는 방법이다.

해설　감속을 심하게 하면 보침성에는 영향이 있다.

24

화재의 종류 중 전기화재가 속하는 것은?

가. A급 화재　　　　　　　　　나. B급 화재
사. C급 화재　　　　　　　　　아. D급 화재

해설　
- A급 화재 : 연소 후 재가 남는 고체 물질(목재, 종이, 의류)의 화재
- B급 화재 : 연소 후 재가 남지 않는 연료유, 페인트, 윤활유 등의 유류의 화재
- C급 화재 : 전기에 의한 화재
- D급 화재 : 가연성 금속(마그네슘, 나트륨, 알루미늄)의 화재
- E급 화재 : 가스(LPG, LNG, 아세틸렌 및 수소)에 의한 화재

25

기관손상 사고의 원인 중 인적과실이 아닌 것은?

가. 기관의 노후　　　　　　　　나. 기기조작 미숙
사. 부적절한 취급　　　　　　　아. 일상적인 점검 소홀

해설　기관의 노후에 의한 사고는 선원의 잘못으로 일어나는 인적과실 사고가 아니다.

제**3**과목　　　　　　　　　　　법　규

01

다음 중 해상교통안전법상 선박이 항행 중인 상태는?

가. 정박 상태
나. 얹혀 있는 상태
사. 고장으로 표류하고 있는 상태
아. 항만의 안벽 등 계류시설에 매어 놓은 상태

해설　고장으로 표류하고 있는 상태에 있는 선박은 항행 중인 선박이다.
- 선박이 항행 중이라는 것은 다음의 어느 하나에 해당하지 아니하는 상태를 말한다.
  1. 정박
  2. 항만의 안벽 등 계류시설에 매어 놓은 상태
     ► 계선부표나 정박하고 있는 선박에 매어 놓은 경우를 포함한다.
  3. 얹혀 있는 상태

정답　**19** 나　**20** 사　**21** 가　**22** 사　**23** 사　**24** 사　**25** 가　/　**1** 사

최근기출문제　234　2023년 제4회 소형선박조종사

02

( )에 적합한 것은?

"해상교통안전법상 고속여객선이란 시속 ( ) 이상으로 항행하는 여객선을 말한다."

가. 10노트 나. 15노트
사. 20노트 아. 30노트

03

해상교통안전법상 항행장애물제거책임자가 항행장애물 발생과 관련하여 보고하여야 할 사항이 아닌 것은?

가. 선박의 명세에 관한 사항
나. 항행장애물의 위치에 관한 사항
사. 항행장애물이 발생한 수역을 관할하는 해양관청의 명칭
아. 선박소유자 및 선박운항자의 성명(명칭) 및 주소에 관한 사항

해설 ▶ 보고하여야 하는 사항
1. 선박의 명세에 관한 사항
2. 선박소유자 및 선박운항자의 성명(명칭) 및 주소에 관한 사항
3. 항행장애물의 위치에 관한 사항
4. 항행장애물의 크기·형태 및 구조에 관한 사항
5. 항행장애물의 상태 및 손상의 형태에 관한 사항
6. 선박에 선적된 화물의 양과 성질에 관한 사항(항행장애물이 선박인 경우만 해당한다)
7. 선박에 선적된 연료유 및 윤활유를 포함한 기름의 종류와 양에 관한 사항(항행장애물이 선박인 경우만 해당한다)

04

해상교통안전법상 술에 취한 상태를 판별하는 기준은?

가. 체온
나. 걸음걸이
사. 혈중알코올농도
아. 실제 섭취한 알코올 양

해설 술에 취한 상태의 기준은 혈중알코올농도 0.03퍼센트 이상으로 한다.

05

해상교통안전법상 국제항해에 종사하지 않는 여객선의 출항통제권자는?

가. 시·도지사 나. 해양수산부장관
사. 해양경찰서장 아. 지방해양수산청장

해설
• 국제항해에 종사하지 않는 여객선(내항여객선)의 출항통제권자 : 해양경찰서장
• 내항여객선을 제외한 선박의 출항통제권자 : 지방해양수산청장

06

해상교통안전법상 안전한 속력을 결정할 때 고려할 사항이 아닌 것은?

가. 시계의 상태
나. 컴퍼스의 오차
사. 해상교통량의 밀도
아. 선박의 흘수와 수심과의 관계

해설 ▶ 안전한 속력을 결정할 때 고려사항
▶ 레이더를 사용하고 있지 아니한 선박의 경우에는 제1호부터 제6호까지 해당
1. 시계의 상태
2. 해상교통량의 밀도
3. 선박의 정지거리·선회성능, 그 밖의 조종성능
4. 야간의 경우에는 항해에 지장을 주는 불빛의 유무
5. 바람·해면 및 조류의 상태와 항행장애물의 근접상태
6. 선박의 흘수와 수심과의 관계
7. 레이더의 특성 및 성능
8. 해면상태·기상, 그 밖의 장애요인이 레이더 탐지에 미치는 영향
9. 레이더로 탐지한 선박의 수·위치 및 동향

07

해상교통안전법상 선박에서 하여야 하는 적절한 경계에 관한 설명으로 옳지 않은 것은?

가. 이용할 수 있는 모든 수단을 이용한다.
나. 청각을 이용하는 것이 가장 효과적이다.
사. 선박 주위의 상황을 파악하기 위함이다.
아. 다른 선박과 충돌할 위험성을 충분히 파악하기 위함이다.

해설
• 청각이 가장 효과적인 것은 아니다.
• 선박은 주위의 상황 및 다른 선박과 충돌할 수 있는 위험성을 충분히 파악할 수 있도록 시각·청각 및 당시의 상황에 맞게 이용할 수 있는 모든 수단을 이용하여 항상 적절한 경계를 하여야 한다.

08

해상교통안전법상 어로에 종사하고 있는 선박 중 항행 중인 선박이 원칙적으로 진로를 피하거나 통항을 방해하여서는 아니 되는 선박이 아닌 것은?

가. 조종제한선 나. 조종불능선
사. 수상항공기 아. 흘수제약선

해설 ▶ 피항 우선 순위

수상항공기/수면비행선박 > 동력선 > 범선 > 어로에 종사 중인 선박 > 흘수제약선 > 조종불능선/조종제한선 > 정박선

09

해상교통안전법상 서로 시계 안에서 항행 중인 범선과 동력선이 마주치는 상태일 경우에 피항방법으로 옳은 것은?

가. 동력선만 침로를 변경한다.
나. 각각 우현 쪽으로 침로를 변경한다.
사. 각각 좌현 쪽으로 침로를 변경한다.
아. 좌현에 바람을 받고 있는 선박이 우현 쪽으로 침로를 변경한다.

해설 피항 우선 순위에 의해 범선보다 성능이 우수한 동력선이 피항선이 된다.

정답 2 나 3 사 4 사 5 사 6 나 7 나 8 사 9 가

소형선박조종사 · 2023 제4회

10

( )에 적합한 것은?

> "해상교통안전법상 선박이 서로 시계 안에 있을 때 2척의 동력선이 상대의 진로를 횡단하는 경우로서 충돌의 위험이 있을 때에는 다른 선박을 ( ) 쪽에 두고 있는 선박이 그 다른 선박의 진로를 피하여야 한다."

가. 선수　　　　　　　　나. 좌현
사. 우현　　　　　　　　아. 선미

[해설] 횡단상태에서는 다른 선박을 우현에 두고 있는 선박(다른 선박의 붉은색 현등을 보는 선박)이 피항선이다.

11

해상교통안전법상 제한된 시계에서 레이더만으로 다른 선박이 있는 것을 탐지한 선박의 피항동작이 침로의 변경을 수반하는 경우 선박이 취하여야 할 행위로 옳은 것은? (다만, 앞지르기당하고 있는 선박의 경우는 제외한다)

가. 자기 선박의 양쪽 현의 정횡에 있는 선박의 방향으로 침로를 변경하는 행위
나. 자기 선박의 양쪽 현의 정횡 뒤쪽에 있는 선박의 방향으로 침로를 변경하는 행위
사. 다른 선박이 자기 선박의 양쪽 현의 정횡 앞쪽에 있는 경우 우현 쪽으로 침로를 변경하는 행위
아. 다른 선박이 자기 선박의 양쪽 현의 정횡 앞쪽에 있는 경우 좌현 쪽으로 침로를 변경하는 행위

[해설] 다른 선박이 자기 선박의 양쪽 현의 정횡 앞쪽에 있는 경우 우현 쪽으로 침로를 변경하는 행위는 할 수 있으며, 좌현으로 변침하는 행위는 하여서는 안 된다.

12

해상교통안전법상 앞쪽에, 선미나 그 부근에 각각 흰색의 전주등 1개씩과 수직으로 붉은색 전주등 2개를 표시하고 있는 선박의 상태는?

가. 정박 중인 상태　　　나. 조종불능인 상태
사. 얹혀 있는 상태　　　아. 조종제한인 상태

[해설] ▶ 주간 · 야간 등화와 형상물

구 분	야 간	주 간
정박선	백색 전주등	구형형상물 1개
얹혀 있는 선박	홍 – 홍(홍색 전주등 2개)	구형형상물 3개
조종불능선	홍 – 홍(홍색 전주등 2개)	구형형상물 2개
흘수제약선	홍 – 홍 – 홍 (홍색 전주등 3개)	원통형
조종제한선	홍 – 백 – 홍(각각의 전주등)	구형 – 마름모형 – 구형

13

해상교통안전법상 길이 12미터 이상인 어선이 투묘하여 정박하였을 때 낮 동안에 표시하여야 하는 것은?

가. 어선은 특별히 표시할 필요가 없다.
나. 잘 보이도록 황색기 1개를 표시하여야 한다.
사. 앞쪽에 둥근꼴의 형상물 1개를 표시하여야 한다.
아. 둥근꼴의 형상물 2개를 가장 잘 보이는 곳에 수직으로 표시하여야 한다.

[해설] 정박선의 등화인 앞쪽에 둥근꼴의 형상물 1개를 표시하여야 한다.

14

해상교통안전법상 선박의 등화에 사용되는 등색이 아닌 것은?

가. 녹색　　　　　　　　나. 흰색
사. 청색　　　　　　　　아. 붉은색

[해설] 선박의 등화에 사용되는 등색에는 흰색, 녹색, 붉은색, 황색 등이 있다.

15

선박의 입항 및 출항 등에 관한 법률상 총톤수 5톤인 내항선이 무역항의 수상구역등을 출입할 때 하는 출입신고에 관한 내용으로 옳은 것은?

가. 내항선이므로 출입신고를 하지 않아도 된다.
나. 출항 일시가 이미 정하여진 경우에도 입항 신고와 출항 신고는 동시에 할 수 없다.
사. 무역항의 수상구역등의 밖으로 출항하려는 경우 원칙적으로 출항 직후 출항 신고를 하여야 한다.
아. 무역항의 수상구역등의 안으로 입항하는 경우 원칙적으로 입항하기 전에 출입신고를 하여야 한다.

[해설] 총톤수 5톤 이상의 선박은 출입신고를 하여야 하며, 입항하는 경우 원칙적으로 입항하기 전에 출입신고를 하여야 하며, 출항 일시가 이미 정해진 경우에는 입항과 출항의 신고를 동시에 할 수 있다.

16

해상교통안전법상 선미등이 비추는 수평의 호의 범위와 등색은?

가. 135도, 흰색　　　　나. 135도, 붉은색
사. 225도, 흰색　　　　아. 225도, 붉은색

[해설] 선미등은 135°에 걸치는 수평의 호를 비추는 흰색 등으로서 그 불빛이 정선미 방향으로부터 양쪽 현의 67.5°까지 비출 수 있도록 선미 부분 가까이에 설치된 등이다.

17

( )에 순서대로 적합한 것은?

> "선박의 입항 및 출항 등에 관한 법률상 무역항의 수상구역등에서 기적이나 사이렌을 갖춘 선박에 ( )이/가 발생한 경우, 이를 알리는 경보로 기적이나 사이렌을 ( )으로 ( ) 울려야 하고, 적당한 간격을 두고 반복하여야 한다."

가. 화재, 장음, 5회　　　나. 침몰, 장음, 5회
사. 화재, 단음, 5회　　　아. 침몰, 단음, 5회

[해설] 무역항의 수상구역등에서 화재 발생시에는 장음 5회를 울려야 하고, 이를 적당한 간격을 두고 반복하여야 한다.

정답 10 사　11 사　12 사　13 사　14 사　15 아　16 가　17 가

18
선박의 입항 및 출항 등에 관한 법률상 무역항의 수상구역등에서 입항하는 선박이 방파제 입구에서 출항하는 선박과 마주칠 우려가 있는 경우의 항법에 관한 설명으로 옳은 것은?

가. 출항하는 선박은 입항하는 선박이 방파제를 통과한 후 통과한다.
나. 입항하는 선박은 방파제 밖에서 출항하는 선박의 진로를 피한다.
사. 입항하는 선박은 방파제 사이의 가운데 부분으로 먼저 통과한다.
아. 출항하는 선박은 방파제 입구를 왼쪽으로 접근하여 통과한다.

해설 무역항의 수상구역등에 입항하는 선박이 방파제 입구 등에서 출항하는 선박과 마주칠 우려가 있는 경우에는 방파제 밖에서 출항하는 선박의 진로를 피하여야 한다.

19
선박의 입항 및 출항 등에 관한 법률상 무역항의 수상구역등에서 예인선의 항법으로 옳지 않은 것은?

가. 예인선은 한꺼번에 3척 이상의 피예인선을 끌지 아니하여야 한다.
나. 원칙적으로 예인선의 선미로부터 피예인선의 선미까지 길이는 100미터를 초과하지 못한다.
사. 다른 선박의 출입을 보조하는 경우에 한하여 예인선의 선수로부터 피예인선의 선미까지의 길이는 200미터를 초과할 수 있다.
아. 지방해양수산청장 또는 시·도지사는 해당 무역항의 특수성 등을 고려하여 특히 필요한 경우에는 예인선의 항법을 조정할 수 있다.

해설 예인선의 선미로부터 피예인선의 선미까지 길이는 200미터를 초과하지 못한다.

20
선박의 입항 및 출항 등에 관한 법률상 선박이 무역항의 항로에서 다른 선박과 마주칠 우려가 있는 경우 항법으로 옳은 것은?

가. 항로의 중앙으로 항행한다.
나. 항로의 왼쪽으로 항행한다.
사. 항로를 횡단하여 항행한다.
아. 항로의 오른쪽으로 항행한다.

해설 무역항의 항로에서 다른 선박과 마주칠 우려가 있는 경우는 항로의 오른쪽으로 항행한다.

21
( )에 순서대로 적합한 것은?

"선박의 입항 및 출항 등에 관한 법률상 ( )은 ( )으로부터 선박 항행 최고속력의 지정을 요청받은 경우 특별한 사유가 없으면 무역항의 수상구역등에서 선박 항행 최고속력을 지정·고시하여야 한다."

가. 관리청, 해양경찰청장
나. 지정청, 해양경찰청장
사. 관리청, 지방해양수산청장
아. 지정청, 지방해양수산청장

해설
• 요청권자 : 해양경찰청장
• 지정·고시권자 : 관리청

22
선박의 입항 및 출항 등에 관한 법률상 주로 무역항의 수상구역에서 운항하는 선박으로서 다른 선박의 진로를 피하여야 하는 우선피항선이 아닌 것은?

가. 예선
나. 총톤수 20톤인 여객선
사. 압항부선을 제외한 부선
아. 주로 노와 삿대로 운전하는 선박

해설 총톤수 20톤 미만의 선박이다.
▶ 우선피항선
1. 부선 ▶ 예인선이 부선을 끌거나 밀고 있는 경우의 예인선 및 부선을 포함하되, 예인선에 결합되어 운항하는 압항부선은 제외한다.
2. 주로 노와 삿대로 운전하는 선박
3. 예선
4. 항만운송관련사업을 등록한 자가 소유한 선박
5. 해양환경관리업을 등록한 자가 소유한 선박
6. 위의 1~5에 해당하지 아니하는 총톤수 20톤 미만의 선박

23
해양환경관리법상 선박에서 발생하는 폐기물 배출에 관한 설명으로 옳지 않은 것은?

가. 플라스틱 재질의 합성어망은 해양에 배출이 금지된다.
나. 어업활동 중 폐사된 수산동식물은 해양에 배출이 가능하다.
사. 해양환경에 유해하지 않은 화물잔류물은 해양에 배출이 금지된다.
아. 분쇄 또는 연마되지 않은 음식찌꺼기는 영해기선으로부터 12해리 이상에서 배출이 가능하다.

해설 해양환경에 유해하지 않은 화물잔류물은 배출할 수 있다.
▶ 해양에 배출할 수 있는 폐기물
1. 음식찌꺼기
2. 해양환경에 유해하지 않은 화물잔류물
3. 선박 내 거주구역에서 목욕, 세탁, 설거지 등으로 발생하는 중수(中水) [화장실 오수 및 화물구역 오수는 제외한다. 이하 같다]
4. 「수산업법」에 따른 어업활동 중 혼획된 수산동식물(폐사된 것을 포함한다) 또는 어업활동으로 인하여 선박으로 유입된 자연기원물질(진흙, 퇴적물 등 해양에서 비롯된 자연상태 그대로의 물질을 말하며, 어장의 오염된 퇴적물은 제외한다)

24
해양환경관리법상 해양오염방지설비를 선박에 최초로 설치하는 때 받아야 하는 검사는?

가. 정기검사
나. 임시검사
사. 특별검사
아. 제조검사

해설 폐기물오염방지설비·기름오염방지설비·유해액체물질오염방지설비 및 대기오염방지설비를 설치하거나 선체 및 화물창을 설치·유지하여야 하는 검사대상선박의 소유자가 해양오염방지설비, 선체 및 화물창을 선박에 최초로 설치하여 항해에 사용하려는 때 또는 유효기간이 만료한 때에는 해양수산부장관의 정기검사를 받아야 한다.

25
해양환경관리법상 총톤수 25톤 미만의 선박에서 기름의 배출을 방지하기 위한 설비로 폐유저장을 위한 용기를 비치하지 아니한 경우 부과되는 과태료 기준은?

가. 100만원 이하
나. 300만원 이하
사. 500만원 이하
아. 1,000만원 이하

해설 ▶ 법 제132조 제4항 1호의3
법 제26조 제1항의 규정에 따른 폐유저장을 위한 용기를 비치하지 아니한 자는 100만원 이하의 과태료를 부과한다.

정답 18 나　19 나　20 아　21 가　22 나　23 사　24 가　25 가

제4과목 기 관

01

디젤기관의 점화 방식은?

가. 전기점화　　　　　　　나. 불꽃점화

사. 소구점화　　　　　　　아. 압축점화

[해설] • 디젤기관 : 압축점화 방식
　　　• 가솔린기관 : 불꽃점화 방식

02

과급기에 대한 설명으로 옳은 것은?

가. 연소가스가 지나가는 고온부를 냉각시키는 장치이다.

나. 기관의 운동 부분에 마찰을 줄이기 위해 윤활유를 공급하는 장치이다.

사. 기관의 회전수를 일정하게 유지시키기 위해 연료분사량을 자동으로 조절하는 장치이다.

아. 기관의 연소에 필요한 공기를 대기압 이상으로 압축하여 밀도가 높은 공기를 실린더 내로 공급하는 장치이다.

[해설] • 과급기(supercharger)
　　　연소에 필요한 공기를 대기압 이상의 압력으로 압축, 밀도가 높은 공기를 실린더 내에 공급하여 연료를 완전 연소시킴으로써 평균 유효 압력을 높여 기관의 출력을 증대시키는 장치

03

4행정 사이클 기관의 작동 순서로 옳은 것은?

가. 흡입 → 압축 → 작동 → 배기

나. 흡입 → 작동 → 압축 → 배기

사. 흡입 → 배기 → 압축 → 작동

아. 흡입 → 압축 → 배기 → 작동

[해설] 4행정 기관의 작동 순서 : 흡입 ⇨ 압축 ⇨ 작동(팽창 또는 폭발) ⇨ 배기

04

4행정 사이클 6실린더 기관에서는 운전 중 크랭크 각 몇 도마다 폭발이 일어나는가?

가. 60°　　　　　　　　　나. 90°

사. 120°　　　　　　　　　아. 180°

[해설] 4행정 사이클 기관에서는 크랭크축 회전수는 2회전, 크랭크의 회전각은 720°이므로 6실린더 기관에서는 크랭크의 회전각은 120°이다.

05

압축공기로 시동하는 소형기관에서 실린더 헤드를 분해할 경우의 준비사항이 아닌 것은?

가. 시동공기를 차단한다.

나. 연료유를 차단한다.

사. 냉각수를 차단하고 배출한다.

아. 공기압축기를 정지한다.

[해설] ▶ **기관을 분해할 때 주의해야 할 내용**
① 분해된 부품은 각 실린더별로 정렬한다.
② 피스톤 링과 메탈베어링 등의 실린더 번호가 없는지 부품은 꼬리표를 붙여 정렬한다.
③ 분해된 부품은 충격을 주지 않도록 주의하고, 부식이나 이물질이 떨어지지 않도록 주의한다.
④ 크랭크실 등의 내부에 쇳가루, 먼지 등의 이물질이 떨어지지 않도록 주의한다.
⑤ 배관 계통은 분해 후 즉시 막아서 이물질이 들어가지 않도록 한다.

06

디젤기관에서 실린더 라이너의 마멸 원인이 아닌 것은?

가. 연접봉의 경사로 생긴 피스톤의 측압이 너무 클 때

나. 피스톤링의 장력이 너무 클 때

사. 흡입공기 압력이 너무 높을 때

아. 사용 윤활유의 품질이 부적당하거나 부족할 때

[해설] ▶ **실린더 라이너의 마멸 원인**
• 피스톤 링과 실린더 라이너의 재질의 부적합
• 윤활유 품질의 부적합 및 급유량의 부족
• 연소 가스 중의 부식을 초래하는 성분
• 연료유나 공기 중에 혼입된 단단한 입자
• 수분 등의 유입으로 유막 형성이 불량 등

07

디젤기관의 메인 베어링에 대한 설명으로 옳지 않은 것은?

가. 크랭크축을 지지한다.

나. 크랭크축의 중심을 잡아준다.

사. 윤활유로 윤활시킨다.

아. 볼베어링을 주로 사용한다.

[해설] 주로 평면베어링을 사용한다.
• 메인 베어링은 기관 베드 위에 있으면서, 크랭크 저널에 설치되어 크랭크축을 지지하고, 축의 회전 중심을 잡아 준다.
• 베어링 캡 상부의 주유구를 통하여 강압 주유된 윤활유는 메인 베어링을 윤활하고, 크랭크축의 기름 통로를 거쳐 크랭크핀 베어링까지 윤활한다.

08

다음 그림과 같이 디젤기관의 실린더 헤드를 들어올리기 위해 사용하는 공구 ①의 명칭은?

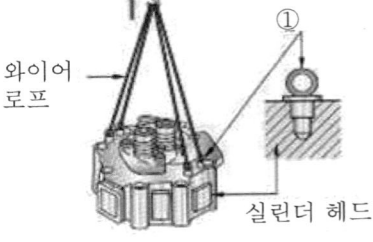

가. 인장볼트　　　　　　　나. 아이볼트

사. 타이볼트　　　　　　　아. 스터드볼트

[정답] **1** 아　**2** 아　**3** 가　**4** 사　**5** 아　**6** 사　**7** 아　**8** 나

해설

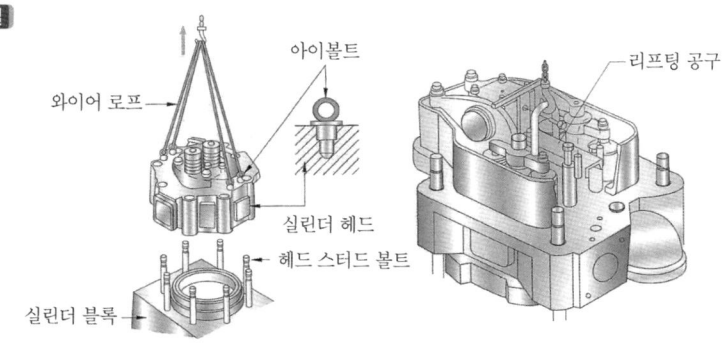

[실린더 헤드 들어올리기]

09
소형기관의 운전 중 회전운동을 하는 부품이 아닌 것은?
가. 평형추 나. 피스톤
사. 크랭크축 아. 플라이휠

해설 피스톤은 왕복운동을 한다.

10
동일한 운전 조건에서 연료유의 질이 나쁜 경우 디젤 주기관에 나타나는 증상으로 옳은 것은?
가. 배기온도가 내려가고 배기색이 검어진다.
나. 배기온도가 내려가고 배기색이 밝아진다.
사. 배기온도가 올라가고 배기색이 밝아진다.
아. 배기온도가 올라가고 배기색이 검어진다.

해설 연료유의 질이 나쁜 경우에는 배기온도가 올라가고 배기색이 검어진다.

11
디젤기관의 운전 중 윤활유 계통에서 주의하여 관찰해야 하는 것은?
가. 기관의 입구 온도와 입구 압력
나. 기관의 출구 온도와 출구 압력
사. 기관의 입구 온도와 출구 압력
아. 기관의 출구 온도와 입구 압력

해설 윤활유의 온도는 기관의 입구 온도를 기준으로 한다.

12
내연기관의 연료유에 대한 설명으로 옳지 않은 것은?
가. 발열량이 클수록 좋다.
나. 점도가 높을수록 좋다.
사. 유황분이 적을수록 좋다.
아. 물이 적게 함유되어 있을수록 좋다.

해설 점도가 높으면 연료유관 내의 기름이 흐르기 힘들고 분사하는 데 큰 압력이 필요하므로 좋지 않다.

13
추진기의 회전속도가 어느 한도를 넘으면 추진기 배면의 압력이 낮아지며 물의 흐름이 표면으로부터 떨어져 기포가 발생하여 추진기 표면을 두드리는 현상은?
가. 슬립현상 나. 공동현상
사. 명음현상 아. 수격현상

해설
• 프로펠러의 공동 현상(cavitation) : 프로펠러의 회전 속도가 어느 한도를 넘게 되면, 프로펠러 배면의 압력이 낮아지며, 물의 흐름이 표면으로부터 떨어져서 기포 상태가 발생한다. 프로펠러 후연 부근에 가서 압력이 회복됨에 따라 이 기포가 순식간에 소멸되면서 높은 충격 압력을 일으켜 프로펠러 표면을 두드리는 현상. 공동 현상이 반복되면 표면을 거친 모양으로 침식(erosion)하게 된다.
• 공동 현상을 방지하려면 지나치게 높은 회전수의 운전을 피하고, 프로펠러가 수면 부근에서 회전하지 않도록 해야 한다.

14
프로펠러에 의한 선체 진동의 원인이 아닌 것은?
가. 프로펠러의 날개가 절손된 경우
나. 프로펠러의 날개수가 많은 경우
사. 프로펠러의 날개가 수면에 노출된 경우
아. 프로펠러의 날개가 휘어진 경우

해설 프로펠러 날개수와 진동은 관계가 없다.

15
갑판보기가 아닌 것은?
가. 양묘기 나. 계선기
사. 청정기 아. 양화기

해설 청정장치는 기관보기에 속한다.

16
낮은 곳에 있는 액체를 흡입하여 압력을 가한 후 높은 곳으로 이송하는 장치는?
가. 발전기 나. 보일러
사. 조수기 아. 펌프

해설 펌프는 어떤 용기 내에 국부의 진공을 이루고, 대기압과의 차이에 의하여 낮은 곳의 물을 흡입해서 여기에 압력을 주어서 높은 곳이나 압력이 있는 곳에 보내는 장치이다.

17
기관실의 연료유 펌프로 가장 적합한 것은?
가. 기어펌프 나. 왕복펌프
사. 축류펌프 아. 원심펌프

해설 연료유 펌프는 중·대형 기관에서 기어펌프가 사용되나 차량용 기관에서는 왕복펌프가 많다. 용량은 분사 펌프 흡입량의 2~3배로 하고 토출 압력은 1bar 정도이다. 기어펌프는 구조가 간단하고, 소형으로도 송출량을 높일 수 있고, 정량이며 흡입 양정이 크고, 연료유와 같은 유체를 이송하는 데 적합하다.

정답 9 나 10 아 11 가 12 나 13 나 14 나 15 사 16 아 17 가

소형선박조종사

2023 제4회

18
전동기의 운전 중 주의사항으로 옳지 않은 것은?

가. 발열되는 곳이 있는지를 점검한다.
나. 이상한 소리, 냄새 등이 발생하는지를 점검한다.
사. 전류계의 지시값에 주의한다.
아. 절연저항을 자주 측정한다.

해설 절연저항(선로와 비선로 사이의 저항)은 전동기 정지시에 측정한다.

19
교류발전기 2대를 병렬운전할 경우 동기검정기로 판단할 수 있는 것은?

가. 두 발전기의 극수와 동기속도의 일치 여부
나. 두 발전기의 부하전류와 전압의 일치 여부
사. 두 발전기의 절연저항과 권선저항의 일치 여부
아. 두 발전기의 주파수와 위상의 일치 여부

해설 위상이 다를 경우 위상이 앞선 발전기는 부하 증가로 회전 속도 감소하고, 위상이 늦은 발전기는 부하 감소로 회전 속도가 증가한다. 이 때 위상 차로 동기화 전류가 발생하는데 동기 발전기를 운전할 때, 자동적으로 동일 위상을 보전할 수 있게 하는 전류를 말한다. 조치 방법은 동기검정기로 확인하여 원동기 속도 조정으로 위상이 일치하도록 해야 한다.

20
납축전지의 용량을 나타내는 단위는?

가. [Ah]　　　　　　　　나. [A]
사. [V]　　　　　　　　　아. [kW]

해설 • 전압 : 볼트[V], 전류 : 암페어[A], 전력 : 와트[W, kW]
• 납축전지의 용량은 암페어 시[Ah]로 나타낸다.

21
( )에 적합한 것은?

"선박에서 일정시간 항해 시 연료소비량은 선박 속력의 ( )에 비례한다."

가. 제곱　　　　　　　　나. 세제곱
사. 네제곱　　　　　　　아. 다섯제곱

해설 • 일정한 시간 동안 소비하는 연료는 속력의 3제곱에 비례한다.
▶ 매시간 연료소비량은 속력의 세제곱에 비례한다.
• 일정한 거리를 항주하는 데 소비하는 연료는 속력의 2제곱에 비례한다.
▶ 1마일당 연료소비량은 속력의 제곱에 비례한다.

22
디젤기관을 장기간 정지할 경우의 주의사항으로 옳지 않은 것은?

가. 동파를 방지한다.
나. 부식을 방지한다.
사. 주기적으로 터닝을 시켜 준다.
아. 중요 부품은 분해하여 보관한다.

해설 디젤기관을 장기간 정지할 경우라도 중요 부품을 분해하여 보관하지는 않는다.

23
운전 중인 디젤기관에서 진동이 심한 경우의 원인으로 옳은 것은?

가. 디젤 노킹이 발생할 때
나. 정격부하로 운전 중일 때
사. 배기밸브의 틈새가 작아졌을 때
아. 윤활유의 압력이 규정치보다 높아졌을 때

해설 착화성이 좋지 않은 연료, 즉 착화 늦음이 긴 연료를 사용하면 실린더에 연료가 분사되기 시작하여 착화될 때까지 시간이 걸리게 되며, 실린더 내에 축적된 많은 연료가 착화와 동시에 한꺼번에 연소하게 되어 실린더 내 압력이 급상승하여 망치 두드리는 소리가 나면서 디젤 노킹이 발생한다.
▶ **기관의 진동이 평소보다 심해지는 경우**
• 위험회전수에서 운전
• 각 실린더의 최고 압력이 균일하지 못함
• 기관베드 설치 볼트의 이완 또는 절손
• 각 베어링의 틈새 과대

24
경유의 비중으로 옳은 것은?

가. 0.61~0.69　　　　　나. 0.71~0.79
사. 0.81~0.89　　　　　아. 0.91~0.99

해설 가솔린(비중 : 0.69~0.77), 등유(비중 : 0.78~0.84), 경유(비중 : 0.82~0.89), 중유(비중 : 0.91~0.99)

25
15[℃] 비중이 0.9인 연료유 200리터의 무게는 몇 [kgf]인가?

가. 180[kgf]　　　　　　나. 200[kgf]
사. 220[kgf]　　　　　　아. 240[kgf]

해설 200kg × 0.9 = 180kg (▶200리터 = 200kg)
∴ 질량 180kg이며, 무게로는 180kgf가 된다.

정답 18 아　19 아　20 가　21 나　22 아　23 가　24 사　25 가

M | E | M | O

MEMO

서울고시각
— 수험서의 NO.1

편|저|자|약|력

김성곤
- 부산수산대학 어업학과 졸업
- (前) 인천해양과학고등학교 교사
- 해기사 시험문제 출제위원
- 공무원 임용시험 출제위원
- 교육부 1종도서 '항해' 교과서 편찬 심의위원
- 교육부 1종도서 '항해 종합실습', '어업 종합실습', '항해 교사지도서' 편찬 심의위원
- 교육부 수산해운계열 교육과정 심의위원

- 저서 : 서울고시각 '항해학 기본서'
  서울고시각 '항해학 객관식 문제집'
  서울고시각 '항해학 기출문제집'
  서울고시각 '3급 항해사 문제집'
  서울고시각 '4급 항해사 문제집'
  서울고시각 '소형선박조종사 문제집'
  유스터디 '김성곤쌤의 해사법규 上·下 이론서'
  유스터디 '김성곤쌤의 해사법규 핵심진단평가'

E-mail : navigkim@naver.com

소형선박조종사
5일만에 끝내기

인쇄일 2024년 7월 15일
발행일 2024년 7월 20일

편저자 김성곤
발행인 김용관
발행처 ㈜서울고시각
주 소 서울시 마포구 양화로7길 83 2층(데이비드 빌딩)
대표전화 02.706.2261
상담전화 02.706.2262~6 | FAX 02.711.9921
인터넷서점·동영상강의 www.edu-market.co.kr
E-mail gosigak@gosigak.co.kr
표지디자인 이세정
편집디자인 김수진, 황인숙
편집·교정 서승희

ISBN 978-89-526-4823-5
정 가 19,000원

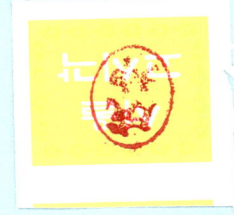

- 이 책에 실린 내용에 대한 저작권은 ㈜서울고시각에 있으므로 무단으로 전재하거나 복제, 배포할 수 없습니다.